Deepen Your Mind

Deepen Your Mind

推薦序

Johnny 是我們在念中學就認識的老友，一路上學習互相勉勵，在數理與電腦科學都十分投入的 Johnny，從電子板端硬體開發一直到純軟演算法與 AI 研究，下了不少心血與努力，非常願意分享軟體開發中 AI 的知識內容，從之前的 Youtube 專題介紹讓讀者可以一步步漸進式學習，更集結大成整理出書真的很不容易。

從不同面向學習 AI，即使是沒有開發過人工智能的讀者也能依照各章節理論與程式碼範例，建構出書中的內容，類神經網路常用於論文研究，近年來大量導入軟體開發當中，本書介紹的觀念正在現在與未來持續被實作著，車聯網、大數據、智能音箱助理、雲端伺服器…等，各大領域都陸續前進著，我們的未來正在變成現在。

不論是軟體新鮮人或是工作十多年的軟體工程師，都建議閱讀此書，有效率的認識 AI，短期上能幫助實作在工作的上專案更能事半功倍，中長期上增進自身的能力與價值，非常值得透過這本書投資自己！

Intel 英特爾 Software Engineer, Jamie Chang

近年來人工智慧的發展相當快速，工研院綠能所也將相關技術應用於節能減碳需求，如商辦的冰水空調系統，導入冰水設備全域優化控制系統，以負載預測、設備能耗預測等方法，進行整體空調水系統最小能耗運轉。隨著工業 4.0 發展，過去部分產業大多仰賴老師傅經驗，導致技術傳承不易和品質不穩定，同時也造成能源浪費，藉由開發製程參數優化技術，以人工智慧演算法在最短時間內建立高度產線適應性之能耗與品質模型，加速實現智慧製造和節能技術。此書內容很詳細，以實作搭配觀念，把人工智慧程式常用的、重要的內容鉅細靡遺的說明，是一本相當適合踏入此領域學習的工具書，推薦給大家。

工業技術研究院 綠能所 智慧節能系統技術組 經理 趙浩廷

隨著生物醫學工程研究的應用需求，科學家和學者們得到了很多重大進展，也隨著醫學信息量的提升，高通量技術的資料應用在生物醫學領域中得到快速的推進，資訊技術對未來經濟與社會醫療發展具有重要的意義。例如 : 在複雜的疾病發展中，為了分析複雜的基因序列變異，如何在廣泛的基因體資訊中， 挖掘出變異實體識別的資訊成為一項重要的研究內容。

近年來， 落實變異命名實體識別的任務主要採用基於規則、機器學習和深度學習等方法，各種方法都有不錯的研究結果。另外，隨著深度學習架構的創建，醫學專業人員開始著手探索醫療資訊的專業辨識，例如根據深度學習網路的預測輸入和放射治療（RT）結構來解決醫學圖像的各種盲點。Python 語言的易於學習與強大功能，可直接讀取與編輯 DICOM 醫學影像，節省醫療人員在深度學習技術上，對於資料預處理和預測步驟中的大量時間。本書作者利用上述熱門的 Python 語言，由淺到深的引導讀者來撰寫程式，其中各種常用語法的意義，巧妙地用一些例子讓讀者很快地明白如何使用，是一本可以從無到有的 Python 語言入門書籍，從事教育事業多年的經驗上，推薦相關研究工作者可以將此書作為 Python 語言的基礎教材，推進 Python 在深度學習領域中的更多應用。

中國科學院大學 光電學院 副教授 陳靖容

強尼撰寫本書，用心之處在於將各種觀念用簡潔易懂的描述方式或是搭配圖示幫助讀者理解。

除了每一章節開始前，用日常生活的案例來說明此章節的用途，幫助讀者對內容的預先了解，對於初學 Python 的讀者來說，是蠻好的入門教材。

而在進入深度學習基礎的類神經網路章節，無可避免的數學式，搭配用心的圖示和程式碼的註解，簡潔易懂，對於想了解基礎的深度學習的讀者，應可獲得不少收穫。

台積電 3DIC 設計部門 副理 鄭詠守博士

這本書非常適合入門者由淺入深的理解深度學習與機器學習，作者幫大家列出了雲端資源 Colab，可以不用自己安裝調試寫程式的環境，就可以開始寫出電腦程式。在整本書中，可以看到非常多的範例與情境，將 Python 的語法特色列舉出來，經常是我讀到某處有疑問的時候，適合的範例就出現在下一段。

從 19 章開始進入深度學習的介紹，裡面的比喻與一層一層漸進的說明，讓人不知不覺就碰觸到較深入的觀念而不覺得艱澀，搭配實例的程式對比就可以輕鬆實作。最後讀完才發現，電腦理解與學習的方式跟人類真是大不同。

不論只是好奇想要看看什麼是機器學習這樣時髦的詞彙，還是想要學習一門程式語言進入資訊科學的領域，我相信在閱讀以及進一步練習之後都可以順利達成。

半導體 化學製程 資深工程師 Luke Lin

我是一位 AI 演算法工程師，目前在友達資訊部門研發 AI 演算法，Johnny 是我多年認識的朋友，我和他會一同討論演算法的原理、效能與應用情境，Johnny 總是專注在將一件事情變得淺顯易懂，以簡單的比喻來描述複雜的問題，此書就是用簡單的說明來教學如何入門深度學習領域。

這本書是適合給想要入門深度學習領域的第一本書，第一次閱讀時讓我以輕鬆愉快的心情複習了深度學習的基礎，尤其是在介紹卷積神經網路，總是以平易近人的說明讓讀者了解原理，而非艱澀難懂的數學符號。而且除了原理也有提供程式實作說明，讓完全不懂程式的人也能輕鬆上手。

不管你是想要入門深度學習的初心者或正在學習但苦於難懂符號的學生，不要猶豫，這本書可以讓你豁然開朗，快速帶領你進門。

友達 AI 演算法工程師 李克耘

我是一位非程式控制背景的機械工程師，本身程式基礎薄弱，只有在大學時候修過 C++ 以及工作上偶爾用到 matlab 語法，當每次想要下定決心好好學個程式語言，往往因為書籍撰寫並未考慮到隔行如隔山的痛苦，每每在一開始進行後很快就因為看不懂而放棄。一開始我只是基於大學好友情誼想說幫忙看看哪裡有錯字，沒想到看著看著竟然能夠反饋哪個程式貼錯了，我想莫名其妙下我是被帶領看懂而能進一步有所回饋，這實在是很神奇。隨著章節的帶領，我發現語言這工具好像又更貼近了我一些，正好先前韓劇 Start-Up 圍繞著 AI 話題進行故事時，讓我了解這個年代若是能善用程式來與電腦溝通，電腦將會義無反顧地用他的運算速度來協助我們達到想做的事情。

這本書用口語將複雜的程式範例簡單化，尤其對於有點程式基礎的理工科學生來說，更能夠很快被引領進入狀況，我也因為看了這本工具書，決定將我執行分析重複性動作用 Python 程式來取代，相信讓大家工作效率增加以及協助研究歸納程式化是本書作者期待的。

立錡科技 封裝開發部門 研發工程師 林士傑

Python 大致上的常用語法，他同時讓我了解了 Python 和 Tensorflow 的強大，由此可知 Johnny 對這本書是多麼的用心。

這本書真的很適合初學者，前面的章節會讓沒有 Python 開發經驗的人，一步一步的學會如何使用 Python，而後面關於 Tensorflow 章節和有大量的圖解說明，讓複雜的原理都變得簡單易懂，最貼心的是每個章節都有附上 Sample Code 輔助初學者快速上手。

如果你是沒有 Python 開發經驗或是沒有 Tensorflow 相關知識，誠心推薦給你這本書，Johnny 為了初學者預想了很多狀況並且提供了解決辦法，確保你一定可以花最小的成本學會這些知識。

軟體工程師 Allen Tsao

近幾年來，AI 在一些領域上有了重大的突破，很多應用也慢慢融入到我們的生活中，像自動駕駛、圖像辨識、語音辨識…等。本書作者使用最熱門的 Python 語言與 Tensorflow 框架來介紹。從開發環境的選擇也推薦初學者使用的平台，詳細說明每個步驟，跟著作者的腳步可以減少前期摸索的時間；接著介紹 Python 語法並也提供程式範例，讓初學者更容易了解與使用；後幾個章節就帶入深度學習的理論，此書用簡單的方式來描述複雜的理論，讓讀者在面對艱深的數學函數或抽象的類神經網路也能輕鬆且清楚了解其中的原理。

這本書很適合對深度學習有興趣的讀者，在作者循序漸近的方式引導初學者了解程式與理論，當你閱讀完本書會讓你不知不覺中進入到深度學習領域。

百漢應用 電控部經理 楊峻岳

目錄

CH01 作者自序與前言

CH02 安裝 Python 與編輯環境

CH03 Python 的運算

CH04 流程控制之選擇結構 if else

CH05 串列 List

CH06 元組 (Tuple)

CH07 集合 (Set)

CH08 字典 Dictionary

CH09 流程控制之重複架構 while 迴圈 (while loop)

CH10 函數 (function)

CH11 類別 (class) 與物件 (object)

CH12 宣告的數值與字串也是物件

CH13 常用基礎套件介紹

CH14 資料夾與檔案的處理

CH15 檔案的讀取與寫入

CH16 細說數值型態

CH17 Numpy 的介紹

CH18 圖片的顯示

CH19 類神經網路的介紹

CH20 Tensorflow 簡介

CH21 資料集介紹 (Introduction of datasets)

CH22 建立類神經網路

CH23 卷積神經網路的介紹

CH24 建立卷積神經網路

CH25 口罩判斷模型之資料集的準備

CH26 口罩判斷模型之訓練

CH27 影像串流與口罩判斷

CH28 安裝套件的步驟說明

CH01

作者自序與前言

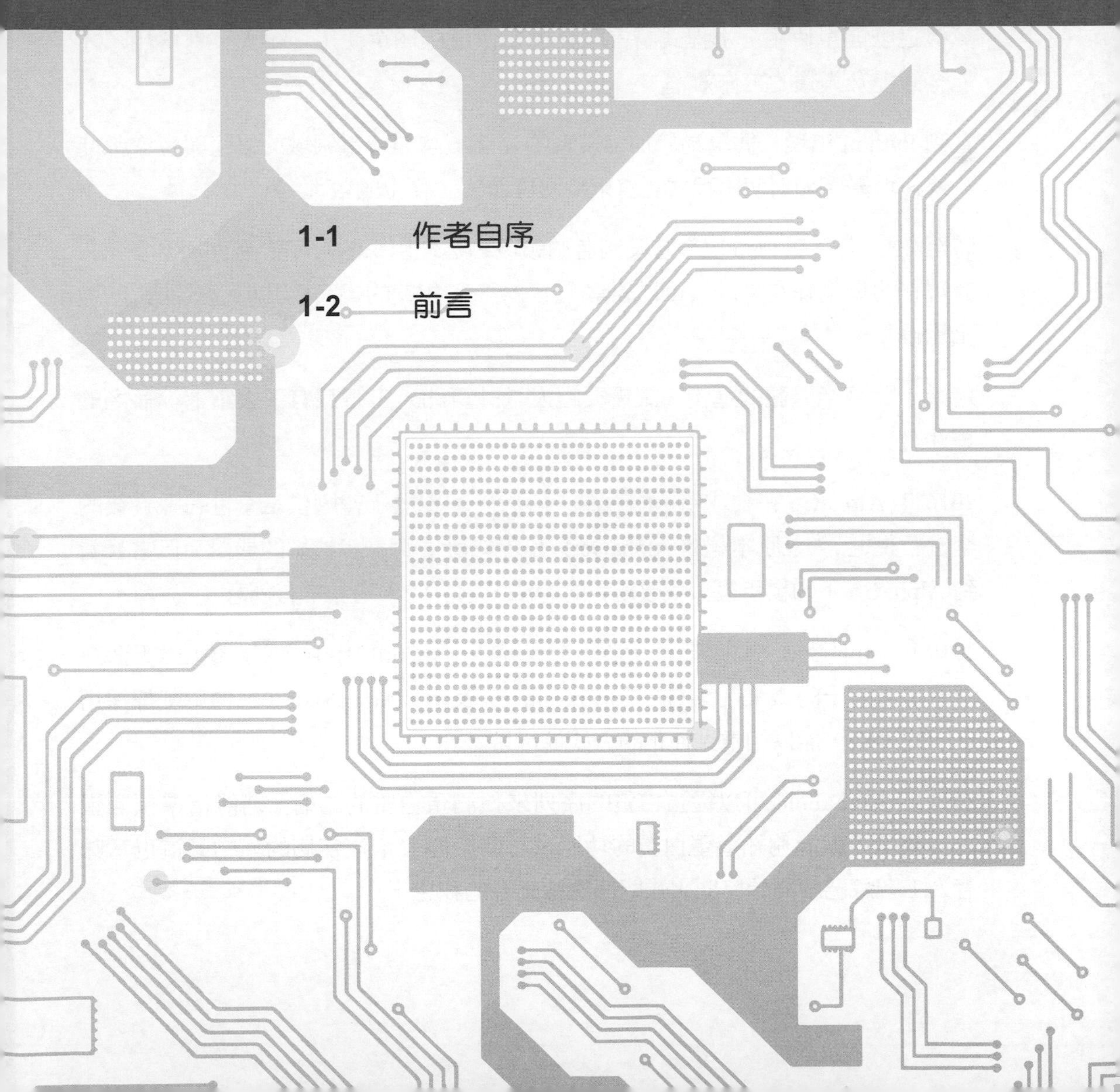

1-1 作者自序

早期在學組合語言或 C 語言，沒有太多參考資料與友善的介面下，花費大量時間也不一定會有好的成果，挫折感其實會蠻重的，於是很多學生不想在午夜夢迴因為程式碼而驚醒，紛紛選擇離開程式語言。

當然，我也不是上等聰明之人，學習時期的痛苦依然歷歷在目，心裡想著，計算機這麼簡單使用，那程式語言應該也要像這樣簡單使用，讓大家都會用，才能全面提升人類的工作效率

直到 Python 出現，簡單易學加上友善的介面，讓非資電領域的學生與專家都能夠快速地學習如何使用程式語言來輔助專題或工作上的效率

時至 2021 年，Python 已經普及到各個領域，延伸出來的教學書籍也相當多元，若現在的你剛好在書局，可以觀察一下 Python 相關的書籍與其他程式語言的數量比較

這幾年隨著半導體的進步，讓需要超大量計算的人工智慧有了大躍進，著名的事件有 :

2016 年 AlphaGo 在全球超過兩百萬人觀看下，擊敗了韓國棋王李世石。賽後的李世石說道 :「我原本認為 AlphaGo 只是能夠計算每一步機率的機器，但當我看到 AlphaGo 下的棋步後，我改變我的想法，它真的下的非常有創意！」

2019 年 AlphaStar 在即時戰略遊戲星海爭霸 2(StarCraft II) 中大勝人類頂尖玩家，當時排名前十的職業玩家 Grzegorz Komincz 表示，AlphaStar 在每場遊戲都採用不同的策略，能以相當人性化的方式進行遊戲。

2021 年 AlphaFold 可以從蛋白質的序列來預測蛋白質的結構，若能精準預測蛋白質架構，就能夠知道蛋白質的功能，有助於開發治療疾病的藥物，這也意味著人工智慧已經開始協助人類解開生命起源的秘密。

為了讓人工智慧普及，GOOGLE、FACEBOOK 等大型企業紛紛推出免費開源的人工智慧框架，讓各行各業的專家能夠快速地應用。

本書的目的也是期望以比喻、圖說及程式碼解釋讓想學習程式語言與人工智慧的讀者能夠輕鬆地學習，了解每個步驟的來由。

書中提供兩種方式進行程式的撰寫，一種是本機電腦安裝 Jupyter 來進行程式的撰寫，另一種是 COLAB，同樣是以 Jupyter 為基礎的開發介面，差別在於不用下載安裝任何程式，直接開啟瀏覽器就可以開始你的程式撰寫，即使在咖啡館也能夠優雅地寫上幾行程式碼

兩種方式的使用介面幾乎相同，也都是在瀏覽器上進行開發，讀者們可以依照自己的需求來選擇，相當方便。

本書內容主要分成三部分

1. 19 章之前是基礎的 Python 語法認識與使用
2. 19 ~ 24 章是類神經網路的理論、建立與訓練
3. 25 ~ 27 章是專題實作，教導如何訓練能夠判斷是否有戴口罩的模型

撰寫此書的另一個初衷是要寫一本自己也會翻找的書，內容的安排就像是我的自學歷程或是學習筆記，紀錄下我在學習期間的重點，哪天忘了也可以回去查閱。

本書的教學程式碼請至以下載

- 出版社網頁的資源下載頁面
- 作者的 Github https://github.com/highhand31

希望這本書能夠為你打開人工智慧的大門 ~

Johnny 廖源粕

FB 粉絲專頁、Youtube 頻道請搜尋 JohnnyAI

2021/8/15

1-2 前言

1-2-1 生活裡遇見 AI

強尼先生準備出門去大賣場，開車的時候啟用輔助駕駛系統，車子可以根據前方路況，自動調整方向盤，讓車子維持在車道內，這是應用 AI 的圖像分割技術 (Segmentation) 達到的。

朋友來電，告訴他正在試駕電動車，體驗自動駕駛系統，實現自動駕駛也是 AI 圖像分割技術達到的

開車到付費停車場，以前進入前都要領取代幣，使用代幣來計算車子停放的時間，現在都已經改成自動辨識車牌，自動計算停放時間，其中自動辨識車牌就是使用 AI 技術做到的。

防疫期間，進入賣場前要站在一台機器前，機器應用 AI 人臉辨識技術，先找出強尼先生的臉，再進行溫度量測。

想使用手機上網比較一下商品價格，用的是 Apple 手機，要先使用 AI 人臉識別來進行解鎖 (Face ID)

在不方便打字的情況下，改成使用手機 Siri 助理，這是使用 AI 語音識別技術達成的，可以用說話的方式讓 Siri 幫忙尋找商品價格。

排隊結帳時人潮眾多，在等待的時間，拿起手機，開啟最近有趣的變臉 app(Voila)，將自己的臉變成迪士尼動畫系列的畫風或是 18 世紀的畫風，這是使用 AI 的對抗生成網路技術 (Generative Adversarial Network，GAN) 達到的。

回到家，想看看訂閱的 Youtube 頻道有沒有更新影片，強尼先生訂閱的 RuiCovery，她是 AI 技術下產生的虛擬偶像。

不難發現，人工智慧已經應用在許多領域上，回到 10 年前，以上的體驗完全不存在。

目前人工智慧持續爆炸發展中，想想 10 年後，AI 會再帶來多少改變？

1-2-2 人工智慧有多熱門？

人工智慧躍升最想學習的領域之一

根據 CodinGame.com 在 2020 年對全世界 20000 名程式開發者的調查，有高達近 50% 的開發者想要在機器學習 /AI 的領域裡學習更多。

WHAT ARE DEVELOPERS EXCITED ABOUT LEARNING THIS YEAR?

The top three things developers would like to learn more about in 2020 are: **Machine Learning/AI** (49.2%), **Game development** (35.4%) and **Web development** (33.1%).

ANSWER CHOICES	RESPONSES
Machine Learning/AI	49.17%
Game Development	35.43%
Web Development	33.14%
Mobile Development	26.04%
Functional Programming	25.49%
Big Data	24.88%
Cybersecurity	22.37%
DevOps	22.20%
UI/UX Design	19.72%
Internet of Things (IoT)	19.04%
Robotics	14.73%
Virtual Reality	14.24%
Blockchain	13.91%
Business Intelligence	9.14%
Growth Hacking	8.89%
Other	4.49%

以經濟面來看，美國著名的 ARK 投資基金在 2021 年 Big Ideas 報告書中指出，深度學習 (屬於 AI 的一種形式) 是目前時代裡最重要的軟體突破。

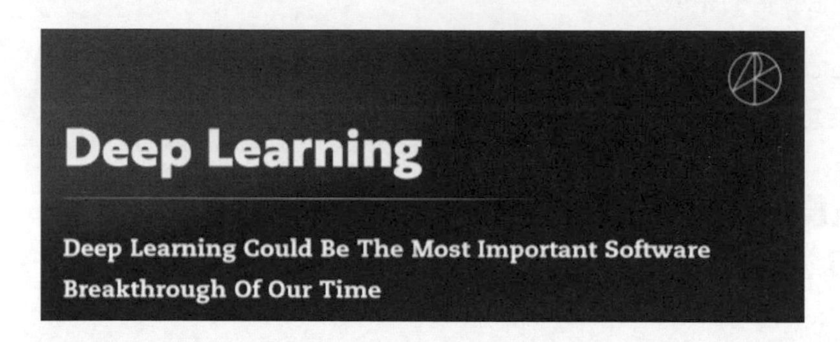

報告書提到未來的重要軟體，其核心都會是由深度學習所建構而成，例如自動駕駛、藥物研發等。

說到這，長達 50 年的蛋白質結構預測難題已經被 Google 子公司 DeepMind 研發的深度學習 AlphaFold2 破解。

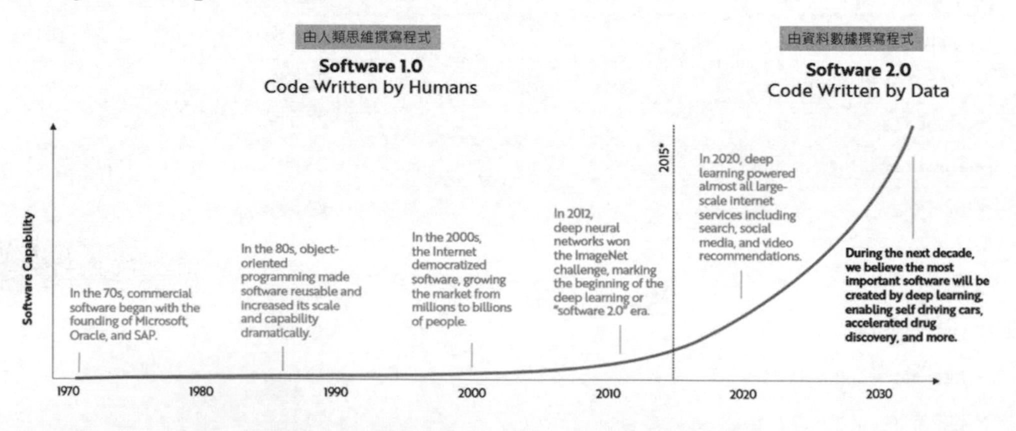

所帶動的 AI 晶片市場也會大幅成長

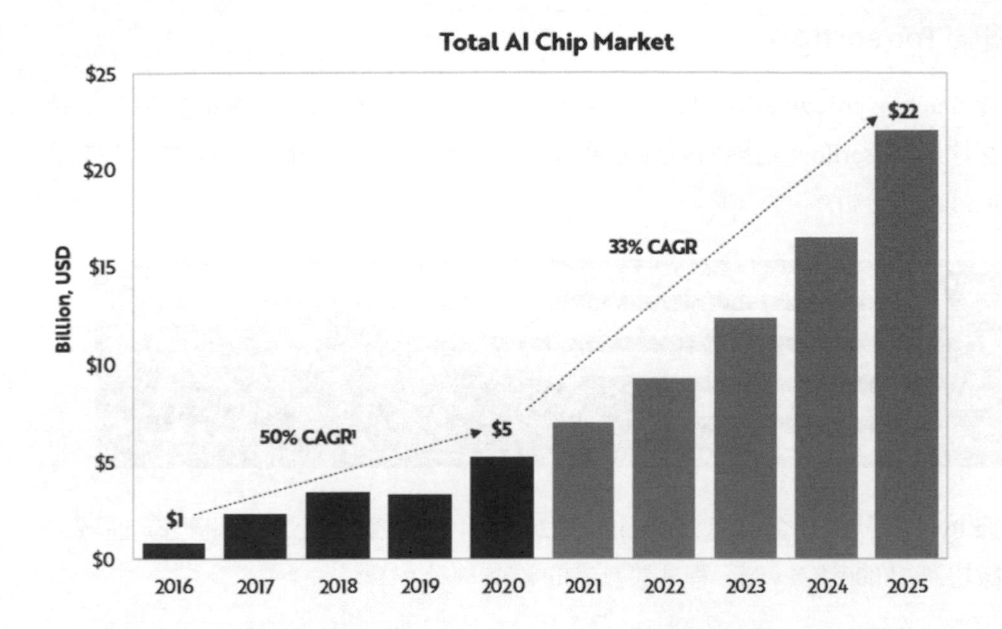

本書將使用 Python 語言與 Tensorflow 框架來進行教學

以下以 2020 年全世界的調查來說明 Python 與 Tensorflow 的使用狀況

1-2-3 關於 Python

根據 Stack overflow 網站 2020 年對來自 186 個國家，總數 65000 名程式設計者的調查，

最常使用的程式語言調查，Python 排名第四

第一名與第二名是用於網頁開發，第三名 SQL 則是資料庫

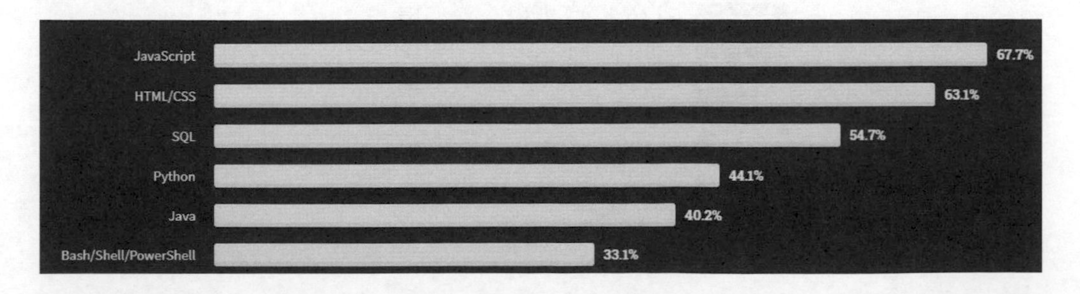

關於 Tensorflow

根據 Stack overflow 網站 2020 年的調查，所有程式設計者最想學的框架、工具或套件，Tensorflow 是排名第五，第四名的 Pandas 也是 Python 的套件，主要用來進行數值分析。

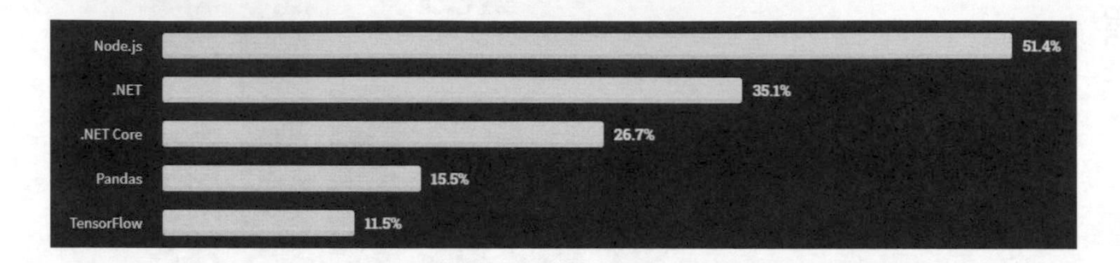

根據 Python 軟體基金會與 JetBrains 在 2020 年 10 月對來自 200 個國家 / 區域，總數超過 28000 名 Python 程式設計者的調查

在最常使用的**資料科學**相關套件的調查，Tensorflow 是所有套件的第 6 名，但若以能夠進行深度學習套件來看，排名是第 1 名，其後的 Keras 也是屬於 Tensorflow

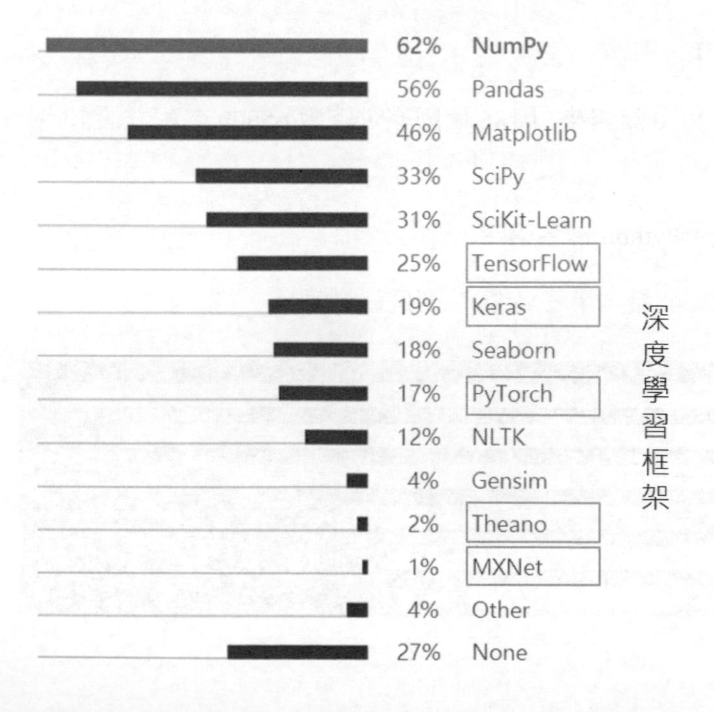

1-2-4 小結：

- Python 在網頁開發上雖然不是首選，但已經是全世界的程式開發者常用或是搭配使用的首選程式語言。
- 對於數值分析或機器學習領域來說，幾乎九成以上都使用 Python 語言
- 在深度學習的框架選擇上，Tensorflow 依然是最多的程式開發者所使用的。

資料來源：

https://www.codingame.com/work/codingame-developer-survey-2020/#page2

https://www.jetbrains.com/lp/python-developers-survey-2020/

https://insights.stackoverflow.com/survey/2020#most-popular-technologies

https://ark-invest.com/big-ideas-2021/

CH02

安裝 Python 與編輯環境

2-1 編輯環境的選擇：Colab 與 Jupyter

筆者建議不要直接安裝 Python，原因是對於初學者而言，使用便利的編輯介面來學習 Python 才會比較順利。

對於初學者來說，建議使用的有 Jupyter 與 Colab

Jupyter 是開源的程式編輯工具，需自行安裝在本機電腦，很適合用來學習與教學，介面需在瀏覽器中開啟。

Colab 是 Google 提供的線上程式編輯介面，也是以 Jupyter 為基礎，在不長期使用顯示卡 (GPU) 資源下是免費的，只要有 Gmail 帳號，就可以在瀏覽器使用 Colab 進行程式編輯。

使用 Colab 與 Jupyter 都可以不使用到顯示卡的資源進行基本的學習。

當要進行神經網路訓練時，Colab 提供免費的 GPU 計算資源只有 12 個小時。

如果身邊有適合的電腦與 2G 以上的 Nvidia 顯示卡，可以自行安裝相關套件進行神經網路的訓練，使用上沒有時間的限制。

如果沒有顯示卡等硬體資源，也不確定以後是否持續用到 GPU 時，先不用花錢購買，使用 Colab 學習即可。

Colab 與 Jupyter 的比較如下

	Colab	Jupyter
安裝	不需安裝至本機	需安裝至本機
開啟方式	瀏覽器	瀏覽器
套件安裝	基本套件都已安裝	需要自行安裝
神經網路訓練資源	提供虛擬Nvidia GPU 免費使用12小時	需自行購買Nvidia顯示卡(GPU)

Colab 的介面使用說明

開啟瀏覽器搜尋 colab 並點擊網址

進到 Colab 的首頁後，點擊工具列上的檔案 → 新增筆記本

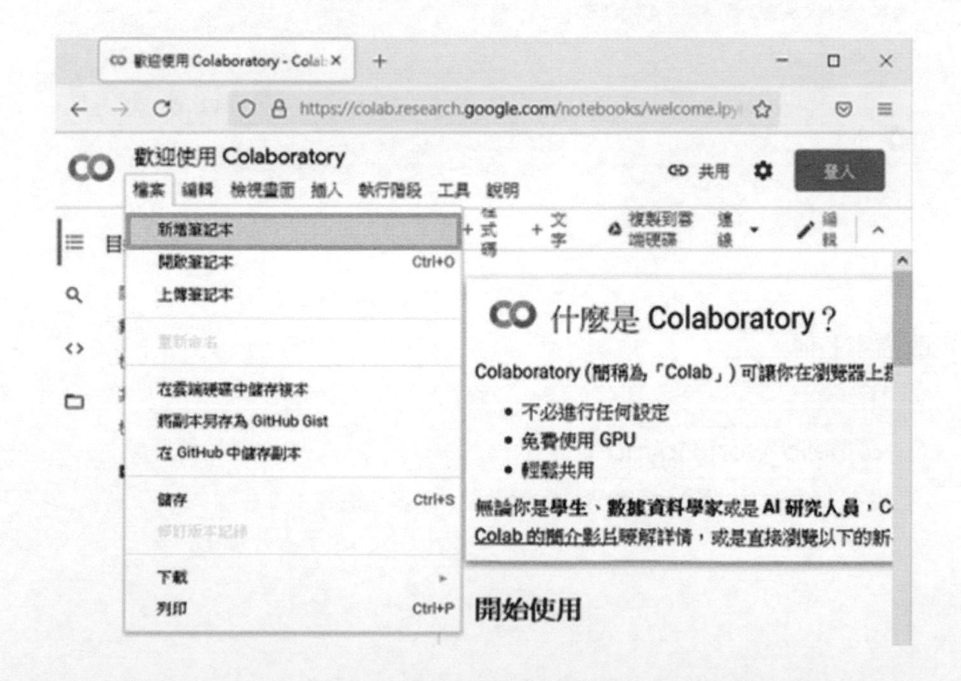

這時候會要求你輸入 GMAIL 的帳號密碼，如果沒有，請先申請

要求登入 Google 帳戶

你必須登入 Google 帳戶才能繼續。

登入

登入後，Colab 就會新增一個名為 Untitled.ipynb 的檔案，ipynb 是 Jupyter Notebook 的專屬副檔名，因 Colab 也是以 Jupyter 為基礎的編輯介面，儲存檔案的副檔名是一樣的；換句話說，Colab 與 Jupyter 的檔案是彼此共用的。

關於 Jupyter，在之後的安裝頁面會再做更多的說明

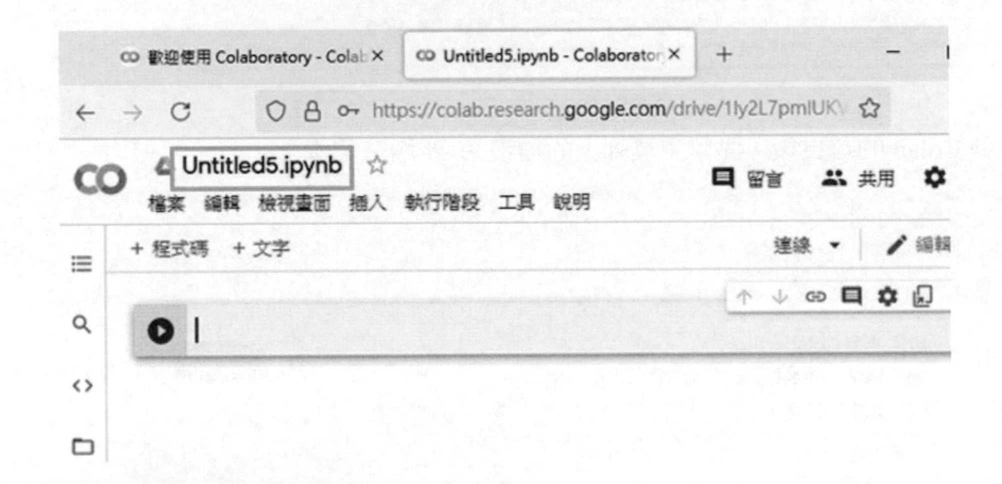

可以更改檔案名稱

儲存檔案可以在工具列的檔案點擊儲存，或是使用鍵盤快捷鍵 Ctrl + s

你可以在自己的 Google document 找到此檔案

程式檔案會儲存在 Colab Notebooks 資料夾裡

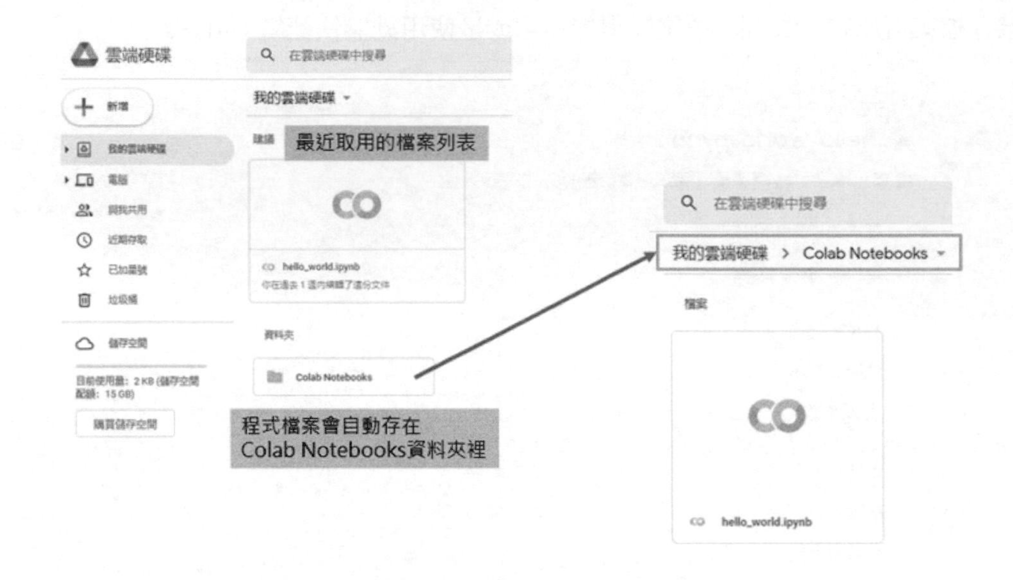

若要新增程式檔案，可以使用新增 → 更多 →Google Colaboratory

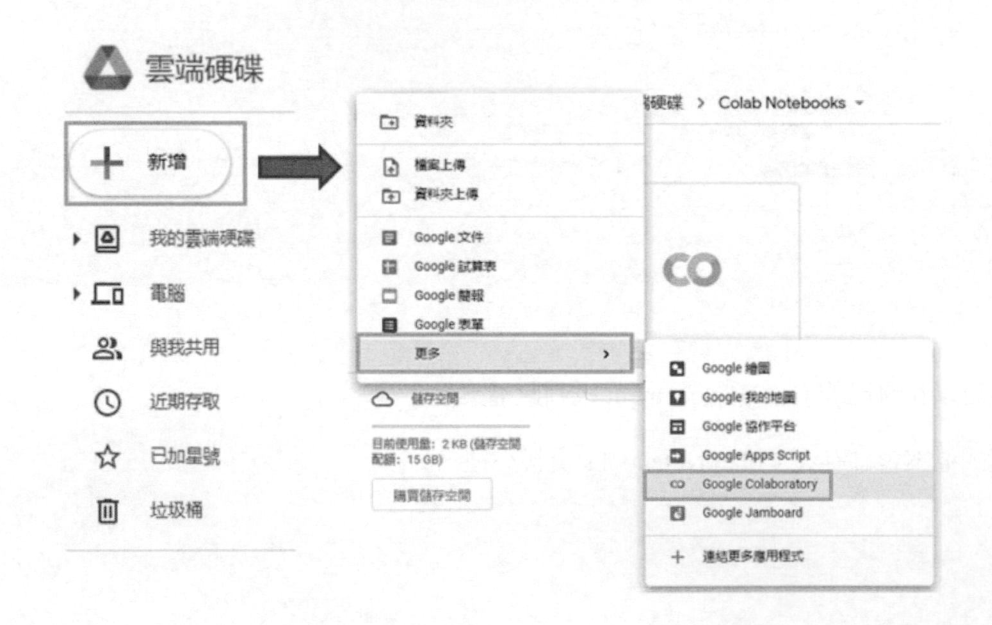

檔案裡的長框統稱為 Cell(等等提到的 Jupyter 會稱為 Cell，在 Colab 稱為儲存格)，在 Cell 裡面可以撰寫程式

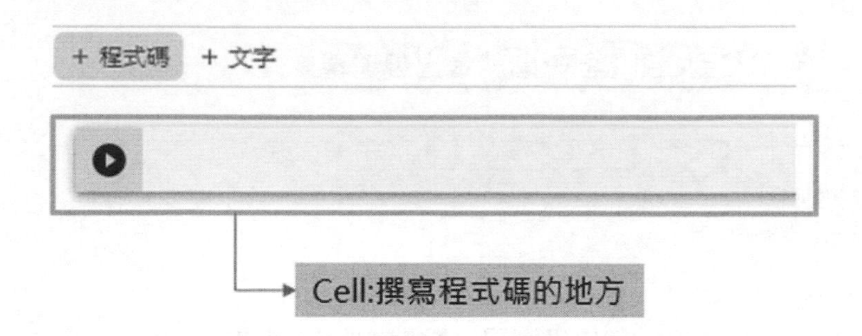

輸入 print("hello world")，點擊左方的執行程式鈕，在 Cell 下面就可以看到程式的執行結果

也可以在 Cell 裡按住鍵盤上的 Ctrl，再按下 Enter 來執行程式。

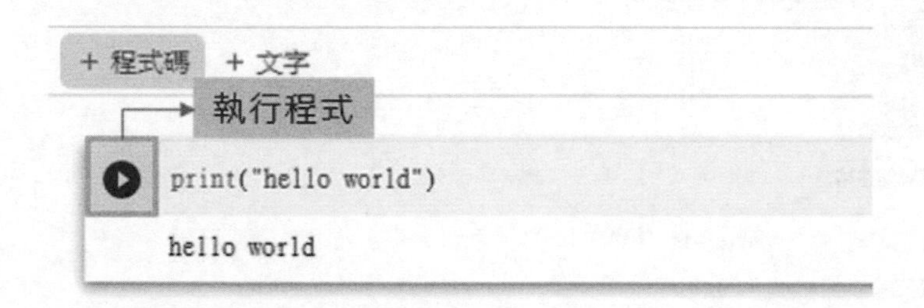

點擊 + **程式碼**就可以在底下新增 Cell

你也可以在 Cell 裡按住鍵盤上的 Alt，再按下 Enter，除了會執行程式，還會在底下新增 1 個 Cell

若要在 Cell 上面新增，將滑鼠移到 Cell 上面就會出現選單，點擊 + **程式碼**就可以新增 Cell

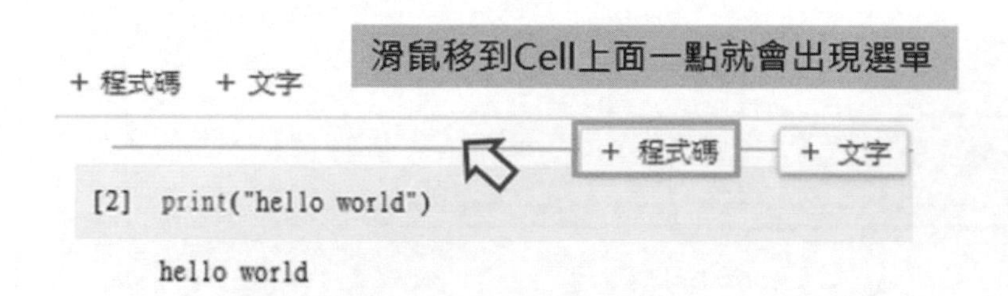

若要刪除 Cell，在 Cell 處按滑鼠右鍵出現選單，點擊刪除儲存格

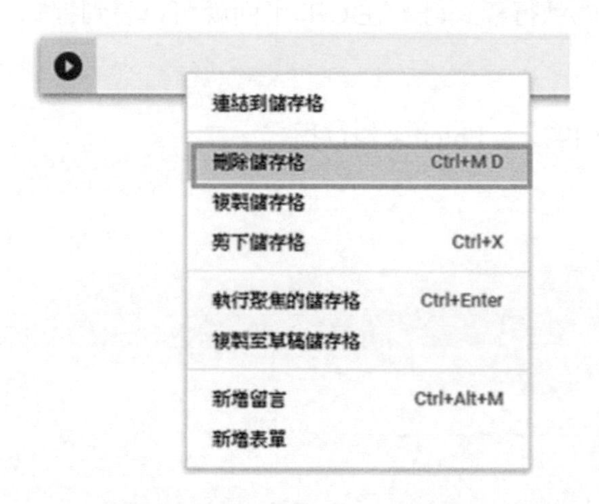

如果要複製 Cell，在 Cell 處按滑鼠右鍵出現選單，點擊複製儲存格，接著 Ctrl + v 就會複製 Cell

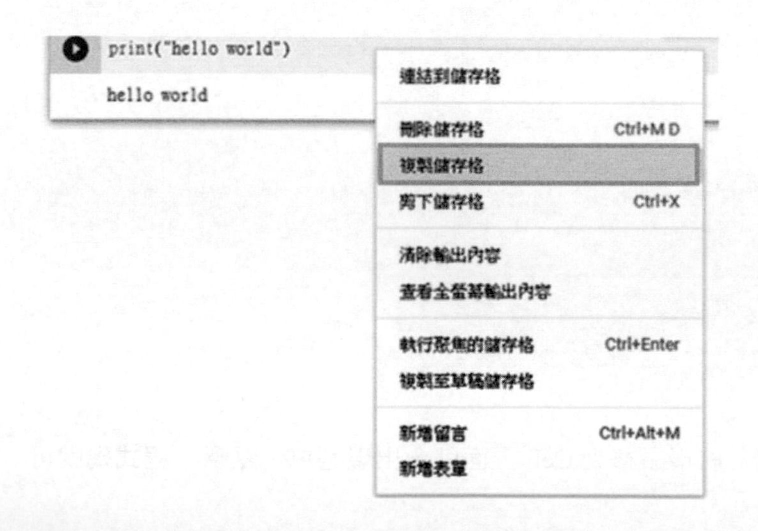

當檔案裡有許多的 Cell，不想要每 1 個 Cell 都要按 1 次執行，可以點擊工具列的執行階段，點擊全部執行，會從最上面開始，依序向下執行每一個 Cell。

加入文字標題

若想為 Cell 取名稱、設置標題，可以點擊 + **文字**就可以在底下新增文字標題，輸入完成後，將滑鼠移至其他 cell 就完成輸入。

可以選擇顯示文字的大小，輸入完成後，將滑鼠移至其他 cell 就完成輸入。

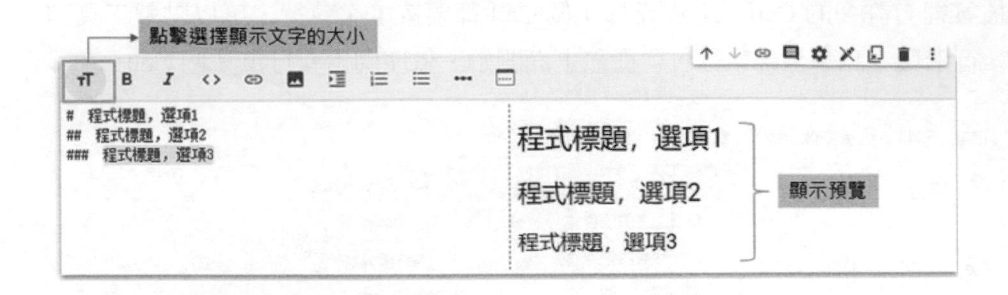

程式碼與文字的範例如下

若要更改 Cell 的上下順序，可以點擊 Cell 裡工具列上的上下箭頭

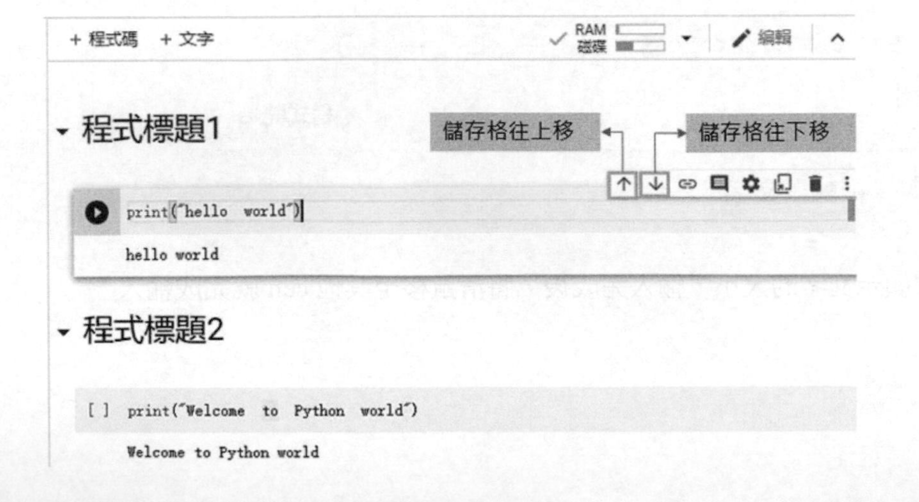

若 Cell 執行的時間太久或是其他原因想要中斷執行，可點擊工具列上執行階段→中斷執行。

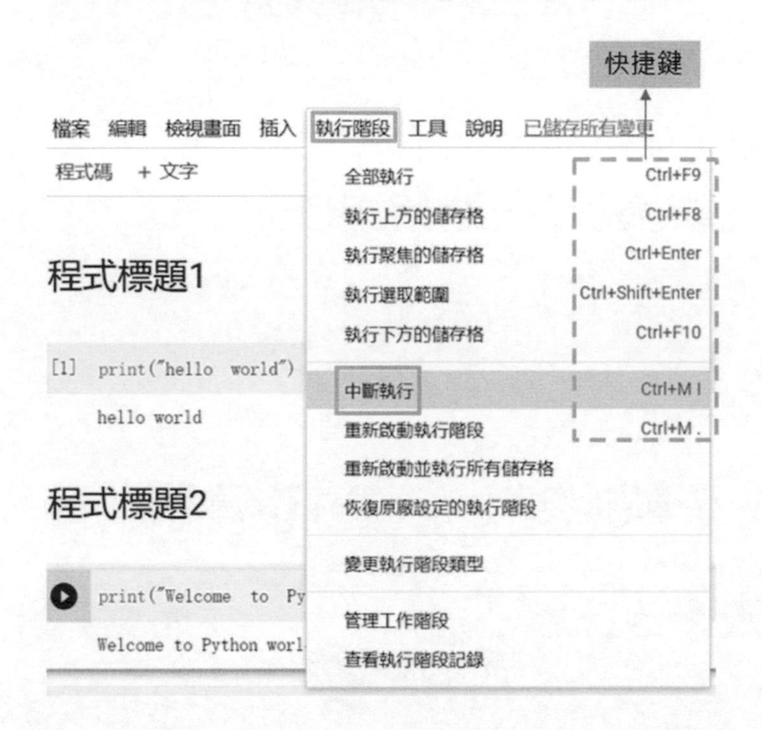

Jupyter Notebook 有個很方便的特性，當 Cell 被執行後，所有的變數與結果會記錄下來，可以在其他 Cell 繼續使用變數值或執行結果。

這個好處是當 A 程式運行時間很長時 (例如 1 分鐘)，將 A 程式寫在 A Cell，執行完後，在 B Cell 可以隨時取用 A Cell 的執行結果，B Cell 修改程式碼也不需要重新執行 A Cell。

程式標題1

執行後msg_1的內容會被儲存起來

```
[3] msg_1 = "hello world"
```

程式標題2

執行後msg_2的內容會被儲存起來

```
[4] msg_2 = "Welcome to Python world"
```

程式標題3

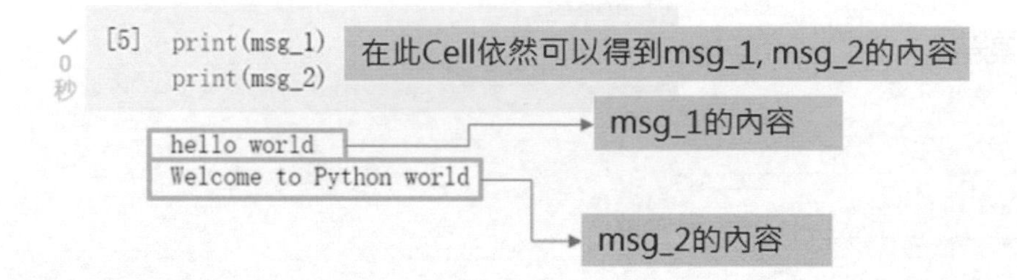

查看 Python 版本

使用 Colab 時，基本上不需再安裝套件

使用 help() 來查看 Python 的版本，如下

若要退出 help() 的執行，按下 Enter 即可

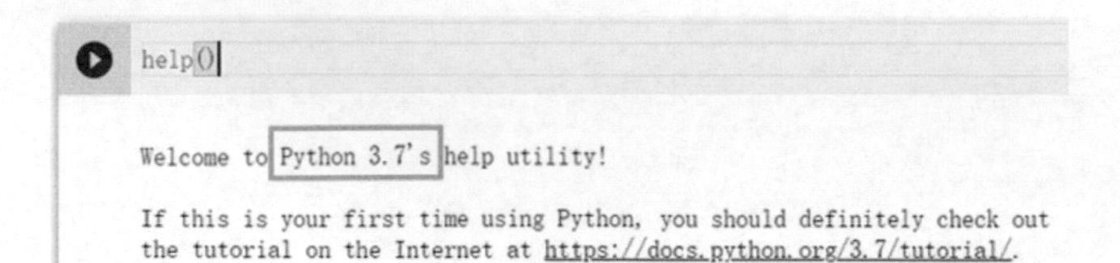

當 Cell 數目非常多，紀錄的變數與執行結果會佔用更多的記憶體，若想釋放資源或是重新執行，可以點擊工具列上的執行階段→重新啟動執行階段。

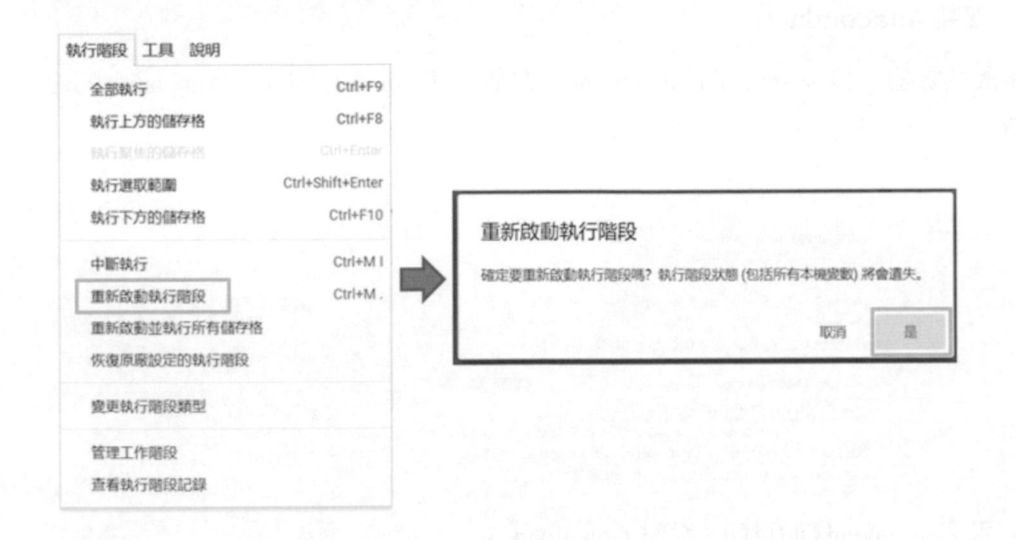

2-3 Jupyter 的安裝

我們會使用 Anaconda 進行 Jupyter 的安裝

- **Anaconda 介紹**

◆ 僅單獨安裝 Python 是簡單的，但在實際應用上會安裝其他的套件 (Package)，或稱函式庫 (Library)。每個套件都是由不同的團體或公司開發，無法得知與其他套件的相容性，若遇到相容性問題，往往需要花時間做測試與驗證，為了避免此問題，建議使用 Anaconda 來進行 Python 環境建立與套件的安裝。

◆ Anaconda 語意上也是蟒蛇的一種，與 Python 類似，但在程式開發領域並不是物種的類似，而是致力於管理、部署 Python 與相關軟體套件，一樣支持免費、開源的精神。

◆ Anaconda 簡化了軟體安裝的程序，使用其安裝套件時，Anaconda 會檢查不同套件之間的相容性，提供適合的版本進行安裝；若是有其他相依賴的套件，Anaconda 也會替使用者一併安裝。

◆ Anaconda 的版本有個人版 (Individual Edition)、團隊版 (Team Edition) 與企業版 (Enterprise Edition)，一般使用個人版即可。

● **安裝 Anaconda**

開啟瀏覽器，搜尋 anaconda download，點擊 Individual Edition – Anaconda 的連結

◆ 進入 Anaconda 的頁面，點擊 Download

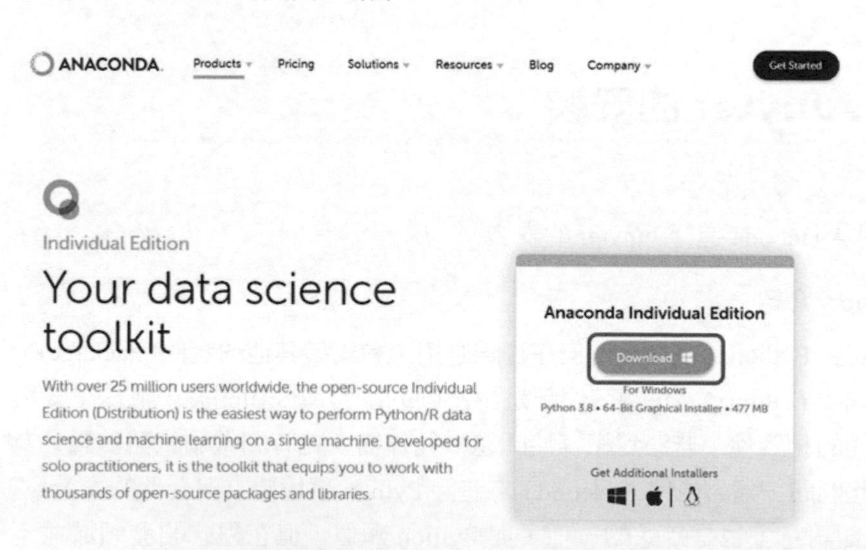

或是滾動滑鼠至網頁最下方，根據電腦的系統選擇合適的版本，點擊 64-Bit Graphical Installer 進行下載。

由灰色字體可以了解到 Anaconda 安裝的預設 Python 為 3.8 的版本

這本書使用到的程式碼會是 Python 3.6 ~ 3.9 共有的函數，所以 Colab 的 Python 3.7 或是 Anaconda 安裝的 Python 3.8 都是可以使用的。

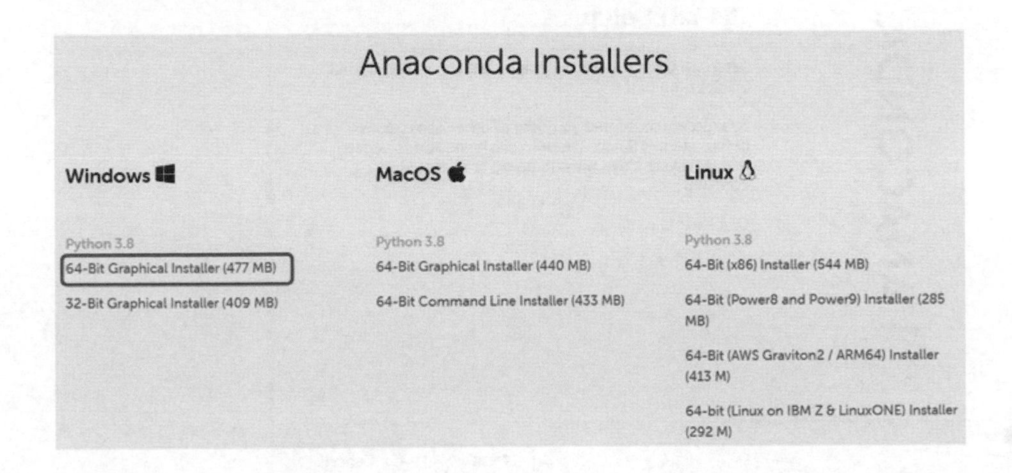

點擊滑鼠右鍵，選擇以系統管理員身分執行

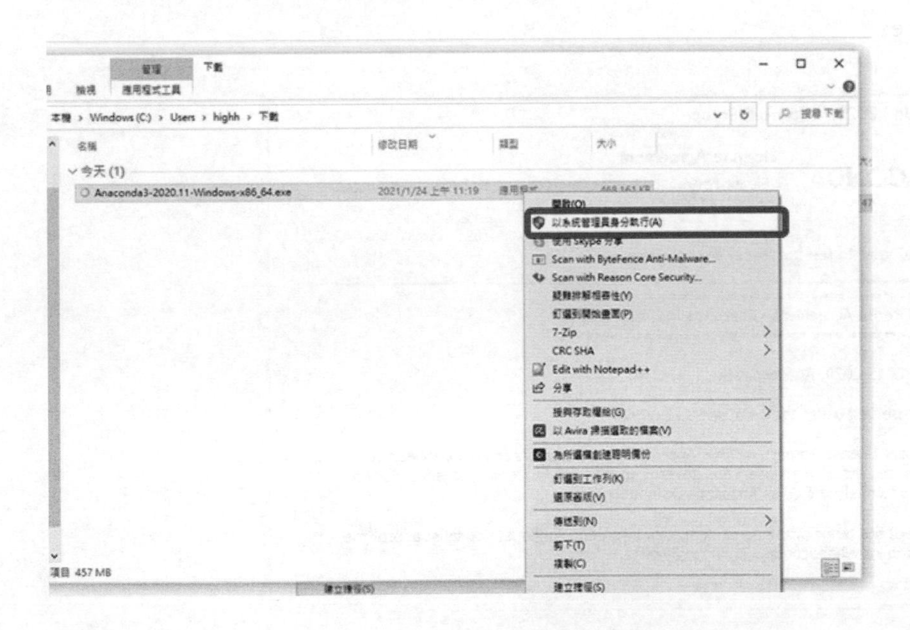

點擊 NEXT

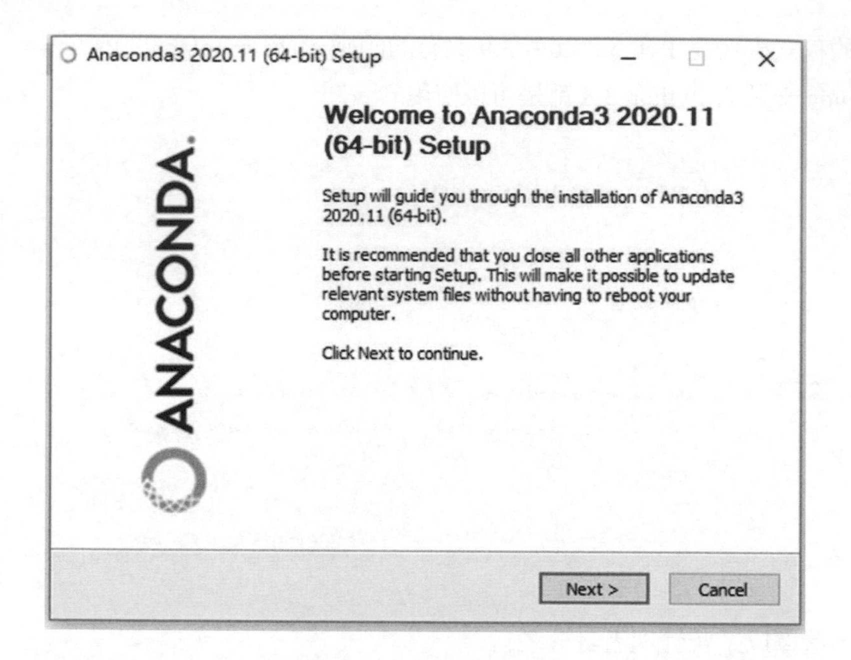
Anaconda3 2020.11 (64-bit) Setup
ANACONDA.
Welcome to Anaconda3 2020.11 (64-bit) Setup
Setup will guide you through the installation of Anaconda3 2020.11 (64-bit).
It is recommended that you close all other applications before starting Setup. This will make it possible to update relevant system files without having to reboot your computer.
Click Next to continue.
Next >
Cancel

點擊 I Agree

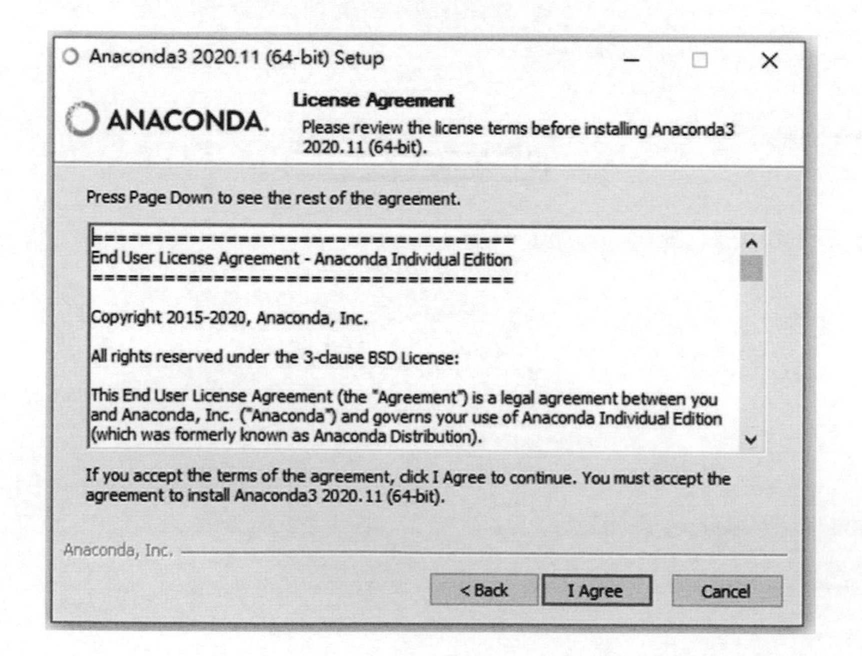
Anaconda3 2020.11 (64-bit) Setup
ANACONDA.
License Agreement
Please review the license terms before installing Anaconda3 2020.11 (64-bit).
Press Page Down to see the rest of the agreement.
End User License Agreement - Anaconda Individual Edition
Copyright 2015-2020, Anaconda, Inc.
All rights reserved under the 3-clause BSD License:
This End User License Agreement (the "Agreement") is a legal agreement between you and Anaconda, Inc. ("Anaconda") and governs your use of Anaconda Individual Edition (which was formerly known as Anaconda Distribution).
If you accept the terms of the agreement, click I Agree to continue. You must accept the agreement to install Anaconda3 2020.11 (64-bit).
Anaconda, Inc.
< Back
I Agree
Cancel

若無特殊需求，依照建議選擇 Just Me

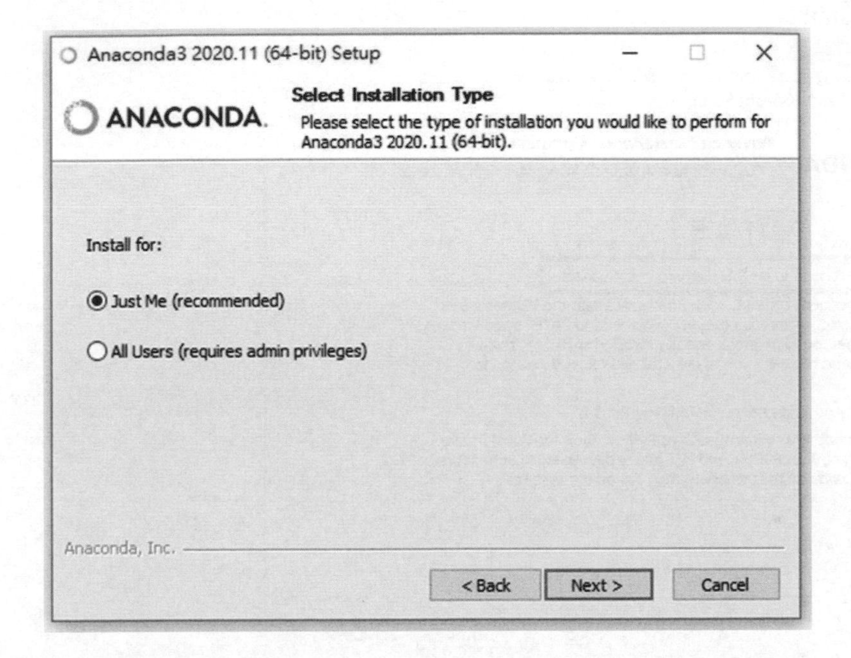

若無特殊需求，依照建議的儲存位置進行安裝，點擊 NEXT

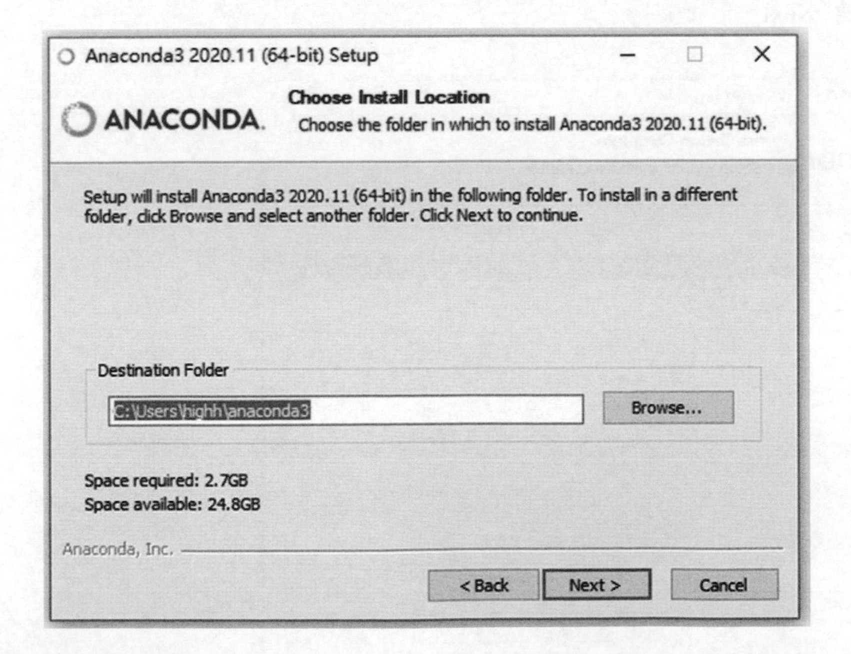

之後的應用會在命令提示字元使用到 Anaconda 的指令，此處要將路徑加入環境變數，點擊 Install

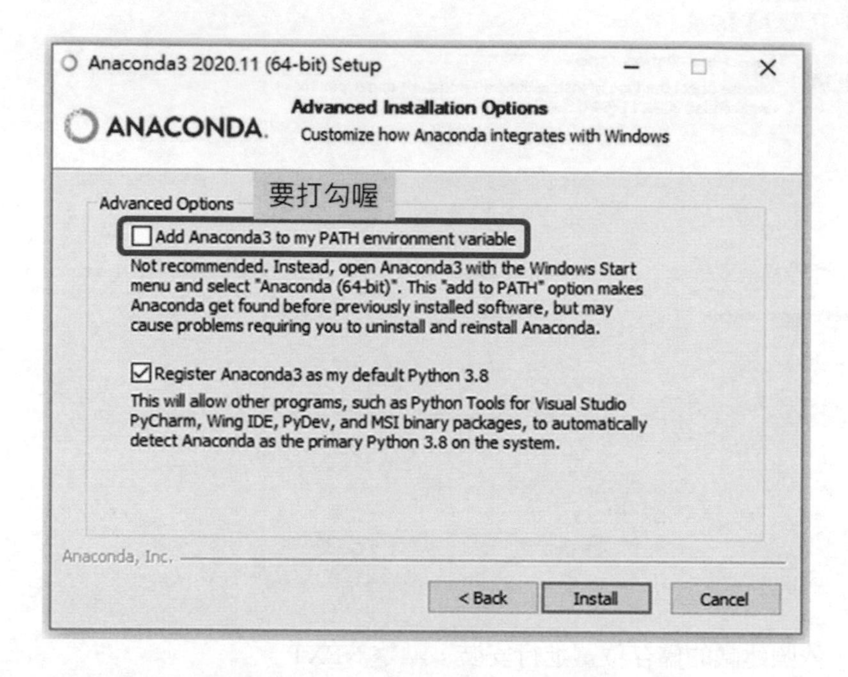

安裝完畢，點擊 Next

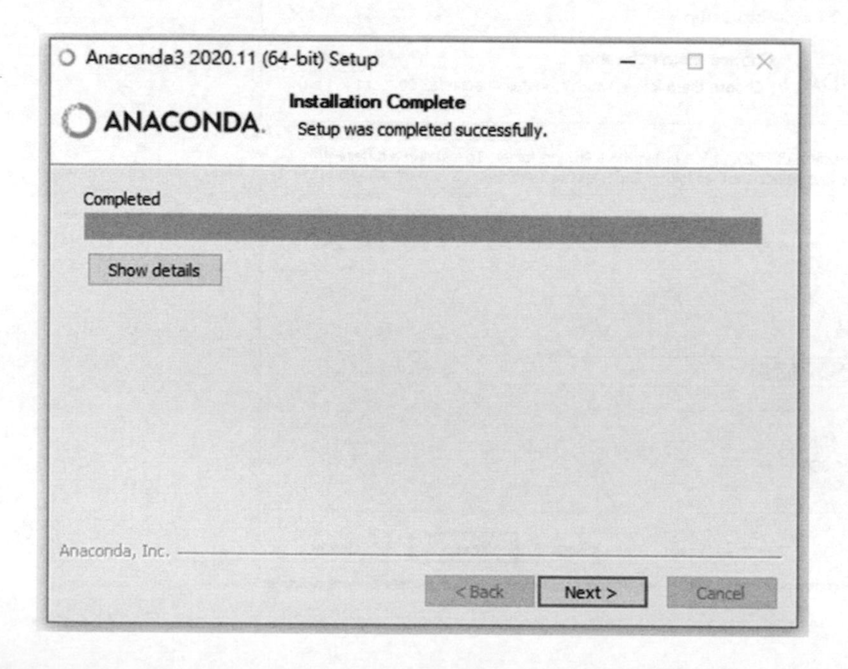

Anaconda 有與開發環境 Pycharm 合作的版本，目前先不用安裝，點擊 Next

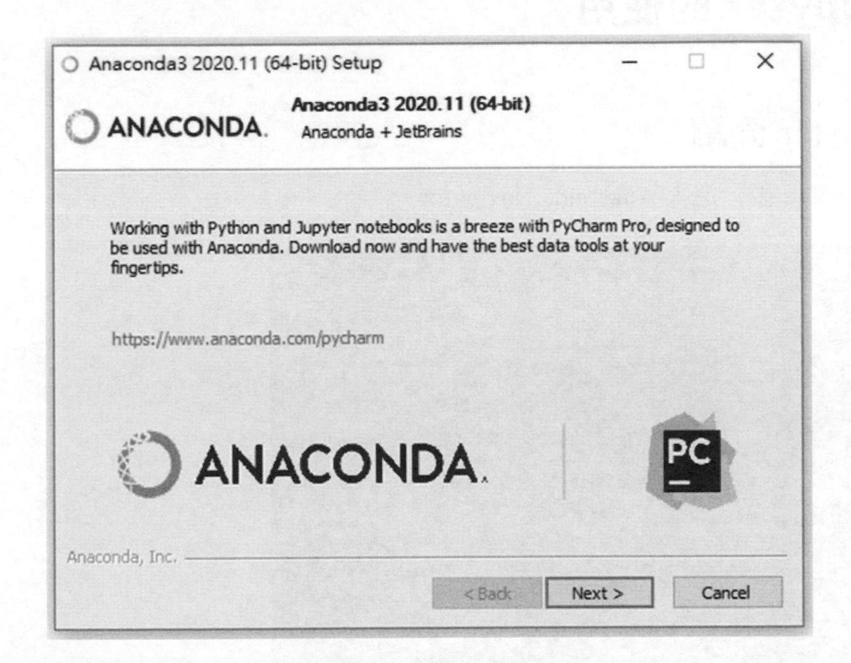

取消以下兩項的勾選，點擊 Finish，完成安裝

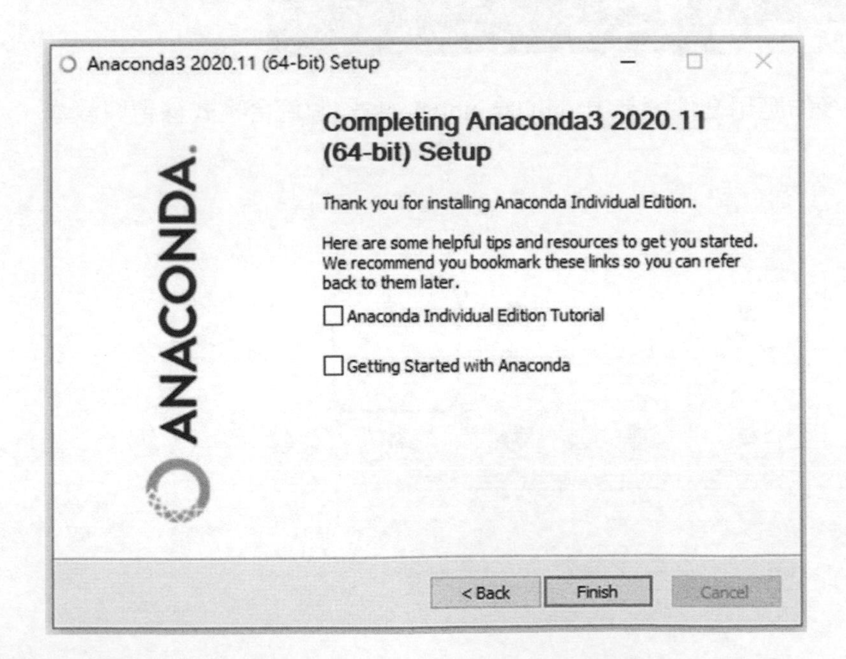

2-4 Jupyter 的使用

2-4-1 Jupyter 介紹

◆ 安裝完 Anaconda 後，進入 Anaconda Navigator。

◆ 你會看到許多的應用套件，其中 Jupyter Notebook 是個適合程式練習與教學的編輯環境。

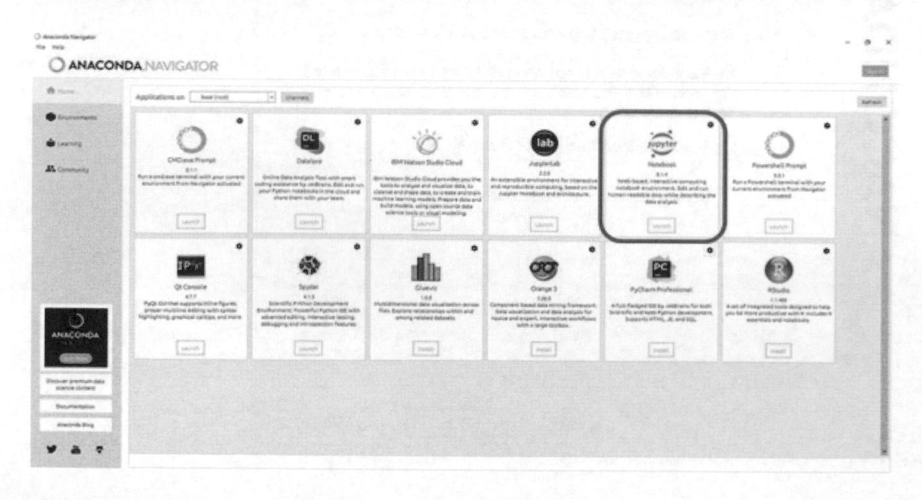

◆ Jupyter 名稱來自於支援 3 種核心語言的引用，分別是 Julia, Python 與 R，而至今已支援數十種語言的開發環境。開發團隊為非營利組織，致力於使用程式語言完成數據科學的計算。產品有 Jupyter Notebook、Jupyter Hub、Jupyter Lab。

◆ 從此介面可以直接進入 Jupyter Notebook 介面，但不建議這樣做，因為你的 Jupyter 檔案不會存放在介面的預設路徑裡。

2-4-2　Jupyter 的介面使用說明

◆ 在系統槽 (通常為 C 槽) 之外，建立一個存放 Jupyter 檔案的資料夾，如下圖所示，我在 F 磁碟區建立 jupyter 資料夾。不建議放在系統槽的原因是執行程式時會附加很多的影像或是權重檔案，時間一久，系統槽很容易就滿了；另外，重新安裝操作系統 (Operating System，如 Windows) 時，若忘記搬移檔案，花費許多時間寫完的程式就隨著重灌系統被格式化掉了。

◆ 以下介紹 2 種開啟 Jupyter Notebook 的方式。

◆ 第 1 種方式是在該資料夾路徑的地方輸入 cmd

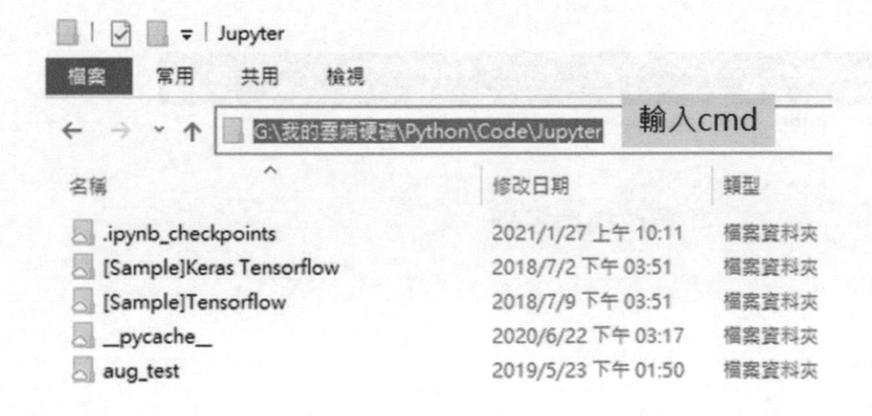

◆ 輸入 jupyter notebook

```
命令提示字元

G:\我的雲端硬碟\Python\Code\Jupyter>jupyter notebook
```

◆ Jupyter Notebook 介面就會在你的瀏覽器呈現

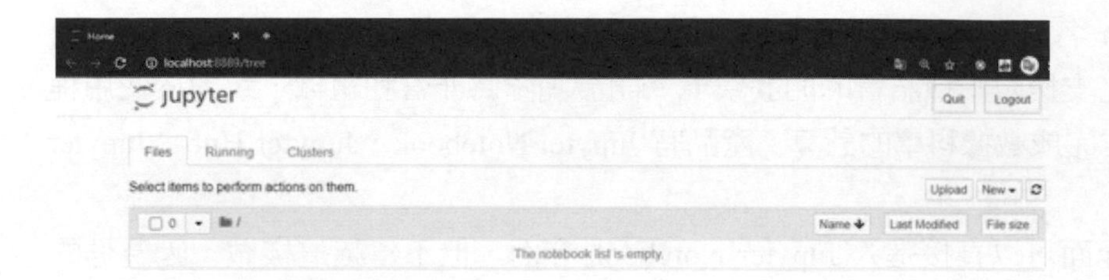

新增 1 個檔案，New → Python3

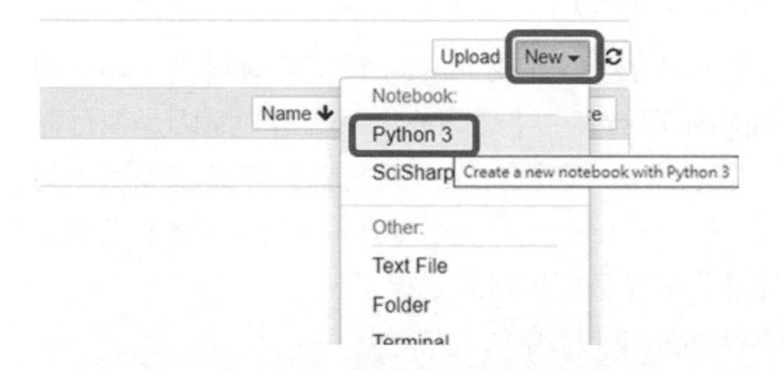

檔案新增成功

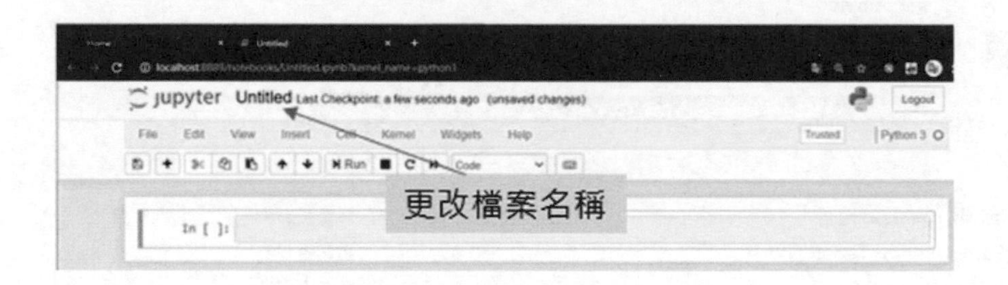

更改檔案名稱，確定後按下 Rename

Rename Notebook

Enter a new notebook name:

hello_world

Cancel Rename

回到資料夾，可以看到新增加了 1 個檔案，副檔名會是 ipynb，這是 Jupyter Notebook 檔案的專屬副檔名。

Colab 是以 Jupyter 為基礎，副檔名也是 ipynb，即兩個編輯環境的檔案可以共用。

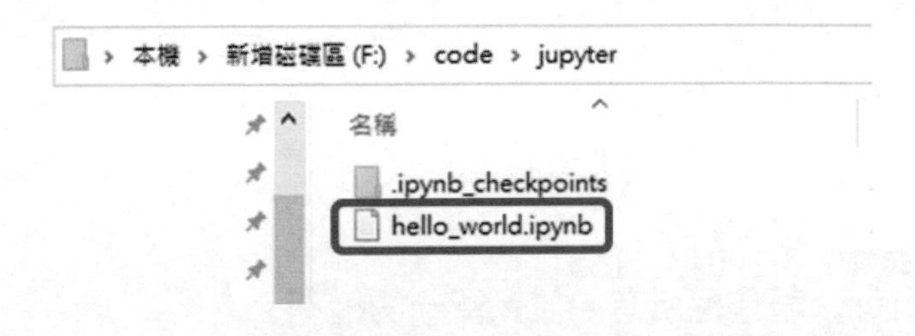

第 2 種方式，打開 Windows 選單，在搜尋框裡輸入 cmd，在命令提示字元處按下滑鼠右鍵，選擇以系統管理員身分執行

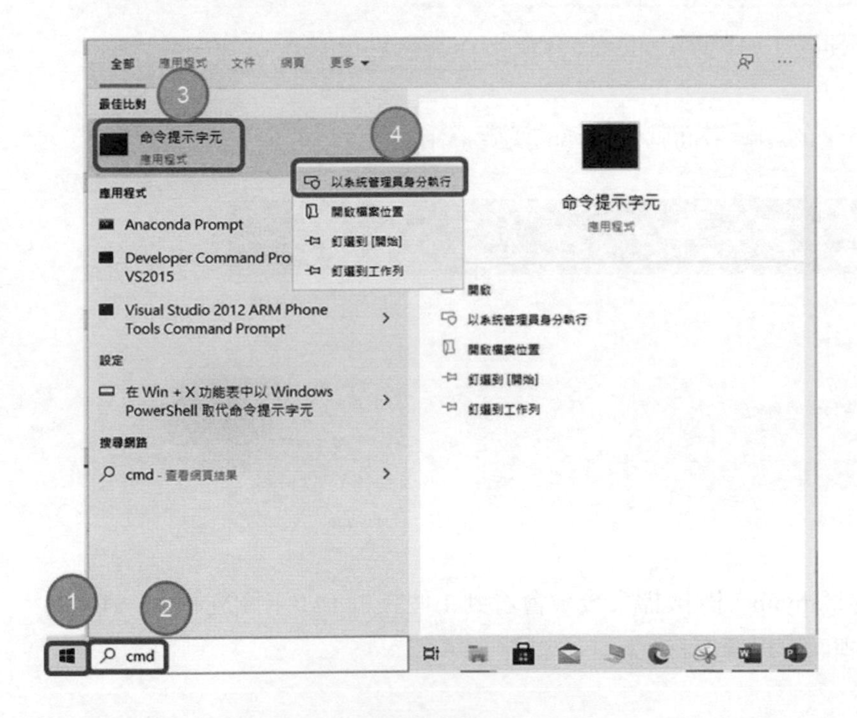

回到剛剛建立的資料夾，複製路徑

由於我的資料夾在 G 槽，在命令提示字元輸入 g:，按下 Enter 鍵，進入 G 槽。不要跟著打相同的指令，請根據你的資料夾所在的硬碟輸入對應的指令。

輸入 cd 空一格 (按下鍵盤中的 space 鍵 1 次)，貼上剛剛複製的路徑 (鍵盤中的 Ctrl + v)，按下 Enter 鍵，進入剛剛建立的資料夾。

輸入 jupyter notebook，按下 Enter 鍵，進入編輯介面

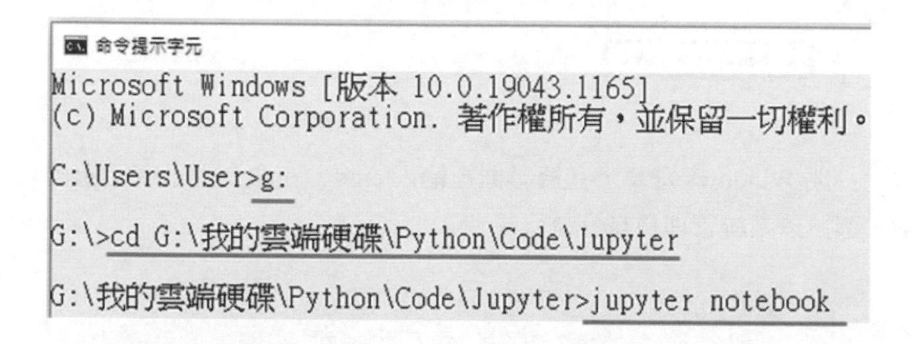

Jupyter Notebook 的編輯畫面就會在你的瀏覽器出現了

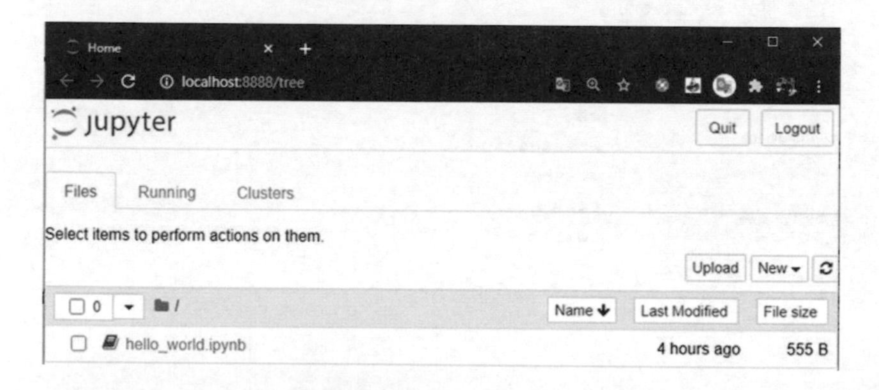

點擊 hello_world.ipynb，開啟檔案後，會看到 1 個長框 (如下圖紅框)，稱之為 Cell，在 Cell 裡面可以撰寫程式。

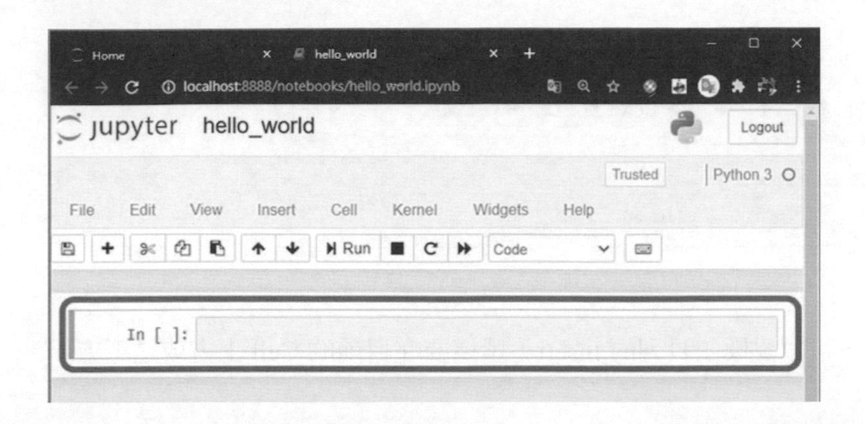

輸入 print("hello world")，點擊 Run，在 Cell 下面就可以看到程式的執行結果，並在下方增加 1 個新的 Cell。

也可以按住鍵盤上的 Alt，再按下 Enter 獲得與點擊 Run 相同的效果。

若只想單獨執行 Cell 裡的程式，不需要增加新的 Cell，可以在 Cell 裡按住鍵盤上的 Ctrl，再按下 Enter 來執行程式。

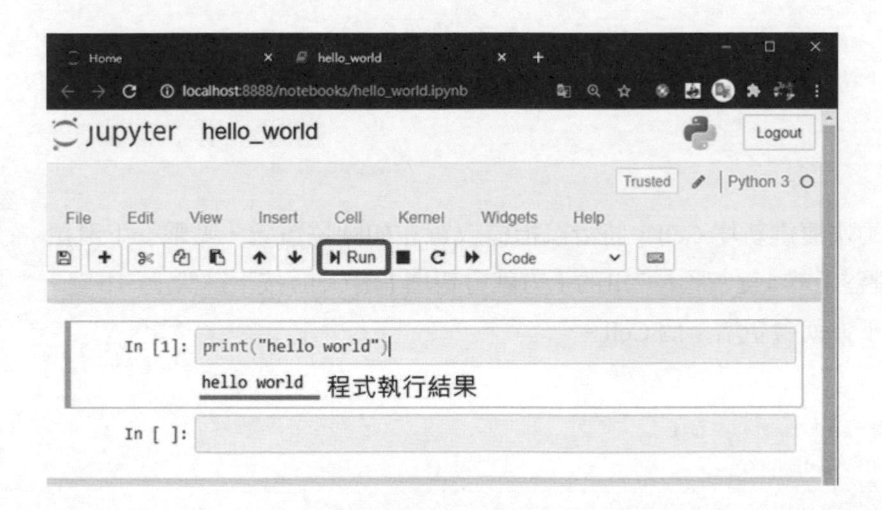

要儲存程式內容，可點擊工具列上的圖示 (如下圖所示)，或按住鍵盤上的 Ctrl 鍵，再按下 s 鍵進行內容的儲存。

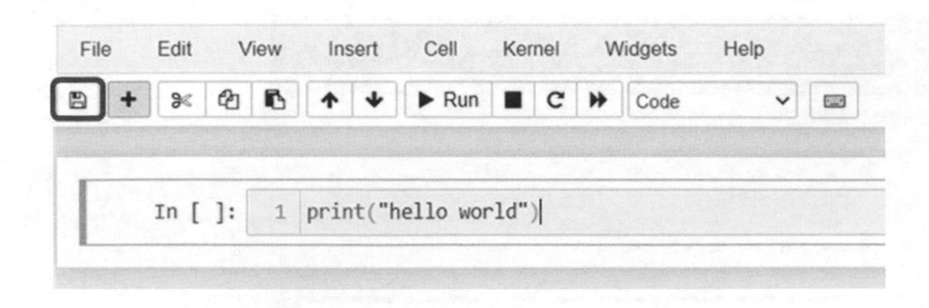

若要新增 Cell，可以點擊工具列的 Insert，選擇要在目前的 Cell 上方或是下方新增 1 個 Cell。

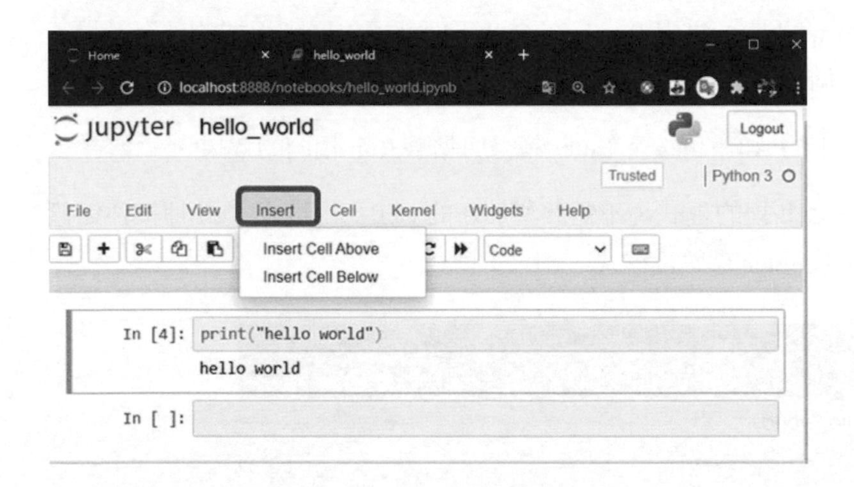

使用鍵盤上的快捷鍵新增 Cell，將滑鼠指標放置在如圖位置處，點擊一下滑鼠左鍵，按下鍵盤上的 a 鍵，原本 Cell 的上方就會新增 1 個 Cell；按下鍵盤上的 b 鍵，原本 Cell 的下方就會新增 1 個 Cell。

若要刪除 Cell，將滑鼠指標放置在如圖位置處，點擊一下滑鼠左鍵，連續按 2 次鍵盤上的 d，即可刪除該 Cell。

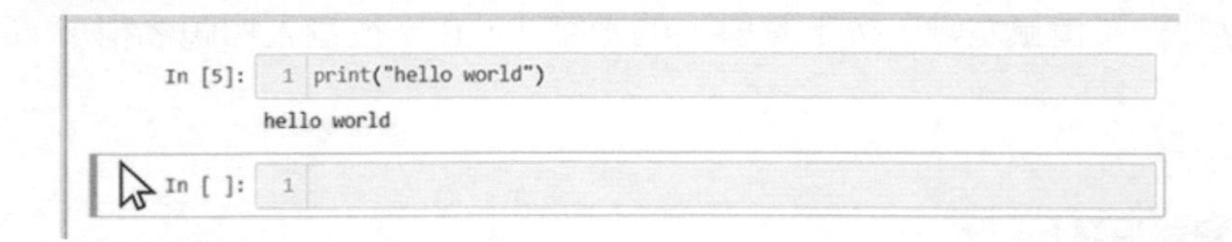

若要複製 Cell，將滑鼠放置到如下圖的位置，先按一下滑鼠左鍵，按下鍵盤上的 c 鍵，此時該 Cell 已經被複製，接著按下鍵盤上的 v 鍵就會貼上剛剛複製的 cell，按 1 次 v 鍵就會貼上 1 次。

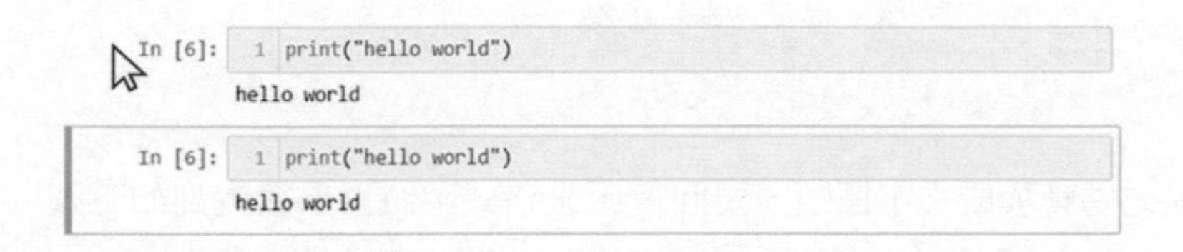

當檔案裡有許多的 Cell，不想要每 1 個 Cell 都要按 1 次 Run，可以點擊工具列的 Cell 選項，點擊 Run All，所有的 Cell 會從最上面開始，依序向下執行。

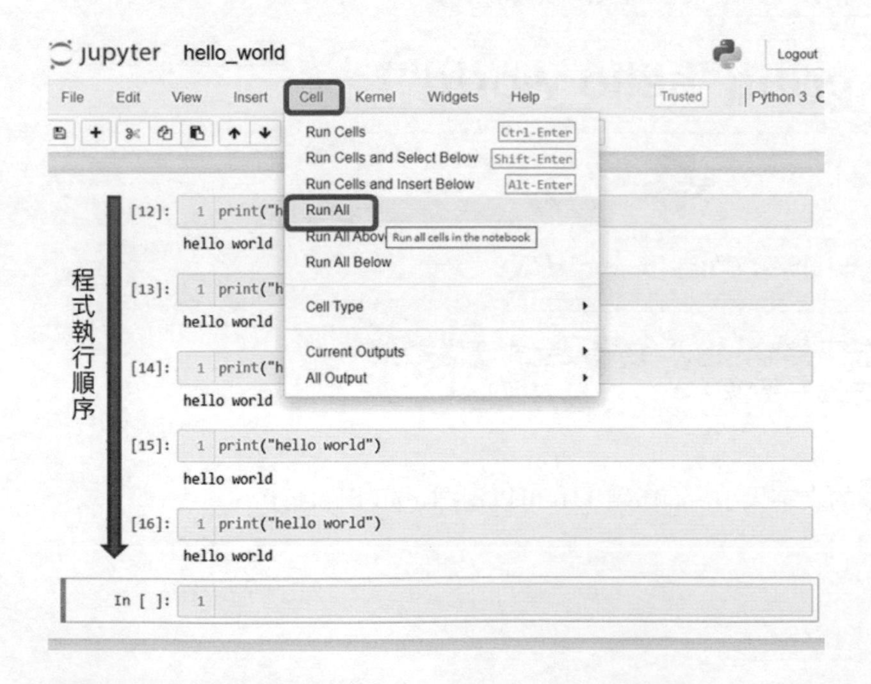

若想為 Cell 取名稱、設置標題，可以先在上方新增 1 個 Cell，將滑鼠放置到如

下圖的位置，點擊一下滑鼠左鍵，按下鍵盤上的數字 1，在 # 後輸入標題名稱，並執行該 Cell。

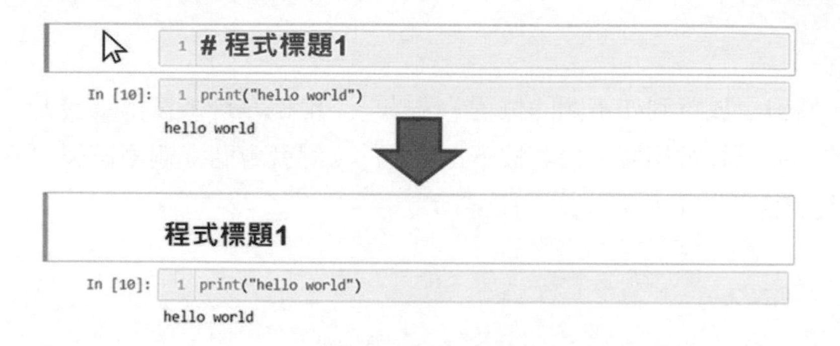

如果不小心將程式碼轉換成文字標題，要回復原來格式，將滑鼠放置到如下圖的位置，點擊一下滑鼠左鍵，按下鍵盤上的 y 鍵就可以恢復了。

若要設定標題的文字大小，有數字 1~6 可以選擇，如下圖所示

程式標題，選項1

程式標題，選項2

程式標題，選項3

程式標題，選項4

程式標題，選項5

程式標題，選項6

若要更改 Cell 的上下順序，可以點擊工具列上的上下箭頭。

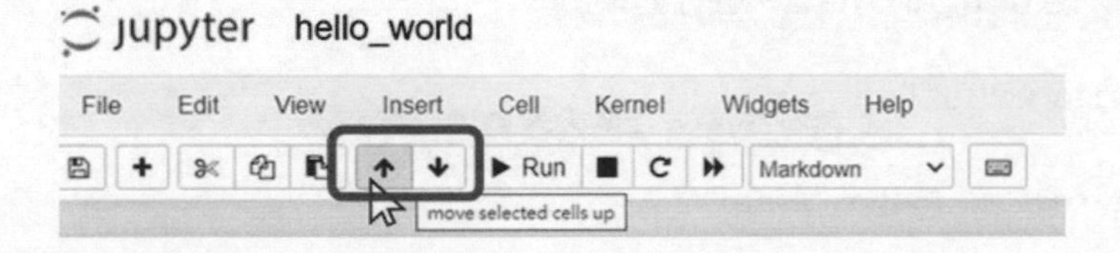

若 Cell 執行的時間太久或是其他原因想要中斷執行，可點擊工具列上 Kernel → Interrupt。

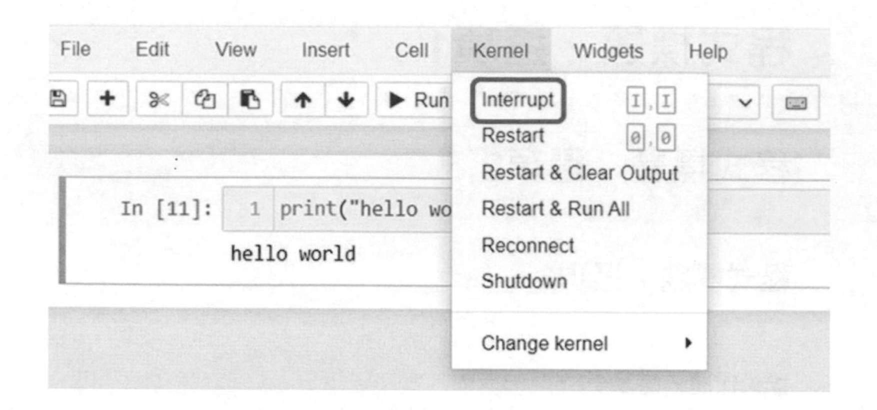

Jupyter Notebook 有個很方便的特性，當 Cell 被執行後，所有的變數與結果會記錄下來，可以在其他 Cell 繼續使用變數值或執行結果。

這個好處是當 A 程式運行時間很長時 (例如 1 分鐘)，將 A 程式寫在 A Cell，執行完後，在 B Cell 可以隨時取用 A Cell 的執行結果，B Cell 修改程式碼也不需要重新執行 A Cell。

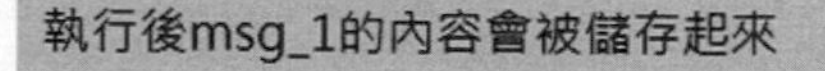

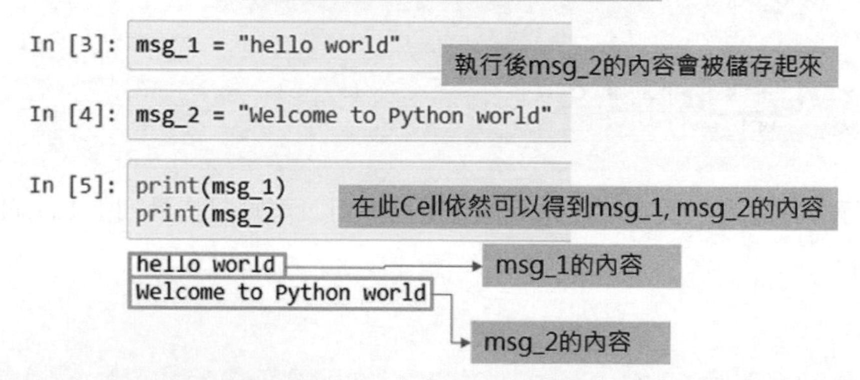

查看 Python 版本

使用 Jupyter 時，雖然已經安裝的套件沒有 Colab 那麼多，但基本的都已經安裝

使用 help() 來查看 Python 的版本，如下。

若要退出 help() 的執行，按下 Enter 即可

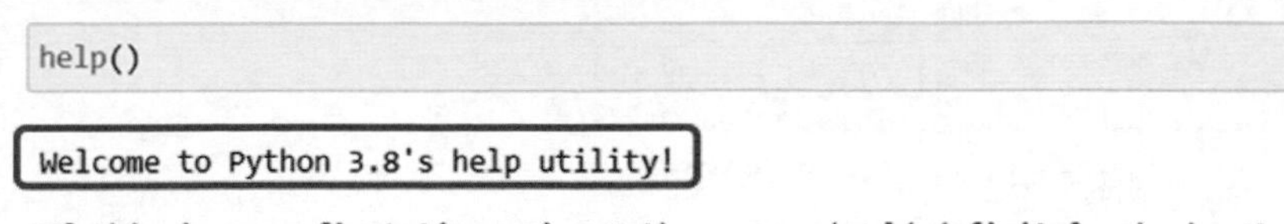

當 Cell 數目非常多，紀錄的變數與執行結果會佔用更多的記憶體，若想釋放資源，可以點擊工具列上的 Kernel → Shutdown。

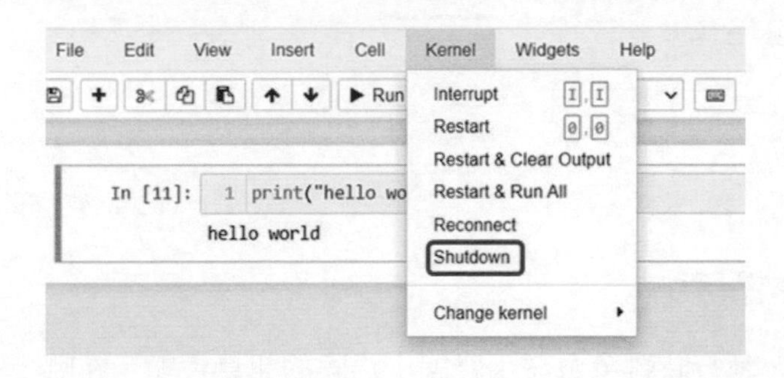

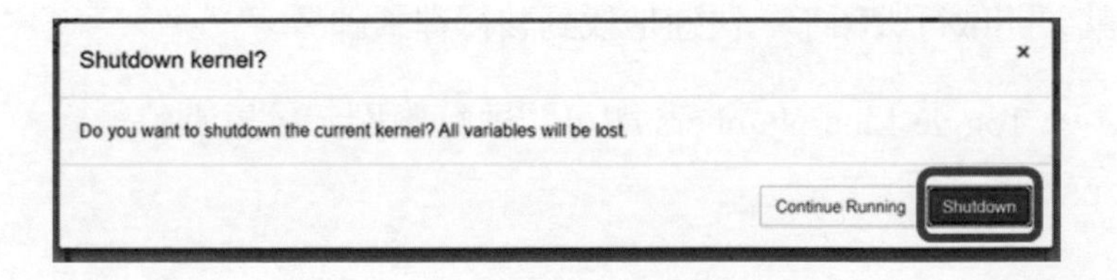

要注意的是，執行 Shutdown 後，無法再執行 Cell，需要點擊工具列上的 Kernel → Restart，並看到 Kernel ready 的藍色文字後才能夠繼續執行 Cell。

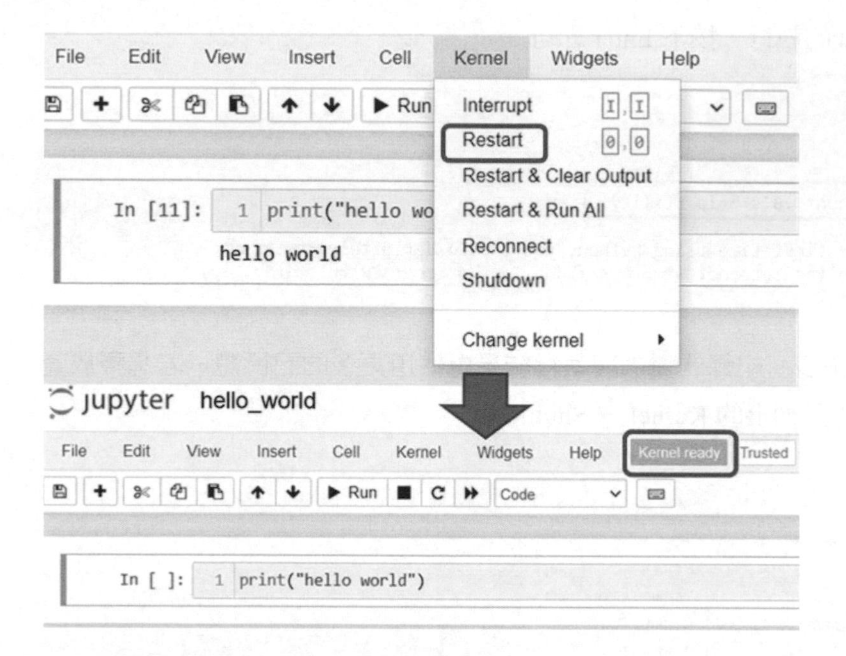

開啟或關閉程式碼的行數顯示

當程式碼行數相當多的時候，執行時難免會發生錯誤，錯誤的訊息會顯示在哪一行出現錯誤，此時就要開啟行數顯示，快速地找到該行程式碼。

點擊工具列上的 View → Toggle Line Numbers 即可開啟行數顯示，再點擊一次即可關閉該功能。

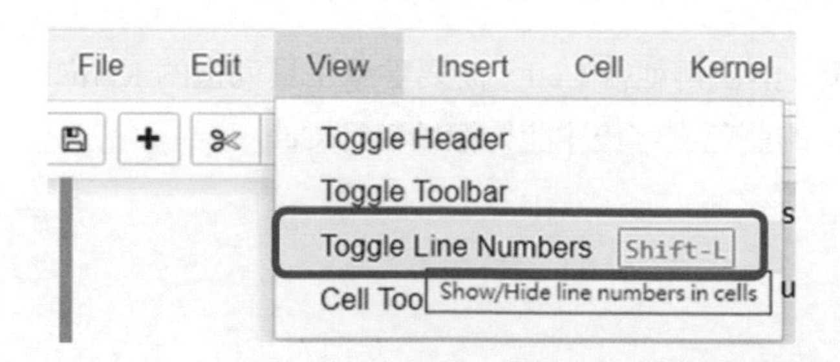

關於鍵盤的熱鍵數量眾多，每個程式開發者使用的習慣也不一樣，在此無法一一為大家介紹，若對於其他熱鍵組合有興趣，可以點擊工具列上 Help → Keyboard Shortcuts 觀看所有選項。

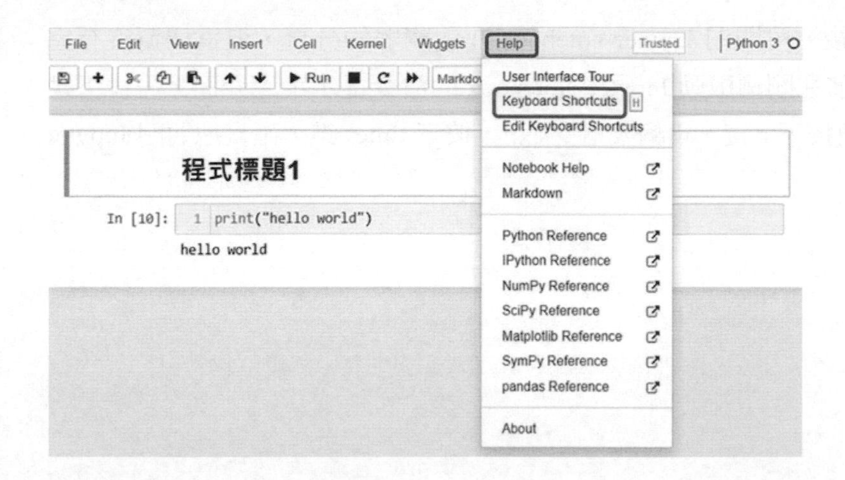

如下圖的紅框，就是剛剛介紹的 6 種標題的字體大小與種類。

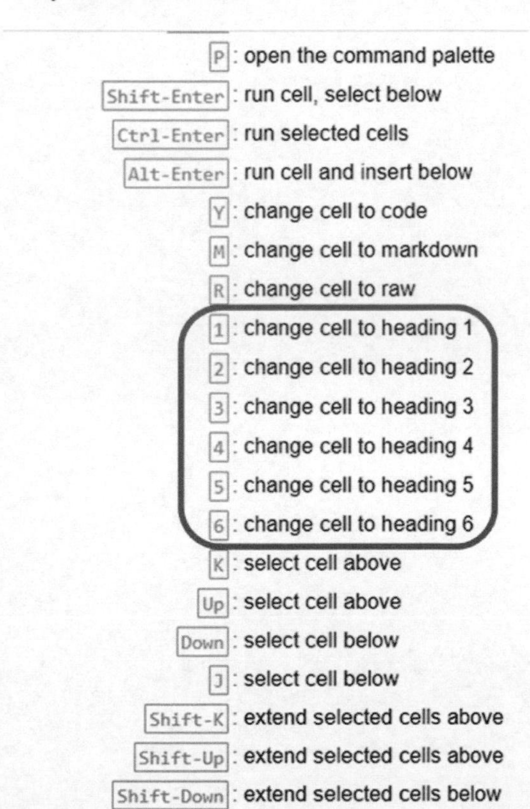

程式開發完畢後，可關閉 Jupyter notebook 在瀏覽器的分頁，但這樣還沒有完全關閉，必須前往剛剛啟動 Jupyter Notebook 的命令提示字元介面，先按下鍵盤上的 Ctrl，再按下 c 鍵，再輸入指令 exit，按下 Enter 鍵，確實地關閉 Jupyter Notebook。

CH03

Python 的運算

3-1 print 函數與程式碼註解方式

3-1-1 第一個也是最常用的函數 print()

函數的細節會在後面的章節詳細述說，這邊會先提到 print 函數是因為可以顯示括號裡的內容，在學習的過程中，會撰寫許多的程式，使用顯示函數才知道執行的結果與想法是否一致。

當程式相當龐大的時候，也會分段顯示執行結果，才能夠驗證每一段的邏輯是否與規劃的內容相同，可以說時時刻刻都在使用此函數。以下是 print() 的使用範例。

```
print("hello world") #顯示文字字串
```

```
hello world
```

```
print(45*78*69)#顯示數學運算結果
```

```
242190
```

Jupyter Notebook 有個好處，即使不寫 print()，也可以顯示結果。

```
"hello world"
```

```
'hello world'
```

若是有多行程式碼，都不使用 print() 的話，只會顯示最後一行的結果。

```
"hello world"
"This is Python world"
"Don't be afraid ~"
```

```
"Don't be afraid ~"
```

如果每一行都要顯示，就要每一行都使用 print() 函數。

```
print("hello world")
print("This is Python world")
print("Don't be afraid ~")
```

```
hello world
This is Python world
Don't be afraid ~
```

3-1-2 程式碼的註解方式

在程式碼最後有個井字號 #，通常會加上文字，用來說明、解釋或記錄，當程式執行時是不會顯示註解內容的。

```
#使用井字號的註解方式

print(45*78*69)#說明程式碼的目的

#也可以提醒自己為何要寫這行程式碼
#讓1年後的自己會感謝自己

# 可以使用快捷鍵 Ctrl + /
```

```
242190
```

另外一種註解方式是如下的方式

```
'''
這種註解方式可以進行大量文字的註解
不用在每一行的開頭都輸入井字號
比較常使用在函數的參數解釋

'''
print(45*78*69)#說明程式碼的目的
```

```
242190
```

3-2 四則運算

3-2-1 加減乘除

進行加法的時候，兩個數值間請按鍵盤上的 +

進行減法的時候，兩個數值間請按鍵盤上的 –

進行乘法的時候，兩個數值間請按鍵盤上的 *

進行除法的時候，兩個數值間請按鍵盤上的 /

如下範例。

```
print(6*3-2*3)
print(45/6)
print(3+2*5)
```

```
12
7.5
13
```

當運算符號都出現的時候，會遵守先乘除後加減的原則，若不想遵照原則，可以使用括號來執行你想要的運算順序。例如，想要先計算 6*3-2，再進行 *3，或是想要先 3+2，在進行 *5。

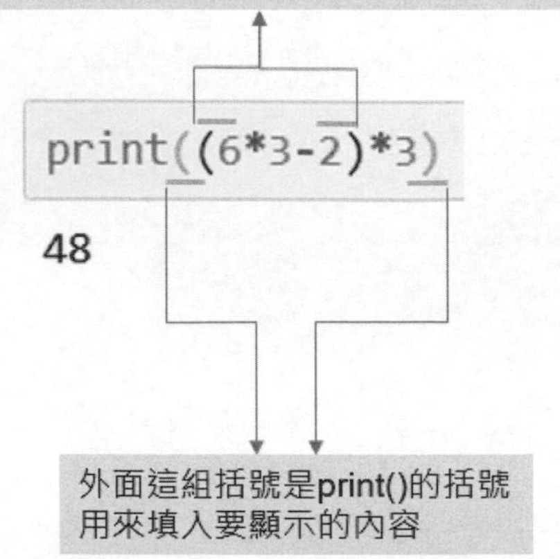
裡面這組括號是用來先計算6*3-2的內容
print((6*3-2)*3)
48
外面這組括號是print()的括號
用來填入要顯示的內容

```
print((3+2)*5)
```

```
25
```

小技巧：當你要對一串數字插入括號的時候，可以先將該串數字反白，再按下鍵盤上的左括弧 (，編輯器就會自動幫你加上右括弧。

```
print(45*78*69)
```

3-2-2 多次方運算

當要進行數值的多次方運算時候，請按鍵盤上的 **
範例中的 0.5 次方就是開根號的意思

```
print(5**2)#5的平方
print(4**3)#4的3次方
print(9**0.5)#9的0.5次方
```

```
25
64
3.0
```

3-2-3 除法結果的整數與餘數

當進行數值除法，僅想得到結果的整數部分，請按鍵盤上的 //；僅想得到結果的餘數部分，請按鍵盤上的 %。

```
print(10 // 3)#10除以3結果的整數部分
print(10 % 3)#10除以3結果的餘數部分
```

```
3
1
```

護眼技巧：為了讓程式的可讀性更好，通常會在數字與運算符號之間空一格，讓眼睛在觀看大量程式也可以快速分離出數字與運算符號喔。

```
print(6**6+12/8-365-412)#數字與符號間沒有加空格

#數字與符號間有空格，閱讀較為輕鬆
print(6 ** 6 + 12 / 8 - 365 - 412)
```

```
45880.5
45880.5
```

3-2-4 運算符號的優先順序

- 當所有的運算符號同時出現的時候，會依照以下的順序進行計算。

1. 括號 (): 只要有了括號，最優先運算。
2. 次方 **: 不用與其他數值互動，針對本身數值進行運算。
3. 乘 *、除 /、餘數 %、整除 //: 這 4 種運算的優先度都相同，會依照出現的順序進行運算。
4. 加 +、減 -: 這 2 種運算的優先度都相同，會依照出現的順序進行運算。

3-3 變數 (Variable)

3-3-1 意義

◆ 上面的運算就像是拿著計算機按按數字，得到答案後就會清空，沒有儲存的功能。

◆ 一般來說，單純的數字是沒有意義的，若要有意義，需要給予單位、一個名詞或一段敘述。

◆ 舉例 1: 單獨數字 100 是沒有意義，若變成了 100 台幣、100 美元，意義上是不是完全不一樣了！

◆ 舉例 2: 單獨數字 591、85、2020 沒有意義，若變成了 591 **租屋網**、85 **大樓**、2020 **年**，就擁有了各自的意義。

◆ 舉例 3: 我們上網想輸入臉書的網址時，會輸入 facebook.com，而不會輸入 31.13.70.36

◆ 變數的用途就是讓程式語言中的數字有其名稱，且擁有意義

◆ 如以下例子，使用 salary 來表示月薪，了解數字 36000 是代表著每月工作得到的回報。

◆ 依序輸入房租費用、三餐飲食費用、手機月租費、保險費用及娛樂花費，加總後為該月的總花費，月薪減去總花費就可以得到該月的餘額剩下多少金額。
◆ 到了下個月，一樣填入各個數字即可得到下個月的餘額。
◆ 從變數的名稱可以很快地知道其後的數字所代表的意義
◆ 經過計算的餘額 (balance) 數值可以暫時儲存起來

```
salary = 36000#月薪
rental = 7000#房租費用
food = 10000#飲食花費
telephone_fee = 499#手機費用
insurance = 2000#保險費用
entertainment = 3000#娛樂花費

balance = salary - (rental + food + telephone_fee + insurance + entertainment)
print("餘額 = ",balance)
```

```
餘額 =  13501
```

3-3-2 從共同約定來看變數

◆ A 同學與 B 同學感情很好，他們常常去 XX 咖啡館聊天、喝飲料、玩手機遊戲，他們共同約定了老地方就是 XX 咖啡館，只要說到老地方，他們就知道要去哪裡打發時間。
◆ 若把 A 同學比擬成一個 Python 程式軟體，老地方就是建立的一個變數，其內容是 XX 咖啡館，以程式表示為老地方 = XX 咖啡館，而變數「老地方」就是與 Python 共同約定的代名詞。
◆ 以共同約定的方式來看上面範例提到的 salary = 36000，就是與 Python 共同約定了 salary 這個代名詞，而代表的內容就是數值 36000。

3-3-3 命名規則

◆ 可使用英文字母開頭，其後可加上數字
◆ 不可使用數字開頭，儘管其後接了英文字母，但系統仍會認為是數字
◆ 可以使用下底線 (_) 開頭或是接在字母後，但不可使用 "-"，因 "-" 會被系統解讀成減法。
◆ 英文的大小寫在程式裡是不同的，不可混用

- 複合字的變數名稱可以使用下底線分開，如 math_score，也可以將第 2 個字開頭大寫，如 mathScore
- 由於 Python 語言沒有提供常數，通常使用全部大寫的變數名稱來告知該變數是常數，不要去更動內容

```
salary2 = 36000
salary_2 = 35000 #使用英文、底線、數字來命名變數
Salary2 = 30000 #S大寫的Salary2與s小寫的salary2不同
_ = 28000 #單獨底線也是可以成為變數名稱，多用在不重要的變數或函數回傳值
print(salary2)
print(salary_2)
print(Salary2)
print(_)
```

```
36000
35000
30000
28000
```

- Python 裡有很多保留字 (keyword)，變數的名稱不可以與保留字相同，不同的 Python 版本有不同的保留字，可以使用以下的方式查詢。
- 最簡單辨識的方法就是當你在取變數名稱時，字體會變色就表示該名稱為保留字。例如，當取變數名稱為 class，按下最後的 s 鍵時，會發現字體從黑色變成綠色，就知道不可使用該名稱，可以改成使用 class_1 或其他複合命名方式作為變數名稱。

```
import keyword

print(keyword.kwlist)
```

```
['False', 'None', 'True', 'and', 'as', 'assert', 'async',
'await', 'break', 'class', 'continue', 'def', 'del', 'eli
f', 'else', 'except', 'finally', 'for', 'from', 'global',
'if', 'import', 'in', 'is', 'lambda', 'nonlocal', 'not',
'or', 'pass', 'raise', 'return', 'try', 'while', 'with',
'yield']
```

- Python 也有許多內建函數 (Built-in Functions)，下表為 Python 3.8 版的內建函數名稱，取變數名稱時也要避免與內建函數的名稱相同。

◆ Python 3.7 ~ 3.9 的內建函數名稱與數量都是相同的，其他版本的部分，可以上網搜尋 python built in functions。

		Built-in Functions		
abs()	delattr()	hash()	memoryview()	set()
all()	dict()	help()	min()	setattr()
any()	dir()	hex()	next()	slice()
ascii()	divmod()	id()	object()	sorted()
bin()	enumerate()	input()	oct()	staticmethod()
bool()	eval()	int()	open()	str()
breakpoint()	exec()	isinstance()	ord()	sum()
bytearray()	filter()	issubclass()	pow()	super()
bytes()	float()	iter()	print()	tuple()
callable()	format()	len()	property()	type()
chr()	frozenset()	list()	range()	vars()
classmethod()	getattr()	locals()	repr()	zip()
compile()	globals()	map()	reversed()	__import__()
complex()	hasattr()	max()	round()	

問題：是否一定要取有意義的變數，不能夠單純取個 a 或 b 就好 ??

● 答：單純取個 a 當變數肯定是可以的，使用情況建議如下，

◆ 若你寫的程式會有很多人使用或共同編輯，變數的命名就一定要有意義，讓團隊能看得懂，因你也不願意看別人的程式時，裡面的變數都是 a、b、c 或 temp，你也會感到困惑。

◆ 自己撰寫的重要程式，我也建議要取有意義的變數名稱，並要註解，以免過了 3 個月後，自己被自己的程式打敗。

◆ 其他像是整個函數內部計算的輸入或輸出，或是回傳的中繼數值，就可以用簡單沒有意義的變數名稱。

◆ 測試程式碼或程式碼教學也可以使用沒有意義的變數名稱。

3-3-4 給值至變數 (Assigning Values to Variables)

◆ 在程式中給值、指定內容會使用 =，這並不是數學上的相等，而是把 = 符號後的內容與變數名稱連結起來。例如剛剛提到的 salary = 36000，意味著這一行程式執行後，salary 的內容就是 36000。

◆ 數學運算後的給值，如 salary = (36000 + 1000) * 1.05，表示先進行 (36000 + 1000) * 1.05，其運算結果再進行給值，變數 salary 的內容將是運算結果的數值。

變數名稱 = 內容

變數名稱		內容
salary_2	↔	35000
salary	↔	36000
		37000

3-3-5 多重給值 (Multiple Assignment)

Python 允許將單一數值同時給值至多個變數。當宣告多個變數，且初始值都相同的時候，可以使用此技巧，減少程式的行數

```
#使用一般變數設定
salary_1 = 36000
salary_2 = 36000
salary_3 = 36000

print(salary_1,salary_2,salary_3)

salary_1 = salary_2 = salary_3 = 36000 #相同數值給值至多個不同的變數
print(salary_1,salary_2,salary_3)
```

```
36000 36000 36000
36000 36000 36000
```

若要減少程式行數，也要給不同的數值，可以使用以下的技巧。

變數間以半形逗號隔開，等於符號之後接上要給予的數值，不同變數的數值一樣使用半形逗號隔開，宣告多少個變數就需要給予多少個數值。

```
#不同數值給值至多個不同的變數
salary_1, salary_2, salary_3 = 36000, 35000, 34000
print(salary_1,salary_2,salary_3)
```

```
36000 35000 34000
```

3-4 數值型態 (Numeric type)

Python 提供 3 種數值型態，整數 (integers)、浮點數 (floating point numbers)、複數 (complex numbers)。

常見的布林值 (boolean) 則屬於整數的次型態。

3-4-1 整數：

沒有小數點的數值稱為整數，例如 36。Python 在入門的時候不用考慮溢位 (overflow) 問題，可以給變數任意的整數值。

```
a = 2**600
a
```

```
Out[22]:

4149515568880992958512407863691161151012446
2322424368999956573296906528114129081463997
0704894710379428819788661130078918239515107
5411775307886874834113963687061181803401509
523685376
```

3-4-2 浮點數：

有小數點的數值稱為浮點數，例如 36.0。

初學 Python 時不用考慮溢位 (overflow) 問題，可以給變數任意的浮點數值。

```
a = 2**600 * 0.1
a
```

```
4.149515568880993e+179
```

3-4-3 運算後的數值型態

進行加法與減法時，分別使用整數 0 或浮點數 0.0，其餘不變動，可以看到與浮點數進行運算的結果會得到浮點數的數值型態。

```
a = 36

print("整數36 + 整數0 = ",a + 0)
print("整數36 + 浮點數0.0 = ",a + 0.0)
```

```
整數36 + 整數0 =  36
整數36 + 浮點數0.0 =  36.0
```

```
print("整數36 - 整數0 = ",a - 0)
print("整數36 - 浮點數0.0 = ",a - 0.0)
```

```
整數36 - 整數0 =  36
整數36 - 浮點數0.0 =  36.0
```

進行乘法時，刻意使用整數 1 及浮點數 1.0，其餘不變動，可以看到當整數乘上整數會得到整數型態的運算結果；而整數乘上浮點數會得到浮點數的運算結果。

```
print("整數36 * 整數1 = ",a * 1)
print("整數36 * 浮點數1.0 = ",a * 1.0)
```

```
整數36 * 整數1 =  36
整數36 * 浮點數1.0 =  36.0
```

進行除法時，不管整數除以整數或整數除以浮點數，運算結果的資料型態都會是浮點數。

```
print("整數36 / 整數1 = ",a / 1)
print("整數36 / 浮點數1.0 = ",a / 1.0)
```

```
整數36 / 整數1 =  36.0
整數36 / 浮點數1.0 =  36.0
```

進行多次方、求除法結果的整數與餘數運算時，若有浮點數參與其中，運算結果的數值型態都會變成浮點數。

```
print("整數2的整數10次方 = ",2**10)
print("整數2的浮點數10.0次方 = ",2**10.0)
```

```
整數2的整數10次方 =  1024
整數2的浮點數10.0次方 =  1024.0
```

```
print("浮點數2.0的整數10次方 = ",2.0**10)
print("浮點數2.0的浮點數10.0次方 = ",2.0**10.0)
```

```
浮點數2.0的整數10次方 =  1024.0
浮點數2.0的浮點數10.0次方 =  1024.0
```

```
print("整數36 //  整數7 = ",a // 7)
print("整數36 //  浮點數7.0 = ",a // 7.0)
```

```
整數36 //  整數7 =  5
整數36 //  浮點數7.0 =  5.0
```

```
print("整數36 %  整數7 = ",a % 7)
print("整數36 %  浮點數7.0= ",a % 7.0)
```

```
整數36 %  整數7 =  1
整數36 %  浮點數7.0=  1.0
```

除此之外，可以使用 type() 函數來得到數值型態

將計算的結果放到 type() 裡就可以得到運算結果的數值型態

加法部分

```
print("整數36 + 整數0 = ",36 + 0,"，數值型態:",type(36 + 0))
print("整數36 + 浮點數0.0 = ",36 + 0.0,"，數值型態:",type(36 + 0.0))
```

```
整數36 + 整數0 =  36 ，數值型態: <class 'int'>        → int整數型態
整數36 + 浮點數0.0 =  36.0 ，數值型態: <class 'float'> → float浮點數型態
```

減法部分

```
print("整數36 - 整數0 = ",36 - 0,"，數值型態:",type(36 - 0))
print("整數36 - 浮點數0.0 = ",36 - 0.0,"，數值型態:",type(36 - 0.0))
```

```
整數36 - 整數0 =  36 ，數值型態: <class 'int'>
整數36 - 浮點數0.0 =  36.0 ，數值型態: <class 'float'>
```

乘法部分

```
print("整數36 *    整數1    = ",36 * 1,"， 數值型態:",type(36 * 1))
print("整數36 * 浮點數1.0 = ",36 * 1.0,"，數值型態:",type(36 * 1.0))
```

```
整數36 *    整數1    =  36 ， 數值型態: <class 'int'>
整數36 * 浮點數1.0 =  36.0 ，數值型態: <class 'float'>
```

除法部分

```
print("整數36 / 整數  1    = ",36 / 1,"，數值型態:",type(36 / 1))
print("整數36 / 浮點數1.0 = ",36 / 1.0,"，數值型態:",type(36 / 1.0))
```

```
整數36 / 整數  1    =  36.0 ，數值型態: <class 'float'>
整數36 / 浮點數1.0 =  36.0 ，數值型態: <class 'float'>
```

3-4-4 資料型態轉換 (Casting)

出自於程式設計的需求，可以使用 int() 函數將數值轉換成整數

```
a = 36
float_1 = 1.0
result = a / float_1
print("整數36 / 浮點數1.0 = ",result,"，數值型態:",type(result))

result = int(result)#將result結果轉換成整數，並重新給變數result此整數值
print("經過int()函數後的數值為",result,"，數值型態:",type(result))
```

```
整數36 / 浮點數1.0 =  36.0 ，數值型態: <class 'float'>
經過int()函數後的數值為 36 ，數值型態: <class 'int'>
```

使用 float() 函數將數值轉換成浮點數。

```
a = 36
integer_1 = 1
result = a * integer_1
print("整數36 * 整數1 = ",result,"，數值型態:",type(result))

result = float(result)#將result結果轉換成浮點數，並重新給值，給變數result此浮點數值
print("經過float()函數後的數值為",result,"，數值型態:",type(result))
```

```
整數36 * 整數1 =  36 ，數值型態: <class 'int'>
經過float()函數後的數值為 36.0 ，數值型態: <class 'float'>
```

使用時機： 對圖片進行縮放的尺寸設定值（寬度、高度）需為整數，若尺寸值會先經過數學運算得到，且運算結果為浮點數，就需要使用 int() 函數轉換成整數。

3-4-5 使用科學記號表示 (Scientific notation)

當遇到非常大或非常小的數值，可使用 a x 10^n 來代表，a 可以是整數或浮點數，其絕對值範圍會大於 1 且小於 10，而 n 會是整數，又稱為科學記數法。

```
a = 10000000000
b = 1e10

print(a)
print(b)
```

1的後面有10個0
科學記號寫作1e10

```
10000000000
10000000000.0
```

非常小的浮點數也建議使用科學記號來表示

```
a = 0.000001
b = 1e-6

print(a)
print(b)
```

小數點後有6個位數
科學記號寫作1e-6

```
1e-06
1e-06
```

3-4-6 指派運算子 (assignment operator)

當變數要對本身數值進行數學運算並重新給值，例如 a = a + 5，可以使用指派運算子 a += 5 來簡化程式的撰寫

運算子比較與範例如下：

運算子	範例	說明
=	a = 6	給值至 a 變數讓 a 變數的內容是 6
+=	a+=6	先相加後給值 , 相同於 a = a + 6
-=	a -= 6	先相減後給值 , 相同於 a = a - 6
*=	a *= 6	先相乘後給值 , 相同於 a = a * 6
/=	a /= 6	先相除後給值 , 相同於 a = a / 6
**=	a **= 6	先 n 次方後給值 , 相同於 a = a ** 6
//=	a //= 6	先相除後取整數給值 , 相同於 a = a // 6
%=	a %= 6	先相除後取餘數給值 , 相同於 a = a % 6

3-4-7 布林值型態 (boolean)

在 Python 語言裡，布林值型態是隸屬於整數型態下的次型態，有 True、False 兩種狀態，使用上第一個字母要大寫。

```
a = True#真、對
b = False#假、錯、偽
print("True的型態 = ",type(a))
print("False的型態 = ",type(b))
```

```
True的型態 =  <class 'bool'>
False的型態 =  <class 'bool'>
```

由於布林值屬於整數，可以使用 int() 函數將 True 轉換成整數 1，將 False 轉換成整數 0

```
a = True
print("a進行int()轉換前的內容 = ",a,'數值型態=',type(a))
a = int(a)
print("a進行int()轉換後的內容 = ",a,'數值型態=',type(a))

b = False
print("b進行int()轉換前的內容 = ",b,'數值型態=',type(b))
b = int(b)
print("b進行int()轉換後的內容 = ",b,'數值型態=',type(b))
```

```
a進行int()轉換前的內容 =  True 數值型態= <class 'bool'>
a進行int()轉換後的內容 =  1 數值型態= <class 'int'>
b進行int()轉換前的內容 =  False 數值型態= <class 'bool'>
b進行int()轉換後的內容 =  0 數值型態= <class 'int'>
```

當然也可以使用 float() 函數將布林值轉換成浮點數。

若要將型態為 int、float 的內容轉換成布林值，可以使用 bool() 函數來進行轉換。當數值等於 0 時，轉換成布林值會等於 False，其餘非 0 的值，即使數值相當小或負值，轉換成布林值都會是 True。

```
a = 0
print(bool(a))

b = 0.000000000000001
print(bool(b))

c = -0.000000000000001
print(bool(c))
```

```
False
True
True
```

但我們知道 True 轉成整數時會等於 1，所以在轉換上並沒有對等，使用上要稍微注意。

```
d = 0.000000000000001
print(bool(d))

e = bool(d)
print(int(e))
```

```
True
1
```

使用時機：程式設計上，布林值很少拿來做數值運算，比較常用來當作旗標(flag)，例如，有 A、B、C 三種條件，當這三種條件都完成或符合都會將旗標設定成 True，把這旗標再傳給下一個執行函數，下一個執行函數就只要驗證旗標是否為 True 即可，不需要一一檢驗各個條件。

3-4-8 特殊形態 None type

None 是 Python 語言裡特殊的型態，意義是空的，沒有東西，不等於 0，也不等於 False，所以無法使用 int() 或 float() 函數做數值上的轉換。

None 與其他資料型態相比較都會回傳 False

```
a = None
print(a is True)
```

```
False
```

→ None不是True

```
a = None
print(a is False)
```

```
False
```

→ None也不是False

使用時機：None 也像是個旗標，常會先設定成預設值，若執行的動作成功，就會把結果給值，將預設值 None 改掉，回傳有意義的值；而接收回傳值時，就會先驗證是否為 None，若為 None，表示欲執行的動作失敗；若不是 None，表示執行的動作成功，可繼續下一個程式動作。

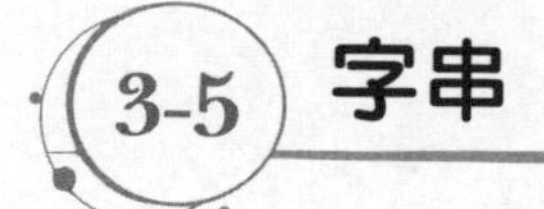

3-5 字串

除了數值型態外，字串也是 Python 裡的一種資料型態。

字串就是文字、字母、符號所構成的一連串內容，為了區別與數值型態的不同，會使用單引號 (') 或雙引號 (") 放置在文字內容的前後。

使用 type() 函數會得到 str，英文全文是 strings，意義就是字串。

```
#使用單引號放置在文字內容的前後，形成字串
a = 'The score is 87, can not be higher anymore!'

#使用雙引號放置在文字內容的前後，形成字串
b = "87分，不能再高了"

print("字串a的內容:",a,'，型態屬性 = ',type(a))
print("字串b的內容:",b,'，型態屬性 = ',type(b))
```

```
字串a的內容: The score is 87, can not be higher anymore! ，型態屬性 =  <class 'str'>
字串b的內容: 87分，不能再高了 ，型態屬性 =  <class 'str'>
```

如果遇到英文字縮寫用到單引號時，可以改用雙引號來形成字串，以免產生錯誤。

```
a = "She doesn't like you"#英文縮寫時的'，要改用雙引號框住字串內容
b = " ''''''''' "#使用雙引號來顯示單引號
c = ' " '#使用單引號來顯示雙引號

print(a)
print(b)
print(c)
```

```
She doesn't like you
'''''''''
"
```

若在文字內容前使用單引號，則在文字內容之後一定也要使用單引號，不能與雙引號混用。

字串與字串間的連接可以使用 + 來達成

```
a = "She doesn't like you."
b = "She's my girl now! hahaha"
c = a + b
print(c)
```

```
She doesn't like you.She's my girl now! hahaha
```

不過，沒有字串的減法與除法 !!

字串的乘法會將字串內容重複，如下

```
a = "範例都要看!"
b = "，很重要所以要說3次"

print(a * 3 + b)
```

```
範例都要看!範例都要看!範例都要看!，很重要所以要說3次
```

若要將型態為 int、float、bool 的內容轉換成字串，可以使用 str() 函數來進行轉換。

```
a = 36
b = str(a)

print("a的內容 = ",a,"，型態 = ",type(a))
print("b的內容 = ",b,"，型態 = ",type(b))
```

```
a的內容 =  36 型態 =  <class 'int'>
b的內容 =  36 型態 =  <class 'str'>
```

```
a = 36.00001
b = str(a)

print("a的內容 = ",a,"，型態 = ",type(a))
print("b的內容 = ",b,"，型態 = ",type(b))
```

```
a的內容 =  36.00001 ，型態 =  <class 'float'>
b的內容 =  36.00001 ，型態 =  <class 'str'>
```

```
a = True
b = str(a)
print("a的內容 = ",a,"，型態 = ",type(a))
print("b的內容 = ",b,"，型態 = ",type(b))
```

```
a的內容 =  True ，型態 =  <class 'bool'>
b的內容 =  True ，型態 =  <class 'str'>
```

特殊形態 None 也可以使用 str() 函數來進行轉換。

```
a = None
b = str(a)
print("a的內容 = ",a,"，型態 = ",type(a))
print("b的內容 = ",b,"，型態 = ",type(b))
```

```
a的內容 =  None ，型態 =  <class 'NoneType'>
b的內容 =  None ，型態 =  <class 'str'>
```

反過來說，若要將字串型態的數字轉換成數值型態，就使用 int()、float()、bool() 來進行轉換。

```
a = "36"
b = int(a)
c = float(a)
d = bool(a)

print("a的內容 = ",a,"，型態 = ",type(a))
print("b的內容 = ",b,"，型態 = ",type(b))
print("b的內容 = ",c,"，型態 = ",type(c))
print("b的內容 = ",d,"，型態 = ",type(d))
```

```
a的內容 =  36 ，型態 =  <class 'str'>
b的內容 =  36 ，型態 =  <class 'int'>
b的內容 =  36.0 ，型態 =  <class 'float'>
b的內容 =  True ，型態 =  <class 'bool'>
```

若要轉換成整數型態，數字字串裡不能有小數點出現，否則使用 int() 轉換成整數會產生錯誤。另外，若字串內容中含有非數值的字母或文字，轉換成數值也是會失敗。

```
a = "36.0"

print(float(a))#轉換成功
print(bool(a))#轉換成功
print(int(a))#轉換失敗!!!
```

```
36.0
True
```

```
---------------------------------------------------------------------------
ValueError                                Traceback (most recent call last)
<ipython-input-50-7fe0f9685fac> in <module>
      3 print(float(a))#轉換成功
      4 print(bool(a))#轉換成功
----> 5 print(int(a))#轉換失敗!!!

ValueError: invalid literal for int() with base 10: '36.0'
```

3-5-1 跳脫字元 (Escape Characters)

先定義斜線 (slash) 與反斜線 (backslash)

要輸入時，模式須為英數模式

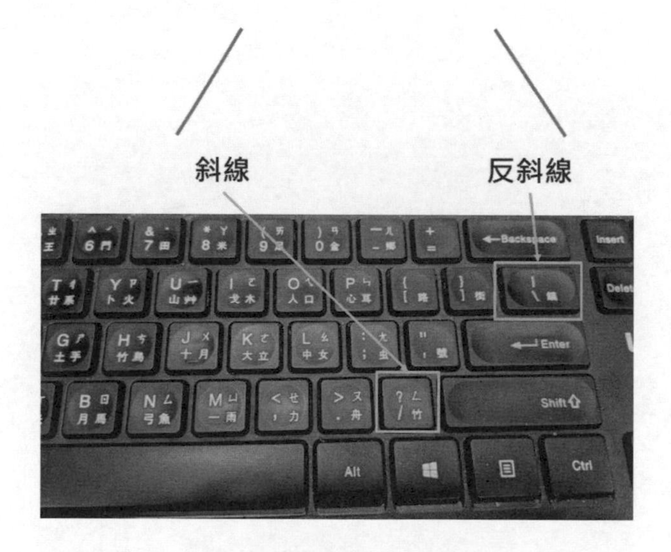

當你想要在字串裡加入不被允許的、特殊的字元時，需先使用反斜線 \ (backslash)，再加入你想插入的字元。

例如，我想要在字串裡顯示雙引號時，除了之前有提到的，使用單引號來框住字串內容，亦可使用 \" 來顯示雙引號。

```
print("那就是最重要的'證據'")#要顯示單引號時，使用雙引號框住字串內容
print('那就是最重要的"證據"')#要顯示雙引號時，使用單引號框住字串內容

print('那就是最重要的\'證據\'')#要顯示單引號時，使用\'，一樣可以使用單引號框住字串內容
print("那就是最重要的\"證據\"")#要顯示雙引號時，使用\"，一樣可以使用雙引號框住字串內容
```

```
那就是最重要的'證據'
那就是最重要的"證據"
那就是最重要的'證據'
那就是最重要的"證據"
```

這邊有個很重要的觀念，就是反斜線 \ 在系統裡屬於特殊字元，當系統看到反斜線的時候，會根據其後的符號或字元來決定系統的顯示行為。

那…要顯示反斜線的話怎麼辦？一樣先使用 1 個反斜線，第 1 個反斜線是告訴系統其後要加上特殊字元，再加上 1 個反斜線，就可以顯示出反斜線了。

```
print("顯示1個反斜線:\\")
print("顯示2個反斜線:\\\\")
print("顯示3個反斜線:\\\\\\")
print("顯示n個反斜線:=_=||| 自己try")
```

```
顯示1個反斜線:\
顯示2個反斜線:\\
顯示3個反斜線:\\\
顯示n個反斜線:=_=||| 自己try
```

因一般斜線在系統裡非特殊字元，若要顯示一般斜線就不用先寫上反斜線，如下

```
print("顯示1個斜線:/")
print("顯示2個斜線://")
```

```
顯示1個斜線:/
顯示2個斜線://
```

換行 (\n)

程式裡顯示的字串很多時，會想要與空一行再顯示，這時候就可以使用 \n。

```
print("敘述第一行...")
print("敘述第二行...")
print("敘述第三行...")
print("\n我想跟上面保持點距離...")
```

```
敘述第一行...
敘述第二行...
敘述第三行...

我想跟上面保持點距離...
```

想要空很多行，可以多加幾個 \n。

```
print("敘述第一行...")
print("敘述第二行...")
print("下面的臭美，我也離你遠一點\n\n\n")
print("\n我想跟上面保持點距離...")
```

```
敘述第一行...
敘述第二行...
下面的臭美，我也離你遠一點




我想跟上面保持點距離...
```

反斜線在資料夾或檔案路徑最常使用到，例如建立名為 new_images 的資料夾。

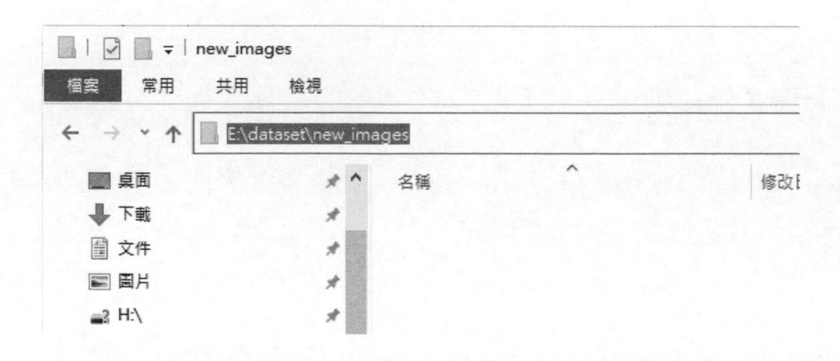

複製了資料夾路徑 (E:\dataset\new_images)，想要顯示出來，結果變成了換行！

```
image_path = "E:\dataset\new_images"

print(image_path)
```

```
E:\dataset
ew_images
```

原來，路徑裡面不小心出現了 \n，就換行了，路徑裡的 n 也消失了。若要正確的顯示，依照之前的方式，就要手動在有反斜線的地方再加反斜線。

```
image_path = "E:\\dataset\\new_images"

print(image_path)
```

```
E:\dataset\new_images
```

但路徑有可能又長又多，手動加入反斜線要加很多次，不小心少加到又會產生錯誤。比較簡單的方式是在路徑的最前頭加上**小寫字母** r。

```
image_path = r"E:\dataset\customer\day_1\new_images\original\processed"

print(image_path)
```

```
E:\dataset\customer\day_1\new_images\original\processed
```

在字串裡加入單獨 1 個反斜線也是有作用的。當字串內容太長，需要寫到下一行的時候，可以加上 1 個反斜線，程式就會知道字串內容未完，會自動與下一行的內容結合。

```
a = "當字串內容相當多的時候，需要寫到第二行的時候，\
就加上反斜線吧~"

print(a)
```

```
當字串內容相當多的時候，需要寫到第二行的時候，就加上反斜線吧~
```

其他的跳脫字元如下表所示

輸入內容	顯示內容
\\	反斜線
\n	下一行(等於按下鍵盤中的Enter鍵)
\t	向後空一大格(等於按下鍵盤中的Tab鍵)
\b	向前一格(等於按下鍵盤中的backspace鍵)
\'	單引號
\"	雙引號
\r	回到該行的開始處(等於按下鍵盤中的Home鍵)

3-5-2 變數的身分識別碼 (identity，id)

宣告、新建、定義變數時，系統會給予每個變數身分識別碼，可以想成我們每個人一出生都會有身分證字號一樣。

程式碼可以使用 id(變數名稱) 函數來顯示。

```
num = 16
print(id(num))
```

```
140709016971520
```

顯示結果為一長串數字，即是變數 num 的身分識別碼。

身分識別碼是系統存放資料的位置資訊，數值大小是沒有意義的，不用在意。

來看一個有趣的例子

```
a = 56
b = 56
print(id(a))
print(id(b))
```

```
140709016972800
140709016972800
```

宣告不同名稱的變數但數值相同的情況，他們的 id 竟然都相同 !!

這是因為 Python 為了優化系統，將常用的數字先儲存起來，只要有變數的數值落在此範圍內，就可以直接套用，不用新建 ID

常用的數字範圍是 -5 到 256，只要填入此區間的數字都可以得到相同的身分識別碼；反之，就可以都得不同的身分識別碼了。

當數值等於 -6 時，兩個變數的 id 就不一樣了。

```
a = -6
b = -6
print(id(a))
print(id(b))
```

```
2367702494544
2367702495152
```

當數值等於 257 時，兩個變數的 id 就不一樣了。

```
a = 257
b = 257
print(id(a))
print(id(b))
```

```
2367702494928
2367702851632
```

另外一個會得到相同身分識別碼的例子是使用多重給值的變數宣告。

由於單一數值給值至多個變數，系統會先建立該單一數值的身分識別碼，變數 salary1、salary2、salary3 直接連結此身分識別碼即可。

```
#一般宣告變數的id顯示
salary_1 = 36000
salary_2 = 36000
salary_3 = 36000
print('----一般宣告變數的id顯示')
print(id(salary_1))
print(id(salary_2))
print(id(salary_3))
```

```
----一般宣告變數的id顯示
1988944429872
1988944430224
1988944429968
```

id都不同

```
#多重給值的id顯示
salary_1 = salary_2 = salary_3 = 36000
print('----多重給值的id顯示')
print(id(salary_1))
print(id(salary_2))
print(id(salary_3))
```

```
----多重給值的id顯示
1988944429744
1988944429744
1988944429744
```

id都相同

若給值內容為**字串**，運行結果會與給值內容為數值是相同的

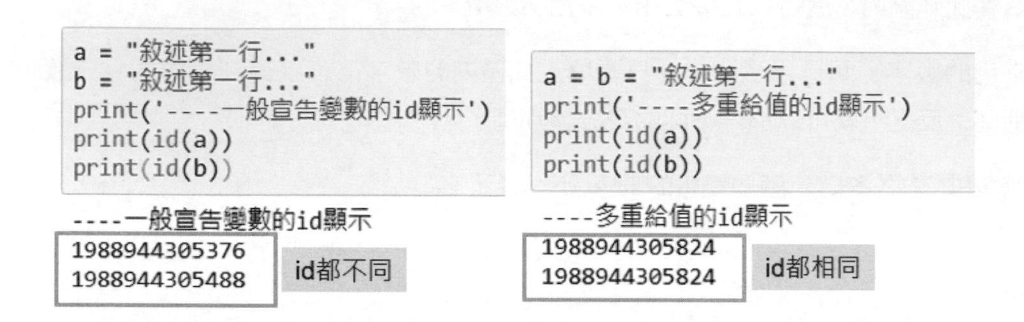
a = "敘述第一行..."
b = "敘述第一行..."
print('----一般宣告變數的id顯示')
print(id(a))
print(id(b))
----一般宣告變數的id顯示
1988944305376
1988944305488
id都不同
a = b = "敘述第一行..."
print('----多重給值的id顯示')
print(id(a))
print(id(b))
----多重給值的id顯示
1988944305824
1988944305824
id都相同

比較簡單的理解方法是 salary1、salary2、salary3 是數值 36000 的別名。

再使用另一個例子說明，伊隆馬斯克是一美國企業家，他擁有美國的身分識別碼，亦是許多公司的重要角色，如特斯拉總裁、SpaceX 總裁、Neuralink 總裁、SolarCity 創始人 、OpenAI 創始人，這些公司的身分都是伊隆馬斯克的別名。

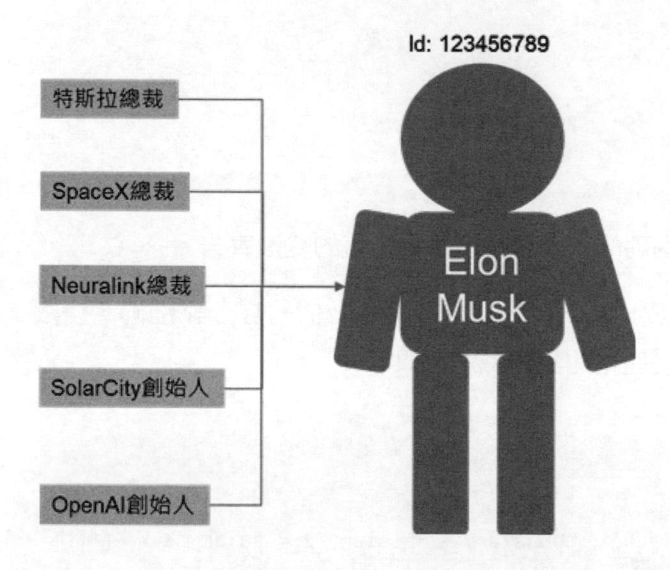
Id: 123456789
特斯拉總裁
SpaceX總裁
Neuralink總裁
SolarCity創始人
OpenAI創始人
Elon Musk

以程式碼來看，使用多重給值，宣告多個變數，分別是特斯拉總裁、SpaceX 總裁、Neuralink 總裁、SolarCity 創始人 、OpenAI 創始人，單一字串伊隆馬斯克給值至所有的變數。

當使用 id 函數查詢特斯拉總裁與 Neuralink 總裁時，答案都會是伊隆馬斯克的身分識別碼。

```
Tesla_CEO = SpaceX_CEO = Neuralink_CEO = SolarCity_founder = OpenAI_founder = '伊隆馬斯克'
print(Tesla_CEO)
print(id(Tesla_CEO))

print(Neuralink_CEO)
print(id(Neuralink_CEO))
```

```
伊隆馬斯克
2387993651696
伊隆馬斯克
2387993651696
```

這邊有個重點，當多個變數都擁有相同身分識別碼的時候，更動一個變數的內容時，其他的變數內容會不會也一起被改變？

```
a = b = 255
print(id(a))
print(id(b))

a += 10
print("----更動a數值")
print(a)
print(b)
print(id(a))
print(id(b))
```

```
140709552211680
140709552211680
----更動a數值
265
255      變數a更值後，變數b沒有更動
2387993719152 ──→ 變數a更值後，身分識別碼更動了
140709552211680
```

從範例可以看到，只有變數 a 的內容進行更動，其他變數的內容沒有任何改變，查看變數 a 的身分識別碼，也已經改變。

可以想成變數 a 進行加法後，數值已經改變，無法是數值 255 的別名，系統需給予數值 265 新的身分識別碼，變數 a 變成數值 265 的別名。

之前提到的 True、False、None 是 Python 的固定班底，他們也都有固定的身分識別碼，不管是一般宣告變數或是多重給值，都會得到相同的身分識別碼。

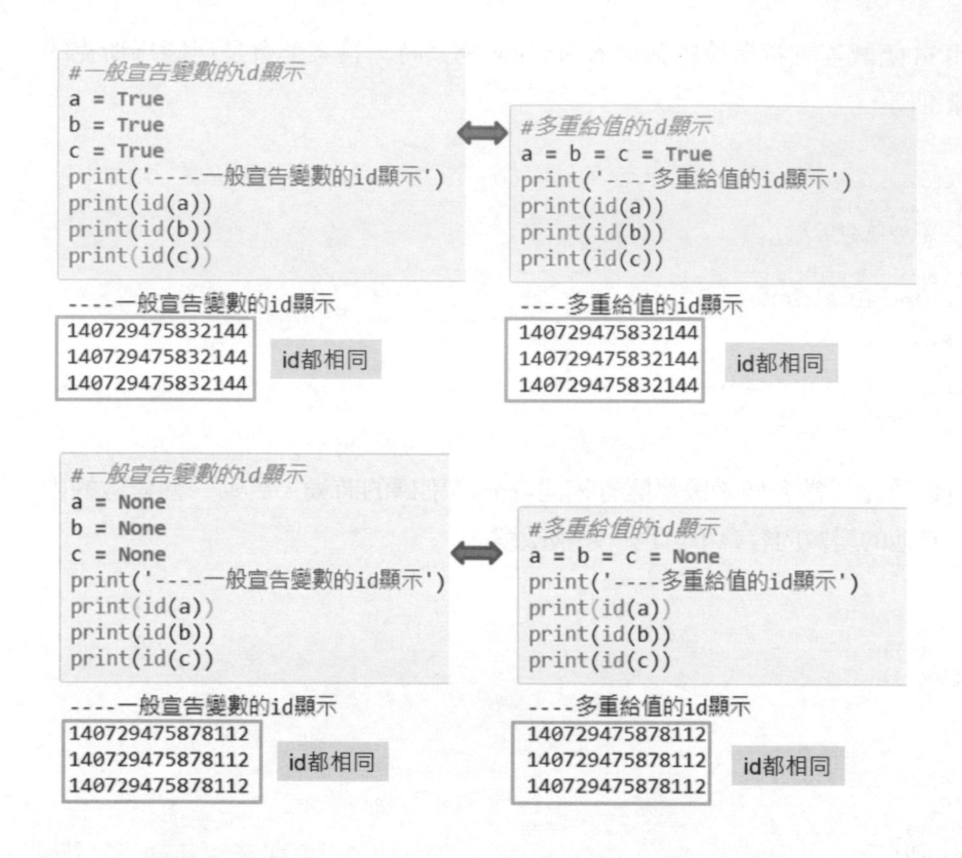

[Python 名稱的由來]

在 1980 年代，一位荷蘭的軟體工程師吉多·范羅蘇姆 (Guido van Rossum) 構思著一種新的語言，想要替代當時的 ABC 程式語言。

在 1989 年的聖誕節期間開始了這個專案，當時的他是電視劇『蒙提派森的飛行馬戲團』(Monty Python's flying circus) 的忠實觀眾，因此使用 Python 當作程式語言的名稱。

蒙提派森是當時英國的超現實幽默的表演團體，對後來喜劇的發展相當重要，據說不亞於披頭四對於音樂的影響

所以使用 Python 當作語言的名稱與蟒蛇是沒有太大關係的！

換作是你，你會使用甚麼名稱來命名呢？韓劇？海賊王？漫威？

註：Netflix 還可以找到蒙提派森的飛行馬戲團喔～

CH04

流程控制之選擇結構 if else

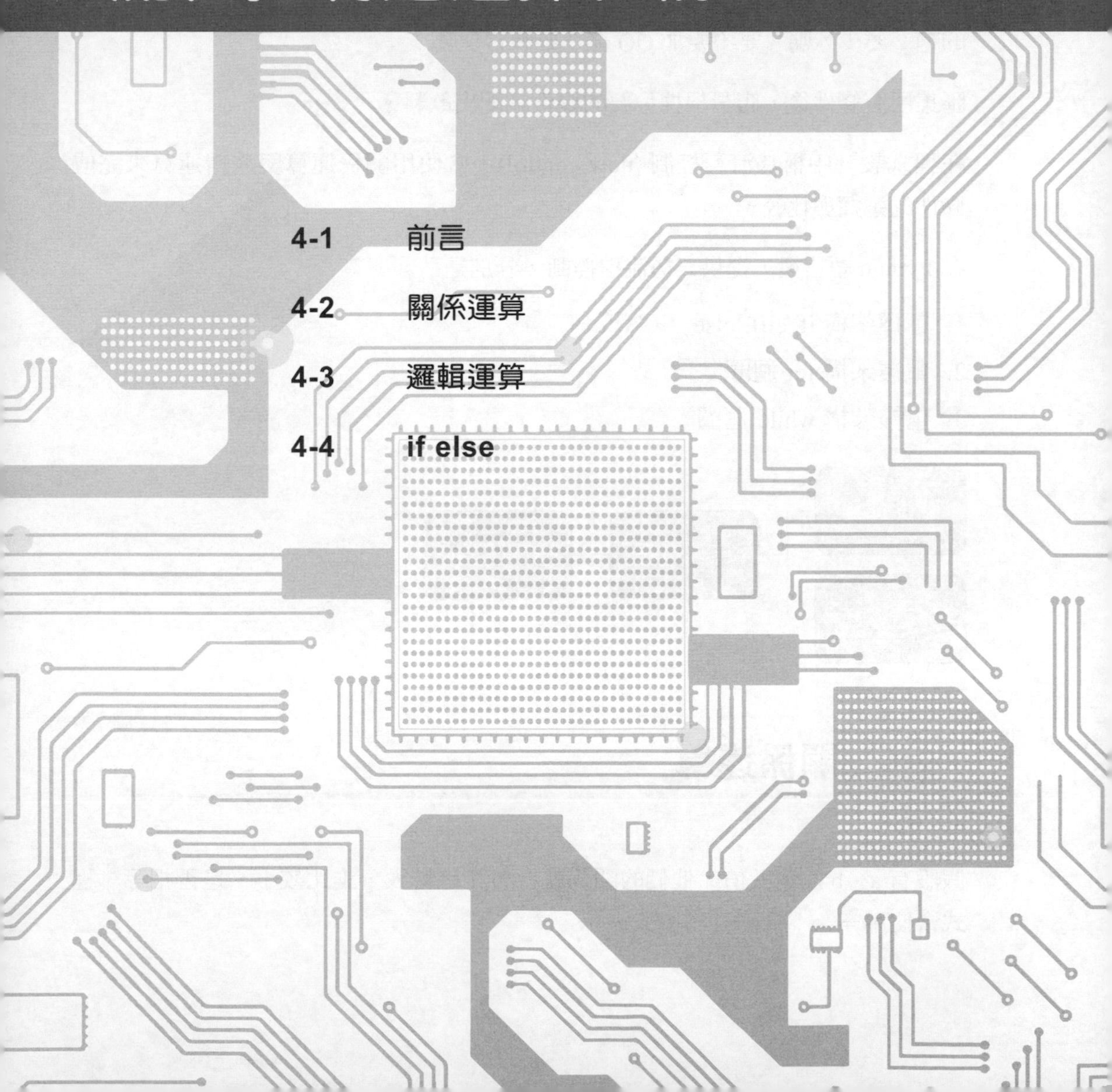

4-1 前言

程式設計常常會根據不同的條件執行不同的動作，這與我們的日常生活是一樣的。

當你走進一家手搖飲料店，點了一杯珍奶，這時候，店員會問你許多的條件，要小杯還是大杯？要大珍珠、小珍珠還是混珠？要加奶精還是牛奶的？要多少的糖？要少冰嗎？要不要加 QQ 條？要塑膠袋嗎？

匯集所有條件後，店員根據你要的條件調配出飲料。

在程式設計中稱為流程控制 (flow control)，會使用關係運算與邏輯運算來完成條件的選擇與比較。

在 Python 語言裡，提供三種流程控制，分別是

1. 選擇架構 if, elif, else
2. 重複架構 for 迴圈
3. 重複架構 while 迴圈

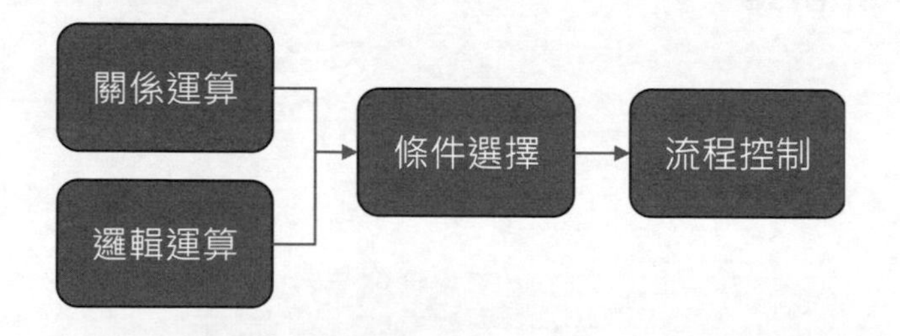

4-2 關係運算

假設有 a、b 兩個數值，他們的關係就會有誰比較大、誰比較小、是否相等，程式會使用 ==、>、<、! 符號來表示。

關係運算	中文意義
a > b	a 大於 b
a >= b	a 大於等於 b
a != b	a 不等於 b
a < b	a 小於 b
a <= b	a 小於等於 b
a == b	a 等於 b

關係運算後，程式會回傳布林值，即可得知設定的關係運算是否有成立。

```
a = 32
b = 31

print("a 大於 b? ",a > b)
print("a 大於等於 b? ",a >= b)
print("a 不等於 b? ",a != b)
print("a 小於 b? ",a < b)
print("a 小於等於 b? ",a <= b)
print("a 等於 b? ",a == b)
```

```
a 大於 b?  True
a 大於等於 b?  True
a 不等於 b?  True
a 小於 b?  False
a 小於等於 b?  False
a 等於 b?  False
```

以下是 a、b 兩個數值相等的範例

```
a = 32
b = 32

print("a 大於 b? ",a > b)
print("a 大於等於 b? ",a >= b)
print("a 不等於 b? ",a != b)
print("a 小於 b? ",a < b)
print("a 小於等於 b? ",a <= b)
print("a 等於 b? ",a == b)
```

```
a 大於 b?  False
a 大於等於 b?  True
a 不等於 b?  False
a 小於 b?  False
a 小於等於 b?  True
a 等於 b?  True
```

可以看到關係運算使用 ==、>、<、! 的組合來表示不同的關係，那有沒有 !> 這個組合呢？

答案是，沒有的。想要表達不大於可以使用小於等於 (<=) 來表示喔。

```
a = 32
b = 32

print(a !> b)
```

```
  File "<ipython-input-10-c453a1c72274>", line 4
    print(a !> b)
            ^
SyntaxError: invalid syntax
```

有沒有發現到關係運算中的相等是 ==，這個與之前教的變數給值僅僅差異一個 =，但意義上完全不一樣，這是非常重要的觀念，務必釐清清楚

```
#宣告變數a，將32的數值給變數a
a = 32

#關係運算，檢驗變數a的數值是否等於數值32，並回傳布林值
print(a == 32)
```

```
True
```

程式高手有時候也會犯這個錯誤，不過並不是不了解此觀念，而是程式寫太快，漏掉 1 個 = 。

確定以上的差異都知道了，請看以下範例，先不要看解釋，以你的想法說出每一行程式的意義，並推論出 c 會是什麼。

```
a = 32
b = 32
c = a == b

print(c)
```

```
True
```

我在每一行程式加上了說明，你可以對照是否跟你想的一樣喔！

```
#宣告變數a，將32的數值給變數a
a = 32
#宣告變數b，將32的數值給變數b
b = 32
#宣告變數c，將關係運算的結果給變數c
#關係運算(==)是檢驗a的數值是否等於b的數值，並回傳布林值
#若不太懂，可以看成 c = (a == b)
c = a == b

print(c)
```

```
True
```

4-3 邏輯運算

若關係運算的敘述會有 1 個以上，可以加入邏輯運算子 and、or、not

邏輯運算	中文意義
and	若兩個敘述都成立，則回傳 True；反之，回傳 False
or	若任一敘述有成立，則回傳 True；反之，回傳 False
not	回傳相反值。若結果為 False，則回傳 True

想要知道數學成績與歷史成績是否**都**及格，邏輯運算就使用 and，並連結二個關係運算敘述，一個是數學成績大於等於及格分數，另一個是歷史成績大於等於及格分數。由於使用邏輯運算 and，當二個關係運算敘述都成立，則回傳 True；反之，回傳 False。

從以下範例，數學成績並沒有大於等於及格分數，此關係運算敘述不成立，也沒有符合邏輯運算 and 的成立條件，c 會得到 False

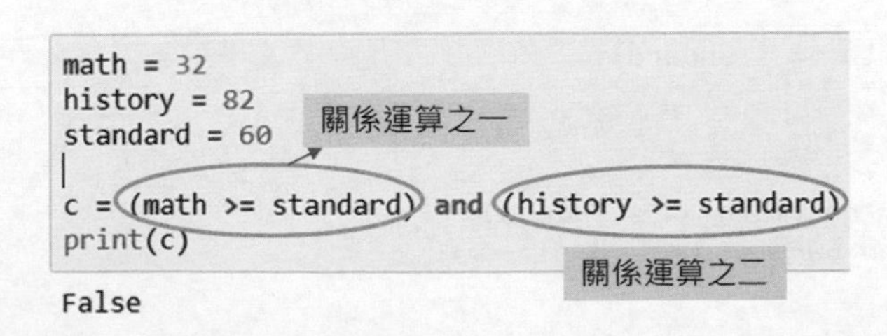

math = 32
history = 82
standard = 60
關係運算之一
c = (math >= standard) and (history >= standard)
print(c)
關係運算之二
False

若改成數學成績**或**歷史成績有任一科是及格的，邏輯運算就使用 or，並連結二個關係運算敘述，一個是數學成績大於等於及格分數，另一個是歷史成績大於等於及格分數。由於使用邏輯運算 or，當關係運算敘述其中一個成立，則回傳 True；反之，回傳 False。

```
math = 32
history = 82
standard = 60

c = (math >= standard) or (history >= standard)
print(c)
```

邏輯運算:任一關係運算成立

```
True
```

邏輯運算 not 並不是用來判定兩個敘述，而是將結果相反。例如，這位學生數理科不好，媽媽問他，數學成績這次是否又不及格了？可以使用以下的敘述

```
math = 32
history = 82
standard = 60

c = not(math >= standard)
print(c)
```

```
True
```

關係運算是數學成績大於等於及格分數，回傳 False，但媽媽的詢問是將 " 不及格 " 當成成立的條件，所以使用邏輯運算 not 將結果相反，回傳 True

若不了解，可以再觀看以下比較

```
math = 32
history = 82
standard = 60
#數學成績是否"及格"?
math_is_greater_than_60 = (math >= standard)
print(math_is_greater_than_60)

#數學成績是否"不及格"?
math_is_NOT_greater_than_60 = not(math >= standard)
print(math_is_NOT_greater_than_60)
```

```
False
True
```

以上的範例主要說明邏輯運算 not 的使用，" 不及格 " 的關係運算也可以直接改成小於及格分數即可。

```
math = 32
history = 82
standard = 60
#數學成績是否"及格"?
math_is_greater_than_60 = (math >= standard)
print(math_is_greater_than_60)

#數學成績是否"不及格"?
math_is_NOT_greater_than_60 = (math < standard)
print(math_is_NOT_greater_than_60)
```

不及格亦可使用小於及格分數

```
False
True
```

4-4 if else

4-4-1 使用說明

接著，我們要加入流程控制 if else 的敘述。

使用 if 來達到中文所說的假設、倘若，加上條件的敘述 1，條件敘述可以包含邏輯運算與關係運算的組合，若條件敘述 1 成立 (True)，則進行流程 1。

使用 elif 加上條件敘述 2 做為第 2 個的條件檢驗，若條件敘述 2 成立，則進行流程 2。。

使用 elif 加上條件敘述 n 做為第 n 個的條件檢驗，若條件敘述 n 成立，則進行流程 n。

使用 else 不加任何條件敘述，來進行不符合所有以上條件時的流程。

```
if 條件敘述 1:        ← 邏輯運算+關係運算的組合 1
    流程 1
elif 條件敘述 2:      ← 邏輯運算+關係運算的組合 2
    流程 2
      ⋮
elif 條件敘述 n:      ← 邏輯運算+關係運算的組合 n
    流程 n
else :
    流程 m
```

使用流程控制 if else 敘述來撰寫數學成績是否及格

```
math = 32
standard = 60

if math >= standard:
    print("數學成績有及格")
else:
    print("數學成績沒有及格")
```

數學成績沒有及格

4-4-2 關於縮排 (Indentation)

有沒有發現到 if 敘述加上冒號後的流程會有縮排的情形發生

```
math = 32
standard = 60          縮排

if math >= standard:
    print("數學成績有及格")
else:
    print("數學成績沒有及格")
```

數學成績沒有及格

在很多的程式語言，如 C、C++ 都會使用 { } 來定義程式區塊；Python 比較不同，是使用縮排來分隔不同的程式區塊。

4-4-3 縮排發生的時機

程式中只要使用到冒號 :，下一行就會需要進行縮排，意義是當 if的敘述成立時，會執行有進行縮排的程式碼。

撰寫下一個 elif 敘述或 else 時，就要恢復沒有縮排。

4-4-4 縮排錯誤的情況

如下範例，撰寫 else 敘述時沒有恢復縮排而產生錯誤。也就是說，elif 敘述與 else 一定會關連到最開始的 if，他們的字母開始位置必須要相同的。

```
math = 32
standard = 60

if math >= standard:
    print("數學成績有及格")
    else:
        print("數學成績沒有及格")
```

```
  File "<ipython-input-1-e091572c4432>", line 6
    else:
    ^
SyntaxError: invalid syntax
```

如下範例，如果會有 elif 敘述或 else，撰寫完 if 敘述的流程程式碼，接著一定要撰寫 elif 敘述或 else，不能夠穿插沒有縮排的程式碼。

```
math = 32
standard = 60

if math >= standard:
    print("數學成績有及格")
print("多插一行沒有縮排的程式碼")
else:
    print("數學成績沒有及格")
```

因有else，不能在之間穿插沒有縮排的程式碼

```
  File "<ipython-input-3-b9413c56f072>", line 7
    else:
    ^
SyntaxError: invalid syntax
```

反過來說，若沒有 elif 敘述或 else，就不會產生錯誤。

```
math = 32
standard = 60

if math >= standard:
    print("數學成績有及格")
print("及格測試結束")
```

及格測試結束

在 Jupyter 編輯器裡，在冒號後面按下 Enter 就會自動縮排

若要手動進行縮排，可以按鍵盤上的 Tab 鍵，或是按 4 次空白鍵

```
math = 32
standard = 60

if math >= standard:
print("數學成績有及格")
else:
    print("數學成績沒有及格")
```

沒有縮排

```
  File "<ipython-input-13-c2be41c59283>", line 5
    print("數學成績有及格")
        ^
IndentationError: expected an indented block
```

若縮排不夠，Jupyter 編輯器會以紅色醒目提示，程式依然可以執行，但不代表在其他的編輯器也都可以執行，建議還是嚴格遵守縮排規則，避免撰寫大量程式後要一一修改就麻煩了。

```
math = 32
standard = 60

if math >= standard:
 print("數學成績有及格")
else:
    print("數學成績沒有及格")
```

縮排不夠，會以紅色顯示

數學成績沒有及格

詳細分解 if 敘述的動作如下圖所示 :

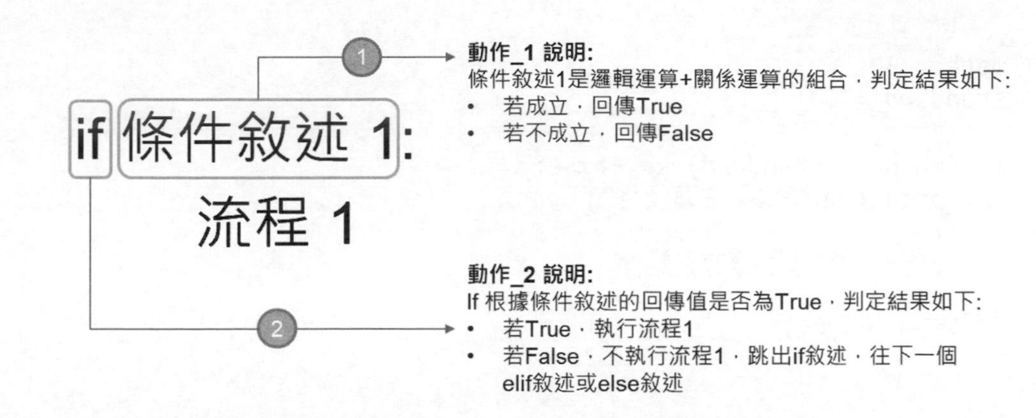
if 條件敘述 1:
流程 1
1
動作_1 說明:
條件敘述1是邏輯運算+關係運算的組合，判定結果如下:
• 若成立，回傳True
• 若不成立，回傳False
2
動作_2 說明:
If 根據條件敘述的回傳值是否為True，判定結果如下:
• 若True，執行流程1
• 若False，不執行流程1，跳出if敘述，往下一個elif敘述或else敘述

4-4-5 判斷敘述是否為 True

由上述說明，if 條件式也可以寫成如下：

if (條件敘述 1) is True:
    流程 1

只是 if 條件式本來就會判斷條件敘述 1 的回傳值是否為 True，程式碼 is True 就省去不寫。

圖中紅色 is 是比較不一樣的地方，用來判斷 True 或 False 會使用 is 而不是 == 喔。

Python 中 is 的作用是比較兩者的身分識別碼是否相同，並不是比較數值。

之前有提到，True、False、None 是固定班底，都有既定的身分識別碼。

if (條件敘述 1) is True: 實際意義是條件敘述 1 會回傳 True 或 False，程式會去判別回傳值的身分識別碼是否與 True 的身分識別碼相同。

將上述的程式改寫如下，數學成績不到 60 分，邏輯運算會回傳 False，使用 is 來比較身分識別碼，因 is 前後都是 False，身分識別碼相同，所以成立，就顯示 " 數學成績沒有及格 " 的字串。

```
math = 32
standard = 60

if (math >= standard) is False:
    print("數學成績沒有及格")
else:
    print("數學成績有及格")
```

數學成績沒有及格

4-4-6 判斷敘述是否為 None

另外判斷是否為 None 也是使用 is。

承上範例，學生有可能缺考，這時可使用 None 來代表缺考，如下所示。

```
math = None
standard = 60

if math is None:
    print("數學缺考")
elif (math >= standard) is False:
    print("數學成績沒有及格")
else:
    print("數學成績有及格")
```

數學缺考

若要表達邏輯的否定語法則使用 not

將上述程式改寫，套用 not

```
math = 32
standard = 60

if math is None:
    print("數學缺考")
elif (math >= standard) is not True:
    print("數學成績沒有及格")
else:
    print("數學成績有及格")
```

數學成績沒有及格

比較一下，數值上的不等於是使用 !=，邏輯上的否定是使用 is not，不要搞混了。

提供一個好記的方法，當看到英文 True、False、None 就想到英文文法 be 動詞 + 形容詞的概念，is True、is not True、is False、is not False、is None、is not None。

4-4-7 GPA 範例說明

若是要將分數分幾個等級，例如大學或高等教育院校使用的成績平均績點(Grade Point Average，縮寫為 GPA)，可以使用多個 elif 來實作

以下為來自維基百科的 GPA 分級表，連結 : https://reurl.cc/a9o1XQ

等第成績	分數區間	百分制成績對照	等第積分
A+	90 - 100分	95分	4.3
A	85 - 89分	87分	4
A-	80 - 84分	82分	3.7
B+	77 - 79分	78分	3.3
B	73 - 76分	75分	3
B-	70 - 72分	70分	2.7
C+	67 - 69分	68分	2.3
C	63 - 66分	65分	2
C-	60 - 62分	60分	1.7
F	0 - 59分	50分	0
X	0分	0分	0

在撰寫多個條件敘述時，可以從分數高的敘述開始寫，亦可以從分數低的敘述開始寫，以下的範例是從分數低的條件敘述開始寫。

```
score = 32
if score == 0:
    gpa = 'X'
elif score >= 1 and score <= 59:
    gpa = 'F'
elif score >= 60 and score <= 62:
    gpa = 'C-'
elif score >= 63 and score <= 66:
    gpa = 'C'
elif score >= 67 and score <= 69:
    gpa = 'C+'
elif score >= 70 and score <= 72:
    gpa = 'B-'
elif score >= 73 and score <= 76:
    gpa = 'B'
elif score >= 77 and score <= 79:
    gpa = 'B+'
elif score >= 80 and score <= 84:
    gpa = 'A-'
elif score >= 85 and score <= 89:
    gpa = 'A'
elif score >= 90 and score <= 100:
    gpa = 'A+'

print("你的分數換算GPA等級為",gpa)
```

```
你的分數換算GPA等級為 F
```

由於敘述條件是學科分數的區間，需使用關係運算與邏輯運算的組合。

可以看到最後的 else 敘述沒有寫上去，除非很確定已經列出所有的條件，否則建議加上 else 敘述，幫助攔到錯誤。以此例來說，分數若不小心輸入 101 分或是多加個負號形成 -32 分，因 gpa 變數沒有設定初始值，程式就會出現問題。

使用 Jupyter 執行此程式時，輸入數值 101 或 -32 會發現不會產生任何錯誤，那是因為 Jupyter 會記錄下 gpa 之前的值，所以顯示出來的是上一次 gpa 的值。正確方式應是先 Restart Jupyter，再執行此程式就會產生錯誤。

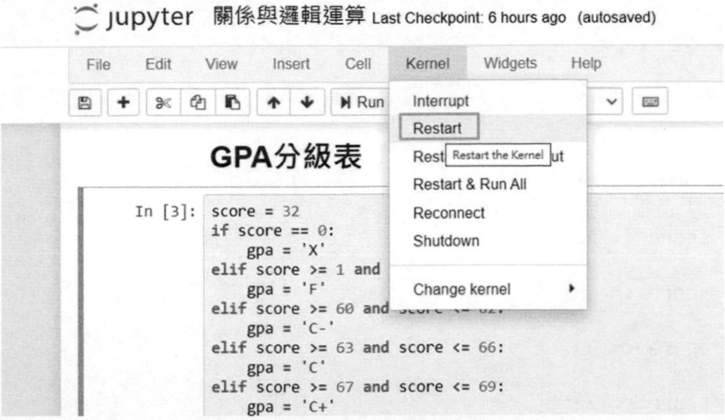

jupyter 關係與邏輯運算 Last Checkpoint: 6 hours ago (autosaved)

File Edit View Insert Cell Kernel Widgets Help

Interrupt
Restart
Restart the Kernel
Restart & Run All
Reconnect
Shutdown
Change kernel

GPA分級表

```
In [3]: score = 32
        if score == 0:
            gpa = 'X'
        elif score >= 1 and
            gpa = 'F'
        elif score >= 60 and
            gpa = 'C-'
        elif score >= 63 and score <= 66:
            gpa = 'C'
        elif score >= 67 and score <= 69:
            gpa = 'C+'
```

```
score = -32
if score == 0:
    gpa = 'X'
elif score >= 1 and score <= 59:
    gpa = 'F'
elif score >= 60 and score <= 62:
    gpa = 'C-'
elif score >= 63 and score <= 66:
    gpa = 'C'
elif score >= 67 and score <= 69:
    gpa = 'C+'
elif score >= 70 and score <= 72:
    gpa = 'B-'
elif score >= 73 and score <= 76:
    gpa = 'B'
elif score >= 77 and score <= 79:
    gpa = 'B+'
elif score >= 80 and score <= 84:
    gpa = 'A-'
elif score >= 85 and score <= 89:
    gpa = 'A'
elif score >= 90 and score <= 100:
    gpa = 'A+'

print("你的分數換算GPA等級為",gpa)
```

```
---------------------------------------------------------------------------
NameError                                 Traceback (most recent call last)
<ipython-input-1-00cfe8cc2c4f> in <module>
     23     gpa = 'A+'
     24
---> 25 print("你的分數換算GPA等級為",gpa)

NameError: name 'gpa' is not defined
```

加入 else 敘述如下

```
score = -32
if score == 0:
    gpa = 'X'
elif score >= 1 and score <= 59:
    gpa = 'F'
elif score >= 60 and score <= 62:
    gpa = 'C-'
elif score >= 63 and score <= 66:
    gpa = 'C'
elif score >= 67 and score <= 69:
    gpa = 'C+'
elif score >= 70 and score <= 72:
    gpa = 'B-'
elif score >= 73 and score <= 76:
    gpa = 'B'
elif score >= 77 and score <= 79:
    gpa = 'B+'
elif score >= 80 and score <= 84:
    gpa = 'A-'
elif score >= 85 and score <= 89:
    gpa = 'A'
elif score >= 90 and score <= 100:
    gpa = 'A+'
else:
    gpa = "分數有問題，請確認分數是0~100之間的數值"

print("你的分數換算GPA等級為",gpa)
```

```
你的分數換算GPA等級為 分數有問題，請確認分數是0~100之間的數值
```

關於分數的區間，以上的寫法是正確的，但有沒有更簡單的寫法呢？

先以簡單的 2 個敘述來看

```
if score == 0:
    gpa = 'X'
elif score >= 1 and score <= 59:
    gpa = 'F'
```

想想看，Score >= 1 這個敘述如果不寫，是不是可以得到一樣的結果呢？說明如下：

當 score 等於 0 分的時候，在 if 敘述就會符合

當 score 等於 1 分的時候，會符合條件 score >= 1，也符合 score <= 59，但前面已經有 if 敘述先檢驗第一關了，此處的 score >= 1 就可以不用了。

```
score = 1
if score == 0:
    gpa = 'X'
elif score <= 59:
    gpa = 'F'

print("你的分數換算GPA等級為",gpa)
```

```
你的分數換算GPA等級為 F
```

將此概念套用到整個 GPA 等級表程式，如下所示。

```
score = 61
if score == 0:
    gpa = 'X'
elif score <= 59:
    gpa = 'F'
elif score <= 62:
    gpa = 'C-'
elif score <= 66:
    gpa = 'C'
elif score <= 69:
    gpa = 'C+'
elif score <= 72:
    gpa = 'B-'
elif score <= 76:
    gpa = 'B'
elif score <= 79:
    gpa = 'B+'
elif score <= 84:
    gpa = 'A-'
elif score <= 89:
    gpa = 'A'
elif score <= 100:
    gpa = 'A+'
else:
    gpa = "分數有問題，請確認分數是0~100之間的數值"

print("你的分數換算GPA等級為",gpa)
```

```
你的分數換算GPA等級為 C-
```

4-4-8 使用 input 函數輸入內容

為了可以輸入不同科目的成績，介紹一個輸入函數 input()

變數 = input(“顯示文字”)

執行 input 函數時，會先顯示文字並輸入內容，按下 enter 鍵後，會將輸入的內容給值至變數。

```
subject = input("輸入科目名稱")
print(type(subject))

score = input("輸入分數")
print(type(score))
```

```
輸入科目名稱數學
<class 'str'>
輸入分數32
<class 'str'>
```

第一個 input() 函數是輸入科目名稱，第二個 input() 函數是輸入該科目的分數。

特別注意的是，由鍵盤輸入的內容一律都是字串，科目名稱本來就會以字串顯示，不會有問題；分數會進行流程控制，條件敘述都是數值間的比較，因此，分數要先經過數值的轉換。

以下為沒有經過數值轉換的範例

```
subject = input("輸入科目名稱")
score = input("輸入分數")  字串型態，沒有經過數值轉換

if score == 0:
    gpa = 'X'
elif score <= 59:
    gpa = 'F'

print("你的分數換算GPA等級為",gpa)
```

```
輸入科目名稱數學
輸入分數32
```

```
---------------------------------------------------------------------------
TypeError                                 Traceback (most recent call last)
<ipython-input-10-fa4c74e2ef37> in <module>
      4 if score == 0:
      5     gpa = 'X'
----> 6 elif score <= 59:
      7     gpa = 'F'
      8
                                  發生錯誤:不支援字串str與整數int間的關係運算
TypeError: '<=' not supported between instances of 'str' and 'int'
```

若分數不會有小數點，使用 int() 進行轉換，若有小數點，則使用 float() 進行轉換。

```
subject = input("輸入科目名稱")
score = input("輸入分數")

score = int(score)#數值轉換:字串str轉換成整數int

if score == 0:
    gpa = 'X'
elif score <= 59:
    gpa = 'F'
elif score <= 62:
    gpa = 'C-'
elif score <= 66:
    gpa = 'C'
elif score <= 69:
    gpa = 'C+'
elif score <= 72:
    gpa = 'B-'
elif score <= 76:
    gpa = 'B'
elif score <= 79:
    gpa = 'B+'
elif score <= 84:
    gpa = 'A-'
elif score <= 89:
    gpa = 'A'
elif score <= 100:
    gpa = 'A+'
else:
    gpa = "分數有問題，請確認分數是0~100之間的數值"

print("你的分數換算GPA等級為",gpa)
```

```
輸入科目名稱數學
輸入分數32
你的分數換算GPA等級為 F
```

CH05

串列 List

5-1 前言

前面的章節提到可以宣告變數來記錄內容，但如果有很多同性質的內容怎麼辦？一個變數只能記錄一個數值，可以宣告很多的變數，但宣告很多變數又覺得很麻煩。

舉例來說，要宣告 3 個學生的成績，可以這麼做

```
math_student_1 = 32
math_student_2 = 64
math_student_3 = 96

print("學生1的數學成績 = ",math_student_1)
print("學生2的數學成績 = ",math_student_2)
print("學生3的數學成績 = ",math_student_3)
```

```
學生1的數學成績 =  32
學生2的數學成績 =  64
學生3的數學成績 =  96
```

感覺宣告 3 個還好，但如果今天有 100 位學生呢？甚至是一萬個學生呢？

Python 內建提供 4 種管理資料的容器 (Container)，分別是串列、元組、集合、字典，在本章節介紹串列 (List)。

串列就像是我們日常生活中的塑膠袋、購物袋，可以裝下任何東西，不用分類，不用特定條件，都可以放在裡面。

身為 Python 裡的萬用袋，可以裝下各種不同的元素，元素的類型可以是數值、字串、變數，當然也可以是另一個串列，還有之後會教到的集合、字典、元組與各式各樣的物件。

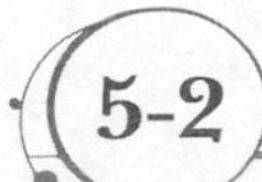

5-2 串列的使用

5-2-1　串列的宣告

使用半形的中括號 [ ] 裝入所有的元素並給值至變數，元素與元素間使用半形逗號相隔。

變數名稱 = [元素1, 元素2, 元素3, ..., 元素n]

由於之後會用到各種的括號，這邊先定義一下括號的種類，以下是來自維基百科的介紹 (https://reurl.cc/zenMQy)

括號（**()[]{}【】〔〕<>**，英語：**Bracket**，又稱括弧號）

- 小括號（*parentheses*，又稱圓括號、括弧）
  - 半形**()**
  - 全形（）
- 中括號（**square brackets**，又稱方括號）
  - 半形**[]**
  - 全形［］
- 大括號（**curly brackets**， 又稱花括號）
  - 半形**{}**
  - 全形｛｝
- 角括號（**angle brackets**，又稱尖括號)
  - 半形**<>**
  - 全形〈〉
- 六角括號〔〕
- 方頭括號
  - 實心【】
  - 空心〖〗

串列是使用半形中括號。

使用串列改寫上述的程式如下

```
math = [32,64,96]

print("學生1的數學成績 = ",math[0])
print("學生2的數學成績 = ",math[1])
print("學生3的數學成績 = ",math[2])
```

```
學生1的數學成績 =  32
學生2的數學成績 =  64
學生3的數學成績 =  96
```

5-2-2 串列的讀取

承上範例，使用中括號加索引值可讀出串列特定位置的內容

串列第一個元素的索引值 (index) 是 0 不是 1。

假設串列裡有 10 個元素，索引值是 0 到 9。以此類推，假設串列裡有 n 個元素，索引值是 0 到 (n - 1)

在其他的程式語言，索引值也都是從 0 開始的。若您是第一次學習程式，請慢慢習慣這個原則。

若要直接讀串列的最後一個元素，索引值是 -1，如下範例。

```
math = [32,64,96]

print("學生1的數學成績 = ",math[0])
print("學生2的數學成績 = ",math[1])
print("學生3的數學成績 = ",math[-1])
```

```
學生1的數學成績 =  32
學生2的數學成績 =  64
學生3的數學成績 =  96
```

使用索引值-1直接讀出最後一個元素

使用索引值 -1 的好處在於無須知道串列有多少元素就可以直接讀取最後的元素

若要讀倒數第 2 個元素則使用索引值 -2，其他以此類推。

```
math = [32,64,96,55,98,66,58,33,24,75,64,88,86,87,91,46]
print("最後一位學生的數學成績 = ",math[-1])
print("倒數第二位學生的數學成績 = ",math[-2])
```

```
最後一位學生的數學成績 =  46
倒數第二位學生的數學成績 =  91
```

5-2-3 串列的切片

使用 [開始數值 : 結束數值] 來得到串列內開始數值到 (結束數值 -1) 的內容，如下所示

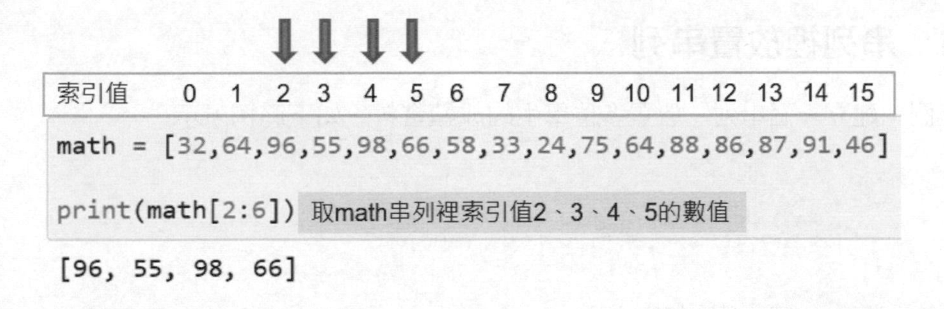
索引值 0 1 2 3 4 5 6 7 8 9 10 11 12 13 14 15
math = [32,64,96,55,98,66,58,33,24,75,64,88,86,87,91,46]
print(math[2:6])
取math串列裡索引值2、3、4、5的數值
[96, 55, 98, 66]

也可以使用負索引值來得到相同的效果，如下

索引值	-10	-9	-8	-7	-6	-5	-4	-3	-2	-1

```
math = [32,64,96,55,98,66,58,33,24,75,64,88,86,87,91,46]

print(math[2:-10])
```

```
[96, 55, 98, 66]
```

5-2-4 串列放置不同類型的內容

把學生名稱 (字串)、科目名稱 (字串)、數值都放到串列裡，如下範例所示。

```
student_1 = ["Jay",'Chinese',59,"English",63,'Math',78]

print("學生名稱: ",student_1[0])
print("科目名稱: ",student_1[1])
print("分數: ",student_1[2])
print("科目名稱: ",student_1[3])
print("分數: ",student_1[4])
print("科目名稱: ",student_1[5])
print("分數: ",student_1[6])
```

```
學生名稱:  Jay
科目名稱:  Chinese
分數:  59
科目名稱:  English
分數:  63
科目名稱:  Math
分數:  78
```

5-2-5 串列裡放置串列

承上範例，建立一個串列，放置多位學生的成績資料，如下範例所示

```
score_list = [
              ["Jay",'Chinese',59,"English",63,'Math',78],
              ["Jolin",'Chinese',88,"English",93,'Math',60]
             ]

print("學生名稱: ",score_list[0][0])
print("科目名稱: ",score_list[0][1])
print("分數: ",score_list[0][2])
print("科目名稱: ",score_list[0][3])
print("分數: ",score_list[0][4])
print("科目名稱: ",score_list[0][5])
print("分數: ",score_list[0][6])
print("----------我是分隔線-----------")
print("學生名稱: ",score_list[1][0])
print("科目名稱: ",score_list[1][1])
print("分數: ",score_list[1][2])
print("科目名稱: ",score_list[1][3])
print("分數: ",score_list[1][4])
print("科目名稱: ",score_list[1][5])
print("分數: ",score_list[1][6])
```

```
學生名稱:  Jay
科目名稱:  Chinese
分數:  59
科目名稱:  English
分數:  63
科目名稱:  Math
分數:  78
----------我是分隔線-----------
學生名稱:  Jolin
科目名稱:  Chinese
分數:  88
科目名稱:  English
分數:  93
科目名稱:  Math
分數:  60
```

串列裡放串列比較複雜，如果不太瞭解，score_list 的組成可以看成如下的方式

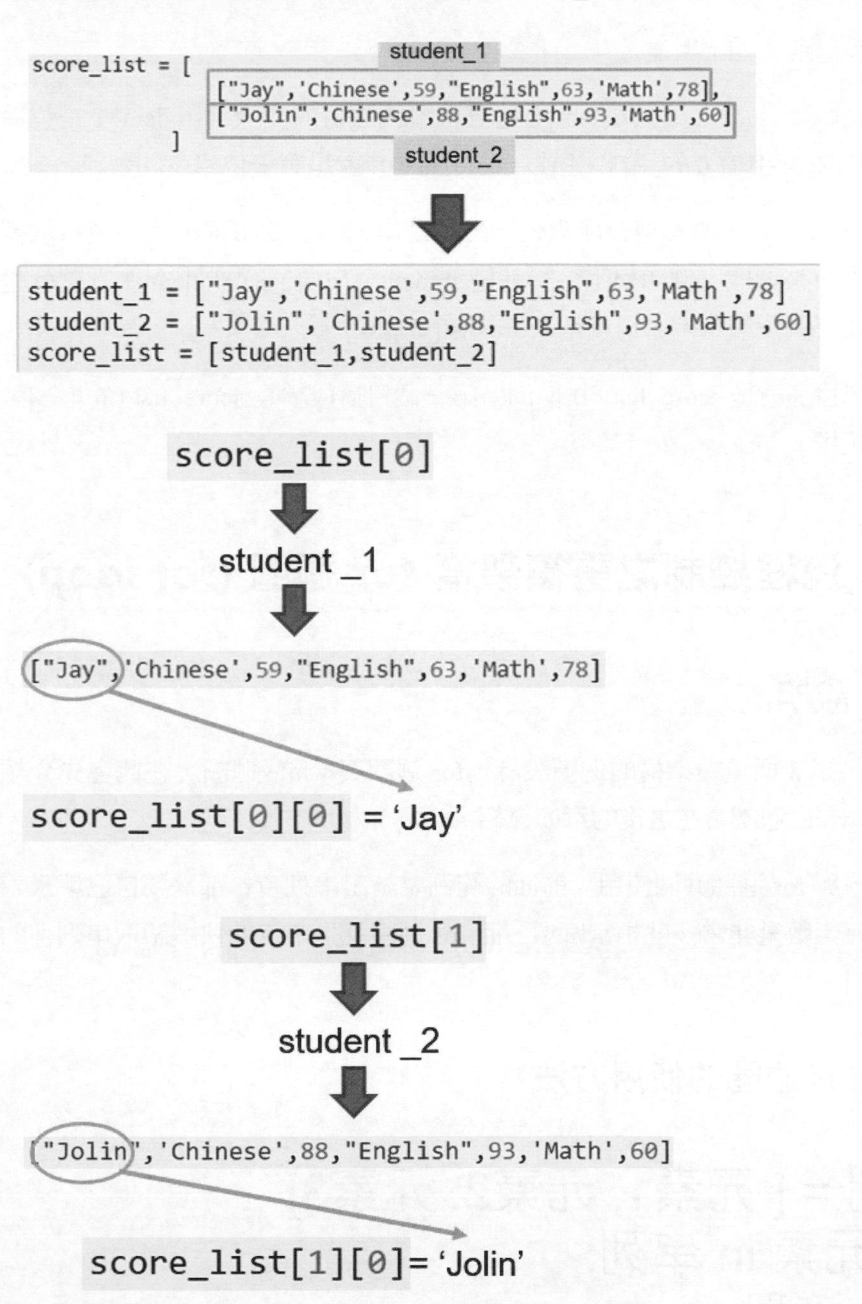

改寫的主要觀念如下圖所示

可以分兩步思考，如下所述，

第一步：先假設 student_1、student_2 是擁有單純數值的變數，student_1 是位於串列 score_list 索引值 0 的資料，所以 score_list[0] 就是第一位學生的資料。

第二步：把 student_1 的類型改成串列，由於是串列，想要不同位置的資料就需要使用索引值來讀取，例如學生名稱就是 student_1[0]，而 student_1 其實就是 score_list[0]，置換後學生名稱就是 score_list[0][0]。

而第一個科目名稱是 score_list [0][1]，第一個科目成績是 score_list [0][2]，其他以此類推。

5-3 流程控制之重複架構 for 迴圈 (for loop)

5-3-1 說明

Python 提供了 2 種重複架構的迴圈設計，for 迴圈與 while 迴圈，在此會先介紹 for 迴圈，while 迴圈會在之後的章節介紹。

串列常常會與 for 迴圈共同使用，前面的範例要讀出串列資料都需要自己填入索引值，若元素數量非常多就相當麻煩，而 for 迴圈就是來協助快速讀取串列裡的每一筆資料。

5-3-2 for 迴圈的使用方法

```
串列 = [ 元素1, 元素2, 元素3]
for 元素 in 串列:
    流程
```

假設宣告一個串列，串列裡有 3 個元素

for 元素 in 串列，for 在程式裡的意思是依序讀出，讀取來源是串列，使用 in 串列，英文 in 就是裡面，讀的就是串列裡面的資料，讀出來的資料要給值，會給到宣告的變數 " 元素 " 裡。

for 元素 in 串列之後有冒號，流程的程式碼需要縮排

整理一下，for 元素 in 串列的中文意思就是依序讀出串列裡面的資料，讀出來的資料給值至元素，使用元素執行流程

來看以下範例

```
a_list = ['元素1','元素2','元素3']
for element in a_list:
    print(element)
```

```
元素1
元素2
元素3
```

範例中宣告變數 element 當作每一次讀取資料給值的對象

第一次 for 迴圈讀值會讀取出元素 1，給值至 element，流程是顯示變數 element 的內容，執行結果就是顯示元素 1。

第二次 for 迴圈讀值會讀取出元素 2，給值至 element，流程是顯示變數 element 的內容，執行結果就是顯示元素 2。

第三次 for 迴圈讀值會讀取出元素 3，給值至 element，流程是顯示變數 element 的內容，執行結果就是顯示元素 3。

串列裡所有資料已被讀出，for 迴圈動作完成。

接著，比較一下使用迴圈前後的差異。

範例的上半部是未使用迴圈概念前的寫法，要自行填入索引值，比較麻煩；下半部使用迴圈概念，自動讀出串列 math 裡每一個元素，給值至變數 score，使用 score 執行流程程式碼。

由於要顯示出學生 1、學生 2 的順序，我宣告了變數 count，初始值為 1。

當 for 迴圈執行第一次，讀取出數值 32 後，此時 count 還是等於 1，顯示完學生 1 的數學成績 = 32 後，count 就再加 1 變成 2

當 for 迴圈執行第二次，讀取出數值 64 後，此時 count 還是等於 2，顯示完學生 2 的數學成績 = 64 後，count 就再加 1 變成 3

當 for 迴圈執行第三次，讀取出數值 96 後，此時 count 還是等於 3，顯示完學生 3 的數學成績 = 96 後，count 就再加 1 變成 4

串列裡所有資料已被讀出，for 迴圈動作完成，不再執行 for 迴圈下的流程程式碼，而 count 最後的數值為 4。

未使用for迴圈，需自行一一填入索引值

```
math = [32,64,96]

print("學生1的數學成績 = ",math[0])
print("學生2的數學成績 = ",math[1])
print("學生3的數學成績 = ",math[2])
```

```
學生1的數學成績 =  32
學生2的數學成績 =  64
學生3的數學成績 =  96
```

使用for迴圈改寫

```
math = [32,64,96]
count = 1

for score in math:
    print("學生",count,"的數學成績 = ",score)
    count += 1
```

```
學生 1 的數學成績 =  32
學生 2 的數學成績 =  64
學生 3 的數學成績 =  96
```

驗證一下，for 迴圈結束後，count 的數值是否等於 4

```
math = [32,64,96]
count = 1

for score in math:
    print("學生",count,"的數學成績 = ",score)
    count += 1

print("count最終的數值 = ",count)
```

```
學生 1 的數學成績 =  32
學生 2 的數學成績 =  64
學生 3 的數學成績 =  96
count最終的數值 =  4
```

列舉函數 (Enumerate) 的用法

上述的 count += 1 是很常用的方法，缺點是當流程程式碼很多的時候，有時候會忘了寫 count += 1。

Python 有提供一個很方便的函數稱為列舉函數 enumerate()，回傳值除了串列內容外，索引值也會一併給你

將上述的範例，使用列舉函數改寫

```
math = [32,64,96]

for count,score in enumerate(math):
    print("學生",count+1,"的數學成績 = ",score)

print("count最終的數值 = ",count)
```

```
學生 1 的數學成績 =  32
學生 2 的數學成績 =  64
學生 3 的數學成績 =  96
count最終的數值 =  2
```

由於會回傳索引值與串列內容，for 後面就要宣告兩個變數 count 與 score，並用半形逗號隔開，原本 in 後面是直接加上變數 math，改成使用列舉函數 enumerate()，括號裡再放入 math

回傳的索引值是根據串列的實際索引值，第一筆串列資料的索引值會是 0，最後一個回傳索引值是 2，count 最終的數值也就是等於 2

學生個數通常會從 1 開始，沒有人會說第 0 位學生，為了要顯示第一位學生就要讓索引值 +1，使用 count+1，但這邊的 count+1 並沒有用到等於符號，所以不會給值，不會改變任何變數的值，也就是說顯示完 count+1 的數值後就結束了，count 本身的數值還是 0

若還是不大了解，可以看以下範例的比較

```
a = 0
a + 1   執行a + 1但沒有給值，a依然等於0

print(a)
```

```
0
```

```
a = 0
a += 1   執行a + 1並給值至a，a等於1

print(a)
```

```
1
```

5-3-3 巢狀迴圈

如果串列資料是多維度的，可以使用巢狀迴圈依照不同維度依序讀出串列的資料。

用法如下：

當第一層 for 迴圈執行第一次，會取出 [元素 1, 元素 2, 元素 3]，給值至變數第一層資料，使用第一層資料執行流程 1，接著執行第二層 for 迴圈，依序從第一層資料取出元素 1、元素 2、元素 3，並給值至變數元素，使用元素執行流程 2。

當第一層 for 迴圈執行第二次，會取出 [元素 4, 元素 5, 元素 6]，給值至變數第一層資料，使用第一層資料執行流程 1，接著執行第二層 for 迴圈，依序從第一層資料取出元素 4、元素 5、元素 6，並給值至變數元素，使用元素執行流程 2。

```
串列 = [
        [元素1, 元素2, 元素3],
        [元素4, 元素5, 元素6]
      ]
第一層for迴圈
for 第一層資料 in 串列:
    流程1
第二層for迴圈
    for 元素 in 第一層資料:
        流程2
```

將之前兩維度的學生成績串列資料使用巢狀 for 迴圈讀出，如下範例所示

```
score_list = [
                ["Jay",'Chinese',59,"English",63,'Math',78],
                ["Jolin",'Chinese',88,"English",93,'Math',60]
            ]

for count,student in enumerate(score_list):
    print("第",count+1,"位學生的資料如下:")

    for idx,element in enumerate(student):
        print("第",idx,"個元素是",element)
```

```
第 1 位學生的資料如下:
第 0 個元素是 Jay
第 1 個元素是 Chinese
第 2 個元素是 59
第 3 個元素是 English
第 4 個元素是 63
第 5 個元素是 Math
第 6 個元素是 78
第 2 位學生的資料如下:
第 0 個元素是 Jolin
第 1 個元素是 Chinese
第 2 個元素是 88
第 3 個元素是 English
第 4 個元素是 93
第 5 個元素是 Math
第 6 個元素是 60
```

之前的例子是要說明串列裡可以放置不同類型的資料，但在實際應用上會將同性質的資料安排在同一個串列裡，這樣在使用 for 迴圈時會比較好分類讀取。

建立名字串列，只放學生名字。

建立科目串列，僅放入科目名稱。

建立分數串列，放入對應名自串列與對應科目名稱的分數

資料重新安排如下

```
name_list = ["Jay",'Jolin']
subject_list = ['Chinese','English','Math']

score_list = [
 Jay的分數  →[59,63,78],
 Jolin的分數 →[88,93,60]
            ]
```

可以看到 score_list 是 2 維的串列，使用巢狀 for 迴圈來依序讀值，如下圖。

```
name_list = ["Jay",'Jolin']
subject_list = ['Chinese','English','Math']
score_list = [
                [59,63,78],
                [88,93,60]
             ]
#----第一層for迴圈
for count,student in enumerate(score_list):
    #----流程1
    print("第",count+1,"位學生",name_list[count],"的成績如下:")

    #----第二層for迴圈
    for idx,score in enumerate(student):
        #----流程2
        print("科目名稱: ",subject_list[idx])
        print("分數: ",score)
```

```
第 1 位學生 Jay 的成績如下:
科目名稱:  Chinese
分數:  59
科目名稱:  English
分數:  63
科目名稱:  Math
分數:  78
第 2 位學生 Jolin 的成績如下:
科目名稱:  Chinese
分數:  88
科目名稱:  English
分數:  93
科目名稱:  Math
分數:  60
```

第一層 for 迴圈會回傳索引值 count 與學生成績 student，count 對應的是學生名字，使用 name_list[count] 來顯示學生名字

第二層 for 迴圈會回傳索引值 idx 與各科成績 score，idx 對應的是科目名稱，使用 subject_list[idx] 來顯示科目名稱，score 就是該科目的成績。

5-3-4 for 迴圈與 if else 的搭配

假設我們只想要查閱某學生的成績，可以在第一層 for 迴圈裡加入 if else 的流程控制，如下圖。

```
name_list = ["Jay",'Jolin']
subject_list = ['Chinese','English','Math']
score_list = [
                [59,63,78],
                [88,93,60]
            ]
appointed_name = 'Jay'

#----第一層for迴圈
for count,student in enumerate(score_list):
    #----流程1
    if name_list[count] == appointed_name:
        print("學生名字: ",name_list[count])

        #----第二層for迴圈
        for idx,score in enumerate(student):
            #----流程2
            print("科目名稱: ",subject_list[idx])
            print("分數: ",score)
```

```
學生名字:  Jay
科目名稱:  Chinese
分數:  59
科目名稱:  English
分數:  63
科目名稱:  Math
分數:  78
```

宣告變數 appointed_name，填入想看的學生名字

在第一層 for 迴圈裡撰寫 if name_list[count] == appointed_name:，若讀取出來的名字與 appointed_name 相同才進行第二層 for 迴圈；若不同，則不進行任何動作。

若還要加上指定顯示某科目的成績，第二層 for 迴圈裡要加入 if else 的流程控制，如下圖。

宣告變數 appointed_subject，填入想看的科目名稱

在第二層 for 迴圈裡撰寫 if subject_list[idx] == appointed_subject:，若讀取出來的科目名稱與 appointed_ subject 相同才進行顯示科目名稱與分數；若不同，則不進行任何動作。

這個範例使用了兩個 for 迴圈與兩個 if 敘述，要注意每個流程控制後的縮排。

```
name_list = ["Jay",'Jolin']
subject_list = ['Chinese','English','Math']
score_list = [
                [59,63,78],
                [88,93,60]
             ]
appointed name = 'Jay'
appointed_subject = 'Math'

#----第一層for迴圈
for count,student in enumerate(score_list):
    #----流程1
    if name_list[count] == appointed_name:
        print("學生名字: ",name_list[count])

        #----第二層for迴圈
        for idx,score in enumerate(student):
            #----流程2
            if subject list[idx] == appointed subject:
                print("科目名稱: ",subject_list[idx])
                print("分數: ",score)
```

```
學生名字:  Jay
科目名稱:  Math
分數:  78
```

這邊有個問題來想想看，為何沒有 else 敘述？如果寫了會怎樣？

由於 for 迴圈的特性，會將串列裡的元素依序取出，取出之後進行 if 的敘述，除此之外，沒有其他的選項要進行，所以在這個範例下可以不用寫 else 流程。

以下範例是加上 else 的敘述

```
name_list = ["Jay",'Jolin']
subject_list = ['Chinese','English','Math']
score_list = [
                [59,63,78],
                [88,93,60]
             ]
appointed_name = 'Jay'
appointed_subject = 'Math'

#----第一層for 迴圈
for count,student in enumerate(score_list):
    #----流程1
    if name_list[count] == appointed_name:
        print("學生名字: ",name_list[count])
    else:
        print("沒有符合的學生名字")
```

```
學生名字:  Jay
沒有符合的學生名字
```

5-3-5 減少程式的負擔，使用 break 中斷程式

假設學生有一千位，每位學生都是獨一無二的，我只想要找到某一位學生的名字，按照上面的寫法，即使已經找到了指定的學生，還是會繼續進行下一個串列的取值與 if 敘述，直到取完所有的串列資料。

舉例來說，一千位學生名字中，我在取第 20 位就找到了指定的學生名稱，但 for 迴圈依舊執行 1000 次的取值，其中 980 次都是浪費的。

Python 提供關鍵字 break 可以終止 for 迴圈的進行，如下圖

```
name_list = ["Jay",'Jolin','May','Emily','Iris',
             'Yuna','Johnny','Ariel','Jeremy','Peter']
appointed_name = 'Jay'


#----未加入break
for count,name in enumerate(name_list):
    if name == appointed_name:
        print("你指定的名字已經找到，索引值 = ",count)

print("for迴圈總共取值的次數 = ",count + 1)

#----加入break，中斷for迴圈
for count,name in enumerate(name_list):
    if name == appointed_name:
        print("你指定的名字已經找到，索引值 = ",count)
        break      → 加入break，減少比對次數

print("for迴圈總共取值的次數 = ",count + 1)
```

```
你指定的名字已經找到，索引值 =  0
for迴圈總共取值的次數 =  10
你指定的名字已經找到，索引值 =  0
for迴圈總共取值的次數 =  1
```

宣告 name_list 為串列，含有 10 個學生名字

未加入 break 時，索引值等於 0 的時候已經找到指定的名字，但仍運行完 10 次的取值

加入 break 時，當索引值等於 0 時就找到指定的名字，緊接著執行 break 中斷 for 迴圈，不再取值，僅僅執行 1 次的取值，節省了其他 9 次取值的時間。

將學生名字數量擴大到一千個、一萬個，這樣的寫法就可以省下更多的時間。

這邊有個前提是學生名字都是獨一無二的，才能夠找到 1 個後就中斷程式，若有重複的名字且都要找出來就無法使用 break 中斷程式，就得乖乖的讓 for 迴圈執行完畢。

5-3-6 break 與 for 迴圈的對應關係

最基本的 break 與 for 迴圈的對應關係如下圖

與寫其他程式碼相同，只是 break 的動作是將 for 迴圈停止掉

```
for 資料1  in 串列1:
    break
```

使用上通常會搭配 if else 的敘述，當達到目的時就停止 for 迴圈，如下圖說明

```
for 資料1  in 串列1:
    if 資料1 == 數值1:
        break
```

若執行，強制停止的for迴圈

如範例，if 的敘述是當 i 等於 4 的時候，就會執行 break。

執行 break 的時候，下面的 print(i) 就不會進行，立即將 for 迴圈停止。

```
a = [1,2,3,4]

for i in a:
    if i == 4:
        break
    print(i)
```

```
1
2
3
```

若有巢狀 for 迴圈，其 break 與 for 迴圈的對應關係，如下圖所示

不同縮排位置的 break 會對應到不同的 for 迴圈，每個 break 執行時也只會停止所對應的 for 迴圈。

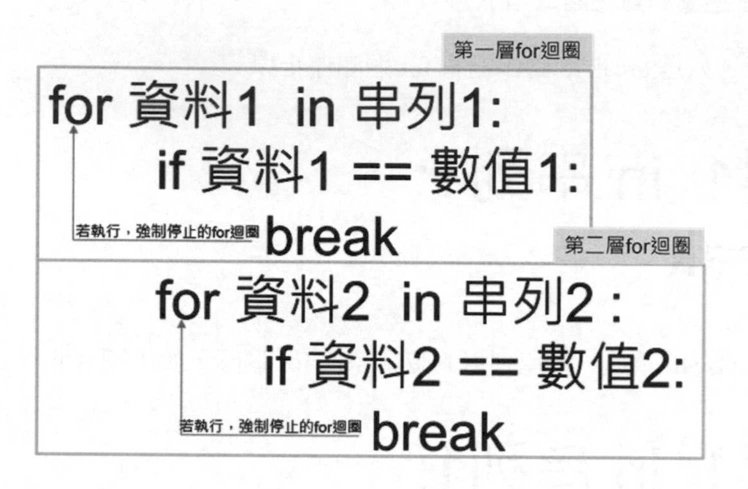

可執行 for 迴圈的對象

先來看以下的例子

```
a = 56
for i in a:
    print(i)
```

```
---------------------------------------------------------------------------
TypeError                                 Traceback (most recent call last)
<ipython-input-4-a1cfb78b55f5> in <module>
      1 a = 56
----> 2 for i in a:
      3     print(i)

TypeError: 'int' object is not iterable
```

宣告一個數值型態的變數，使用 for 迴圈來讀取變數的內容，結果產生錯誤了！

錯誤的內容是 int 型態的物件是無法進行迭代 (iterable) 的。

迭代的意思是可以從一個容器 (之前提到的塑膠袋比喻) 將元素一個一個取出來，

Python 內建提供 4 種管理資料的容器 (Container)，包含串列 (list)、元組 (tuple)、集合 (set) 與字典 (dict)，這些都可以使用 for 迴圈進行迭代。

另外，字串 (str) 因可以使用索引值讀取不同位置的內容，亦可以使用 for 迴圈進行迭代。

```
a = "56"
for i in a:
    print(i)
```

```
5
6
```

5-4 物件的簡單概念 (Object)

5-4-1　概念說明

在 Python 語言裡，宣告的變數、串列等都是以物件的形式存在

目前著墨較多的是變數，還沒有提到太多的函數觀念，僅有說明 print() 函數。

函數就是撰寫程式碼執行一連串的行為、動作，例如計算串列裡所有數字的標準差，以 calculate_std() 來表示，括號內輸入宣告的串列，執行函數後就可以得到串列裡所有數字的標準差；或是預測天氣的函數，以 weather_forcast() 來表示，括號內輸入日期，執行函數後就可以得到填入日期的天氣預測。

物件是多個變數以及多個函數的結合，可以看成是擁有特定能力的機器，該機器有它的屬性以及可以提供的服務，如下圖所示。

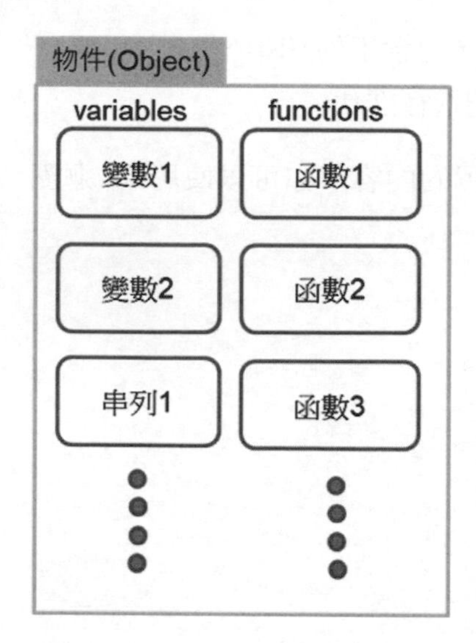

舉例來說，在海賊王的世界中，魯夫是個人物物件，全名屬性是蒙其 D 魯夫，他吃了橡膠果實，能力屬性是超人系，必殺技有伸縮自如的橡膠槍、伸縮自如的橡膠火箭炮等。

魯夫就是物件的名稱，提到的全名屬性、能力屬性則是物件裡的變數；必殺技就是物件裡的函數，橡膠槍就像是函數 1，火箭炮則是函數 2。

如何快速分辨變數與函數的簡單方法呢？可以粗略地將變數聯想成名詞，函數聯想成動詞，或是一連串的行為、服務，例如全名屬性與能力屬性就只是名詞，而必殺技橡膠槍是動詞，而且不只打一拳，會向敵人進行一連串的攻擊。

在海賊王領域中，人物物件裡的變數稱為屬性，函數稱作必殺技；在程式設計領域裡，物件裡的變數會稱作屬性 (attributes)，函數會稱作方法 (methods)。

5-4-2 物件方法查詢

宣告 a 變數，變數的內容是字串，但 Python 會將 a 變數包裝成物件的型態，讓 a 變數不只是擁有字串的內容，還有許多附加的方法

在 Jupyter 編輯器裡，輸入 a. 後再按下 Tab 鍵，就可以看到 a 物件所擁有的各種方法。

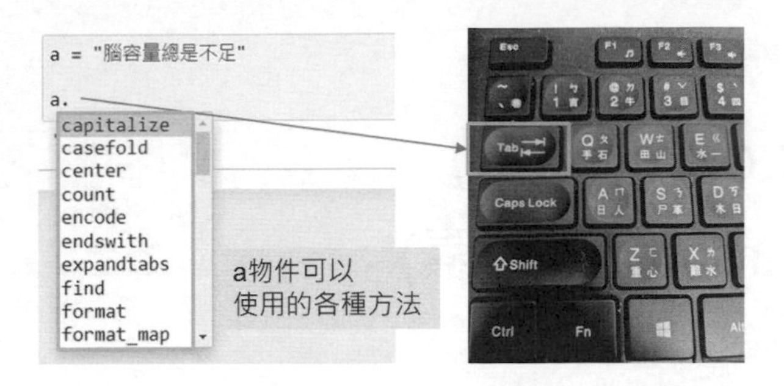

另外，也可以使用 dir 函數來列出該物件的所有方法

因可使用的方法很多，這裡僅貼出一部分

```
a = "腦容量總是不足"

dir(a)
```

```
 'capitalize',
 'casefold',
 'center',
 'count',
 'encode',
 'endswith',
 'expandtabs',
 'find',
 'format',
 'format_map',
 'index',
 'isalnum',
 'isalpha',
 'isascii',
```

5-4-3 執行方法後是否有回傳值 (return value)

回傳值是執行方法完成後，該方法將相關結果或執行狀態回傳，並給值至指定變數。

每個方法因執行的內容不同，有的會有回傳值，有的沒有。

如下範例，舉例 2 種之後會提到的方法，串列 .count() 執行完會有回傳值，可以指定變數加上 = 來給值至變數；串列 .remove() 不會有回傳值，就不需給予指定變數來進行給值。

有回傳值，意義是元素數量，可給值至指定變數
元素數量 =
串列.count(元素)
串列.remove(元素)
無回傳值，不需要給值至指定變數

如下範例，將 a.count(4) 的回傳值進行給值至變數 number，可以得到 3，意義是串列 a 裡面擁有 3 個數值 4

a.remove() 是沒有回傳值的，但是若依然要給值至指定變數，則會得到 None

```
a = [1,2,3,4,4,4,3,2,1]

number = a.count(4)
print("a.count()的回傳值 = ",number)

ret = a.remove(1)
print("a.remove()的回傳值 = ",ret)
print(a)
```

```
a.count()的回傳值 =  3
a.remove()的回傳值 =  None
[2, 3, 4, 4, 4, 3, 2, 1]
```

承上，a.count() 只是使用串列的內容來計算指定數字的數量，完成後將結果回傳，但不更動串列的內容；反觀 a.remove(1) 是將串列裡的第一個數值 1 去除，會直接更動串列的內容而沒有回傳值

是否有回傳值的基本通則如下

有回傳值，串列內容僅用來運算但不更動、修改
元素數量 =
串列.count(元素)
串列.remove(元素)
無回傳值，直接更動、修改串列內容

5-4-4 方法介紹

5-4-4-1 append() 方法：在串列的末端新增元素

用法如下，

```
變數 = [ ]
變數.append(元素)
```

1. 先宣告一個串列變數，使用變數 .append() 來執行串列的新增元素方法，在括號內輸入元素，該元素即新增至串列的末端位置。
2. 執行 append () 方法後沒有回傳值

空串列的宣告

若想要宣告串列的初始內容是無內容的串列，如下兩種方法

```
math = list()
print(math)

english = []
print(english)
```

```
[]
[]
```

在之前的範例都是在宣告串列的時候，內容也一併輸入，現在想要變成可以新增的方式，範例如下。

使用 input 要求輸入內容，執行串列的 append() 方法，將內容新增至串列的末端位置。

```
name_list = list()

name = input("輸入要儲存的名字")
name_list.append(name)

print(name_list)
```

```
輸入要儲存的名字Johnny
['Johnny']
```

若想要新增多次的名字，可以撰寫 for 迴圈，如下所示

```
name_list = list()

for i in range(100):
    name = input("輸入要儲存的名字")
    if name == '':
        break
    else:
        name_list.append(name)

print("你所輸入的所有名字:",name_list)
```

```
輸入要儲存的名字Johnny
輸入要儲存的名字Jeremy
輸入要儲存的名字Jay
輸入要儲存的名字
你所輸入的所有名字: ['Johnny', 'Jeremy', 'Jay']
```

執行 100 次的 input() 函數，輸入的內容不直接使用 append() 新增至串列，而是寫了 if else，檢測如果沒有輸入內容 (空字串) 表示已不再輸入，執行 break，提早結束 for 迴圈；若非空字串，則使用 append() 新增至串列。

執行完畢 for 迴圈後，列出所輸入的名字

5-4-4-2 Range() 函數

在範例裡執行 100 次 input() 函數，使用到 range() 函數，此函數可依據設定的數值建立出可迭代的容器，搭配 for 迴圈使用

定義如下：

容器 = range(起始值, 停止值, 間隔數)

舉例來說：

執行 range(0, 10, 2)，由於程式索引值是從 0 開始，取值範圍是 0 到 9，表示會從 0 開始取值，每加 2 就再取一個值，取到 8 後，下一步要再加 2 發現已經大於 9，就停止取值了。

所有取出的數值會放置在 range 容器，不是串列，但依然是可迭代容器，並回傳該容器。

示意圖如下

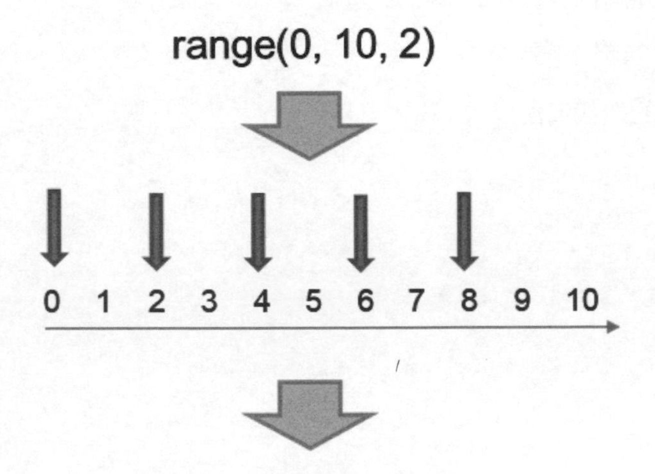

我們之前說串列就像是塑膠袋，而 range 容器就像是 range 品牌的塑膠袋，不同的是 range 容器只能夠裝**整數**，無法裝浮點數、字串。

範例中的 a 可以聯想成特殊的串列，使用 for 迴圈依序將數值讀取出來

```
a = range(0,10,2)
for i in a:
    print(i)
```

```
0
2
4
6
8
```

參數設定時，注意

1. 只能是整數型態，不能是浮點數或字串
2. 若間隔數為正整數，停止值要大於等於起始值，否則回傳為空的容器
3. 若間隔數為負整數，停止值要小於等於起始值，否則回傳為空的容器
4. 如果間隔數等於 1，可以省略不寫
5. 如果起始值等於 0，可以省略不寫

以下的例子使間隔數等於 -2 的迭代情況

```
a = range(0,-10,-2)
for i in a:
    print(i)
```

```
0
-2
-4
-6
-8
```

以下的例子是間隔數等於 1 而省略不寫的迭代情況

當輸入參數只有 2 個時，會依序當作是起始值與停止值

```
a = range(0,3)

for i in a:
    print(i)
```

```
0
1
2
```

以下的例子是間隔數等於 1、起始值等於 0 而省略不寫的迭代情況

當輸入參數只有 1 個時，會當作是停止值

```
a = range(3)

for i in a:
    print(i)
```

```
0
1
2
```

回到範例提到的執行 100 次 input() 函數，為了執行 100 次，要先建立裝有 100 個內容的容器，搭配 for 迴圈執行。

因沒有特殊需求，不用額外改變起始值與間隔值，使用 range(100) 就可以建立裝有 100 個內容的容器，搭配 for 迴圈即可執行 100 次 input() 函數。

5-4-4-3 extend() 方法：在串列的末端新增容器裡的元素

定義如下

```
變數1 = [ ]
變數2 = [ 元素1 ]
變數1.extend(變數2)
```

1. extend() 方法也是用來新增元素，但是新增的對象一定要是可迭代的對象。
2. extend() 方法會去除 1 個維度的容器，再將內容新增至串列末端位置。
3. extend() 方法的主要精神是將變數 2 容器裡的元素新增至變數 1 的容器裡。
4. 執行 extend () 方法後沒有回傳值。

來看以下範例，

當 a 串列執行 extend() 方法新增 b 串列時，會先將 b 串列的 1 維度容器去除，可以聯想成把塑膠袋拿掉，只留下內容 2、3、4，新增至 a 串列的末端位置

```
a = [1,]
b = [2,3,4]
a.extend(b)

print(a)
```

```
[1, 2, 3, 4]
```

回頭想想，那如果是使用 append() 呢？

可以看到，append() 不僅可新增元素，也可以新增可迭代的容器，且不會去除 1 維度的容器，可以聯想成不去除塑膠袋，原封不動的新增至串列末端位置。

```
a = [1,]
b = [2,3,4]
a.append(b)

print(a)
```

```
[1, [2, 3, 4]]
```

以下是新增 2 維度的範例

b 是宣告成 2 維度的串列，當 a 串列執行 extend(b) 時，只有去除 1 維度的容器，新增至 a 串列的末端位置

```
a = [1,]
b = [[2,3,4]]  b是2維度的串列
a.extend(b)

print(a)
[1, [2, 3, 4]]
```

extend()方法去除1維度的串列，還剩1維度的內容新增至a串列

extend() 的用途主要是做同性質資料的串接。

舉例來說，A 老師有 30 位學生，B 老師有 20 位學生，他們想要合開一門課程，學生名單要整合在一起，分別使用 append() 與 extend() 來完成這個需求

使用 append() 方法如下

需使用 for 迴圈一一讀取出名字，再新增至 new 串列

```
#A老師有30位學生，這邊縮短成3位學生，但邏輯相同
a = ['Mary', 'Kyo', 'Iori']

#B老師有20位學生，這邊縮短成2位學生，但邏輯相同
b = ['Benimaru', 'Daimon']
new = []#整合後的學生名單

for name in a:

    new.append(name)

for name in b:

    new.append(name)

print(new)
['Mary', 'Kyo', 'Iori', 'Benimaru', 'Daimon']
```

再來看看使用 extend() 的情況

可以清楚地看到差異，不須使用 for 迴圈，使用 2 次 extend() 新增串列裡的資料就完成了。

```
#A老師有30位學生，這邊縮短成3位學生，但邏輯相同
a = ['Mary', 'Kyo', 'Iori']

#B老師有20位學生，這邊縮短成2位學生，但邏輯相同
b = ['Benimaru', 'Daimon']
new = []#整合後的學生名單

new.extend(a)
new.extend(b)

print(new)
```

```
['Mary', 'Kyo', 'Iori', 'Benimaru', 'Daimon']
```

append() 與 extend() 的比較如下

方法	參數對象	新增方式	用途
append()	任意	原封不動	新增元素
extend()	可迭代的容器	去除 1 維度的容器	串接擁有同等性質的容器資料

5-4-4-4 remove() 方法：刪除串列裡的指定元素

串列.remove(元素)

在 remove 括號內輸入欲刪除的對象，但若欲刪除的對象沒有在串列裡將出現錯誤。

使用上建議先確認該對象是否還存在串列內，若存在，再進行刪除。

執行 remove() 方法後沒有回傳值。

可以使用 in 來查看對象是否存在串列內，範例如下

```
name_list = ['Mary', 'Kyo', 'Iori']

name = input("輸入欲查詢的名字")

if name in name_list:
    print("名字存在")
else:
    print("名字不存在")
```

```
輸入欲查詢的名字Mary
名字存在
```

If 敘述中的 name in name_list 是在檢驗輸入的 name 字串是否有存在於 name_list 串列中，若有，回傳 True，反之，回傳 False。

回到 remove() 方法的使用，建議的寫法如下

先確定欲刪除的對象存在於串列內，再進行刪除，避免程式產生錯誤。

```
name_list = ['Mary', 'Kyo', 'Iori']
name = "Kyo"

if name in name_list:
    name_list.remove(name)

print(name_list)
```

```
['Mary', 'Iori']
```

'Kyo'順利被刪除掉了

若欲刪除的對象不只一個存在於串列內，進行刪除時，只會刪除索引值較小的元素。

```
name_list = ['Mary', 'Kyo', 'Iori','Kyo']
name = "Kyo"

if name in name_list:
    name_list.remove(name)

print(name_list)
```

有2個'Kyo'

```
['Mary', 'Iori', 'Kyo']
```

只刪除掉索引值較小的'Kyo'

若要全部都刪除掉可以搭配 for 迴圈

因不知道串列裡有多少相同的元素，此時可以宣告停止值很大的 range 函數，若串列內欲刪除的對象都已經刪除完畢，則使用 break 中斷 for 迴圈即可。

宣告停止值為 1000 的 range 函數，讓 for 迴圈可以執行 1000 次，每一次都會檢驗 name 是否還存在 name_list 裡，若有存在，name in name_list 會回傳 True，執行 if 敘述下的流程，刪除 name_list 串列裡的 name 字串；若沒有，表示 name_list 串列裡已經沒有 name 字串，name in name_list 會回傳 False，轉而執行 else 下的流程，流程為 break，中斷 for 迴圈，完成操作。

```
name_list = ['Mary', 'Kyo', 'Iori','Kyo',"Chris",'Kyo']
name = "Kyo"

for i in range(1000):
    if name in name_list:
        name_list.remove(name)
    else:
        break

print(name_list)
```

```
['Mary', 'Iori', 'Chris']
```

5-4-4-5 count() 方法：計算串列裡指定元素的數量

如果 name_list 串列裡的元素數量非常多，range 函數的停止值就不知道要設定多大，為了精確的得到數量，可以使用串列裡的 count() 方法

元素數量 = 串列.count(元素)

1. 於 count 括號內輸入欲查詢的元素，可以是字串、數值或其他物件。
2. 回傳值為 int 整數型態的數值。
3. 若欲查詢的元素沒有存在於串列內，則回傳數值 0。

先來簡單的使用一下，如下範例

宣告變數 qty，我建議數量相關的變數可以取 qty，因數量在英文上是 quantity，簡稱 qty

執行串列的 count() 方法後，回傳數值，就可以準確得到要刪除的次數來設定 range() 函數的停止值。

```
name_list = ['Mary', 'Kyo', 'Iori','Kyo',"Chris",'Kyo']
qty = name_list.count('Kyo')

print(qty)
```

```
3
```

接著，修改一下原本的程式，如下

Range() 函數的停止值改成填入串列 count() 方法的回傳值

由於精準執行刪除的次數，else 敘述留或不留都不會影響程式的執行；若要程式精簡，可以刪除 else 敘述

```
name_list = ['Mary', 'Kyo', 'Iori','Kyo',"Chris",'Kyo']
name = "Kyo"

qty = name_list.count(name)

for i in range(qty):
    if name in name_list:
        name_list.remove(name)
    else:
        break

print(name_list)
```

```
['Mary', 'Iori', 'Chris']
```

5-4-4-6 index() 方法：查詢串列裡指定元素的索引值

索引值= 串列.index(元素)

1. 在 index 括號內輸入欲查詢的元素，若元素存在串列內，回傳索引值；若不存在，則會發生錯誤。
2. 使用上建議先確認該對象是否存在串列內，若存在，再進行查詢。
3. 若欲查詢的對象不只一個存在於串列內，進行查詢時，只會回傳數值較小的索引值。

來看以下的範例

宣告變數 idx，我建議索引值相關的變數可以取 idx，因索引值在英文上是 index，簡稱 idx

當欲查詢的元素沒有存在串列內，會導致程式錯誤

```
name_list = ['Mary', 'Kyo', 'Iori','Kyo',"Chris",'Kyo']

idx = name_list.index('Johnny')

print(idx)
```

```
---------------------------------------------------------------------------
ValueError                                Traceback (most recent call last)
<ipython-input-21-48218fc65397> in <module>
      1 name_list = ['Mary', 'Kyo', 'Iori','Kyo',"Chris",'Kyo']
      2
----> 3 idx = name_list.index('Johnny')
      4
      5 print(idx)

ValueError: 'Johnny' is not in list
```

加入檢驗是否存在的程式碼，程式如下

加入 if name in name_list: 先檢查 name 是否存在 name_list 內，若存在，進行查詢索引值；若不存在，轉而執行 else 下的流程

```
name_list = ['Mary', 'Kyo', 'Iori','Kyo',"Chris",'Kyo']
name = "Johnny"

if name in name_list:
    idx = name_list.index(name)
    print("元素索引值 = ",idx)
else:
    print("你查詢的元素不存在")
```

```
你查詢的元素不存在
```

5-4-4-7 clear() 方法 : 清空串列

串列.clear()

1. clear 括號內不用輸入任何參數，執行後會將串列內的所有元素刪除，變成空串列。
2. 執行 clear() 方法後沒有回傳值。

使用範例如下

```
name_list = ['Mary', 'Kyo', 'Iori','Kyo',"Chris",'Kyo']

name_list.clear()
#也可以寫成name_list = []
#或是name_list = list()

print(name_list)
```

```
[]
```

5-4-4-8 sort() 方法：元素依序排列

串列.sort()

1. sort 括號內不用輸入任何參數，執行後會將串列內的所有元素依序排列。
2. 執行 sort() 方法後沒有回傳值。

若元素為英文字母，使用 sort() 會依照 a b c d 的順序重新排列

```
name_list = ['Mary', 'Kyo', 'Iori','Kyo',"Chris",'Kyo']

print(name_list)
name_list.sort()
print(name_list)
```

```
['Mary', 'Kyo', 'Iori', 'Kyo', 'Chris', 'Kyo']
['Chris', 'Iori', 'Kyo', 'Kyo', 'Kyo', 'Mary']
```

如果元素有大小寫，使用 sort() 會先將大寫的所有元素排序，再將小寫的所有元素排序

```
a = ['apple','Apple','bee','Bee']

print(a)
a.sort()
print(a)
```

```
['apple', 'Apple', 'bee', 'Bee']
['Apple', 'Bee', 'apple', 'bee']
```

若元素為數值，使用 sort() 會依照數值大小的順序重新排列

```
a = [99,5,5.01,65,8,0,-9]

print(a)
a.sort()
print(a)
```

```
[99, 5, 5.01, 65, 8, 0, -9]
[-9, 0, 5, 5.01, 8, 65, 99]
```

那如果串列內的元素有數值也有字串，執行 sort() 則會出現錯誤

```
a = [99,5,'apple',5.01,'Apple',65,8,'bee',0,-9,'Bee']

print(a)
a.sort()
print(a)
```

```
[99, 5, 'apple', 5.01, 'Apple', 65, 8, 'bee', 0, -9, 'Bee']

---------------------------------------------------------------------------
TypeError                                 Traceback (most recent call last)
<ipython-input-7-91e17741450a> in <module>
      2
      3 print(a)
----> 4 a.sort()
      5 print(a)

TypeError: '<' not supported between instances of 'str' and 'int'
```

5-4-4-9 copy() 方法：複製串列內容

串列2 = 串列1.copy()

1. copy 括號內不用輸入任何參數，執行後會將串列 1 內的所有元素複製，給值至串列 2。
2. 若串列 2 為新宣告的物件，會先建立串列 2，再將串列 1.copy() 執行後的回傳值給值至串列 2，串列 2 與串列 1 的 ID 會是不同的。

3. 若串列 2 為已存在的物件，串列 1.copy() 執行後的回傳值給值至串列 2，並不會更動串列 2 的 ID。

在解釋 copy() 方法前，先回憶一下之前提到的多重給值，當時的範例如下

進行多重給值的 a 與 b，當只有變數 a 的內容進行更動，其他變數的內容沒有任何改變。

```
a = b = 255
print(id(a))
print(id(b))

a += 10
print("----更動a數值")
print(a)
print(b)
print(id(a))
print(id(b))
```

```
140709552211680
140709552211680
----更動a數值
265
255
2387993719152
140709552211680
```

變數a更值後，變數b沒有更動

變數a更值後，身分識別碼更動了

但是，**串列型態**的多重給值的情況完全不一樣，來看看以下範例

```
a = ['Johnny']
b = a

b.append('Jeremy')

print("a串列內容:",a)
print("b串列內容:",b)
```

```
a串列內容: ['Johnny', 'Jeremy']
b串列內容: ['Johnny', 'Jeremy']
```

雖然只有對 b 串列進行 append() 方法，但 a 串列的內容也一起更動了 !!!!

若進行**串列型態**的多重給值，當其中任一變數更動內容時，其他的變數的內容也會跟著更動。

也就是說，串列型態的多重給值會將所有變數的 ID **固定**下來，讓所有的變數都成為此串列的別名，只要任一變數更動內容，其他變數因同樣連結到此 ID，內容就一併更動了。

數值型態與串列型態的多重給值比較如下

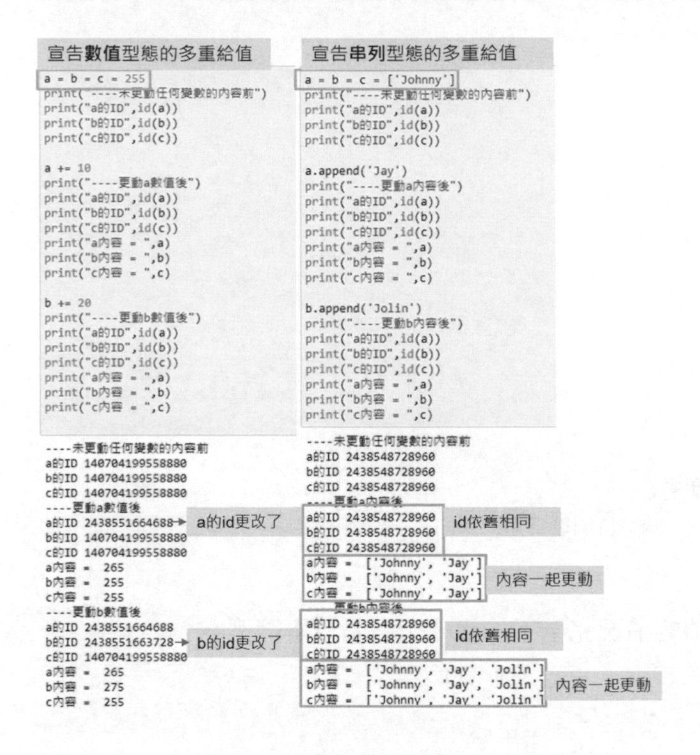

以下為整理不同型態進行多重給值的差異

型態	進行多重給值
數值(int, float)	所有變數ID相同，內容相同
字串(str)	所有變數ID相同，內容相同
容器(list, set, tuple, dict)	所有變數ID相同，內容相同

型態	任一變數內容更動
數值(int, float)	更動的變數ID更動、內容更動，其他變數不更動
字串(str)	更動的變數ID更動、內容更動，其他變數不更動
容器(list, set, tuple, dict)	更動的變數ID不變，內容更動，其他變數的內容一起更動

若只要複製內容或複製擁有相同內容且擁有不同 ID 的串列變數，就要使用串列 .copy()，修改方式說明如下

先宣告 a = ['Johnny']，b 的宣告則使用 b = a.copy()，會先建立串列 b，再將串列 a.copy() 執行後的回傳值給值至串列 b，此時，串列 b 與串列 a 的內容相同但 ID 會是不同的。

同理，c 的宣告則使用 c = a.copy()，會先建立串列 c，再將串列 a.copy() 執行後的回傳值給值至串列 c，此時，串列 c 與串列 a 的內容相同但 ID 會是不同的。

從執行結果來看，因 ID 不同，任一串列的內容更動就不會一併更動了。

程式碼如下所示

```
a = ['Johnny']
b = a.copy()
c = a.copy()
print("----未更動任何變數的內容前")
print("a的ID",id(a))
print("b的ID",id(b))
print("c的ID",id(c))

a.append('Jay')
print("----更動a內容後")
print("a的ID",id(a))
print("b的ID",id(b))
print("c的ID",id(c))
print("a內容 = ",a)
print("b內容 = ",b)
print("c內容 = ",c)

b.append('Jolin')
print("----更動b內容後")
print("a的ID",id(a))
print("b的ID",id(b))
print("c的ID",id(c))
print("a內容 = ",a)
print("b內容 = ",b)
print("c內容 = ",c)
```

使用copy來複製內容

```
----未更動任何變數的內容前
a的ID 2438539867584
b的ID 2438539866816
c的ID 2438539869184
----更動a內容後
a的ID 2438539867584
b的ID 2438539866816
c的ID 2438539869184
a內容 =  ['Johnny', 'Jay']
b內容 =  ['Johnny']
c內容 =  ['Johnny']
----更動b內容後
a的ID 2438539867584
b的ID 2438539866816
c的ID 2438539869184
a內容 =  ['Johnny', 'Jay']
b內容 =  ['Johnny', 'Jolin']
c內容 =  ['Johnny']
```

Id都不相同

內容僅a更動

內容僅b更動

5-5 常用的基本函數

len() 函數 : 查詢串列內的元素個數

元素數量 = len(串列)

len() 函數可以用來查詢容器的元素個數，如下範例

```
name_list = ['Mary', 'Kyo', 'Iori','Kyo',"Chris",'Kyo']
qty_list= len(name_list)

print(qty_list)
print(type(qty_list))
```

```
6
<class 'int'>
```

要注意的是 len() 函數只會告知容器內一個維度資料的個數

```
name_list = [
              ['Mary', 'Kyo', 'Iori'],   串列內的第一筆
              ['Kyo',"Chris",'Kyo']      串列內的第二筆
            ]

qty_list= len(name_list)

print(qty_list)
```

```
2
```

科技小故事：儲存空間的演進

現在手機的儲存空間至少都有 32GB，來儲存拍的照片與錄的影片，不夠還可以買雲端空間來加大容量，桌機方面，想添購 1TB 儲存空間的硬碟相當方便，不管是上網或到實體店家購買都可以，價格上也便宜，但你有看過最早的硬碟嗎？

如下圖片是 1956 年由 IBM 開發的第一個轉盤式硬碟 RAMAC 350 (Random Access Method of Accounting and Control)，這個龐然大物重量將近一公噸，儲存空間僅有 5MB，這容量大小大概只能放 3 張照片。

來源 : https://reurl.cc/Dgr315

來到 2021 年，除了常見的轉盤式硬碟 (HDD) 外，固態硬碟 (SSD) 因價格的調降，在市場上的購買率也逐漸上升，兩者在外型上的尺寸與重量如下圖所示。

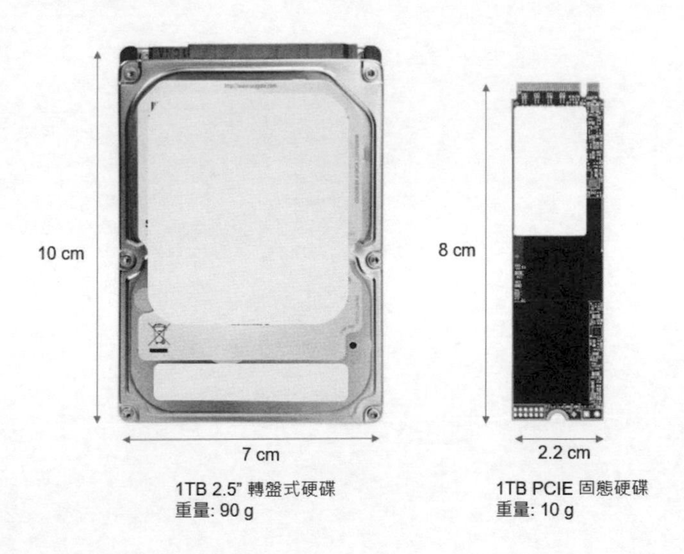

1956 年的儲存元件重達一公噸只能儲存 5MB，2021 年的 PCIE SSD 重量 10g，可儲存 1TB，相比之下，科技真的進步神速。

CH06

元組 (Tuple)

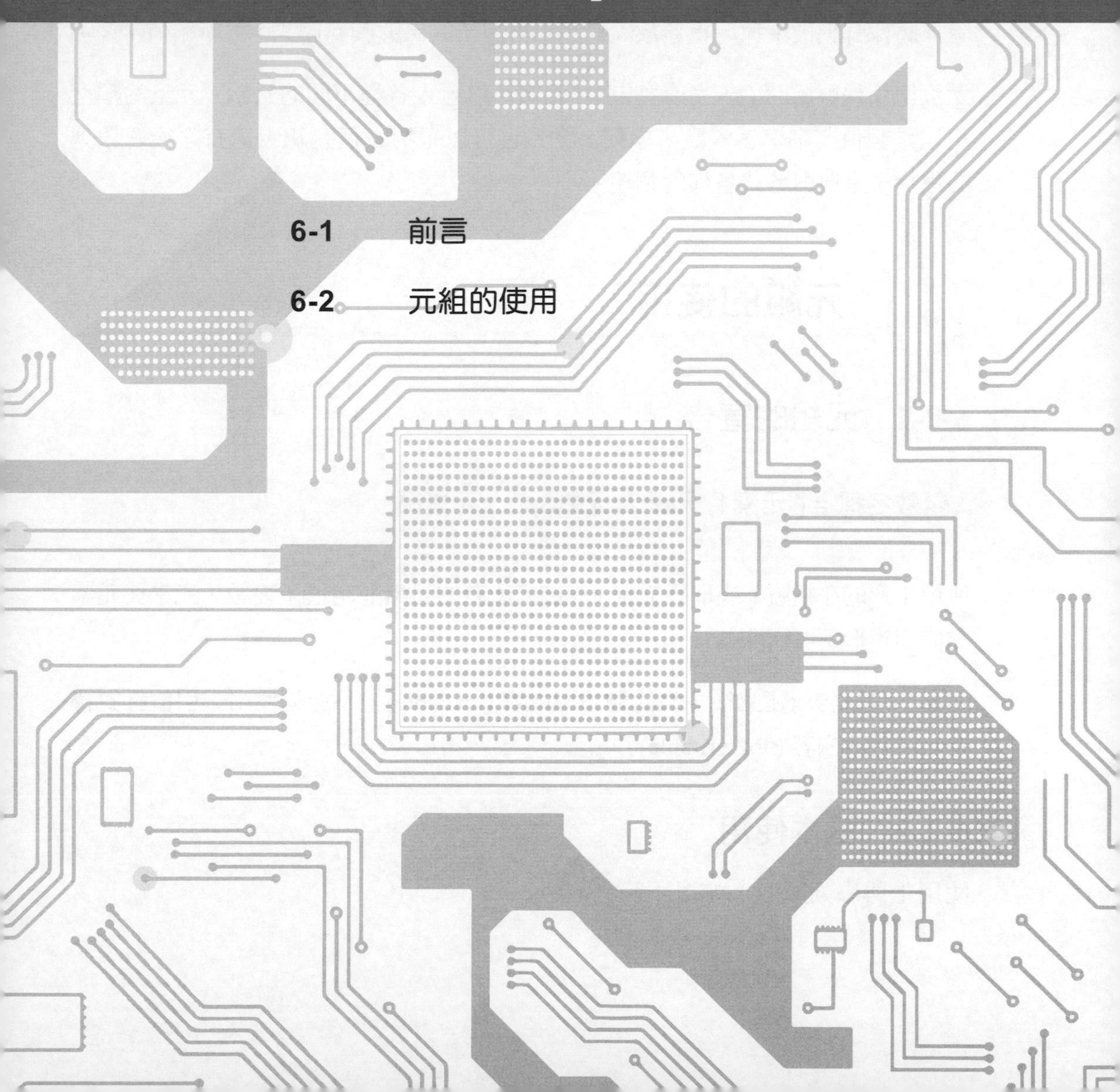

6-1 前言

Python 內建提供 4 種管理資料的容器 (Container)，之前已經介紹過串列 (List)。本章節要介紹的是元組 (Tuple)。

元組不管是中文或英文都很難讓人在第一時間理解。元組可以聯想成日常生活中使用保鮮膜封住的容器，用眼睛可以看到內容物，但無法更改裡面的物品，除非將保鮮膜破壞掉，重新放入物品，再用新的保鮮膜封起來 (重新給值)。

還沒使用保鮮膜時 (未完成宣告)，元組可以置入各種不同的元素，元素的類型可以是數值、字串、變數、串列，當然也可以是另一個元組，還有之後會教到的集合、字典與各式各樣的物件。

6-2 元組的使用

6-2-1 元組的宣告

變數名稱 = (元素1, 元素2, 元素3, ..., 元素n)

使用半形的小括號 (或稱圓括號)( ) 裝入所有的元素並給值至變數，元素與元素間使用半形逗號隔開。

元組一旦宣告或建立後，只能夠讀取內容 (readable)，不能夠使用索引值針對特定元素更改內容 (not writable)

6-2-2 基本使用

使用上與串列類似，如以下範例

```
name_list = ('Mary', 'Kyo', 'Iori','Kyo',"Chris",'Kyo')

for name in name_list:
    print(name)
```

```
Mary
Kyo
Iori
Kyo
Chris
Kyo
```

6-2-3 讀取元組

使用中括號加上索引值來得到元素內容

索引值從 0 開始，舉例來說，元組內有 6 個元素，其索引值從 0 開始，最後一個元素的索引值為 5；以此類推，若元組內有 n 個元素，則索引值範圍是 0 ~ n-1

```
name_list = ('Mary', 'Kyo', 'Iori','Kyo',"Chris",'Kyo')

print(name_list[0])
print(name_list[1])
print(name_list[2])
print(name_list[3])
print(name_list[4])
print(name_list[5])
```

```
Mary
Kyo
Iori
Kyo
Chris
Kyo
```

6-2-4 元組的切片 (slice)

切片元組 = 元組[索引值起始值：索引值停止值]

切片後會得到起始值到停止值 - 1 的內容，舉例來說，name_list [1: 5]，回傳的資料會有 name_list[1]、name_list[2]、name_list[3]、name_list[4]

切片可以聯想成把長長一串的資料從中間切 2 刀，取出之間的內容，如下圖所示

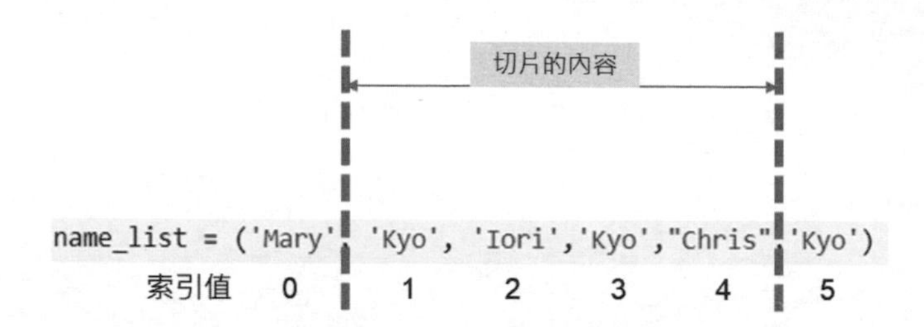

程式範例如下

```
name_list = ('Mary', 'Kyo', 'Iori','Kyo',"Chris",'Kyo')

slice_data = name_list[1:5]

print(type(slice_data))
print(slice_data)

print(id(name_list))
print(id(slice_data))
```

```
<class 'tuple'>
('Kyo', 'Iori', 'Kyo', 'Chris')
1962818906816
1962809215632
```

由 type(slice_data) 可知道，切片後的回傳值也一樣會是元組的資料型態

由 id 可以知道，slice_data 與 name_list 擁有不同的 id，表示系統會先建立 slice_data，給予 id，再將切片內容給值至 slice_data。

元組與串列最大的不同在於已經宣告的元組，無法使用索引值針對特定元素修改內容。

```
name_list = ('Jay', 'Hannah', 'Jolin')
name_list[1] = 'Peter'
```

宣告name_list為元組

不能使用索引值針對特定元素修改內容

```
---------------------------------------------------------------------------
TypeError                                 Traceback (most recent call last)
<ipython-input-25-b651f3bca82b> in <module>
      1 name_list = ('Jay', 'Hannah', 'Jolin')
      2
----> 3 name_list[1] = 'Peter'

TypeError: 'tuple' object does not support item assignment
```

若要更改元組的內容，可以使用重新給值的方式

```
name_list = ('Jay', 'Hannah', 'Jolin')
print(name_list)

name_list = ('Jay',)
print(name_list)
```

可以重新給值來改變元組內容

```
('Jay', 'Hannah', 'Jolin')
('Jay',)
```

承上範例，要注意到當元組內只放一個元素的時候，要寫成 name_list = ('Jay',)，要有那個逗號，而不能寫成 name_list = ('Jay')，請看以下的比較

由於元組的宣告是使用小括號，與進行運算時的小括號相同，所以只有小括號而沒有逗號時，會被認為要進行小括號內的運算，而不是要組成元組的型態。

```
a = ('Jay')
b = ('Jay',)

print(a)
print(type(a))

print(b)
print(type(b))
```

只有一個元素時，要加上逗號，Python才會知道是要元組的型態

```
Jay
<class 'str'>
('Jay',)
<class 'tuple'>
```

以下範例是將小括號與元組的宣告使用在一起

範例是使用字串來演示，若將字串改成數值也是一樣的道理喔。

```
a = ('Jay ' + "Chou")
print(a)
print(type(a))

b = ('Jay ' + "Chou",)
print(b)
print(type(b))

c = (('Jay ' + "Chou"),)
print(c)
print(type(c))
```

只有小括號表示進行括號內的運算

小括號與逗號表示是元組的型態，將Jay + Chou的結果放到元組內

與b的結果相同

```
Jay Chou
<class 'str'>
('Jay Chou',)
<class 'tuple'>
('Jay Chou',)
<class 'tuple'>
```

承上，關於 C 的詳細解說如下

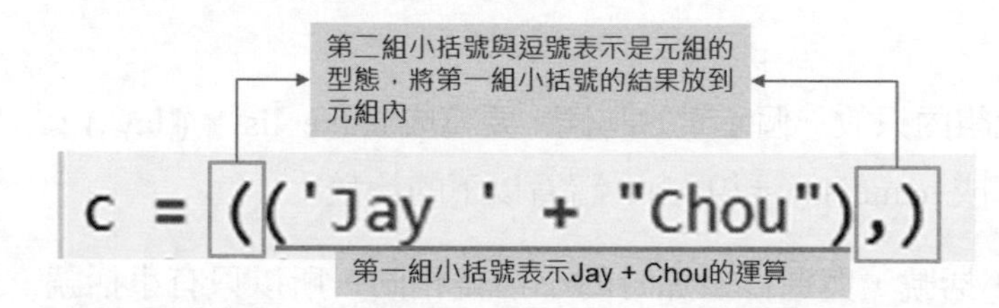
第二組小括號與逗號表示是元組的型態，將第一組小括號的結果放到元組內
c = (('Jay ' + "Chou"),)
第一組小括號表示Jay + Chou的運算

元組可以用來記錄既定事實的內容，因為是事實，沒有特別原因無須被更動，如考試成績的公布。

以學生的成績查詢系統來看，老師可以將成績數值放入元組內，讓學生可以輸入學生名稱，若名稱存在，則顯示各科成績，但學生只能夠查詢、觀看成績，而不能夠更改內容。

```
name_list = ('Jay', 'Hannah', 'Jolin')
score_list = (
                ('國文',90,'英文',62,'數學',58),
                ('國文',70,'英文',88,'數學',62),
                ('國文',80,'英文',92,'數學',66)
            )

name = input("請輸入學生姓名")
if name in name_list:

    idx = name_list.index(name)

    for element in score_list[idx]:
        print(element)
else:
    print("輸入的名字不存在")
```

```
請輸入學生姓名Hannah
國文
70
英文
88
數學
62
```

6-2-5 型態的轉換

元組的關鍵字是 tuple

要將串列型態的容器轉換成元組，可以使用 tuple()

要將元組型態的容器轉換成串列，可以使用 list()

請看以下範例

```
a = [1,2,3,4]

print(type(a))
a[0] += 99        串列可以自由針對元素進行修改
print(a)

b = tuple(a)      將串列轉換成元組

print(type(b))
b[0] += 99        轉換成元組後，無法針對元素進行修改
print(b)
```

```
<class 'list'>
[100, 2, 3, 4]
<class 'tuple'>

---------------------------------------------------------------------------
TypeError                                 Traceback (most recent call last)
<ipython-input-5-3036106cb9c1> in <module>
      8
      9 print(type(b))
---> 10 b[0] += 99
     11 print(b)
                        元組物件不支援元素的給值
TypeError: 'tuple' object does not support item assignment
```

由於串列可以進行修改內容，元組不行，可以聯想成權限的限制，擁有權限的人可以更改內容，而沒有權限的人僅能查看內容。

以下為模擬輸入密碼後可以更動內容的範例

宣告 score_list 為元組，內容有 70、90、80

當輸入的密碼正確時，將元組轉換成串列，轉換後就可以針對內容進行修改，完畢後再轉換回元組型態；不知密碼或輸入錯誤的密碼表示沒有權限，僅能觀看，而不能修改。

```
score_list = (70,90,80)

pwd = input("請輸入密碼")
if pwd == '1234':
    score_list = list(score_list)    → 將元組轉換成串列
    score_list[0] += 5               → 串列型態就可以進行更動內容
    score_list = tuple(score_list)   → 更動完再轉換成元組，不許更動內容
    print(score_list)
else:
    print(score_list)
```

```
請輸入密碼1234
(75, 90, 80)
```

6-2-6 空元組的宣告

變數名稱 = tuple()

因元組宣告後就不能更改內容，空元組又沒有內容，所以實際應用上，空元組的宣告是當作初始值的設定，之後的流程再直接進行重新給值。

如下範例，宣告變數 pwd 表示密碼 (password) 的縮寫，未設定密碼時是沒有內容的，會是空元組，所以 pwd 初始值的宣告就是 pwd = tuple()

由於檢測到空元組，沒有設定密碼，程式要求使用者輸入密碼，並把密碼放置於元組內，重新給值至 pwd

```
pwd = tuple() 宣告空元組

if pwd == (): 檢測目前pwd是否為空元組
    text = input("目前沒有設定密碼，請輸入密碼")
    pwd = (text,) 將內容放置於元組內，重新給值至pwd
    print("你所設定的密碼為",pwd)
```

```
目前沒有設定密碼，請輸入密碼qwerty
你所設定的密碼為 ('qwerty',)
```

接著，延伸以上的程式，第一次設定密碼後，可以輸入之前的密碼來設定新的密碼

```
pwd = tuple()
```

宣告空元組，但不放置在下面的cell，否則每一次執行都會將pwd宣告成空元組而無法記憶密碼

```
if pwd == ():
    text = input("目前沒有設定密碼，請輸入密碼")
    pwd = (text,)
    print("你所設定的密碼為",pwd)
else:
    print("密碼已經設定")
    ret = input("請問要更改密碼嗎?")
    if ret == 'y':
        text = input("請輸入目前密碼")
        if text == pwd[0]:
            text = input("請輸入新的密碼")
            pwd = (text,)
            print("你所設定的新密碼為",pwd)

        else:
            print("你輸入的密碼錯誤!")
```

放置一個元素於元組時，要加上逗號

只有一個元素，索引值為0，讀出內容

```
密碼已經設定
請問要更改密碼嗎?y
你輸入目前密碼qwerty
請輸入新的密碼asdfgh
你所設定的新密碼為 ('asdfgh',)
```

6-2-7 元組的方法

由於只能讀取內容，元組物件提供的方法相對於串列來說就少很多。

```
name_list = ('Jay', 'Hannah', 'Jolin')

name_list.
```

count
index

6-2-7-1 index() 方法：查詢元組裡指定元素的索引值

索引值= 元組.index(元素)

1. 在 index 括號內輸入欲查詢的元素，若元素存在元組內，回傳索引值；若不存在，則會發生錯誤。
2. 使用上建議先確認該對象是否存在元組內，若存在，再進行查詢。
3. 若欲查詢的對象不只一個存在於元組內，進行查詢時，只會回傳數值較小的索引值。

```
name_tuple = ('Mary', 'Kyo', 'Iori','Kyo',"Chris",'Kyo')

idx = name_tuple.index('Johnny')

print(idx)
```

```
---------------------------------------------------------------------------
ValueError                                Traceback (most recent call last)
<ipython-input-48-eec6e6e5963c> in <module>
      1 name_tuple = ('Mary', 'Kyo', 'Iori','Kyo',"Chris",'Kyo')
      2 
----> 3 idx = name_tuple.index('Johnny')
      4 
      5 print(idx)

ValueError: tuple.index(x): x not in tuple
```

加入檢驗是否存在的程式碼，程式如下

加入 if name in name_tuple: 先檢查 name 是否存在 name_tuple 內，若存在，進行查詢索引值；若不存在，轉而執行 else 下的流程。

```
name_tuple = ('Mary', 'Kyo', 'Iori','Kyo',"Chris",'Kyo')
name = "Johnny"

if name in name_tuple:
    idx = name_tuple.index(name)
    print("元素索引值 = ",idx)
else:
    print("你查詢的元素不存在")
```

```
你查詢的元素不存在
```

6-2-7-2 count() 方法：計算元組裡指定元素的數量

元素數量 = 元組.count(元素)

1. 於 count 括號內輸入欲查詢的元素，可以是字串、數值或其他物件。
2. 回傳值為 int 整數型態的數值。
3. 若欲查詢的元素沒有存在於串列內，則回傳數值 0。

```
name_tuple = ('Mary', 'Kyo', 'Iori','Kyo',"Chris",'Kyo')
qty = name_tuple.count('Kyo')

print(qty)
print(type(qty))
```

```
3
<class 'int'>
```

6-2-8 常用的基本函數

len() 函數 : 查詢元組的元素個數

元素數量 = len(元組)

len() 函數可以用來查詢容器的元素個數，如下範例

```
name_tuple = ('Mary', 'Kyo', 'Iori','Kyo',"Chris",'Kyo')
qty_tuple= len(name_tuple)

print(qty_tuple)
print(type(qty_tuple))
```

```
6
<class 'int'>
```

要注意的是 len() 函數只會告知容器內一個維度的資料的個數

```
name_tuple = (
                ('Mary', 'Kyo', 'Iori')  第一筆
                ('Kyo',"Chris",'Kyo')    第二筆
            )

qty_tuple= len(name_tuple)

print(qty_tuple)
```

```
2
<class 'int'>
```

元組在實際應用上比較少，通常不想被改變或是定值的內容會使用元組，例如圖片寬度與高度、公司的名稱、統一編號等資訊，就可以使用元組，讓使用者可以讀取內容但不能更改。

CH07

集合 (Set)

7-1 前言

Python 內建提供 4 種管理資料的容器 (Container)，之前已經介紹過串列 (List)、元組 (Tuple)。本章節要介紹的是集合 (Set)。

集合可以聯想成特殊的容器，可以放入特定類型的物品，限制是容器裡不能有重複的項目，放入再多的相同項目，也只會保留住一個。

集合可以置入不同的元素，元素的類型可以是數值、字串、元組、特定物件，但不能置入集合、串列或字典。

7-2 集合的使用

7-2-1 集合的宣告

變數名稱 = { 元素1, 元素2, 元素3, …, 元素n }

使用**半形**的**大括號** { } 裝入所有的元素並給值至變數，元素與元素間使用半形逗號隔開。

集合內若有重複的元素，只會留下一個，即每個元素都是獨一無二的。

集合是無序的，無法使用索引值讀出特定元素。

集合內不能置入集合、串列或字典。

集合的主要精神是透過不重複的特性來檢查有沒有存在特定的元素。

7-2-2 基本使用方式

使用 for 迴圈讀取集合內的元素，與串列、元組類似，如以下範例

在宣告 name_set 時，刻意放入相同的元素，而逐一讀取出集合內的元素時，只會出現一次

```
name_set = {'Mary', 'Kyo', 'Iori','Kyo',"Chris",'Kyo'}

print(type(name_set))

for name in name_set:
    print(name)
```

使用大括號來建構集合(Set)

```
<class 'set'>
Chris
Kyo
Iori
Mary
```

型態為集合(set)

Kyo只出現一次

集合是無序的，可以全部讀出，但無法使用索引值讀出特定元素

```
name_set = {'Mary', 'Kyo', 'Iori','Kyo',"Chris",'Kyo'}

print(name_set)
print(name_set[0])
```

可以全部顯示集合內的元素

無法使用索引值讀出集合內的元素

```
{'Mary', 'Iori', 'Chris', 'Kyo'}

---------------------------------------------------------------------------
TypeError                                 Traceback (most recent call last)
<ipython-input-5-8da3d7146387> in <module>
      2
      3 print(name_set)
----> 4 print(name_set[0])

TypeError: 'set' object is not subscriptable
```

無法使用索引值讀出特定元素，意味著也無法進行資料切片的動作

```
names = {'Mary', 'Kyo', 'Iori','Kyo',"Chris",'Kyo'}
print(names[:2])
```

```
---------------------------------------------------------------------------
TypeError                                 Traceback (most recent call last)
<ipython-input-4-3fb4be2582a4> in <module>
      1 names = {'Mary', 'Kyo', 'Iori','Kyo',"Chris",'Kyo'}
----> 2 print(names[:2])

TypeError: 'set' object is not subscriptable
```

7-2-3 型態轉換

前面章節有提到串列，要將容器轉換成串列可以使用 list(容器名稱) 進行轉換；要轉換成元組，可以使用 tuple(容器名稱) 進行轉換。

若要將容器轉換成集合，可以使用 set(容器名稱) 進行轉換。

由於集合的特性是 " 自動 " 去除重複的元素，最常見的應用就是去除容器裡面重複的元素

如下範例，一開始的變數是宣告成串列，置入名字

想要去除容器裡重複的元素，使用 set(names) 將串列轉換成集合，再給值至 names，此時，names 的型態已經是集合，自動去除容器內重複的元素。

接著，該容器有使用索引值讀取特定元素的需求，而集合無法達到此需求，就需要再使用 list(names) 將集合轉換回串列，再給值至 names，此時，names 的型態已經是串列，可以使用索引值讀取特定元素。

```
names = ['Mary', 'Kyo', 'Iori','Kyo',"Chris",'Kyo']

print(names)  宣告為串列，串列裡可以有重複的元素

names = set(names)  將串列轉換成集合，去除重複的元素
print(names)

names = list(names)  將集合轉換成串列，可以使用索引值讀取元素

print(names[0])
print(names[1])
print(names[2])
print(names[3])
```

```
['Mary', 'Kyo', 'Iori', 'Kyo', 'Chris', 'Kyo']
{'Mary', 'Iori', 'Chris', 'Kyo'}
Mary
Iori
Chris
Kyo
```

承上範例，若一開始的變數 names 宣告成元組 (tuple)，也是同樣道理的

元組最大的限制是建立後無法針對特定元素更動內容，但進行型態轉換成集合後，就不再有此限制。

轉換成集合後，就可以將重複的元素去除。

若有使用索引值讀取特定元素的需求，一樣可以再使用 tuple(names) 將集合轉換回元組，再給值至 names(當然，要轉換成串列也是可以)，此時，names 的型態已經是元組，可以使用索引值讀取特定元素。

```
names = ('Mary', 'Kyo', 'Iori','Kyo',"Chris",'Kyo')
print(names)

names = set(names)
print(names)

names = tuple(names)

print(names[0])
print(names[1])
print(names[2])
print(names[3])
```

宣告為元組，元組裡可以有重複的元素

將元組轉換成集合，去除重複的元素

將集合轉換成元組，可以使用索引值讀取元素

```
('Mary', 'Kyo', 'Iori', 'Kyo', 'Chris', 'Kyo')
{'Mary', 'Iori', 'Chris', 'Kyo'}
Mary
Iori
Chris
Kyo
```

集合用來檢驗 " 有存在 " 或 " 沒有存在 " 的狀況是非常實用的，例如，現在支付的方式非常的多元，每個店家能夠接受的付費方式都不同

如下範例，店家 a 可以接受 3 種付費方式，包含現金 (cash) , Apple pay, 信用卡 (credit card)，每種付費方式僅需要存在一次而不用重複，這時候使用集合來置入是最方便的，所以宣告集合，放入此 3 種付費方式

當客戶準備付費時，都會問可以使用信用卡嗎？這時候就可以使用 if 敘述來檢驗信用卡是否存在於店家可支援的付費方式，寫成 if payment in store_a。

```
store_a = {'cash','Apple pay', 'credit card'}
payment = 'credit card'

if payment in store_a:
    print("store_a接受此付款方式:",payment)
else:
    print("store_a不接受此付款方式:",payment)
```

```
store_a接受此付款方式: credit card
```

同一位客戶到了店家 b 時，詢問是否可以使用信用卡付費，發現此店家的付費方式集合裡並沒有信用卡，所以 if payment in store_b 就會回傳 False，改執行 else 下的流程，流程為顯示出不接受此付款方式

```
store_b = {'Google pay', 'Samsung pay','Line pay','cash'}

if payment in store_b:
    print("store_b接受此付款方式:",payment)
else:
    print("store_b不接受此付款方式:",payment)
```

```
store_b不接受此付款方式: credit card
```

7-2-4 集合的方法

7-2-4-1 空集合的宣告方式

僅能使用 set() 來宣告空集合，如下範例所示

```
a = set()
b = {}  不能使用{}來宣告空集合

print(a)
print(type(a))

print(b)
print(type(b))
```

```
set()
<class 'set'>
{}
<class 'dict'>  b的型態是字典，而不是集合
```

7-2-4-2 增加元素 (add)

a = {'元素1', '元素2'}
a.add('元素3')

1. 先宣告一個集合變數，使用變數 .add() 來新增元素，在括號內輸入元素，元素可以是變數、字串或元組，只要欲新增的元素與集合內的元素沒有重複，該元素即新增至集合內。
2. 執行 add() 方法後沒有回傳值。

如下範例，宣告 a 為空集合，可以新增字串、數字與元組，但是只要新增的元素為串列或集合，就會產生錯誤。

原因是串列與集合本身是可以進行內容更動的，但是元組不行，所以當元組放入集合內時，可以很容易地判斷集合內是否有相同的元組；但若為串列，就會發生在放入的時候不一樣，但之後又對該串列元素進行修改而導致有相同的串列，會破壞集合的特性，所以禁止新增串列或集合。

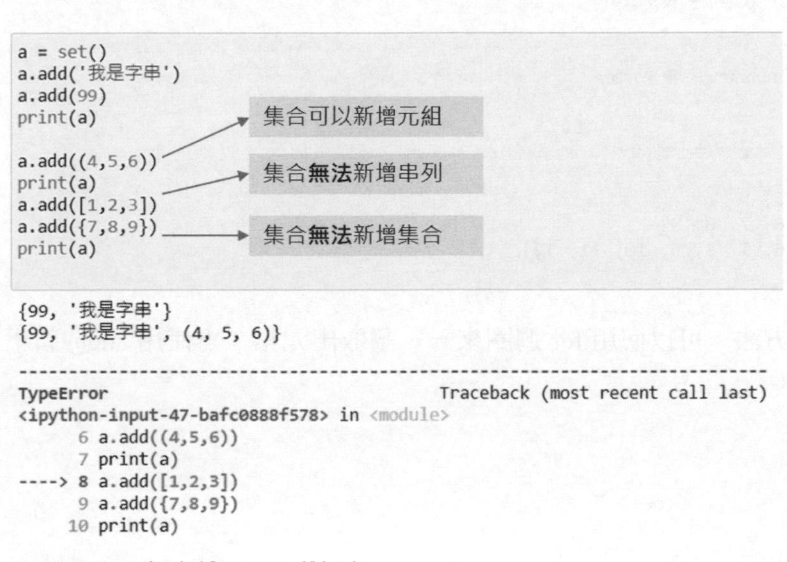

```
a = set()
a.add('我是字串')
a.add(99)
print(a)

a.add((4,5,6))
print(a)
a.add([1,2,3])
a.add({7,8,9})
print(a)
```

```
{99, '我是字串'}
{99, '我是字串', (4, 5, 6)}

---------------------------------------------------------------------------
TypeError                                 Traceback (most recent call last)
<ipython-input-47-bafc0888f578> in <module>
      6 a.add((4,5,6))
      7 print(a)
----> 8 a.add([1,2,3])
      9 a.add({7,8,9})
     10 print(a)

TypeError: unhashable type: 'list'
```

集合可以新增元組
集合無法新增串列
集合無法新增集合

7-2-4-3 update() 方法：集合 a 加入集合 b 元素的方法

集合a.update(b)

1. 在 update 括號內輸入欲加入的對象 b，b 的型態可以是串列、元組或是集合。

2. 執行 update() 方法後沒有回傳值，會直接將 b 裡的元素加入集合 a。
3. 依然遵守集合內元素不重複的準則，若集合 b 裡有集合 a 已經有的元素則不新增。

承上範例，集合無法使用 add() 來新增另一個集合，但可以使用 update() 來加入另一個集合內的元素。

```
a = {1,2,3}
b = {4,5,6}
c = [7,8,9]
d = (10,11,12)

a.update(b)   a集合update的對象是集合
print(a)

a.update(c)   a集合update的對象是串列
print(a)

a.update(d)   a集合update的對象是元組
print(a)
```

```
{1, 2, 3, 4, 5, 6}
{1, 2, 3, 4, 5, 6, 7, 8, 9}
{1, 2, 3, 4, 5, 6, 7, 8, 9, 10, 11, 12}
```

若不用 update() 方法，可以使用 for 迴圈來一一讀取出元素，再使用 add() 新增元素至集合。

```
a = {1,2,3}
b = {4,5,6}

for element in b:
    a.add(element)
print(a)
```

```
{1, 2, 3, 4, 5, 6}
```

7-2-4-4 remove() 方法：刪除集合裡的指定元素

集合.remove(元素)

1. 在 remove 括號內輸入欲刪除的對象，但若欲刪除的對象沒有在集合裡將出現錯誤。
2. 使用上建議先確認該對象是否還存在集合內，若存在，再進行刪除。
3. 執行 remove() 方法後沒有回傳值。

如下範例，集合的 remove() 方法與串列使用 remove() 方法相同，建議使用 in 先查看欲刪除的對象是否存在集合內，再進行刪除，避免程式產生錯誤。

```
name_set = {'Mary', 'Kyo', 'Iori'}
name = "Kyo"

if name in name_set:
    name_set.remove(name)

print(name_set)
```

```
{'Iori', 'Mary'}
```

7-2-4-5 clear() 方法：刪除集合裡的所有元素

集合.clear()

1. 使用 clear 加上括號，括號內不須輸入任何內容。
2. 執行 clear() 方法後沒有回傳值。

```
name_set = {'Mary', 'Kyo', 'Iori'}
name = "Kyo"

print("刪除前:",name_set)

name_set.clear()

print("刪除後:",name_set)
```

```
刪除前: {'Kyo', 'Iori', 'Mary'}
刪除後: set()
```

7-2-4-6 copy() 方法：複製集合內容

集合2 = 集合1.copy()

1. copy 括號內不用輸入任何參數，執行後會將集合 1 內的所有元素複製，給值至集合 2。
2. 若集合 2 為新宣告的物件，會先建立集合 2，再將集合 1.copy() 執行後的回傳值給值至集合 2，集合 2 與集合 1 的 ID 會是不同的。
3. 若集合 2 為已存在的物件，集合 1.copy() 執行後的回傳值給值至集合 2，並不會更動集合 2 的 ID。

使用集合進行多重給值造成的內容連動情形與之前章節的串列進行多重給值相同，若不熟悉，請複習一下串列 .copy() 方法的解說。

如下範例，集合型態的多重給值會將所有變數的 ID **固定**下來，讓所有的變數都成為此集合的別名，只要任一變數更動內容，其他變數因同樣連結到此 ID，內容就一併更動了。

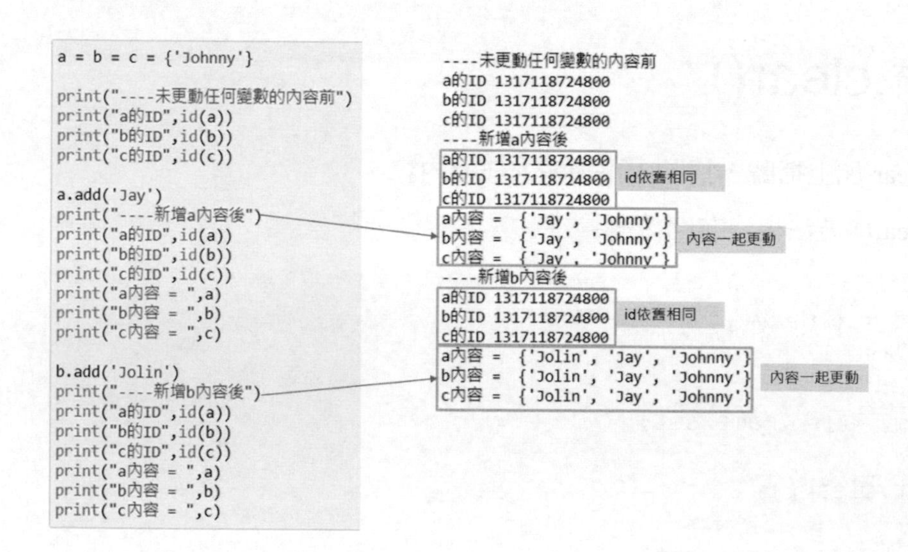

若想要複製集合內容，但不想要內容連動，可以使用 copy() 方法，改寫後如下

```python
a = {'Johnny'}
b = a.copy()
c = a.copy()

print("----未更動任何變數的內容前")
print("a的ID",id(a))
print("b的ID",id(b))
print("c的ID",id(c))

a.add('Jay')
print("----僅新增a內容後")
print("a的ID",id(a))
print("b的ID",id(b))
print("c的ID",id(c))
print("a內容 = ",a)
print("b內容 = ",b)
print("c內容 = ",c)

b.add('Jolin')
print("----僅新增b內容後")
print("a的ID",id(a))
print("b的ID",id(b))
print("c的ID",id(c))
print("a內容 = ",a)
print("b內容 = ",b)
print("c內容 = ",c)
```

使用copy()方法來複製集合內容

```
----未更動任何變數的內容前
a的ID 1317119867808
b的ID 1317118724800
c的ID 1317119866912
----僅新增a內容後
a的ID 1317119867808
b的ID 1317118724800
c的ID 1317119866912
a內容 =  {'Jay', 'Johnny'}
b內容 =  {'Johnny'}
c內容 =  {'Johnny'}
----僅新增b內容後
a的ID 1317119867808
b的ID 1317118724800
c的ID 1317119866912
a內容 =  {'Jay', 'Johnny'}
b內容 =  {'Jolin', 'Johnny'}
c內容 =  {'Johnny'}
```

Id皆不相同

內容僅a更動

Id皆不相同

內容僅b更動

以下為整理不同型態進行多重給值的差異

型態	進行多重給值
數值(int, float)	所有變數ID相同，內容相同
字串(str)	所有變數ID相同，內容相同
容器(list, set, tuple, dict)	所有變數ID相同，內容相同

型態	任一變數內容更動
數值(int, float)	更動的變數ID更動、內容更動，其他變數不更動
字串(str)	更動的變數ID更動、內容更動，其他變數不更動
容器(list, set, tuple, dict)	更動的變數ID不變，內容更動，其他變數的內容一起更動

7-2-4-7 intersection () 方法：集合元素的交集

a = {'元素1', '元素2'}
b = {'元素3', '元素4'}
兩者都有的元素 = a.intersection(b)
也可以寫成 b.intersection(a)
也可以寫成a & b

1. 有多個集合，想找出其中兩個集合都擁有的元素，可以使用交集方法。
2. 簡單來說，找出你有我也有的東西。
3. 在 intersection 括號內輸入欲交集的對象。
4. 執行 intersection () 方法後會回傳運算結果，若有等於符號，會給值至指定變數。

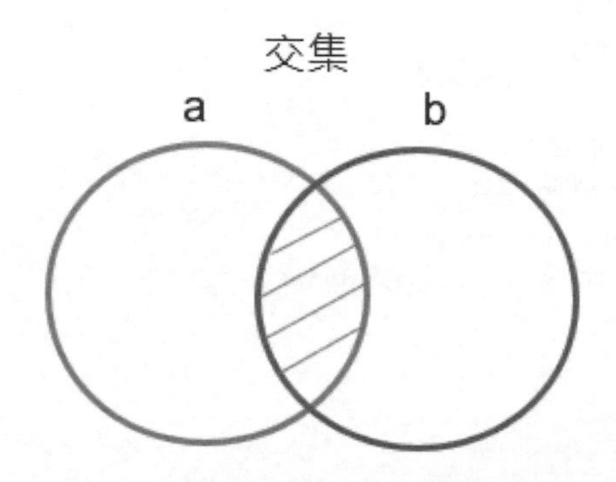

如下範例，使用集合宣告兩人用過的蘋果手機的型號，交集方法就可以找出兩人都曾經用過的型號

```
Johnny = {'i8','i11','i12'}
Tommy = {'i7','i9','i11'}

print("兩人共同都曾經使用過的蘋果型號手機:",Johnny.intersection(Tommy))
```

```
兩人共同都曾經使用過的蘋果型號手機: {'i11'}
```

當 Johnny 宣告成集合且使用交集方法時，被比較的對象 Tommy 就不一定也要是集合，若為串列或元組也可以進行交集。

但若是 Tommy 要使用 intersection 方法時，就一定要宣告成交集

```
Johnny = {'i8','i11','i12'}
Tommy = ['i7','i9','i11']  ──▶ 宣告為串列

print("兩人共同都曾經使用過的蘋果型號手機:",Johnny.intersection(Tommy))
```

```
兩人共同都曾經使用過的蘋果型號手機: {'i11'}
```

當要使用 & 來進行交集時，欲進行運算的兩容器，型態都必須為集合，否則無法使用 & 來進行交集運算。

```
Johnny = {'i8','i11','i12'}
Tommy = {'i7','i9','i11'}

print("兩人共同都曾經使用過的蘋果型號手機:",Johnny & Tommy)
```

```
兩人共同都曾經使用過的蘋果型號手機: {'i11'}
```

7-2-4-8 union () 方法：集合元素的聯集

a = {'元素1', '元素2'}
b = {'元素3', '元素4'}
兩者所有的元素 = a.union(b)
也可以寫成 b.union(a)
也可以寫成a | b

1. 有多個集合，想找出其中兩個集合所有的元素，可以使用聯集方法。
2. 簡單來說，找出你跟我所有的元素。
3. 在 union 括號內輸入欲聯集的對象。
4. 執行 union () 方法後會回傳運算結果，若有等於符號，會給值至指定變數。

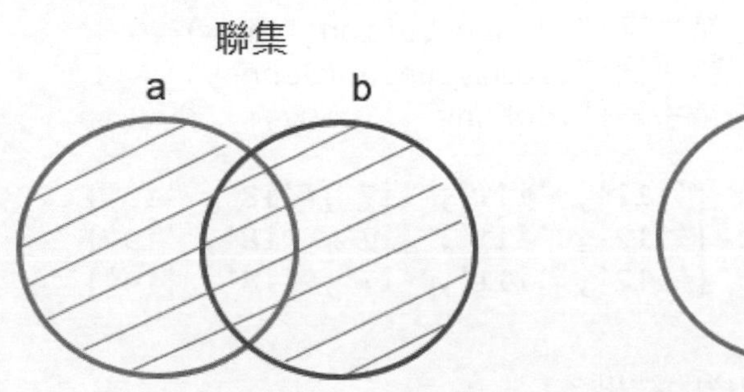

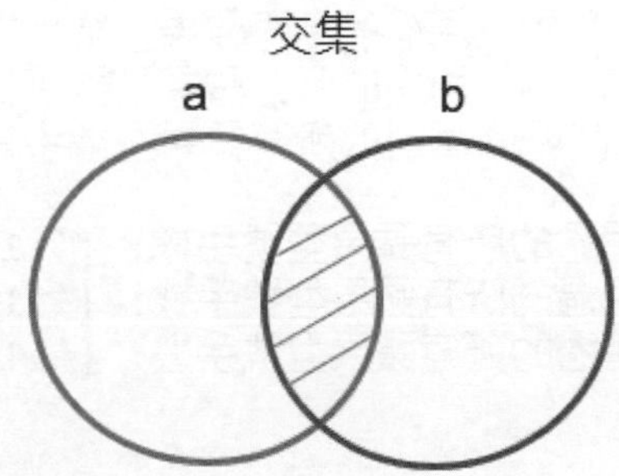

a|b 中間的聯集符號 | 的按法如下所示

如下範例，使用集合宣告兩人用過的蘋果手機的型號，聯集方法就可以找出兩人用過的所有型號。

當 Johnny 宣告成集合且使用聯集方法時，被比較的對象 Tommy 就不一定也要是集合，若為串列或元組也可以進行聯集運算。

當要使用 | 來進行聯集時，欲進行運算的兩容器，型態都必須為集合，否則無法使用 | 來進行聯集運算。

```
Johnny = {'i8','i11','i12'}
Tommy = {'i7','i9','i11'}

print("兩人用過的所有蘋果型號手機:",Johnny.union(Tommy))
print("兩人用過的所有蘋果型號手機:",Tommy.union(Johnny))
print("兩人用過的所有蘋果型號手機:",Johnny | Tommy)
```

```
兩人用過的所有蘋果型號手機: {'i12', 'i11', 'i7', 'i8', 'i9'}
兩人用過的所有蘋果型號手機: {'i12', 'i11', 'i7', 'i8', 'i9'}
兩人用過的所有蘋果型號手機: {'i12', 'i11', 'i7', 'i8', 'i9'}
```

也可以使用 update() 方法達到同樣的結果

差異在 update() 方法不會有回傳值，所以執行完要顯示 Johnny 才可以看到內容。

```
Johnny = {'i8','i11','i12'}
Tommy = {'i7','i9','i11'}

Johnny.update(Tommy)

print("兩人用過的所有蘋果型號手機:",Johnny)
```

```
兩人用過的所有蘋果型號手機: {'i12', 'i11', 'i7', 'i8', 'i9'}
```

7-2-4-9 difference () 方法：集合元素的差集

a = {'元素1', '元素2'}
b = {'元素3', '元素4'}
a有但b沒有的元素集合 = a.difference(b)
也可以寫成a - b

1. 有 a,b 兩集合，想找出 a 集合擁有但 b 沒有的元素集合，可以使用差集方法。
2. 簡單來說，找出我有但你沒有的元素。
3. 在 difference 括號內輸入欲差集的對象。
4. 執行 difference () 方法後會回傳運算結果，若有等於符號，會給值至指定變數。

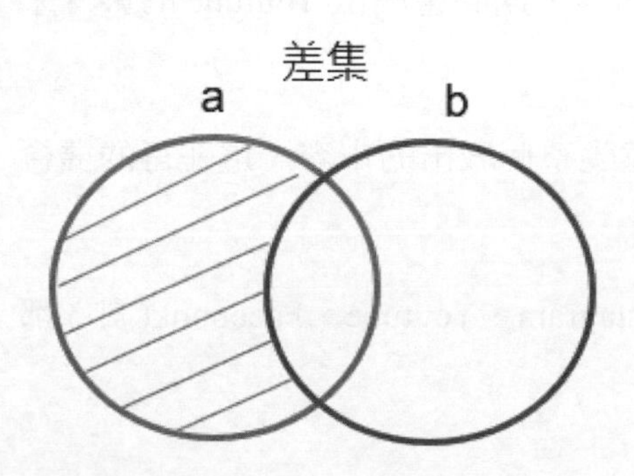

如下範例，使用集合宣告兩人用過的蘋果手機的型號，差集方法就可以找出 Johnny 用過但 Tommy 沒有用過的型號

當 Johnny 宣告成集合且使用差集方法時，被比較的對象 Tommy 就不一定也要是集合，若為串列或元組也可以進行差集運算。

當要使用 - 來進行差集時，欲進行運算的兩容器，型態都必須為集合，否則無法使用 - 來進行差集運算。

```
Johnny = {'i8','i11','i12'}
Tommy = {'i7','i9','i11'}

print("Johnny用過但Tommy沒用過的蘋果型號手機:",Johnny.difference(Tommy))
print("Johnny用過但Tommy沒用過的蘋果型號手機:",Johnny - Tommy)
```

```
Johnny用過但Tommy沒用過的蘋果型號手機: {'i12', 'i8'}
Johnny用過但Tommy沒用過的蘋果型號手機: {'i12', 'i8'}
```

7-3 使用 Python 開發的應用或服務

出門前突然的一場大雨，不願意穿上雨衣的強尼，只好打開 Uber 叫車。

趕在出門前整理目前工作的進度，將重要事項紀錄在 Dropbox。

看了一下 Uber App，車子差不多到了，出門前去搭車，到了車上，戴上耳機，開啟 Spotify，聆聽喜歡的音樂，順便滑一下 Instagram 的動態。

到了與廠商約定的地點，開始討論會議的內容，期間會開啟 Youtube 的影片來輔助說明。

這次開會的地點是著名的高樓餐廳，能夠遠眺整個城市的市容，這難得的機會讓大家紛紛拍照並在 Facebook 上打卡紀念。

以上所提到的 Uber、Dropbox、Spotify、Instagram、Youtube、Facebook(註) 都是使用 Python 開發的喔 ~

註：Facebook 是相當大的公司，會使用到多種技術與程式語言，不過根據官方的部落格提到，整個基礎架構的建立當中，大概有 21% 是使用 Python 進行的。

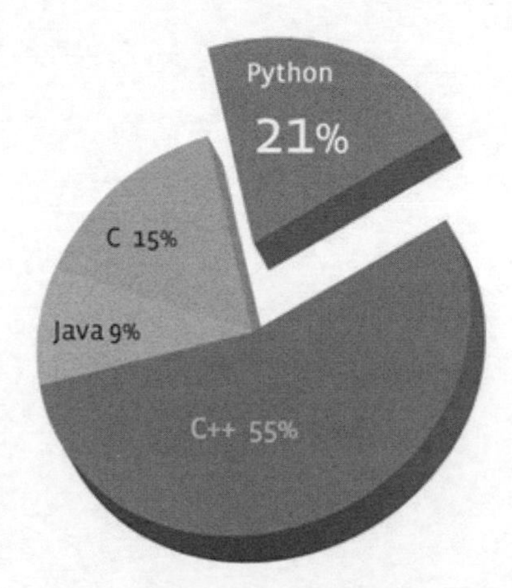

來源 : https://reurl.cc/vqReml

CH08

字典 Dictionary

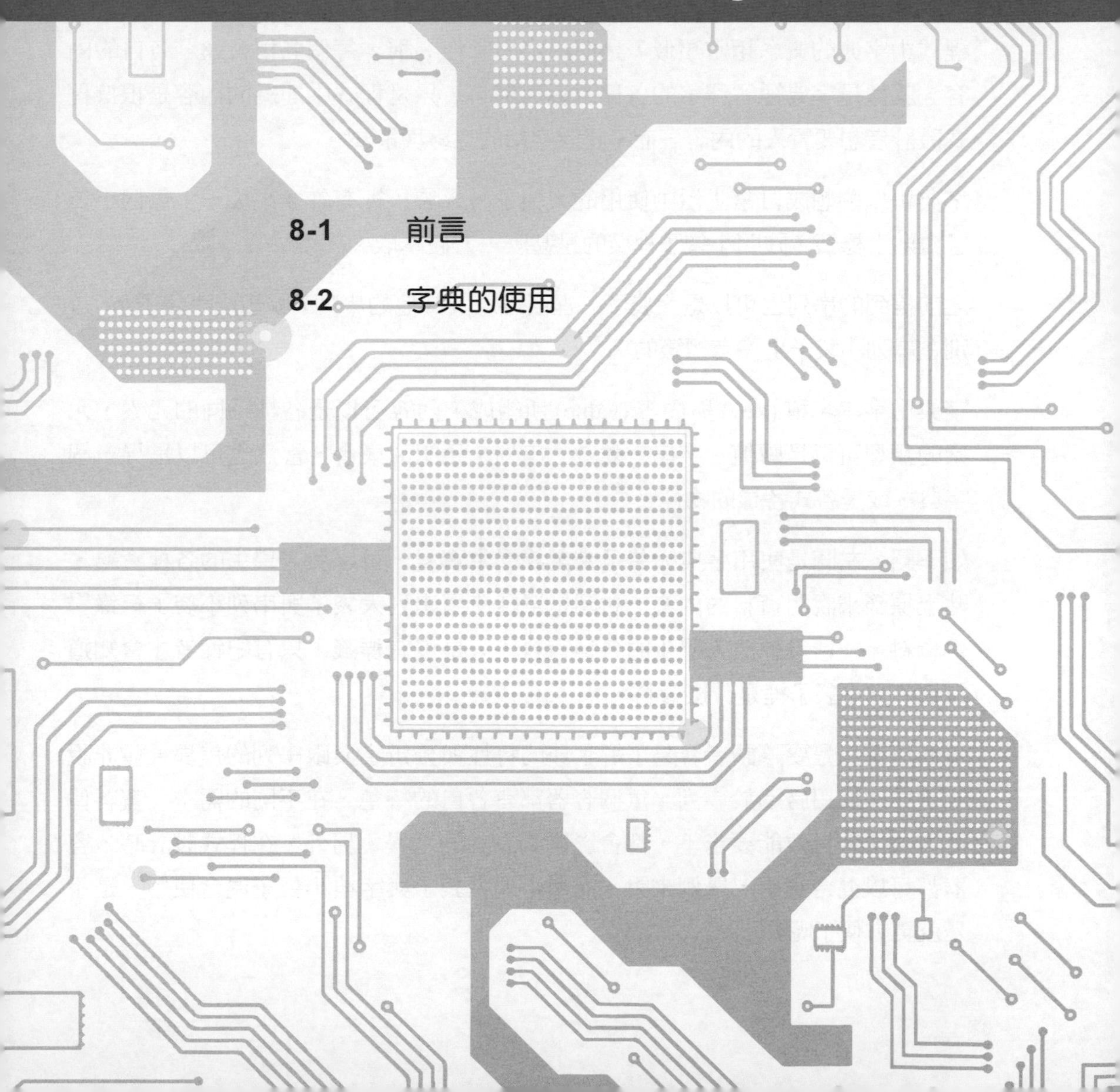

8-1 前言

Python 內建提供 4 種管理資料的容器 (Container)，之前已經介紹過串列 (List)、元組 (Tuple)、集合 (Set)。本章節要介紹的是字典 (Dictionary)。

查找字典時，要先知道欲查詢的字，從索引表找到記載該字意義的頁面，翻到該頁面後即可得到字的各種意義與例句。

程式中字典的概念相當類似，是使用字串當作名稱，每個名稱會連結各自的內容，就像是字典裡解釋字的各種意義與例句，只是程式中連結的內容是根據程式設計者想要置入的內容，而不是該字串的意義與解釋。

字典可以聯想成日常生活中使用的大袋子，大袋子裡有許多小袋子，每個小袋子會貼上標籤，註明小袋子裡裝的是甚麼，方便拿取。

之前提到的串列也可以是大袋子，裡面可以裝其他的串列 (聯想成小袋子)，差別在串列小袋子是沒有標籤的。

字典由字串名稱 (key) 與內容 (value) 所組成，內容可以是各種不同的元素，元素的類型可以是數值、字串、變數、串列、元組、集合，當然也可以是另一個字典，或是各式各樣的物件。

如下圖，左圖是使用字典大袋子來記錄學生資料，可以放入學生的各種資料，貼上標籤來說明資料的內容；右圖是單純使用串列大袋子與串列小袋子紀錄學生資料，一樣可以放入學生的各種資料，只是沒有標籤，只有紀錄者才會知道每個串列小袋子裡是什麼資料。

這個舉例只是要讓讀者容易了解字典的特性與分辨字典跟串列的差異，並非說明字典的使用勝過於串列。每個容器都有各自的特色，在不同的需求、資料傳遞方式與執行效能要求下，都會影響到設計的差異。另外，在程式設計時，容器都可以混合應用，舉例來說，使用串列大袋子與字典小袋子混合使用，是不是就更方便了呢！

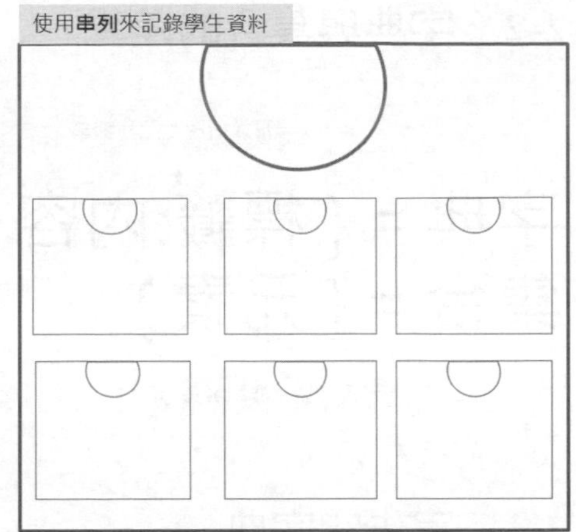

8-2 字典的使用

8-2-1 字典的宣告

字典a = { '字串1':內容1, '字串2':內容2 }
字典b = { 數值1:內容3, 數值2:內容4}

使用**半形**的**大括號** { } 裝入配對的資料，資料與資料間使用半形逗號隔開。

配對的資料是由標籤 (key) 與內容 (value) 構成，標籤與內容間使用半形冒號隔開

標籤 (key) 可以是數值或字串，不允許重複的標籤出現

內容 (value) 可以置入各種不同的元素，元素的類型可以是數值、字串、變數、串列、集合、字典或各式各樣的物件。

字典是無序的，無法使用索引值讀出特定內容；會是使用標籤來讀取內容

8-2-2 字典與集合的差異

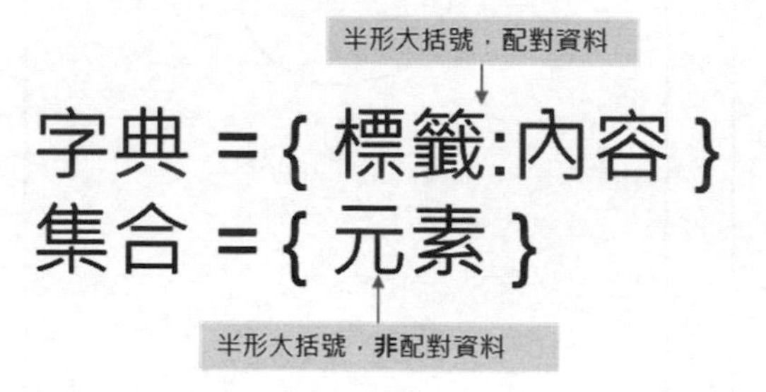

8-2-3 宣告空字典

使用 dict() 或 {} 來定義空字典

```
a = {}
b = dict()

print(type(a))
print(type(b))
```

```
<class 'dict'>
<class 'dict'>
```

8-2-4 基本使用方式

以學生名稱、主修、副修為例定義一個字典，列出字典內容與資料型態

```
student_a = {'名字':'Jay','主修':"鋼琴","副修":"寫曲"}

print(student_a)
print("student_a的型態: ",type(student_a))
```

```
{'名字': 'Jay', '主修': '鋼琴', '副修': '寫曲'}
student_a的型態:  <class 'dict'>
```

字典是無序的，無法使用索引值讀出特定內容；要使用標籤來讀取內容

```
student_a = {'名字':'Jay','主修':"鋼琴","副修":"寫曲"}

print("學生名稱:",student_a['名字'])
print("學生主修:",student_a['主修'])
print("學生副修:",student_a['副修'])
```

```
學生名稱: Jay
學生主修: 鋼琴
學生副修: 寫曲
```

8-2-5 修改字典內容

使用標籤來得到內容並更改內容

```
student_a = {'名字':'Jay','主修':"鋼琴","副修":"寫曲"}

print("學生名稱:",student_a['名字'])
print("學生主修:",student_a['主修'])
print("學生副修:",student_a['副修'])

student_a['副修'] = "長笛"#更改標籤 "副修" 的內容

print("學生副修更改為:",student_a['副修'])
```

```
學生名稱: Jay
學生主修: 鋼琴
學生副修: 寫曲
學生副修更改為: 長笛
```

8-2-6 增加字典內容

使用不重複的標籤與內容來增加字典的配對資料

```
student_a = {'名字':'Jay','主修':"鋼琴","副修":"寫曲"}

print("學生名稱:",student_a['名字'])
print("學生主修:",student_a['主修'])
print("學生副修:",student_a['副修'])

student_a['嗜好'] = '打籃球'#新增不重複的標籤 與 內容

print("學生嗜好為:",student_a['嗜好'])
```

```
學生名稱: Jay
學生主修: 鋼琴
學生副修: 寫曲
學生嗜好為: 打籃球
```

8-2-7 標籤可以是數值

使用數值 1 為標籤，字串 1 為內容，字典中還有個標籤是字串 1，其內容是數值 1。

使用數值 2 為標籤，字串 2 為內容，字典中還有個標籤是字串 2，其內容是數值 2。

使用數值 3 為標籤，數值 3 為內容，字典中還有個標籤是字串 3，其內容是字串 3。

在程式設計中，字串與數值是不同的，這邊刻意這樣寫好讓讀者可以比較。

```
a = {1:"1",2:'2',"1":1,"2":2,"3":"3",3:3}

print(a)
```

```
{1: '1', 2: '2', '1': 1, '2': 2, '3': '3', 3: 3}
```

8-2-8 使用 in 來確認標籤是否存在

若標籤沒有存在於字典，使用字典 [標籤] 讀取資料會產生錯誤，為避免此狀況發生，可以使用 if 與 in 的敘述來驗證標籤是否存在於字典中。

```
student_a = {'名字':'Jay','主修':"鋼琴","副修":"寫曲"}

key = input("輸入想查詢的標籤")
if key in student_a:
    print("你所查詢的",key,"為",student_a[key])
else:
    print("你所查詢的",key,"不存在")
```

```
輸入想查詢的標籤嗜好
你所查詢的 嗜好 不存在
```

8-2-9 字典內放置其他容器

字典內的內容可以放置容器，以考試成績為例，將 3 次考試的分數放入串列內，標籤為該科目名稱。

相同道理，也可以放置元組、集合為字典內的內容。

```
student_a = {'名字':'Jay','主修':"鋼琴","副修":"寫曲"}

Chinese_scores = [88,88,90]
math_scores = [77,66,55]
English_scores = [66,55,44]

student_a["國文成績"] = Chinese_scores
student_a["英文成績"] = English_scores
student_a["數學成績"] = math_scores

print("學生名稱:",student_a['名字'])
print("學生主修:",student_a['主修'])
print("學生副修:",student_a['副修'])
print("學生國文成績:",student_a['國文成績'])
print("學生英文成績:",student_a['英文成績'])
print("學生數學成績:",student_a['數學成績'])
```

```
學生名稱: Jay
學生主修: 鋼琴
學生副修: 寫曲
學生國文成績: [88, 88, 90]
學生英文成績: [66, 55, 44]
學生數學成績: [77, 66, 55]
```

字典內也可以放置字典作為內容，一位學生為一個字典，多位學生就會有多個字典，再使用一個字典將多位學生的資料置入，標籤為學生名字，內容為該學生的字典資料。

```
Jay = {'名字':'Jay','主修':"鋼琴","副修":"寫曲"}
Yuna = {'名字':'Yuna','主修':"小提琴","副修":"鋼琴"}
Rebecca = {'名字':'Rebecca','主修':"打擊","副修":"鋼琴"}

students = {'Jay':Jay,'Yuna':Yuna,'Rebecca':Rebecca}

print(students['Jay'])
print(students['Yuna'])
print(students['Rebecca'])
```

```
{'名字': 'Jay', '主修': '鋼琴', '副修': '寫曲'}
{'名字': 'Yuna', '主修': '小提琴', '副修': '鋼琴'}
{'名字': 'Rebecca', '主修': '打擊', '副修': '鋼琴'}
```

8-2-10 字典的方法

8-2-10-1 Items() 方法：獲取字典內所有的標籤與內容

標籤與內容 = 字典.items()

1. 使用字典 .items() 來獲取字典內所有的標籤與內容。
2. items() 括號內不需要輸入任何參數。
3. 執行 items() 方法後有回傳值，若有等於符號，會給值至指定變數。

若你第一次看到這個方法，或許會感到奇怪，字典就是放入標籤與內容，為何還要使用 items() 方法來得到字典內的標籤與內容。

Items() 方法經常會與 for 迴圈一起使用，針對字典的標籤與內容進行處理，其實跟串列、集合、元組與 for 迴圈搭配使用類似，只是字典不單單只有內容，需要使用 items() 來分別得到標籤與內容。

承上範例，假設讀取未知資料後得到字典變數 students，但不曉得裡面有什麼標籤與內容，就可以使用 items() 來得到字典內的標籤與內容。

```
for key, value in students.items():
    print("字典標籤: ",key)
    print("字典內容: ",value)
```

```
字典標籤:  Jay
字典內容:  {'名字': 'Jay', '主修': '鋼琴', '副修': '寫曲'}
字典標籤:  Yuna
字典內容:  {'名字': 'Yuna', '主修': '小提琴', '副修': '鋼琴'}
字典標籤:  Rebecca
字典內容:  {'名字': 'Rebecca', '主修': '打擊', '副修': '鋼琴'}
```

比較一下串列與 for 迴圈搭配使用的差異，如下

串列僅擁有內容，不需要使用任何方法即可讀取出內容。

```
values = ['Rebecca',"打擊","鋼琴"]

for value in values:
    print(value)
```

```
Rebecca
打擊
鋼琴
```

由 items() 得到的標籤可以使用 if 敘述來設計流程，例如只想要查找 Yuna 的資料。

```
for key, value in students.items():
    if key == 'Yuna':
        print(value)
```

```
{'名字': 'Yuna', '主修': '小提琴', '副修': '鋼琴'}
```

範例中從 students 字典得到的內容 value 也是字典型態，可以再用 for 迴圈來列出標籤與內容。

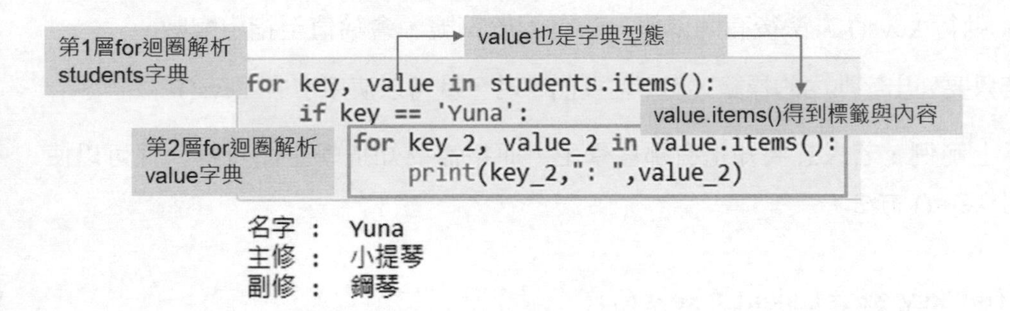


```
名字 :  Yuna
主修 :  小提琴
副修 :  鋼琴
```

使用 items() 與 for 迴圈搭配可以得到標籤與內容，若將內容更改，並不會連動到原本字典的內容。

```
a = {'1':1234,'2':5678}

for key, value in a.items():
    value = 9999
    print(key)
    print(value)
    print(a[key])
```

```
1
9999  更改value為9999
1234  字典標籤對應的內容不變
2
9999  更改value為9999
5678  字典標籤對應的內容不變
```

8-2-10-2 Keys() 方法：

標籤 = 字典.keys()

1. 使用字典 .keys() 來得到字典內所有的標籤。
2. keys() 括號內不需要輸入任何參數。
3. 執行 keys() 方法後有回傳值，若有等於符號，會給值至指定變數。

若只要列出字典內的標籤，而不需要內容時，就可以使用字典 .keys()

承上範例，若只想要知道有那些學生，而不需要知道學生的資料，就可以使用 .keys() 方法。

```
for key in students.keys():
    print(key)
```

```
Jay
Yuna
Rebecca
```

執行 keys() 的回傳值，型態是字典標籤，而不是串列型態，如果想要執行串列的方法，可以使用 list() 來轉換成串列型態。

例如，想要將學生名字依照字母順序列出，如下所示

```
names = students.keys()
print(type(names))

names = list(names)  轉換成串列
print(type(names))

print(names)
names.sort()  轉換後，可使用串列的方法
print(names)
```

```
<class 'dict_keys'>
<class 'list'>
['Jay', 'Yuna', 'Rebecca']
['Jay', 'Rebecca', 'Yuna']
```

同理，也可以將字典標籤轉換成集合或是元組。

```
names = students.keys()
print(type(names))

names_2 = tuple(names)  轉換成元組
print(type(names_2))

names_3 = set(names)  轉換成集合
print(type(names_3))
```

```
<class 'dict_keys'>
<class 'tuple'>
<class 'set'>
```

8-2-10-3 values() 方法：

內容 = 字典.values()

1. 使用字典 .values () 來得到字典內所有的內容。
2. values() 括號內不需要輸入任何參數。
3. 執行 values() 方法後有回傳值，若有等於符號，會給值至指定變數。

若只要列出字典內的內容，而不需要標籤時，就可以使用字典 .values()

承上範例，若想要知道學生的詳細資料，就可以使用 .values() 方法。

```
for value in students.values():
    print(value)
```

```
{'名字': 'Jay', '主修': '鋼琴', '副修': '寫曲'}
{'名字': 'Yuna', '主修': '小提琴', '副修': '鋼琴'}
{'名字': 'Rebecca', '主修': '打擊', '副修': '鋼琴'}
```

8-2-10-4 update() 方法：字典 a 加入字典 b 的方法

字典a.update(字典b)

1. 在 update 括號內輸入欲加入的字典 b，b 的型態只接受字典型態。
2. 執行 update() 方法後沒有回傳值，會直接將 b 裡的標籤與內容加入字典 a。
3. 會遵守字典內標籤不重複的準則，若字典 b 裡有字典 a 已經有的標籤則不會新增。

如下範例，兩個字典都有 Jay 標籤，所以 Jay 標籤不會再新增，但是會將 students_2 中標籤 Jay 的內容更新到 students 中標籤 Jay 的內容。

原本 Jay 標籤的內容是 content，執行 update(students_2) 後，Jay 標籤的內容會變成 content_2

```
content = {'名字':'Jay','主修':"鋼琴","副修":"寫曲"}
content_2 = {'名字':'Jay'}

students = {'Jay':content}
students_2 = {'Jay':content_2}

students.update(students_2)

for key, value in students.items():
    print("字典標籤: ",key)
    print("字典內容: ",value)
```

```
字典標籤:  Jay
字典內容:  {'名字': 'Jay'}
```

如果 update 的對象擁有不重複的標籤，就可以新增至 students 字典中。

```
Jay = {'名字':'Jay','主修':"鋼琴","副修":"寫曲"}
Yuna = {'名字':'Yuna','主修':"小提琴","副修":"鋼琴"}
Rebecca = {'名字':'Rebecca','主修':"打擊","副修":"鋼琴"}

students = {'Jay':Jay}
students_2 = {'Jay':Jay,'Yuna':Yuna,'Rebecca':Rebecca}
                                    students字典沒有的標籤
students.update(students_2)

for key, value in students.items():
    print("字典標籤: ",key)
    print("字典內容: ",value)
```

```
字典標籤:  Jay
字典內容:  {'名字': 'Jay', '主修': '鋼琴', '副修': '寫曲'}
字典標籤:  Yuna
字典內容:  {'名字': 'Yuna', '主修': '小提琴', '副修': '鋼琴'}
字典標籤:  Rebecca
字典內容:  {'名字': 'Rebecca', '主修': '打擊', '副修': '鋼琴'}
```

8-2-10-5 get() 方法：得到標籤對應的內容

標籤對應的內容 = 字典.get(標籤名稱)

1. 在 get 括號內輸入標籤名稱。
2. 執行 get() 方法後有回傳值，若標籤存在，回傳標籤對應的內容，若不存在，回傳 None。

承上範例，想要直接得到指定標籤的內容，就可以使用 get() 方法。

Rebecca 是存在 students 字典中的標籤，執行 get() 後回傳對應的內容；而 Johnny 沒有存在 students 字典中的標籤，執行 get() 後回傳 None

這個方法好處在於不用擔心欲查詢的標籤不存在字典裡而導致程式錯誤。

```
value = students.get('Rebecca')
print(value)

value = students.get('Johnny')
print(value)
```

```
{'名字': 'Rebecca', '主修': '打擊', '副修': '鋼琴'}
None
```

8-2-10-6 pop() 方法：刪除字典內指定的標籤與對應內容

刪除的標籤與內容 = 字典.pop(標籤名稱)

1. 在 pop 括號內輸入標籤名稱，若標籤存在字典裡，執行 pop() 方法後，該標籤與對應內容將會被刪除；若標籤不存在字典裡，程式將會出現錯誤。
2. 執行 pop() 方法後有回傳值，意義是刪除的標籤與內容，若有等於符號，會給值至指定變數。

以下範例是基本的 pop() 使用

```
Jay = {'名字':'Jay','主修':"鋼琴"}
Yuna = {'名字':'Yuna','主修':"小提琴"}
Rebecca = {'名字':'Rebecca','主修':"打擊"}

students = {'Jay':Jay,'Yuna':Yuna,'Rebecca':Rebecca}

delete_content = students.pop('Rebecca')

print("刪除的標籤與對應內容:",delete_content)
print("刪除後的字典內容:",students)
```

```
刪除的標籤與對應內容: {'名字': 'Rebecca', '主修': '打擊'}
刪除後的字典內容: {'Jay': {'名字': 'Jay', '主修': '鋼琴'}, 'Yuna': {'名字': 'Yuna', '主修': '小提琴'}}
```

使用上要注意標籤是否存在於字典裡，可以使用 get() 或是 in 來先進行是否存在，再進行刪除的動作。

```
delete_key = 'Rebecca'
if delete_key in students.keys():
    students.pop(delete_key)
else:
    print(delete_key,"已不存在字典中")
```

使用in來確認標籤是否存在

```
Rebecca 已不存在字典中
```

```
delete_key = 'Rebecca'
if students.get(delete_key) is None:
    print(delete_key,"已不存在字典中")
else:
    students.pop(delete_key)
```

使用get()來確認標籤是否存在，若回傳None，表示不存在

```
Rebecca 已不存在字典中
```

8-2-10-7 clear() 方法：刪除字典內所有的標籤與對應內容

字典.clear()

1. 使用 clear 加上括號，括號內不須輸入任何內容。
2. 刪除字典內所有的標籤與對應內容。
3. 執行 clear() 方法後沒有回傳值。

clear() 的使用範例如下

```
Jay = {'名字':'Jay','主修':"鋼琴"}
Yuna = {'名字':'Yuna','主修':"小提琴"}
Rebecca = {'名字':'Rebecca','主修':"打擊"}

students = {'Jay':Jay,'Yuna':Yuna,'Rebecca':Rebecca}

students.clear()

print(students)
```

```
{}
```

執行clear()後，僅剩空字典

8-2-10-8 copy() 方法：複製字典的標籤與對應內容

字典2 = 字典1.copy()

1. copy 括號內不用輸入任何參數，執行後會將字典 1 內的所有標籤與對應內容複製，給值至字典 2。
2. 若字典 2 為新宣告的物件，會先建立字典 2，再將字典 1.copy() 執行後的回傳值給值至字典 2，字典 2 與字典 1 的 ID 會是不同的。
3. 若字典 2 為已存在的物件，字典 1.copy() 執行後的回傳值給值至字典 2，並不會更動字典 2 的 ID。

使用字典進行多重給值造成的內容連動情形與之前章節的串列進行多重給值相同，若不熟悉，可以先回去前面章節複習一下串列 .copy() 方法的解說。

如下範例，字典型態的多重給值會將所有變數的 ID **固定**下來，讓所有的變數都成為此字典的別名，只要任一變數更動內容，其他變數因同樣連結到此 ID，內容就一併更動了。

```
#不使用cpoy()時，使用字典進行多重給值會有內容連動的情形
a = b = c = {'Rebecca':166}

print("----未更動任何變數的內容前")
print("a的ID",id(a))
print("b的ID",id(b))
print("c的ID",id(c))

a['Johnny'] = 171
print("----新增a內容後")
print("a的ID",id(a))
print("b的ID",id(b))
print("c的ID",id(c))
print("a內容 = ",a)
print("b內容 = ",b)
print("c內容 = ",c)

b['Jolin'] = 160
print("----新增b內容後")
print("a的ID",id(a))
print("b的ID",id(b))
print("c的ID",id(c))
print("a內容 = ",a)
print("b內容 = ",b)
print("c內容 = ",c)
```

```
----未更動任何變數的內容前
a的ID 1631790549184
b的ID 1631790549184
c的ID 1631790549184
----新增a內容後
a的ID 1631790549184
b的ID 1631790549184
c的ID 1631790549184
a內容 =  {'Rebecca': 166, 'Johnny': 171}
b內容 =  {'Rebecca': 166, 'Johnny': 171}
c內容 =  {'Rebecca': 166, 'Johnny': 171}
----新增b內容後
a的ID 1631790549184
b的ID 1631790549184
c的ID 1631790549184
a內容 =  {'Rebecca': 166, 'Johnny': 171, 'Jolin': 160}
b內容 =  {'Rebecca': 166, 'Johnny': 171, 'Jolin': 160}
c內容 =  {'Rebecca': 166, 'Johnny': 171, 'Jolin': 160}
```

id依舊相同　內容一起更動

若想要複製字典內容，但不想要內容連動，可以使用 copy() 方法，改寫後如下

```
a = {'Rebecca':166}
b = a.copy()
c = a.copy()

print("----未更動任何變數的內容前")
print("a的ID",id(a))
print("b的ID",id(b))
print("c的ID",id(c))

a['Johnny'] = 171
print("----新增a內容後")
print("a的ID",id(a))
print("b的ID",id(b))
print("c的ID",id(c))
print("a內容 = ",a)
print("b內容 = ",b)
print("c內容 = ",c)

b['Jolin'] = 160
print("----新增b內容後")
print("a的ID",id(a))
print("b的ID",id(b))
print("c的ID",id(c))
print("a內容 = ",a)
print("b內容 = ",b)
print("c內容 = ",c)
```

```
----未更動任何變數的內容前
a的ID 1631783291584
b的ID 1631783227328
c的ID 1631783223808
----新增a內容後
a的ID 1631783291584
b的ID 1631783227328
c的ID 1631783223808
a內容 =  {'Rebecca': 166, 'Johnny': 171}
b內容 =  {'Rebecca': 166}
c內容 =  {'Rebecca': 166}
----新增b內容後
a的ID 1631783291584
b的ID 1631783227328
c的ID 1631783223808
a內容 =  {'Rebecca': 166, 'Johnny': 171}
b內容 =  {'Rebecca': 166, 'Jolin': 160}
c內容 =  {'Rebecca': 166}
```

Id皆不相同　內容僅a更動　內容僅b更動

以下為整理不同型態進行多重給值的差異

型態	進行多重給值
數值(int, float)	所有變數ID相同，內容相同
字串(str)	所有變數ID相同，內容相同
容器(list, set, tuple, dict)	所有變數ID相同，內容相同

型態	任一變數內容更動
數值(int, float)	更動的變數ID更動、內容更動，其他變數不更動
字串(str)	更動的變數ID更動、內容更動，其他變數不更動
容器(list, set, tuple, dict)	更動的變數ID不變，內容更動，其他變數的內容一起更動

8-2-11 一般常使用函數

8-2-11-1 len() 函數：查看字典的配對資料個數

整數數值= len(字典)

1. len() 括號內需要輸入字典、字典 .items()、字典 .keys() 或字典 .values()。
2. 執行 len() 方法後有回傳值，意義是配對資料的個數，若有等於符號，會給值至指定變數。

以下為字典型態使用 len() 函數的範例

由於是得到配對資料的個數，將 len() 函數使用在字典本身、字典 .items()、字典 .keys() 或字典 .values() 都可以得到相同的數值。

```
Jay = {'名字':'Jay','主修':"鋼琴"}
Yuna = {'名字':'Yuna','主修':"小提琴"}
Rebecca = {'名字':'Rebecca','主修':"打擊"}

students = {'Jay':Jay,'Yuna':Yuna,'Rebecca':Rebecca}

len_1 = len(students)
print(len_1)

len_2 = len(students.keys())
print(len_2)

len_3 = len(students.values())
print(len_3)

len_4 = len(students.items())
print(len_4)
```

```
3
3
3
3
```

CH09

流程控制之重複架構 while 迴圈 (while loop)

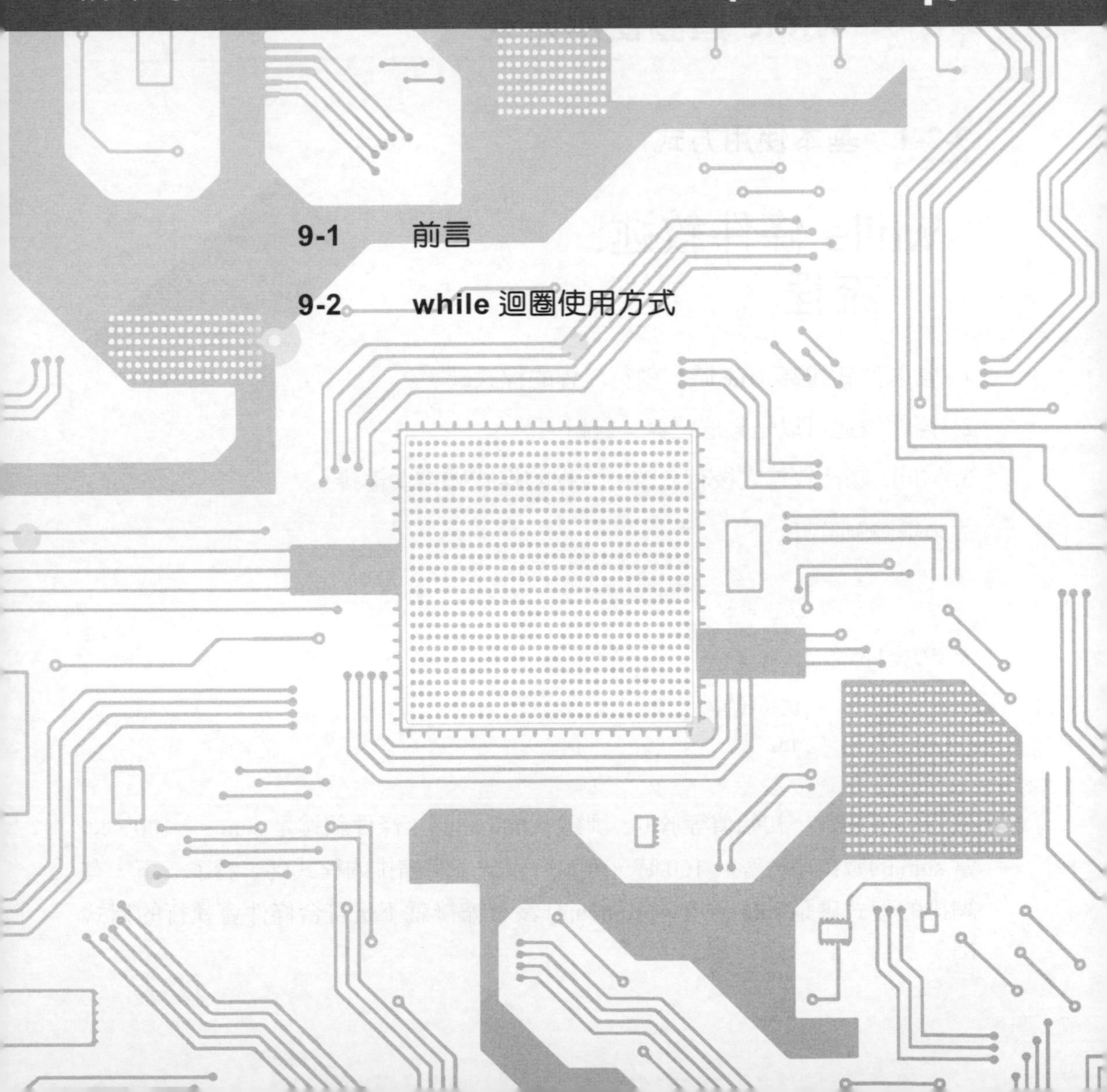

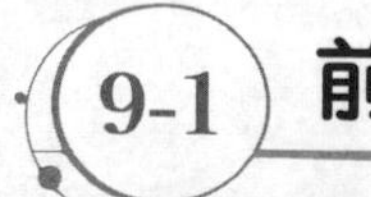

9-1 前言

Python 提供了 2 種迴圈設計，for 迴圈與 while 迴圈。

在之前的串列章節已經介紹過 for 迴圈，這一章節會介紹 while 迴圈。

9-2 while 迴圈使用方式

9-2-1 基本使用方式

```
while 條件敘述:
    流程
```

1. 當條件敘述為 True 時，執行流程的程式碼。
2. 條件敘述可以是數值運算、邏輯運算。
3. while 條件敘述之後有冒號，流程的程式碼需要縮排。

先來舉個例說明一下

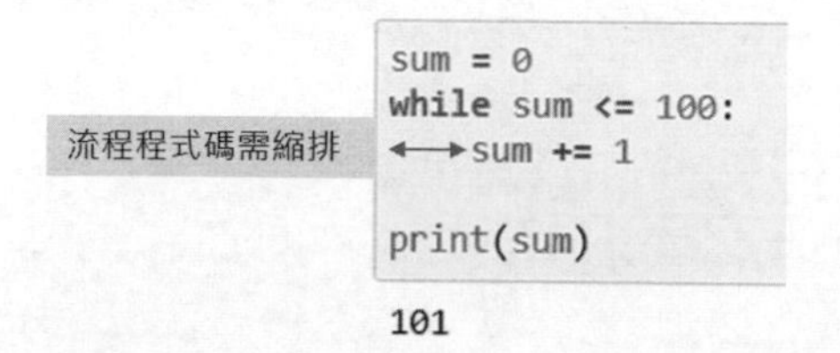
流程程式碼需縮排
sum = 0
while sum <= 100:
sum += 1
print(sum)
101

宣告 sum 變數，初始值等於 0，撰寫 While 迴圈，條件敘述是 sum <= 100，即當 sum 的數值小於等於 100 時，就執行冒號下有縮排的程式碼，看了一下，有縮排的程式碼是 sum += 1，print(sum) 沒有縮排就不是符合條件會執行的程式碼。

每當 sum += 1 執行完 1 次後會再返回條件敘述，判斷是否仍符合條件敘述，若符合，再執行有縮排的程式碼；若不符合，則停止 while 迴圈，不再執行有縮排的程式碼。

當 sum 數值連續加 1 直到 101 時，不符合 sum <= 100 的條件，就會停止 while 迴圈，執行 print(sum)

如果只是想連續加 1 直到 100，只需要將條件改成 sum < 100，當 sum 數值為 100 時就會不符合條件而停止 while 迴圈。

要注意的是 while 迴圈條件使用到的變數一定要是已宣告或是已存在的變數，不能是第一次出現的變數，這樣會導致程式錯誤。

由上面簡單的範例，可以知道 while 迴圈是使用**條件**來控制迴圈的執行次數，而 for 迴圈是使用**計數**來控制迴圈執行的次數。

當設計程式時，若無法明確計算或不想計算執行的次數，就可以使用 while 迴圈

以下是之前介紹串列 .append() 方法時的範例，假設老師要輸入新學期學生的所有名字，但不知道有幾位學生，或是老師僅使用空檔幾分鐘進行輸入，無法準確計算出輸入次數，這時就可以使用 while 迴圈，可以讓老師持續輸入，並設定條件，按下某個鍵就可以結束程式。

解析按下某個鍵就可以結束程式的條件，意味著按下某個鍵就停止 while 迴圈，也就是若要持續 (不停止)while 迴圈就要讓輸入值不等於某個鍵 (不按下某個鍵)，即輸入值 name != 'q'

當符合條件，就會執行有縮排的程式碼，由於離開程式前的 q 鍵不是學生名字，所以要再寫個 if 流程來避免 q 鍵放入學生名冊中。

```
name_list = list()

name = ''
while name != 'q':
    name = input("輸入要儲存的名字，結束請按q")
    if name != 'q':
        name_list.append(name)

print("你所輸入的名字有: ",name_list)
```

```
輸入要儲存的名字，結束請按qJohnny
輸入要儲存的名字，結束請按qAvril
輸入要儲存的名字，結束請按q龍二
輸入要儲存的名字，結束請按qq
你所輸入的名字有:  ['Johnny', 'Avril', '龍二']
```

常常會聽到長輩說當年的一碗陽春麵價錢只有 5 塊，現在都已經到 35 塊了。假設物價上漲僅跟年通貨膨脹指數有關，若今天 50 元的商品，以 3% 通貨膨脹的速度增加時，幾年後商品價格會超過 75 元呢？

這樣的問題就可以使用 while 迴圈，將條件設定為商品價格小於 75 元 (小於等於也可以)，宣告 year 變數來計算執行迴圈的次數，即商品達到 75 元所花的年數。

```
price = 50
inflation_rate = 0.03   假設通膨指數是3% / 年
year = 0

while price < 75:
    price = price * (1 + inflation_rate)
    year += 1           因通膨而上升的商品價格

print("過了",year,'年')
print("商品價格將上漲為",price)
```

```
過了 14 年
商品價格將上漲為 75.62948624275558
```

9-2-2 無限迴圈

使用 while 迴圈時要避免無限迴圈的發生。

當條件敘述永遠成真時，迴圈就會不停止，不斷的執行，程式就無法執行其他區塊。

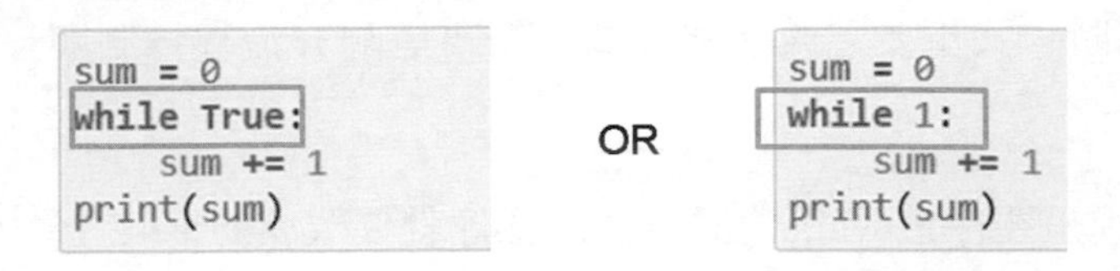

還有一種會造成無限迴圈的狀況，當 while 迴圈與容器的搭配使用，若把容器放在 while 的條件，當容器裡有元素或配對資料時，就符合條件，而不斷的執行流程程式碼，如下。

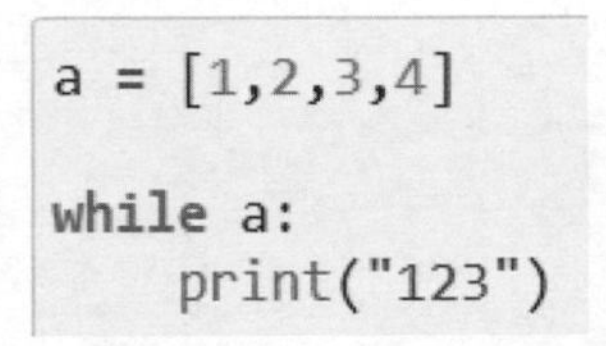

以上程式若不小心啟動，請按下中斷，如下圖

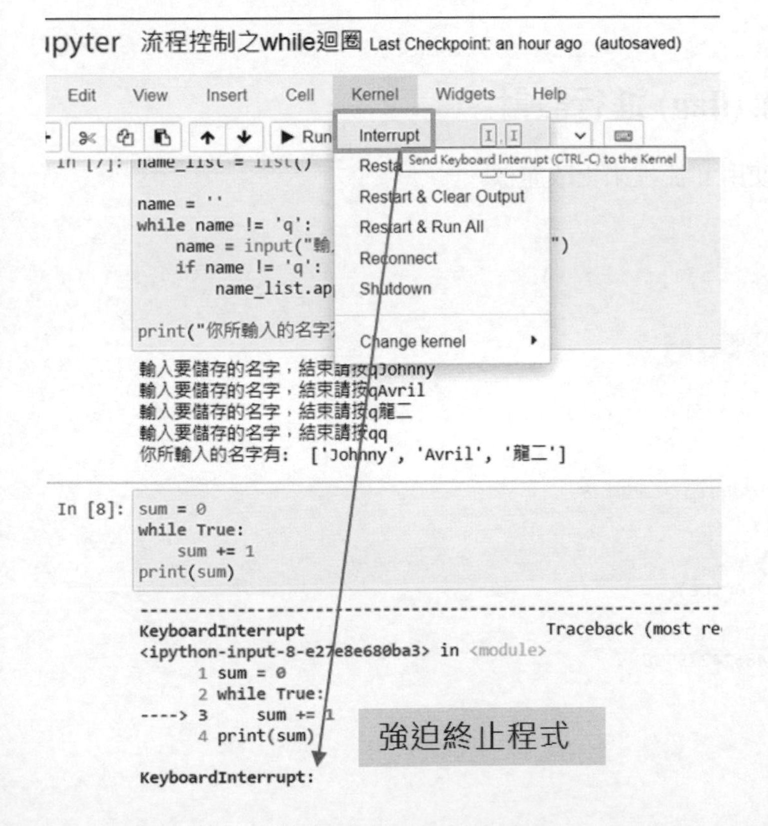

如果要讓條件永遠是 True 時，又不要造成無限迴圈，就要搭配 if 流程控制與 break 來停止 while 迴圈。

要注意的是，由於 if 的流程是要停止 while 迴圈，if 的條件就要改成 price > 75 或是 price >= 75，與 while 的條件不一樣，務必要分辨出兩者的差異。

```
price = 50
inflation_rate = 0.03
year = 0

while True:
    price = price * (1 + inflation_rate)
    year += 1

    if price > 75:
        break

print("過了",year,'年')
print("商品價格將上漲為",price)
```

條件永遠為True

使用if流程與break來適時停止迴圈

```
過了 14 年
商品價格將上漲為 75.62948624275558
```

9-2-3 使用旗標 (flag) 進行設計

自行宣告旗標，一樣使用 if 流程來更改旗標。

```
price = 50
inflation_rate = 0.03
year = 0
flag = True

while flag is True:
    price = price * (1 + inflation_rate)
    year += 1

    if price > 75:
        flag = False

print("過了",year,'年')
print("商品價格將上漲為",price)
```

旗標初始值為True

使用if流程來改變旗標

```
過了 14 年
商品價格將上漲為 75.62948624275558
```

continue 的使用

1. continue 執行後，位於 continue 以下且的程式碼都不會執行。
2. continue 常與流程控制搭配使用。

承上範例，使用 continue 改寫，如下

本來是執行完 while 迴圈後再 print() 出結果，使用 continue 後，可以將顯示的程式移到 while 迴圈裡，但要 price 大於 75 後才能顯示，所以會寫 if 流程，當 price <= 75 時，執行 continue，不執行以下的 print() 程式碼。

```
price = 50
inflation_rate = 0.03
year = 0
flag = True

while flag is True:
    price = price * (1 + inflation_rate)
    year += 1

    if price <= 75:
        continue
    flag = False
    print("過了",year,'年')
    print("商品價格將上漲為",price)
```

continue表示以下的程式不執行，回到下一次while的條件檢查

只要有執行到continue 虛線框裡的程式碼都不會執行

```
過了 14 年
商品價格將上漲為 75.62948624275558
```

9-2-4 pass 的使用

1. 不執行任何程式碼的程式碼。
2. 有點繞口，意思是有些區塊不用或不想執行任何程式碼，但不寫程式碼又會產生錯誤時就可以使用 pass。

與 continue 的差異

承上範例，若將 continue 更換成 pass，只有不執行任何程式，但在 pass 以下的程式碼都會執行，在 pass 之後的 print('after pass') 會執行，以下虛線框的部分也會執行。

與 continue 的相同處是本身都不執行任何程式，而差異在於使用 continue 後，以下的程式碼都不會執行。

```
price = 50
inflation_rate = 0.03
year = 0
flag = True

while flag is True:
    price = price * (1 + inflation_rate)
    year += 1

    if price <= 75:
        pass
        print("after pass")

    flag = False
    print("過了",year,'年')
    print("商品價格將上漲為",price)
```

pass表示不執行任何程式，但仍會執行以下的程式

會執行

```
after pass
過了 1 年
商品價格將上漲為 51.5
```

pass 可以放在未完成的流程區塊

例如在建構許多的流程時，先把架構建立起來，再逐一完成每個流程的程式碼，這時候就可以先用 pass，如下

雖然沒有實際流程的程式碼，但可以很清楚地看到整個架構，而且程式可以執行。

```
a = 35

if a > 0:
    pass
elif a > 100:
    pass
elif a > 1000:
    pass
else:
    pass
```

CH10

函數 (function)

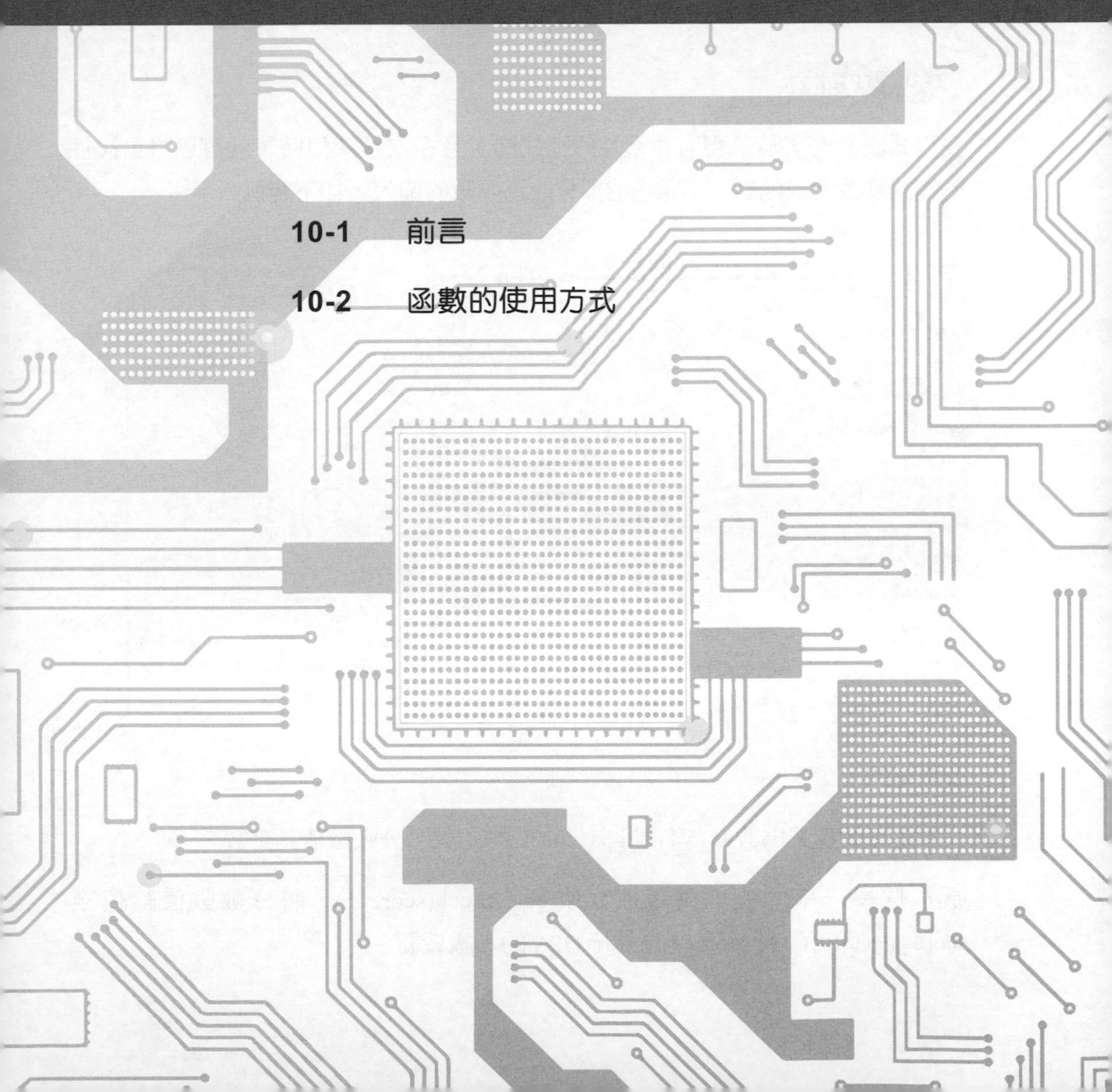

10-1 前言

10-2 函數的使用方式

前言

為何要使用函數？

當程式碼越寫越多的時候，為了讓程式的架構有彈性、不繁複，並容易維護，會導入函數的概念來增加架構的彈性與減少重複性。

以下就個人的經驗分享什麼時機適合導入函數以及使用函數的好處。

減少重複性

在程式設計時，若發現有重複性的程式碼，且多次被使用時，就可以將重複性的程式碼改寫成函數，不重複的部分成為函數的輸入，如下範例所示。

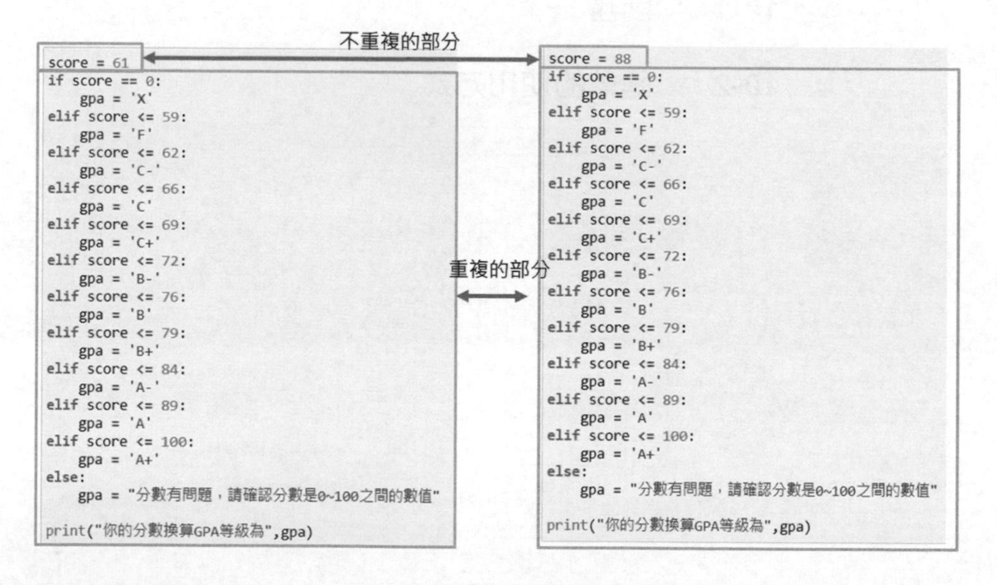

改寫後如下，

先將重複的程式碼改寫為名稱 gpa_check 的函數，分數數值為參數，

原本長長一串的程式碼就改寫成 gpa_check(score_1)，將分數數值給值至 score_1，即可針對 score_1 來進行 GPA 的等級確認。

score_2 也可以使用 gpa_check(score_2) 來進行 GPA 等級的確認。

若有更多的分數需要進行 GPA 等級的確認，一樣使用 gpa_check(score_x) 即可。

將重複的程式碼改寫成函數後，程式碼可以大量減少，程式運行的流程也變得清楚、簡單。

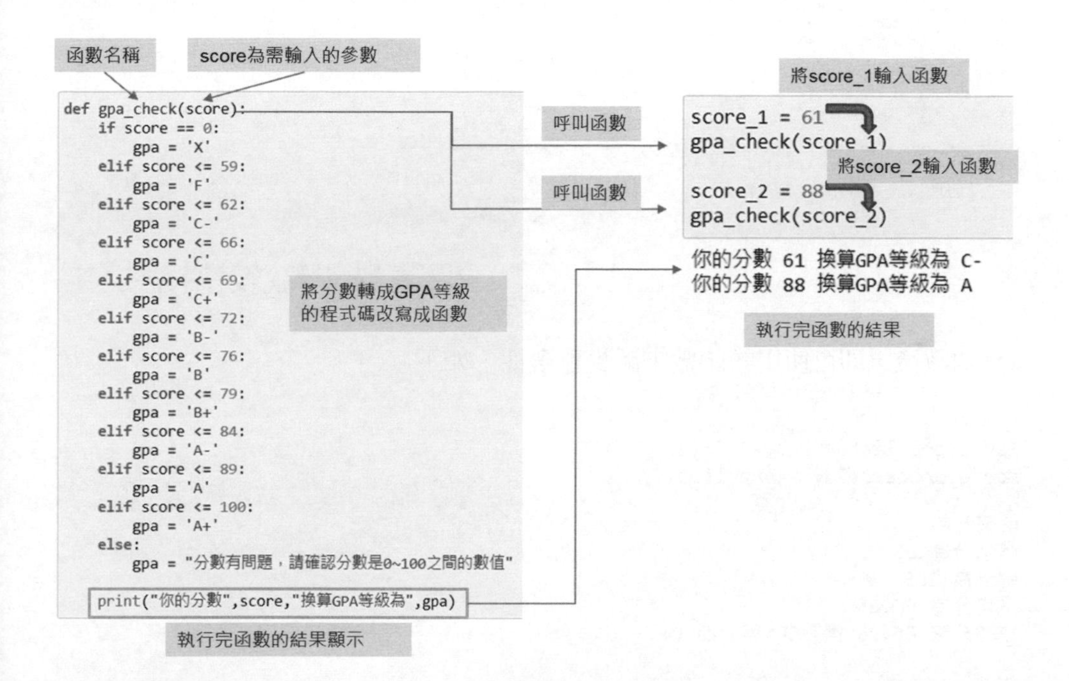

架構的彈性

寫了一段程式碼，內容是計算出學生分數的最高分、最低分、總分、平均分數與 GPA 的等級劃分

由**減少重複性**來看，可以將程式碼改寫成名為 score_process 的函數，需輸入分數串列的參數，如下

```
def score_process(score_list):
    #----var
    max_score = 0
    min_score = 100
    sum_score = 0
    #----最高分
    for score in score_list:
        if score > max_score:
            max_score = score
    print("最高分為",max_score)
    #----最低分
    for score in score_list:
        if score < min_score:
            min_score = score
    print("最低分為",min_score)
    #----總分
    for score in score_list:
        sum_score += score
    print("總分為",sum_score)
    #----平均分數
    average_score = sum_score / len(score_list)
    print("平均分為",average_score)
```

因函數程式碼太長，切半顯示

```
    #----GPA check
    score = average_score
    if score == 0:
        gpa = 'X'
    elif score <= 59:
        gpa = 'F'
    elif score <= 62:
        gpa = 'C-'
    elif score <= 66:
        gpa = 'C'
    elif score <= 69:
        gpa = 'C+'
    elif score <= 72:
        gpa = 'B-'
    elif score <= 76:
        gpa = 'B'
    elif score <= 79:
        gpa = 'B+'
    elif score <= 84:
        gpa = 'A-'
    elif score <= 89:
        gpa = 'A'
    elif score <= 100:
        gpa = 'A+'
    else:
        gpa = "分數有問題，請確認分數是0~100之間的數值"
    print("你的分數",score,"換算GPA等級為",gpa)
```

建立函數後，即可使用該函數來減少重複性，如下

```
Jay_score_list = [77,99,56,33]
score_process(Jay_score_list)
```

```
最高分為 99
最低分為 33
總分為 265
平均分為 66.25
你的分數 66.25 換算GPA等級為 C+
```

由結果來看是很好的，但若學生只需查詢最高分或是平均分，而不需要全部都列出，或是程式中的其他部分僅需要得到總分，就無法從這個函數得到結果，必須另外再建立函數，但其「再建立函數」的內容其實是重複的。

這時候，可以將功能 (最高分、最低分、總分、平均分數與 GPA 的等級劃分) 切分開來，每個小功能都是獨立的函數，改寫如下

```
def get_max_score(score_list):
    #----var
    max_score = 0
    #----最高分計算
    for score in score_list:
        if score > max_score:
            max_score = score
    print("最高分為",max_score)
    return max_score
```

```
def get_min_score(score_list):
    #----var
    min_score = 100
    #----最低分計算
    for score in score_list:
        if score < min_score:
            min_score = score
    print("最低分為",min_score)
    return min_score
```

```
def score_process(score_list):
    #----var
    max_score = 0
    min_score = 100
    sum_score = 0
    #----最高分
    for score in score_list:
        if score > max_score:
            max_score = score
    print("最高分為",max_score)
    #----最低分
    for score in score_list:
        if score < min_score:
            min_score = score
    print("最低分為",min_score)
    #----總分
    for score in score_list:
        sum_score += score
    print("總分為",sum_score)
    #----平均分數
    average_score = sum_score / len(score_list)
    print("平均分為",average_score)
```

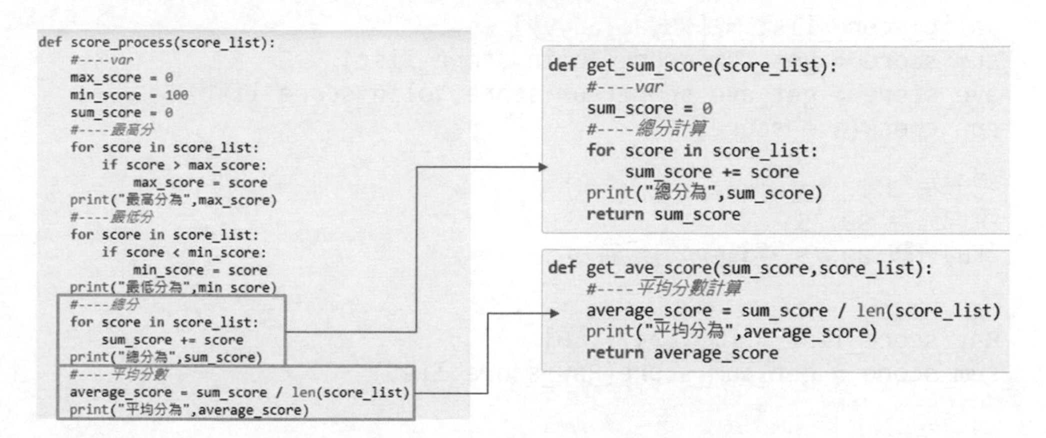

由於每個函數的功能變得單一，在程式設計中就可以被靈活運用，增加程式架構的彈性。

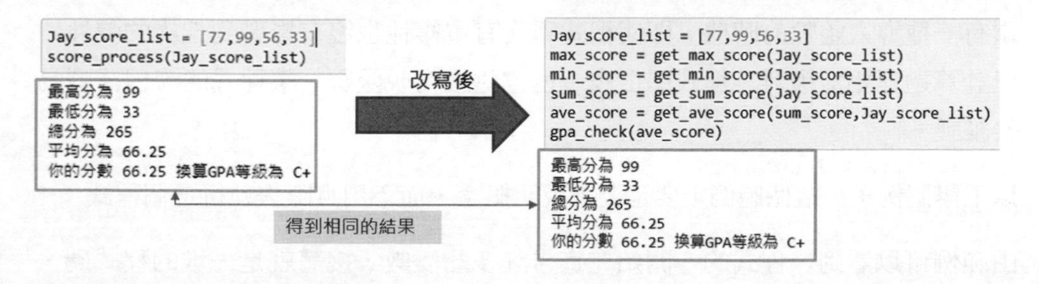

由於功能切分成許多的小函數，跟改寫前相比，程式碼會較多。

雖然呼叫函數的程式碼較多，但多了這幾行，卻可以大大地減少重複性內容的函數與增加程式架構的彈性

以現在的架構就可以單獨求得學生分數的最高分或是平均分，相當靈活，如下

```
Johnny_score_list = [59,58,28,99]
max_score = get_max_score(Johnny_score_list)
min_score = get_min_score(Johnny_score_list)
```

```
最高分為 99
最低分為 28
```

```
Jolin_score_list = [88,86,60,89]
sum_score = get_sum_score(Jolin_score_list)
ave_score = get_ave_score(sum_score,Jolin_score_list)
gpa_check(ave_score)
```

```
總分為 323
平均分為 80.75
你的分數 80.75 換算GPA等級為 A-
```

```
Ray_score_list = [79,89,77,66]
sum_score = get_sum_score(Ray_score_list)
```

```
總分為 311
```

清楚的流程

還有一種導入函數的時機，即使程式碼沒有重複性也沒有影響到架構的彈性，但計算過程相當複雜、程式碼很多，也會建議寫成函數，讓程式的流程清晰易於維護。

以下舉個例子，這個範例主要是要來說明概念，而不用實際去執行這個程式

由範例可以看到，程式的一開始在宣告許多的變數，接著就是一堆的程式碼，雖然我有寫上解釋，但一眼看下來依然繁雜，流程上不夠清晰。

```
#----var
pb_path = "face_mask_detection.pb"
node_dict = {'input':'data_1:0',
             'detection_bboxes':'loc_branch_concat_1/concat:0',
             'detection_scores':'cls_branch_concat_1/concat:0'}
conf_thresh = 0.5
iou_thresh = 0.4
frame_count = 0
FPS = "0"
#====anchors config
feature_map_sizes = [[33, 33], [17, 17], [9, 9], [5, 5], [3, 3]]
anchor_sizes = [[0.04, 0.056], [0.08, 0.11], [0.16, 0.22], [0.32, 0.45], [0.64, 0.72]]
anchor_ratios = [[1, 0.62, 0.42]] * 5
id2class = {0: 'Mask', 1: 'NoMask'}
```

變數的宣告

```
#----video streaming init
writer = None
cap = cv2.VideoCapture(0)
height = cap.get(cv2.CAP_PROP_FRAME_HEIGHT)#default 640x480
width = cap.get(cv2.CAP_PROP_FRAME_WIDTH)
if is_2_write is True:
    #fourcc = cv2.VideoWriter_fourcc('x', 'v', 'i', 'd')
    #fourcc = cv2.VideoWriter_fourcc('X', 'V', 'I', 'D')
    fourcc = cv2.VideoWriter_fourcc(*'XVID')
    if save_path is None:
        save_path = 'demo.avi'
    writer = cv2.VideoWriter(save_path, fourcc, 20, (int(width), int(height)))
```

```
#----model init

#====generate anchors
anchor_bboxes = []
for idx, feature_size in enumerate(feature_map_sizes):
    cx = (np.linspace(0, feature_size[0] - 1, feature_size[0]) + 0.5) / feature_size[0]
    cy = (np.linspace(0, feature_size[1] - 1, feature_size[1]) + 0.5) / feature_size[1]
    cx_grid, cy_grid = np.meshgrid(cx, cy)
    cx_grid_expend = np.expand_dims(cx_grid, axis=-1)
    cy_grid_expend = np.expand_dims(cy_grid, axis=-1)
    center = np.concatenate((cx_grid_expend, cy_grid_expend), axis=-1)

    num_anchors = len(anchor_sizes[idx]) +  len(anchor_ratios[idx]) - 1
    center_tiled = np.tile(center, (1, 1, 2* num_anchors))
    anchor_width_heights = []

    # different scales with the first aspect ratio
    for scale in anchor_sizes[idx]:
        ratio = anchor_ratios[idx][0] # select the first ratio
        width = scale * np.sqrt(ratio)
        height = scale / np.sqrt(ratio)
        anchor_width_heights.extend([-width / 2.0, -height / 2.0, width / 2.0, height / 2.0])

    # the first scale, with different aspect ratios (except the first one)
    for ratio in anchor_ratios[idx][1:]:
        s1 = anchor_sizes[idx][0] # select the first scale
        width = s1 * np.sqrt(ratio)
        height = s1 / np.sqrt(ratio)
        anchor_width_heights.extend([-width / 2.0, -height / 2.0, width / 2.0, height / 2.0])

    bbox_coords = center_tiled + np.array(anchor_width_heights)
    bbox_coords_reshape = bbox_coords.reshape((-1, 4))
    anchor_bboxes.append(bbox_coords_reshape)
anchor_bboxes = np.concatenate(anchor_bboxes, axis=0)
anchors_exp = np.expand_dims(anchors, axis=0)
```

將特定功能的程式碼改寫成函數，如下圖，整個程式的流程明顯清楚許多

寫成函數後，當程式碼發生錯誤可以比較好判定是哪個函數出錯，針對該函數內容進行除錯過程即可

```
#----var
pb_path = "face_mask_detection.pb"                    變數的宣告
node_dict = {'input':'data_1:0',
             'detection_bboxes':'loc_branch_concat_1/concat:0',
             'detection_scores':'cls_branch_concat_1/concat:0'}
conf_thresh = 0.5
iou_thresh = 0.4
frame_count = 0
FPS = "0"
#====anchors config
feature_map_sizes = [[33, 33], [17, 17], [9, 9], [5, 5], [3, 3]]
anchor_sizes = [[0.04, 0.056], [0.08, 0.11], [0.16, 0.22], [0.32, 0.45], [0.64, 0.72]]
anchor_ratios = [[1, 0.62, 0.42]] * 5
id2class = {0: 'Mask', 1: 'NoMask'}

#----video streaming init                               video streaming init
cap, height, width, writer = video_init(is_2_write=is_2_write,save_path=save_path)

#----model init
                                                        generate anchors
#====generate anchors
anchors = generate_anchors(feature_map_sizes, anchor_sizes, anchor_ratios)
anchors_exp = np.expand_dims(anchors, axis=0)
```

10-2 函數的使用方式

10-2-1 函數的定義

首先，先定義參數 (parameters) 與引數 (arguments)：

- 參數與引數實際上是相同的，都是指函數的參數。
- 若站在函數的觀點來看，函數名稱括弧內定義的所有變數稱為參數，而程式碼呼叫函數時，傳遞給函數的資料稱為引數。

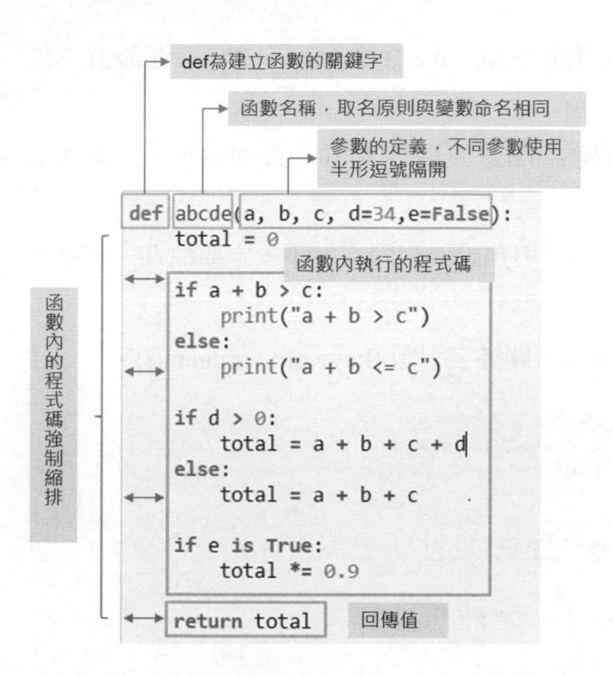

- 建立函數的關鍵字為 def，可以想成是 function definition 的 def，或是想成 define(定義) 的 def。
- 函數名稱 (如上圖 abcde) 的命名與變數的命名原則相同，這邊就不再闡述。
- 函數名稱 abcde 後的括號裡為參數的定義，若不需要，則不需要填入任何文字。
- 參數在日常生活裡類似的概念就是選項，例如之前有提到過買飲料，選項會有冰塊多寡、糖分多寡，大杯小杯，要不要加珍珠等，這時候若寫成函數就會是 def 買飲料 (名稱 , 冰量 , 糖分 , 尺寸 , 加珍珠 =False)，想點一杯青茶半糖少冰加珍珠，就會是 **買飲料 (青茶 , 少冰 , 半糖 , 大杯 , 加珍珠 =True)**，如下圖所示。以上用中文表示只是讓讀者容易理解參數的概念，實際上撰寫都是用英文建立函數。

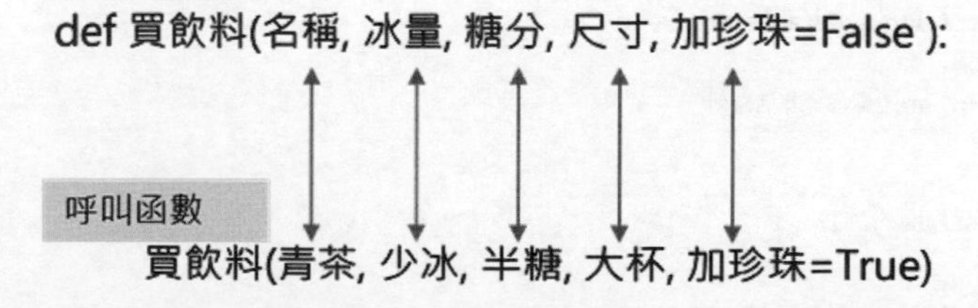

- 範例的 a,b,c 參數沒有 = 表示沒有預設值；d,e 參數後有 = 表示有預設值，在 = 後一定要把預設值寫上去。
- 在呼叫函數時，一定要提供引數給 a,b,c，且要依照位置順序給予，又稱為位置引數 (positional arguments)。
- d,e 參數有預設值，若想輸入的內容與預設值相同，就不一定要輸入，可寫可不寫，例如 abcde(33,22,11)。
- 由於 d,e 參數有名稱與數值，又稱為關鍵字引數 (keyword arguments)。

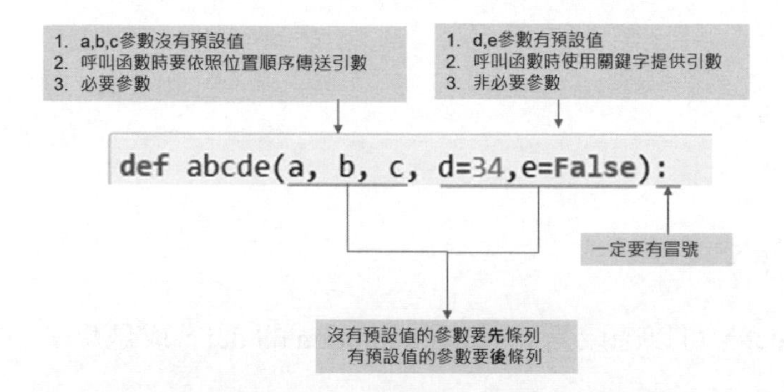

- 關於條列參數的順序，函數定義時，沒有預設值的參數要條列在前面，有預設值的參數要條列在後面，不能順序相反，亦不能穿插。以下列出幾種錯誤的範例。

```
def abc(a,b=):   錯誤原因: = 後沒有寫上預設值
    print('函數測試')
```

```
  File "<ipython-input-5-bc5207e38042>", line 1
    def abc(a,b=):
                ^
SyntaxError: invalid syntax
```

```
def abc(a=1000,b):   錯誤原因:無預設值的參數要先條列
    print('函數測試')
```

```
  File "<ipython-input-1-38a326a11900>", line 1
    def abc(a=1000,b):
                  ^
SyntaxError: non-default argument follows default argument
```

```
def abc(a,b=1000,c):   錯誤原因:有無預設值的參數不能穿插條列
    print('函數測試')
```

```
  File "<ipython-input-4-9eccc2e65f45>", line 1
    def abc(a,b=1000,c):
                    ^
SyntaxError: non-default argument follows default argument
```

● 函數內的程式碼執行完的結果可以使用 return 傳回，若無須回傳任何資料，不使用 return 即可。

● 回傳值若超過一個，在 return 後依序排列，並用半形逗號隔開即可，如下圖所示。

```
def abcde(a, b, c, d=34,e=False):
    total = a + b + c
    avearage = sum_data / 3
    mul = a * b * c
    return total, avearage, mul
```

回傳多筆資料

接著我們來看常常使用的顯示函數 print() 的定義

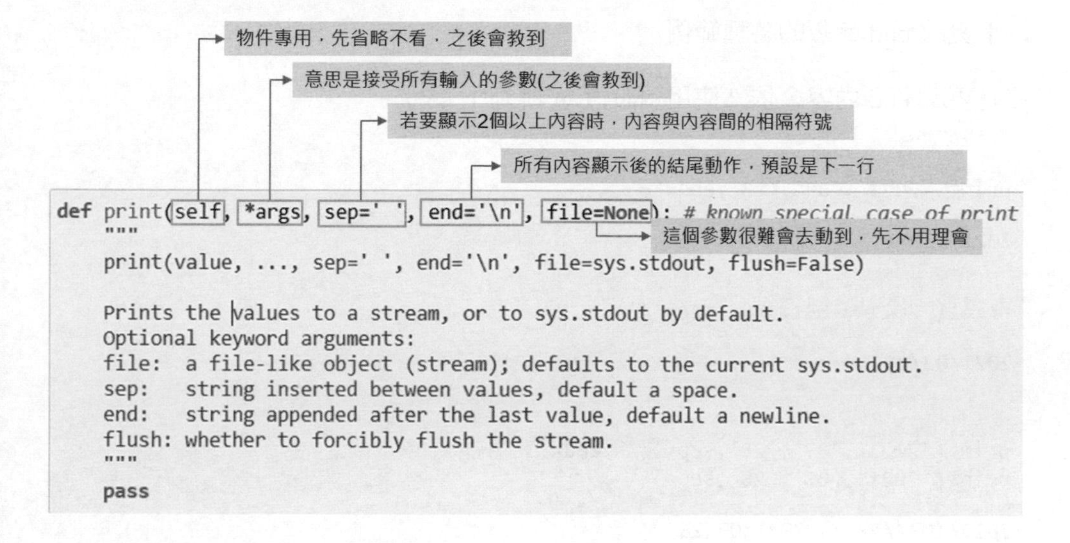

以下是更改 sep 參數的各種範例

第一個是使用預設值，可以看到 2021 與 03 之間就是空一格，接著更改 sep 內容，訊息與訊息間的相隔符號就會改變。

```
print('2021','03','28')
print('2021','03','28',sep='/')
print('2021','03','28',sep='//')
print('2021','03','28',sep='\\')
print('2021','03','28',sep='\"')
print('2021','03','28',sep='\'')
print('2021','03','28',sep='-')
print('2021','03','28',sep='_')
```

```
2021 03 28
2021/03/28
2021//03//28
2021\03\28
2021"03"28
2021'03'28
2021-03-28
2021_03_28
```

以下更改 end 參數的各種範例

沒有更改 end 內容會依然使用預設值 \n 跳到下一行。

```
print('2021','03','28',end=',')
```

```
2021 03 28,
```

```
print('2021','03','28',sep='/')
```

```
2021/03/28
```

```
print('2021','03','28',sep='//',end='\t')
print('2021','03','28',sep='\\')
```

```
2021//03//28	2021\03\28
```

```
print('2021','03','28',sep='\"',end='----')
```

```
2021"03"28----
```

```
print('2021','03','28',sep='\'')
```

```
2021'03'28
```

```
print('2021','03','28',sep='-',end='|||')
```

```
2021-03-28|||
```

10-2-2 建立函數的步驟

1. 先將達到某個目的的程式碼直覺地寫出來，以下使用攝氏溫度轉換成華氏溫度為例，我們知道攝氏溫度乘上 5 分之 9 再加上 32 就是華氏溫度。

```
temp_f = 26 * 9 / 5
temp_f += 32
print("攝氏溫度26度，轉換成華氏溫度為",temp_f)
```

```
攝氏溫度26度，轉換成華氏溫度為 78.8
```

2. 分析程式碼哪些是固定不變的，這部分會是函數內的程式碼；分析程式碼哪些是會改變或可以改變的，這部分會是函數的參數。從以下來看，比率與加上數值 32 是不會改變的，將會是函數內的程式碼；攝氏溫度數值是可以改變的，提出來當作是函數的參數。

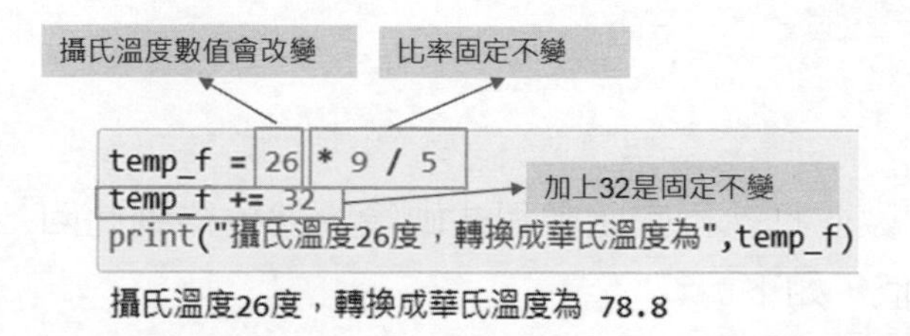

3. 改寫成函數後，如下

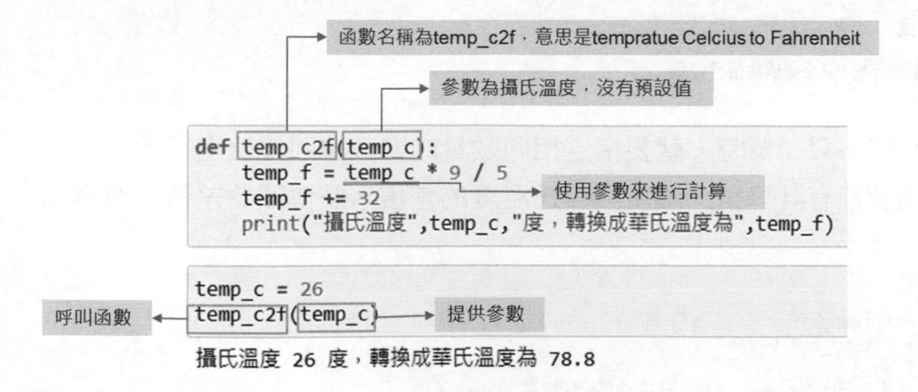

4. 建立好函數後，就可以使用不同的攝氏溫度來進行轉換，如下

```
temp_c = 32
temp_c2f(temp_c)

temp_c = 0
temp_c2f(temp_c)

temp_c = 18
temp_c2f(temp_c)
```

```
攝氏溫度 32 度，轉換成華氏溫度為 89.6
攝氏溫度 0 度，轉換成華氏溫度為 32.0
攝氏溫度 18 度，轉換成華氏溫度為 64.4
```

5. 目前的函數是沒有回傳值，若要回傳計算結果，更改如下

```
def temp_c2f(temp_c):
    temp_f = temp_c * 9 / 5
    temp_f += 32
    print("攝氏溫度",temp_c,"度，轉換成華氏溫度為",temp_f)

    return temp_f
```

將計算結果回傳

6. 因為有了回傳值，當呼叫函數並且執行完函數程式碼後，就會得到此回傳值，需指定變數來進行給值，如下

```
temp_c = 32
temp_f = temp_c2f(temp_c)
```

```
攝氏溫度 32 度，轉換成華氏溫度為 89.6
```

指定變數temp_f讓回傳值給值至變數

7. 當回傳值不只一個時，就要指定相同數量的變數讓回傳值進行給值。假設在函數裡有計算攝氏溫度與華氏溫度的差值，並傳回此差值，改寫如下

```
def temp_c2f(temp_c):
    temp_f = temp_c * 9 / 5
    temp_f += 32
    print("攝氏溫度",temp_c,"度，轉換成華氏溫度為",temp_f)

    diff = temp_f - temp_c

    return temp_f, diff
```

多1個回傳值diff

8. 因為有 2 個回傳值，當呼叫函數並且執行完函數程式碼後，就會得到此回傳值，需指定 2 個變數來進行給值，如下

2個回傳值，就要給予2個變數來進行給值

```
temp_c = 32
temp_f, diff = temp_c2f(temp_c)
print("差值為",diff)
```

```
攝氏溫度 32 度，轉換成華氏溫度為 89.6
差值為 57.599999999999994
```

9. 若函數沒有回傳值，依然指定變數進行給值，會得到 None

```
def temp_c2f(temp_c):
    temp_f = temp_c * 9 / 5
    temp_f += 32
    print("攝氏溫度",temp_c,"度，轉換成華氏溫度為",temp_f)

    #diff = temp_f - temp_c

    #return temp_f, diff
```

將回傳部分註解掉

```
temp_c = 26
temp_f = temp_c2f(temp_c)
print(temp_f)
```

依然指定變數進行給值

```
攝氏溫度 26 度，轉換成華氏溫度為 78.8
None
```

10-2-3　簡單函數的範例說明

使用加減乘除的簡單例子來說明建立函數的步驟

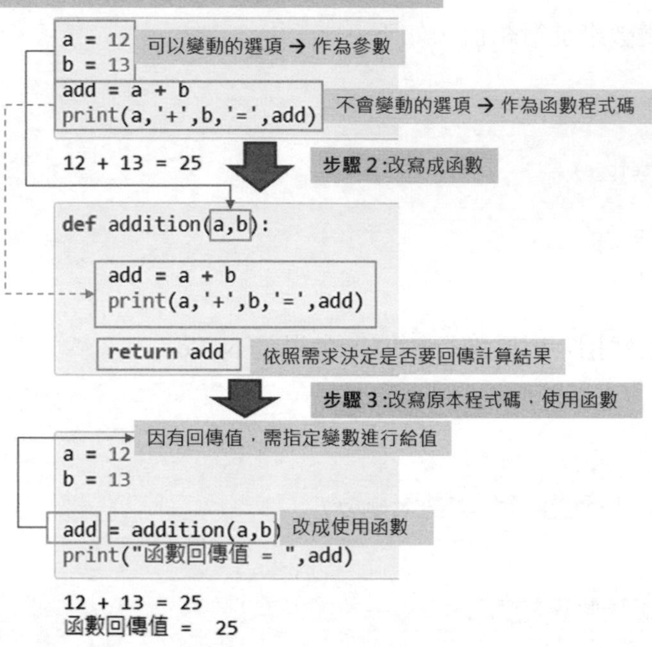
步驟 1：先將達到某個目的的程式碼直覺地寫出來
a = 12
b = 13
可以變動的選項 → 作為參數
add = a + b
print(a,'+',b,'=',add)
不會變動的選項 → 作為函數程式碼
12 + 13 = 25
步驟 2：改寫成函數
def addition(a,b):
add = a + b
print(a,'+',b,'=',add)
return add
依照需求決定是否要回傳計算結果
步驟 3：改寫原本程式碼，使用函數
因有回傳值，需指定變數進行給值
a = 12
b = 13
add = addition(a,b)
改成使用函數
print("函數回傳值 = ",add)
12 + 13 = 25
函數回傳值 = 25

接著，將加減乘除都各自寫成函數，如下

```
def addition(a,b):

    add = a + b
    print(a,'+',b,'=',add)

    return add
```

```
def multiplication(a,b):

    mul = a * b
    print(a,'*',b,'=',mul)

    return mul
```

```
def subtraction(a,b):

    subtract = a - b
    print(a,'-',b,'=',subtract)

    return subtract
```

```
def division(a,b):

    div = a / b
    print(a,'/',b,'=',div)

    return div
```

撰寫完函數後，就可以自由使用各種函數，如下

```
a = 12
b = 13

add = addition(a,b)
print("函數回傳值 = ",add)

sub = subtraction(a,b)
print("函數回傳值 = ",sub)

mul = multiplication(a,b)
print("函數回傳值 = ",mul)

div = division(a,b)
print("函數回傳值 = ",div)
```

```
12 + 13 = 25
函數回傳值 =  25
12 - 13 = -1
函數回傳值 =  -1
12 * 13 = 156
函數回傳值 =  156
12 / 13 = 0.9230769230769231
函數回傳值 =  0.9230769230769231
```

進一步思考，這 4 個函數各有名稱，為了使用上的方便，是否可以把加減乘除寫在 1 個函數，設立 1 個參數來選擇要進行那個計算就好？

建立名為 calculation 的函數 (也可以寫成更短，如 cal)，除了原本的參數 a,b 外，多加了 cal_type 的參數，型態為字串，用來選擇進行加減乘除哪一種計算。

注意，參數 cal_type 不能命名為 type，因為 type 為 Python 的保留字。

這個函數的功用在整合多個函數。

```
def calculation(a,b,cal_type):
    ret_value = None
    if cal_type == '+':
        ret_value = addition(a,b)
    elif cal_type == '-':
        ret_value = subtraction(a,b)
    elif cal_type == '*':
        ret_value = multiplication(a,b)
    elif cal_type == '/':
        ret_value = division(a,b)
    else:
        print("計算種類不支援:",cal_type)

    return ret_value
```

原本的程式碼，改寫如下

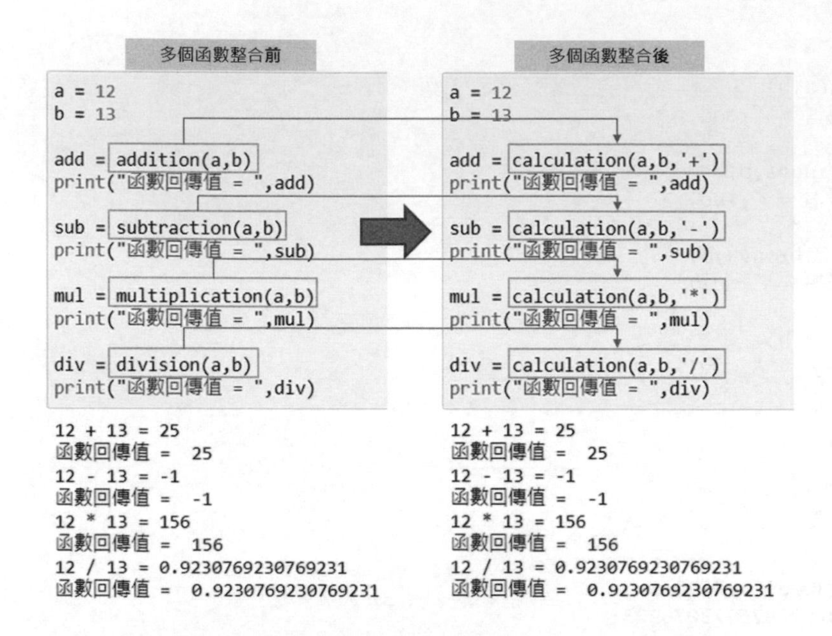

如果不想要在函數內呼叫其他函數，也可以將加減乘除的程式碼整合在此函數，說明如下。

程式設計是很彈性的，兩種寫法都可以，並沒有哪一種比較好，但若加減乘除換成是其他很複雜的函數，就不建議將所有程式碼整合在此函數內，因為整個流程就不夠清楚，會增加除錯的難度。

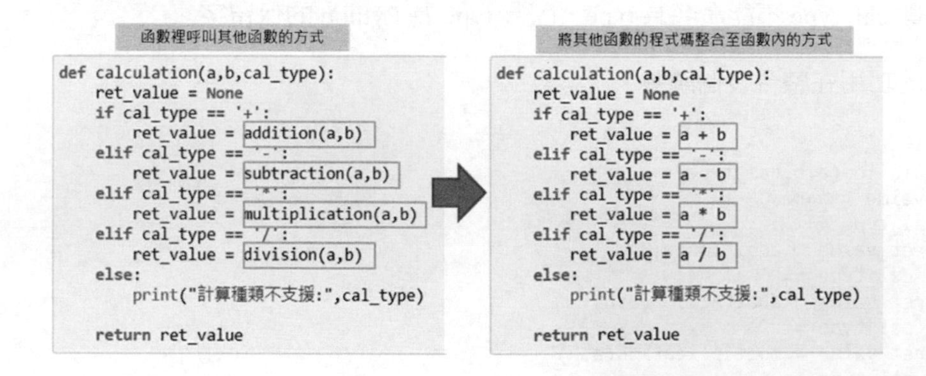

接著，我們加入 input 來建立互動式的參數輸入，如下。

```
a = int(input("a = "))
b = int(input("b = "))
cal_type = input("cal_type = ")
print("a",cal_type,'b = ',calculation(a,b,cal_type))
```

```
a = 66
b = 2
cal_type = *
a * b =  132
```

10-2-4 函數內的變數與其他變數的關係

從範例可以看到函數內的變數與實際使用的變數名稱都一樣，乍看之下像是重複宣告，這是怎麼回事呢？

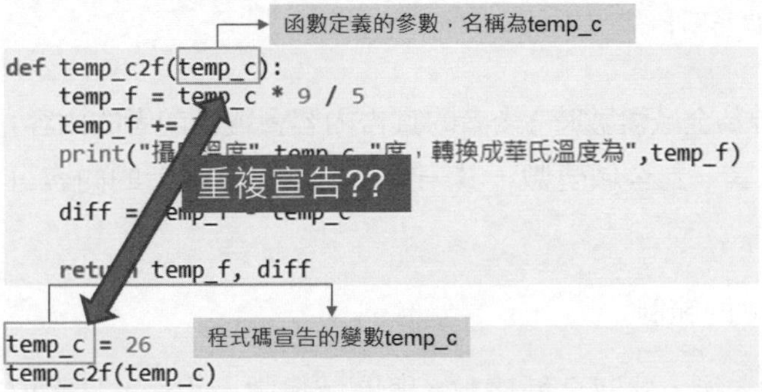

函數定義的參數，名稱為temp_c

```
def temp_c2f(temp_c):
    temp_f = temp_c * 9 / 5
    temp_f +=
    print("攝氏溫度",temp_c,"度，轉換成華氏溫度為",temp_f)

    diff = temp_f - temp_c

    return temp_f, diff

temp_c = 26
temp_c2f(temp_c)
```

重複宣告??

程式碼宣告的變數temp_c

全域變數 (Global variables) 與區域變數 (Local variables)

- 在程式設計中，宣告的變數可以在全域進行存取、使用，稱為全域變數，這裡提到的全域，意思是同區塊程式中都可以使用。
- 相對於全域變數的就是區域變數，如函數的參數、函數裡宣告的變數皆為區域變數。
- 由於函數不一定會被呼叫，系統不會將函數的變數都形成全域變數，這樣會佔用系統資源，只有當函數被呼叫時，函數內的變數才正式佔用系統資源；當函數執行完，函數的參數與宣告的變數就會銷毀，將資源釋放回系統。

以下為函數的區域變數使用完被銷毀的範例

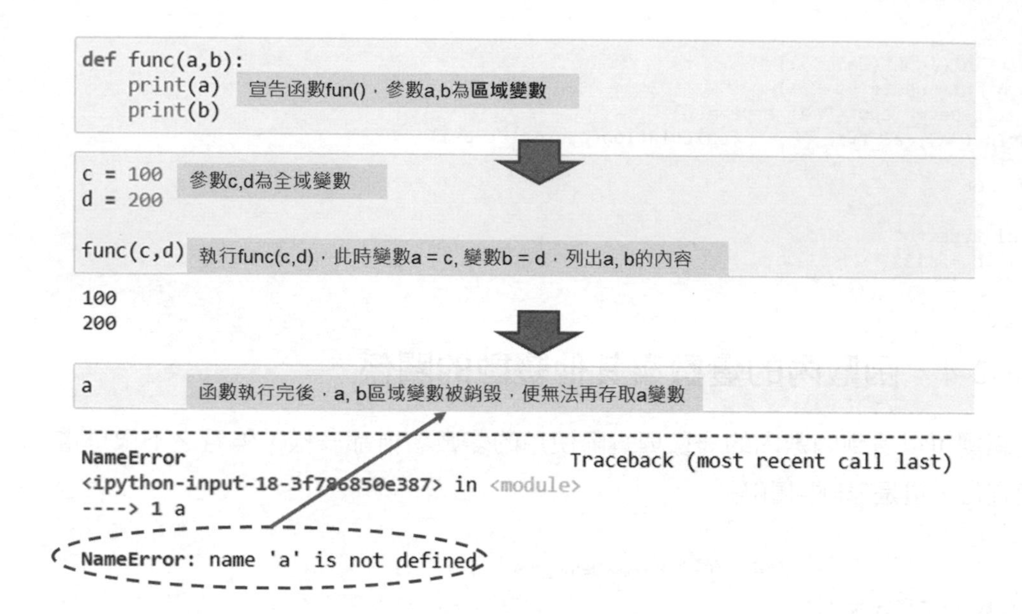

當宣告兩變數，名稱相同，皆為全域變數時，後者的宣告內容會覆蓋前者的內容；當宣告兩變數，名稱相同，其一為全域變數，其一為區域變數，兩者的內容可以共存。

以下為全域與區域皆有變數 c 的範例

當函數 func() 宣告區域變數 c 後，此時全域變數 c 與區域變數 c 共存，且數值不相同。

```
def func(a,b):
    c = 123
    print("a:",a)
    print("b:",b)
    print("區域變數c:",c)
```

此參數c為區域變數

當全域及區域都有變數c，在函數內會先採用函數內宣告的區域變數

```
c = 100
d = 200

func(c,d)

print("全域變數c:",c)
```

此參數c為全域變數

執行func(c,d)，c給值至參數a, d給值至參數b,列出a, b的內容

1. 因不在函數內，會直接採用全域變數的c
2. 函數執行完後，區域變數被銷毀，區域變數c也不存在

```
a: 100
b: 200
區域變數c: 123
全域變數c: 100
```

承上範例，若函數內沒有宣告區域變數 c，就會直接採用全域變數 c，如下

```
def func(a,b):
#     c = 123
    print("a:",a)
    print("b:",b)
    print("區域變數c:",c)
```

將c註解掉

函數內沒有宣告c變數，會直接採用全域變數c

```
c = 100
d = 200

func(c,d)

print("全域變數c:",c)
```

此參數c為全域變數

執行func(c,d)，c給值至參數a, d給值至參數b, 列出a, b的內容

採用全域變數c

```
a: 100
b: 200
區域變數c: 100
全域變數c: 100
```

接著，重新再看一次剛剛提出是否「重複宣告」範例。

函數需要的參數: 區域變數temp_c

```
def temp_c2f(temp_c):
    temp_f = temp_c * 9 / 5
    temp_f += 32
    print("攝氏溫度",temp_c,"度，轉換成華氏溫度為",temp_f)

    diff = temp_f - temp_c

    return temp_f, diff
```

```
temp_c = 26
temp_c2f(temp_c)
```

全域變數temp_c

1. 執行temp_c2f(temp_c)
2. 全域變數temp_c給值至函數的區域變數temp_c
3. 當函數執行完畢，區域變數temp_c會被銷毀
4. 當函數執行完畢，全域變數temp_c會依然存在

10-2-5 參數的型態

1. 根據函數的內容，參數可以是整數、浮點數、字串、各式容器、物件等各種型態。

2. 由於 Python 沒有很嚴格的型態管控，錯誤型態的資料也是可以提供給函數，只是會造成函數的執行錯誤。

函數的參數型態為串列的範例

將各科成績放置於串列，使用函數計算出最高分，函數撰寫與使用如下

```
def get_max_score(score_list):
    #----var
    max_score = 0
    #----最高分計算
    for score in score_list:
        if score > max_score:
            max_score = score
    print("最高分為",max_score)
    return max_score
```

```
Jay_score_list = [77,99,56,33]
max_score = get_max_score(Jay_score_list)
```

```
最高分為 99
```

實際使用時，因疏忽而沒有提供串列型態的資料就會產生錯誤。

```
Jay_score_list = 77
max_score = get_max_score(Jay_score_list)

---------------------------------------------------------------------------
TypeError                                 Traceback (most recent call last)
<ipython-input-3-4f5dc884a24e> in <module>
      1 Jay_score_list = 77
----> 2 max_score = get_max_score(Jay_score_list)

<ipython-input-1-84186354265b> in get_max_score(score_list)
      3     max_score = 0
      4     #----最高分計算
----> 5     for score in score_list:
      6         if score > max_score:
      7             max_score = score

TypeError: 'int' object is not iterable
```

輸入資料為整數型態(int)，無法與for迴圈進行迭代而產生錯誤

為了避免型態錯誤，函數內可以加上型態的檢驗。

```
def get_max_score(score_list):
    #----var
    max_score = 0
    data_type = type(list())

    #----最高分計算
    if type(score_list) == data_type:
        for score in score_list:
            if score > max_score:
                max_score = score
        print("最高分為",max_score)
    else:
        print("參數的型態錯誤")

    return max_score
```

設定參數的型態為串列(list)

檢驗參數的型態是否也為串列

若型態非串列，不進行計算並顯示出錯誤訊息

這時候，即使不小心給錯資料的型態也不會造成函數執行時產生錯誤。

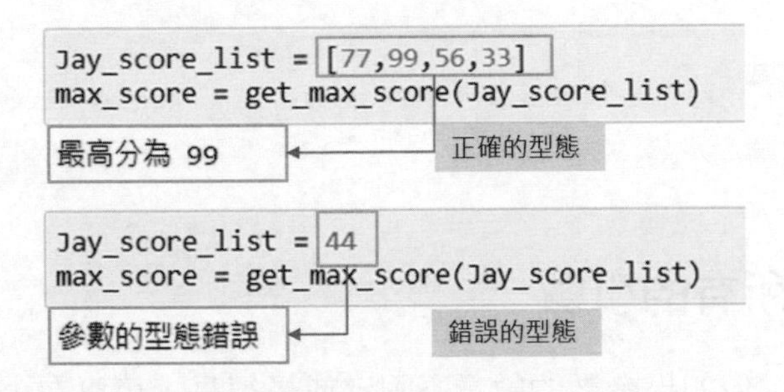
Jay_score_list = [77,99,56,33]
max_score = get_max_score(Jay_score_list)
最高分為 99
正確的型態
Jay_score_list = 44
max_score = get_max_score(Jay_score_list)
參數的型態錯誤
錯誤的型態

函數的參數型態為字典的範例

我們將函數改寫成使用字典型態的參數，這樣就可以得知是哪一個科目得到最高分。

```
def get_max_score(score_dict):
    #----var
    max_subject = ''#最高分的科目名稱，預設值是空字串
    max_score = 0
    data_type = type(dict())#設定參數的型態為字典

    #----最高分計算
    if type(score_dict) == data_type:#檢驗參數的型態是否為字典
        for subject,score in score_dict.items():
            if score > max_score:
                max_score = score
                max_subject = subject
        print("最高分科目名稱:",max_subject,',分數是',max_score)
    else:
        print("參數的型態錯誤")

    return max_score
```

正確的型態

```
Jay_score_dict = {"國文":77,'音樂':99,'數學':56,'英文':33}
max_score = get_max_score(Jay_score_dict)
```

```
最高分科目名稱: 音樂 ,分數是 99
```

錯誤的型態

```
Jay_score_dict = 77
max_score = get_max_score(Jay_score_dict)
```

```
參數的型態錯誤
```

錯誤的型態

```
Jay_score_dict = [77,99,56,33]
max_score = get_max_score(Jay_score_dict)
```

```
參數的型態錯誤
```

10-2-6 使用 *args 接收所有的引數

一般函數的參數數量都是固定的，但如果參數的數量不固定或是很長，可以在定義函數時，括號內輸入 *args。

*args 意思是將接收所有無關鍵字的引數 (positional arguments)，args 是 arguments 的縮寫，你可以使用其他名稱代替，而 * 並不是像其他語言的指標用法，請看成是一種特殊的接收引數方法。

來看以下範例，呼叫函數時，傳送一堆引數給函數後，可以看到 args 會是元組的型態，將接收到的資料全部放在容器裡。

```
def fun(*args):
    print(type(args))
    print(args)
```

```
fun(1,'2',[3,3],56,{56},True)
```

```
<class 'tuple'>
(1, '2', [3, 3], 56, {56}, True)
```

實際撰寫一個函數，可以將任意數量的學生名字當作引數傳遞給函數，函數可以計算學生數量並顯示出每一位學生的名字。

```
def count_display(*args):

    print("學生數量:",len(args))
    for name in args:
        print("學生名稱:",name)
```

```
count_display('Jay','Johnny','Jeremy')
```

```
學生數量: 3
學生名稱: Jay
學生名稱: Johnny
學生名稱: Jeremy
```

```
count_display() 沒有輸入也不會產生錯誤
```

```
學生數量: 0
```

```
count_display('Melody','Rebecca','Liu','Rice','Curry')
```

```
學生數量: 5
學生名稱: Melody
學生名稱: Rebecca
學生名稱: Liu
學生名稱: Rice
學生名稱: Curry
```

10-2-7 使用 **kwargs 接收所有關鍵字引數

若不確定關鍵字引數的數量，可以在定義函數時，括號內輸入 **kwargs。

**kwargs 意思是會接收所有關鍵字的引數 (keyword arguments)，kwargs 是 keyword arguments 的縮寫，你可以使用其他名稱代替。

kwargs 會是字典型態，關鍵字會是標籤，預設值則為內容。

```
def fun_2(**kwargs):
    print(type(kwargs))
    print(kwargs)
```

```
fun_2(a=12,b=33,cal_type='-')
```

```
<class 'dict'>
{'a': 12, 'b': 33, 'cal_type': '-'}
```

一起使用時，一樣要符合參數置放原則，沒有預設值的參數放在前面，有預設值的參數放在後面。

```
def fun_3(*args,**kwargs):
    print(type(args))
    print(args)

    print(type(kwargs))
    print(kwargs)
```

```
fun_3(1,'2',[3,3],56,{56},True,a=12,b=33,cal_type='-')
```

```
<class 'tuple'>
(1, '2', [3, 3], 56, {56}, True)
<class 'dict'>
{'a': 12, 'b': 33, 'cal_type': '-'}
```

使用範例

撰寫 1 個函數，能夠接收學生不定數量的學科成績，範例如下

```
def score_display(name,**kwargs):
    print("學生:",name)
    for key,value in kwargs.items():
        print("科目 ",key,",分數為",value)
```

接收不定數量的關鍵字引數

```
name = "Johnny"
score_display(name,國文=88,英文=92,物理=28)

name = "Jeremy"
score_display(name,
              chinese=92,
              english=99,
              physics=77,
              math=79,
              chemistry=88)
```

- 不定數量的關鍵字引數
- 使用中文為關鍵字是可行的，但實際應用上請盡量避免使用中文

- 不定數量的關鍵字引數

```
學生: Johnny
科目  國文 ,分數為 88
科目  英文 ,分數為 92
科目  物理 ,分數為 28
學生: Jeremy
科目  chinese ,分數為 92
科目  english ,分數為 99
科目  physics ,分數為 77
科目  math ,分數為 79
科目  chemistry ,分數為 88
```

同理，撰寫購買飲料的函數，可以輸入不定數量的選項，如下

```
def buy_drinks(drink_name,**kwargs):
    print("你點的飲料是",drink_name)

    for key,value in kwargs.items():
        print(key," 的要求是 ",value)
```

```
drink_name = "珍珠奶茶"
buy_drinks(drink_name,size='大杯',ice='少冰',
           sugar='半糖',bubble='大珍珠',milk_type="鮮奶",
           add_pudding=True,add_QQ=True)
```

```
你點的飲料是 珍珠奶茶
size  的要求是  大杯
ice  的要求是  少冰
sugar  的要求是  半糖
bubble  的要求是  大珍珠
milk_type  的要求是  鮮奶
add_pudding  的要求是  True
add_QQ  的要求是  True
```

這邊說明一下，當呼叫函數時，輸入引數很多時，可以在逗號後按下鍵盤 Enter 換行輸入。

如下圖，沒有換行時，太多引數造成該行特別長

```
drink_name = "珍珠奶茶"
buy_drinks(drink_name,size='大杯',ice='少冰',sugar='半糖',bubble='大珍珠',milk_type="鮮奶",add_pudding=True,add_QQ=True)
```

改寫後如下，可以依照自己的喜愛，決定每一行放置多少個引數，在其半形逗號後按下 Enter 鍵，於下一行條列其他引數，讓所有的引數能夠平均的分配在不同行。

```
drink_name = "珍珠奶茶"
buy_drinks(drink_name,
           size='大杯',
           ice='少冰',
           sugar='半糖',
           bubble='大珍珠',
           milk_type="鮮奶",
           add_pudding=True,
           add_QQ=True)
```

在適當的參數數量，其半形逗號後按下Enter，讓所有引數平均分配

OR

```
drink_name = "珍珠奶茶"
buy_drinks(drink_name,size='大杯',
           ice='少冰',sugar='半糖',
           bubble='大珍珠',milk_type="鮮奶",
           add_pudding=True,add_QQ=True)
```

10-2-8 函數內進行引數的修改

一般來說，函數僅針對收到的引數進行內容讀取或使用內容進行計算，並不會修改引數，但若是對引數進行修改，會有甚麼情況呢？以下使用不同的資料型態來進行說明

1. 引數為數值型態 (整數、浮點數)

```
def modify(a):
    print("函數內,修改前的內容:",a,',ID:',id(a))
    a += 2
    print("函數內,修改後的內容:",a,',ID:',id(a))
```

```
num = 100

print("函數外,剛宣告的內容:",num,',ID:',id(num))
print("----丟入函數----")

modify(num)

print("----離開函數----")
print("函數外,最新的內容:",num,',ID:',id(num))
```

```
函數外,剛宣告的內容: 100 ,ID: 1607515456
----丟入函數----
函數內,修改前的內容: 100 ,ID: 1607515456
函數內,修改後的內容: 102 ,ID: 1607515520
----離開函數----
函數外,最新的內容: 100 ,ID: 1607515456
```

函數內讀取引數，id與數值未更動

函數內改寫引數，Id更動，數值更動

執行完函數，變數num的id與數值不更動

2. 引數為字串型態

```
def modify(a):
    print("函數內,修改前的內容:",a,',ID:',id(a))
    a *= 2
    print("函數內,修改後的內容:",a,',ID:',id(a))
```

```
num = "100"

print("函數外,剛宣告的內容:",num,',ID:',id(num))
print("----丟入函數----")

modify(num)

print("----離開函數----")
print("函數外,最新的內容:",num,',ID:',id(num))
```

```
函數外,剛宣告的內容: 100 ,ID: 2383583062704
----丟入函數----
函數內,修改前的內容: 100 ,ID: 2383583062704
函數內,修改後的內容: 100100 ,ID: 2383584260024
----離開函數----
函數外,最新的內容: 100 ,ID: 2383583062704
```

函數內讀取引數，id與內容未更動

函數內改寫引數，Id更動，內容更動

執行完函數，變數num的id與內容不更動

3. 引數為容器型態

● 引數的資料型態為串列時

```
def modify(a):
    print("函數內,修改前的內容:",a,',ID:',id(a))
    a.append(5678)
    print("函數內,修改後的內容:",a,',ID:',id(a))
```

```
num = [1234]    串列資料型態

print("函數外,剛宣告的內容:",num,',ID:',id(num))
print("----丟入函數----")

modify(num)

print("----離開函數----")
print("函數外,最新的內容:",num,',ID:',id(num))
```

```
函數外,剛宣告的內容: [1234] ,ID: 2383585148680
----丟入函數----
函數內,修改前的內容: [1234] ,ID: 2383585148680
函數內,修改後的內容: [1234, 5678] ,ID: 2383585148680
----離開函數----
函數外,最新的內容: [1234, 5678] ,ID: 2383585148680
```

函數內讀取引數，id與數值未更動

函數內改寫引數，id未更動，數值更動

執行完函數，變數num的id不變，但內容被更動了!!

● 引數的資料型態為字典時

```
def modify(a):
    print("函數內,修改前的內容:",a,',ID:',id(a))
    a['type2'] = 5678
    print("函數內,修改後的內容:",a,',ID:',id(a))
```

```
num = {'type1':1234}    字典資料型態

print("函數外,剛宣告的內容:",num,',ID:',id(num))
print("----丟入函數----")

modify(num)

print("----離開函數----")
print("函數外,最新的內容:",num,',ID:',id(num))
```

```
函數外,剛宣告的內容: {'type1': 1234} ,ID: 2383585337632
----丟入函數----
函數內,修改前的內容: {'type1': 1234} ,ID: 2383585337632
函數內,修改後的內容: {'type1': 1234, 'type2': 5678} ,ID: 2383585337632
----離開函數----
函數外,最新的內容: {'type1': 1234, 'type2': 5678} ,ID: 2383585337632
```

函數內讀取引數，id與數值未更動

執行完函數，變數num的id不變，但內容被更動了!!

函數內改寫引數，id未更動，數值更動

整理

- 當引數為非容器型態 (數值或字串) 時，函數內修改引數並不會真的修改到引數的內容。
- 當引數為容器型態 (串列、元組、集合、字典) 時，函數內修改引數會真實修改到引數的內容；若不想在函數內修改到引數的內容，可使用 .copy() 方法，如下範例所示。

方法1:函數內使用引數.copy()

```
def modify(a):
    print("函數內,修改前的內容:",a,',ID:',id(a))
    a_copy = a.copy()
    a_copy['type2'] = 5678
    print("函數內,修改後的內容:",a_copy,',ID:',id(a_copy))
```

另宣告變數，將引數.copy()給值至變數

```
num = {'type1':1234}

print("函數外,剛宣告的內容:",num,',ID:',id(num))
print("----丟入函數----")

modify(num)

print("----離開函數----")
print("函數外,最新的內容:",num,',ID:',id(num))
```

```
函數外,剛宣告的內容: {'type1': 1234} ,ID: 2383584110200
----丟入函數----
函數內,修改前的內容: {'type1': 1234} ,ID: 2383584110200
函數內,修改後的內容: {'type1': 1234, 'type2': 5678} ,ID: 2383583762976
----離開函數----
函數外,最新的內容: {'type1': 1234} ,ID: 2383584110200
```

函數內讀取引數，id與數值未更動

函數內另宣告變數，id不同，當數值變動就不會更改到引數內容

執行完函數，變數num的id與內容不變

方法2:使用.copy()為引數

```
def modify(a):
    print("函數內,修改前的內容:",a,',ID:',id(a))
    a['type2'] = 5678
    print("函數內,修改後的內容:",a,',ID:',id(a))
```

```
num = {'type1':1234}

print("函數外,剛宣告的內容:",num,',ID:',id(num))
print("----丟入函數----")

modify(num.copy())

print("----離開函數----")
print("函數外,最新的內容:",num,',ID:',id(num))
```

使用num.copy()為引數傳遞給函數

```
函數外,剛宣告的內容: {'type1': 1234} ,ID: 2383585406120
----丟入函數----
函數內,修改前的內容: {'type1': 1234} ,ID: 2383585406624
函數內,修改後的內容: {'type1': 1234, 'type2': 5678} ,ID: 2383585406624
----離開函數----
函數外,最新的內容: {'type1': 1234} ,ID: 2383585406120
```

使用.copy(),函數接收的引數id已經不同了

由於id已經不同,修改內容並不會更動到num的內容

執行完函數,num的id與內容不變

CH11

類別 (class) 與物件 (object)

11-1 前言

為何要使用類別 (class)?

一般在設計程式時，使用變數與函數就可以完成，隨著各科技的進步，各行各業的需求變得多元且複雜，為了完成目的，需要使用大量的變數與函數來完成。完成後會遇到一些問題，如下所述：

1. 若其他的專案也要達成這個目的時怎麼辦？最簡單的做法就是複製所有的變數與函數，但不小心沒有複製到某些變數或函數就會產生錯誤。
2. 因為牽扯到很多的函數，若因為需求 B 而修改其中的函數，過了幾個月因專案又執行原本的需求 A 時就會產生程式錯誤，這時候就要進行程式除錯 (debug) 或回到以前的版本，如果幸運修改成功，需求 A 的程式就可以順利執行，但需求 B 就不能夠執行了；倘若進行程式除錯不順利，又追溯不到以前的版本，此時就會陷入痛苦的泥沼，開始懷疑人生，許多的內心戲就此上演。
3. 因為使用到大量的變數，時間一久難免會忘記哪些變數是重要的，哪些數值是不能亂改動的，又會不小心撰寫其他程式改寫到共用的變數。

使用類別可以避免以上的問題，類別可以將完成某目的所使用到的變數與函數整合在一起，不會隨意被更改，維護上相當方便。

舉例來說，單獨的相機、馬達、感測器都有各自的功能，就像是不同的函數有不同的功能，當要製造機器人時，就需要將這些不同功能的零件整合在一起；類別在程式設計領域裡就扮演這樣的角色，將不同資訊的變數與不同功能的函數整合在一起，在類別內變數與函數可以共享，使用上可以重複使用、繼承且方便管理與維護。

11-2 類別的定義與初始化

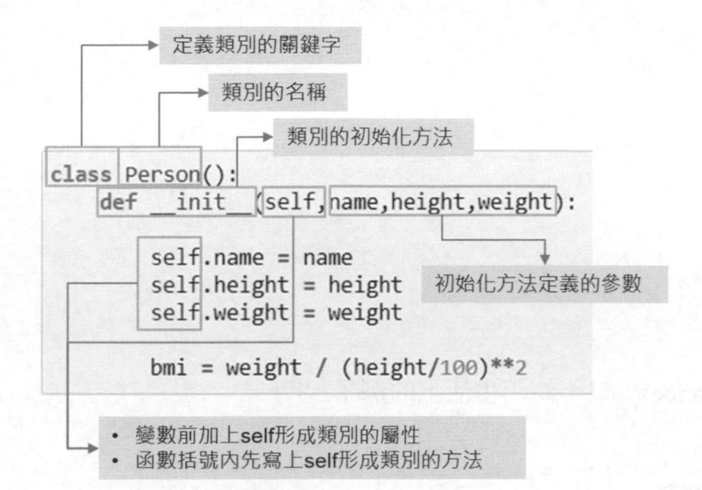

- 定義類別的關鍵字是 class(回憶 : 定義函數的關鍵字是 def)。
- 類別名稱的第一個字母習慣大寫，在其他程式語言也遵循相同原則。
- 為了與一般的變數、函數做區隔，在類別裡定義的變數稱為屬性 (attribute)，在類別裡定義的函數稱為方法 (method)。
- __init__() 是類別的初始化方法，當看到名稱前後都有 2 個下底線 (如 __xxx__) 時，表示為類別裡預設的屬性或方法，也有人稱為特殊屬性或方法。
- init 是初始化英文 initialization 的縮寫，會在定義物件時自動執行，不需要特意呼叫此方法，在有些語言裡會稱為建構方法或是建構子。

11-3 物件 (Object) 概念

類別與物件的關係如下圖。

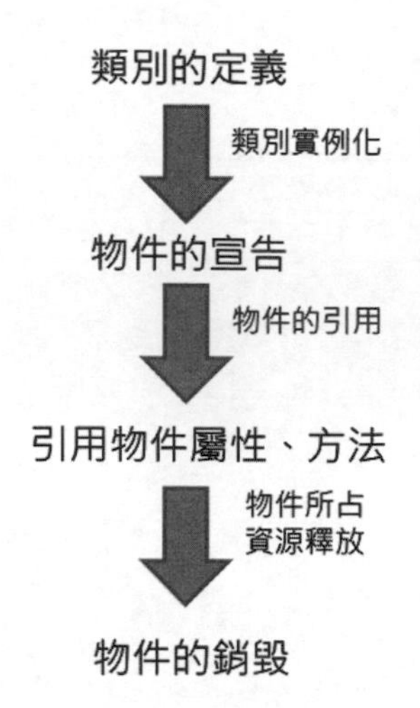

物件是類別的實例化 (instance)，以下使用生活上的例子說明。

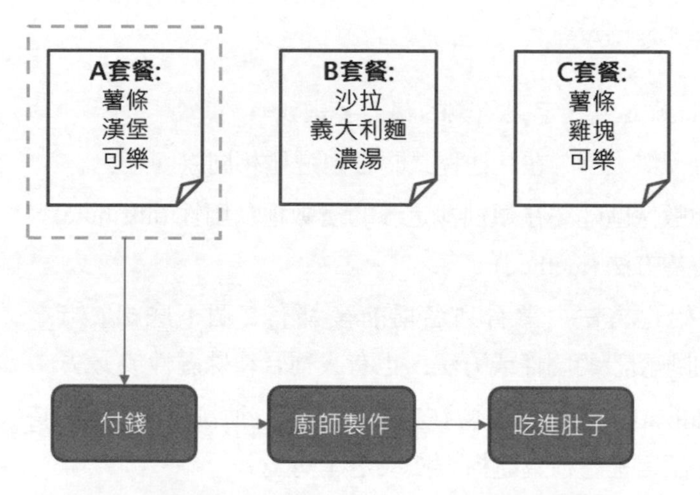

- 走進一家餐廳，菜單上有著 3 種套餐，根據自己的需求選擇了 A 套餐，至櫃台點餐付款，服務人員將餐點明細傳遞至廚房，廚師根據訂單製作餐點，完成後送到自己的面前，大口地將餐點吃進肚子裡。
- 以上，就是類別實例化成為物件的生活比喻。
- 重新再看一次，菜單上的 3 種套餐就是 3 種不同的類別，每個類別都有定義出內容，但不會有實際的餐點，因為還未點餐付款，餐廳是不會製作的，這時候的類別就僅僅是文字，還未將餐點實體化。

- 到櫃檯點餐付款，就像是進行物件的宣告，廚師接單製作餐點就像是系統將類別定義的屬性與方法實際存在於系統的建立過程；廚師製作餐點或許要花費 15 分鐘，但電腦的建立過程幾乎是一瞬間就完成。
- 廚師餐點完成後，A 套餐就以真實的物體呈現在面前，包含熱騰騰的薯條、漢堡與冰涼可樂就實體化了，即類別就變成實際存在於系統的物件，包含所定義的屬性與方法都實例化了，可以在程式碼中拿來使用。

物件的宣告

如下圖範例，撰寫名為 Person 的類別

curry = Person('Steve Curry',191,86) 就是在定義物件，輸入初始化方法需要的引數，實例化後的物件給值至 curry，此時 curry 的資料型態就是物件。

在初始化的過程中可以看到，使用 self. 加上名稱是在建立屬性 (如 self.name 是在建立名為 name 的屬性)，而 __init__() 參數的 name 則為區域變數，name 給值至 self.name 後，就可以使用 curry.name 來引用 name 屬性，而區域變數 name 則會在 __init__() 執行完後就會被銷毀；身高屬性 (self.height) 與重量屬性 (self.weight) 也是同樣的道理

```
class Person():
    def __init__(self,name,height,weight):

        self.name = name
        self.height = height
        self.weight = weight

        bmi = weight / (height/100)**2
```

定義物件時，
要提供初始化方法的引數

```
curry = Person('Steve Curry',191,86)
```

定義物件

```
print(curry.name)
print(curry.height)
print(curry.weight)
```

引用物件的屬性

```
Steve Curry
191
86
```

若使用 type() 來查詢物件可以得到如下的回覆

所以可以很清楚的知道 curry 是 Person 類別的實例化

```
print(type(curry))
```

```
<class '__main__.Person'>
```

- Curry是一個類別(class)的實例化
- 類別名稱是現在的文件(__main__)裡的Person

```
class Person():
    def __init__(self,name,height,weight):

        self.name = name
        self.height = height
        self.weight = weight

        bmi = weight / (height/100)**2
```

類別屬性

區域變數

- 使用**self.名稱**來建立類別的屬性
- 屬性的內容來自參數的給值
- 區域變數在__init__()執行完就會銷毀；類別屬性會持續存在

- 可以看到在初始化方法裡，刻意定義 1 個沒有使用 self 的 bmi，這就無法形成類別的屬性，無法使用 curry.bmi 進行引用，如下圖所示。
- 這裡的 bmi 與參數 name,height,weight 相同，是初始化方法裡的區域變數，方法執行完後，bmi 就會被銷毀，而有 self 的變數會持續存在。
- 物件與函數的差別在於，物件在執行完許多操作後仍會記憶操作結果的狀態，但函數不會。

```
print(curry.bmi)
```

```
---------------------------------------------------------------------------
AttributeError                            Traceback (most recent call last)
<ipython-input-12-4033ef9f1c73> in <module>
----> 1 print(curry.bmi)

AttributeError: 'Person' object has no attribute 'bmi'
```

11-5 建立類別的方法

接著，建立類別裡的方法，如下

以整個類別來看，變數前加上 self，就像是類別裡的全域變數，在類別裡的任何地方皆可以使用；沒有加上 self 的變數會在方法執行完後就被銷毀。

同理，函數的第一個參數寫上 self，就像是類別裡的全域函數，在類別裡的任何地方皆可以使用。

在 get_bmi() 方法裡，要使用身高體重計算 BMI 值，就要使用 self.weight, self.height 來得到身高體重數值。

實例化的物件 curry 要引用方法就寫成 curry.get_bmi()

```
class Person():
    def __init__(self,name,height,weight):

        self.name = name
        self.height = height
        self.weight = weight

    def get_bmi(self):
        bmi = self.weight / (self.height/100)**2
        return bmi
```

- 第一個參數寫上self才能形成類別的方法
- self非參數，真正的參數要寫在self之後

要使用self才能在方法裡引用weight, height

```
curry = Person('Steve Curry',191,86)

bmi = curry.get_bmi()
print(bmi)
```

引用物件的方法

```
23.573915188728378
```

這邊舉 1 個沒有加上 self 的函數，如下圖

introduction(self) 有加上 self，表示可以被引用，所以 curry. introduction() 可以順利執行；但 say() 沒有加上 self，所以無法引用 curry.say()

這邊的 say() 是 introduction() 裡的區域函數，當 introduction() 被呼叫的時候 say 函數才會建立，才可以呼叫 say()，執行完後，say 函數就會被銷毀。

```
class Person():
    def __init__(self,name,height,weight):

        self.name = name
        self.height = height
        self.weight = weight

    def introduction(self):   有self，可以被引用的方法
        def say():
沒有self    print("My name is ",self.name)
            print("My height is ",self.height)
            print("My weight is ",self.weight)

        say()
```

```
curry = Person('Steve Curry',191,86)

curry.introduction()   引用方法
```

```
My name is  Steve Curry
My height is  191
My weight is  86
```

```
curry.say()   無法引用
```

```
---------------------------------------------------------
AttributeError                            Traceback (mo
<ipython-input-22-152defc97b1e> in <module>
----> 1 curry.say()

AttributeError: 'Person' object has no attribute 'say'
```

11-6 繼承

- 當要撰寫類別時，有看到其他已經建立好的類別，功能有部分是自己想要的，就可以使用繼承的方式，再加上其他的功能，減少重複性與重新開發的時間。
- 如下，建立一個名為 NBA_player() 的類別名稱，要繼承已經寫好的 Person() 類別，就寫成 NBA_player(Person)。
- 這邊要注意的是，要繼承的類別是寫在新的類別名稱後，參數則是寫在 __init__ 的括號裡。

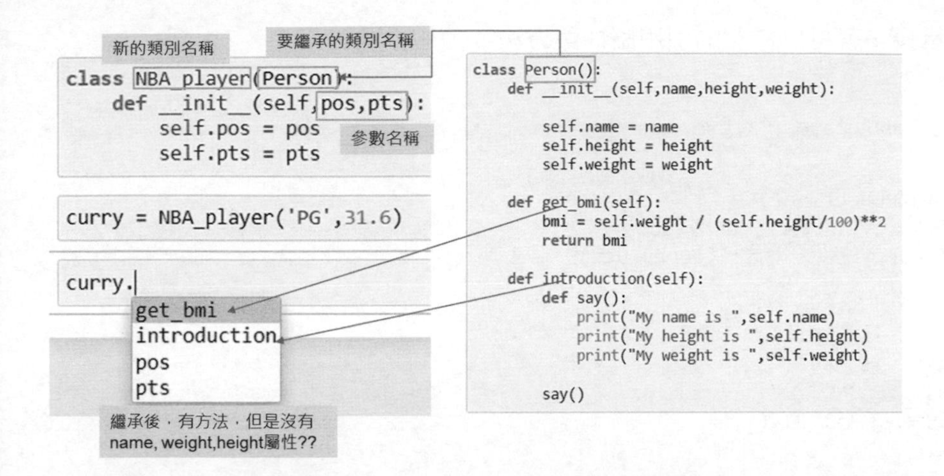

- 從物件 curry 的屬性與方法查詢，可以看到除了本身的 pos, pts 屬性外，還擁有 Person 的方法。
- 不過，卻沒有 Person 下的屬性，原因是 Person 類別的屬性是在初始化方法裡建立的，繼承的時候，若沒有特別寫是不會執行初始化方法的。
- 若要執行 Person 類別的初始化方法，可以在新類別 NBA_player 的初始化方法裡加入 super().__init__()，括號裡的參數要和繼承類別的參數相同，如下圖步驟 1
- 若參數要從外部輸入，就要定義在新類別 NBA_player 的參數定義，如下圖步驟 2
- 在宣告物件的時候，就要輸入所有的引數，而不是像剛剛只有輸入 pos 與 pts 引數。
- 從物件 curry 的屬性與方法查詢，就可以看到擁有繼承類別的所有屬性與方法。

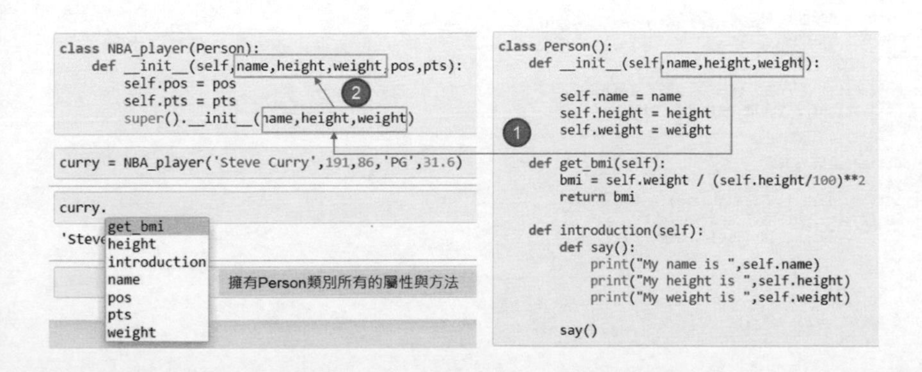

成功繼承後，就可以任意的引用屬性與方法了，如下圖

```
curry = NBA_player('Steve Curry',191,86,'PG',31.6)
```

```
curry.introduction()
print("Curry的位置:",curry.pos)
print("Curry的平均得分:",curry.pts)
```

```
My name is  Steve Curry
My height is  191
My weight is  86
Curry的位置: PG
Curry的平均得分: 31.6
```

11-7 建立私有屬性與方法

- 在類別裡，一般建立的屬性或方法都是公有屬性 (public)，若有屬性或方法不想開放引用，可以將屬性或方法設定成私有屬性 (private)
- 建立私有屬性的方式為在屬性名稱前加上 2 個下底線
- 建立私有方法的方式為在方法名稱前加上 2 個下底線
- 盡量避免在屬性或方法名稱的前後都加上 2 個下底線，因為這種取名方式是類別裡預設的屬性或方法使用的規則。
- 舉例來說，Person 類別的 get_bmi() 方法要設定成私有方法，並在初始化方法裡就計算完 bmi，改寫如下

```
class Person():
    def __init__(self,name,height,weight):

        self.name = name
        self.height = height
        self.weight = weight        私有方法在類別內依然可以使用
        self.bmi = self.__get_bmi()

    def __get_bmi(self):    方法名稱前加上2個下底線形成私有方法
        bmi = self.weight / (self.height/100)**2
        return bmi

    def introduction(self):
        def say():
            print("My name is ",self.name)
            print("My height is ",self.height)
            print("My weight is ",self.weight)

        say()
```

```
curry = Person('Steve Curry',191,86)
```

改寫完後，物件 curry 已經無法再引用 get_bmi() 方法了，如下所示

```
curry.get_bmi()
```

```
---------------------------------------------------------------------------
AttributeError                            Traceback (most rec
<ipython-input-59-966c308a55e2> in <module>
----> 1 curry.get_bmi()

AttributeError: 'Person' object has no attribute 'get_bmi'
```

```
curry.__get_bmi()
```

```
---------------------------------------------------------------------------
AttributeError                            Traceback (most rec
<ipython-input-60-16b66f908a0c> in <module>
----> 1 curry.__get_bmi()

AttributeError: 'Person' object has no attribute '__get_bmi'
```

11-8 範例練習

來實際分解撰寫一個類別的步驟，類別的功能是登錄學生的科目成績，使用對象是老師，功能要有新增、刪除、查詢學生的成績

開始前先思考一下，在初始化函數裡，需要做些甚麼 ??? 登錄老師名稱？老師教導的科目名稱？還有嗎？

學生的名單要怎麼輸入呢？在初始化函數裡嗎？還是另外寫方法？

在新增方法中，需要哪些參數？學生名稱？成績數值？那…科目名稱還需要輸入嗎？

刪除與查詢的方法是可以跟新增方法同樣架構嗎？還是要不同方式呢？

若正在讀這本書的您在程式設計的領域剛起步，沒有太多設計經驗的情況下，是不可能做任何的設計規劃，以下我會盡量以初學者、直覺式的方式進行設計，讓各位清楚初學者的學習步驟。

- 首先，先定義類別與初始化方法。
- 我將類別名稱定義為 Grades_recorder，第一個字母 G 習慣大寫。
- 不同老師教授不同科目，就要有老師的名稱，也要有科目名稱，若沒有登錄科目名稱，就無法登錄該科目的成績，避免登錄錯誤的科目與分數。
- 初始化函數先定義老師的屬性，科目名稱要可以新增或刪除，就寫成方法。

```
class Grades_recorder():
    def __init__(self,teacher_name):
        self.teacher_name = teacher_name
```

- 定義處理科目的方法，我將名稱定義為 sub_process，sub 是科目 subject 的縮寫，括號裡第一個要寫上 self，讓此方法可以被引用，接著 sub_name,p_type 是需要的參數。
- sub_name 是科目的名稱，p_type 是處理的類型，可以是新增與刪除。

```
class Grades_recorder():
    def __init__(self,teacher_name):
        self.teacher_name = teacher_name
    def sub_process(self,sub_name,p_type):
```

根據 p_type 撰寫 if else 流程控制，使用 pass 先把架構寫出來，除了新增與刪除，要有 else 來處理其他的內容。

```
class Grades_recorder():
    def __init__(self,teacher_name):
        self.teacher_name = teacher_name
    def sub_process(self,sub_name,p_type):
        if p_type == '新增':
            pass
        elif p_type == '刪除':
            pass
        else:
            pass
```

- 科目種類有可能會超過 1 種，思考要使用哪種容器紀錄科目名稱，串列還是 ??
- 我會使用集合，原因是科目名稱不能夠重複，如果不小心新增已經重複的科目名稱，集合不會新增，但串列會。
- 在方法裡將使用到科目名稱容器，就要在初始化函數裡先定義成屬性，使用 self 讓定義的 sub_name_set 為屬性，完成後，就可以在其他方法使用該屬性。

```
class Grades_recorder():
    def __init__(self,teacher_name):
        self.teacher_name = teacher_name
        self.sub_name_set = set()
```

- 當 p_type == '新增'，使用集合的 add 方法新增科目名稱。
- 當 p_type == '刪除'，先檢查科目名稱是否有在集合，若有，使用集合的 remove 方法刪除科目名稱；若沒有，顯示字串告知。
- else 裡是當 p_type 不是新增或刪除時，顯示字串告知。

```
class Grades_recorder():
    def __init__(self,teacher_name):
        self.teacher_name = teacher_name
        self.sub_name_set = set()
    def sub_process(self,sub_name,p_type):
        if p_type == '新增':
            self.sub_name_set.add(sub_name)
        elif p_type == '刪除':
            if sub_name in self.sub_name_set:
                self.sub_name_set.remove(sub_name)
            else:
                print(sub_name,"不在科目名單裡，不進行刪除")
        else:
            print(p_type,"不支援，目前支援的處理有新增或刪除")
```

- 接著是學生名字的新增與刪除方法，感覺上會與科目名稱的處理方法類似，我會直接複製科目名稱的處理方法，再來做細微的修改。
- 如下，我將方法名稱定義為 student_process，參數由 sub_name 改成 name，由於學生的名字不重複，一樣先在初始化函數裡定義 self.name_set 的集合容器。
- 其餘的新增修改等程式碼內容都跟 sub_process 差不多。

```
class Grades_recorder():
    def __init__(self,teacher_name):
        self.teacher_name = teacher_name
        self.sub_name_set = set()
        self.name_set = set()
    def sub_process(self,sub_name,p_type):
        if p_type == '新增':
            self.sub_name_set.add(sub_name)
        elif p_type == '刪除':
            if sub_name in self.sub_name_set:
                self.sub_name_set.remove(sub_name)
            else:
                print(sub_name,"不在科目名單裡，不進行刪除")
        else:
            print(p_type,"不支援，目前支援的處理有新增或刪除")
    def student_process(self,name,p_type):
        if p_type == '新增':
            self.name_set.add(name)
        elif p_type == '刪除':
            if name in self.name_set:
                self.name_set.remove(name)
            else:
                print(name,"不在學生名單裡，不進行刪除")
        else:
            print(p_type,"不支援，目前支援的處理有新增或刪除")
```

與sub_process相同架構

- 寫到這先進行測試，實例化 Grades_recorder 類別，老師引數輸入 Johnny，物件給值至變數 physics。
- 輸入 physics. 加上 Tab 鍵就可以顯示出可以引用的屬性與方法有哪些，這些屬性與方法就是我們在類別裡定義的屬性與方法。

```
physics = Grades_recorder('Johnny')
```

```
physics.
```

```
scores_process
search
student_process
sub_process
teacher_name
```

- 使用 sub_process() 方法新增科目名稱
- 使用 student_process() 方法新增學生名稱
- 顯示 sub_name_set 與 name_set，驗證輸入正確

```
physics = Grades_recorder('Johnny')
```

```
physics.sub_process('Physics','新增')
```

```
physics.student_process('Jay','新增')
```

```
print(physics.sub_name_set)
print(physics.name_set)
```

```
{'Physics'}
{'Jay'}
```

- 如果執行程式有顯示錯誤訊息，訊息中會說明錯誤發生在哪一行，所以記得開啟程式碼行數顯示。

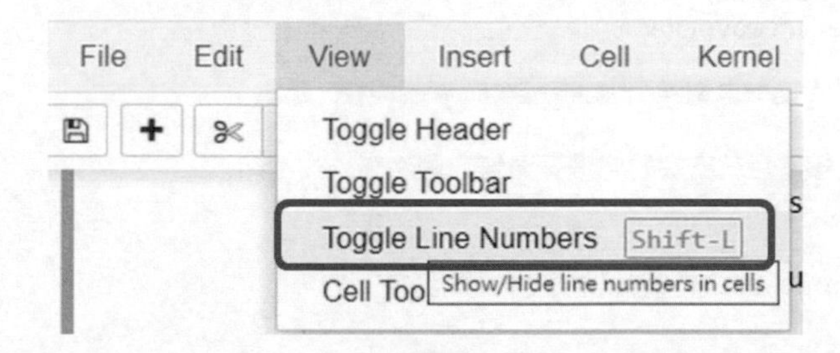

- 這邊有個問題，若可直接以引用 sub_name_set 與 name_set，就可以隨意地進行更改，所以這兩個屬性要改成私有屬性，來保護資料免於被任意竄改。
- 在程式設計階段依然可以保持引用，這樣可以方便除錯，等到程式設計完成後再改成私有屬性也可以。
- 更改後如下

```
class Grades_recorder():
    def __init__(self,teacher_name):
        self.teacher_name = teacher_name
        self.__sub_name_set = set()
        self.__name_set = set()
    def sub_process(self,sub_name,p_type):
        if p_type == '新增':
            self.__sub_name_set.add(sub_name)
        elif p_type == '刪除':
            if sub_name in self.__sub_name_set:
                self.__sub_name_set.remove(sub_name)
            else:
                print(sub_name,"不在科目名單裡，不進行刪除")
        else:
            print(p_type,"不支援，目前支援的處理有新增或刪除")
    def student_process(self,name,p_type):
        if p_type == '新增':
            self.__name_set.add(name)
        elif p_type == '刪除':
            if name in self.__name_set:
                self.__name_set.remove(name)
            else:
                print(name,"不在學生名單裡，不進行刪除")
        else:
            print(p_type,"不支援，目前支援的處理有新增或刪除")
```

- 再次顯示 sub_name_set 與 name_set 就會顯示沒有該屬性。

```
physics = Grades_recorder('Johnny')
```

```
physics.sub_process('Physics','新增')
```

```
physics.student_process('Jay','新增')
```

```
print(physics.sub_name_set)
print(physics.name_set)
```

```
---------------------------------------------------------------------------
AttributeError                            Traceback (most recent call last)
<ipython-input-53-77fe516ea327> in <module>
----> 1 print(physics.sub_name_set)
      2 print(physics.name_set)

AttributeError: 'Grades_recorder' object has no attribute 'sub_name_set'
```

接著是建立輸入學生科目成績的方法，方法名稱為 score_process()，參數需要有學生名稱、科目與成績。

本來想跟其他方法一樣有 p_type，但後來決定把學生成績設定成字典類型，就不需要新增或刪除了，所以在初始化函數要先定義 score_dict 屬性，也是要設定成私有屬性。

```
class Grades_recorder():
    def __init__(self,teacher_name):
        self.teacher_name = teacher_name
        self.__sub_name_set = set()
        self.__name_set = set()
        self.__score_dict = dict()
```

關於 score_dict 的資料安排如下，是使用兩層字典，第一層字典是學生名字為標籤，內容是成績字典，成績字典就是第二層字典，標籤是科目名稱，內容則為科目的分數。

```
Score_dict = {
            學生1:{科目1:99,科目2:88},
            學生2:{科目1:76,科目2:68}
           }
```

在新增學生名字時也要在 score_dict 裡新增學生名字的標籤與空字典為內容；在刪除學生名字時也要在 score_dict 裡刪除學生名字的標籤與內容。

```
def student_process(self,name,p_type):
    if p_type == '新增':
        if name not in self.__name_set:
            self.__name_set.add(name)
            self.__score_dict[name] = dict()
    elif p_type == '刪除':
        if name in self.__name_set:
            self.__name_set.remove(name)
            delete_content = self.__score_dict.pop(name)
        else:
            print(name,"不在學生名單裡，不進行刪除")
    else:
        print(p_type,"不支援，目前支援的處理有新增或刪除")
```

回到 score_process() 方法，需要先檢查學生名字是否存在於名冊中，我使用字典的 get() 方法檢查是否為 None，若不為 None，則學生是存在於名冊中的。

```
def scores_process(self,name,sub_name,score):
    if self.__score_dict.get(name) is not None:
        pass
    else:
        print(name,'不在學生名冊裡，請先新增學生名字')
```

接著，檢查科目名稱是否有在科目的集合裡。

```
def scores_process(self,name,sub_name,score):
    if self.__score_dict.get(name) is not None:
        if sub_name in self.__sub_name_set:
            pass
        else:
            print(sub_name,'不在科目名單裡，請先新增此科目分數')
    else:
        print(name,'不在學生名冊裡，請先新增學生名字')
```

最後，將分數更新至字典裡。

self.__score_dict[name] 是指到該標籤為學生名字的內容，內容是成績字典，self.__score_dict[name][sub_name] 是指到成績字典中的 sub_name 標籤，並進行內容的給值。

```
def scores_process(self,name,sub_name,score):
    if self.__score_dict.get(name) is not None:
        if sub_name in self.__sub_name_set:
            self.__score_dict[name][sub_name] = score
        else:
            print(sub_name,'不在科目名單裡，請先新增此科目分數')
    else:
        print(name,'不在學生名冊裡，請先新增學生名字')
```

接著，撰寫查詢學生的成績方法。

```
def search(self,name):
    if self.__score_dict.get(name) is not None:
        print(self.__score_dict[name])
    else:
        print(name,'不在學生名冊裡')
```

整個類別撰寫的差不多了，以下是完整的類別內容

```
class Grades_recorder():
    def __init__(self,teacher_name):
        self.teacher_name = teacher_name
        self.__sub_name_set = set()
        self.__name_set = set()
        self.__score_dict = dict()
    def sub_process(self,sub_name,p_type):
        if p_type == '新增':
            self.__sub_name_set.add(sub_name)
        elif p_type == '刪除':
            if sub_name in self.__sub_name_set:
                self.__sub_name_set.remove(sub_name)
            else:
                print(sub_name,"不在科目名單裡，不進行刪除")
        else:
            print(p_type,"不支援，目前支援的處理有新增或刪除")
    def student_process(self,name,p_type):
        if p_type == '新增':
            if name not in self.__name_set:
                self.__name_set.add(name)
                self.__score_dict[name] = dict()
        elif p_type == '刪除':
            if name in self.__name_set:
                self.__name_set.remove(name)
                delete_content = self.__score_dict.pop(name)
            else:
                print(name,"不在學生名單裡，不進行刪除")
        else:
            print(p_type,"不支援，目前支援的處理有新增或刪除")
    def scores_process(self,name,sub_name,score):
        if self.__score_dict.get(name) is not None:
            if sub_name in self.__sub_name_set:
                self.__score_dict[name][sub_name] = score
            else:
                print(sub_name,'不在科目名單裡，請先新增此科目分數')
        else:
            print(name,'不在學生名冊裡，請先新增學生名字')
    def search(self,name):
        if self.__score_dict.get(name) is not None:
            print(self.__score_dict[name])
        else:
            print(name,'不在學生名冊裡')
```

實例化一個物理分數的 Grades_recorder 類別，將物件給值至 physics，使用如下。

```
physics = Grades_recorder('Johnny')
physics.sub_process('Physics','新增')
physics.student_process('Jay','新增')
physics.student_process('Jeremy','新增')
physics.student_process('Jolin','新增')
```

宣告物件
新增科目
新增學生名單

```
physics.scores_process('Jay','Physics',69)
physics.scores_process('Jeremy','Physics',88)
physics.scores_process('Jolin','Physics',58)
```

新增學生分數

```
physics.search('Jay')
physics.search('Jeremy')
physics.search('Jolin')
physics.search('May')
```

查詢學生分數

```
{'Physics': 69}
{'Physics': 88}
{'Physics': 58}
May 不在學生名冊裡
```

寫完類別後，將自己轉變成使用者實際使用這個類別，若有哪裡不好用或產生錯誤，再回到類別進行思考與修改。

我寫的類別只是個範例，不會是最好也不會只有這種寫法。

若你還不熟悉寫法，可以按照我的步驟學習；若熟悉整個流程了，我建議讀者可以嘗試著重新思考、重新撰寫整個類別，多練習幾次來增強類別的設計能力。

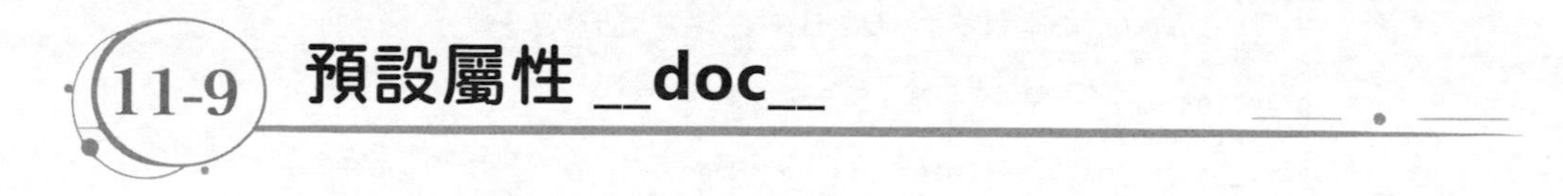

11-9 預設屬性 __doc__

__doc__ 為類別的預設屬性，若在類別的設計裡有**三個引號**的說明內容，當類別被宣告成物件時，可以列印出說明文字。

```
class Grades_recorder():
    '''
    teacher_name:str
    sub_process(sub_name,p_type):科目名稱的處理方法，
    sub_name為科目名稱，型態為str；p_type為處理的方法，有新增與刪除

    '''
    def __init__(self,teacher_name):
        self.teacher_name = teacher_name
```

```
physics = Grades_recorder('Johnny')
```

```
print(physics.__doc__)
```

```
    teacher_name:str
    sub_process(sub_name,p_type):科目名稱的處理方法，
    sub_name為科目名稱，型態為str；p_type為處理的方法，有新增與刪除
```

一定要使用三個引號來輸入說明文字嗎？可以使用 # 來輸入說明文字嗎？

程式測試如下

```
class Grades_recorder():        改成使用#來輸入說明文字
#     teacher_name:str
#     sub_process(sub_name,p_type):科目名稱的處理方法，
#     sub_name為科目名稱，型態為str；p_type為處理的方法，有新增與刪除

    def __init__(self,teacher_name):
        self.teacher_name = teacher_name
```

```
physics = Grades_recorder('Johnny')
```

```
print(physics.__doc__)
```

```
None    無法將說明文字顯示出來!!
```

如果類別內的每個方法都想要有個別的說明文字該怎麼做呢？

寫法如下

```python
class Grades_recorder():
    '''
    這是一個登錄學生科目成績的類別
    '''
    def __init__(self,teacher_name):
        '''
        teacher_name:str
        '''
        self.teacher_name = teacher_name
        self.__sub_name_set = set()
        self.__name_set = set()
        self.__score_dict = dict()
    def sub_process(self,sub_name,p_type):
        '''
        sub_process(sub_name,p_type):科目名稱的處理方法，
        sub_name為科目名稱，型態為str；p_type為處理的方法，有新增與刪除
        '''
        if p_type == '新增':
            self.__sub_name_set.add(sub_name)
        elif p_type == '刪除':
            if sub_name in self.__sub_name_set:
                self.__sub_name_set.remove(sub_name)
            else:
                print(sub_name,"不在科目名單裡，不進行刪除")
        else:
            print(p_type,"不支援，目前支援的處理有新增或刪除")
```

類別的說明文字

__init__方法的說明文字

sub_process方法的說明文字

物件顯示各個方法的說明文字如下

```python
physics = Grades_recorder('Johnny')
```

```python
print(physics.__doc__)
```

顯示類別的說明文字

```
這是一個登錄學生科目成績的類別
```

顯示__init__方法的說明文字

```python
print(physics.__init__.__doc__)
```

```
teacher_name:str
```

顯示sub_process方法的說明文字

```python
print(physics.sub_process.__doc__)
```

```
sub_process(sub_name,p_type):科目名稱的處理方法，
sub_name為科目名稱，型態為str；p_type為處理的方法，有新增與刪除
```

物件的屬性引用說明如下，

- physics.sub_process() → 有括號，表示呼叫 physics 物件裡 sub_process 方法 (會執行方法內的程式碼)
- physics.sub_process → 沒有括號，表示指到 physics 物件的 sub_process 方法本身 (沒有執行方法內的程式碼喔 !)
- physics.sub_process.__doc__ → 表示 physics 物件裡 sub_process 方法的 __doc__ 屬性

11-10 特殊方法 __str__() 與 __repr__()

當直接列印出物件本身時，預設會顯示出類別名稱及實體物件所在的記憶體位址。

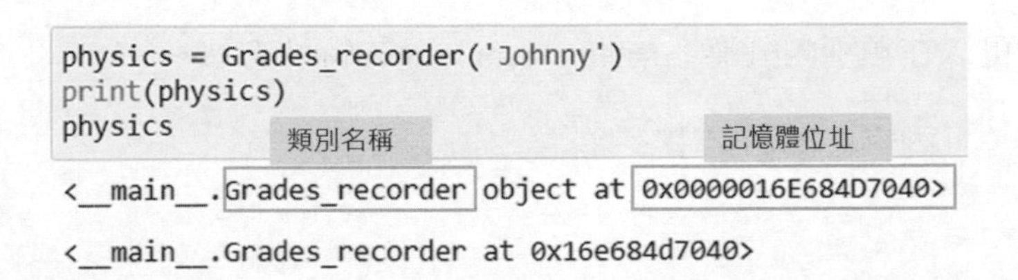

若想要使用 print(物件) 時顯示不同的內容，可以在類別內撰寫名稱為 __str__() 的特殊方法，如下

注意，一定要有回傳值，且內容必須為字串

```
class Grades_recorder():
    '''
    這是一個登錄學生科目成績的類別
    '''
    def __str__(self):
        msg = "這是一個類別from__str__"
        return msg
    def __init__(self,teacher_name):
        '''
        teacher_name:str
        '''
        self.teacher_name = teacher_name
        self.__sub_name_set = set()
        self.__name_set = set()
        self.__score_dict = dict()
```

撰寫__str__方法

一定要回傳內容

```
physics = Grades_recorder('Johnny')
print(physics)
physics
```

```
這是一個類別from__str__
<__main__.Grades_recorder at 0x16e67d51790>
```

但單獨列出物件名稱時一樣是顯示出類別名稱及實體物件所在的記憶體位址。

若想要更改顯示內容，可以在類別內撰寫名稱為 __repr__() 的特殊方法。

注意，一定要有回傳值，且內容必須為字串。

```
class Grades_recorder():
    '''
    這是一個登錄學生科目成績的類別
    '''
    def __str__(self):
        msg = "這是一個類別from__str__"
        return msg
    def __repr__(self):
        msg = "這是一個類別from__repr__"
        return msg
    def __init__(self,teacher_name):
        '''
        teacher_name:str
        '''
        self.teacher_name = teacher_name
        self.__sub_name_set = set()
        self.__name_set = set()
        self.__score_dict = dict()
```

撰寫__repr__方法

一定要回傳內容

```
physics = Grades_recorder('Johnny')
print(physics)
physics
```

```
這是一個類別from__str__
這是一個類別from__repr__
```

11-11

物件的銷毀

類別實例化後成為物件，物件會佔用電腦系統的資源，使用完後可以進行物件的銷毀來釋放資源。

del 物件

輸入 del 物件名稱就可以銷毀物件，如下範例

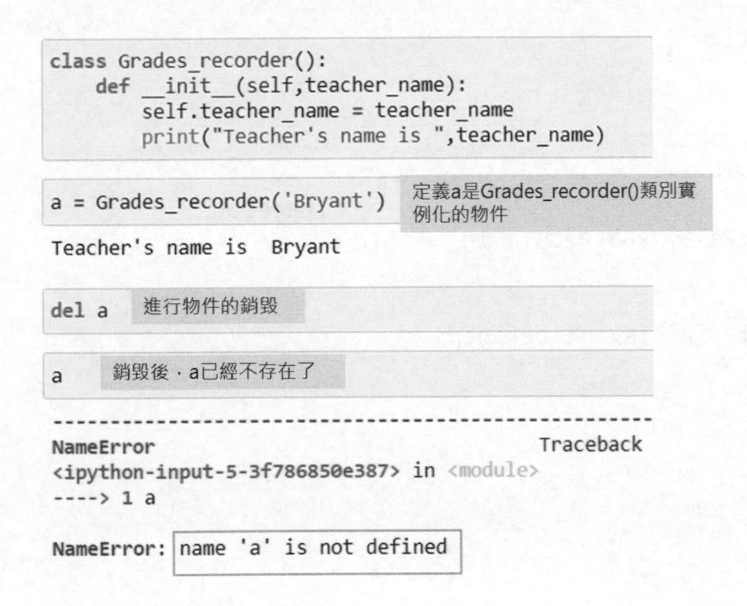

```
class Grades_recorder():
    def __init__(self,teacher_name):
        self.teacher_name = teacher_name
        print("Teacher's name is ",teacher_name)
```

```
a = Grades_recorder('Bryant')
```

```
Teacher's name is  Bryant
```

```
del a
```

```
a
```

```
---------------------------------------------------------
NameError                                 Traceback
<ipython-input-5-3f786850e387> in <module>
----> 1 a

NameError: name 'a' is not defined
```

定義a是Grades_recorder()類別實例化的物件
進行物件的銷毀
銷毀後，a已經不存在了

另外，類別有預設的 __del__() 方法，當執行 del 物件時，會執行該方法，如下範例

```
class Grades_recorder():
    def __init__(self,teacher_name):
        self.teacher_name = teacher_name
        print("Teacher's name is ",teacher_name)
    def __del__(self):
        print("See you next time")
```

```
a = Grades_recorder('Bryant')
```

```
Teacher's name is  Bryant
```

```
del a
```

```
See you next time
```

```
a
```

```
------------------------------------------------------
NameError                                     Tracebac
<ipython-input-9-3f786850e387> in <module>
----> 1 a

NameError: name 'a' is not defined
```

CH12

宣告的數值與字串也是物件

12-1 物件導向程式設計 (Object-oriented programming)

使用抽象類別與實例化的物件來進行程式設計稱為物件導向程式設計，英文名稱是 Object-oriented programming，簡稱 OOP。

實際上，Python 是使用大量物件導向設計的程式語言，像我們宣告的整數、字串與函數其實都是物件。

12-2 宣告整數與浮點數物件

當我們宣告 a= 整數 1 與 b= 浮點數 1.12 時，使用 type 來查看資料型態

在學習類別之前，我們只會注意到 a 是 'int' 整數型態，b 是 'float' 浮點數型態

在學習類別之後，你可以注意到 class 這幾個字，代表 a 是名稱為 int 的類別實例化後的物件，b 是名稱為 float 類別實例化後的物件。

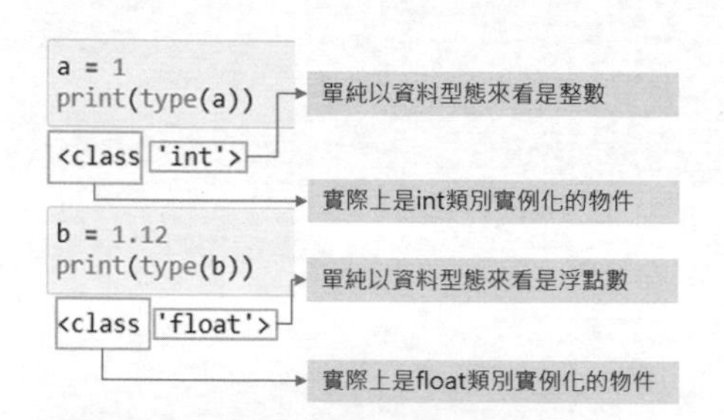

所以宣告的整數與浮點數為物件，那就會有相關的或預設的屬性或方法嗎？

沒錯，在 a. 之後按下 Tab 鍵就可以看到所有的屬性與方法，不過整數與浮點數物件的屬性與方法比較少用到，這邊就不特地解說。

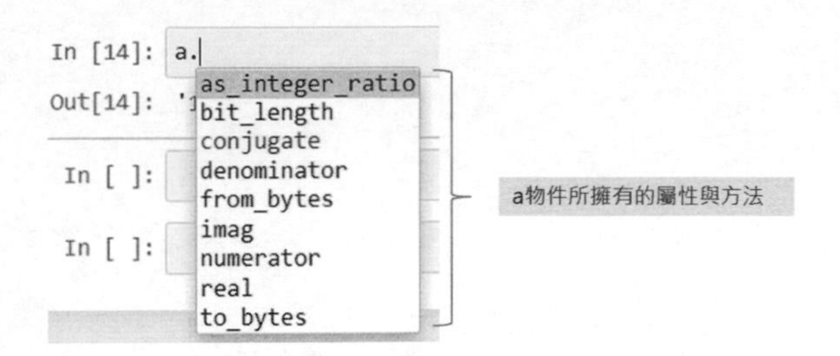

除此之外，也會有類別預設的特別方法，在 a.__(兩個下底線) 之後按下 Tab 鍵

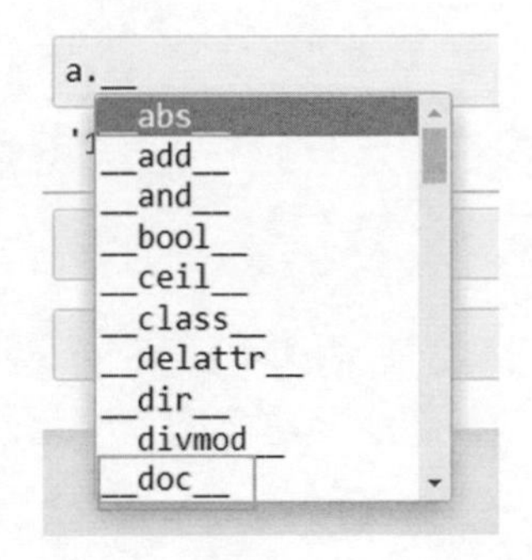

還記得屬性 __doc__ 嗎？若忘記了趕快回去複習類別那一章節的說明

執行 a.__doc__ 可以看到列出 int 類別的說明

```
a.__doc__
```

```
"int([x]) -> integer\nint(x, base=10) -> integer\n\nConv
ert a number or string to an integer, or return 0 if no
arguments\nare given.  If x is a number, return x.__int_
_().  For floating point\nnumbers, this truncates toward
s zero.\n\nIf x is not a number or if base is given, the
n x must be a string,\nbytes, or bytearray instance repr
esenting an integer literal in the\ngiven base.  The lit
eral can be preceded by '+' or '-' and be surrounded\nby
whitespace.  The base defaults to 10.  Valid bases are 0
and 2-36.\nBase 0 means to interpret the base from the s
tring as an integer literal.\n>>> int('0b100', base=0)\n
4"
```

關於 __str__()，在使用 print(a) 時，會得到 1，這表示物件的特殊方法 __str__() 裡是設定回傳字串 1，如下所示。

```
print(a)
a.__str__()
```

```
1

'1'
```

關於 __repr__()，在單獨使用 a 時，會得到 1，這表示物件的特殊方法 __repr__() 裡是設定回傳字串 1，如下所示。

```
a
```

```
1
```

```
a.__repr__()
```

```
'1'
```

由於 a,b 皆為物件，一樣使用 del 銷毀物件來釋放資源

當 a 物件被銷毀後，print(a) 就會顯示 a 名稱是沒有被定義的

```
del a
del b
```

```
print(a)
```

```
---------------------------------------------
NameError                                 Tra
<ipython-input-26-bca0e2660b9f> in <module>
----> 1 print(a)

NameError: name 'a' is not defined
```

12-3 宣告字串的物件

當我們宣告 a= 字串時，使用 type 來查看資料型態

在學習類別之前，我們只會注意到 a 是 'str' 字串型態

在學習類別之後，你可以注意到 class 這幾個字，代表 a 是名稱為 str 的類別實例化後的物件。

```
a = "this is a string"
print(type(a))
<class 'str'>
```

單純以資料型態來看是字串

實際上是str類別實例化的物件

當宣告的字串其實為物件，那一樣會有相關屬性與方法，以下將會介紹幾個常用的方法

12-3-1 format() 方法

此方法可讓欲顯示的多個內容格式化輸出，很常與 print() 函數搭配使用

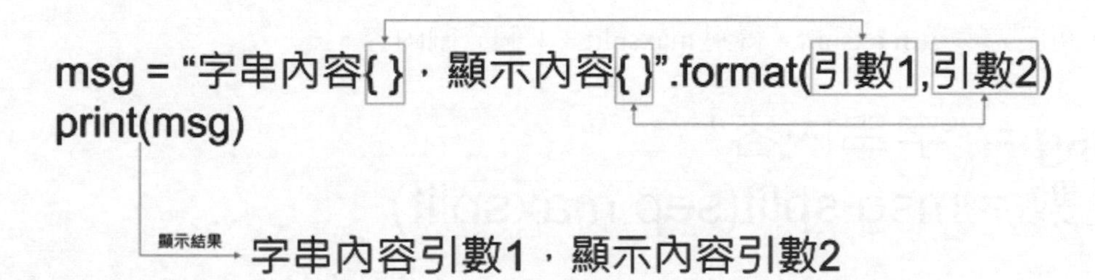
msg = “字串內容{ }，顯示內容{ }”.format(引數1,引數2)
print(msg)
顯示結果
字串內容引數1，顯示內容引數2

使用範例如下

```
a = 36
float_1 = 1.0
result = a / float_1
print("整數36 / 浮點數1.0 = ",result,"，數值型態:",type(result))

print("整數{} / 浮點數{} = {},數值型態:{}".format(a,float_1,result,type(result)))
整數36 / 浮點數1.0 =  36.0 ，數值型態: <class 'float'>
整數36 / 浮點數1.0 = 36.0,數值型態:<class 'float'>
```

原本的寫法

使用format的寫法

使用半形大括號來對應format方法裡的引數

```
print("整數{} / 浮點數{} = {},數值型態:{}".format(a,float_1,result,type(result)))
```

使用 format 的好處在於當多個變數與字串夾雜顯示時，不需要一直使用半形逗號來做分隔。

要注意在 format() 內的引數數量要大於或等於字串內的半形大括號數量，否則會產生錯誤，如下

字串內有4個半形大括號　只有傳遞3個引數

```
print("整數{} / 浮點數{} = {},數值型態:{}".format(a,float_1,result))
```

```
---------------------------------------------------------------------------
IndexError                                Traceback (most recent call last)
<ipython-input-6-224cfd46ed98> in <module>()
----> 1 print("整數{} / 浮點數{} = {},數值型態:{}".format(a,float_1,result))

IndexError: tuple index out of range
```

12-3-2 split() 方法

此方法可以將輸入的字串內容根據輸入的分隔符號進行分割，若要設定分割次數，可設定參數 maxsplit，得到 maxsplit + 1 個分割內容。

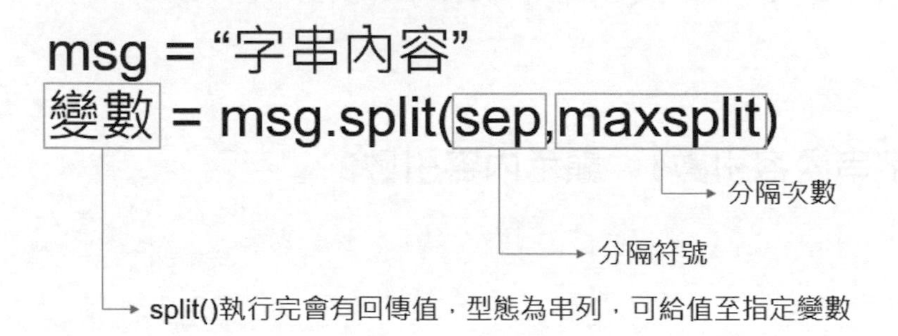

使用範例如下

```
msg = "內容1,內容2,內容3"
a = msg.split(',')
print(a)
```

• 使用半形逗號分割字串內容
• 分割後的內容給值至a變數

```
['內容1', '內容2', '內容3']
```

若要設定分割次數

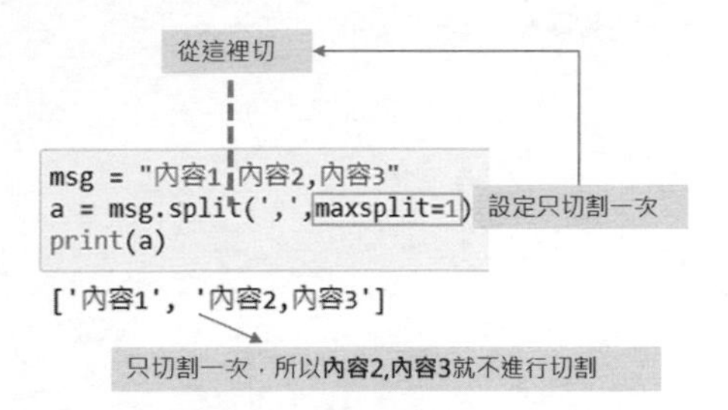
從這裡切
msg = "內容1,內容2,內容3"
a = msg.split(',',maxsplit=1)
print(a)
設定只切割一次
['內容1', '內容2,內容3']
只切割一次，所以內容2,內容3就不進行切割

圖片檔案路徑的切割

圖片的絕對路徑

```
path = r"D:\dataset\optotech\test_img\OK\image.bmp"
splits = path.split("\\")
print(splits)
```

使用反斜線為分隔符號，注意，要輸入2個反斜線

```
['D:', 'dataset', 'optotech', 'test_img', 'OK', 'image.bmp']
```

- 執行完split()方法後，得到該圖片的每一層資料夾名稱
- 串列的最後一筆資料則為圖片的名稱與副檔名

使用 split() 方法進行切割後，不僅可以得到各層資料夾名稱，也可以得到圖片的檔名與副檔名。

接著，可以再對檔名.附檔名進行切割一次，就可以得到圖片的副檔名 (extension name)

```
path = r"D:\dataset\optotech\test_img\OK\image.bmp"
splits = path.split("\\")
print(splits)

splits_2 = splits[-1].split('.')
print(splits_2)
```

splits[-1]為' image.bmp'，由於也是字串，一樣有split()方法可以使用

使用點為分隔符號

```
['D:', 'dataset', 'optotech', 'test_img', 'OK', 'image.bmp']
['image', 'bmp']
```

Image.bmp執行完split()方法後，圖片的名稱與副檔名就分割出來了

使用 split() 方法得到檔案的副檔名後，就可以檢測檔案是否為圖片檔案

舉例來說，想要檢測檔案是否為 jpg, png, bmp 的圖片，就可以撰寫程式，如下

```
path = r"D:\dataset\optotech\test_img\OK\image.bmp"
img_format = {'jpg','png','bmp'}

splits = path.split("\\")
splits_2 = splits[-1].split('.')

if splits_2[-1] in img_format:
    print("{}是支援的圖片格式".format(path))
else:
    print("{}不是支援的圖片格式".format(path))
```

- 設定想要檢測的副檔名
- 因副檔名不重複，宣告集合容器即可

```
D:\dataset\optotech\test_img\OK\image.bmp是支援的圖片格式
```

若想寫成函數，可以變動的 path 就當作參數，如下

```
def image_check(path):
    img_format = {'jpg','png','bmp'}

    splits = path.split("\\")
    splits_2 = splits[-1].split('.')

    if splits_2[-1] in img_format:
        print("{}是支援的圖片格式".format(path))
    else:
        print("{}不是支援的圖片格式".format(path))
```

```
path = r"D:\dataset\optotech\test_img\OK\image.bmp"
image_check(path)
```

```
D:\dataset\optotech\test_img\OK\image.bmp是支援的圖片格式
```

這個函數只能夠檢驗圖片的格式，若想延伸成各檔案類型的檢查，可以將檔案類型轉成函數的參數，就可以依照需求來檢查檔案的類型。

以下是延伸前後的函數比較

只能檢驗圖片格式的函數(通用性小)

```
def image_check(path):
    img_format = {'jpg','png','bmp'}

    splits = path.split("\\")
    splits_2 = splits[-1].split('.')

    if splits_2[-1] in img_format:
        print("{}是支援的圖片格式".format(path))
    else:
        print("{}不是支援的圖片格式".format(path))
```

延伸成可以依需求檢驗指定格式的函數(通用性大)

```
def image_check(path,extension_set):
#     img_format = {'jpg','png','bmp'}

    splits = path.split("\\")
    splits_2 = splits[-1].split('.')

    if splits_2[-1] in extension_set:
        print("{}是支援的格式".format(path))
    else:
        print("{}不是支援的格式".format(path))
```

將檢驗格式轉換成參數

原本函數內的圖片格式就註解掉

改成使用指定的檔案格式

這時候就可以用來檢驗其他檔案格式了！

```
path = r"D:\reports\customers\TSMC\ASML.docx"
extension_set = {'docx','doc','xls'}
image_check(path,extension_set)
```

```
D:\reports\customers\TSMC\ASML.docx是支援的格式
```

不過，改完內容後，函數的名稱就不適合使用原本的 image_check，以免給其他人使用時造成誤會，即使是自己，過了幾個月後要再使用這個函數也會疑惑，所以記得函數的名稱也要一起更改喔！

函數名稱後更改如下

```
def file_extension_check(path,extension_set):
#     img_format = {'jpg','png','bmp'}

    splits = path.split("\\")
    splits_2 = splits[-1].split('.')

    if splits_2[-1] in extension_set:
        print("{}是支援的格式".format(path))
    else:
        print("{}不是支援的格式".format(path))
```

```
path = r"D:\dataset\optotech\test_img\OK\image.bmp"
extension_set = {'jpg','png','bmp'}
file_extension_check(path,extension_set)
```

```
D:\dataset\optotech\test_img\OK\image.bmp是支援的格式
```

12-3-3 endswith() 方法

msg = "字串內容"

變數 = msg.endswith(檢驗內容字串)

→ endswith()執行完會有回傳值，型態為布林

這個方法的意思是字串結束的時候有甚麼內容，用來檢驗 msg 字串最右邊的內容是否有跟設定的**檢驗內容字串**相同，若有，回傳 True；反之，回傳 False

範例如下，檢驗 path 裡最右邊的內容是否有檢驗內容字串 (.bmp) 的存在

程式中通常會是 re 變數來接收函數的回傳值，這是 return 的縮寫。

```
path = r"D:\dataset\optotech\test_img\OK\image.bmp"

re = path.endswith('.bmp')  檢驗內容字串
print(re)
```

```
True
```

比對方式說明如下

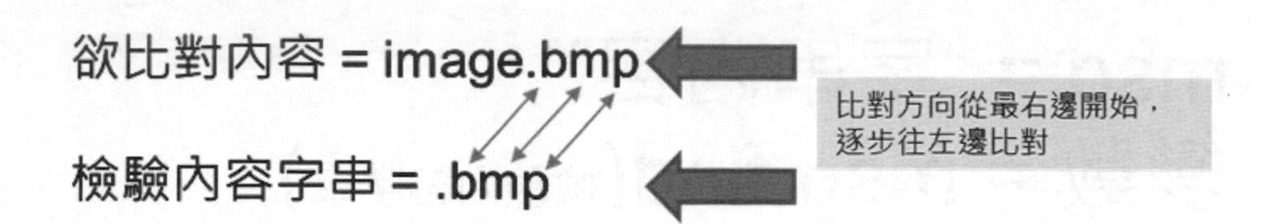

12-3-4 startswith() 方法

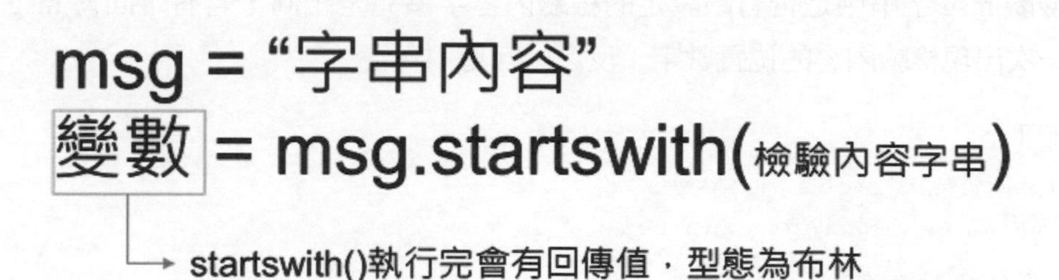

startswith() 方法是相對剛剛的 endswith()，用來檢驗 msg 字串最**左**邊的內容是否有跟設定的**檢驗內容字串**相同，若有，回傳 True；反之，回傳 False

```
path = r"D:\dataset\optotech\test_img\OK\image.bmp"

re = path.startswith('D:')
print(re)
```

```
True
```

比對方式說明如下

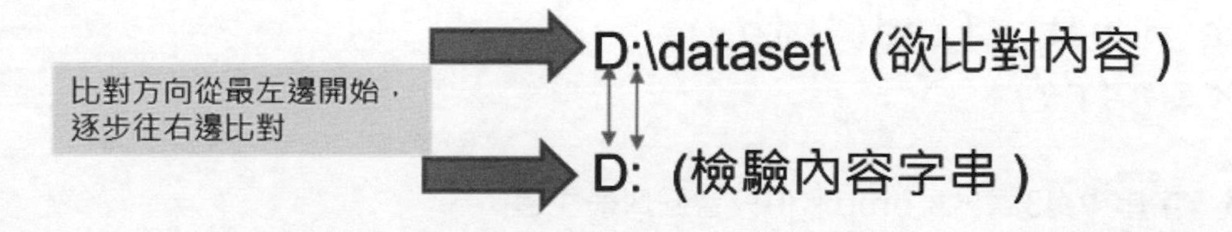

12-3-5 find() 方法

msg = "字串內容"

變數 = msg.find(檢驗內容字串)

find()執行完會有回傳值，整數型態

用來檢驗 msg 字串中是否有跟設定的**檢驗內容字串**完全相同，若有，回傳 msg 中第一次出現檢驗內容的位置數字；反之，回傳 -1

範例如下

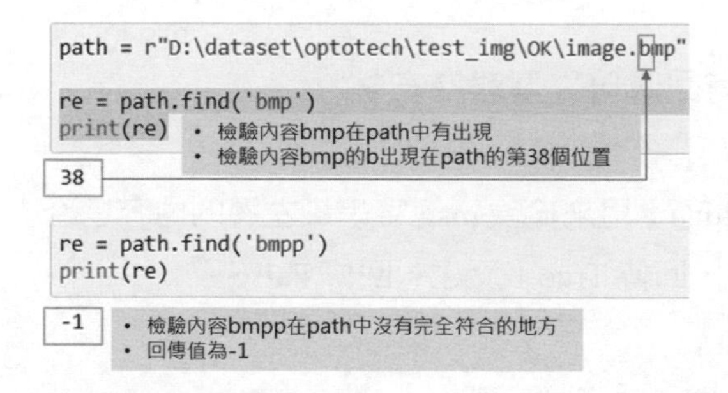

path = r"D:\dataset\optotech\test_img\OK\image.bmp"
re = path.find('bmp')
print(re)
• 檢驗內容bmp在path中有出現
• 檢驗內容bmp的b出現在path的第38個位置
38
re = path.find('bmpp')
print(re)
-1
• 檢驗內容bmpp在path中沒有完全符合的地方
• 回傳值為-1

由於 find() 方法的檢驗方式與 startswith() 相同，從字串最**左邊**開始比對，若字串中不只一個地方符合檢驗內容，回傳值是從左邊開始，第一次出現的位置整數，範例如下

```
path = "012bmp_789bmp_012bmp"
re = path.find('bmp')
print(re)
```

3

字串中有3處出現bmp，但只會回傳最左邊符合處的開始位置整數

字串的特性與元組類似，可以使用索引值來得到元素內容，但不支援特定元素的修改，如下範例

```
string = "我是字串"
print(string[0])
print(string[1])    字串可以使用索引值(index)來讀取內容
print(string[2])
print(string[3])

string[3] = "元"    字串建立後不能使用索引值修改內容
我
是
字
串

---------------------------------------------------------------------------
TypeError                                 Traceback (most recent call last)
<ipython-input-90-3548887716d2> in <module>
      5 print(string[3])
      6
----> 7 string[3] = "元"

TypeError: 'str' object does not support item assignment
```

如果要修改字串的內容就要使用字串物件提供的方法。

12-3-6　strip() 方法：

msg = "字串內容"
變數 = msg.strip(欲刪除的內容)
strip()執行完會有回傳值，內容是刪除後的字串

- Strip 是去除、剝除的意思，此方法用來檢驗 msg 字串最左邊 (開頭) 與最右邊 (結尾) 的內容是否有跟設定的**刪除內容**完全相同，若有，刪除 msg 的內容後回傳字串；反之，回傳原字串

要注意，strip() 只能刪除字串最左邊 (開頭) 與最右邊 (結尾) 的內容，無法針對中間部分進行刪除。

```
content = "我是字串"

content_2 = content.strip('串')
print("content_2:",content_2)  將content裡的"串"刪除後回傳，給值至content_2

content_3 = content.strip('沒')
print("content_3:",content_3)  content裡無"沒"，將原字串回傳，給值至content_3

print("content:",content)  strip()方法僅會將content內容處理後回傳，並不會更改原內容

content_2: 我是字
content_3: 我是字串
content: 我是字串
```

strip() 只能刪除字串最左邊 (開頭) 與最右邊 (結尾) 的內容，範例如下

```
content = 'Python好用，我喜歡使用Python，希望很多人使用Python'
content_2 = content.strip('Python')
print("content_2:",content_2)

content_2: 好用，我喜歡使用Python，希望很多人使用
```

- 字串開頭與結尾的Python都刪除了
- 但字串中間的Python沒有刪除

Strip() 也常用來去除字串開頭與結尾的空格

字串的前後各有2個空格

```
content = "  字串的內容  "
content_2 = content.strip(' ')
print("content_2:",content_2)

content_2: 字串的內容
```

使用strip()可以將字串的前後所有空格去除

12-3-7 replace() 方法：

```
msg = "字串內容"
變數 = msg.replace(檢驗內容, 替換內容)
```

變數 → replace()執行完會有回傳值，內容是字串

- Replace 是替換的意思，此方法用來檢驗 msg 字串裡是否含有設定的**檢驗內容字串**，若有，**全部**更換成參數裡的替換內容，回傳更換後的字串；反之，回傳原字串

使用範例如下，

檢驗content裡是否有”今天”

```
content = "今天的氣溫為39度"
content_2 = content.replace('今天','或許後天')

print("content_2:",content_2)

print("content:",content)
```

- content若有”今天”，替換成”或許後天”
- 回傳替換後的字串，給值至content_2

```
content_2: 或許後天的氣溫為39度
content: 今天的氣溫為39度
```

replace()方法僅會將content內容處理後回傳，並不會更改原內容

將反斜線 (back slash) 替換成斜線 (slash) 的範例如下

```
path = r"D:\dataset\optotech\test_img\OK\image.bmp"
path_2 = path.replace('\\','/')

print(path)
print(path_2)
```

```
D:\dataset\optotech\test_img\OK\image.bmp
D:/dataset/optotech/test_img/OK/image.bmp
```

replace() 也可以用來刪除字串中的文字。

剛剛在 strip() 方法有提到只能刪除字串開頭與結尾的內容，無法刪除字串中間的內容，若要刪除字串中間的內容，使用 replace() 方法，替換內容改成沒有內容的字串，替換後的結果會與刪除的結果相同，使用範例如下

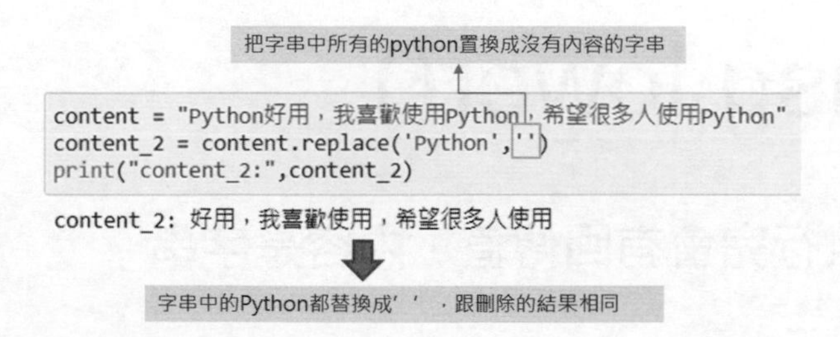
把字串中所有的python置換成沒有內容的字串
content = "Python好用，我喜歡使用Python，希望很多人使用Python"
content_2 = content.replace('Python','')
print("content_2:",content_2)
content_2: 好用，我喜歡使用，希望很多人使用
字串中的Python都替換成’’，跟刪除的結果相同

小結論: 字串內容的刪除 ➡ strip()與replace()搭配使用

基本上，使用 replace() 都是全部替換，若遇到特殊需求，想要指定替換次數，可以給予第 3 個引數來設定次數，使用方法如下

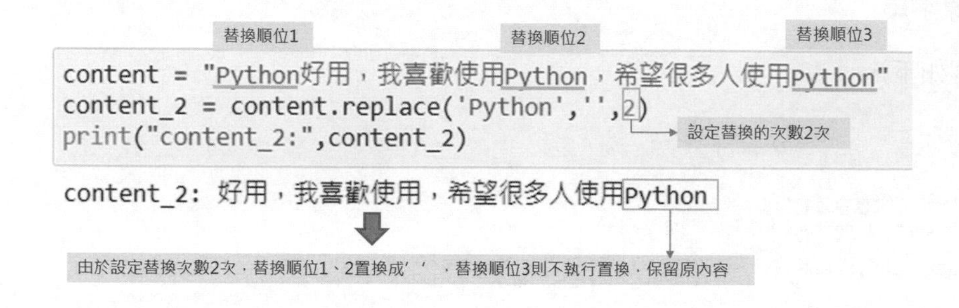
替換順位1
替換順位2
替換順位3
content = "Python好用，我喜歡使用Python，希望很多人使用Python"
content_2 = content.replace('Python','',2)
print("content_2:",content_2)
設定替換的次數2次
content_2: 好用，我喜歡使用，希望很多人使用Python
由於設定替換次數2次，替換順位1、2置換成'　'，替換順位3則不執行置換，保留原內容

12-3-8 upper() 與 lower() 方法

當字串裡有英文字母時，可以使用這 2 個方法來進行大小寫的轉換

msg = “字串內容”

變數 = msg.upper()

upper()執行完會有回傳值，內容是字串

msg = “字串內容”

變數 = msg.lower()

lower()執行完會有回傳值，內容是字串

- upper() 方法是將字串內的所有小寫英文字母轉換成大寫英文字母
- lower() 方法是將字串內的所有大寫英文字母轉換成小寫英文字母
- 方法的半形括號內不需要給予任何引數

若字串內沒有任何英文字母，則不執行，回傳值為轉換後的字串。

使用範例如下

```
string = 'i am a student'

upper_word = string.upper()
print(upper_word)
```
使用upper()方法將所有小寫英文字轉換成大寫

```
I AM A STUDENT
```

```
lower_word = upper_word.lower()
print(lower_word)
```
使用lower()方法將所有大寫英文字轉換成小寫

```
i am a student
```

12-3-9 capitalize() 方法

msg = “字串內容”

變數 = msg. capitalize()

→ capitalize()執行完會有回傳值，內容是字串

- capitalize() 是將字串中第 1 個英文字母轉換成大寫字母，其他字母會轉換成小寫字母。
- 方法的半形括號內不需要給予任何引數。

若字串內沒有任何英文字母，則不執行，回傳值為轉換後的字串。

使用範例如下

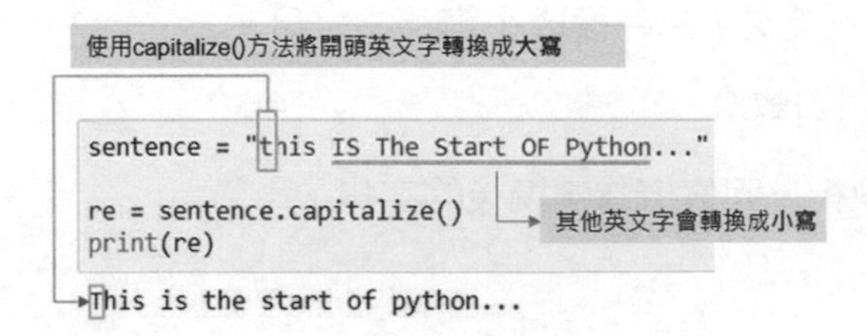

使用capitalize()方法將開頭英文字轉換成大寫
sentence = "this IS The Start OF Python..."
re = sentence.capitalize()
print(re)
其他英文字會轉換成小寫
This is the start of python...

12-3-10 swapcase() 方法

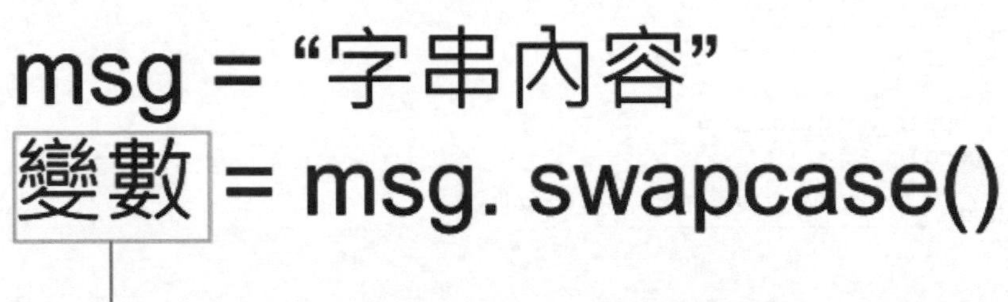

- 將字串中小寫英文字母轉換成大寫字母，大寫英文字母轉換成小寫字母
- 方法的半形括號內不需要給予任何引數

若字串內沒有任何英文字母，則不執行，回傳值為轉換後的字串。

使用範例如下

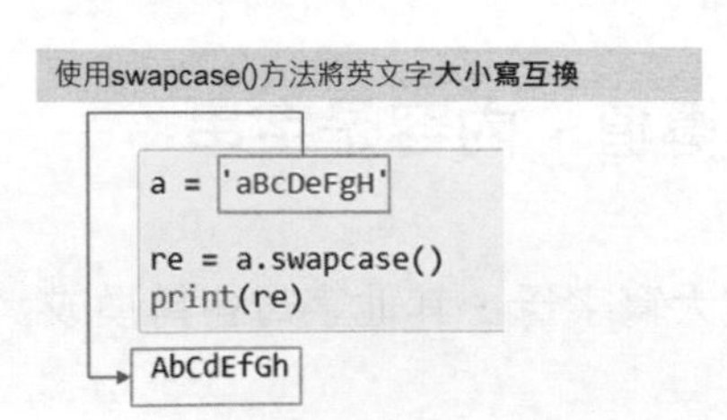

使用swapcase()方法將英文字大小寫互換
a = 'aBcDeFgH'
re = a.swapcase()
print(re)
AbCdEfGh

CH13

常用基礎套件介紹

13-1 套件 (package) 的定義

- 由於 Python 是開源的程式語言，不同的公司或團體可以開發各式各樣的功能模組 (module)，或是稱之為套件 (package)，經由安裝就可以進行使用。
- Python 程式語言的其中一項優勢就是擁有非常多的套件，不需要自行開發。
- 當我們使用 Anaconda 安裝 Python 的時候，會順便安裝許多套件，本章節會說明一些常用到的模組。

13-2 查看已安裝的套件

進入到命令提示字元 ，輸入 conda list，按下 Enter 鍵，所有安裝的套件都會顯示出來。

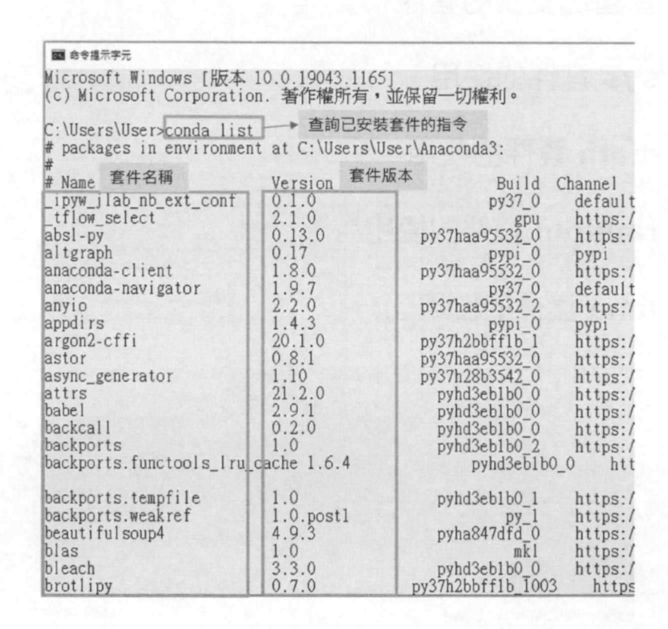

在套件顯示畫面往下拖曳，就可以找到目前安裝的 Python 版本

命令提示字元

```
prompt_toolkit             3.0.17          hd3eb1b0_0
protobuf                   3.17.3              pypi_0
psutil                     5.8.0               pypi_0
pyasn1                     0.4.8               pypi_0
pyasn1-modules             0.2.8               pypi_0
pycparser                  2.20                  py_2
pygments                   2.9.0         pyhd3eb1b0_0
pyinstaller                4.3                 pypi_0
pyinstaller-hooks-contrib  2021.2              pypi_0
pyparsing                  2.4.7         pyhd3eb1b0_0
pyqt                       5.9.2       py38ha925a31_4
pyqt5                      5.15.4              pypi_0
pyqt5-qt5                  5.15.2              pypi_0
pyqt5-sip                  12.9.0              pypi_0
pyrsistent                 0.17.3      py38he774522_0
python                     3.8.10          hdbf39b2_7
python-dateutil            2.8.1         pyhd3eb1b0_0
pythonnet                  2.5.2               pypi_0
pywin32                    227         py38he774522_1
pywin32-ctypes             0.2.0               pypi_0
pywinpty                   0.5.7               py38_0
```

13-3 sys 套件的使用

當要引用套件時，使用關鍵字 import 加上套件名稱

以下介紹如何引用 sys 套件查看 Python 版本

當要引用套件時，使用關鍵字import 加上套件名稱

```
import sys
```

```
print(sys.version)
```

使用方法相同於引用物件的屬性或方法

```
3.8.5 (default, Sep  3 2020, 21:29:08) [MSC v.1916 64 bit (AMD64)]
```

其他系統的資訊如下

```
print(sys.version_info)
```

```
sys.version_info(major=3, minor=8, micro=5, releaselevel='final', serial=0)
```

```
print(sys.platform)
```

```
win32
```

```
print(sys.copyright)
```

```
Copyright (c) 2001-2020 Python Software Foundation.
All Rights Reserved.

Copyright (c) 2000 BeOpen.com.
All Rights Reserved.

Copyright (c) 1995-2001 Corporation for National Research Initiatives.
All Rights Reserved.

Copyright (c) 1991-1995 Stichting Mathematisch Centrum, Amsterdam.
All Rights Reserved.
```

其實 sys 不只可以用來觀看系統的資訊，待之後的章節介紹其他的內容時，會再帶入 sys 套件的其他功能。

13-4 math 套件的使用

顧名思義，math 套件提供超多的數學計算的方法

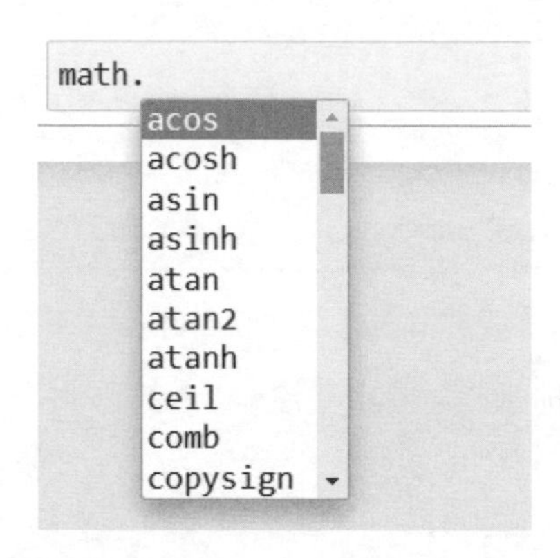

這邊無法一一為大家介紹所有的方法，僅會介紹幾個常用的方法

math.floor() 與 math.ceil()

math.floor(x)，引數 x 可以是整數 (int) 或浮點數 (float)，執行此方法會尋找比 x 數值低的最大整數；math.ceil(x)，引數 x 可以是整數 (int) 或浮點數 (float)，執行此方法會尋找比 x 數值大的最小整數，這兩個方法是相對的，與四捨五入是不一樣的，千萬不要搞錯。

使用範例如下

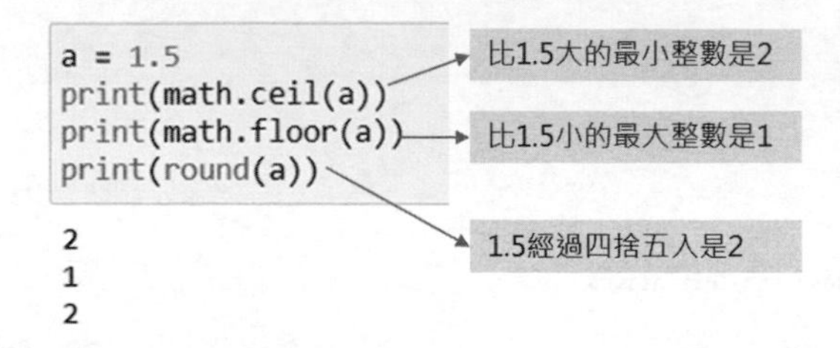

電腦的優點在於批次處理，批次處理意思是讓電腦一次處理 100 件、1000 件同性質的事情，電腦不會像人類會有疲勞或情緒的問題，可以快速地完成任務，但如果批次處理的數量太多，例如 1000 萬件，那電腦的記憶體沒有那麼多的情況下就會分小批次處理 (batch)，設定完小批次後就要計算處理的次數，算法為處理數量除以小批次數量，若數值有小數點，要再多處理一次，數量加 1，math.ceil() 函數就是這樣計算處理次數的。

使用範例如下，

```
batch_size = 64                      設定小批次數量
process_number = 957684              總欲處理數量
process_times = math.ceil(process_number / batch_size)
print(process_times)                 計算處理次數
```

```
14964
```

其實 math.ceil() 只是在檢測相除後的數字餘數是否為 0，如果餘數不為 0，就往上加一個整數，若不想使用 math.ceil()，也可自行撰寫，程式碼如下

```
batch_size = 64
process_number = 957684
process_times = process_number / batch_size
if process_number % batch_size != 0:          檢查相除後是否有餘數
    process_times = int(process_times + 1)    若有餘數，無條件+1後再轉換成整數
else:
    process_times = int(process_times)        若餘數=0，直接轉換成整數即可
print(process_times)
```

```
14964
```

13-5 random 套件的使用

在做數學運算的時候常常會使用到亂數 (或稱隨機數)，random 套件含有多種方法，允許使用者設定區間、數量、數值型態取出亂數。

13-5-1 randint()

變數 = random.randint(較小整數,較大整數)

- randint()執行完會有回傳值，內容是隨機整數值
- 得到的隨機整數值大小會是: 較小整數<= 隨機值 <=較大整數

- randint() 允許在設定的整數區間內隨機取得 1 個整數
- 引數需給予較小整數與較大整數 (包含負數)，不能輸入任何浮點數
- 引數中的較大整數需大於或等於較小整數

```
import random

print(random.randint(1,1))

print(random.randint(1,100))

print(random.randint(-100,-1))
```

引數中的較小整數可以等於較大整數

引數中的數值可以是負數

```
1
64
-100
```

以下是撰寫猜數字的範例

可以自行設定數值的上下限，寫完後就來玩玩看吧！

```
num_list = [1,100]  設定數值的上下限
count = 0
num = random.randint(num_list[0],num_list[1])  亂數取得設定區間的整數

while True:
    guess = input("猜猜位於{}~{}的數字".format(num_list[0],num_list[1]))
    guess = int(guess)  輸入的內容會是字串，記得要再轉換成整數
    count += 1  計算輸入的次數

    if guess == num:
        print("Bingo，答對了，你總共猜了{}次".format(count))
        break
    if guess > num:
        print("數值要再小一點")
    else:
        print("數值要再大一點")
```

```
猜猜位於1~100的數字50
數值要再小一點
猜猜位於1~100的數字25
數值要再小一點
猜猜位於1~100的數字13
數值要再小一點
猜猜位於1~100的數字7
數值要再大一點
猜猜位於1~100的數字10
數值要再小一點
猜猜位於1~100的數字8
Bingo，答對了，你總共猜了6次
```

如果覺得呼叫的函數名稱太長，也可以使用以下方式來縮短名稱

```
from random import randint

print(randint(0,100))
```

```
88
```

```
from random import randint as rint

print(rint(0,100))
```

```
14
```

```
import random

rint = random.randint
print(rint(0,100))
```

- randint沒有括號，指的是將此函數指定給rint
- 也可以看成rint是randint函數的別名

```
80
```

13-5-2 uniform()

變數 = random.uniform(較小浮點數,較大浮點數)

- uniform()執行完會有回傳值，內容是隨機浮點數值
- 得到的隨機浮點數值大小會是: 較小浮點數<= 隨機值 < 較大浮點數

- uniform() 允許在設定的浮點數區間內隨機取得 1 個浮點數
- 引數需給予較小浮點數與較大浮點數 (包含負數)
- 引數中的較大浮點數需大於或等於較小浮點數

使用範例如下

```
r_float = random.uniform

print(r_float(1,1))

print(r_float(1.0,1.0))

print(r_float(1,100))

print(r_float(1.2,100.33))

print(r_float(-100,-1))

print(r_float(-100.22,-1.95))
```

```
1.0
1.0
22.02311543901913
99.25276135918743
-12.448713554348416
-46.096686329903626
```

如果想要使用 uniform 函數，且要得到整數，可以使用 int() 來進行轉換

```
r_float = random.uniform

num = r_float(0,100)
print("使用uniform後得到的數值:",num)

num = int(num)
print("使用int()轉換成整數:",num)
```

```
使用uniform後得到的數值: 39.65375860726223
使用int()轉換成整數: 39
```

13-5-3 Choice()

變數 = random.choice(串列)

→ choice()執行完會有回傳值，內容是串列裡隨機的1個元素

此方法允許在指定的串列、元組內隨機取得 1 個元素

若不是要隨機取得數值，而是要取得名字、圖片路徑或其他物件，可以使用此方法

```
import random    引用random套件

numbers = ['Jane','Jacky','Jay','Jolin','Johnny']

random_name = random.choice(numbers)

print(random_name)    執行choice後，會從指定串列裡隨機取1個元素
```

```
Jay
```

剛有提到 choice() 的引數可以是串列 (list) 或元組 (tuple) 型態，那可以是集合 (set) 型態嗎？

```
import random

numbers = ['Jane','Jacky','Jay','Jolin','Johnny']
numbers = set(numbers) → 將串列轉換成集合型態

random_name = random.choice(numbers)

print(random_name)
```

```
---------------------------------------------------------------------------
TypeError                                 Traceback (most recent call last)
<ipython-input-64-3c7c31baa80a> in <module>
      4 numbers = set(numbers)
      5 
----> 6 random_name = random.choice(numbers)
      7 
      8 print(random_name)

~\Anaconda3\envs\py3.8\lib\random.py in choice(self, seq)
    289         except ValueError:
    290             raise IndexError('Cannot choose from an empty sequence') from None
--> 291         return seq[i]
    292 
    293     def shuffle(self, x, random=None):

TypeError: 'set' object is not subscriptable
```

集合型態是沒有順序的，無法利用索引值讀出內容，所以choice()無法取出任何元素

這邊可以思考一下，如果串列裡的字串內容想要使用 randint 隨機取出，可以做得到嗎？

先想想看再看以下的答案喔

```
import random

rint = random.randint

names = ['Jane','Jacky','Jay','Jolin','Johnny']

rnum = rint(0,len(names) - 1)

print(names[rnum])
```

```
Jacky
```

- 先取得串列的長度，再從串列長度區間隨機取得數值
- 關於較小整數的設定，串列第一個元素的索引值(index)是0不是1。
- 關於較大整數的設定，假設串列裡有10個元素，索引值是0到9。以此類推，假設串列裡有n個元素，索引值是0到 (n - 1)，所以這邊會是串列長度 - 1

13-5-4 choices()

變數 = random.choices(串列,k=整數值)

- choices()執行完會有回傳值，型態會是串列
- 回傳值內容是指定串列裡隨機的元素
- 回傳值長度等於設定的k值

choices() 的使用方法與 choice() 類似，只是引數可設定取得數量 (k 值)，來取得多個隨機值。

```
import random

names = ['Jane','Jacky','Jay','Jolin','Johnny']

print(random.choice(names))        只能取得1個隨機值

print(random.choices(names,k=5))   可取得多個隨機值
```

```
Jane
['Jay', 'Jolin', 'Jay', 'Jolin', 'Jacky']
```

多個隨機值可能會重複喔

13-5-5 shuffle()

random.shuffle(串列)

- shuffle() 可以將指定的串列或元組內的元素進行重新排列
- shuffle 函數執行時會針對輸入的串列直接進行亂數排列
- shuffle 函數沒有回傳值

```
import random

names = ['Jane','Jacky','Jay','Jolin','Johnny']

print("未shuffle前的串列內容:",names)

random.shuffle(names)

print("有shuffle後的串列內容:",names)
```

```
未shuffle前的串列內容: ['Jane', 'Jacky', 'Jay', 'Jolin', 'Johnny']
有shuffle後的串列內容: ['Jane', 'Jay', 'Johnny', 'Jolin', 'Jacky']
```

思考一下，如果要使用 shuffle 函數來達到與 choice 一樣的結果，可以怎麼做呢？

其實就是設定固定的索引值，將串列進行亂數排列後，取出元素就可以了

```
import random
index = -1          設定每次要取的串列索引值
names = ['Jane','Jacky','Jay','Jolin','Johnny']

for i in range(3):
    random.shuffle(names)   串列進行亂數排列
    print("第{}次取出的值:{}".format(i+1,names[index]))
```

```
第1次取出的值:Johnny
第2次取出的值:Jane
第3次取出的值:Jacky
```

取值

13-6 time 套件的使用

13-6-1 time()

time.time() 常用來記錄程式碼執行的時間

time.time() 得到的數值是秒數，數值代表從 1970 年 1 月 1 日到現在的秒數，會是一個龐大的數字，而不是分成年月日時分秒的格式，所以不會使用此函數來顯示給使用者觀看的時間

```
import time

print(time.time())
```

```
1621674327.1960666
```

- 從此龐大數字是無法迅速得知目前的時間
- 但此數值可以拿到進行計算

剛剛使用 randint 來進行猜數字的遊戲有紀錄猜的次數，現在再加上所花的時間，範例如下

```
num_list = [1,100]
count = 0
num = random.randint(num_list[0],num_list[1])
t_1 = time.time()    紀錄遊戲開始的時間

while True:
    guess = input("猜猜位於{}~{}的數字".format(num_list[0],num_list[1]))
    guess = int(guess)
    count += 1

    if guess == num:    紀錄答對時的時間
        t_2 = time.time()
        print("Bingo，答對了，你總共猜了{}次".format(count))
        print("所花時間為{}秒".format(t_2 - t_1))    二者相減即所花的時間
        break
    if guess > num:
        print("數值要再小一點")
    else:
        print("數值要再大一點")
```

```
猜猜位於1~100的數字50
數值要再大一點
猜猜位於1~100的數字75
數值要再大一點
猜猜位於1~100的數字85
數值要再大一點
猜猜位於1~100的數字92
數值要再大一點
猜猜位於1~100的數字96
數值要再大一點
猜猜位於1~100的數字98
數值要再小一點
猜猜位於1~100的數字97
Bingo，答對了，你總共猜了7次
所花時間為24.53179621696472秒
```

13-6-2 asctime()

若要顯示使用者看得懂的時間格式，可以使用 asctime()

執行該函數後的回傳值會是字串型態，僅供觀看而無法進行計算

```
now_time = time.asctime()

print(type(now_time))
print(now_time)
```

```
<class 'str'>
Sat May 22 17:48:39 2021
```

13-6-3 localtime()

執行此函數會回傳時間格式的結構化資料，若在程式裡要使用時間的結構化資料，可以使用該函數

```
struct_list = ['年','月','日','時','分','秒','星期','一年當中的第幾天','夏令時間']
struct_time = time.localtime()
print(type(struct_time))

for i,time_member in enumerate(struct_time):
    print("{}:{}".format(struct_list[i],time_member))
```

此結構化時間可以使用for迴圈逐一讀取出來

```
<class 'time.struct_time'>
年:2021
月:5
日:22
時:18
分:1
秒:28
星期:5
一年當中的第幾天:142
夏令時間:0
```

若每一次儲存資料的時候，不想要覆蓋到其他的檔案時，可以使用結構化的時間資料加在檔名後，這樣每一次儲存的檔名都會是獨一無二的

```
file_name = 'customer_report.pptx'

splits = file_name.split(".")

struct_time = time.localtime()

file_tailer = ''
for i in range(6):
    file_tailer = file_tailer + str(struct_time[i])
print("file_tailer:",file_tailer)

new_file_path = "{}_{}.{}".format(splits[0],file_tailer,splits[-1])

print("new_file_path:",new_file_path)
```

```
file_tailer: 2021924103218
new_file_path: customer_report_2021924103218.pptx
```

原本的檔名

使用點將原本的檔名分隔成[customer_report, pptx]

使用6表示只取結構化時間的年、月、日、時、分、秒

結構化時間的元素是數值，要轉換成字串

組合成獨一無二的檔名

2021 924 10 32 18

年 月 日 時 分 秒

CH14

資料夾與檔案的處理

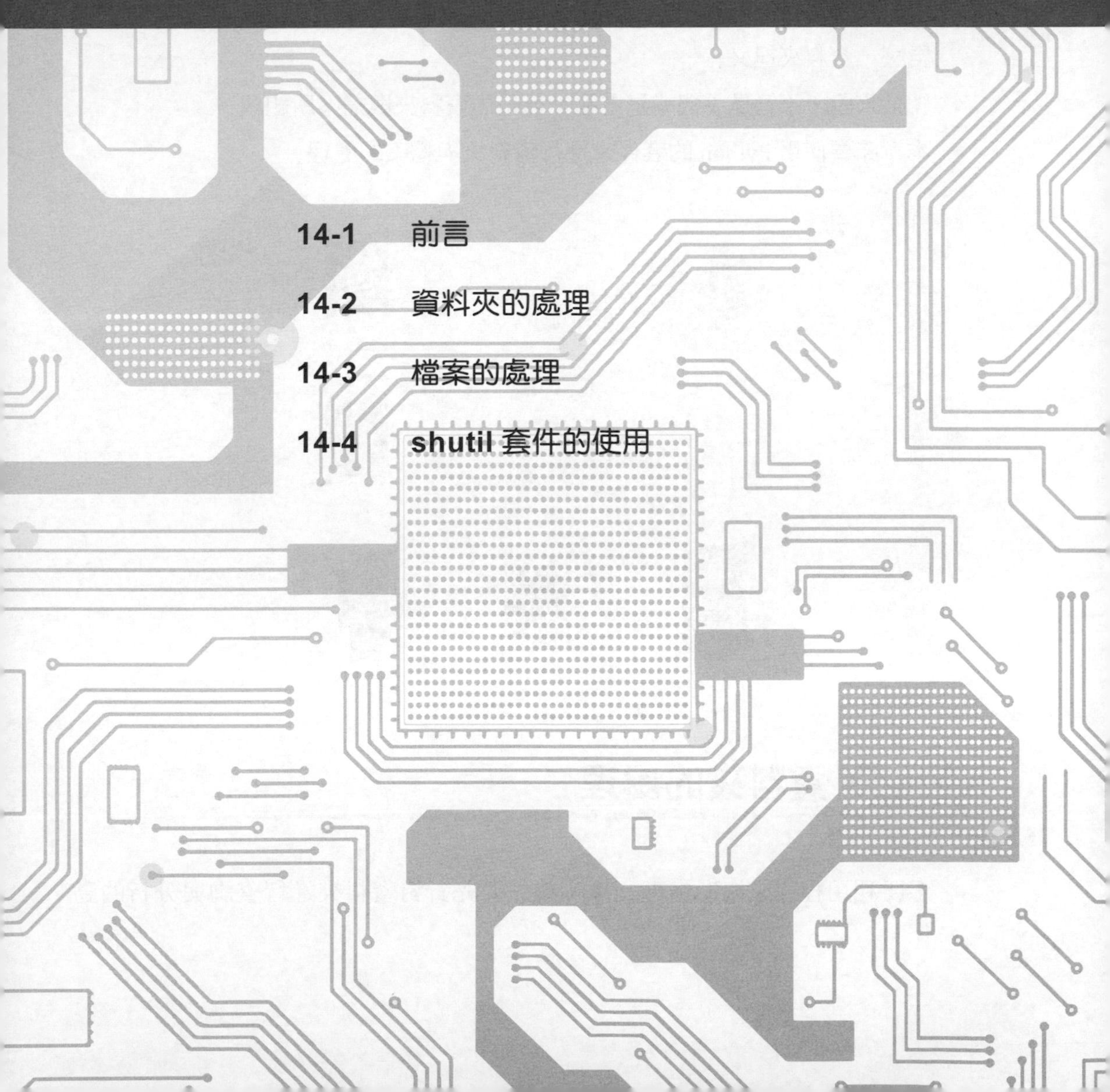

14-1 前言

- 現在是個資訊爆炸的時代，每個人都擁有相當多的文件、檔案，尤其手機裡的照片，多到不知道從哪裡開始整理。於是，我們會使用資料夾將不同類型的文件、檔案、圖片分門別類。
- 打開電腦，一眼望去都會是數不清的資料夾，如下圖所示。
- 資料夾裡除了有分類過的檔案外，可能還會有資料夾，而資料夾裡又會有資料夾，資料夾裡又有…。
- 總括來說，不管是手機或是電腦，都是由資料夾與檔案所組成。
- 本章節要使用 Python 的套件來進行資料夾與檔案的處理。

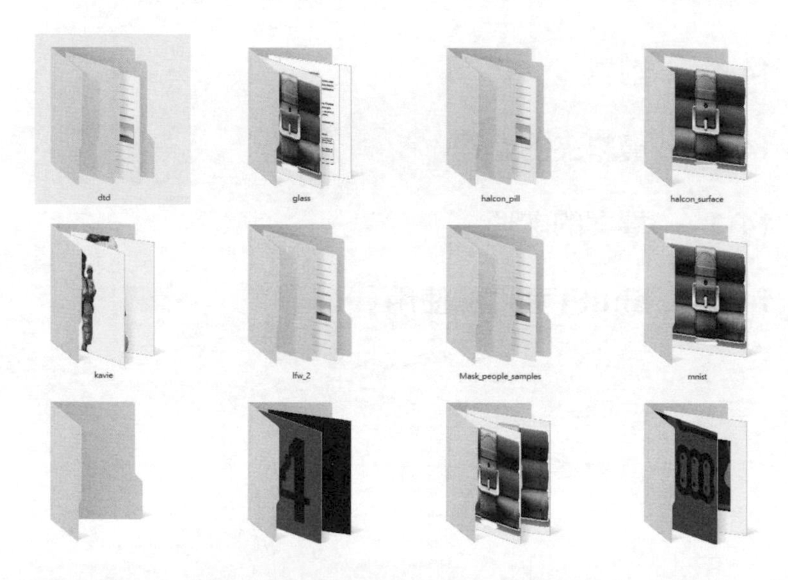

14-2 資料夾的處理

- 想要利用程式來協助處理文件，首先要先針對資料夾進行查詢與分析的動作。

- 我們會使用 os 套件，此套件在我們安裝 Python 的時候已經順帶安裝，不用另外再安裝。

14-2-1 瀏覽資料夾 os.scandir()

變數 = os.scandir(資料夾路徑字串)

- scandir()執行完會有回傳值，內容是物件

Scan 是掃描的意思，dir 是資料夾 directory 的縮寫 (另外一個說法是 folder)，執行此函數會瀏覽指定資料夾裡的每筆資料，這裡指的資料是廣義的，內容可以是資料夾、圖片、office 檔案、壓縮檔案等各種資料型態。

會搭配 for 迴圈來得到每一筆回傳值

撰寫程式碼前，先來看一下將要進行瀏覽的資料夾內容

讀者們可以使用你電腦的某個資料夾直接進行練習

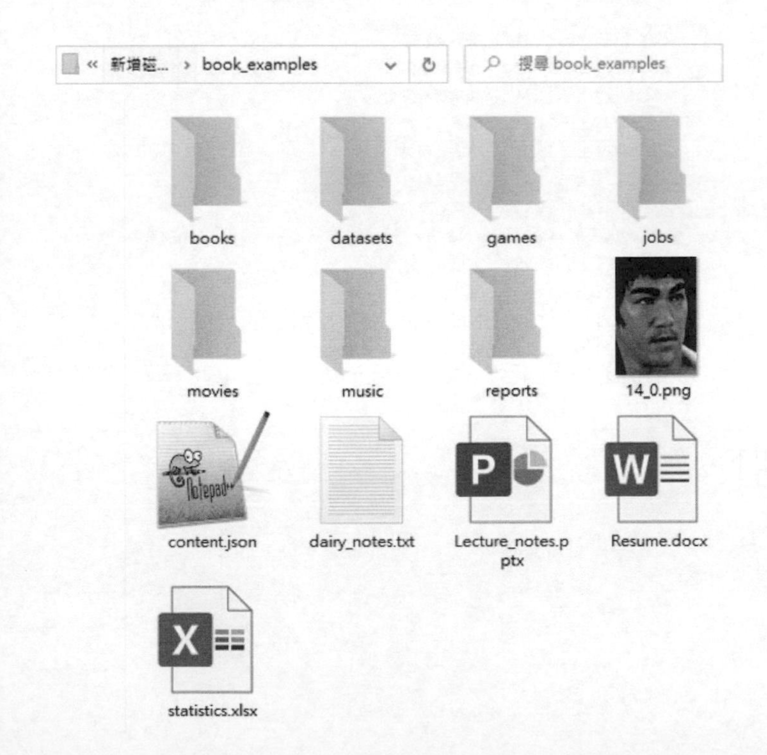

調整資料夾檢視方式為詳細資料

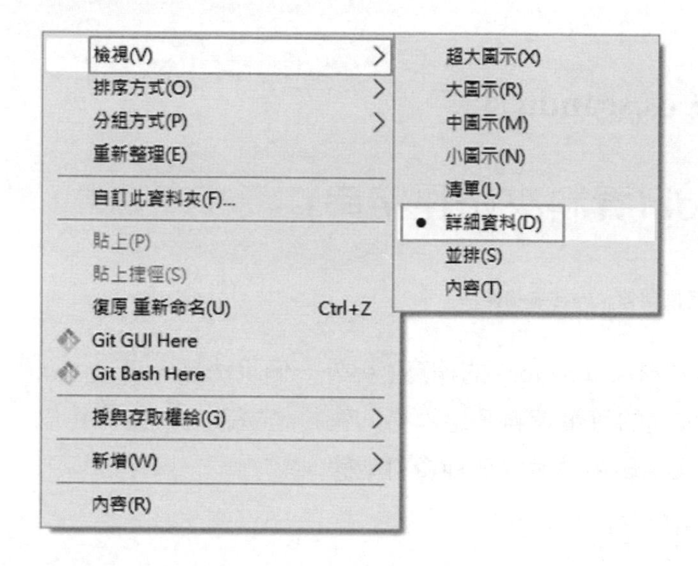

調整後如下

名稱	修改日期	類型	大小
books	2021/5/23 上午 11:31	檔案資料夾	
datasets	2021/5/23 上午 11:30	檔案資料夾	
games	2021/5/23 上午 11:31	檔案資料夾	
jobs	2021/5/23 上午 11:31	檔案資料夾	
movies	2021/5/23 上午 11:31	檔案資料夾	
music	2021/5/23 上午 11:31	檔案資料夾	
reports	2021/5/23 上午 11:30	檔案資料夾	
14_0.png	2020/9/4 下午 11:48	PNG 檔案	42 KB
content.json	2021/5/23 上午 11:35	JSON 檔案	0 KB
dairy_notes.txt	2021/5/23 上午 11:35	文字文件	0 KB
Lecture_notes.pptx	2021/5/23 上午 11:34	Microsoft PowerPoint 簡報	0 KB
Resume.docx	2021/5/23 上午 11:34	Microsoft Word 文件	0 KB
statistics.xlsx	2021/5/23 上午 11:36	Microsoft Excel 工作表	7 KB

資料夾與檔案的說明如下

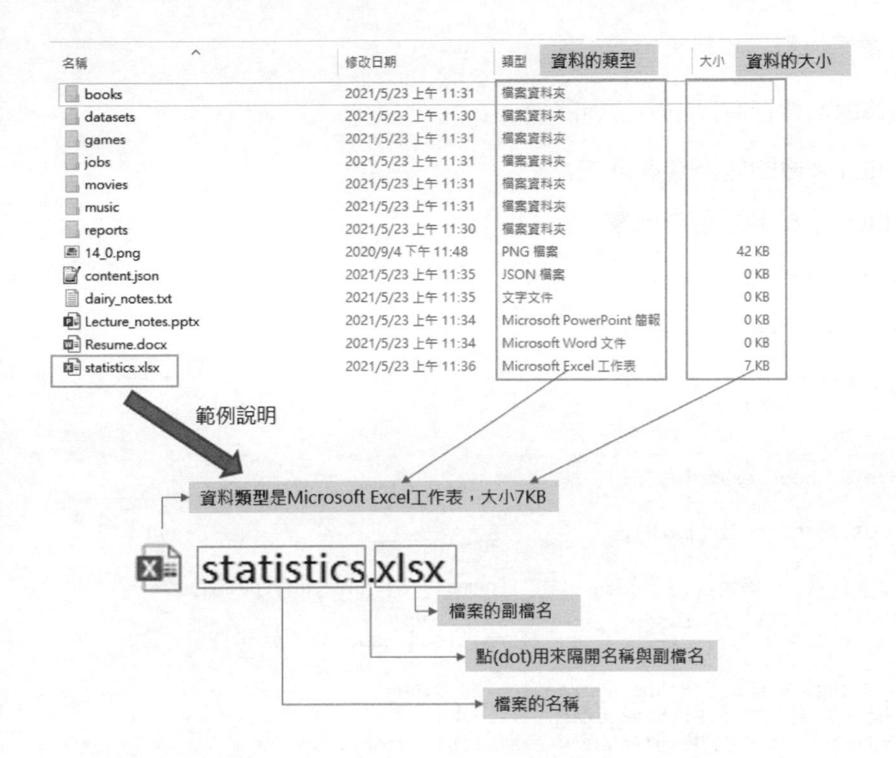

程式碼撰寫如下

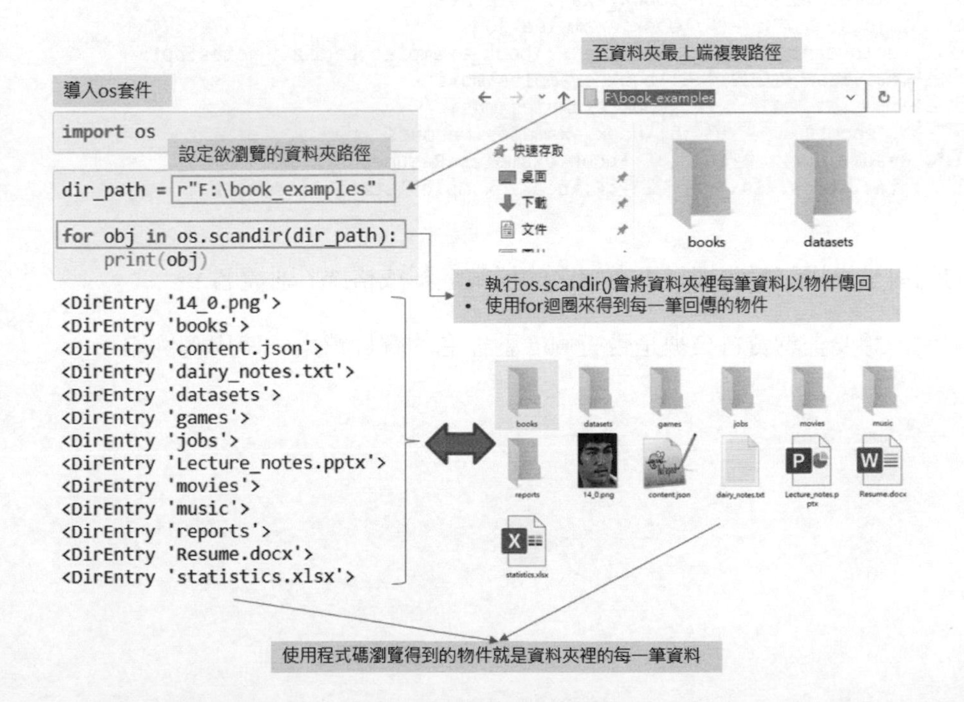


```
import os

dir_path = r"F:\book_examples"

for obj in os.scandir(dir_path):
    print(obj)
```

```
<DirEntry '14_0.png'>
<DirEntry 'books'>
<DirEntry 'content.json'>
<DirEntry 'dairy_notes.txt'>
<DirEntry 'datasets'>
<DirEntry 'games'>
<DirEntry 'jobs'>
<DirEntry 'Lecture_notes.pptx'>
<DirEntry 'movies'>
<DirEntry 'music'>
<DirEntry 'reports'>
<DirEntry 'Resume.docx'>
<DirEntry 'statistics.xlsx'>
```

接著要解析每筆資料是資料夾還是檔案

scandir() 回傳的物件裡有以下方法與屬性：

- 方法 is_dir() 來檢驗是否為資料夾
- 方法 is_file() 來檢驗是否為檔案
- 屬性 name 為資料名稱
- 屬性 path 為資料的絕對路徑

加入檢測程式碼如下

```
dir_path = r"F:\book_examples"

for obj in os.scandir(dir_path):
    if obj.is_dir() is True:
        print("資料夾名稱:{}，絕對路徑:{}".format(obj.name,obj.path))
    elif obj.is_file() is True:
        print("檔案名稱:{}，絕對路徑:{}".format(obj.name,obj.path))
```

測試回傳物件是否為資料夾

測試回傳物件是否為檔案

```
檔案名稱:14_0.png，絕對路徑:F:\book_examples\14_0.png
資料夾名稱:books，絕對路徑:F:\book_examples\books
檔案名稱:content.json，絕對路徑:F:\book_examples\content.json
檔案名稱:dairy_notes.txt，絕對路徑:F:\book_examples\dairy_notes.txt
資料夾名稱:datasets，絕對路徑:F:\book_examples\datasets
資料夾名稱:games，絕對路徑:F:\book_examples\games
資料夾名稱:jobs，絕對路徑:F:\book_examples\jobs
檔案名稱:Lecture_notes.pptx，絕對路徑:F:\book_examples\Lecture_notes.pptx
資料夾名稱:movies，絕對路徑:F:\book_examples\movies
資料夾名稱:music，絕對路徑:F:\book_examples\music
資料夾名稱:reports，絕對路徑:F:\book_examples\reports
檔案名稱:Resume.docx，絕對路徑:F:\book_examples\Resume.docx
檔案名稱:statistics.xlsx，絕對路徑:F:\book_examples\statistics.xlsx
```

常見的應用是查找資料夾裡是否有特定的檔案名稱或格式 (副檔名)。

舉例來說，想要查詢資料夾裡是否有 png 副檔名的圖片檔案，使用範例如下

```
dir_path = r"F:\book_examples"

for obj in os.scandir(dir_path):

    if obj.is_file() is True:

        if obj.name.split(".")[-1] == 'png':

            print("檔案名稱:{}，絕對路徑:{}".format(obj.name,obj.path))
```

1. 屬性obj.name = 14_0.png
2. 執行split將14_0.png分隔成串列 = [14_0, png]
3. 串列[-1] = png

```
檔案名稱:14_0.png，絕對路徑:F:\book_examples\14_0.png
```

books datasets games jobs movies music reports 14_0.png content.json dairy_notes.txt Lecture_notes.pptx Resume.docx statistics.xlsx

舉例來說，想要查詢資料夾裡是否有 statistics 的檔名，使用範例如下

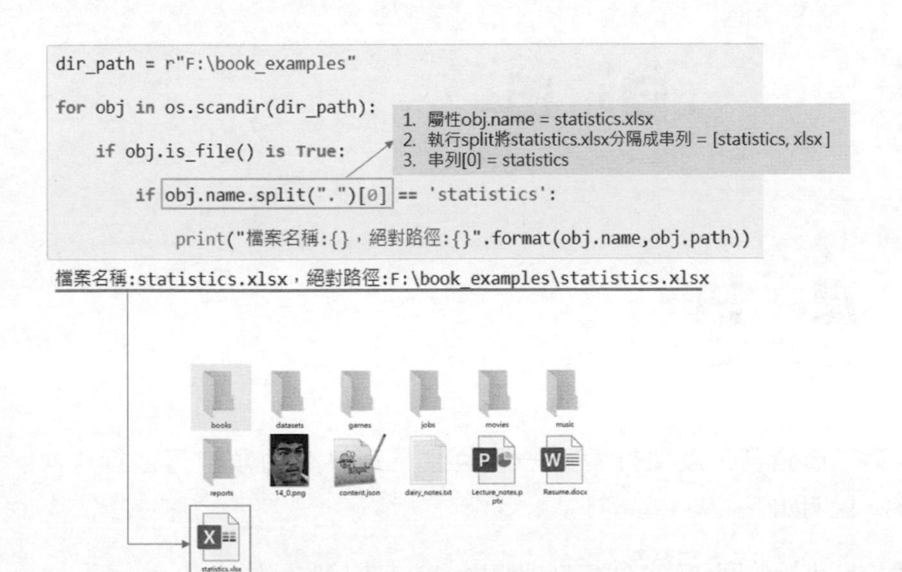
dir_path = r"F:\book_examples"
for obj in os.scandir(dir_path):
if obj.is_file() is True:
if obj.name.split(".")[0] == 'statistics':
print("檔案名稱:{}，絕對路徑:{}".format(obj.name,obj.path))
1. 屬性obj.name = statistics.xlsx
2. 執行split將statistics.xlsx分隔成串列 = [statistics, xlsx]
3. 串列[0] = statistics
檔案名稱:statistics.xlsx，絕對路徑:F:\book_examples\statistics.xlsx

執行下一層資料夾的瀏覽

由於資料夾裡可以再放資料夾，所以可能會有很多層的資料夾，說明如下圖。

當我們使用 1 次 os.scandir() 只會瀏覽到有資料夾 A 與資料夾 B，但無法知道資料夾內有什麼內容，若要瀏覽資料夾 A 與資料夾 B 裡面的資料 (第二層資料)，就要再使用 1 次 os.scandir()；若要再瀏覽下一層 (第三層資料) 也是一樣以此類推。

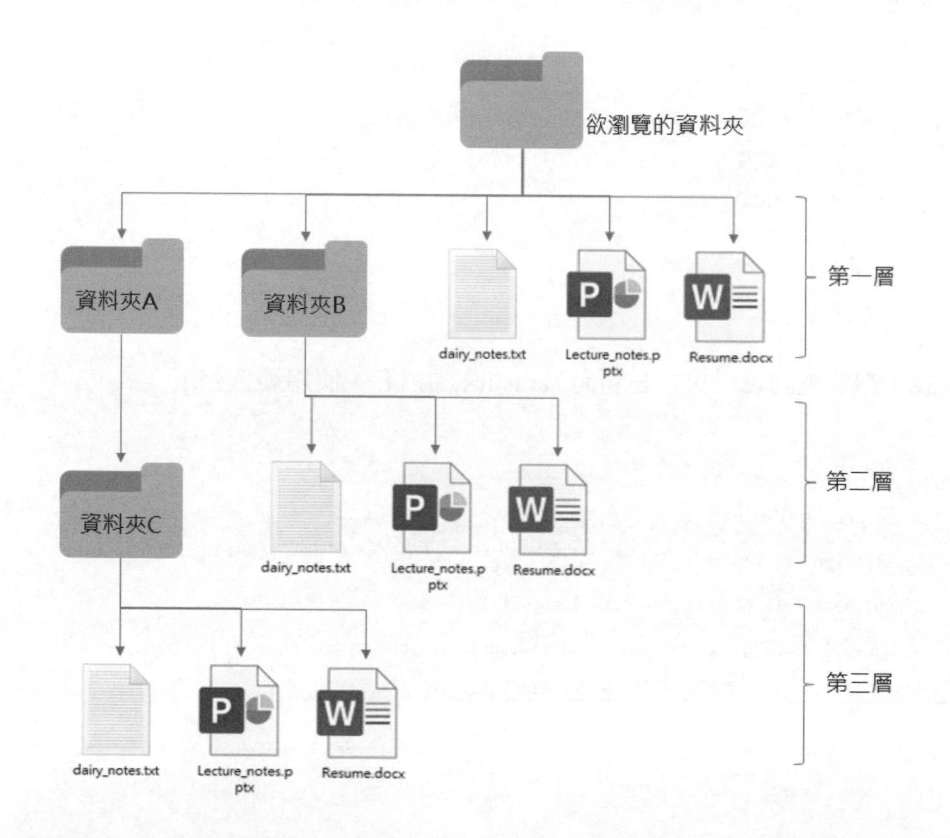

若要瀏覽第二層資料，就要針對第一層檢測為資料夾的類型再進行一次 os.scandir()，說明如下

第一層使用 obj 來接收回傳值；第二層則使用 obj_2 來接收回傳值

第一層使用 dir_path 當作是 scandir 的引數；第二層則使用 obj.path 當作是 scandir 的引數

```
dir_path = r"F:\book_examples"
                                        當第一層的資料類型為資料夾時才可進行第二層的瀏覽
for obj in os.scandir(dir_path):
    if obj.is_dir() is True:
        print("第一層資料夾名稱:{}，絕對路徑:{}".format(obj.name,obj.path))

        for obj_2 in os.scandir(obj.path):  進行第二層的瀏覽
            if obj_2.is_dir() is True:
                print("  |-第二層資料夾名稱:{}，絕對路徑:{}".format(obj_2.name,obj_2.path))
            elif obj_2.is_file() is True:
                print("  |-第二層檔案名稱:{}，絕對路徑:{}".format(obj_2.name,obj_2.path))

    elif obj.is_file() is True:
        print("第一層檔案名稱:{}，絕對路徑:{}".format(obj.name,obj.path))
```

為了方便分辨不同層資料，刻意空2格

```
第一層檔案名稱:14_0.png，絕對路徑:F:\book_examples\14_0.png
第一層資料夾名稱:books，絕對路徑:F:\book_examples\books
  |-第二層檔案名稱:哈利波特.docx，絕對路徑:F:\book_examples\books\哈利波特.docx
  |-第二層資料夾名稱:魔戒，絕對路徑:F:\book_examples\books\魔戒
第一層檔案名稱:content.json，絕對路徑:F:\book_examples\content.json
第一層檔案名稱:dairy_notes.txt，絕對路徑:F:\book_examples\dairy_notes.txt
第一層資料夾名稱:datasets，絕對路徑:F:\book_examples\datasets
  |-第二層資料夾名稱:human_faces，絕對路徑:F:\book_examples\datasets\human_faces
  |-第二層資料夾名稱:imagenet，絕對路徑:F:\book_examples\datasets\imagenet
  |-第二層資料夾名稱:mnist，絕對路徑:F:\book_examples\datasets\mnist
第一層資料夾名稱:games，絕對路徑:F:\book_examples\games
第一層資料夾名稱:jobs，絕對路徑:F:\book_examples\jobs
第一層檔案名稱:Lecture_notes.pptx，絕對路徑:F:\book_examples\Lecture_notes.pptx
第一層資料夾名稱:movies，絕對路徑:F:\book_examples\movies
第一層資料夾名稱:music，絕對路徑:F:\book_examples\music
第一層資料夾名稱:reports，絕對路徑:F:\book_examples\reports
第一層檔案名稱:Resume.docx，絕對路徑:F:\book_examples\Resume.docx
第一層檔案名稱:statistics.xlsx，絕對路徑:F:\book_examples\statistics.xlsx
```

14-2-2 使用 Colab 的說明

建議在處理資料時，安裝 Jupyter 於本機端電腦進行會比較方便，因 Colab 無法存取本機端電腦的資料夾，需要先掛載 Google 雲端硬碟，利用存取 Google 雲端硬碟來讀取資料夾。

先將資料上傳至 Google 雲端硬碟

將 book_examples 資料夾上傳至 Google 雲端硬碟，讀者可以將本機電腦的資料上傳到雲端硬碟裡

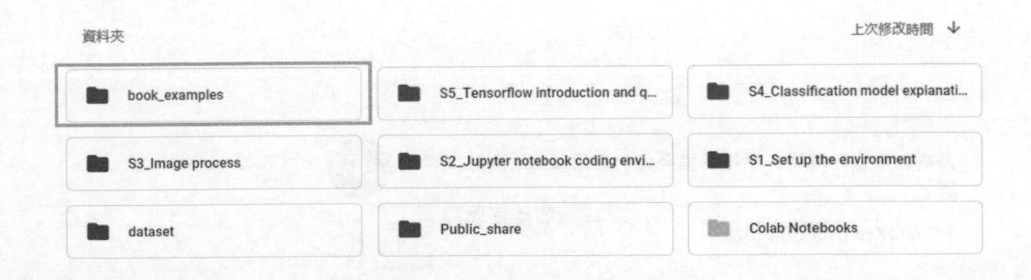

開啟 Colab 檔案，點擊左列的資料夾圖示，再點擊雲端硬碟的圖示

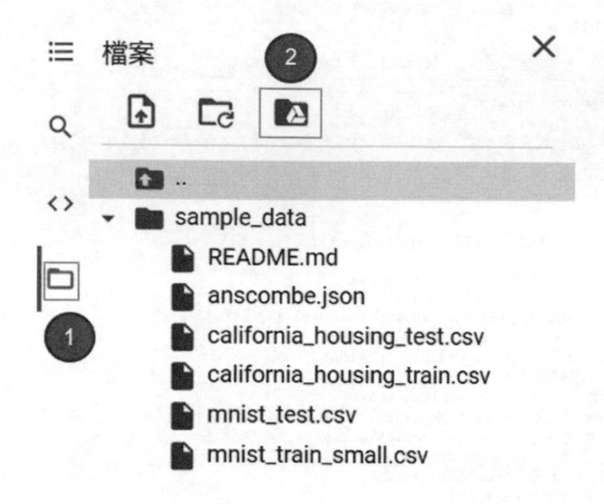

執行程式碼，取得讀寫 GOOGLE 雲端硬碟的授權

點擊連結，進行授權

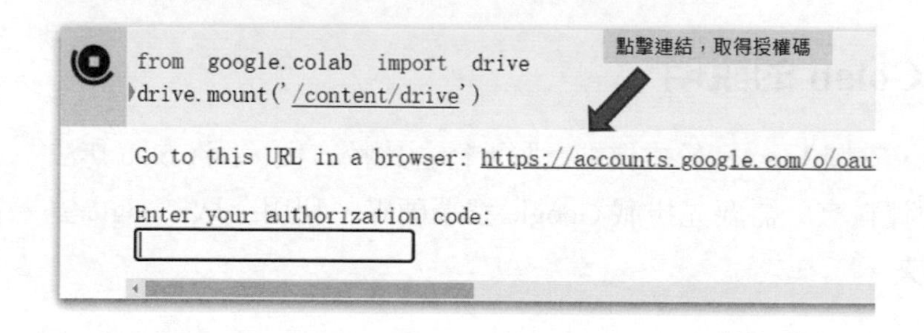

複製授權碼

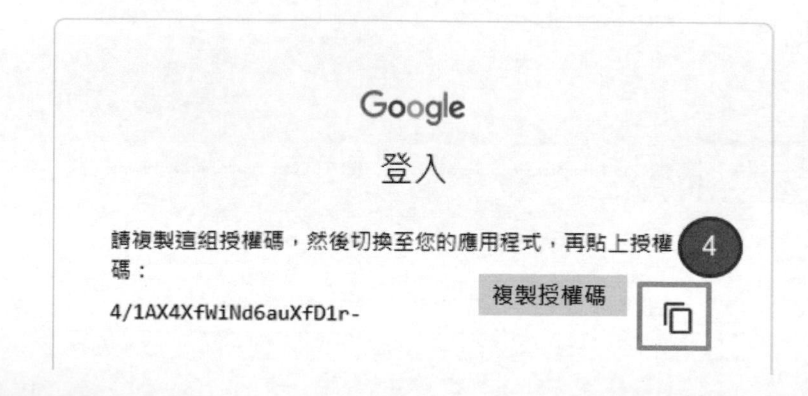

貼上授權碼

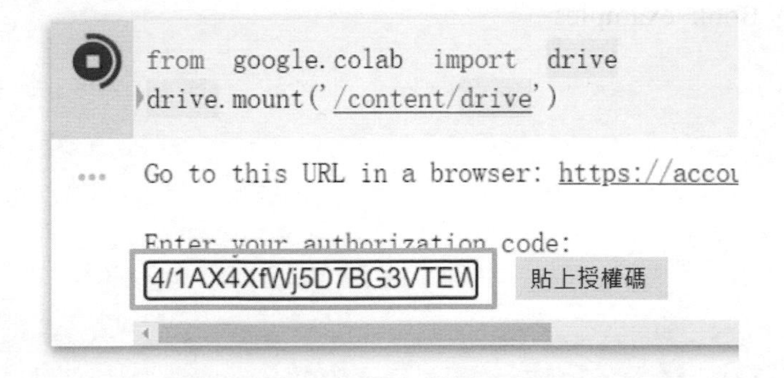

成功授權後，會出現以下的畫面

```
[1] from google.colab import drive
    drive.mount('/content/drive')

    Mounted at /content/drive
```

告知雲端硬碟已經掛載在drive下

點擊上一層資料夾

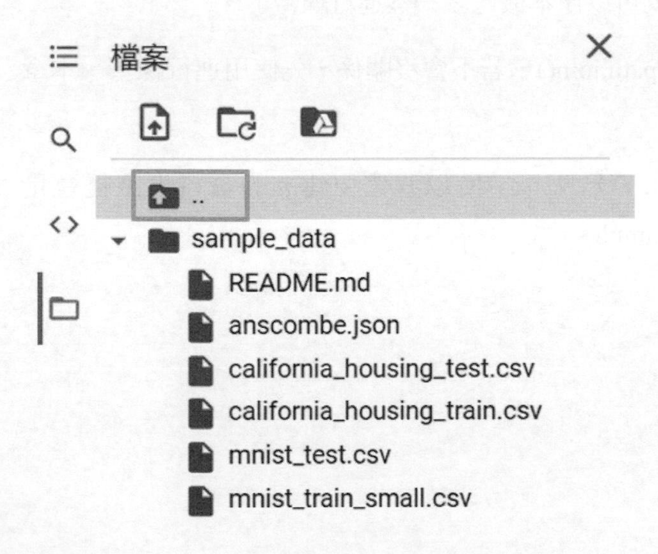

找到 content 資料夾並展開，在 MyDrive 裡面就是 Google 雲端硬碟裡的資料夾

此時就可以看到剛剛上傳的 Book_examples

接著，示範如何使用 os.scandir() 來瀏覽在雲端硬碟裡的 Book_examples

只要把資料夾路徑定義好，就可以像本機電腦一樣進行練習了。

資料夾路徑的建立會使用 os.path.join()，若不會沒關係，先使用進行練習，本章節的後面會說明此函數

目前程式的位置是在 content 資料夾下，所以我們要建立的資料夾路徑會是 drive → MyDrive → Book_examples

程式碼如下所示

```
[4] import os
    dir_path = os.path.join('drive','MyDrive','Book_examples')
    print("dir_path:",dir_path)
    for obj in os.scandir(dir_path):
        print(obj)
```

```
dir_path: drive/MyDrive/Book_examples
<DirEntry 'Lecture_notes.pptx'>
<DirEntry '14_0.png'>
<DirEntry 'Resume.docx'>
<DirEntry 'content.json'>
<DirEntry 'dairy_notes.txt'>
<DirEntry 'statistics.xlsx'>
<DirEntry 'test.txt'>
<DirEntry '1.txt'>
<DirEntry 'image_paths.txt'>
```

另外一個方法是直接複製資料夾的路徑，如下

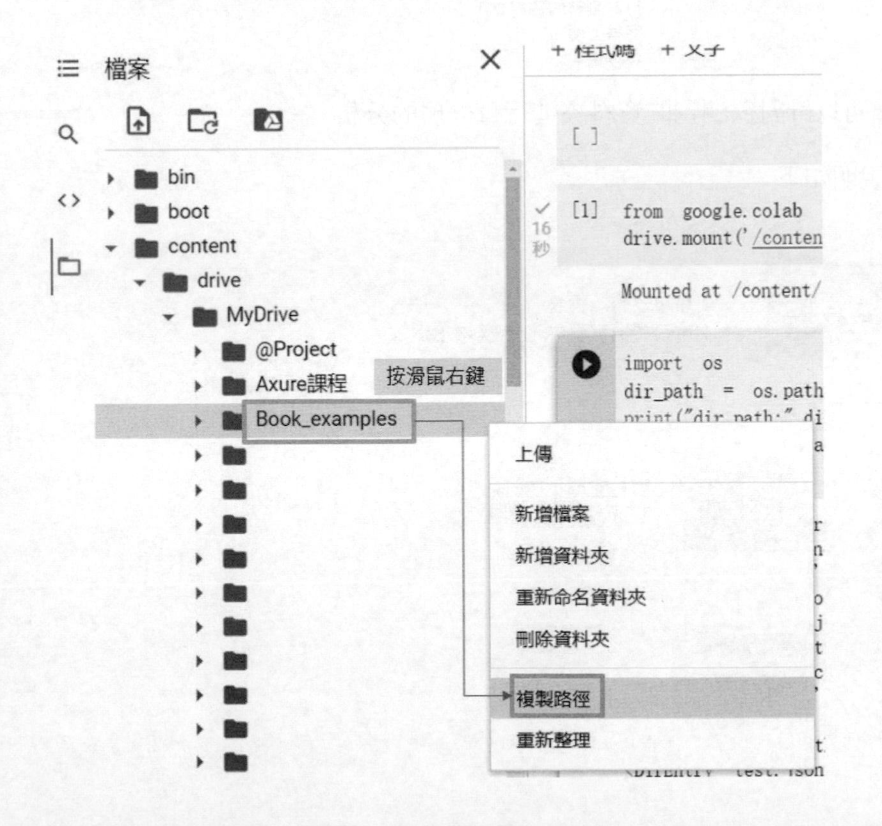

貼上路徑後，如下

```
[4] dir_path = '/content/drive/MyDrive/Book_examples'
    if os.path.exists(dir_path):
        print("該路徑存在")
```

該路徑存在

14-2-3 os.walk

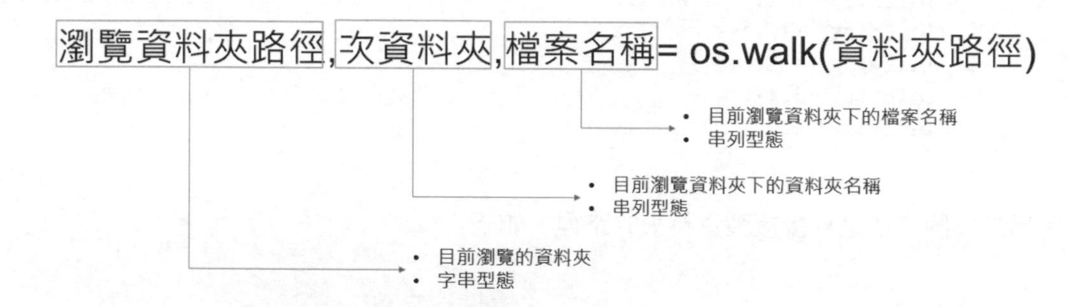

函數 os.walk 可以針對欲瀏覽的資料夾進行每一層的分析

次資料夾的說明如下

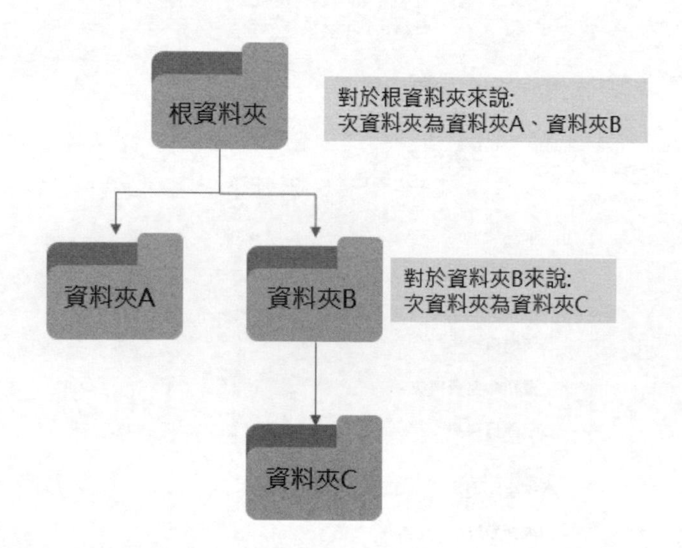

使用範例如下

```
dir_path = r"F:\book_examples"
for dir_name,sub_dir_list,filename_list in os.walk(dir_path):
    print("現在瀏覽的資料夾路徑:",dir_name)
    print("-->其次資料夾有:",sub_dir_list)
    print("-->其檔案有:",filename_list)
```

第一層的資料

```
現在瀏覽的資料夾路徑: F:\book_examples
-->其次資料夾有: ['books', 'datasets', 'games', 'jobs', 'movies', 'music', 'reports']
-->其檔案有: ['14_0.png', 'content.json', 'dairy_notes.txt', 'Lecture_notes.pptx', 'Resume.docx', 'statistics.xlsx']
現在瀏覽的資料夾路徑: F:\book_examples\books
-->其次資料夾有: ['魔戒']
-->其檔案有: ['哈利波特.docx']
現在瀏覽的資料夾路徑: F:\book_examples\books\魔戒
-->其次資料夾有: []
-->其檔案有: ['魔戒_1.docx', '魔戒_2.docx', '魔戒_3.docx']
現在瀏覽的資料夾路徑: F:\book_examples\datasets
-->其次資料夾有: ['human_faces', 'imagenet', 'mnist']
-->其檔案有: []
現在瀏覽的資料夾路徑: F:\book_examples\datasets\human_faces
-->其次資料夾有: []
-->其檔案有: []
現在瀏覽的資料夾路徑: F:\book_examples\datasets\imagenet
-->其次資料夾有: []
-->其檔案有: []
現在瀏覽的資料夾路徑: F:\book_examples\datasets\mnist
-->其次資料夾有: []
-->其檔案有: []
```

books
datasets
games
jobs
movies
music
reports
14_0.png
content.json
dairy_notes.txt
Lecture_notes.pptx
Resume.docx
statistics.xlsx

接著會針對第一層得到的資料夾進行下一層的瀏覽，如下說明

1. 針對第一層的 books 資料夾進行所有瀏覽
2. 針對第一層的 datasets 資料夾進行所有瀏覽
3. 針對第一層的 xxxx 資料夾進行所有瀏覽

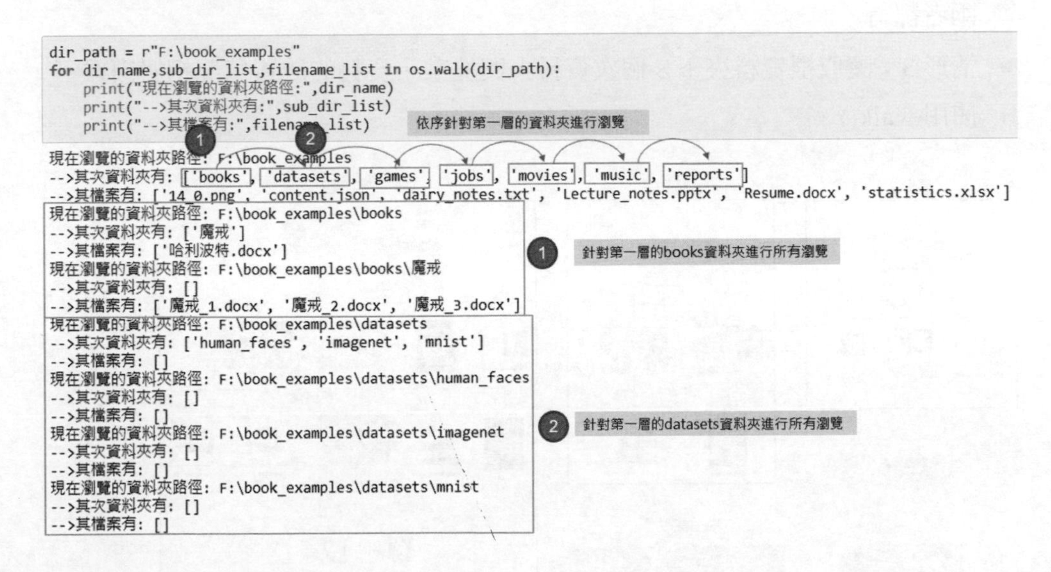


```
dir_path = r"F:\book_examples"
for dir_name,sub_dir_list,filename_list in os.walk(dir_path):
    print("現在瀏覽的資料夾路徑:",dir_name)
    print("-->其次資料夾有:",sub_dir_list)
    print("-->其檔案有:",filename_list)
現在瀏覽的資料夾路徑: F:\book_examples
-->其次資料夾有: ['books', 'datasets', 'games', 'jobs', 'movies', 'music', 'reports']
-->其檔案有: ['14_0.png', 'content.json', 'dairy_notes.txt', 'Lecture_notes.pptx', 'Resume.docx', 'statistics.xlsx']
現在瀏覽的資料夾路徑: F:\book_examples\books
-->其次資料夾有: ['魔戒']
-->其檔案有: ['哈利波特.docx']
現在瀏覽的資料夾路徑: F:\book_examples\books\魔戒
-->其次資料夾有: []
-->其檔案有: ['魔戒_1.docx', '魔戒_2.docx', '魔戒_3.docx']
現在瀏覽的資料夾路徑: F:\book_examples\datasets
-->其次資料夾有: ['human_faces', 'imagenet', 'mnist']
-->其檔案有: []
現在瀏覽的資料夾路徑: F:\book_examples\datasets\human_faces
-->其次資料夾有: []
-->其檔案有: []
現在瀏覽的資料夾路徑: F:\book_examples\datasets\imagenet
-->其次資料夾有: []
-->其檔案有: []
現在瀏覽的資料夾路徑: F:\book_examples\datasets\mnist
-->其次資料夾有: []
-->其檔案有: []
```

以第一層的 books 資料夾為例，多層瀏覽說明如下：

```
dir_path = r"F:\book_examples"
for dir_name,sub_dir_list,filename_list in os.walk(dir_path):
    print("現在瀏覽的資料夾路徑:",dir_name)
    print("-->其次資料夾有:",sub_dir_list)
    print("-->其檔案有:",filename_list)
```

```
現在瀏覽的資料夾路徑: F:\book_examples
-->其次資料夾有: ['books', 'datasets', 'games', 'jobs', 'movies', 'music', 'reports']
-->其檔案有: ['14_0.png', 'content.json', 'dairy_notes.txt', 'Lecture notes.pptx', 'Resume.docx', 'statistics.xlsx']
現在瀏覽的資料夾路徑: F:\book_examples\books
-->其次資料夾有: ['魔戒']
-->其檔案有: ['哈利波特.docx']
現在瀏覽的資料夾路徑: F:\book_examples\books\魔戒
-->其次資料夾有: []
-->其檔案有: ['魔戒_1.docx', '魔戒_2.docx', '魔戒_3.docx']
現在瀏覽的資料夾路徑: F:\book_examples\datasets
-->其次資料夾有: ['human_faces', 'imagenet', 'mnist']
-->其檔案有: []
現在瀏覽的資料夾路徑: F:\book_examples\datasets\human_faces
-->其次資料夾有: []
-->其檔案有: []
現在瀏覽的資料夾路徑: F:\book_examples\datasets\imagenet
-->其次資料夾有: []
-->其檔案有: []
現在瀏覽的資料夾路徑: F:\book_examples\datasets\mnist
-->其次資料夾有: []
-->其檔案有: []
```

- 針對第一層的books資料夾進行瀏覽
- 其下有1個資料夾，名為魔戒
- 其下有1個檔案，名為哈利波特.docx

- 針對第二層的魔戒資料夾進行瀏覽
- 其下有0個資料夾
- 其下有3個檔案，分別為魔戒_1.docx、魔戒_2.docx、魔戒_3.docx

那怎麼決定要使用 scandir() 還是 walk() 呢？

以下歸納幾個情形，說明如下

- 情形 1：僅讀取根資料夾下的檔案，使用 scandir()
- 情形 2：讀取根資料夾下多個次資料夾，資料的放置情況相對單純下，使用兩者都行。
- 情形 3：讀取根資料夾下多個次資料夾與檔案，資料的放置情況相對複雜下，使用 walk()。

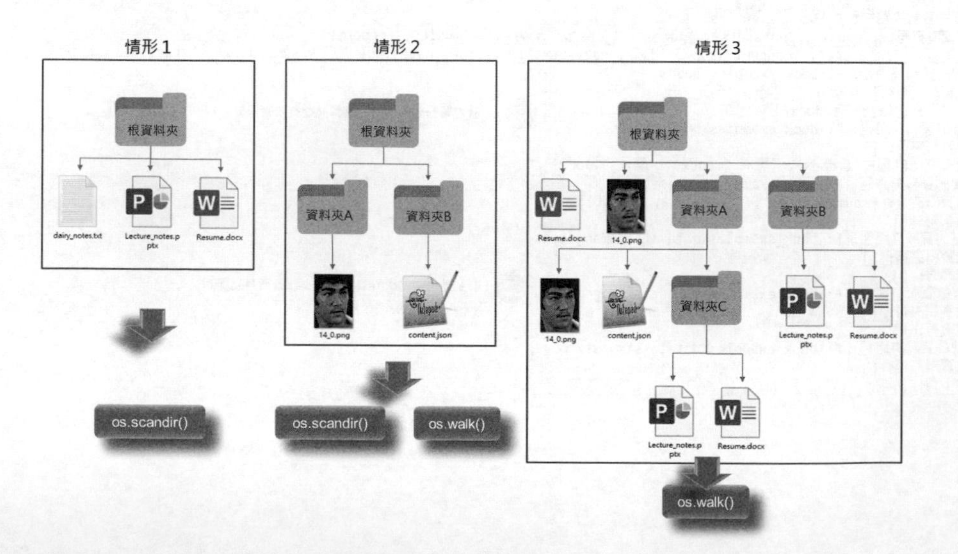

14-3 檔案的處理

關於檔案的操作會使用 os.path 相關的函數來進行

14-3-1 os.path.exists

變數 = os.path.exists(檔案路徑)

- os.path.exists()執行完會有回傳值，內容是布林值

此函數用來檢驗給定的檔案路徑是否存在，若存在，回傳 True；反之，回傳 False

使用範例如下

```
path = r"F:\book_examples\Lecture_notes.pptx"

if os.path.exists(path) is True:
    print("檔案存在",path)
else:
    print("檔案不存在",path)
```

```
檔案存在 F:\book_examples\Lecture_notes.pptx
```

14-3-2 os.isdir()

變數 = os.path.isdir(路徑字串)

此函數用來檢驗給定的路徑是否為資料夾，若是，回傳 True；反之回傳 False

14-3-3 os.isfile()

變數 = os.path.isfile(路徑字串)

此函數用來檢驗給定的路徑是否為檔案，若是，回傳 True；反之回傳 False

isdir() 與 isfile() 通常都是搭配使用的，範例如下

```
path = r"F:\book_examples"

if os.path.exists(path) is True:
    if os.path.isdir(path):
        print("路徑:{}存在，是資料夾".format(path))
    elif os.path.isfile(path):
        print("路徑:{}存在，是檔案".format(path))
else:
    print("路徑不存在",path)
```

```
路徑:F:\book_examples存在，是資料夾
```

14-3-4 os.path.getsize()

變數 = os.path.getsize(檔案路徑)

- 此函數用來得到檔案所佔據的硬碟空間 (常說的檔案大小)
- 此函數有回傳值，型態為整數數值，若有指定變數，則給值至指定變數
- 此函數的回傳值為檔案的位元組大小

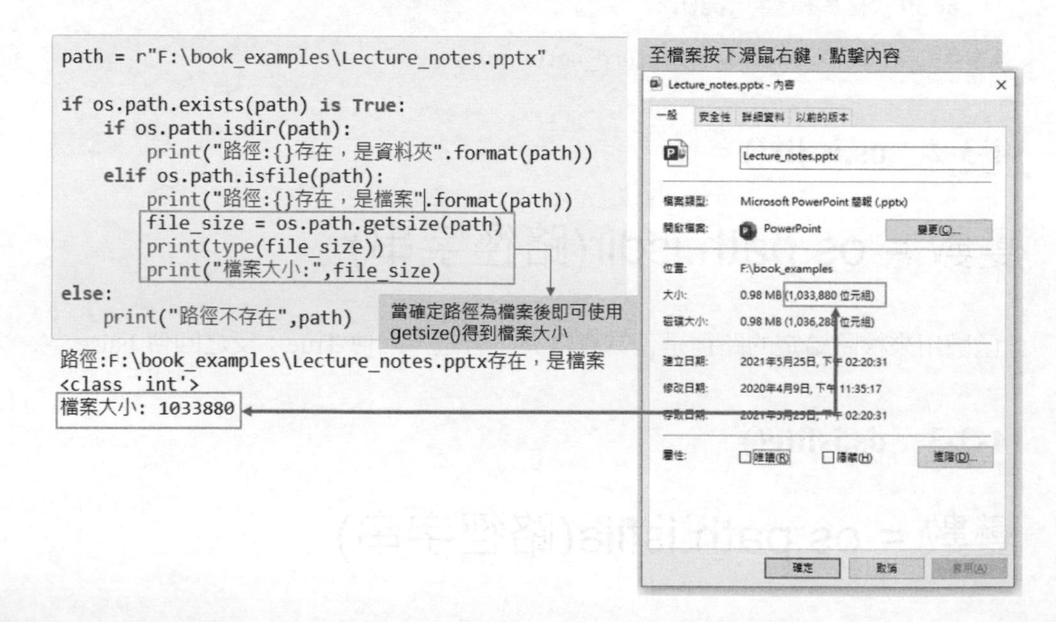

path = r"F:\book_examples\Lecture_notes.pptx"
if os.path.exists(path) is True:
if os.path.isdir(path):
print("路徑:{}存在，是資料夾".format(path))
elif os.path.isfile(path):
print("路徑:{}存在，是檔案".format(path))
file_size = os.path.getsize(path)
print(type(file_size))
print("檔案大小:",file_size)
else:
print("路徑不存在",path)
當確定路徑為檔案後即可使用
getsize()得到檔案大小
路徑:F:\book_examples\Lecture_notes.pptx存在，是檔案
<class 'int'>
檔案大小: 1033880
至檔案按下滑鼠右鍵，點擊內容
Lecture_notes.pptx - 內容
一般
安全性
詳細資料
以前的版本
Lecture_notes.pptx
檔案類型: Microsoft PowerPoint 簡報 (.pptx)
開啟檔案: PowerPoint
變更(C)...
位置: F:\book_examples
大小: 0.98 MB (1,033,880 位元組)
磁碟大小: 0.98 MB (1,036,288 位元組)
建立日期: 2021年5月25日, 下午 02:20:31
修改日期: 2020年4月9日, 下午 11:35:17
屬性: 唯讀(R) 隱藏(H)
進階(D)...
確定
取消
套用(A)

14-3-5 os.path.dirname

變數 = os.path.dirname(檔案路徑)

- 此函數用來得到檔案所處的資料夾路徑
- 此函數有回傳值，型態為字串，若有指定變數，則給值至指定變數

14-3-6 os.path.basename()

變數 = os.path.basename(檔案路徑)

- 此函數用來得到檔案的名稱與副檔名
- 此函數有回傳值，型態為字串，若有指定變數，則給值至指定變數

使用範例如下

```
path = r"F:\book_examples\Lecture_notes.pptx"
print('dirname:',os.path.dirname(path))
print('basename:',os.path.basename(path))
```

```
dirname: F:\book_examples
basename: Lecture_notes.pptx
```

檔案所處的資料夾

檔案的名稱與副檔名

dirname	basename
F:\book_examples\	Lecture_notes.pptx

接著，將程式也加到剛剛的範例，如下

```
path = r"F:\book_examples\Lecture_notes.pptx"

if os.path.exists(path) is True:
    if os.path.isdir(path):
        print("路徑:{}存在，是資料夾".format(path))
    elif os.path.isfile(path):
        print("路徑:{}存在，是檔案".format(path))
        file_size = os.path.getsize(path)
        print(type(file_size))
        print("檔案大小:",file_size)

        print('檔案所處資料夾:',os.path.dirname(path))
        print('檔案名稱與副檔名:',os.path.basename(path))
else:
    print("路徑不存在",path)
```

```
路徑:F:\book_examples\Lecture_notes.pptx存在，是檔案
<class 'int'>
檔案大小: 1033880
檔案所處資料夾: F:\book_examples
檔案名稱與副檔名: Lecture_notes.pptx
```

14-3-7 關於絕對路徑與相對路徑

- 絕對路徑：檔案的路徑是完整的，須從最上層的硬碟槽名稱到本身的檔案名稱
- 相對路徑：是相對於目前所處資料夾的路徑
- 以下圖的 14_0.png 為例，其絕對路徑 :F:\ 資料夾 A\14_0.png
- 若目前所處資料夾為 F 槽下，則相對路徑 = 資料夾 A\14_0.png
- 若目前所處資料夾為資料夾 A，則相對路徑 = 14_0.png

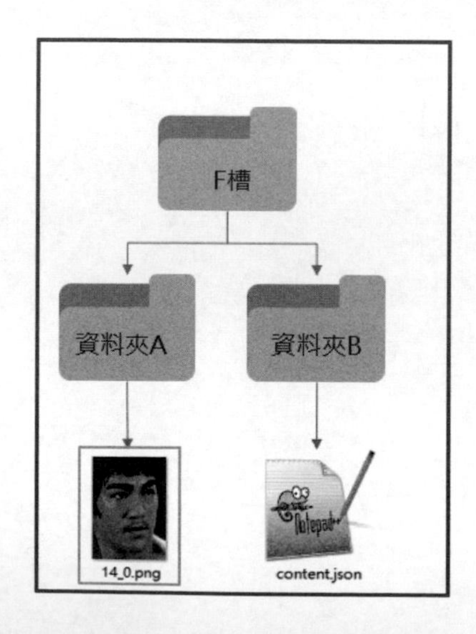

14-3-8 os.getcwd()

變數 = os.getcwd()

- 此函數用來得到目前工作的所屬資料夾路徑，get 是得到，cwd 是 current working directory 的縮寫
- 輸入的檔案名稱須為字串型態
- 此函數有回傳值，型態為字串，若有指定變數，則給值至指定變數

```
cwd = os.getcwd()
print(cwd)
```

```
G:\我的雲端硬碟\Python\Code\Jupyter\Book
```

14-3-9 os.path.abspath()

絕對路徑 = os.path.abspath(檔案名稱)

- 此函數用來取得輸入檔案的絕對路徑
- 輸入的檔案名稱須為字串型態
- 此函數有回傳值，型態為字串，若有指定變數，則給值至指定變數

假設今天我放了一個檔案 abc.xxx 在我目前的工作資料夾下，我想要使用程式來組建該檔案的絕對路徑

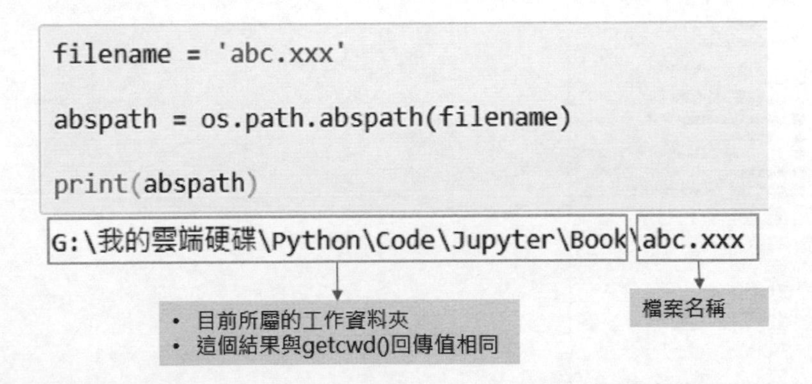
filename = 'abc.xxx'
abspath = os.path.abspath(filename)
print(abspath)
G:\我的雲端硬碟\Python\Code\Jupyter\Book\abc.xxx
目前所屬的工作資料夾
這個結果與getcwd()回傳值相同
檔案名稱

在電腦系統中，目前所處的工作資料夾會使用 "." 來表示；上一層資料夾會使用 ".." 來表示

若目前位於資料夾 A，14_0.png 的相對路徑也可以寫成 .\14_0.png

若該檔案位於上一層資料夾，怎寫成 ..\14_0.png

```
print(os.path.abspath('.'))
print(os.path.abspath('..'))
print(os.path.abspath('...'))
```

- 目前所屬資料夾的絕對路徑
- 目前所屬資料夾的上一層資料夾的絕對路徑
- 超過兩個點就沒有意義

```
G:\我的雲端硬碟\Python\Code\Jupyter\Book
G:\我的雲端硬碟\Python\Code\Jupyter
G:\我的雲端硬碟\Python\Code\Jupyter\Book
```

若是不使用程式，想要得到檔案的絕對路徑，該怎麼做呢？

至檔案處，先按下鍵盤的 Shift 鍵，再按下滑鼠右鍵，選擇複製路徑，至 jupyter notebook 程式編輯處貼上即可得到絕對路徑，而且連前後的雙引號都會有。

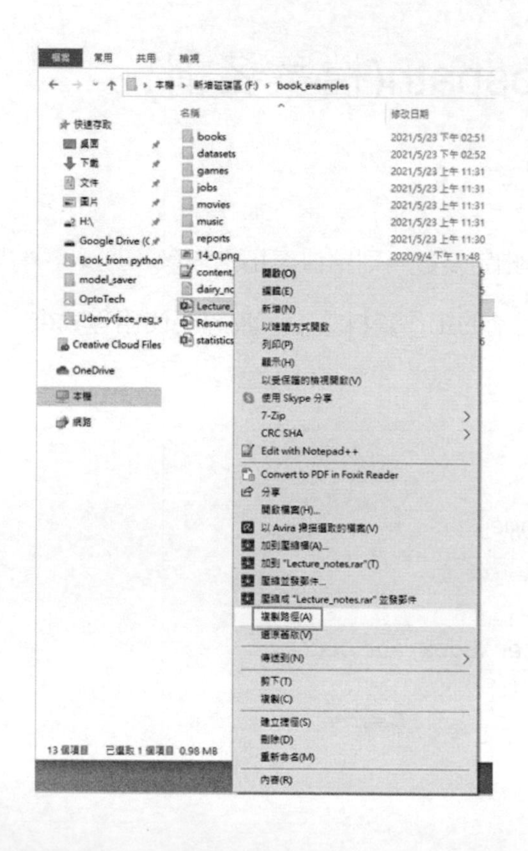

```
"F:\book_examples\Lecture_notes.pptx"
```

14-3-10 os.path.join()

變數 = os.path.join(路徑1, 路徑2)

- 此函數用來連結輸入的路徑 1 與路徑 2，連結的符號會使用反斜線
- 輸入的路徑都要是字串型態
- 此函數有回傳值，型態為字串，若有指定變數，則給值至指定變數

來看一下基本的使用

```
a = "123"
b = "456"

c = os.path.join(a,b)
print(c)
```

```
123\456
```

使用反斜線連結a字串與b字串

連結的個數可以很多個

```
a = '123'
b = "456"
c = '789'
d = 'abcd'

e = os.path.join(a,b,c,d)
print(e)
```

```
123\456\789\abcd
```

由反斜線可以得知此函數用來連結路徑，使用的方式如下

絕對路徑 = os.path.join(資料夾路徑, 檔案名稱)

承上 os.walk() 函數，我們來找出資料夾所有檔案的絕對路徑

```
dir_path = r"F:\book_examples"
for dir_name,sub_dir_list,filename_list in os.walk(dir_path):

    if len(filename_list) > 0:    先檢測是否有檔案的名稱字串在串列裡

        for filename in filename_list:    依序讀出每個檔案名稱

            absolute_path = os.path.join(dir_name,filename)    與所屬資料夾結合成絕對路徑

            print("檔案名稱:{}，絕對路徑:{}".format(filename,absolute_path))
```

```
檔案名稱:14_0.png，絕對路徑:F:\book_examples\14_0.png
檔案名稱:content.json，絕對路徑:F:\book_examples\content.json
檔案名稱:dairy_notes.txt，絕對路徑:F:\book_examples\dairy_notes.txt
檔案名稱:Lecture_notes.pptx，絕對路徑:F:\book_examples\Lecture_notes.pptx
檔案名稱:Resume.docx，絕對路徑:F:\book_examples\Resume.docx
檔案名稱:statistics.xlsx，絕對路徑:F:\book_examples\statistics.xlsx
檔案名稱:哈利波特.docx，絕對路徑:F:\book_examples\books\哈利波特.docx
檔案名稱:魔戒_1.docx，絕對路徑:F:\book_examples\books\魔戒\魔戒_1.docx
檔案名稱:魔戒_2.docx，絕對路徑:F:\book_examples\books\魔戒\魔戒_2.docx
檔案名稱:魔戒_3.docx，絕對路徑:F:\book_examples\books\魔戒\魔戒_3.docx
```

14-3-11 os.makedirs()

os.makedirs(資料夾路徑)

- 此函數用來創建資料夾
- 輸入的引數都要是字串型態
- 此函數無回傳值

使用範例如下

使用時要注意，若欲建立的資料夾已經存在，則執行 makedirs() 函數會產生錯誤

```
dir_path = r"F:\book_examples"
new_dir_name = "test"

new_dir_path = os.path.join(dir_path,new_dir_name)
print("new_dir_path:",new_dir_path)

os.makedirs(new_dir_path)
```

```
new_dir_path: F:\book_examples\test

---------------------------------------------------------------------------
FileExistsError                           Traceback (most recent call last)
<ipython-input-40-990800629c7e> in <module>
      5 print("new_dir_path:",new_dir_path)
      6
----> 7 os.makedirs(new_dir_path)

~\Anaconda3\lib\os.py in makedirs(name, mode, exist_ok)
    219             return
    220     try:
--> 221         mkdir(name, mode)
    222     except OSError:
    223         # Cannot rely on checking for EEXIST, since the operating system

FileExistsError: [WinError 183] 當檔案已存在時，無法建立該檔案。: 'F:\\book_examples\\test'
```

所以在使用此函數前建議先使用 os.path.exists() 函數來檢驗欲建立的資料夾是否已經存在，若不存在再執行 makedirs() 函數。

程式改寫如下

```
dir_path = r"F:\book_examples"
new_dir_name = "test"

new_dir_path = os.path.join(dir_path,new_dir_name)
print("new_dir_path:",new_dir_path)

if os.path.exists(new_dir_path):  ──→ 檢驗欲建立的資料夾是否已經存在
    print("欲建立資料夾已經存在")
else:
    os.makedirs(new_dir_path) ──→ 若不存在，執行makedirs()
    print("資料夾建立完成")
```

```
new_dir_path: F:\book_examples\test
欲建立資料夾已經存在
```

14-3-12 os.replace()

os.replace(原始檔名, 修改後的檔名)

- 此函數用來更改存在檔案的檔名
- 輸入的引數都要是字串型態
- 此函數無回傳值

如下圖，若想要更改哈利波特 .docx 的檔名

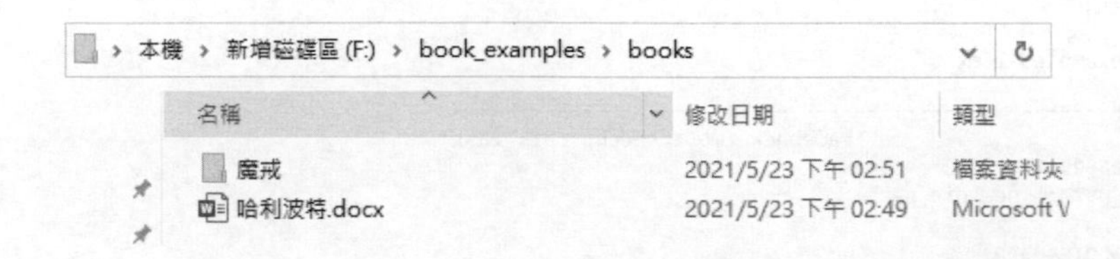

程式撰寫如下

```
original_path = r"F:\book_examples\books\哈利波特.docx"
modified_path = r"F:\book_examples\books\哈利波特_修改.docx"
os.replace(original_path,modified_path)
```

再回到資料夾查看，檔名已經被更改了

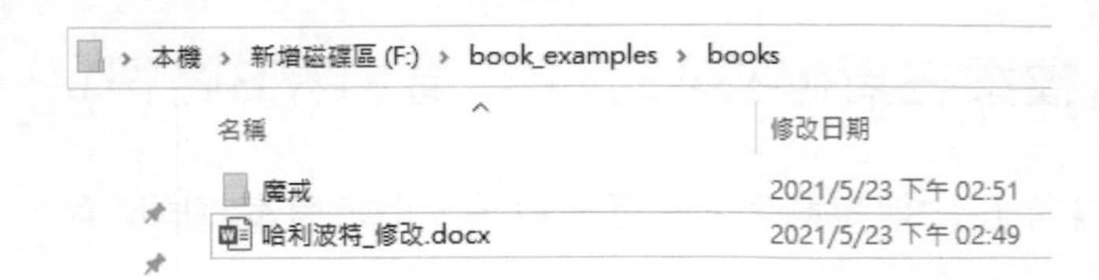

14-3-13 os.remove()

os.remove(欲刪除的檔案路徑)

- 此函數用來刪除檔案
- 輸入的引數都要是字串型態
- 此函數無回傳值

使用範例如下

```
file_path = r"F:\book_examples\books\哈利波特_修改.docx"

os.remove(file_path)  刪除檔案

if os.path.exists(file_path):  檢查檔案是否還存在
    print("檔案存在，刪除不成功")
else:
    print("檔案已不存在，刪除成功")
```

```
檔案已不存在，刪除成功
```

14-4 shutil 套件的使用

當資料夾與檔案都梳理清楚後，會想要針對檔案進行複製、剪下、刪除等動作，這時候就會使用到 shutil 套件

14-4-1 shutil.copy()

變數 = shutil.copy(檔案在資料夾A的路徑,資料夾B路徑)

- 此函數用來複製指定檔案至目的地資料夾，執行函數後，指定檔案將同時存在資料夾 A 與 B
- 參數中**檔案在資料夾 A 的路徑**是指定檔案的原始路徑
- 參數中**資料夾 B 路徑**是目的地路徑
- 輸入的引數都要是字串型態
- 此函數有回傳值，內容是檔案在資料夾 B 的路徑，若有指定變數，則給值至指定變數
- 資料夾 A 不可等於資料夾 B，否則會產生錯誤

如下圖，想要複製資料夾 A 下的一個檔案至目的地資料夾 B

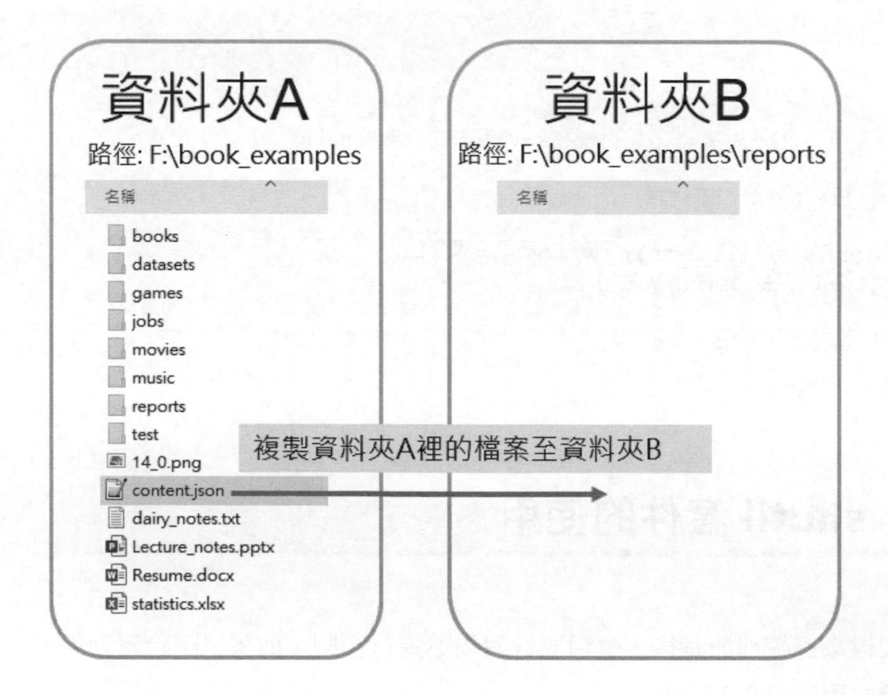

程式撰寫如下

```
file_path = r"F:\book_examples\content.json"
destination_dir = r"F:\book_examples\reports"
new_file_path = shutil.copy(file_path,destination_dir)
print("new_file_path: ",new_file_path)
```

欲複製檔案的路徑

目的地資料夾路徑

```
new_file_path:  F:\book_examples\reports\content.json
```

檔案在目的地資料夾的路徑

若在目的地資料夾 (資料夾 B) 已經存在相同檔名的檔案，執行此函數後不會先行通知，會直接覆蓋過去。倘若擔心此事發生，可以使用 os.path.exists() 檢驗是否在目的地資料夾已經有相同檔名的檔案，再搭配 input() 輸入是否要覆蓋檔案。

程式改寫如下

```
file_path = r"F:\book_examples\content.json"
destination_dir = r"F:\book_examples\reports"

filename = file_path.split("\\")[-1]
print("filename:",filename)

new_file_path = os.path.join(destination_dir, filename)
print("new_file_path: ",new_file_path)

if os.path.exists(new_file_path):
    re = input("檔案已存在，是否覆蓋? y/n")
    if re == 'y':
        _ = shutil.copy(file_path,destination_dir)
else:
    _ = shutil.copy(file_path,destination_dir)
```

使用split分離出檔名與副檔名

使用os.path.join組建成目的地資料夾的路徑

若檔案已經存在，由使用者輸入是否覆蓋檔案

```
filename: content.json
new_file_path:  F:\book_examples\reports\content.json
檔案已存在，是否覆蓋? y/nn
```

由於我們已經知道檔案於目的地的路徑，回傳值已經沒有意義，就可以使用下底線來接收回傳值，不用再另外給予有意義的變數名稱

參數中的資料夾 B 路徑也可以給予指定檔案在目的地的路徑，程式範例如下

```
file_path = r"F:\book_examples\content.json"
new_file_path = r"F:\book_examples\reports\content_copy.json"
_ = shutil.copy(file_path,new_file_path)
```

先指定好檔案於目的地資料夾的路徑
(包含檔名與副檔名)

14-4-2 shutil.move()

變數 = shutil.move(檔案在資料夾A的路徑,資料夾B路徑)

- 此函數用來移動指定檔案至目的地資料夾，執行函數後，指定檔案只存在資料夾 B
- 參數中**檔案在資料夾 A 的路徑**是指定檔案的原始路徑
- 參數中**資料夾 B 路徑**是目的地路徑
- 輸入的引數都要是字串型態
- 此函數有回傳值，內容是檔案在資料夾 B 的路徑，若有指定變數，則給值至指定變數

此函數的使用方法與 shutil.copy() 相同，僅差別在是否保留原始檔案於資料夾 A，這邊就不另外提供範例。

接著要統合一下這一章節所學到的，練習撰寫以下的功能

功能說明：

在指定的資料夾裡搜出所有的圖片檔案，複製到目的地資料夾，複製的檔案都會有 "_copy" 的字串

撰寫程式之前若沒有頭緒，請先思考以下幾點再開始喔

1. 要檢驗甚麼圖片副檔名？

2. 資料夾搜尋函數要使用 scandir() 還是 walk()?
3. "_copy" 字串要怎麼與原來的檔案名稱結合？

若你已經能夠回答以上的問題，恭喜你已經對於本章節所教的內容很熟悉了，可以開始撰寫程式碼；若還不能回答以上的問題，也可以參考以下的想法：

- 圖片副檔名有很多種，如 bmp、png、jpg、tiff 等，若要只檢查一種副檔名，就假設要搜尋的是最常見的 jpg 圖片，若要全部都檢查，就將所有的圖片格式放置於集合容器。
- 要搜出全部的圖片就是要使用 walk()，把每一層資料夾都進行掃描
- 複製的檔案名稱都要加上 "_copy" 字串，就要使用 split() 方法來解析出檔案名稱與副檔名，再將檔案名稱與 "_copy" 結合

程式碼撰寫如下

```
dir_path = r"F:\book_examples"
destination_dir = r"F:\output_dir"
extension_name = 'png'

for dir_name,sub_dir_list,filename_list in os.walk(dir_path):

    if len(filename_list) > 0:  檢驗串列裡是否有檔案名稱

        for filename in filename_list:
            splits = filename.split(".")  解析檔名與副檔名，若filename為14_0.png，
                                          解析後為['14_0', 'png']

            if splits[-1] == extension_name:   檢驗副檔名
                ori_file_path = os.path.join(dir_name,filename)  組建檔案在原始資料夾的路徑
                print("ori_file_path:",ori_file_path)

                new_filename = "{}_copy.{}".format(splits[0],splits[-1])
                new_file_path = os.path.join(destination_dir,new_filename)  組建檔案在目的地資料夾的路徑
                print("new_file_path:",new_file_path)

                _ = shutil.copy(ori_file_path,new_file_path)
```

```
ori_file_path: F:\book_examples\14_0.png
new_file_path: F:\output_dir\14_0_copy.png
```

以下對於檔案使用 split() 方法與 format() 方法的解說如下

```
filename = '14_0.png'

splits = filename.split('.')    使用'.'來解析，得到檔名與副檔名串列
print("splits:",splits)

if splits[-1] == 'png':
    new_filename = "{}_copy.{}".format(splits[0],splits[-1])
    print("new_filename:",new_filename)

splits: ['14_0', 'png']
new_filename: 14_0_copy.png
```

以下對於檔案使用 format() 方法的解說如下

```
filename = '14_0.png'
                                        這兩種檔名的結合方式都可以
splits = filename.split('.')
print("splits:",splits)

if splits[-1] == 'png':
    new_filename = "{}_copy.{}".format(splits[0],splits[-1])   ①
    print("new_filename:",new_filename)
②
    new_filename_2 = splits[0] + "_copy." + splits[-1]
    print("new_filename_2:",new_filename_2)

splits: ['14_0', 'png']
new_filename: 14_0_copy.png
new_filename_2: 14_0_copy.png
```

下一步就是把以上的程式碼寫成函數

思考一下可變動的是甚麼？是不是程式中的 dir_path、destination_dir、extension_name

另外還可以讓使用者設定檔案是要複製還是移動，預設值設定為複製

轉換成函數的程式碼與說明如下

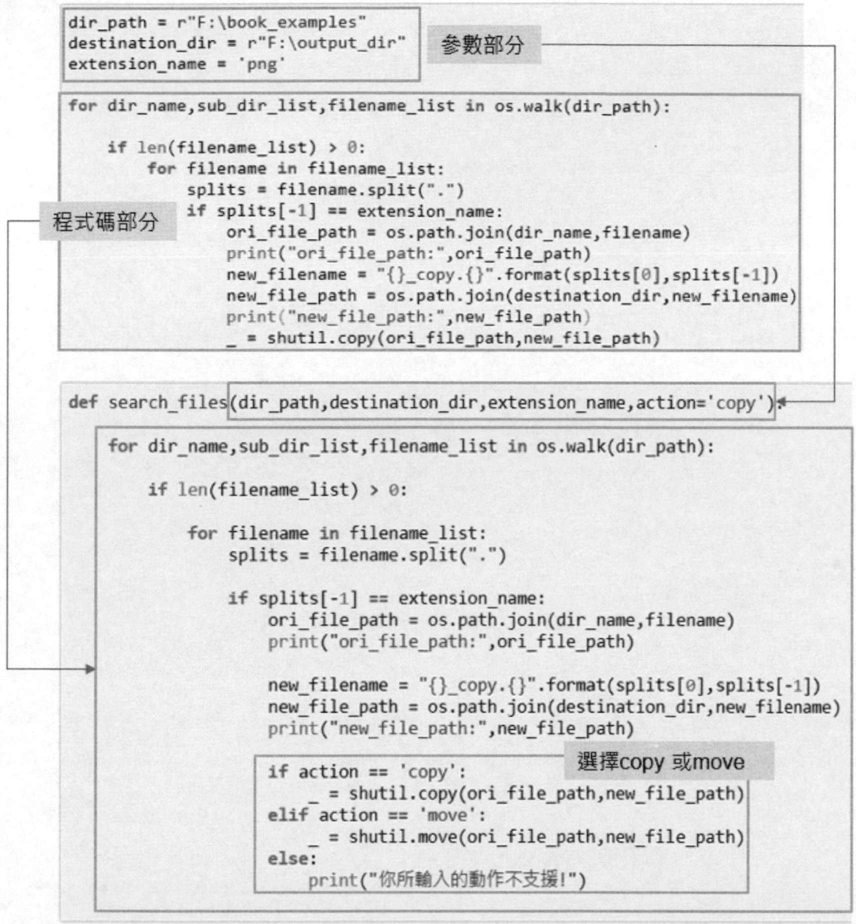

dir_path = r"F:\book_examples"
destination_dir = r"F:\output_dir"
extension_name = 'png'
參數部分
for dir_name,sub_dir_list,filename_list in os.walk(dir_path):
    if len(filename_list) > 0:
        for filename in filename_list:
            splits = filename.split(".")
            if splits[-1] == extension_name:
                ori_file_path = os.path.join(dir_name,filename)
                print("ori_file_path:",ori_file_path)
                new_filename = "{}_copy.{}".format(splits[0],splits[-1])
                new_file_path = os.path.join(destination_dir,new_filename)
                print("new_file_path:",new_file_path)
                _ = shutil.copy(ori_file_path,new_file_path)
程式碼部分
def search_files(dir_path,destination_dir,extension_name,action='copy'):
    for dir_name,sub_dir_list,filename_list in os.walk(dir_path):
        if len(filename_list) > 0:
            for filename in filename_list:
                splits = filename.split(".")
                if splits[-1] == extension_name:
                    ori_file_path = os.path.join(dir_name,filename)
                    print("ori_file_path:",ori_file_path)
                    new_filename = "{}_copy.{}".format(splits[0],splits[-1])
                    new_file_path = os.path.join(destination_dir,new_filename)
                    print("new_file_path:",new_file_path)
                    if action == 'copy':
                        _ = shutil.copy(ori_file_path,new_file_path)
                    elif action == 'move':
                        _ = shutil.move(ori_file_path,new_file_path)
                    else:
                        print("你所輸入的動作不支援!")
選擇copy 或move

接著，使用呼叫函數的程式碼如下

```
dir_path = r"F:\book_examples"
destination_dir = r"F:\output_dir"
extension_name = 'png'

search_files(dir_path,destination_dir,extension_name,action='copy')
```

```
ori_file_path: F:\book_examples\14_0.png
new_file_path: F:\output_dir\14_0_copy.png
```

CH15

檔案的讀取與寫入

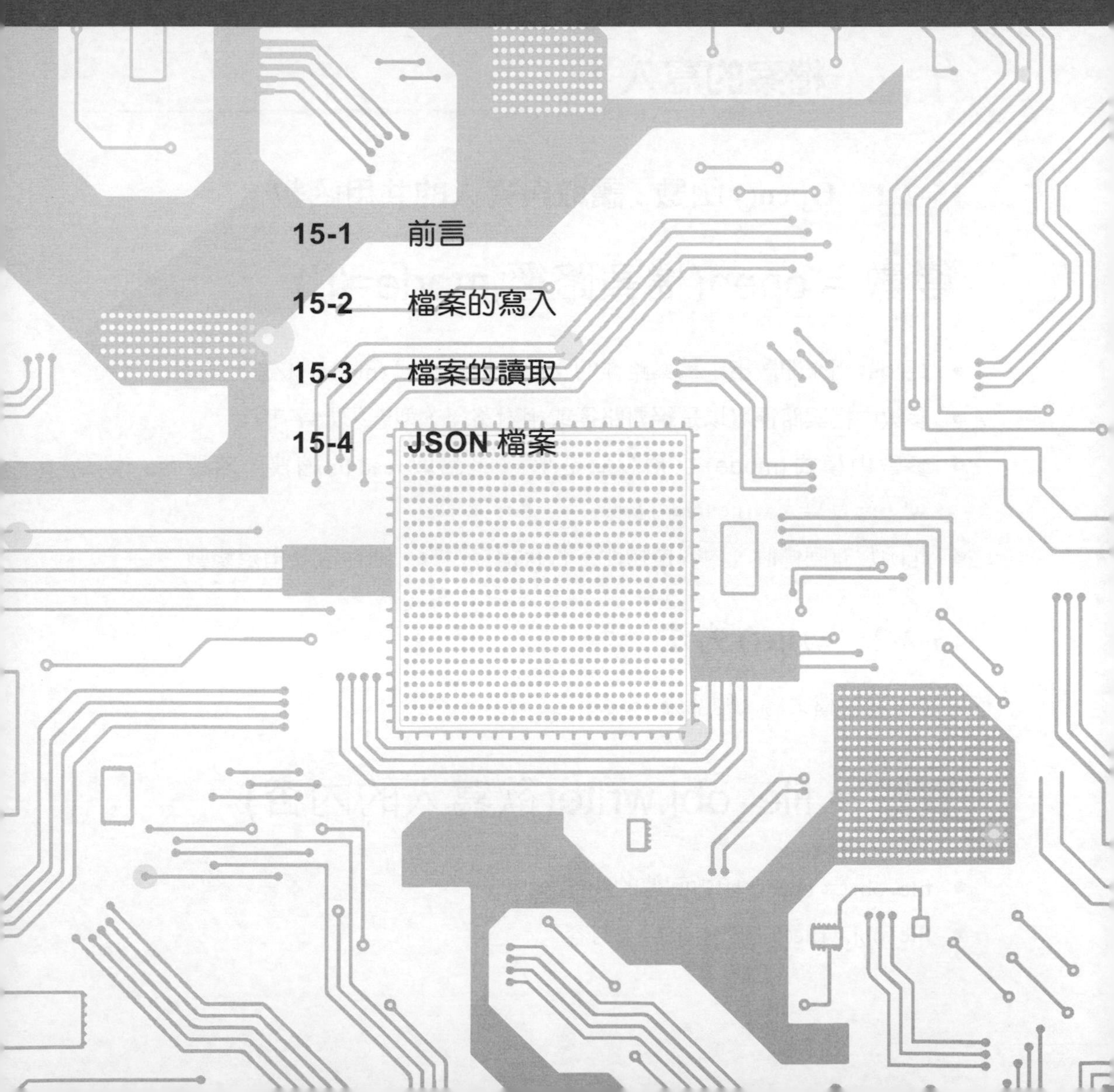

15-1 前言

- 程式碼執行時會將處理結果的資料暫存於記憶體中，執行完後會將記憶體釋放掉，處理結果的資料也隨之消失。若要保存資料，就要寫入檔案，儲存於硬碟；反之，若要得到資料，就要讀取硬碟上的資料。
- 本章節要介紹如何進行檔案的讀取與寫入

15-2 檔案的寫入

15-2-1 Open() 函數：讀取與寫入的共用函數

變數 = open(檔案路徑,mode='r')

- 此函數用來開啟指定檔案路徑的文件，根據模式 (mode) 來進行讀取或寫入
- 參數中**檔案路徑**可以是絕對路徑或相對路徑，型態須為字串
- 參數中**模式** (mode) 是預設值是 'r'，r 是讀取 read 的縮寫，若要寫入則為 'w'，w 是寫入 write 的縮寫。
- 此函數有回傳值，內容是物件，若有指定變數，則給值至指定變數

15-2-2 write() 方法

這邊先介紹檔案寫入的部分

變數 = file_obj.write(欲寫入的內容)

- file_obj 為 open() 函數回傳的物件
- file_obj.write() 方法用來寫入內容

● 參數中**欲寫入的內容**型態須為字串

● 此方法有回傳值，內容是寫入字串的長度，型態為整數 (int)，若有指定變數，則給值至指定變數

寫入的流程如下

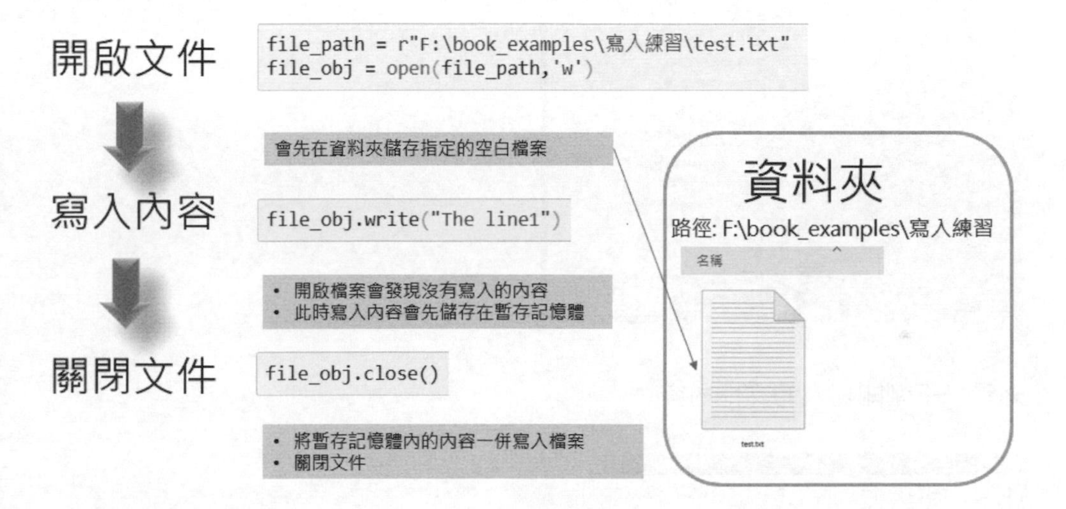
開啟文件
file_path = r"F:\book_examples\寫入練習\test.txt"
file_obj = open(file_path,'w')
會先在資料夾儲存指定的空白檔案
寫入內容
file_obj.write("The line1")
• 開啟檔案會發現沒有寫入的內容
• 此時寫入內容會先儲存在暫存記憶體
關閉文件
file_obj.close()
• 將暫存記憶體內的內容一併寫入檔案
• 關閉文件
資料夾
路徑: F:\book_examples\寫入練習
名稱

● 當執行完 open(file_path,'w')，程式會先儲存該檔案，原因是要先嘗試是否能夠成功地儲存該檔案，失敗的原因有可能指定資料夾不存在、沒有權限可以寫入等原因，避免使用者已經寫入許多內容後，進行儲存時才發現失敗。

● 承上，要注意到，若文件已經存在，會將其內容清空

● 執行完 write() 方法後，不會將內容寫到檔案裡，要執行 close() 後才會將字串內容全部寫進檔案裡

15-2-3 關於文字文件

上述儲存的檔案名稱是 test.txt，txt 是文字文件格式，為 Windows 系統常見的檔案，一般新增方式如下圖所示。

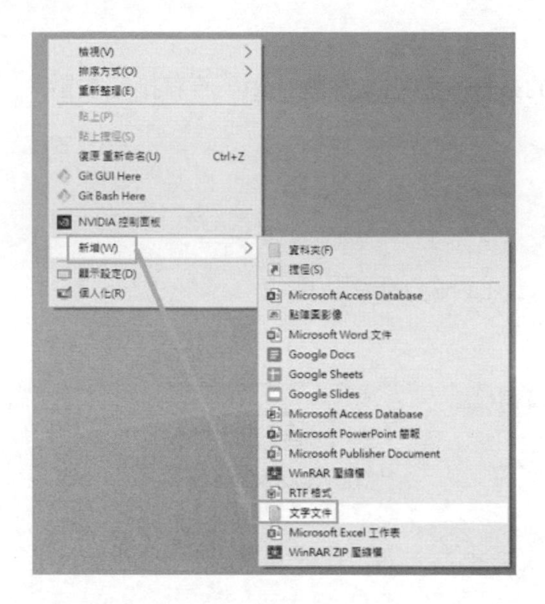

來看一下剛剛寫入的文件內容

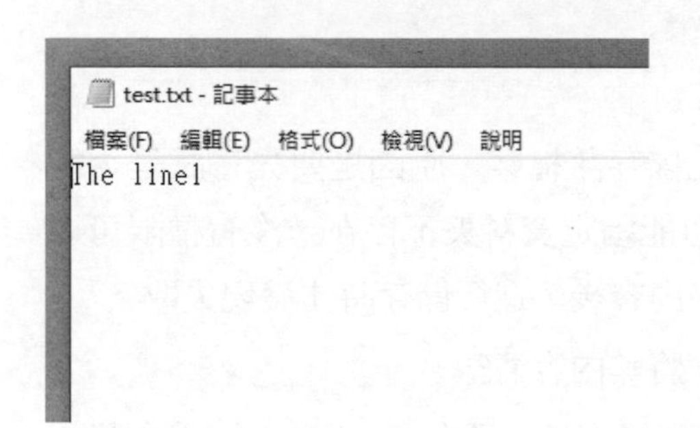

15-2-4 使用 Colab 的方式

若使用 Colab 要進行讀寫文件，無法儲存文件至本機電腦，只能夠存放在自己的 Google 雲端硬碟，所以要先掛載自己的雲端硬碟，讓 colab 程式獲得雲端硬碟的存取權。

掛載 Google 雲端硬碟的步驟如下

1. 在左列工具列點擊資料夾圖示
2. 點擊雲端硬碟圖示，會自動跳出一段程式

3. 執行該程式碼，進行授權，貼上授權碼

4. 測試是否能夠查詢到雲端硬碟的資料夾 (以 Colab Notebooks 為例)

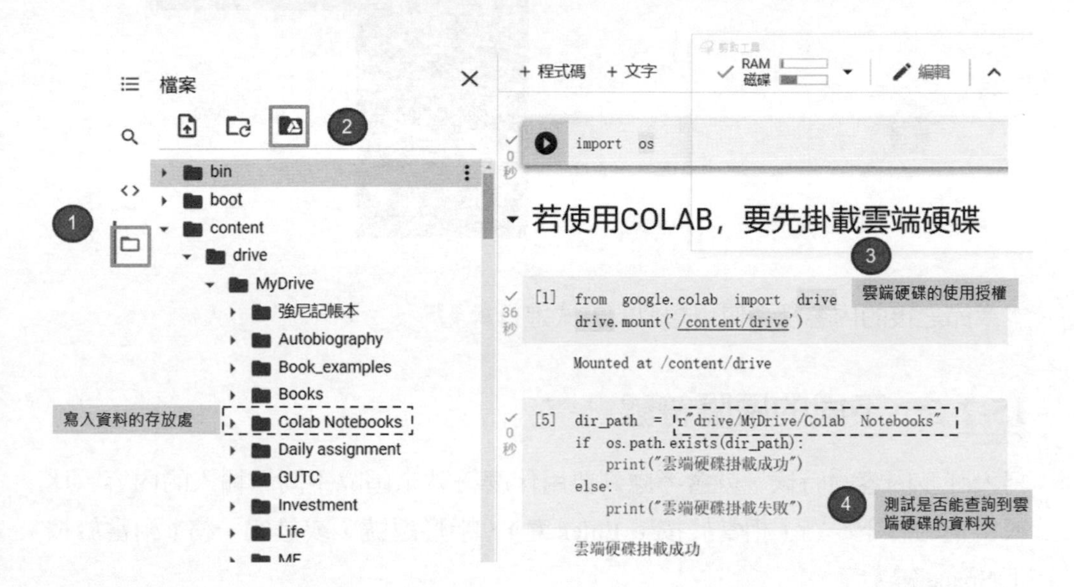

寫入檔案的範例

檔案存放的目的地是 Colab Notebooks 資料夾，寫入示範如下

```
[14]  # file_path = os.path.join(dir_path,'test.txt')#這樣的組建路徑也可以
      file_path = "./drive/MyDrive/Colab Notebooks/test.txt"

      file_obj = open(file_path,'w')

      file_obj.write("The line1")

      file_obj.close()
```

到雲端硬碟的目的地資料夾查看，會看到多了一個名為 test.txt 的檔案，開啟後對照是否為剛剛程式寫入的內容。

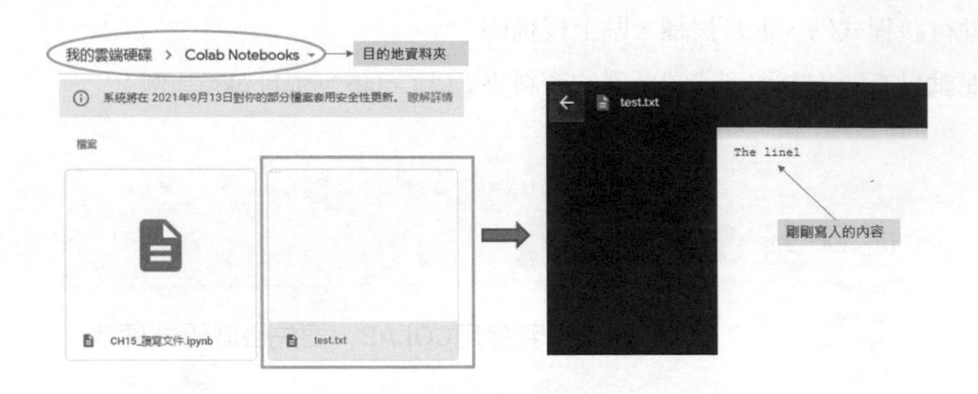
我的雲端硬碟 > Colab Notebooks
目的地資料夾
檔案
CH15_讀寫文件.ipynb
test.txt
The line1
剛剛寫入的內容

本章節之後的內容都請使用類似的方式進行練習

15-2-5 不同的區隔符號

寫入許多內容的時候，就會考慮到要用什麼符號來區隔不同筆輸入的內容，比較常用的有下一行 (相當於按下 Enter 鍵)、半形逗號、或是空一格 (相當於按下 Space 鍵) 等。

使用下一行當區隔符號的範例如下

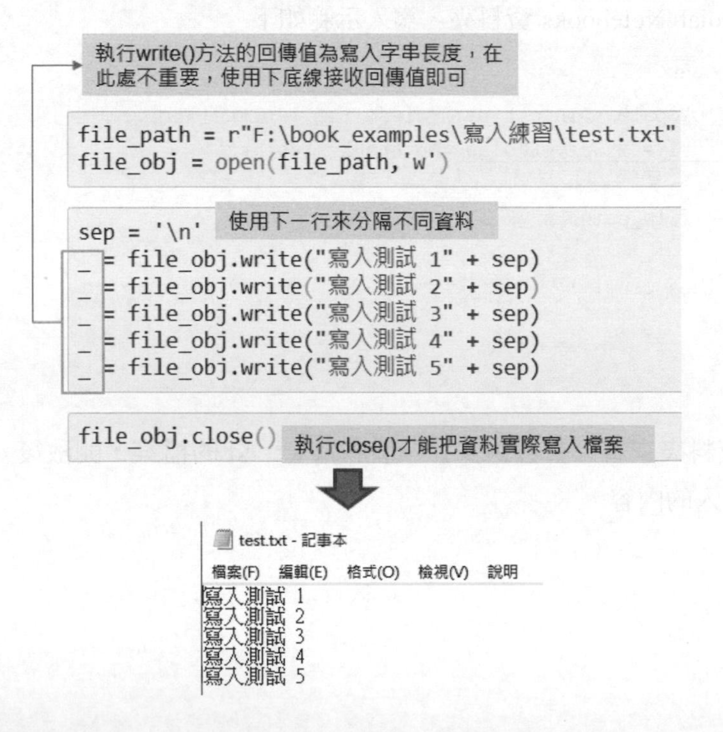
執行write()方法的回傳值為寫入字串長度，在此處不重要，使用下底線接收回傳值即可
file_path = r"F:\book_examples\寫入練習\test.txt"
file_obj = open(file_path,'w')
sep = '\n'
使用下一行來分隔不同資料
_ = file_obj.write("寫入測試 1" + sep)
_ = file_obj.write("寫入測試 2" + sep)
_ = file_obj.write("寫入測試 3" + sep)
_ = file_obj.write("寫入測試 4" + sep)
_ = file_obj.write("寫入測試 5" + sep)
file_obj.close()
執行close()才能把資料實際寫入檔案
test.txt - 記事本
檔案(F) 編輯(E) 格式(O) 檢視(V) 說明
寫入測試 1
寫入測試 2
寫入測試 3
寫入測試 4
寫入測試 5

使用空格當區隔符號的範例如下

```
file_path = r"F:\book_examples\寫入練習\test.txt"
file_obj = open(file_path,'w')
```

```
sep = ' '   使用空一格來分隔不同資料
_ = file_obj.write("寫入測試 1" + sep)
_ = file_obj.write("寫入測試 2" + sep)
_ = file_obj.write("寫入測試 3" + sep)
_ = file_obj.write("寫入測試 4" + sep)
_ = file_obj.write("寫入測試 5" + sep)
```

```
file_obj.close()
```

test.txt - 記事本

檔案(F) 編輯(E) 格式(O) 檢視(V) 說明

寫入測試 1 寫入測試 2 寫入測試 3 寫入測試 4 寫入測試 5

半形逗號是鍵盤在英文輸入模式下的逗號，而不是注音輸入模式下的逗號

半形逗號: ,

注音逗號: ，

使用半形逗號當區隔符號的範例如下

```
file_path = r"F:\book_examples\寫入練習\test.txt"
file_obj = open(file_path,'w')
```

```
sep = ','   使用半形逗號來分隔不同資料
_ = file_obj.write("寫入測試 1" + sep)
_ = file_obj.write("寫入測試 2" + sep)
_ = file_obj.write("寫入測試 3" + sep)
_ = file_obj.write("寫入測試 4" + sep)
_ = file_obj.write("寫入測試 5" + sep)
```

```
file_obj.close()
```

test.txt - 記事本

檔案(F) 編輯(E) 格式(O) 檢視(V) 說明

寫入測試 1,寫入測試 2,寫入測試 3,寫入測試 4,寫入測試 5,

15-2-6 儲存成 CSV 檔案

csv 檔案格式因容易寫入與讀取，是業界常使用的格式。

只要檔案的副檔名從 txt 改成 csv，一樣使用半形逗號當作分隔符號，儲存的檔案就會是 office 可以開啟的 csv 檔案

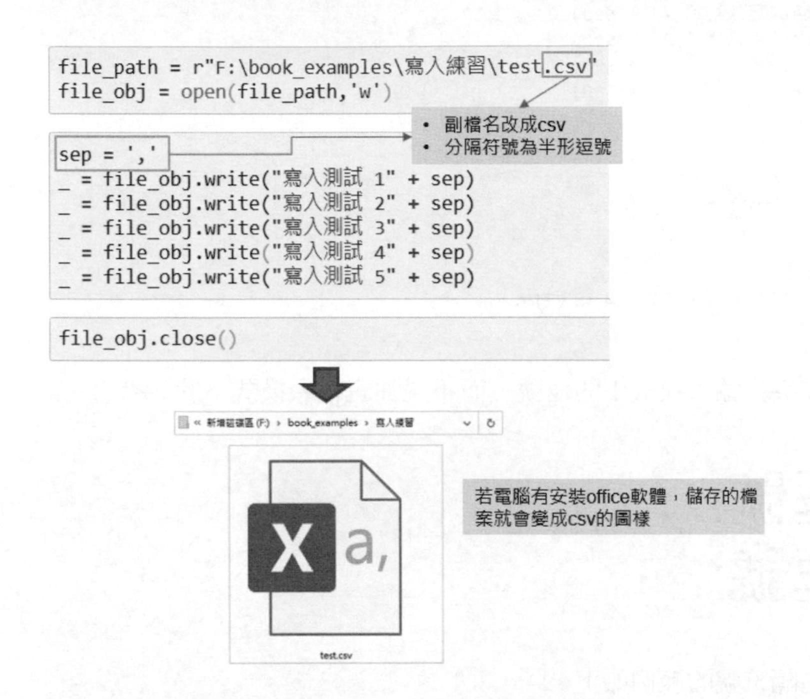
file_path = r"F:\book_examples\寫入練習\test.csv"
file_obj = open(file_path,'w')
副檔名改成csv
分隔符號為半形逗號
sep = ','
_ = file_obj.write("寫入測試 1" + sep)
_ = file_obj.write("寫入測試 2" + sep)
_ = file_obj.write("寫入測試 3" + sep)
_ = file_obj.write("寫入測試 4" + sep)
_ = file_obj.write("寫入測試 5" + sep)
file_obj.close()
book_examples
寫入練習
test.csv
若電腦有安裝office軟體，儲存的檔案就會變成csv的圖樣

若電腦有安裝 office 軟體，開啟檔案後會自動把內容分隔開來

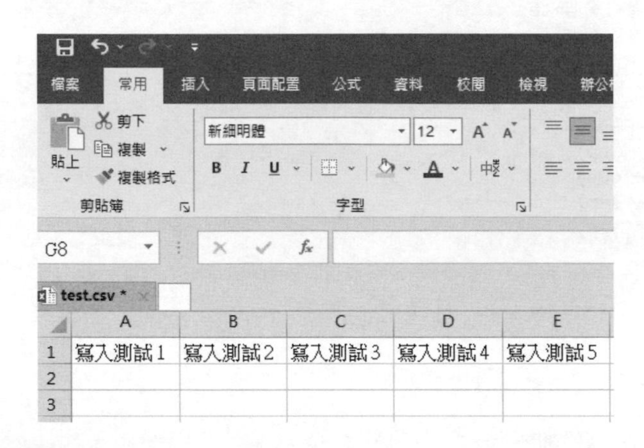
檔案
常用
插入
頁面配置
公式
資料
校閱
檢視
剪下
複製
複製格式
貼上
剪貼簿
新細明體
12
字型
G8
test.csv
寫入測試 1
寫入測試 2
寫入測試 3
寫入測試 4
寫入測試 5

如果要寫入下一行的資料，一樣使用下一行的分隔符號就好了

改寫如下

```
file_path = r"F:\book_examples\寫入練習\test.csv"
file_obj = open(file_path,'w')
```

```
sep = ','
_ = file_obj.write("寫入測試 1" + sep)
_ = file_obj.write("寫入測試 2" + sep)
_ = file_obj.write("寫入測試 3" + sep)
_ = file_obj.write("寫入測試 4" + sep)
_ = file_obj.write("寫入測試 5" + '\n')
_ = file_obj.write("寫入測試 6" + sep)
_ = file_obj.write("寫入測試 7" + sep)
_ = file_obj.write("寫入測試 8" + sep)
_ = file_obj.write("寫入測試 9" + sep)
```

```
file_obj.close()
```

test.csv *

	A	B	C	D	E
1	寫入測試1	寫入測試2	寫入測試3	寫入測試4	寫入測試5
2	寫入測試6	寫入測試7	寫入測試8	寫入測試9	
3					

若 csv 檔案開啟著，此時又再進行 open() 函數時會出現 permission denied 的錯誤訊息，只要先關閉 csv 檔案即可

```
file_path = r"F:\book_examples\寫入練習\test.csv"
file_obj = open(file_path,'w')
```

```
---------------------------------------------------------------------------
PermissionError                           Traceback (most recent call last)
<ipython-input-89-e6eada9ae2a6> in <module>
      1 file_path = r"F:\book_examples\寫入練習\test.csv"
----> 2 file_obj = open(file_path,'w')

PermissionError: [Errno 13] Permission denied: 'F:\\book_examples\\寫入練習\\test.csv'
```

由於執行 write() 方法只能夠給予字串的內容，若要寫入數字，記得使用 str() 進行轉換

```
file_path = r"F:\book_examples\寫入練習\test.txt"
file_obj = open(file_path,'w')
```

```
sep = ','

_ = file_obj.write(str(12345) + sep)
_ = file_obj.write(str(67890) + sep)
_ = file_obj.write(str(13579) + sep)
_ = file_obj.write(str(24680) + sep)
```

```
file_obj.close()
```

test.txt - 記事本

檔案(F) 編輯(E) 格式(O) 檢視(V) 說明

12345,67890,13579,24680,

另一種寫法

with open(檔案路徑,'w') as file_obj:
file_obj.write(欲寫入的內容)

- 在開啟檔案或建立檔案物件時，可以使用關鍵字 with 來建立程式區塊
- 在程式區塊內的程式碼都需要縮排
- 使用 with 的好處是當離開程式區塊時 (程式碼不縮排)，檔案物件會自動執行 close() 方法

使用差異如下所示

```
file_path = r"F:\book_examples\寫入練習\test.txt"
sep = ','

with open(file_path,'w') as file_obj:

    _ = file_obj.write(str(12345) + sep)
    _ = file_obj.write('12345' + sep)
    _ = file_obj.write(str(67890) + sep)
    _ = file_obj.write('67890' + sep)
```

- 使用with搭配open()的寫法時，執行write()方法記得要縮排
- 若程式碼沒有縮排表示離開with open():的區塊，file_obj會先執行close()後離開

以下為離開 with open() 程式區塊再使用 write() 方法的情況

```
file_path = r"F:\book_examples\寫入練習\test.txt"
sep = ','

with open(file_path,'w') as file_obj:
    _ = file_obj.write(str(12345) + sep)
_ = file_obj.write('67890' + sep)

---------------------------------------------------------------------------
ValueError                                Traceback (most recent call last)
<ipython-input-100-fcfb1263d531> in <module>
      9     _ = file_obj.write('67890' + sep)
     10
---> 11 _ = file_obj.write('67890' + sep)
     12

ValueError: I/O operation on closed file.
```

執行成功

執行失敗

離開with open()的程式區塊，就無法再寫入字串

15-2-7 writelines() 方法

file_obj.writelines(串列)

- file_obj 為 open() 函數回傳的物件
- file_obj.writelines() 方法用來寫入參數串列內的所有內容
- 此方法沒有回傳值

使用範例如下

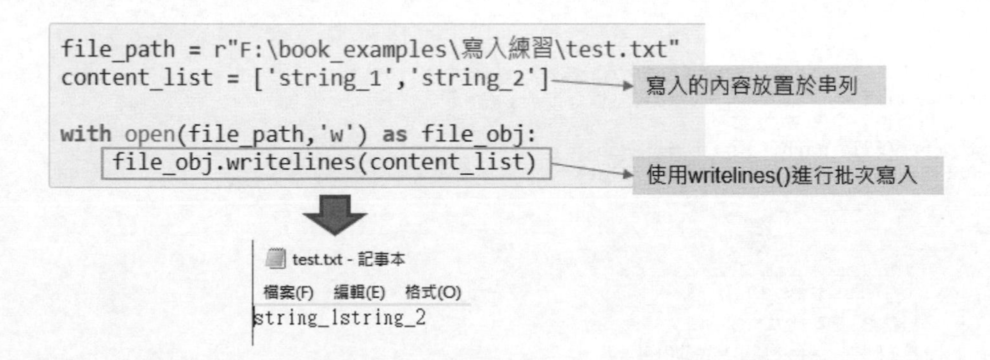
file_path = r"F:\book_examples\寫入練習\test.txt"
content_list = ['string_1','string_2']
寫入的內容放置於串列
with open(file_path,'w') as file_obj:
file_obj.writelines(content_list)
使用writelines()進行批次寫入
test.txt - 記事本
檔案(F) 編輯(E) 格式(O)
string_1string_2

有沒有注意到，資料與資料間沒有了分隔符號，所以若要使用此方法，在資料放進串列時，若是數值就要先轉成字串，並加上分隔符號。

改寫如下

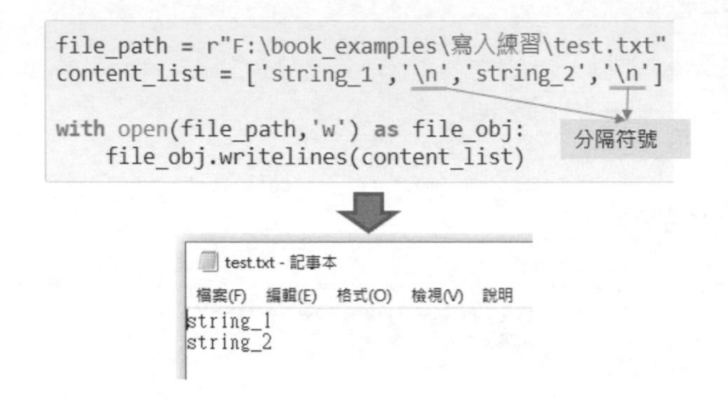
file_path = r"F:\book_examples\寫入練習\test.txt"
content_list = ['string_1','\n','string_2','\n']
with open(file_path,'w') as file_obj:
file_obj.writelines(content_list)
分隔符號
test.txt - 記事本
檔案(F) 編輯(E) 格式(O) 檢視(V) 說明
string_1
string_2

15-2-8 附加資料

```
with open(檔案路徑,'a') as file_obj:
        file_obj.write(欲寫入的內容)
```

若要寫入已經存在的檔案，不想要清除已經存在的資料，可以使用附加模式

只要在模式改成 a 就可以了，a 是附加 append 的縮寫

使用範例如下

```
file_path = r"F:\book_examples\寫入練習\test.txt"
content_list = ['string_3','\n','string_4','\n']

with open(file_path,'a') as file_obj:
    file_obj.writelines(content_list)
```

test.txt - 記事本

檔案(F) 編輯(E) 格式(O) 檢視(V) 說明

```
string_1
string_2
string_3
string_4
```

string_1、string_2 → 原本存在的內容

string_3、string_4 → 新寫入的內容

15-2-9 程式練習

功能說明：

- 輸入資料夾路徑，將資料夾裡所有圖片檔案的絕對路徑都寫到文字文件裡
- 使用**下一行**作為資料與資料間的分隔
- 輸出的文字檔案儲存在輸入的資料夾路徑下
- 自行練習的時候，不一定要搜尋圖片檔案，可以改成你想要搜尋的副檔名

程式碼撰寫如下

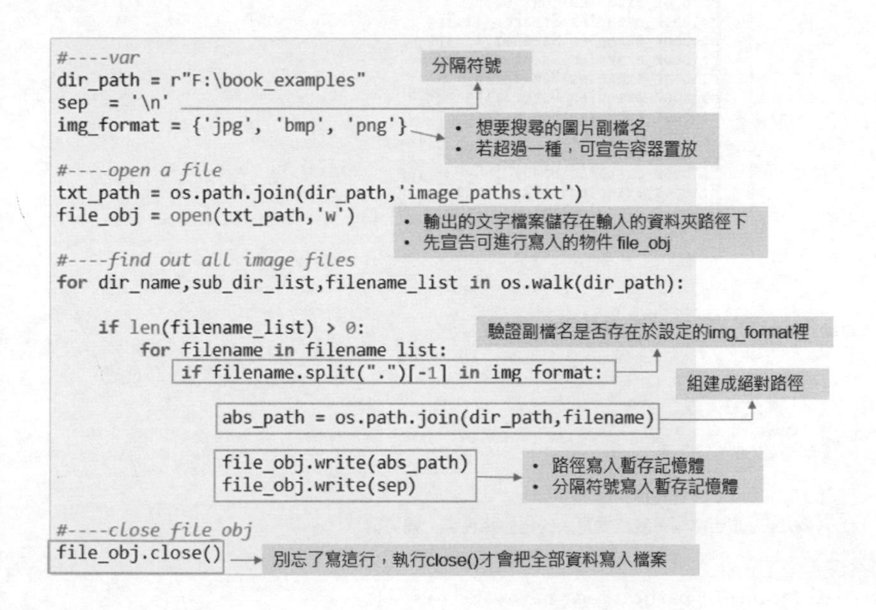
```
#----var
dir_path = r"F:\book_examples"
sep  = '\n'
img_format = {'jpg', 'bmp', 'png'}

#----open a file
txt_path = os.path.join(dir_path,'image_paths.txt')
file_obj = open(txt_path,'w')

#----find out all image files
for dir_name,sub_dir_list,filename_list in os.walk(dir_path):

    if len(filename_list) > 0:
        for filename in filename_list:
            if filename.split(".")[-1] in img_format:

                abs_path = os.path.join(dir_path,filename)

                file_obj.write(abs_path)
                file_obj.write(sep)

#----close file obj
file_obj.close()
```
分隔符號
• 想要搜尋的圖片副檔名
• 若超過一種，可宣告容器置放
• 輸出的文字檔案儲存在輸入的資料夾路徑下
• 先宣告可進行寫入的物件 file_obj
驗證副檔名是否存在於設定的img_format裡
組建成絕對路徑
• 路徑寫入暫存記憶體
• 分隔符號寫入暫存記憶體
別忘了寫這行，執行close()才會把全部資料寫入檔案

執行完後，我們去該資料夾找到輸出的文字文件，觀看其內容。

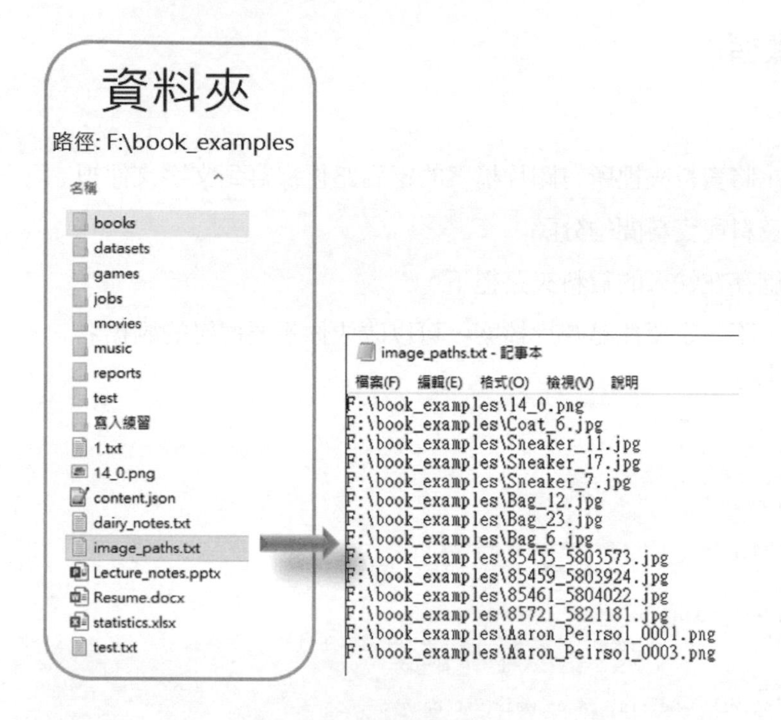

如果要使用 writelines () 方法，範例如下

```
#----var
dir_path = r"F:\book_examples"
sep  = '\n'
img_format = {'jpg', 'bmp', 'png'}
path_list = list()  → 宣告串列，放置要寫入的絕對路徑與分隔符號

#----open a file
txt_path = os.path.join(dir_path,'image_paths.txt')
file_obj = open(txt_path,'w')

#----find out all image files
for dir_name,sub_dir_list,filename_list in os.walk(dir_path):

    if len(filename_list) > 0:
        for filename in filename_list:
            if filename.split(".")[-1] in img_format:

                abs_path = os.path.join(dir_path,filename)

                path_list.append(abs_path)    • 絕對路徑放置於串列
                path_list.append(sep)         • 分隔符號放置於串列

#----write and close file obj
file_obj.writelines(path_list)  使用writelines()一次性寫入
file_obj.close()
```

15-3 檔案的讀取

file_obj = open(檔案路徑,mode='r')
變數 = file_obj.read()

- open() 函數用來開啟指定檔案路徑的文件，設定模式 (mode) 為 'r' 來進行讀取
- file_obj 為 open() 函數回傳的物件
- file_obj.read() 方法用來讀取內容
- read() 方法有回傳值，為檔案的內容，型態為字串 (str)，若有指定變數，則給值至指定變數

剛剛有做儲存圖片檔名的文字文件，現在換成來讀該文件

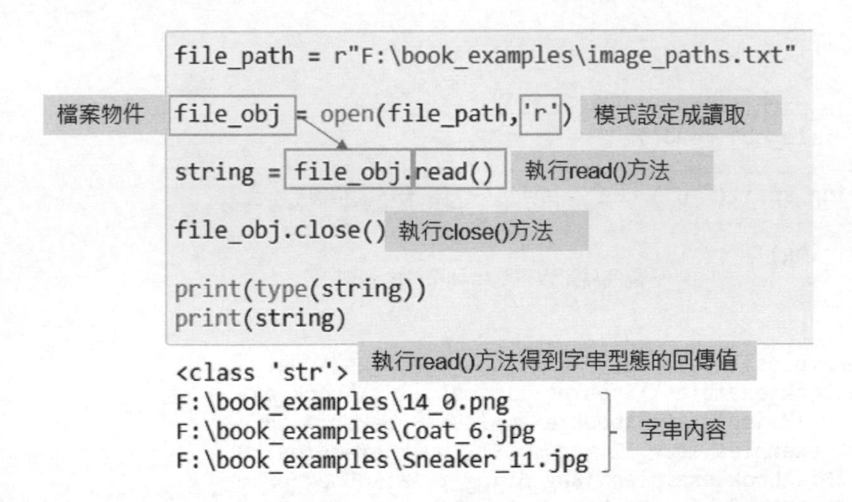

另一種寫法：

with open(檔案路徑,'r') as file_obj:
    file_obj.read()

使用範例如下

- 使用with搭配open()的寫法時，執行read()方法記得要縮排
- 若程式碼沒有縮排表示離開with open():的區塊，file_obj會先執行close()後離開

```
file_path = r"F:\book_examples\image_paths.txt"

with open(file_path,'r') as file_obj:

    string = file_obj.read()

print(type(string))
print(string)
```

```
<class 'str'>
F:\book_examples\14_0.png
F:\book_examples\Coat_6.jpg
F:\book_examples\Sneaker_11.jpg
```

使用 read() 方法得到的回傳值，雖然讀到資料了，但是是一大筆資料，並沒有進行分隔，接著要針對那一大筆資料進行分隔。

```
file_path = r"F:\book_examples\image_paths.txt"

with open(file_path,'r') as file_obj:
    string = file_obj.read()

string = string.split("\n")

print(type(string))
print(string)
```

使用字串的split()方法進行資料分隔

分隔完就可以得到串列型態的資料

```
<class 'list'>
['F:\\book_examples\\14_0.png', 'F:\\book_examples\\Coat_
6.jpg', 'F:\\book_examples\\Sneaker_11.jpg', 'F:\\book_exa
mples\\Sneaker_17.jpg', 'F:\\book_examples\\Sneaker_7.jp
g', 'F:\\book_examples\\Bag_12.jpg', 'F:\\book_examples\\B
ag_23.jpg', 'F:\\book_examples\\Bag_6.jpg', 'F:\\book_exam
ples\\85455_5803573.jpg', 'F:\\book_examples\\85459_580392
4.jpg', 'F:\\book_examples\\85461_5804022.jpg', 'F:\\book_
examples\\85721_5821181.jpg', 'F:\\book_examples\\Aaron_Pe
irsol_0001.png', 'F:\\book_examples\\Aaron_Peirsol_0003.pn
g', '']
```

- 由上圖可以發現到串列內的最後一筆，這是當初寫入資料的時候會寫完一筆路徑再寫入一筆分隔符號，所以那是最後一筆路徑資料後的分隔符號
- 可以使用 strip() 方法來去除，程式碼如下

```
file_path = r"F:\book_examples\image_paths.txt"

with open(file_path,'r') as file_obj:
    string = file_obj.read()

string = string.strip('\n')
string = string.split("\n")

print(type(string))
print(string)
```

使用字串的strip()方法去除最後的分隔符號

```
<class 'list'>
['F:\\book_examples\\14_0.png', 'F:\\book_examples\\Coat_6.jpg', 'F:\\book_examples\\Sneaker_11.jpg', 'F:\\book_examples\\Sneaker_17.jpg', 'F:\\book_examples\\Sneaker_7.jpg', 'F:\\book_examples\\Bag_12.jpg', 'F:\\book_examples\\Bag_23.jpg', 'F:\\book_examples\\Bag_6.jpg', 'F:\\book_examples\\85455_5803573.jpg', 'F:\\book_examples\\85459_5803924.jpg', 'F:\\book_examples\\85461_5804022.jpg', 'F:\\book_examples\\85721_5821181.jpg', 'F:\\book_examples\\Aaron_Peirsol_0001.png', 'F:\\book_examples\\Aaron_Peirsol_0003.png']
```

最後的分隔符號已經去除

15-4 JSON 檔案

- JSON（JavaScript Object Notation），這是源自於 JavaScript ，應用在物件的表示方法，最早應用於網頁的開發，不過現在已經有很多種的程式語言都支援 JSON 檔案的建立與解析。
- 與一般文字文件 (.txt) 相比，資料的內容、長度、分隔符號等都是自行定義的格式，有時隨著軟體的更新也一併更改格式，要長期的維護比較困難；JSON 是定義好的資料格式，大家遵循此格式進行讀取或寫入，與其他團隊合作時容易共享資料，長期維護也相對容易。
- 在 Python 語言想要進行 JSON 檔案的處理需使用 json 套件，使用 import json 導入套件。

- JSON 的檔案格式是使用**半形的大括號 { }** 裝入配對的資料，資料與資料間使用半形逗號隔開。配對的資料是由標籤 (key) 與內容 (value) 構成，標籤與內容間使用半形冒號隔開，標籤 (key) 可以是數值或字串，但不允許重複的標籤出現
- 看到以上的資料格式是否有點面熟？其實就是字典的格式。

15-4-1 JSON 檔案的寫入

```
with open(檔案路徑,'w') as file_obj:
    json.dump(字典資料, file_obj)
```

- 使用關鍵字 with 來建立程式小區塊，file_obj 為 open() 函數回傳的物件，模式設定為寫入 ('w')
- 在程式區塊內的程式碼都需要縮排
- 使用 json.dump() 來進行字典資料轉換成 JSON 格式，並儲存於檔案路徑

使用範例如下

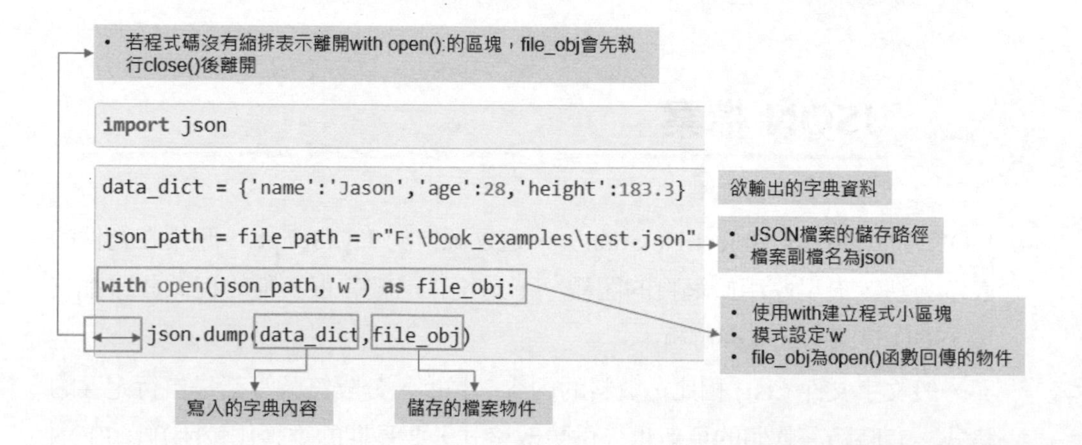

JSON 檔案的開啟

JSON 檔案可以使用一般的文字文件開啟

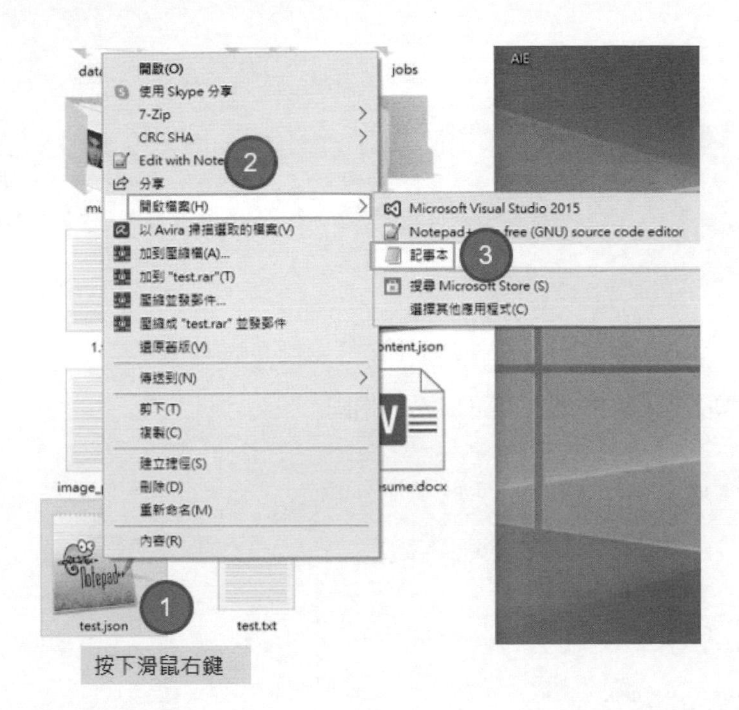

檔案開啟後的內容如下，可以很清楚地看到字典格式資料的呈現

test.json - 記事本

檔案(F) 編輯(E) 格式(O) 檢視(V) 說明

```
{"name": "Jason", "age": 28, "height": 183}
```

15-4-2 JSON 檔案的讀取

```
with open(檔案路徑,'r') as file_obj:
    data_dict = json.load(file_obj)
```

- 使用關鍵字 with 來建立程式小區塊，file_obj 為 open() 函數回傳的物件，模式設定為讀取 ('r')
- 在程式小區塊內的程式碼都需要縮排
- 使用 json.load() 來進行讀取檔案物件的字典內容

範例程式如下

```
json_path = file_path = r"F:\book_examples\test.json"

with open(json_path,'r') as file_obj:

    data_dict = json.load(file_obj)

print(data_dict)
```

```
{'name': 'Jason', 'age': 28, 'height': 183.3}
```

接著，我們來看一下讀取出來的格式是否與寫入的相同

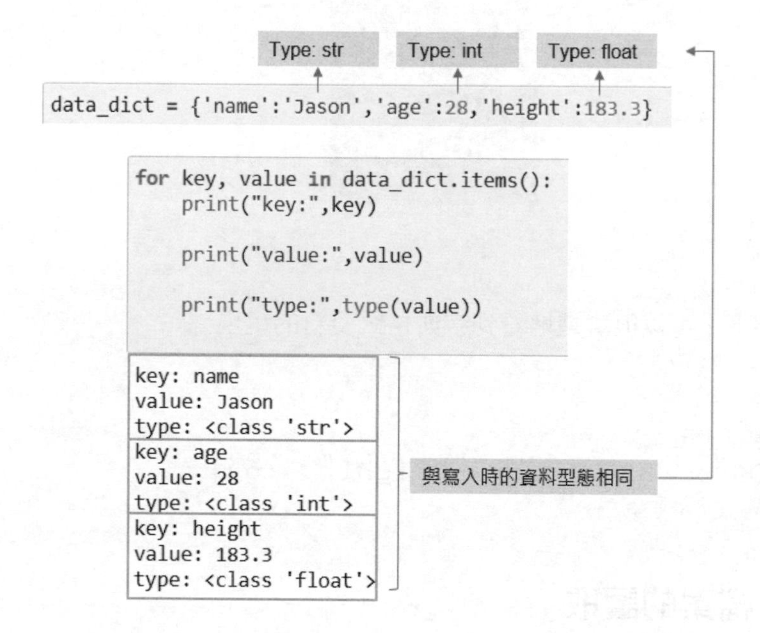

可以看到使用 JSON 格式可以得到與寫入前相同的資料型態，尤其是數值，不需要再進行轉換；若使用文字文件儲存 (.txt)，讀取得到的資料必定是字串型態，必須再進行一次數值轉換。

練習

承續之前的練習，這次改成將內容儲存成 JSON 檔案

功能說明：

- 輸入資料夾路徑，將資料夾裡所有圖片檔案的絕對路徑都寫到 JSON 文件裡

- 使用標籤名稱 paht_list，內容為串列，包含所有的圖片路徑
- 輸出的文字檔案儲存在輸入的資料夾路徑下
- 自行練習的時候，不一定要搜尋圖片檔案，可以改成你想要搜尋的副檔名

程式碼如下

```
#----var
dir_path = r"F:\book_examples"
img_format = {'jpg', 'bmp', 'png'}
path_list = list()          宣告串列，用來放置所有圖片的絕對路徑

#----find out all image files
for dir_name,sub_dir_list,filename_list in os.walk(dir_path):

    if len(filename_list) > 0:
        for filename in filename_list:
            if filename.split(".")[-1] in img_format:      組建成絕對路徑

                abs_path = os.path.join(dir_path,filename)
                path_list.append(abs_path)      串列新增資料

#----write data to a JSON file
json_path = os.path.join(dir_path,'image_paths.json')
data_dict = {'path_list':path_list}      組建成標籤:串列內容的字典型態

with open(json_path,'w') as file_obj:      將字典資料寫入JSON檔案

    json.dump(data_dict,file_obj)
```

完成後，使用文字文件開啟該檔案

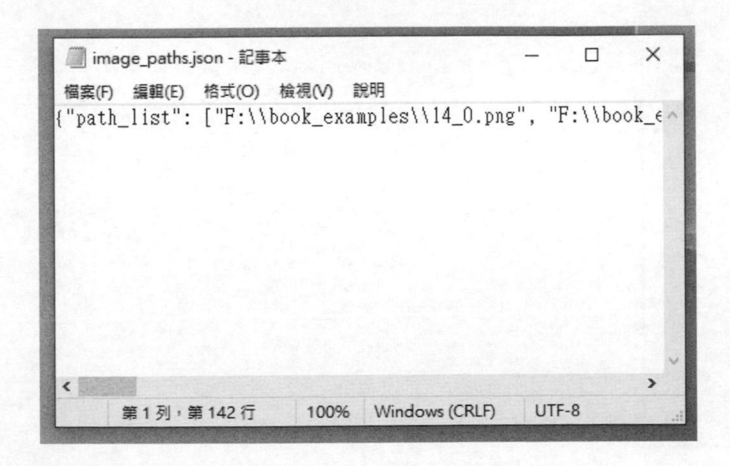

15-4-3 notepad 工具的使用

可以發現到無法看到全部的資料，這邊建議安裝一款免費的純文字編輯器 :Notepad++，是由台灣侯今吾開發的實用軟體。

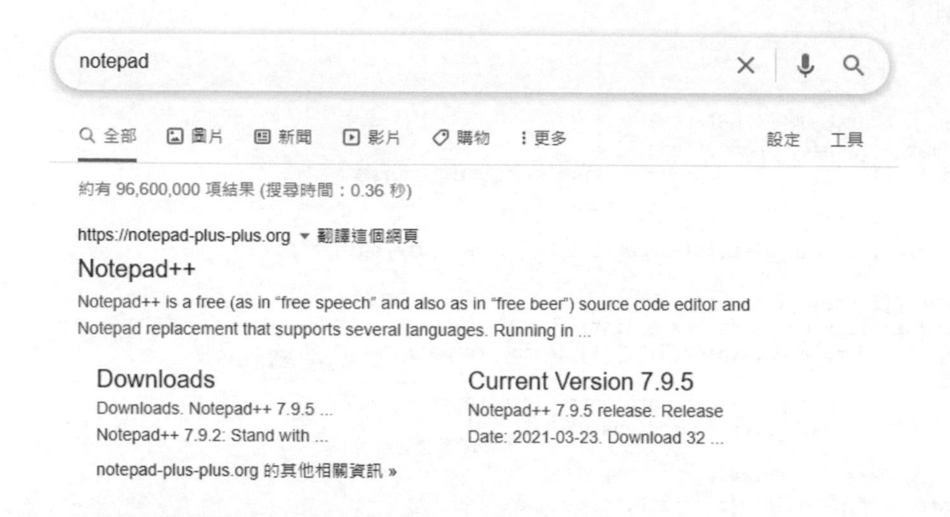

只要點擊進入網站，進行下載並安裝即可

安裝完後，點擊檔案並按下滑鼠右鍵

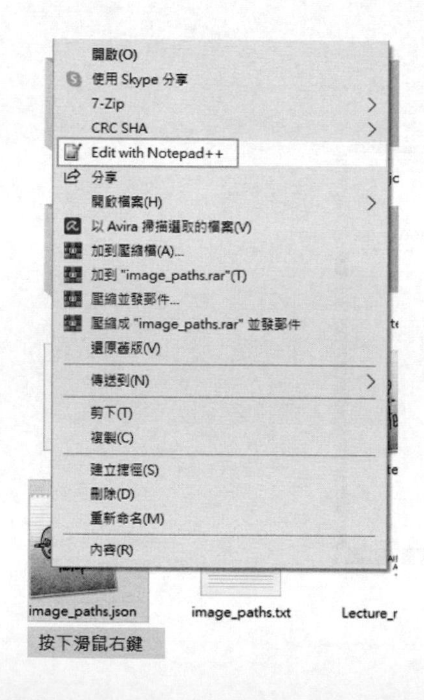

開啟後，找到工具列的外掛，進入外掛模組管理

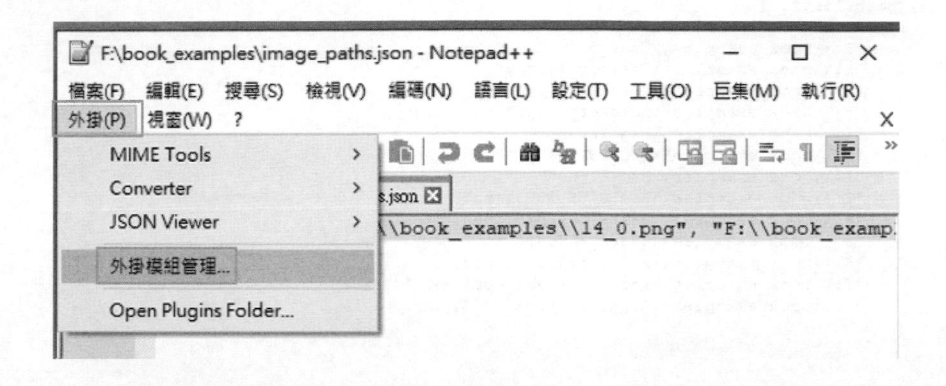

安裝 JSON Viewer

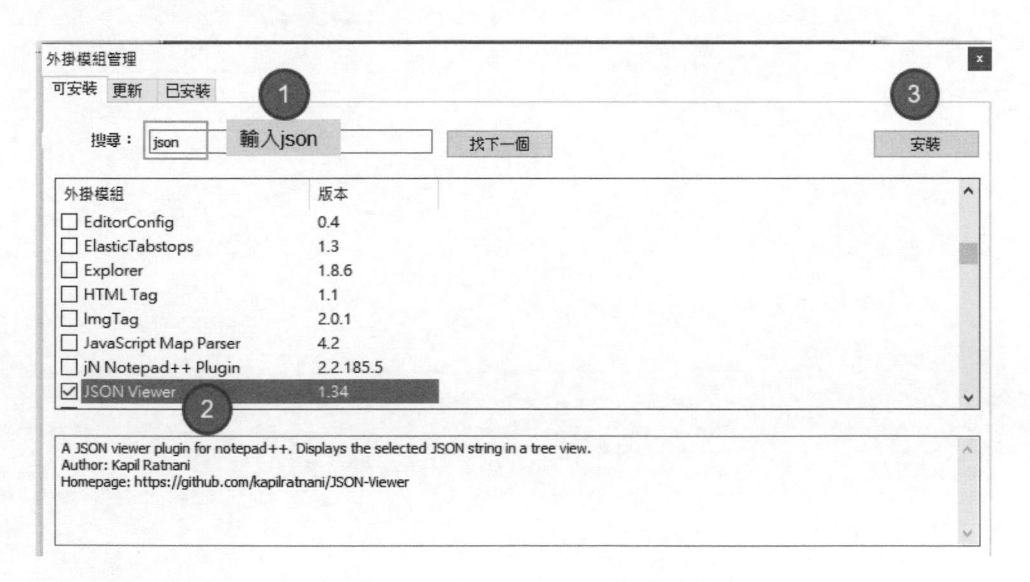

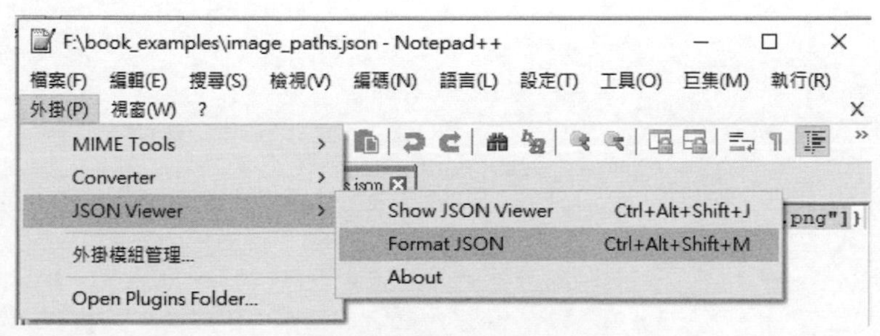

image_paths.json

```
"path_list": [
    "F:\\book_examples\\14_0.png",
    "F:\\book_examples\\Coat_6.jpg",
    "F:\\book_examples\\Sneaker_11.jpg",
    "F:\\book_examples\\Sneaker_17.jpg",
    "F:\\book_examples\\Sneaker_7.jpg",
    "F:\\book_examples\\Bag_12.jpg",
    "F:\\book_examples\\Bag_23.jpg",
    "F:\\book_examples\\Bag_6.jpg",
    "F:\\book_examples\\85455_5803573.jpg",
    "F:\\book_examples\\85459_5803924.jpg",
    "F:\\book_examples\\85461_5804022.jpg",
    "F:\\book_examples\\85721_5821181.jpg",
    "F:\\book_examples\\Aaron_Peirsol_0001.png",
    "F:\\book_examples\\Aaron_Peirsol_0003.png"
]
```

CH16

細說數值型態

16-1　基本單位

16-2　狀態多寡與位元的關係

16-3　數值與位元的關係

16-4　Byte 與 Bit 的關係

16-5　數值型態的介紹

16-1 基本單位

位元 (Binary digit, Bit)，是電腦系統最小的單位，一個位元的狀態只有兩種 : 0 跟 1

我們所處的真實世界是十進制，而在數位世界裡由於位元的狀態只有兩種，所以最基本的是二進制，常常也會聽到 8 進制或 16 進制，8 是 2 的 3 次方，16 是 2 的 4 次方，所以這些也是從二進制延伸來的。

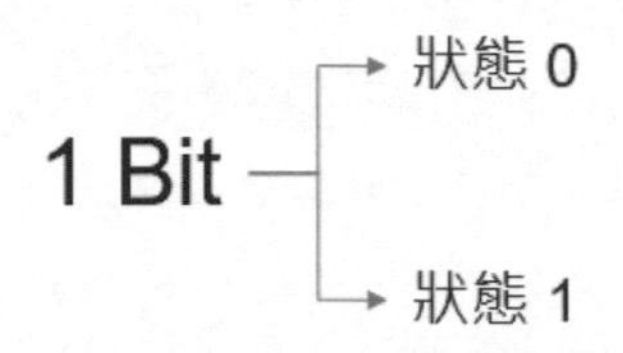

16-2 狀態多寡與位元的關係

由於一個位元只能記錄 2 個狀態，如果有 3 或 4 個狀態需要紀錄就要增加 1 個位元，如下

注意 : 在數位世界裡的第一筆或是第一個都是從 0 開始，所以第一個 Bit 會記做 Bit 0，第二個 Bit 會記做 Bit 1

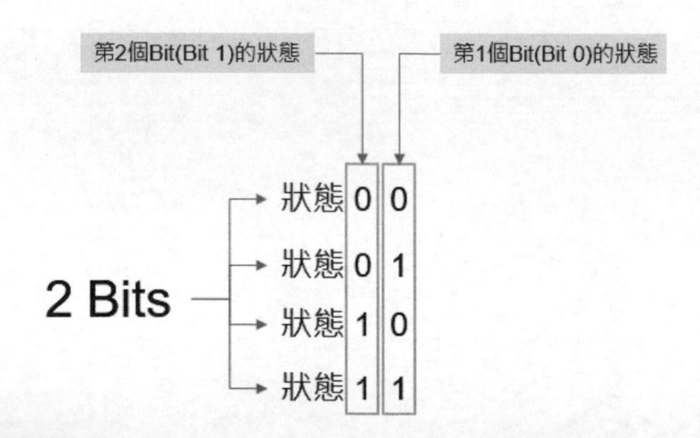

接著，如果是三個位元可以記錄幾種狀態呢？請看下面圖示

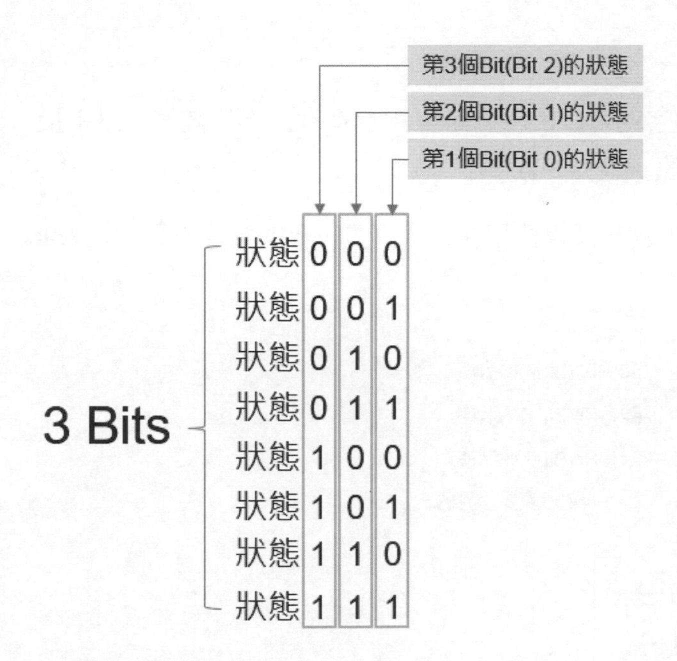

由上圖可以得知三個位元可以記錄 8 種狀態，計算的方式是一個位元有 2 個狀態，三個位元就是 2 x 2 x 2 = 8 個狀態

以此類推，n 個位元可以記錄多少種狀態呢？如下圖所示

1 Bit → 2^1種狀態
2 Bits → 2^2種狀態
3 Bits → 2^3種狀態
⋮
n Bits → 2^n種狀態

16-3 數值與位元的關係

將剛剛舉例的狀態改變成數字就可以使用位元來表示真實世界的數值，以下使用三個位元來說明如何代表真實世界的數字

由於三個位元只能記錄 8 種狀態，所以使用在代表真實世界的數字也只能代表 8 個數值，分別是 0 ~ 7

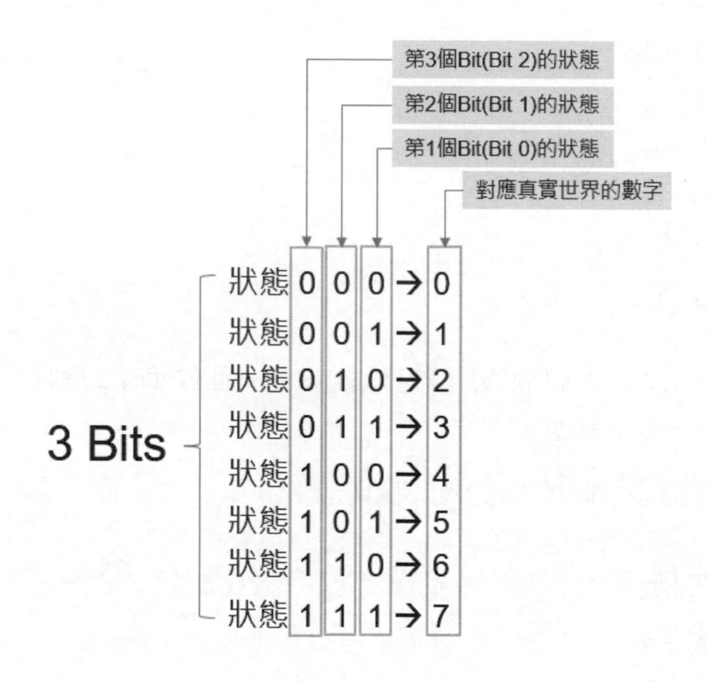

16-4 Byte 與 Bit 的關係

- Byte 稱為位元組，Bit 稱為位元
- 一個位元組等於 8 個位元，所以一個位元組可以記錄 $2^8 = 256$ 個狀態或是 256 個數字
- 位元組是用在程式碼中描述單個字元所需的位元數量，在計算檔案的大小也會使用位元組當作是最小的計量單位

- 通常會使用縮寫 B 來表示位元組 (Byte)；使用 b 來表示位元 (Bit)

16-5 KB, MB, GB 的關係

由於科技的進步，檔案大小增加非常快，無法單純使用位元組來描述，會使用更大的計量單位來計算檔案的大小，如下表所示

單位名稱	常用縮寫	二進制倍數關係	十進制倍數關係
Bit	b	0 or 1	1/8 byte
Byte	B	8 b	1 byte
Kilobyte	KB	1024 B	1000 bytes
Megabyte	MB	1024 KB	1000 KB
Gigabyte	GB	1024 MB	1000 MB
Terabyte	TB	1024 GB	1000 GB
Petabyte	PB	1024 TB	1000 TB

- 剛剛有提到檔案使用的位元組越來越多，Byte 在上去的計量單位不是 8，而是 1024，因為在真實生活裡，常使用 K 來代表 1000 倍，數位世界為了方便，想要使用跟真實世界相同的 K 來代表 1000 倍，但數位世界的倍數都是 2^n 次方，所以使用接近 1000 的 1024(2^{10} 次方) 來表示 1000 倍。
- 再上一階的計量單位如 MB，其倍數也是使用接近 1000 的 1024，所以 1MB = 1024KB = 1024 x 1024 B = 1024 x 1024 x 8 b，更大的計量單位如 GB、TB 與 PB 也都是一樣的計算方式。
- 表中的十進制倍數關係是在真實世界中使用的，畢竟知道此章節內容的都是對於資訊領域或是電腦系統有興趣的，還是有許多人不知道差異，所以使用 1000 來概稱。
- 當我們購買硬碟的時候就可以感受到十進制倍數與二進制倍數的差異，舉例來說，購買一顆 4TB 的行動硬碟，這是十進制倍數的 4TB ，換算成二進制倍數約等於 3.64TB(計算方式如下圖)，所以下次購買硬碟發現實際容量與聲稱容量不一樣時，並不是廠商偷工減料，而是十進制倍數與二進制倍數產生的差異

十進制倍數的4TB

4TB = 4,000 GB = 4,000,000 MB = 4,000,000,000KB = 4,000,000,000,000B

→ 4,000,000,000,000 B / 1024 = 3,906,250,000 KB

→ 3,906,250,000 KB / 1024 = 3,814,697.265 MB

→ 3,814,697.265 MB / 1024 = 3,725.290298 GB

→ 3,725.290298 GB / 1024 = 3.637978807 TB

換算成二進制倍數約3.64TB

16-5 數值型態的介紹

16-5-1 數值型態 int8

int8 的意思是 integer with 8 Bits，即 8 個位元的整數型態，意思是使用 8 位元來代表 256 個整數數值 (0 ~ 255)，但是要考慮到負數整數，所以會有一半的位元用來代表負數的部分，實際的整數範圍會是 -128 ~ 127

16-5-2 數值型態 uint8

承上，如果不想要負數部分，就是所謂的 uint8，意思是 unsigned integer with 8 Bits，unsigned 就是沒有負號，此型態的整數數值範圍就是 0 ~ 255

16-5-3 更多的整數數值型態

當 8 位元所代表的數值不夠時，就會再增加位元組，如 int16、int32 與 int64，分別使用 16、32、64 的位元來代表整數數值範圍，由於沒有 unsigned，會有一半的位元來表示負數部分；同理，如果 uint8 不夠使用，可以使用 uint16、uint32 與 uint64 來得到更大的數值範圍。

16-5-4 數值型態 float

有小數點的數值會需要更多的位元來描述，所以最小的浮點數型態是 float16，接著還有 float32、float64 等，浮點數型態都是包含負數部分的。

16-5-5 布林值

布林值只有 True、False 兩種狀態，使用 1 個位元即可以描述。

16-5-6 數值型態的實際意義

- 數值型態表示使用多少個位元來描述數值，這也意味著記憶體需開出多少位置來儲放該數值， 所以當使用越多位元來描述數值時，記憶體占用的空間就會越多，以單一數值設定 int8 來說，會占用記憶體 1 個位元組 (1 Byte)；若設定 int64，則會占用 8 個位元組 (8 Bytes)，儲放空間就相差了 7 個位元組。
- 倘若今天使用了 10 萬個數值，使用 int8 就比 int64 節省了 70 萬個位元組。
- 當程式碼使用的數據不多，使用數值範圍大的數值型態並不會造成任何影響，但若進行大數據分析或運算時，就要考量數值型態的設定，以免程式碼執行到中途遇到記憶體不足而被迫中止程式的執行。

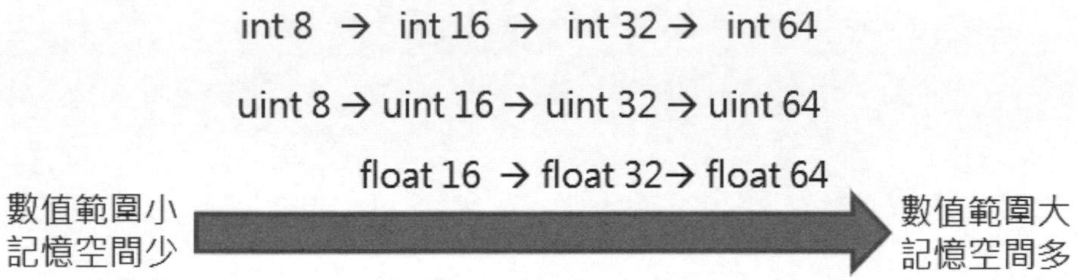

CH17

Numpy 的介紹

17-1 前言

17-1-1 多維數列的概念

- 純量：單一數值，只有大小，沒有方向性，可以想像成一個點
- 向量：多個純量組成一串數列，有大小也有方向性，就像很多個點連成一條線，可以是直線，也可能是彎彎曲曲的線。
- 矩陣：多個向量組成的數列，就像個面
- 張量：多個矩陣組成的數列，就像個立方體
- 比張量更多維度的數列都稱為張量
- 在程式中會簡單使用陣列來統稱，例如一維陣列代表著向量、二維陣列代表著矩陣等

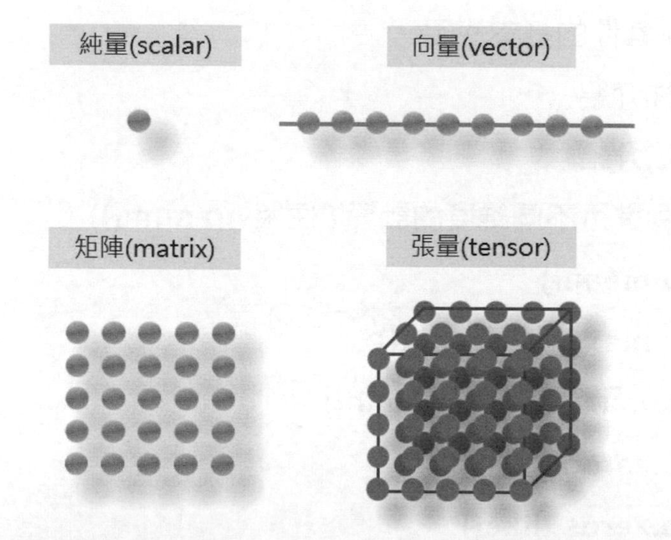

17-2 Numpy 套件的基本使用

17-2-1 Numpy 的特色

Python 雖然有提供串列可放置多維數列，但在進行數學運算的時候並不方便。

Numpy 套件的核心為多維陣列 (ndarray，即 n-dimensional array)，支援高階多維陣列的索引、向量、廣播等概念，提供廣泛的數學函式、亂數產生器、線性代數、傅立葉轉換等運算，在使用上也容易上手，是大量陣列運算的好幫手。

此章節還有個最大的重點，Tensorflow 的陣列運算基本上都與 Numpy 類似，但 Tensorflow 使用的方法與一般套件不同，是使用函數建立計算圖，無法立即得到數值答案，便利性沒有 Numpy 那麼高，所以一定要先了解 Numpy 基本函數的使用方法與陣列計算的邏輯，學習 Tensorflow 就可以得心應手。

17-2-2 串列與 ndarray 在使用上的差異

以下先舉個範例說明使用串列與 ndarray 進行相乘的差異

由範例可以看出使用串列進行相乘時，只會將內容重複 3 次，如果要將串列內的數值都進行相乘，需搭配 for 迴圈逐一讀出數值來進行相乘，使用上比較麻煩。

串列不利於數學運算是因為串列本來的定位是容器，可以放入所有型態的資料，而不是專為數學計算設計的容器；反觀 Numpy 則是專為數學計算設計的容器，在使用上就會相對容易。

```
import numpy as np
```

匯入Numpy套件，通常使用np代稱

```
a = [10,15,20]
b = np.array([10,15,20])
print("串列的相乘:",a * 3)
print("Numpy的相乘:",b * 3)
```

- a = [10,15,20]：使用串列放置多個數值
- b = np.array([10,15,20])：使用ndarray放置多個數值
- 使用的語法相同，但結果不同

```
串列的相乘: [10, 15, 20, 10, 15, 20, 10, 15, 20]
Numpy的相乘: [30 45 60]
```

- 使用ndarray可以針對每個數值進行相乘
- 使用串列進行相乘只是內容重複3次

17-2-3 建立 Numpy 陣列

變數 = np.array(串列資料)

- 此函數用來將串列資料轉換成 Numpy 陣列 (ndarray)
- 此函數有回傳值，內容是 ndarray，若有指定變數，則給值至指定變數

ndarray 型態就是 n 維的陣列 (n-dimensional array)，當 n=1 就是一維陣列，當 n=2 就是二維陣列，以此類推

當提到 Numpy array 或是 ndarray 指的都是使用 Numpy 套件建立的陣列型態

使用範例如下

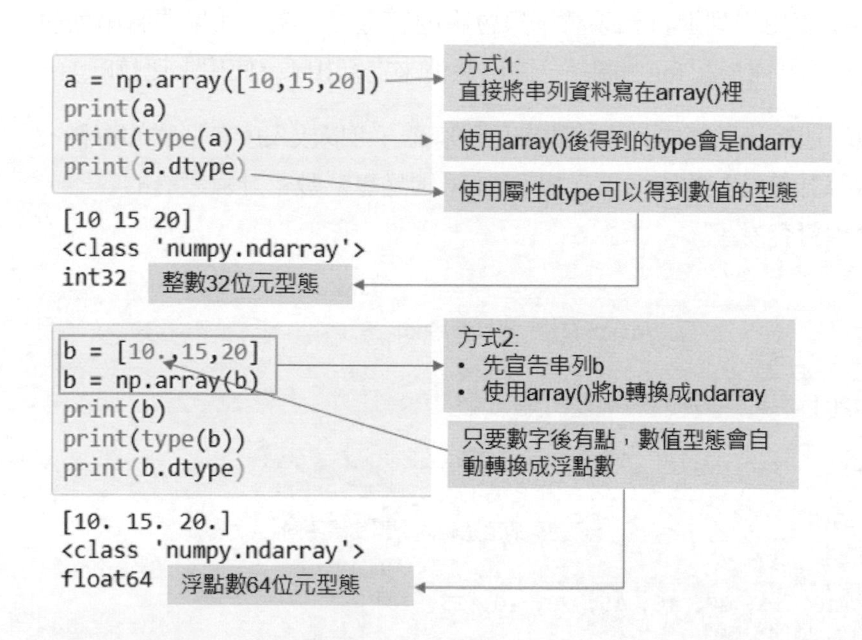

將串列數值資料轉換成 ndarray 後就可以進行許多數學運算

以下是陣列與純量 (非陣列的單一數值) 的加減乘除

```
print(a)
print(a + 2)
print(a - 11)
print(a * 3)
print(a / 3)
```

- 純量的加減乘除會應用到陣列裡的每個數值
- 計算結果僅顯示出來，沒有給值，不會更改到陣列的內容

```
[10 15 20]
[12 17 22]
[-1  4  9]
[30 45 60]
[3.33333333 5.         6.66666667]
```

也可以進行陣列與陣列的加減乘除

要進行陣列與陣列的計算，陣列的數值個數要一樣

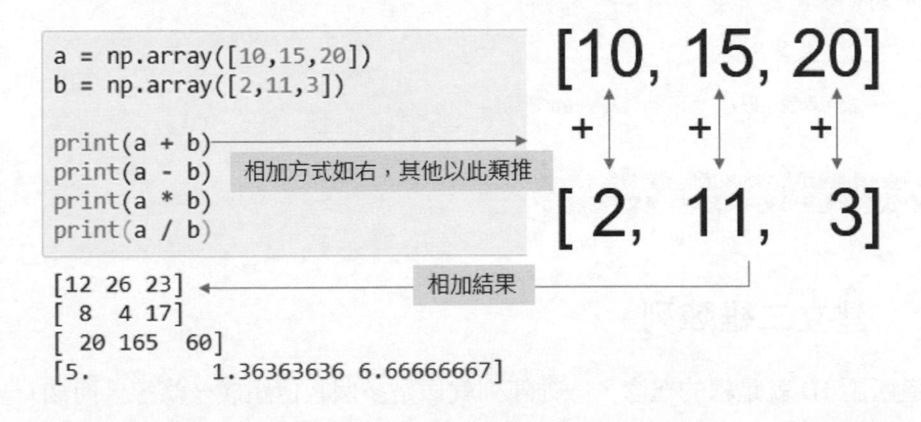
a = np.array([10,15,20])
b = np.array([2,11,3])
print(a + b)
print(a - b)
print(a * b)
print(a / b)
相加方式如右，其他以此類推
[10, 15, 20]
+ + +
[2, 11, 3]
相加結果
[12 26 23]
[8 4 17]
[20 165 60]
[5.   1.36363636 6.66666667]

如果陣列數值數量不相等，還有一種情況可以進行計算，就是只有維度是一，資料長度也是一個的陣列可以進行計算，這就是所謂的 Numpy 廣播功能。

```
a = np.array([10,15,20])
b = np.array([2])

print(a + b)
print(a - b)
print(a * b)
print(a / b)
```

相加方式如右，其他以此類推

[10, 15, 20]

\+ + +

[2]

```
[12 17 22]
[ 8 13 18]
[20 30 40]
[ 5.   7.5 10. ]
```

17-2-4 建立一維陣列

維度概念

日常生活上常聽到的 2D、3D 就是維度的概念，2D 是平面，3D 是立體，D 就是 Dimension，也是我們多維度陣列的維度

剛剛所舉的範例都是一維陣列，不過仍使用以下範例說明一維陣列

一維陣列就是僅使用一組中括號包含 1 個以上的數值

```
a = np.array([1,2,3,4,5,6,7,8,9,0])

print(a)
print(a.shape)
```

```
[1 2 3 4 5 6 7 8 9 0]
(10,)
```

簡單來說，只有一組中括號就是一維陣列

- 使用屬性shape得到陣列的維度與資料長度
- 得到1個數字，此意思是一維陣列，資料長度是10

17-2-5 建立二維陣列

我們知道所謂 1D 就是線的概念，一維陣列就像是多個數值組成一條線，而 2D 就像數學的 X 軸與 Y 軸，形成一個平面。

以下範例是一維陣列推廣到二維陣列的說明

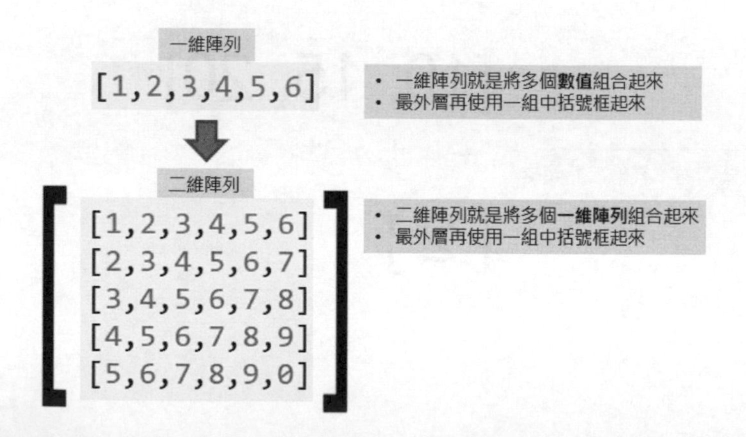
一維陣列
[1,2,3,4,5,6]
• 一維陣列就是將多個數值組合起來
• 最外層再使用一組中括號框起來
二維陣列
[1,2,3,4,5,6]
[2,3,4,5,6,7]
[3,4,5,6,7,8]
[4,5,6,7,8,9]
[5,6,7,8,9,0]
• 二維陣列就是將多個一維陣列組合起來
• 最外層再使用一組中括號框起來

要注意的是，二維陣列裡的多個一維陣列，其資料長度都要相等，如果不相等，即使進行 ndarray 的轉換也無法真正的形成 ndarray，如下範例所示

```
a = [
        [1,2,3],
        [2,3,4,5,6,7],
        [3,4,5,6,7],
        [4,5,6,9],
        [5,6,7,8,9,0],
    ]

a = np.array(a)

print(a * 3)
```

一維陣列的長度都不相同

轉換成ndarray

```
[list([1, 2, 3, 1, 2, 3, 1, 2, 3])
 list([2, 3, 4, 5, 6, 7, 2, 3, 4, 5, 6, 7, 2, 3, 4, 5, 6, 7])
 list([3, 4, 5, 6, 7, 3, 4, 5, 6, 7, 3, 4, 5, 6, 7])
 list([4, 5, 6, 9, 4, 5, 6, 9, 4, 5, 6, 9])
 list([5, 6, 7, 8, 9, 0, 5, 6, 7, 8, 9, 0, 5, 6, 7, 8, 9, 0])]
```

因一維陣列的資料長度不一，無法真正轉換成ndarray，與純量進行相乘時，依然是串列相乘的結果:重複串列的內容

在學習國中數學時，若有一個點座標是 (3,2)，我們習慣先從 X 軸找到 3，再往 Y 軸找到 2

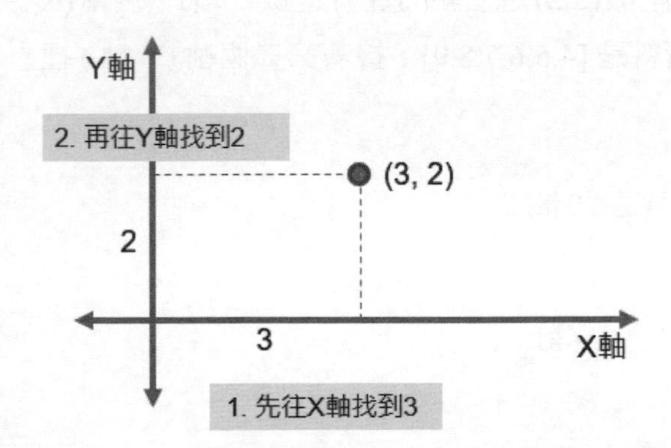

但是在二維陣列，會先從最外面的中括號開始拆解資料，如下圖所示

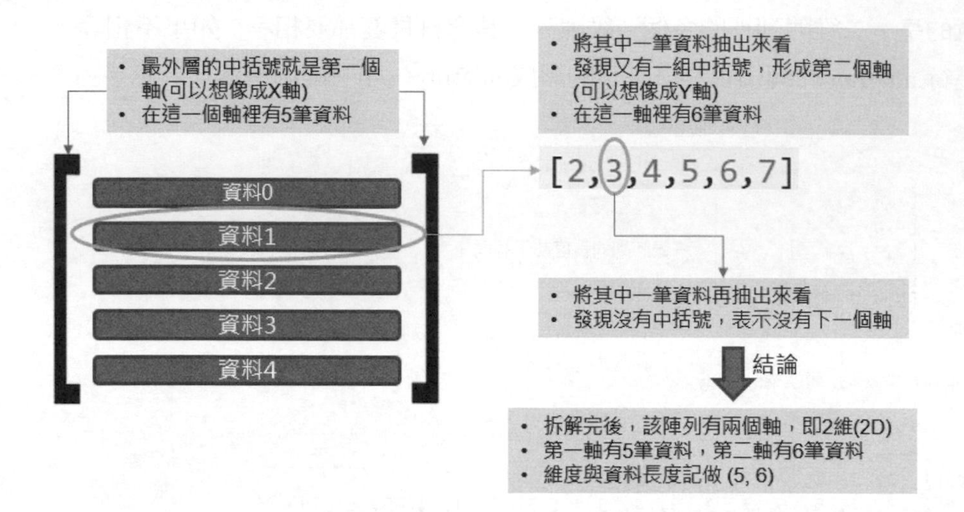

接著，我們把二維陣列映射在 XY 軸上，為了配合陣列的資料排列方式，有幾點要改變一下：

- 原本 X 軸換成 Y 軸
- 原本 Y 軸換成 X 軸
- X 軸正數增加的方向朝下

國中數學學到座標 (3,2) 是單純指 x = 3, y = 2，二維陣列的座標 (3,2) 則是指 x = 3, y = 2 上的數值，從下圖來看，坐落在座標 (3,2) 這個點的資料是 6，即第一個軸 (X 軸) 裡的第 (3 + 1) 筆資料，得到的資料是 [4,5,6,7,8,9]，接著第二個軸 (Y 軸) 裡的第 (2+1) 筆資料，得到的數值是 6

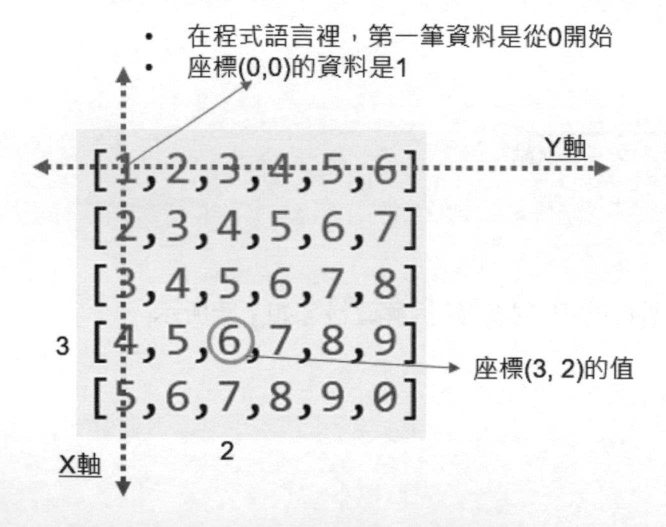

```
a = [
        [1,2,3,4,5,6],
        [2,3,4,5,6,7],
        [3,4,5,6,7,8],
        [4,5,6,7,8,9],
        [5,6,7,8,9,0],
    ]
print("串列的資料長度:",len(a))

a = np.array(a)
print("資料顯示:\n",a)
print("二維陣列的維度與資料長度:",a.shape)
```

二維陣列的宣告(串列型態)

串列方法len()只能得到第一軸的5筆資料

二維陣列的轉換(ndarray型態)

```
串列的資料長度: 5
資料顯示:
 [[1 2 3 4 5 6]
 [2 3 4 5 6 7]
 [3 4 5 6 7 8]
 [4 5 6 7 8 9]
 [5 6 7 8 9 0]]
二維陣列的維度與資料長度: (5, 6)
```

- 有兩組數字，表示是二維陣列
- 第一軸有5筆資料，第二軸有6筆資料

取出座標 (3,2) 的程式碼如下

```
a = [
        [1,2,3,4,5,6],
        [2,3,4,5,6,7],
        [3,4,5,6,7,8],
        [4,5,6,7,8,9],
        [5,6,7,8,9,0],
    ]
a = np.array(a)

print("座標(3,2)的值:",a[3,2])

print("座標(3,2)的值:",a[3][2])
```

```
座標(3,2)的值: 6
座標(3,2)的值: 6
```

取座標(3,2)的兩種表達方式

17-2-6 建立三維陣列

三維就是原本平面 X、Y 軸新增 Z 軸，形成立方體，每一個點座標都會有三個數值，如下圖所示。

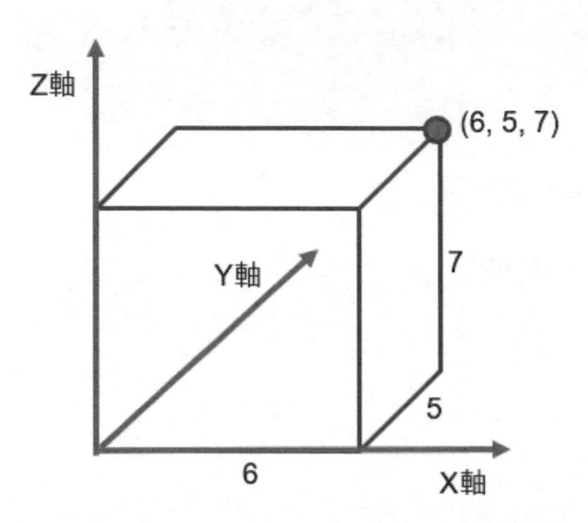

若以陣列的觀念來說，會與二維陣列的說明類似，說明如下

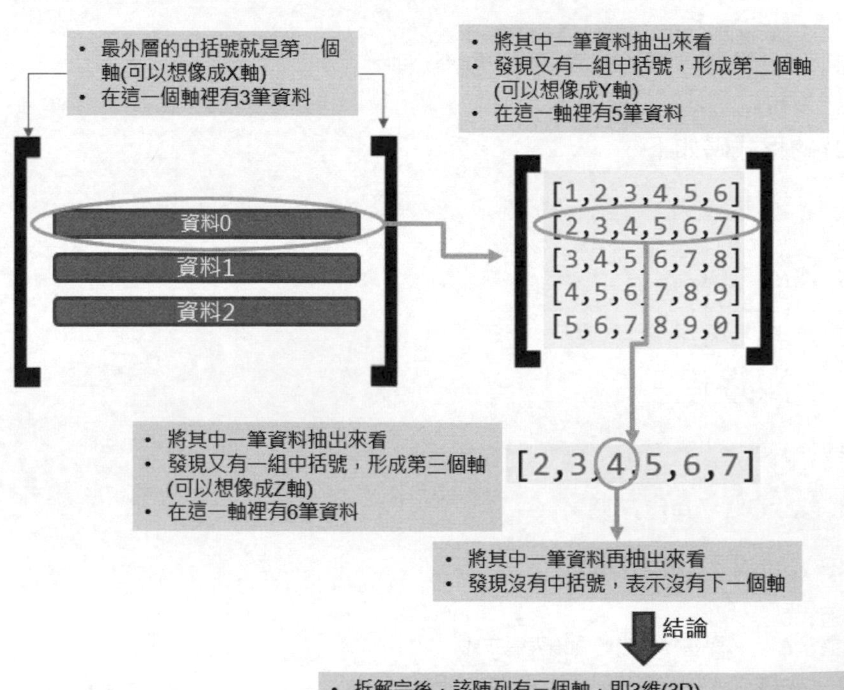

程式碼撰寫如下

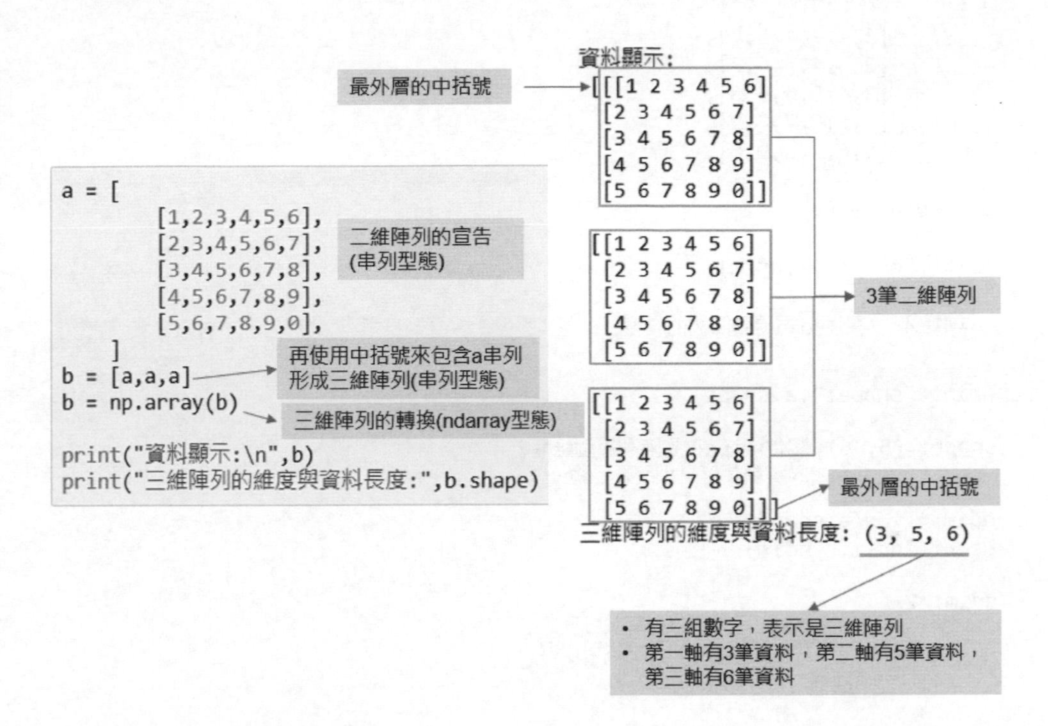

17-2-7 建立更多維的陣列

建立四維以上的陣列就無法使用畫圖來幫助理解，所以請讀者熟悉二維與三維陣列的拆解來進行多維陣列的拆解

常用屬性介紹

17-3-1 屬性 shape 與 ndim

ndim 是顯示陣列的維度數量，shape 是顯示每個維度的資料長度。

若要求得陣列的維度資訊，可以直接使用 ndim 或是從 shape 的資料長度來獲得，兩者的關係如下範例

```
a = [            建立二維陣列
        [1,2,3,4,5,6],
        [2,3,4,5,6,7],
        [3,4,5,6,7,8],
        [4,5,6,7,8,9],
        [5,6,7,8,9,0],
    ]
a = np.array(a)

print("ndim:",a.ndim)
```

```
ndim: 2    屬性ndim得到陣列的維度
```

```
print("shape:",a.shape)
```

```
shape: (5, 6)  屬性shape得到陣列每個維度
               的資料長度，型態是元組
```

```
ndim = len(a.shape)
print("ndim:",ndim)
```

```
ndim: 2
     因屬性shape可得到陣列每個維度的
     資料長度，從shape的長度就可以得
     到ndim
```

在實際的程式撰寫，常常會發生串列 (list) 與 ndarray 的屬性混淆，以為某個變數是 ndarray，使用屬性 shape 卻發生錯誤，除錯時才發現該變數其實是串列如下圖

```
a = [
        [1,2,3,4,5,6],
        [2,3,4,5,6,7],
        [3,4,5,6,7,8],     宣告變數a是二維的"串列"
        [4,5,6,7,8,9],
        [5,6,7,8,9,0],
    ]
print(a.shape)
```

```
---------------------------------------------------------------------------
AttributeError                            Traceback (most recent call last)
<ipython-input-7-6e8129aacbb2> in <module>
      6         [5,6,7,8,9,0],
      7     ]
----> 8 print(a.shape)          錯誤訊息:串列型態是沒有shape屬性的

AttributeError: 'list' object has no attribute 'shape'
```

使用上的比較如下

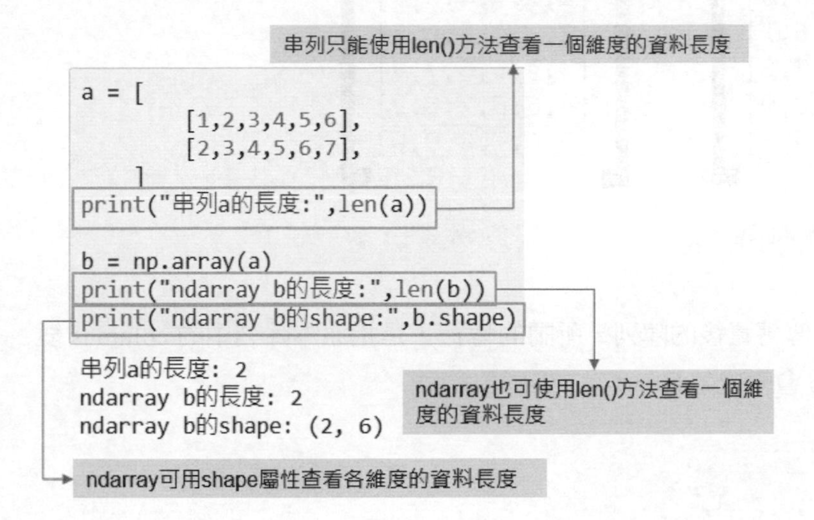

整理如下

可以使用

1. 若a為串列(list) ➡ len(a)
2. 若a為ndarray ➡ len(a), a.shape

17-3-2 屬性 T(轉置)

在說明屬性 T 之前，先來定義一下 column、row，這邊不使用行與列，因為行與列在不同地方有不同的定義，很容易混淆。

Column 有柱子的意思，所以指的是垂直方向 (上下方向)，而 row 就是水平方向 (左右方向)，應用到陣列時，column 指的是垂直方向的資料，row 是水平方向的資料，如下圖所示。

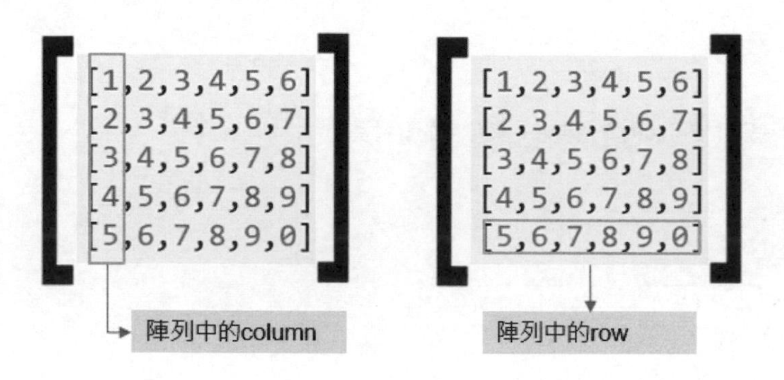

使用屬性 T 會回傳轉置後的陣列，所謂的轉置，是指原本陣列中的 columns 變成 rows，而 rows 會變成 columns

```
a = [
        [1,2,3,4,5,6],
        [22,33,44,55,66,77]
    ]
a = np.array(a)

b = a.T

print("原始陣列shape:",a.shape)
print("轉置陣列shape:",b.shape )
```

```
原始陣列shape: (2, 6)
轉置陣列shape: (6, 2)
```

陣列進行轉置後，原本columns變成rows，而rows變成columns

來看一下陣列的內容變化

```
print(a)
print(b)
```

```
[[ 1  2  3  4  5  6]
 [22 33 44 55 66 77]]
[[ 1 22]
 [ 2 33]
 [ 3 44]
 [ 4 55]
 [ 5 66]
 [ 6 77]]
```

作用方式如下

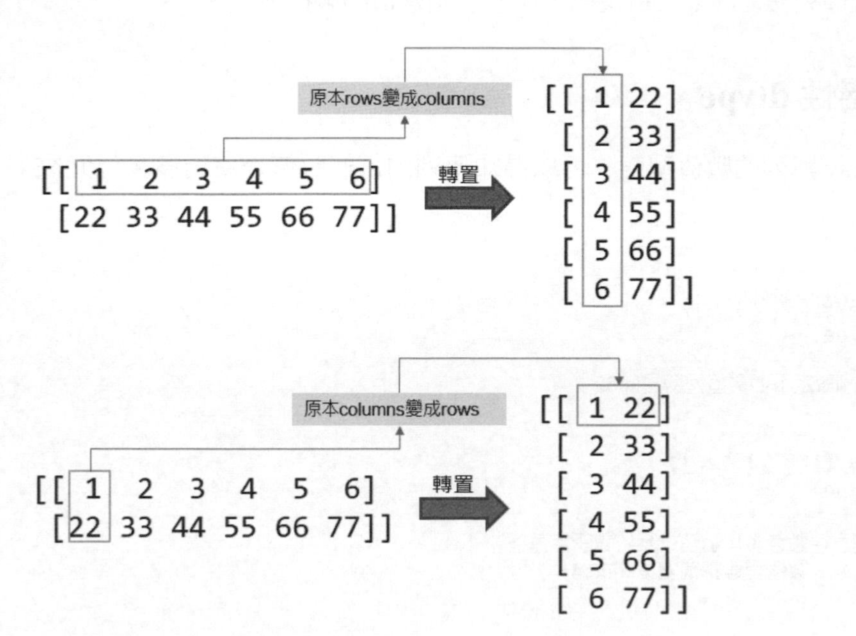

如果是三維以上的陣列，轉置的範例如下圖所示

```
a = [
        [1,2,3,4,5],
        [12,13,14,15,16],
        [23,24,25,26,27],
        [34,35,36,37,38]
    ]

a = [a,a,a]
a = np.array(a)

print(a.shape)
print(a.T.shape)
(3, 4, 5)
(5, 4, 3)
```

建立二維4x5的串列

建立三維3x4x5的串列

轉換成ndarray

a.T得到轉置陣列
a.T.shape得到每一維的資料長度

轉置後shape由3x4x5變成5x4x3

若四維陣列的 shape = (2,3,4,5)，轉置後的陣列 shape = (5,4,3,2)，更多維的陣列就以此類推。

三維陣列雖然比二維陣列僅多一維，但在轉置時，維度數值的調換有更多的變換，相比二維陣列複雜許多，這邊就不深入說明數值的調換方式。

17-3-3 屬性 dtype

dtype 是 ndarray 陣列的數值型態，可以得知陣列內每個數值是使用多少位元來描述數值範圍

```
a = np.array([10,15,20])
print(a.dtype)
```

```
int32
```

不特別設定下的數值型態是int32

```
b = np.array([10.,15,20])
print(b.dtype)
```

```
float64
```

刻意在數值多加個點，系統會認為是浮點數，數值型態就會變成float64

若想自行設定，Numpy 提供多種數值型態，主要有三種 : 整數型態、浮點數型態與布林值型態，如下表所示

數值型態	位元數量	是否含有負數	說明
uint8	8	是	使用8個位元來描述正整數
uint16	16	是	使用16個位元來描述正整數
uint32	32	是	使用32個位元來描述正整數
uint64	64	是	使用64個位元來描述正整數
int8	8	否	使用8個位元來描述正負整數
int16	16	否	使用16個位元來描述正負整數
int32	32	否	使用32個位元來描述正負整數
int64	64	否	使用64個位元來描述正負整數
float16	16	是	使用16個位元來描述正負浮點數，又稱半經度浮點數
float32	32	是	使用32個位元來描述正負浮點數，又稱單經度浮點數
float64	64	是	使用64個位元來描述正負浮點數，又稱雙經度浮點數
bool	8	否	使用8個位元來描述True或False

會想要自行設定數值型態通常是圖片的格式需求、浮點數經度的要求或是要控制記憶體空間。

以下是自行設定數值型態的範例

```
a = np.array([10,15,20])
print(a.dtype)
```

```
int32
```

不特別設定下的數值型態是int32

```
a = np.array([10,15,20],dtype='int16')
print(a.dtype)
```

```
int16
```

自行設定成數值型態int16

設定的時候可以使用字串方式或 Numpy 屬性方式進行設定，如下範例

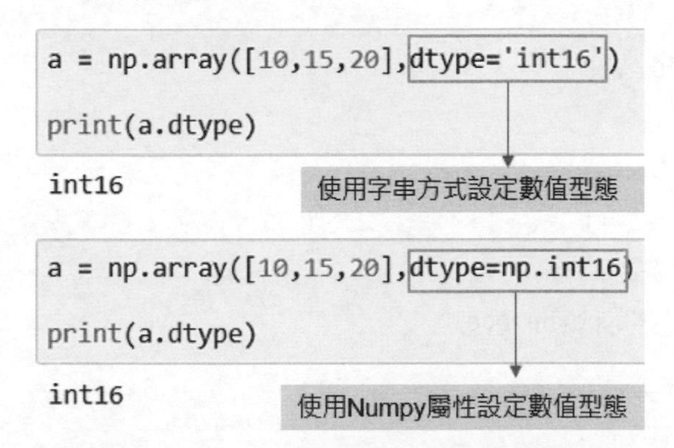
a = np.array([10,15,20],dtype='int16')
print(a.dtype)
int16
使用字串方式設定數值型態
a = np.array([10,15,20],dtype=np.int16)
print(a.dtype)
int16
使用Numpy屬性設定數值型態

也可以使用 Python 內建的數值型態 (int、float) 來進行設定，如下範例

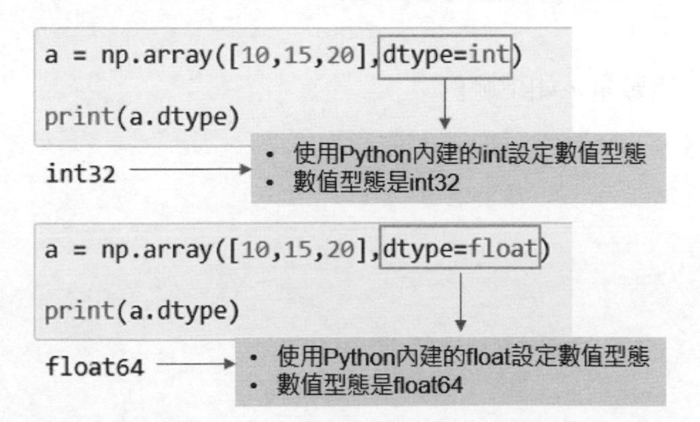
a = np.array([10,15,20],dtype=int)
print(a.dtype)
int32
• 使用Python內建的int設定數值型態
• 數值型態是int32
a = np.array([10,15,20],dtype=float)
print(a.dtype)
float64
• 使用Python內建的float設定數值型態
• 數值型態是float64

注意 : 陣列內的數值不能夠超過描述位元的範圍，例如設定 dtype = int8，這表示陣列內的數值都要在 -128 ~ 127 之間，不在這範圍的數值就會出錯，如下範例

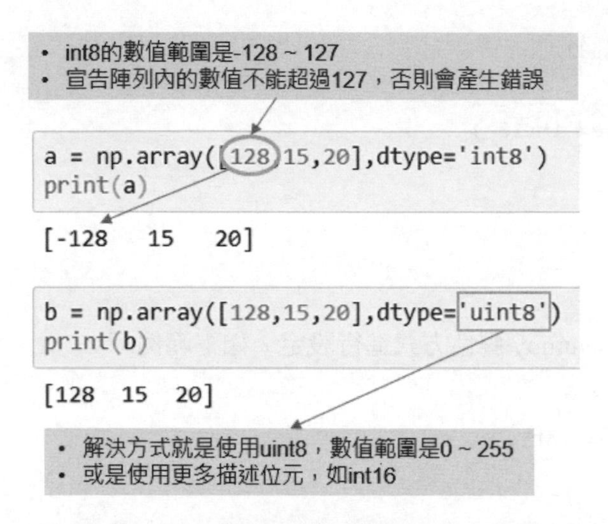

int8的數值範圍是-128 ~ 127
宣告陣列內的數值不能超過127，否則會產生錯誤
a = np.array([128,15,20],dtype='int8')
print(a)
[-128   15   20]
b = np.array([128,15,20],dtype='uint8')
print(b)
[128 15 20]
解決方式就是使用uint8，數值範圍是0 ~ 255
或是使用更多描述位元，如int16

那如果數值型態設定成布林值呢？

```
a = np.array([-2.1,-1,0,1,1983],dtype=np.bool)

print(a)
```

```
[ True  True False  True  True]
```

- 當數值型態設定成布林值，所有數值會轉換成True or False
- 簡單來說，只有0會是False，其他數值都會是True

屬性 size 可以得到陣列內的元素數量，如下範例

```
                    6
a = [
          [1,2,3,4,5,6],
          [2,3,4,5,6,7],
      5   [3,4,5,6,7,8],
          [4,5,6,7,8,9],
          [5,6,7,8,9,0],
    ]
a = np.array(a)

print("size:",a.size)
```

```
size: 30
```

使用屬性size可以得到陣列內的元素數量

```
shape = a.shape
print("shape:",shape)
size = shape[0] * shape[1]
print("size:",size)
```

```
shape: (5, 6)
size: 30
```

元素數量也可以從屬性shape計算得到

17-3-4 屬性 itemsize

屬性 itemsize 可以得到陣列內單一元素的記憶體使用量，單位是 Bytes

```
a = np.array([10,15,20],dtype=np.int16)

print("itemsize:",a.itemsize)
print("dtype:",a.dtype)
```

```
itemsize: 2
dtype: int16
```

- 陣列內的每個元素占用記憶體2 Bytes
- 2 Bytes來自於數值型態int16，這16個位元就等於2Bytes

屬性 nbytes

屬性 nbytes 可以得到陣列的記憶體使用量，單位是 Bytes

此屬性就是陣列內單一元素的記憶體使用量乘上陣列的元素數量，範例如下

```
a = [
        [1,2,3,4,5,6],
        [2,3,4,5,6,7],
        [3,4,5,6,7,8],
        [4,5,6,7,8,9],
        [5,6,7,8,9,0],
    ]
a = np.array(a)

print("nbytes:",a.nbytes)
```

```
nbytes: 120
```

使用屬性nbytes可以得到陣列的記憶體使用量

```
print("size:",a.size)
print("itemsize:",a.itemsize)
print("nbytes:",a.size * a.itemsize)
```

```
size: 30
itemsize: 4
nbytes: 120
```

陣列的記憶體使用量 = 元素數量 x 單一元素記憶體使用量

17-4 常用方法介紹

17-4-1 方法 flatten()

flatten 是拉平的意思，目的是將多維陣列轉換成一維陣列

flatten 在神經網路中的最後一層常常會使用到

以下為二維陣列進行拉平後得到一維陣列的範例

```
a = [
        [1,2,3],
        [4,5,6],
        [7,8,9],
    ]
a = np.array(a)

print("原始陣列shape:",a.shape)
print("陣列內容:\n",a)
```

```
原始陣列shape: (3, 3)
陣列內容:
 [[1 2 3]
 [4 5 6]
 [7 8 9]]
```

使用方法flatten()將二維陣列轉換成一維陣列

```
b = a.flatten()
print("轉換至一維陣列shape:",b.shape)
print("陣列內容:\n",b)
```

```
轉換至一維陣列shape: (9,)
陣列內容:
 [1 2 3 4 5 6 7 8 9]
```

以下為三維陣列進行拉平後得到一維陣列的範例

```
a = [
        [1,2,3],
        [4,5,6],
        [7,8,9],
    ]
b = [
        [11,12,13],
        [14,15,16],
        [17,18,19],
    ]
a = np.array([a,b])

print("原始陣列shape:",a.shape)
print("陣列內容:\n",a)
```

```
原始陣列shape: (2, 3, 3)
陣列內容:
 [[[ 1  2  3]
  [ 4  5  6]
  [ 7  8  9]]

 [[11 12 13]
  [14 15 16]
  [17 18 19]]]
```

宣告三維陣列

使用方法flatten()將三維陣列轉換成一維陣列

```
b = a.flatten()
print("轉換至一維陣列shape:",b.shape)
print("陣列內容:\n",b)
```

```
轉換至一維陣列shape: (18,)
陣列內容:
 [ 1  2  3  4  5  6  7  8  9 11 12 13 14 15 16 17 18 19]
```

轉換方式說明如下

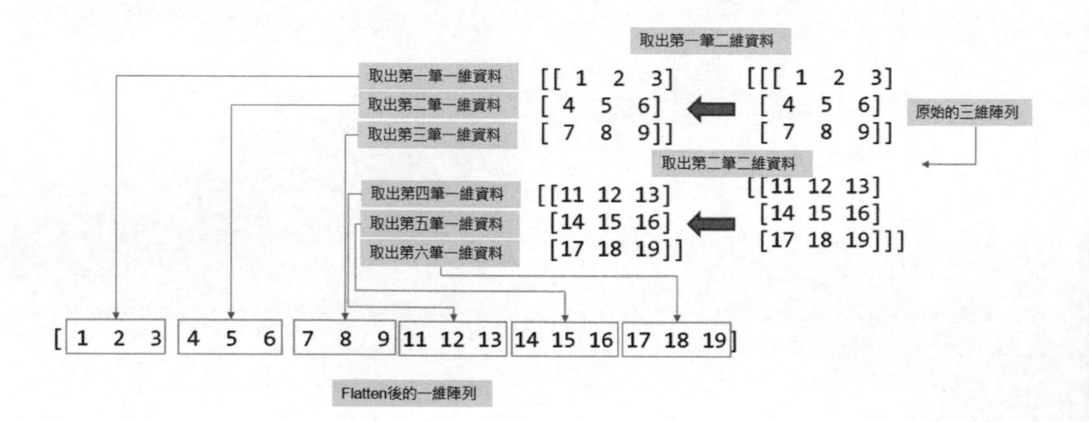

17-4-2 方法 reshape()

reshape() 可以將陣列的維度與資料長度進行改變，即重新塑造 shape 的意思。

此方法需要輸入新的 shape 資訊，舉例來說，原本一維、資料長度 10 的陣列，想要改變成二維、資料長度 5 的陣列，新的 shape 需輸入元組型態的 (2,5)，範例如下所示。

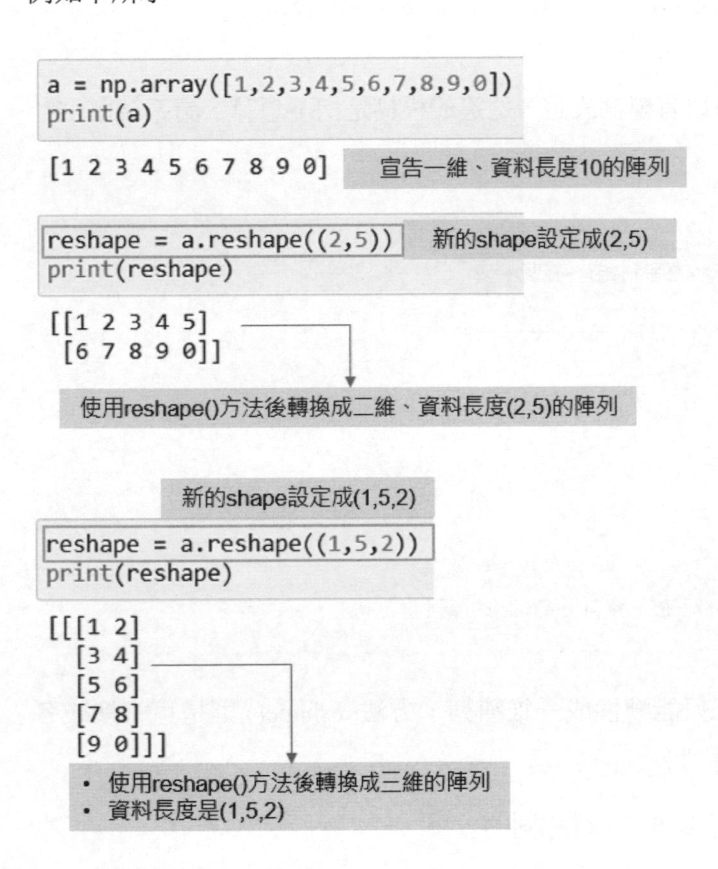

在設定新的 shape 時，陣列的元素數量要相同，否則會產生錯誤

```
reshape = a.reshape((2,6))
print(reshape)
```

```
---------------------------------------------------------------------------
ValueError                                Traceback (most recent call last)
<ipython-input-40-386e50a03c1b> in <module>
----> 1 reshape = a.reshape((2,6))
      2 print(reshape)

ValueError: cannot reshape array of size 10 into shape (2,6)
```

原始陣列的元素數量是10，新的shape的元素數量是12，數量前後不同而產生錯誤

在設定新的 shape 時，可以有模糊設定，這邊的模糊是指不想算，請系統幫忙計算，範例如下

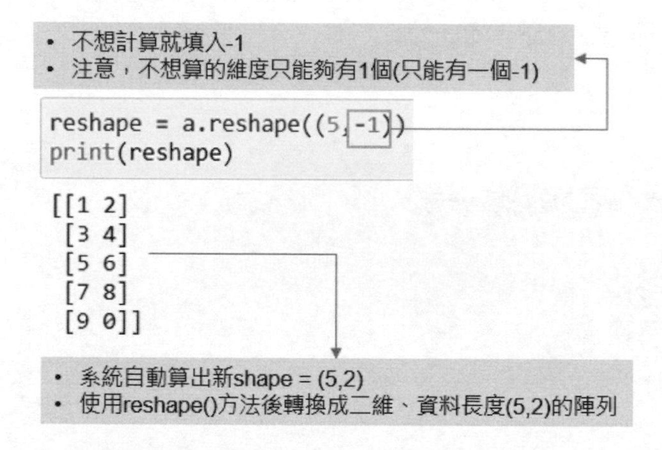

• 不想計算就填入-1
• 注意，不想算的維度只能夠有1個(只能有一個-1)
reshape = a.reshape((5,-1))
print(reshape)
[[1 2]
[3 4]
[5 6]
[7 8]
[9 0]]
• 系統自動算出新shape = (5,2)
• 使用reshape()方法後轉換成二維、資料長度(5,2)的陣列

剛剛介紹的方法 flatten() 只能轉換成一維陣列，方法 reshape() 則是可轉換成各種新維度與資料長度的陣列。

以下是使用 reshape() 來達到 flatten() 相同的效果

```
a = [
        [1,2,3],
        [4,5,6],
        [7,8,9],
    ]
b = [
        [11,12,13],
        [14,15,16],
        [17,18,19],
    ]
a = np.array([a,b])

print("原始陣列shape:",a.shape)
print("陣列內容:\n",a)
```

```
原始陣列shape: (2, 3, 3)
陣列內容:
 [[[ 1  2  3]
  [ 4  5  6]
  [ 7  8  9]]

 [[11 12 13]
  [14 15 16]
  [17 18 19]]]
```

```
b = a.flatten()
print("使用方法flatten:",b)

c = a.reshape((-1))
print("使用方法reshape((-1)):",c)
```

```
使用方法flatten: [ 1  2  3  4  5  6  7  8  9 11 12 13 14 15 16 17 18 19]
使用方法reshape((-1)): [ 1  2  3  4  5  6  7  8  9 11 12 13 14 15 16 17 18 19]
```

17-4-3 方法 astype()

在宣告的時候可以使用 dtype 設定數值型態，之後若想更改就可以使用此方法

數值型態的轉換常常應用在圖片的顯示與計算，當圖片要顯示時，數值型態需為 uint8，當圖片要進行計算時，數值型態會轉換成 float32。

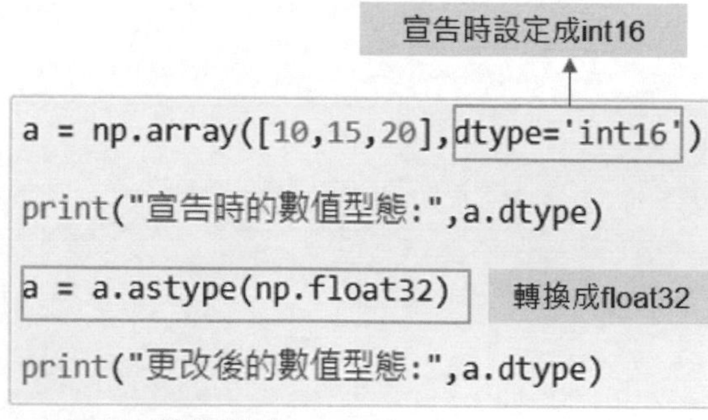

宣告時設定成int16
a = np.array([10,15,20],dtype='int16')
print("宣告時的數值型態:",a.dtype)
a = a.astype(np.float32)
轉換成float32
print("更改後的數值型態:",a.dtype)
宣告時的數值型態: int16
更改後的數值型態: float32

17-5 多維陣列進行不同維度的計算 (使用 np.sum())

17-5-1 多維陣列的軸 (axis)

Numpy 套件裡的某些函數都有參數 axis，這是在設定不同維度，進行不同維度的計算。

axis 是軸的意思，就像是前面我使用 XY 軸來說明二維陣列、XYZ 軸來說明三維陣列。

舉例來說，有個三維陣列的 shape = (2,3,4)，也代表著有三個軸，分別是第 1 軸 (axis 0)、第 2 軸 (axis 1) 與第 3 軸 (axis 2)，如下圖所示。

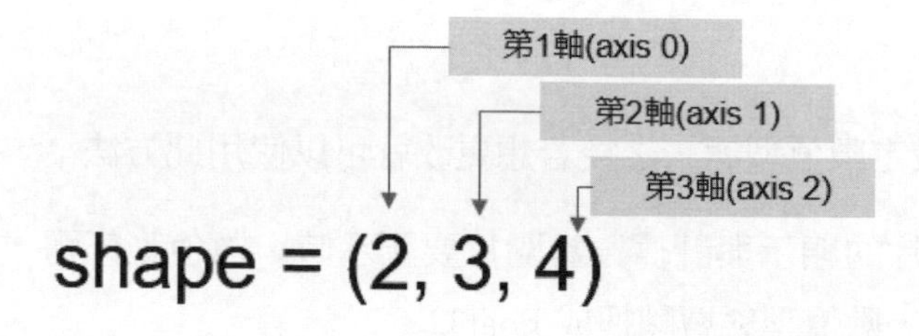

以下使用計算總和函數 np.sum() 來逐一說明。

17-5-2 一維陣列的計算

```
a = np.array([1,2,3,4,5])
```
宣告一維陣列

```
sum_no_axis = np.sum(a)
print("sum_no_axis:",sum_no_axis)
```

```
sum_no_axis: 15
```

- 沒有設定axis，運算對象是陣列內的所有**單一**元素
- sum()會將所有元素相加

```
print("shape:",a.shape)
sum_axis_0 = np.sum(a,axis=0)
print("sum_axis_0:",sum_axis_0)
```

```
shape: (5,)
sum_axis_0: 15
```

- 設定axis = 0，shape = (5,)，表示作用對象是第1軸的5筆資料
- sum()會將第1軸下的5筆資料相加
- 在此例剛好也等於所有元素相加

17-5-3 二維陣列的計算

```
a = np.array([[1,2,3,4,5],
              [2,3,4,5,6],
              [3,4,5,6,7]])
```
宣告二維陣列

```
sum_no_axis = np.sum(a)
print("sum_no_axis:",sum_no_axis)
```

```
sum_no_axis: 60
```

- 沒有設定axis，運算對象是陣列內的所有**單一**元素
- sum()會將所有元素相加，得到的是單一數值(純量)

```
print("shape:",a.shape)
sum_axis_0 = np.sum(a,axis=0)
print("sum_axis_0:",sum_axis_0)
```

```
shape: (3, 5)
sum_axis_0: [ 6  9 12 15 18]
```

- 設定axis = 0，shape = (3,5)，表示作用對象是第1軸的3筆資料
- sum()會將第1軸下的3筆資料相加

計算過程說明如下

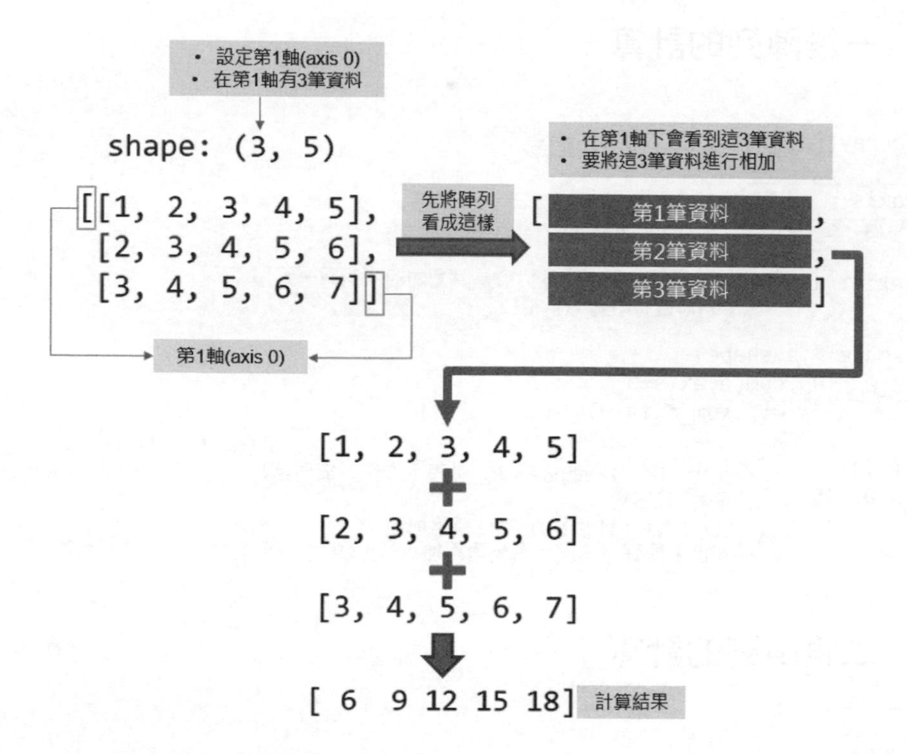
• 設定第1軸(axis 0)
• 在第1軸有3筆資料
shape: (3, 5)
[[1, 2, 3, 4, 5],
[2, 3, 4, 5, 6],
[3, 4, 5, 6, 7]]
第1軸(axis 0)
先將陣列看成這樣
• 在第1軸下會看到這3筆資料
• 要將這3筆資料進行相加
第1筆資料
第2筆資料
第3筆資料
[1, 2, 3, 4, 5]
[2, 3, 4, 5, 6]
[3, 4, 5, 6, 7]
[6 9 12 15 18]
計算結果

設定 axis = 1 的範例如下

> • 設定axis = 1，shape = (3,5)，表示作用對象是第2軸的5筆資料
> • sum()會將第2軸下的5筆資料相加

```
sum_axis_1 = np.sum(a,axis=1)
print("sum_axis_1:",sum_axis_1)
```

```
sum_axis_1: [15 20 25]
```

計算過程說明如下

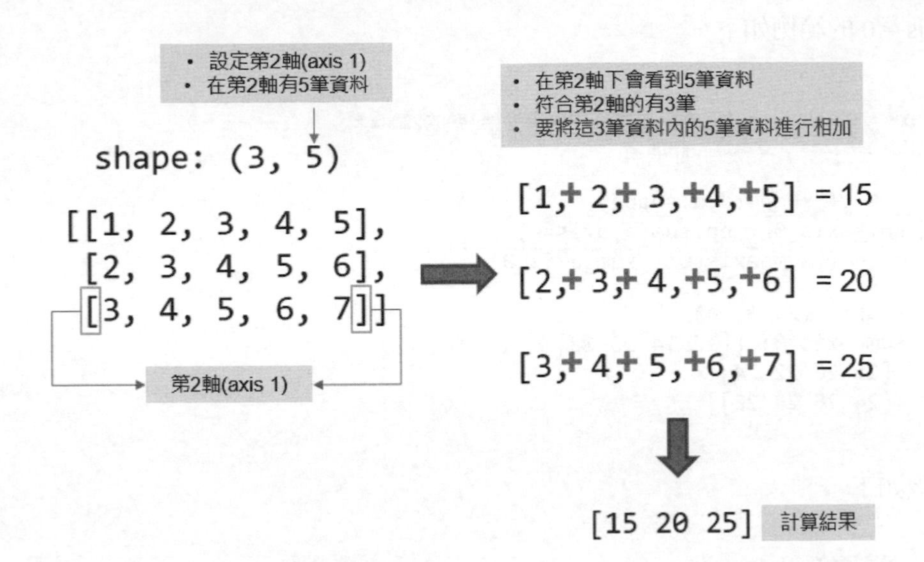

• 設定第2軸(axis 1)
• 在第2軸有5筆資料
shape: (3, 5)
[[1, 2, 3, 4, 5],
[2, 3, 4, 5, 6],
[3, 4, 5, 6, 7]]
第2軸(axis 1)
• 在第2軸下會看到5筆資料
• 符合第2軸的有3筆
• 要將這3筆資料內的5筆資料進行相加
[1,+ 2,+ 3,+4,+5] = 15
[2,+ 3,+ 4,+5,+6] = 20
[3,+ 4,+ 5,+6,+7] = 25
[15 20 25]
計算結果

17-5-4　三維陣列的計算

```
a = [
        [1,2,3,4],
        [4,5,6,7],
        [7,8,9,0],
    ]
b = [
        [11,12,13,14],
        [14,15,16,17],
        [17,18,19,20],
    ]
a = np.array([a,b])

sum_no_axis = np.sum(a)
print("sum_no_axis:",sum_no_axis)
```

宣告二維串列

宣告二維串列

宣告三維陣列

```
sum_no_axis: 242
```

- 沒有設定axis，運算對象是陣列內的所有**單一**元素
- sum()會將所有元素相加，得到的是單一數值(純量)

設定 axis = 0 的範例如下

- 設定axis = 0，shape = (2,3,4)，表示作用對象是第1軸的2筆資料
- sum()會將第1軸下的2筆資料相加

```
print("shape:",a.shape)
sum_axis_0 = np.sum(a,axis=0)
print("sum_axis_0:",sum_axis_0)
```

```
shape: (2, 3, 4)
sum_axis_0: [[12 14 16 18]
 [18 20 22 24]
 [24 26 28 20]]
```

計算過程如下

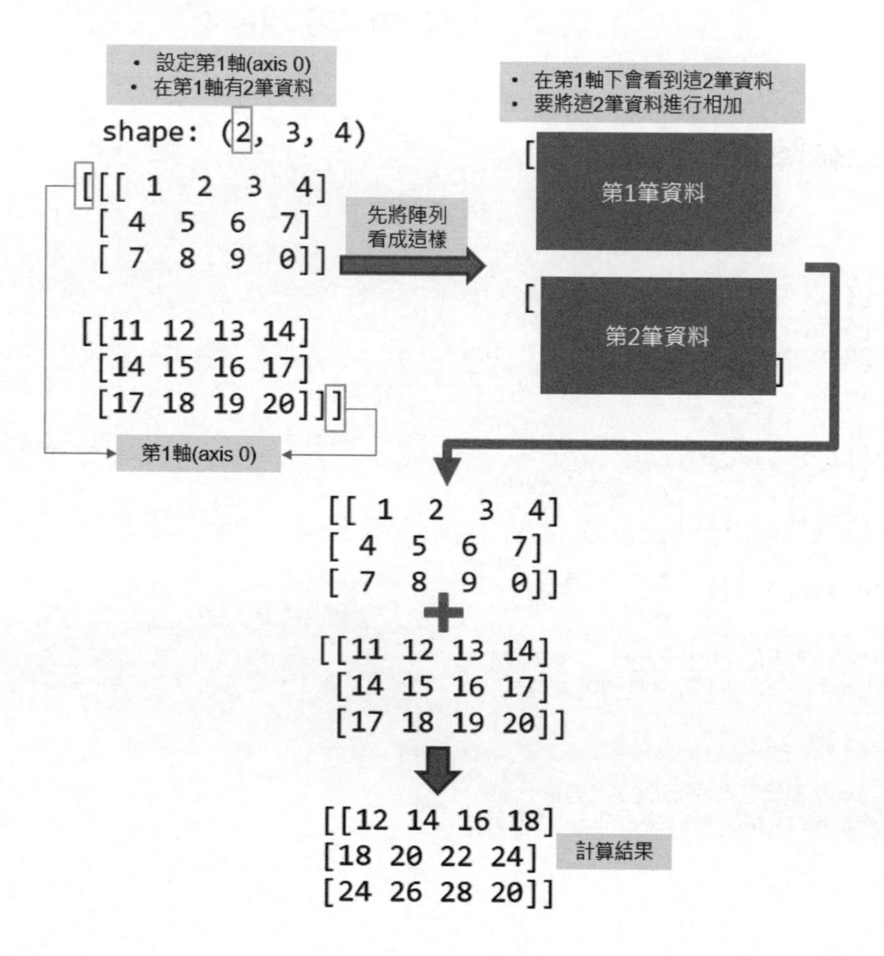

• 設定第1軸(axis 0)
• 在第1軸有2筆資料
shape: (2, 3, 4)
[[[1 2 3 4]
[4 5 6 7]
[7 8 9 0]]
[[11 12 13 14]
[14 15 16 17]
[17 18 19 20]]]
第1軸(axis 0)
先將陣列看成這樣
• 在第1軸下會看到這2筆資料
• 要將這2筆資料進行相加
第1筆資料
第2筆資料
[[1 2 3 4]
[4 5 6 7]
[7 8 9 0]]
[[11 12 13 14]
[14 15 16 17]
[17 18 19 20]]
[[12 14 16 18]
[18 20 22 24]
[24 26 28 20]]
計算結果

設定 axis = 1 的範例如下

- 設定axis = 1，shape = (2,3,4)，表示作用對象是第2軸的3筆資料
- sum()會將第2軸下的3筆資料相加

```
sum_axis_1 = np.sum(a,axis=1)
print("sum_axis_1:",sum_axis_1)
```

```
sum_axis_1: [[12 15 18 11]
 [42 45 48 51]]
```

計算過程如下

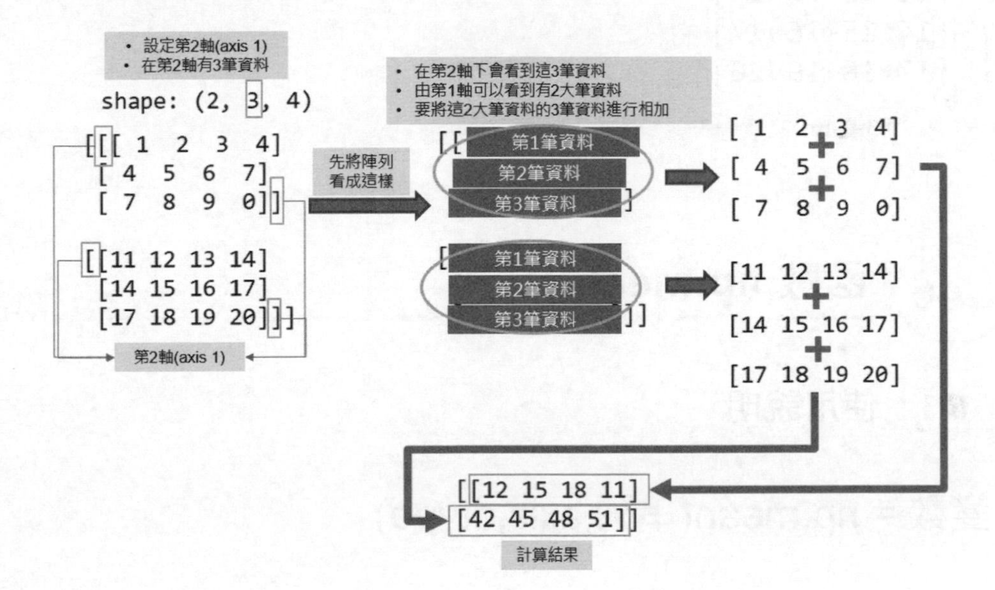

設定第2軸(axis 1)
在第2軸有3筆資料
shape: (2, 3, 4)
[[[1 2 3 4]
[4 5 6 7]
[7 8 9 0]]
[[11 12 13 14]
[14 15 16 17]
[17 18 19 20]]]
第2軸(axis 1)
先將陣列看成這樣
在第2軸下會看到這3筆資料
由第1軸可以看到有2大筆資料
要將這2大筆資料的3筆資料進行相加
第1筆資料
第2筆資料
第3筆資料
[1 2 3 4]
[4 5 6 7]
[7 8 9 0]
[11 12 13 14]
[14 15 16 17]
[17 18 19 20]
[[12 15 18 11]
[42 45 48 51]]
計算結果

設定 axis = 2 的範例如下

- 設定axis = 2，shape = (2,3,4)，表示作用對象是第3軸的4筆資料
- sum()會將第3軸下的4筆資料相加

```
sum_axis_2 = np.sum(a,axis=2)
print("sum_axis_2:",sum_axis_2)
```

```
sum_axis_2: [[10 22 24]
 [50 62 74]]
```

計算過程如下

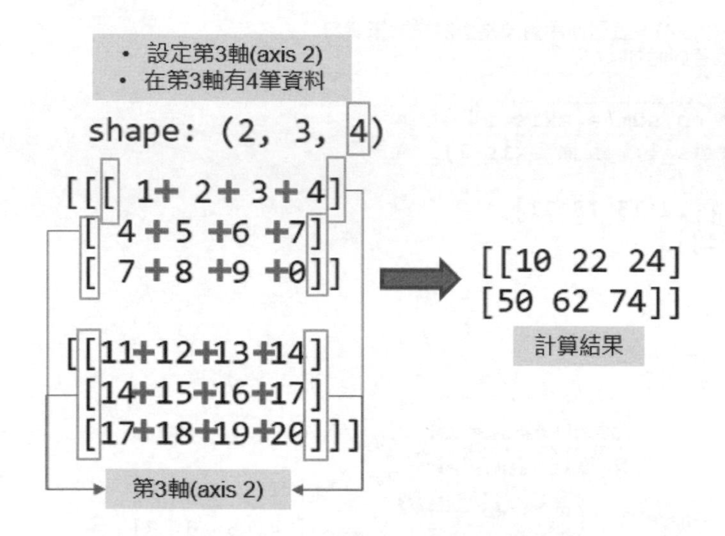
• 設定第3軸(axis 2)
• 在第3軸有4筆資料
shape: (2, 3, 4)
[[[1+ 2+ 3+ 4]
[4+5 +6 +7]
[7+8 +9 +0]]
[[11+12+13+14]
[14+15+16+17]
[17+18+19+20]]]
[[10 22 24]
[50 62 74]]
計算結果
第3軸(axis 2)

17-6 函數 np.mean()

17-6-1 使用說明

變數 = np.mean(串列,axis,dtype)

- 此函數可求得輸入串列的平均值，回傳至指定變數
- 可輸入串列或 ndarray
- 可指定 axis 計算特定維度下的平均值
- 可使用 dtype 設定回傳值的數值型態

多維計算的邏輯與介紹 np.sum() 函數時相同，這邊就會直接以範例展示

17-6-2 一維陣列的計算

```
a = [1,2,3,4,5]

mean_no_axis = np.mean(a)#不考慮維度的計算
print("mean_no_axis:",mean_no_axis)
```

```
mean_no_axis: 3.0
```

17-6-3 二維陣列的計算

```
a =[[1,2,3,4,5],
    [2,3,4,5,6],
    [3,4,5,6,7]]

mean_no_axis = np.mean(a)
print("mean_no_axis:",mean_no_axis)

mean_axis_0 = np.mean(a,axis=0)
print("mean_axis_0:",mean_axis_0)

mean_axis_1 = np.mean(a,axis=1)
print("mean_axis_1:",mean_axis_1)
```

- 宣告二維串列
- 資料型態可以是串列(list)或ndarray

不設定軸，計算所有元素的平均

軸=0，計算第1軸3筆資料的平均

軸=1，計算第2軸5筆資料的平均

```
mean_no_axis: 4.0
mean_axis_0: [2. 3. 4. 5. 6.]
mean_axis_1: [3. 4. 5.]
```

舉個實際常用到的範例，多位學生成績的總和與平均就可以使用此函數一次算完，非常方便，程式碼如下範例

```
Jay = [92.5,62,77]
Rebecca = [88,93,81]
Yuna = [82,83,84]
score_list = [Jay,Rebecca,Yuna]
print("score_list:",score_list)

sum_axis_1 = np.sum(score_list,axis=1)
mean_axis_1 = np.mean(score_list,axis=1)

for i,score in enumerate(score_list):
    print("分數:",score)
    print("總和:",sum_axis_1[i])
    print("平均:",mean_axis_1[i])
```

將每位學生的成績放置在同一容器，形成(3,3)的串列，意思是有3位學生，每位學生有3筆成績

使用np.sum函數，軸=1，計算出每位學生的分數總和

使用np.mean函數，軸=1，計算出每位學生的平均分數

```
score_list: [[92.5, 62, 77], [88, 93, 81], [82, 83, 84]]
分數: [92.5, 62, 77]
總和: 231.5
平均: 77.16666666666667
分數: [88, 93, 81]
總和: 262.0
平均: 87.33333333333333
分數: [82, 83, 84]
總和: 249.0
平均: 83.0
```

17-6-4 三維陣列的計算

```
a = [
        [1,2,3,4],
        [4,5,6,7],
        [7,8,9,0],
    ]
b = [
        [11,12,13,14],
        [14,15,16,17],
        [17,18,19,20],
    ]
a = np.array([a,b])

mean_no_axis = np.mean(a)
print("mean_no_axis:",mean_no_axis)
```

```
mean_no_axis: 10.083333333333334
```

設定軸 =0 的計算結果

```
mean_axis_0 = np.mean(a,axis=0)
print("mean_axis_0:\n",mean_axis_0)
```

```
mean_axis_0:
 [[ 6.  7.  8.  9.]
 [ 9. 10. 11. 12.]
 [12. 13. 14. 10.]]
```

設定軸 =1 的計算結果

```
mean_axis_1 = np.mean(a,axis=1)
print("mean_axis_1:\n",mean_axis_1)
```

```
mean_axis_1:
 [[ 4.          5.          6.          3.66666667]
 [14.         15.         16.         17.        ]]
```

設定軸 =2 的計算結果

```
mean_axis_2 = np.mean(a,axis=2)
print("mean_axis_2:\n",mean_axis_2)
```

```
mean_axis_2:
 [[ 2.5  5.5  6. ]
 [12.5 15.5 18.5]]
```

後記： 在 Numpy 套件裡還有個函數是 np.average()，從字面上來看一樣是平均的意思，差異在 np.average() 可以設定權重，若沒有設定權重的需求，使用這兩個函數得到的結果是一樣的。

```
Jay = [92.5,62,77]
Rebecca = [88,93,81]
Yuna = [82,83,84]
score_list = [Jay,Rebecca,Yuna]

#----使用np.mean()函數
print(np.mean(score_list,axis=1))

#----使用np.average()函數
print(np.average(score_list,axis=1))
```

```
[77.16666667 87.33333333 83.        ]
[77.16666667 87.33333333 83.        ]
```

17-7 函數 np.max() 與 np.min()

17-7-1 使用說明

由於最大值與最小值功能類似，這邊就一起介紹

變數 = np.max(串列,axis)

- 此函數可求得輸入串列的最大值，回傳至指定變數
- 可輸入串列或 ndarray
- 可指定 axis 計算特定維度下的最大值

變數 = np.min(串列,axis)

- 此函數可求得輸入串列的最小值，回傳至指定變數
- 可輸入串列或 ndarray
- 可指定 axis 計算特定維度下的最小值

多維計算的邏輯與介紹 np.sum() 函數時相同，這邊就會直接以範例展示

17-7-2 一維陣列的計算

```
a = [1,2,3,4,5]

max_no_axis = np.max(a)#不考慮維度的計算
print("max_no_axis:",max_no_axis)

min_no_axis = np.min(a)#不考慮維度的計算
print("min_no_axis:",min_no_axis)
```

```
max_no_axis: 5
min_no_axis: 1
```

17-7-3 二維陣列的計算

```
a =[[1,2,3,4,5],
    [2,3,4,5,6],
    [3,4,5,6,7]]

max_no_axis = np.max(a)
print("max_no_axis:",max_no_axis)
min_no_axis = np.min(a)
print("min_no_axis:",min_no_axis)

max_axis_0 = np.max(a,axis=0)
print("max_axis_0:",max_axis_0)
min_axis_0 = np.min(a,axis=0)
print("min_axis_0:",min_axis_0)

max_axis_1 = np.max(a,axis=1)
print("max_axis_1:",max_axis_1)
min_axis_1 = np.min(a,axis=1)
print("min_axis_1:",min_axis_1)
```

不設定軸，找出陣列內的最大值

不設定軸，找出陣列內的最小值

軸=0，計算第1軸3筆資料的最大值

軸=0，計算第1軸3筆資料的最小值

軸=1，計算第2軸5筆資料的最大值

軸=1，計算第2軸5筆資料的最小值

```
max_no_axis: 7
min_no_axis: 1
max_axis_0: [3 4 5 6 7]
min_axis_0: [1 2 3 4 5]
max_axis_1: [5 6 7]
min_axis_1: [1 2 3]
```

承續在 np.mean() 函數提到的學生成績範例，加上 np.max() 與 np.min() 來找出每位學生的最高分與最低分

```
Jay = [92.5,62,77]
Rebecca = [88,93,81]
Yuna = [82,83,84]
score_list = [Jay,Rebecca,Yuna]
print("score_list:",score_list)

sum_axis_1 = np.sum(score_list,axis=1)
mean_axis_1 = np.mean(score_list,axis=1)
max_axis_1 = np.max(score_list,axis=1)
min_axis_1 = np.min(score_list,axis=1)

for i,score in enumerate(score_list):
    print("分數:",score)
    print("總和:",sum_axis_1[i])
    print("平均:",mean_axis_1[i])
    print("最高分:",max_axis_1[i])
    print("最低分:",min_axis_1[i])
```

使用np.max函數，軸=1，找出每位學生的最高分

使用np.min函數，軸=1，找出每位學生的最低分

程式執行結果

```
score_list: [[92.5, 62, 77], [88, 93, 81], [82, 83, 84]]
分數: [92.5, 62, 77]
總和: 231.5
平均: 77.16666666666667
最高分: 92.5
最低分: 62.0
分數: [88, 93, 81]
總和: 262.0
平均: 87.33333333333333
最高分: 93.0
最低分: 81.0
分數: [82, 83, 84]
總和: 249.0
平均: 83.0
最高分: 84.0
最低分: 82.0
```

17-7-4 三維陣列的計算

```
a = [
        [1,2,3,4],
        [4,5,6,7],
        [7,8,9,0],
    ]
b = [
        [11,12,13,14],
        [14,15,16,17],
        [17,18,19,20],
    ]
a = np.array([a,b])

max_no_axis = np.max(a)
print("max_no_axis:",max_no_axis)
min_no_axis = np.min(a)
print("min_no_axis:",min_no_axis)
```

沒有指定軸，找出陣列最大值

沒有指定軸，找出陣列最小值

```
max_no_axis: 20
min_no_axis: 0
```

設定軸 =0 的計算結果

```
max_axis_0 = np.max(a,axis=0)
print("max_axis_0:\n",max_axis_0)
min_axis_0 = np.min(a,axis=0)
print("min_axis_0:\n",min_axis_0)
```

```
max_axis_0:
 [[11 12 13 14]
 [14 15 16 17]
 [17 18 19 20]]
min_axis_0:
 [[1 2 3 4]
 [4 5 6 7]
 [7 8 9 0]]
```

設定軸 =1 的計算結果

```
max_axis_1 = np.max(a,axis=1)
print("max_axis_1:\n",max_axis_1)
min_axis_1 = np.min(a,axis=1)
print("min_axis_1:\n",min_axis_1)
```

```
max_axis_1:
 [[ 7  8  9  7]
 [17 18 19 20]]
min_axis_1:
 [[ 1  2  3  0]
 [11 12 13 14]]
```

設定軸 =2 的計算結果

```
max_axis_2 = np.max(a,axis=2)
print("max_axis_2:\n",max_axis_2)
min_axis_2 = np.min(a,axis=2)
print("min_axis_2:\n",min_axis_2)
```

```
max_axis_2:
 [[ 4  7  9]
 [14 17 20]]
min_axis_2:
 [[ 1  4  0]
 [11 14 17]]
```

17-8 函數 argmax() 與 np.argmin()

17-8-1 使用說明

變數 = np.argmax(串列,axis)

- 此函數可求得輸入串列、陣列中最大值的**索引值**，回傳至指定變數
- 可輸入串列或 ndarray
- 可指定 axis 計算特定維度下最大值的**索引值**

比較 :

np.max() 是找出最大值

np.argmax() 是找出最大值的索引值

變數 = np.argmin(串列,axis)

- 此函數可求得輸入串列、陣列中最小值的**索引值**，回傳至指定變數
- 可輸入串列或 ndarray
- 可指定 axis 計算特定維度下最小值的**索引值**

比較：

np.min() 是找出最大值

np.argmin() 是找出最大值的索引值

17-8-2 一維陣列的計算

```
a = [1,2,3,4,5]

argmax_no_axis = np.argmax(a)
print("陣列a最大值的索引值 = ",argmax_no_axis)
print("陣列a最大值 = ",a[argmax_no_axis])

argmin_no_axis = np.argmin(a)
print("陣列a最小值的索引值 = :",argmin_no_axis)
print("陣列a最大值 = ",a[min_no_axis])
```

陣列最大值是5
最大值的索引值是4

陣列最小值是1
最小值的索引值是0

```
陣列a最大值的索引值 =  4
陣列a最大值 =  5
陣列a最小值的索引值 = : 0
陣列a最大值 =  1
```

17-8-3 二維陣列的計算

不設定軸，找尋最大值的索引值範例

```
a =[[3,2,5,4,1],
    [2,33,4,5,6],
    [3,4,5,6,7]]

argmax_no_axis = np.argmax(a)
print("陣列a最大值的索引值 = ",argmax_no_axis)

a = np.array(a)
print("陣列拉直(flatten):",a.flatten())
print("陣列a最大值 = ",a.flatten()[argmax_no_axis])
```

當輸入陣列是多維陣列且不指定軸時，會先將串列拉直後，找出最大值的索引值

轉換成ndarray才能夠將陣列拉直

使用索引值要得到最大值的寫法

```
陣列a最大值的索引值 =  6
陣列拉直(flatten): [ 3  2  5  4  1  2 33  4  5  6  3  4  5  6  7]
陣列a最大值 =  33
```

串列拉直後，索引值=6的數值是最大值

不設定軸，找尋最小值的索引值範例

```
argmin_no_axis = np.argmin(a)
print("陣列a最小值的索引值 = ",argmin_no_axis)
print("陣列a最大值 = ",a.flatten()[argmin_no_axis])
```

```
陣列a最小值的索引值 =  4
陣列a最大值 =  1
```

設定軸 =0，找尋最大值的索引值範例

```
argmax_axis_0 = np.argmax(a,axis=0)
print("argmax_axis_0:\n",argmax_axis_0)
```

```
argmax_axis_0:
 [0 1 0 2 2]
```

```
a =[[3,2, 5,4,1],
    [2,33,4,5,6],
    [3,4, 5,6,7]]
```

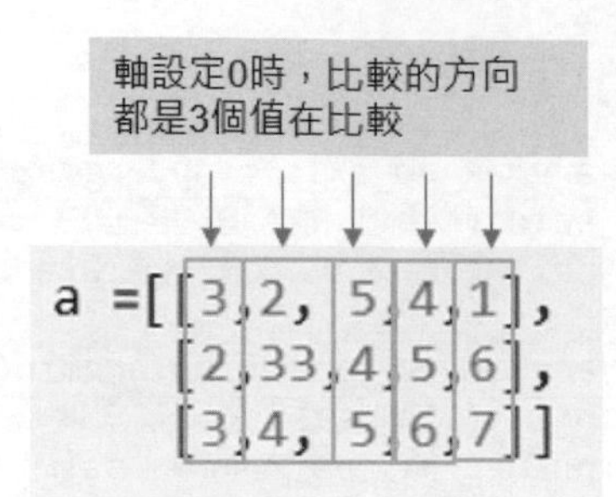
軸設定0時，比較的方向
都是3個值在比較
a =[[3,2, 5,4,1],
[2,33,4,5,6],
[3,4, 5,6,7]]

設定軸 =0，找尋最小值的索引值範例

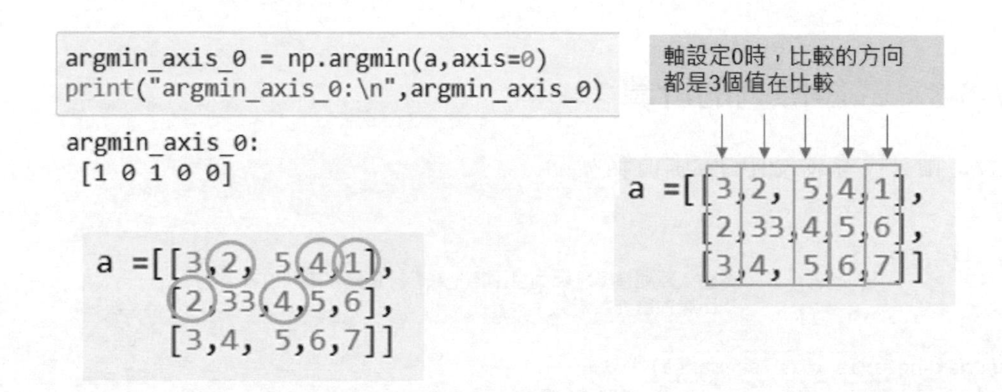
argmin_axis_0 = np.argmin(a,axis=0)
print("argmin_axis_0:\n",argmin_axis_0)
argmin_axis_0:
[1 0 1 0 0]
a =[[3,2, 5,4,1],
[2,33,4,5,6],
[3,4, 5,6,7]]
軸設定0時，比較的方向
都是3個值在比較
a =[[3,2, 5,4,1],
[2,33,4,5,6],
[3,4, 5,6,7]]

設定軸 =1，找尋最大值的索引值範例

```
argmax_axis_1 = np.argmax(a,axis=1)
print("argmax_axis_1:\n",argmax_axis_1)
```

```
argmax_axis_1:
 [2 1 4]
```

```
a =[[3,2, 5,4,1],
    [2,33,4,5,6],
    [3,4, 5,6,7]]
```

軸設定1時，比較的方向
都是5個值在比較

```
a =[[3,2, 5,4,1],
    [2,33,4,5,6],
    [3,4, 5,6,7]]
```

設定軸 =1，找尋最小值的索引值範例

```
argmin_axis_1 = np.argmin(a,axis=1)
print("argmin_axis_1:\n",argmin_axis_1)
```

```
argmin_axis_1:
 [4 0 0]
```

```
a =[[3,2, 5,4,1],
    [2,33,4,5,6],
    [3,4, 5,6,7]]
```

軸設定1時，比較的方向
都是5個值在比較

```
a =[[3,2, 5,4,1],
    [2,33,4,5,6],
    [3,4, 5,6,7]]
```

承續在 np.mean() 函數提到的學生成績範例，加上 np.argmax() 與 np.argmin() 來找出每位學生的最高分與最低分

```
Jay = [92.5,62,77]
Rebecca = [88,93,81]
Yuna = [82,83,84]
score_list = [Jay,Rebecca,Yuna]
print("score_list:",score_list)

sum_axis_1 = np.sum(score_list,axis=1)
mean_axis_1 = np.mean(score_list,axis=1)
argmax_axis_1 = np.argmax(score_list,axis=1)
argmin_axis_1 = np.argmin(score_list,axis=1)

for i,score in enumerate(score_list):
    print("分數:",score)
    print("總和:",sum_axis_1[i])
    print("平均:",mean_axis_1[i])
    print("最高分:",score[argmax_axis_1[i]])
    print("最低分:",score[argmin_axis_1[i]])
```

使用np.argmax函數，軸=1，
找出每位學生的最高分的**索引值**

使用np.argmin函數，軸=1，
找出每位學生的最低分的**索引值**

索引值 idx = argmax_axis_1[i]
最大值 score[idx]

程式執行結果

```
score_list: [[92.5, 62, 77], [88, 93, 81], [82, 83, 84]]
分數: [92.5, 62, 77]
總和: 231.5
平均: 77.16666666666667
最高分: 92.5
最低分: 62
分數: [88, 93, 81]
總和: 262.0
平均: 87.33333333333333
最高分: 93
最低分: 81
分數: [82, 83, 84]
總和: 249.0
平均: 83.0
最高分: 84
最低分: 82
```

17-8-4 應用時機

以 np.argmax() 為例，會使用 argmax 得到索引值而不直接使用 max 找到最大值，通常是還有其他不同類型的資料，使用索引值就可以輕鬆找到對應的資料

如下範例，使用 argmax 找到平均得分最大值的索引值，利用索引值在球員名稱資料裡找到對應名稱，在身高資料裡找到對應身高，在體重資料裡找到對應體重。

```
names = ['Stephen Curry','LeBron James','Kevin Durant']
height = [190,206,208]
weight = [83,113,108]
points = [32,25,26.9]
argmax = np.argmax(points)

print("2020-2021平均得分最高的是:",names[argmax])
print("身高:",height[argmax])
print("體重:",weight[argmax])
print("得分:",points[argmax])
```

取得平均得分最大值的索引值

從索引值得到其他類型的資料

```
2020-2021平均得分最高的是: Stephen Curry
身高: 190
體重: 83
得分: 32
```

應用此技巧，也可以找到身高最高的球員，如下

```
names = ['Stephen Curry','LeBron James','Kevin Durant']
height = [190,206,208]
weight = [83,113,108]
points = [32,25,26.9]
argmax = np.argmax(height)    取得身高最大值的索引值

print("身高最高的是:",names[argmax])
print("身高:",height[argmax])
print("體重:",weight[argmax])
print("得分:",points[argmax])
```

```
身高最高的是: Kevin Durant
身高: 208
體重: 108
得分: 26.9
```

以上的範例只有 3 位球員，若是全 NBA 球員的資料，也是可以在瞬間找到極值。

17-9 函數 np.zeros()

17-9-1 使用說明

變數 = np.zeros(shape, dtype=float)

建立數值內容都是 0 的陣列

數值型態 (dtype) 預設值是 float64

回傳值為依照設定的 shape 與 dtype 建立的陣列，給值至變數

基本使用範例如下

```
a = np.zeros(10)#建立一維，資料長度=10的陣列
print(a)
print(a.shape)
print(a.dtype)
```

```
[0. 0. 0. 0. 0. 0. 0. 0. 0. 0.]
(10,)
float64
```

自行設定 dtype 範例如下

```
#建立二維，資料長度(3,5)的陣列
a = np.zeros((3,5),dtype=np.uint8)#自行設定數值形態
print(a)
print(a.shape)
print(a.dtype)
```

```
[[0 0 0 0 0]
 [0 0 0 0 0]
 [0 0 0 0 0]]
(3, 5)
uint8
```

17-10 函數 np.zeros_like()

17-10-1 使用說明

變數 = np.zeros_like(串列)

建立出與指定串列相同 shape 與 dtype 的 ndarray，而數值內容都為 0

回傳值為依照設定的 shape 與 dtype 建立的陣列，給值至變數

使用範例如下

```
a = [[1,2,3],[4,5,6]]
b = np.zeros_like(a)

print(b)
print(b.shape)
print(b.dtype)
```

```
[[0 0 0]
 [0 0 0]]
(2, 3)
int32
```

17-11 函數 np.ones()

17-11-1 使用說明

變數 = np.ones(shape, dtype=float)

使用方式與 np.zeros() 相同，差別是建立數值內容都是 1 的陣列

數值形態 (dtype) 預設值是 float64

回傳值為依照設定的 shape 與 dtype 建立的陣列，給值至變數

基本使用範例如下

```
a = np.ones(10)#建立一維，資料長度=10的陣列
print(a)
print(a.shape)
print(a.dtype)
```

```
[1. 1. 1. 1. 1. 1. 1. 1. 1. 1.]
(10,)
float64
```

自行設定 dtype 範例如下

```
#建立二維，資料長度(3,5)的陣列
a = np.ones((3,5),dtype=np.int8)#自行設定數值形態
print(a)
print(a.shape)
print(a.dtype)
```

```
[[1 1 1 1 1]
 [1 1 1 1 1]
 [1 1 1 1 1]]
(3, 5)
int8
```

若是要建立數值不等於 1 的陣列時，先使用 np.ones() 建立陣列後，再乘上數值即可。

以下範例為建立 shape=(2,5) 的陣列，數值內容皆為 255

```
a = np.ones((2,5),dtype=np.uint8)
a *= 255
print(a)
print(a.shape)
print(a.dtype)
```

```
[[255 255 255 255 255]
 [255 255 255 255 255]]
(2, 5)
uint8
```

17-12 函數 np.ones_like()

17-12-1 使用說明

變數 = np.ones_like(串列)

建立出與指定串列相同 shape 與 dtype 的 ndarray，而數值內容都為 1

回傳值為依照設定的 shape 與 dtype 建立的陣列，給值至變數

使用範例如下

```
a = [[1,2,3],[4,5,6]]
b = np.ones_like(a)

print(b)
print(b.shape)
print(b.dtype)
```

```
[[1 1 1]
 [1 1 1]]
(2, 3)
int32
```

17-13 相加函數 np.add()

17-13-1 使用說明

一般相加符號只能使用在純量的相加，如果是多維度陣列要進行相加，一種方式是將串列型態轉換成 ndarray 型態後就可以進行相加。

倘若不想要進行轉換，就可以使用 np.add() 函數

```
a = [1,2,3,4,5]
b = [2,3,4,5,6]

#----方式1:轉換成ndarray
a = np.array(a)
b = np.array(b)

add = a + b
print("add = ",add)
print('add dtype = ',add.dtype)
```

```
add =  [ 3  5  7  9 11]
add dtype =  int32
```

```
a = [1,2,3,4,5]
b = [2,3,4,5,6]

#----方式2:使用np.add()函數
add = np.add(a,b)
print("add = ",add)
print('add dtype = ',add.dtype)
```

```
add =  [ 3  5  7  9 11]
add dtype =  int32
```

進行相加的多維度陣列，其 shape 需相同，否則會產生錯誤

```
a = [1,2,3,4,5]
b = [2,3,4,5]

add = np.add(a,b)
print("add = ",add)
print('add dtype = ',add.dtype)
```

資料的shape不同，無法進行對應元素的相加

```
---------------------------------------------------------------------------
ValueError                                Traceback (most recent call last)
<ipython-input-15-669f77f235d7> in <module>
      2 b = [2,3,4,5]
      3
----> 4 add = np.add(a,b)
      5 print("add = ",add)
      6 print('add dtype = ',add.dtype)

ValueError: operands could not be broadcast together with shapes (5,) (4,)
```

進行相加的陣列中若有任一數字為浮點數，相加後的數值型態會是浮點數

```
a = [1,2,3,4,5]
b = [2,3.,4,5,6]

add = np.add(a,b)
print("add = ",add)
print('add dtype = ',add.dtype)
```

若有任一數字為浮點數，相加後的數值型態會是浮點數

```
add =  [ 3.  5.  7.  9. 11.]
add dtype =  float64
```

使用 Numpy 的廣播功能可以讓多維度陣列與純量或一維資料長度一的陣列進行運算，如下

```
a = np.array([[1,2,3,4,5],
              [2,3,4,5,6],
              [3,4,5,6,7]])
b = 1#純量
add = np.add(a,b)
print("add = ",add)
print('add dtype = ',add.dtype)
```

```
add =  [[2 3 4 5 6]
 [3 4 5 6 7]
 [4 5 6 7 8]]
add dtype =  int32
```

```
a = np.array([[1,2,3,4,5],
              [2,3,4,5,6],
              [3,4,5,6,7]])

b = [1]#一維且資料長度=1的陣列
add = np.add(a,b)
print("add = ",add)
print('add dtype = ',add.dtype)
```

```
add =  [[2 3 4 5 6]
 [3 4 5 6 7]
 [4 5 6 7 8]]
add dtype =  int32
```

介紹完相加函數後，相減函數 np.subtract()、相乘函數 np. multiply()、相除函數 np.divide() 也是相同的使用方式。

17-14 亂數函數 np.random.randint()

17-14-1 使用說明

變數 = np.random.randint(較小數值,較大數值,數量)

- 在設定的數值區間內隨機取得設定數量的整數
- 需輸入較小數值與較大數值，可以輸入浮點數或負數
- 較大數值需大於或等於較小數值
- 回傳值為設定數量、設定區間的亂數整數值，較小數值亂數值較大數值

不設定數量，回傳 1 個亂數值

```
print(np.random.randint(0,100))
76
```

設定數量，回傳陣列

```
num_list = np.random.randint(0,100,16)
print(num_list)
print(num_list.dtype)
print(type(num_list))
[ 6 25 64  6 39 37  8 60 31 98 65 54 22 41 21 85]
int32
<class 'numpy.ndarray'>
```

在0 ~ 100區間亂數取得16個值

Python 的 random 套件也有相同的函數，但每次只能取 1 個亂數值，若要取多個亂數值，建議使用 np.random.randint 函數，比較如下

```
from numpy import random as np_rdm
import random as rdm

num = rdm.randint(0,100)
print(num)

num_list = np_rdm.randint(0.56,100.2,16)
print(num_list)
```

```
95
[73 72 27 45 97 88 63 97 46 98 59 88 35  6 70 41]
```

17-15 排列函數 np.random.permutation()

17-15-1 使用說明

一般的 shuffle 函數可以對單一資料進行重新排列，但若有多筆不同類型的資料，資料位置都是對應的，就不能夠僅對單一資料進行重新排列，要先求得重新排列的索引值列表，每一份資料都使用相同的列表進行重新排列，這樣資料就不會被打亂了。

分類訓練時，會常常對訓練圖片集與正確答案資料進行重新排列，使用的就是此函數。

使用範例如下

```
names = ['Stephen Curry','LeBron James','Kevin Durant']
height = [190,206,208]
weight = [83,113,108]
points = [32,25,26.9]

indice = np.random.permutation(len(names))  ──→ 3筆資料重新排列的順序
print("排列順序:",indice)
names[indice]  ──→ • 由於names是串列，不能直接套用順序進行重新排列
                   • 要先轉換成ndarray才可以
```

```
排列順序: [2 0 1]

---------------------------------------------------------------------------
TypeError                                 Traceback (most recent call last)
<ipython-input-63-bb7e335e9b27> in <module>
      6 indice = np.random.permutation(len(names))
      7 print("排列順序:",indice)
----> 8 names[indice]

TypeError: only integer scalar arrays can be converted to a scalar index
```

修改後如下

```
names = ['Stephen Curry','LeBron James','Kevin Durant']
height = [190,206,208]
weight = [83,113,108]
points = [32,25,26.9]

indice = np.random.permutation(len(names))
print("排列順序:",indice)
#----串列轉換成ndarray
names = np.array(names)
height = np.array(height)
weight = np.array(weight)
points = np.array(points)
#----使用索引值列表重新排列
names = names[indice]
height = height[indice]
weight = weight[indice]
points = points[indice]
print(names)
print(height)
print(weight)
print(points)
```

所有的資料都依照相同的索引值列表重新排列

```
排列順序: [2 1 0]
['Kevin Durant' 'LeBron James' 'Stephen Curry']
[208 206 190]
[108 113  83]
[26.9 25.  32. ]
```

2表示舊內容位置2的值→新內容位置0
1表示舊內容位置1的值→新內容位置1
0表示舊內容位置0的值→新內容位置2

CH18

圖片的顯示

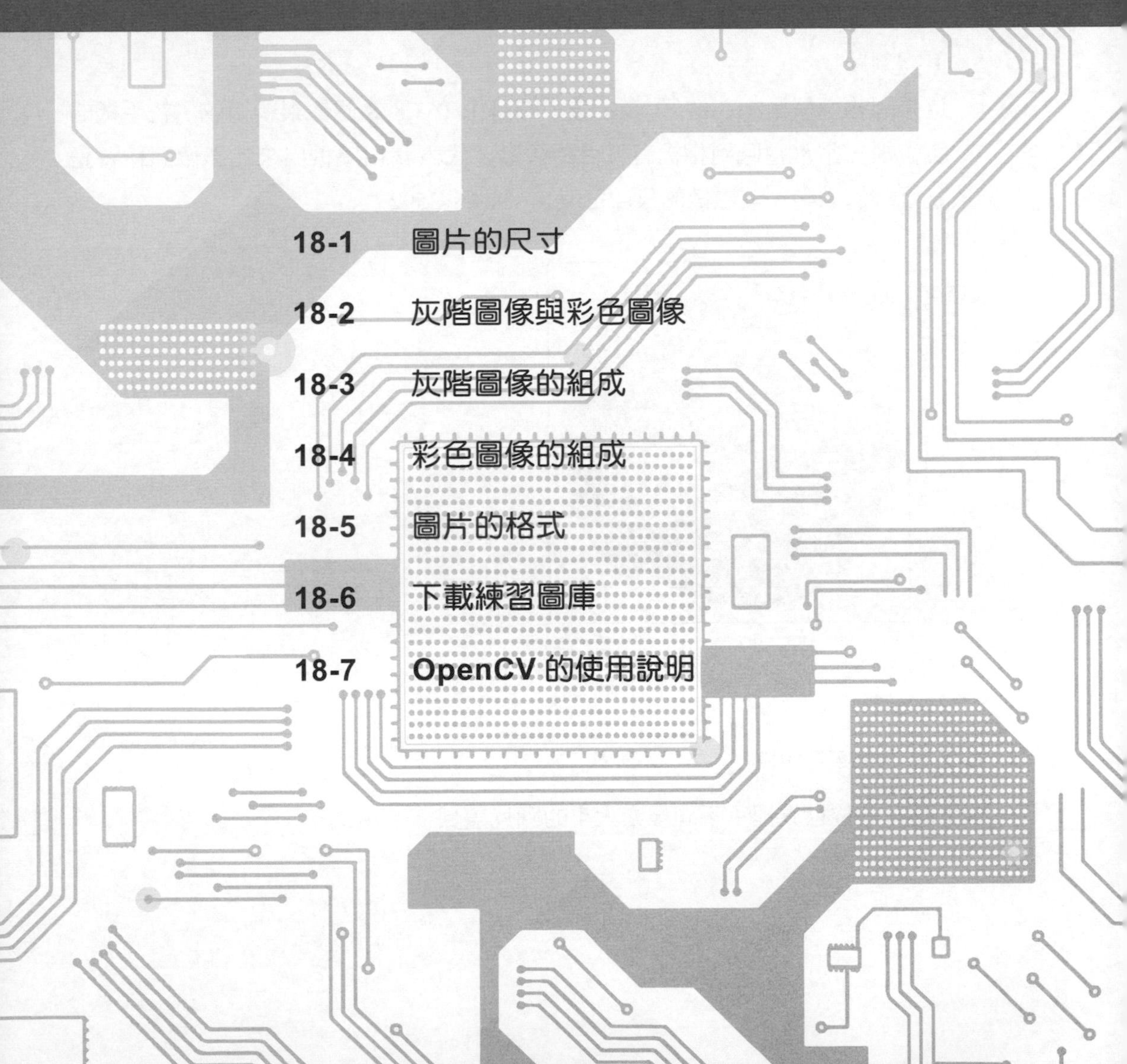

18-1 圖片的尺寸

- 通常使用高度 (height) 與寬度 (width) 來描述圖片的尺寸，如下圖所示
- 假設該圖的高度為 382，寬度為 419，描述上會使用 382 x 419 或 419 x 382 來代表該圖的尺寸
- 高度與寬度的單位為像素 (Pixel)，在數位圖像的領域裡，幾乎都使用像素尺寸來表達圖像的大小單位，所以該圖是高度 382 像素數值 x 寬度 419 像素數值的圖像
- 這張圖的面積是 163,878，表示這張圖是由 163,878 個像素所組成。在手機的廣告裡，常常會聽到相機有五百萬像素，代表該相機拍出來的影像面積會是五百萬個像素，其影像的尺寸可能為 1944 x 2592

圖來源 :Google earth

以下為在數位世界裡，不同像素大小的圖片差異

18-2 灰階圖像與彩色圖像

灰階圖像就是常說的黑白圖像、單色圖像，相機剛發明的時候，拍攝出來的影像都是灰階圖像，在科技快速發展下，現在拍攝出來的圖片都是彩色圖像，而灰階圖像則偏向是意境或濾鏡下的產物。

灰階圖像

彩色圖像

18-3 灰階圖像的組成

每張的灰階圖像是由最暗的黑色到最亮的白色所組成，每個像素只使用 1 個整數數值來描述，數值範圍從 0 到 255，共有 256 階，即 256 種灰階程度

以下範例為不同的灰階程度在視覺上的呈現

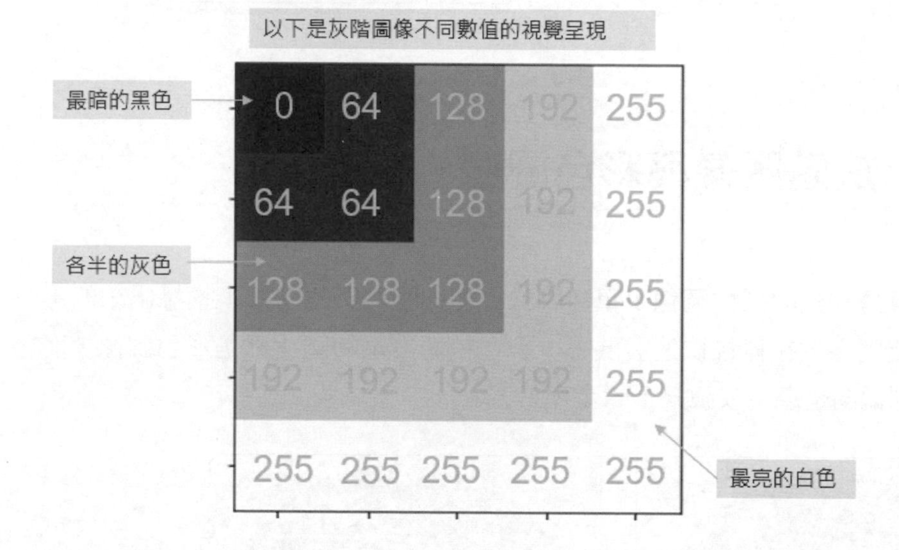

上圖為高度 5 像素數值，寬度 5 像素的灰階圖像，從數值與視覺呈現可以知道 :

當像素數值為 0 時，視覺上的感受是最暗的黑色

當像素數值為 255 時，視覺上的感受是最亮的白色

當像素數值為 128 時，視覺上的感受是灰色，算法是純黑 (0) + 純白 (255) 的中間值

將灰階圖像轉換成純數值矩陣，如下

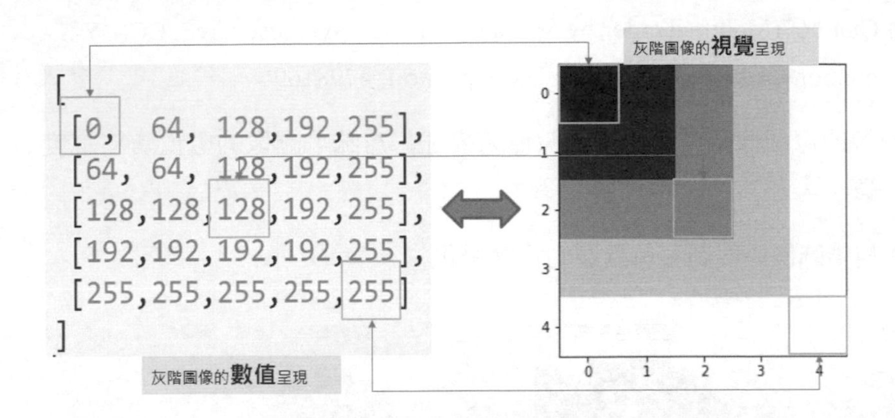

18-4 彩色圖像的組成

灰階圖像的像素僅使用 1 個整數數值來描述顏色的呈現，為了讓灰階圖像拓展成彩色圖像，每個像素會使用 3 個整數數值來描述，這 3 個整數數值分別代表紅色的視覺呈現程度、綠色的視覺呈現程度與藍色的視覺呈現程度，這三種顏色就是常聽到的 RGB 三原色 (Red, Green, Blue)。整數數值範圍一樣是從 0 到 255，即三原色各有 256 階來描述視覺呈現的程度。

以下為三原色與各種交集顏色的數值及視覺呈現

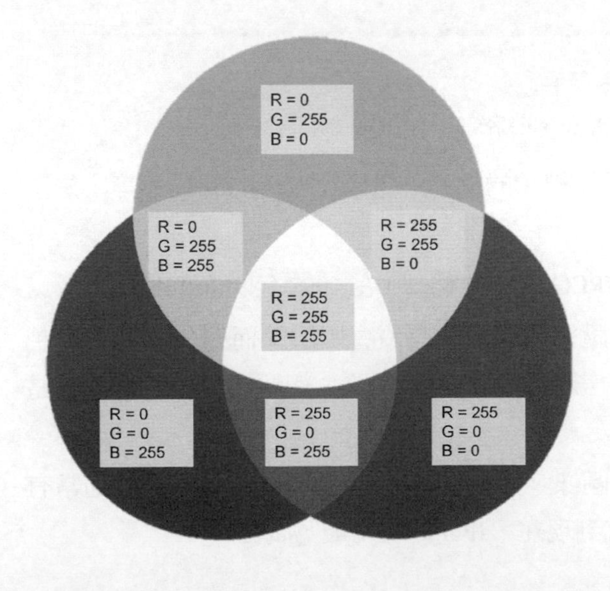

圖來源 : 由 Quark67(Modified color by Monami) - Image:Synthese+.svg, CC BY-SA 3.0, https://commons.wikimedia.org/w/index.php?curid=4798169

由於彩色圖像的每個像素有 3 個整數數值來描述，意味著圖像的數值資料維度就會增加一維

下圖說明從灰階圖像拓展到彩色圖像的維度變化

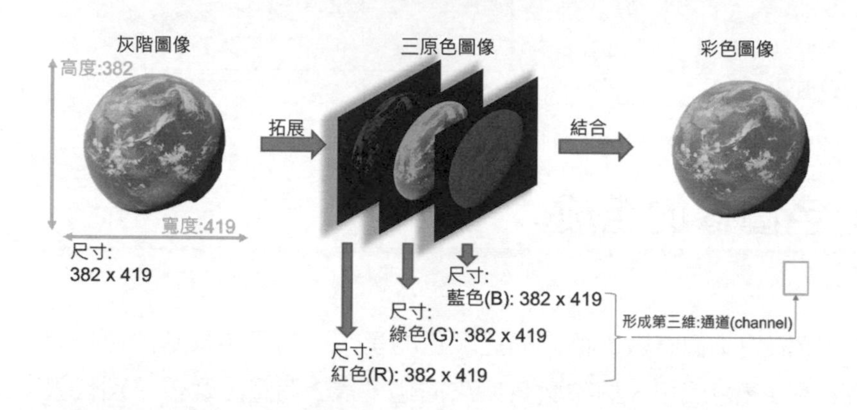

從圖得知，灰階圖像為高度 x 寬度的二維資料結構，擴展成彩色圖像後，形成高度 x 寬度 x 通道的三維資料結構

18-5 圖片的格式

JPEG(Joint Photographic Experts Group，縮寫：JPEG)

- 我們一般上網看到的圖片、手機裡拍的圖片、電腦裡儲存的圖片等等，幾乎都是 JPEG 格式的圖片。
- 這是由聯合圖像專家委員會 (JPEG 的中文翻譯) 在 1992 年發布的標準
- JPEG 圖像會對原始圖像進行壓縮，圖像的品質會因壓縮而損失，壓縮比越高損失越大，而好處是儲存的空間小，在不同裝置、網站的流通與傳輸相當便利。
- 在早期這些經過 JPEG 壓縮的圖像，其檔案的副檔名 (extension name) 通常有 JPEG、JIF、JPG、JPE 等，直到現在，JPG 的使用最為廣泛。

● 以下是作者查詢手機圖片的資訊，你也可以嘗試在手機上隨意找一張圖片查詢資訊。

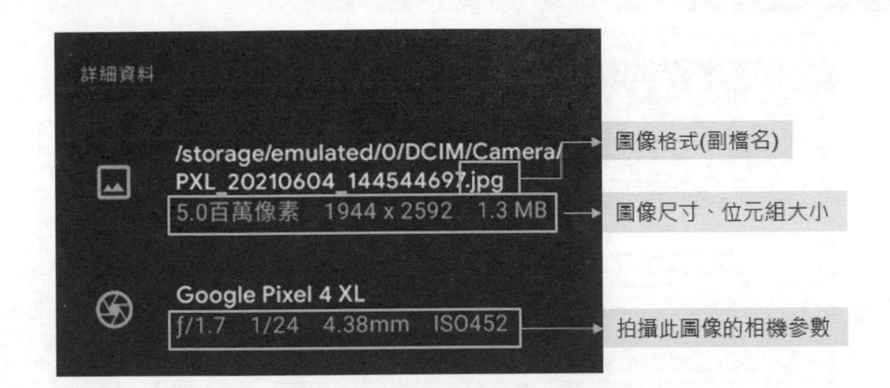

除了 JPEG 外，儲存圖像的格式還有很多種，但本書的教學僅會使用到 JPEG，其他的格式就不在這詳細說明。

18-6 下載練習圖庫

請先下載練習的圖庫 :LFW (Labeled Faces in the Wild Home)

這是一個用來驗證人臉識別能力的公開圖庫，包含五千多位不同人的臉部圖像

下載步驟如下

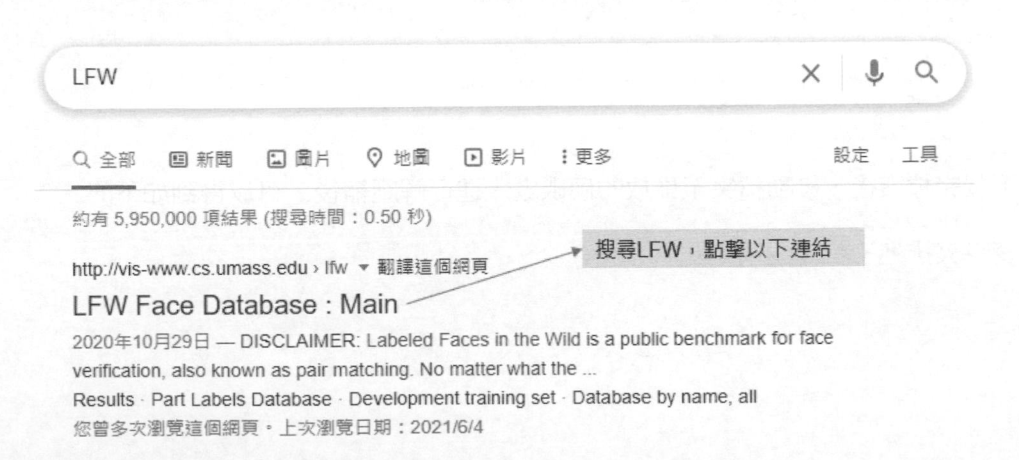

網頁如下，使用滑鼠滾輪至網頁下方

Labeled Faces in the Wild

Menu

- LFW Home
  - Explore
  - Download
  - Train/Test
  - Results
  - Information
  - Errata
  - Reference
  - Resources
  - Contact
  - Support
  - Changes
- Part Labels
- UMass Vision

Labeled Faces in the Wild Home

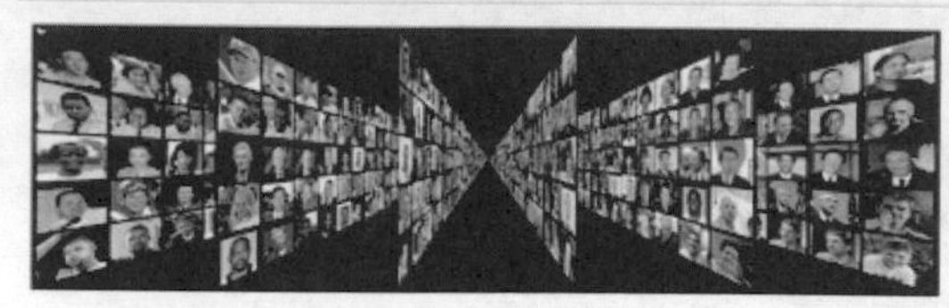

On October 29th at ICCV 2019 in Seoul, the creators of LFW were honored with the Mark Everingham Award for service to the Computer Vision Community. Thanks to all that have participated in making LFW a success!

NEW RESULTS PAGE:

WE HAVE RECENTLY UPDATED AND CHANGED THE FORMAT AND CONTENT OF OUR **RESULTS PAGE**. PLEASE REFER TO THE **NEW TECHNICAL REPORT** FOR DETAILS OF THE CHANGES.

Download the database:

點擊連結，進行下載

- All images as gzipped tar file
  (173MB, md5sum a17d05bd522c52d84eca14327a23d494)
- [new] All images aligned with deep funneling
  (111MB, md5sum 68331da3eb755a505a502b5aacb3c201)
  - see here for paper to cite.
- All images aligned with funneling
  (233MB, md5sum 1b42dfed7d15c9b2dd63d5e5840c86ad)
  - see here for paper to cite.
- All images aligned with commercial face alignment software (LFW-a - Taigman, Wolf, Hassner)
  See also LFW3D (frontalized LFW images) under LFW resources below.
- Superpixel segmentations:
  - lfw superpixels (328MB, md5sum eb6543ba9bbef54f8ba481c895d3526f)
  - lfw deep funneled superpixels (129MB, md5sum 5a166aa967e260aa70d55b5785aa7a61)
  - lfw funneled superpixels (328MB, md5sum f1ede21969d2ad8262a16a26d6212177)
- To download LFW attribute values (Attribute and Simile Classifiers for Face Verification, Kumar et al.), see the relevant section on the results page.
- Subset of images - people with name starting with A (14MB)
  as zip file
- Subset of images - George_W_Bush (individual person with most images) (6.9MB)
  as zip file
- All names (with number of images for given name) as text file
- README - information on file formats and directory structure

下載完檔案後，移動檔案至儲放的硬碟處，進行解壓縮後，可以得到如下的資料夾排列

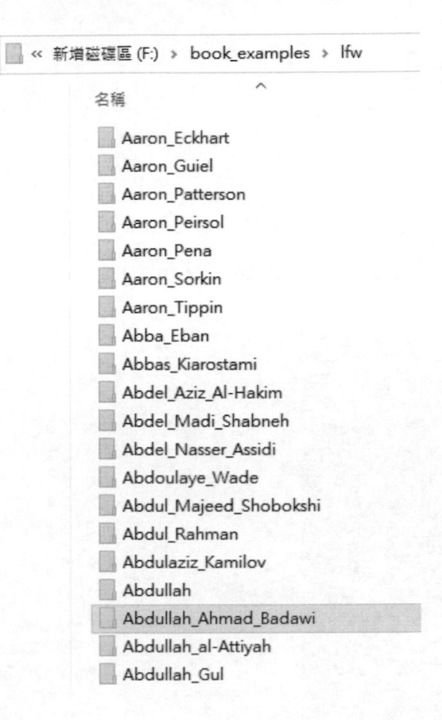

接著，來撰寫程式計算一下次資料夾數量與總圖片數量

```
dir_path = r"F:\book_examples\lfw"

#----var
qty = 0

for dir_name,sub_dir_list,filename_list in os.walk(dir_path):

    if dir_name == dir_path:
        print("總共有幾個次資料夾:",len(sub_dir_list))

    if len(filename_list) > 0:

        for filename in filename_list:
            if filename.split(".")[-1] == 'jpg':
                qty += 1

print("總共有幾張圖片:",qty)
```

當dir_name為dir_path時，sub_dir_list會放置其下所有的次資料夾名稱

- 當filename_list內有檔案名稱時，檢測副檔名是否為jpg
- 若是，計算圖片數量的變數qty就加1

```
總共有幾個次資料夾: 5749
總共有幾張圖片: 13233
```

18-7 OpenCV 的使用說明

18-7-1 關於 opencv

顯示影像用到的套件是 Opencv (Open Source Computer Vision Library)

最早是在 1999 年由英特爾 (Intel) 公司啟動此專案，主要目的是推進機器視覺 (computer vision) 的技術，並且是以開源的形式 (BSD 授權條款) 給大眾使用。

主要使用 C++ 語言撰寫，跨平台支援 C#、Python、Ruby、JAVA、MATLAB 等。

OpenCV 已經成立 20 年，版本依舊不斷的更新，新版本也加入許多當下深度學習的技術，對工程師或機器視覺研究者來說，不用凡事重新造車，是非常強大且方便的函式庫。

由於跨平台的特性，若開發專案時，需與 C++ 或 C# 工程師合作，使用 OpenCV 可以輕鬆的進行平台轉移、程式對照等優勢。

18-7-2 安裝 OpenCV

請詳閱安裝套件的步驟說明章節

18-7-3 讀取影像

img_bgr = cv2.imread(圖片路徑)

- 函數 cv2.imread() 用來讀取指定路徑的圖片檔案
- 參數中**圖片路徑**可以是絕對路徑或相對路徑，型態須為字串
- 支援的圖片副檔名有 bmp、jpeg、jpe、jpg、png、tiff、tif、jp2、dib、webp、pbm、pgm、ppm、pxm、pnm、pfm、sr、ras、exr、hdr、pic 等格式
- 此函數有回傳值，內容是圖片物件，若有指定變數，則給值至指定變數

使用範例如下

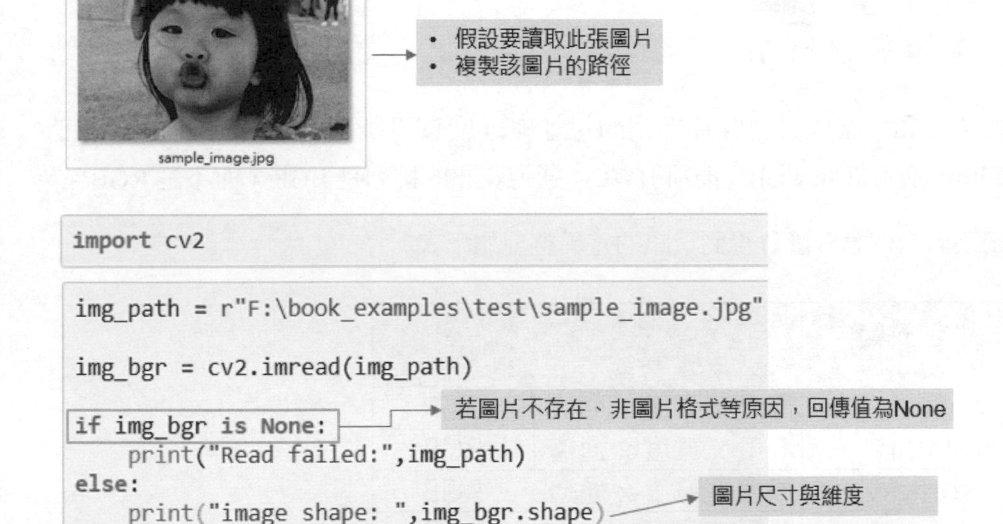
新增磁碟區 (F:) › book_examples › test
sample_image.jpg
• 假設要讀取此張圖片
• 複製該圖片的路徑

```
import cv2
```

```
img_path = r"F:\book_examples\test\sample_image.jpg"

img_bgr = cv2.imread(img_path)

if img_bgr is None:
    print("Read failed:",img_path)
else:
    print("image shape: ",img_bgr.shape)
    print("image format: ",img_bgr.dtype)
```

若圖片不存在、非圖片格式等原因，回傳值為None

圖片尺寸與維度

圖片像素數值的型態

```
image shape:  (343, 429, 3)
image format:  uint8
```

要非常注意，讀取圖片不一定會成功，一定要檢查回傳值是否為 None，若為 None，表示讀取指定圖片失敗。

回傳值img_bgr是個圖片物件，可以使用shape屬性得到圖片的尺寸與維度資訊，使用dtype屬性得到像素數值的型態，關於這2個型態的詳細說明如下圖

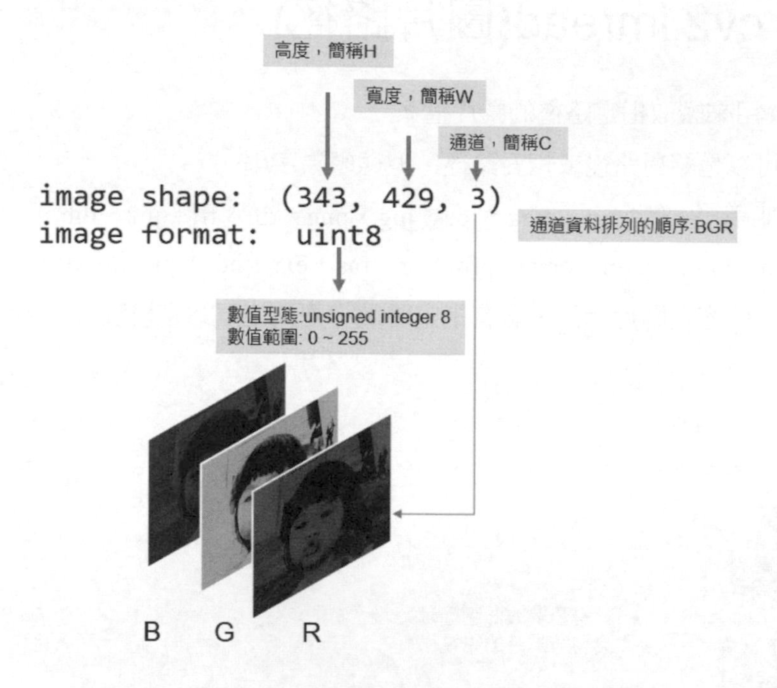

使用 OpenCV 讀取彩色圖片得到的尺寸與維度資訊排列是高度 (Height)x 寬度 (Width)x 通道 (Channel)，簡稱 HWC；通道資訊的排列是 BGR，而不是 RGB

使用不同套件讀取圖片得到資訊的差異整理如下表

套件名稱	尺寸維度呈現方式	通道資料排列方式
Opencv	高度 x 寬度 x 通道	BGR
Matplotlib	高度 x 寬度 x 通道	RGB
Tensorflow	高度 x 寬度 x 通道	RGB
PIL	寬度 x 高度	RGB

18-7-4 圖片的顯示 (使用 matplotlib)

在 Jupyter notebook 顯示圖片建議使用 Matplotlib，請詳閱安裝套件的步驟說明章節

OpenCV 當然也有顯示圖片的函數，但每一次顯示會新建一個浮動視窗，如果不小心顯示大量圖片，就會有新視窗不斷開啟，很像中毒現象，瞬間會讓人慌亂。

顯示圖片的函數

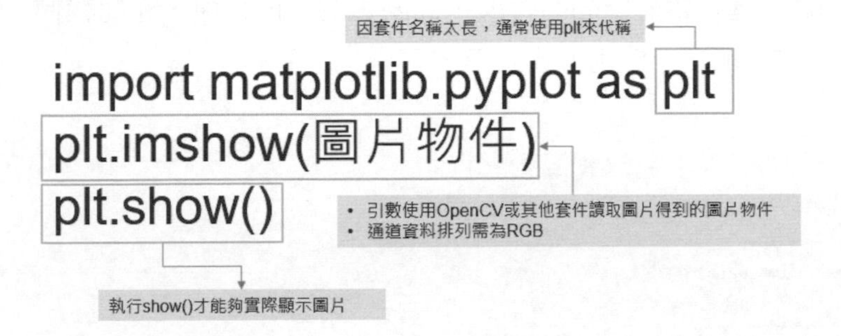
因套件名稱太長，通常使用plt來代稱
import matplotlib.pyplot as plt
plt.imshow(圖片物件)
plt.show()
• 引數使用OpenCV或其他套件讀取圖片得到的圖片物件
• 通道資料排列需為RGB
執行show()才能夠實際顯示圖片

使用範例如下

```
import cv2
import matplotlib.pyplot as plt#安裝方式請參閱附錄_安裝套件的步驟說明
```

```
img_path = r"F:\book_examples\test\sample_image.jpg"

img_bgr = cv2.imread(img_path)

if img_bgr is None:
    print("Read failed:",img_path)
else:
    print("image shape: ",img_bgr.shape)
    print("image format: ",img_bgr.dtype)

    #----display the image
    plt.imshow(img_bgr)
    plt.show()
```

```
image shape:  (343, 429, 3)
image format:  uint8
```

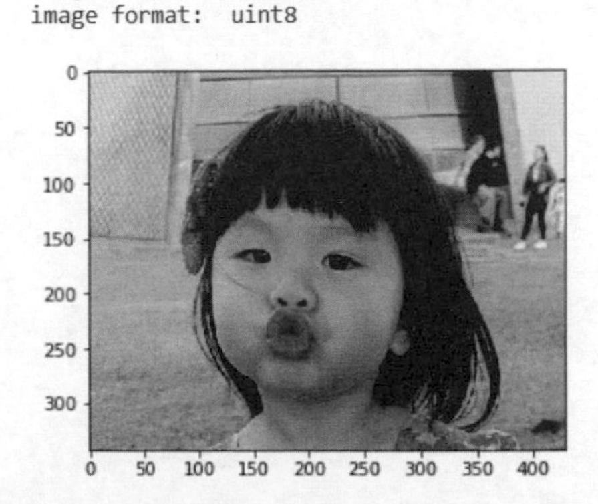
0
50
100
150
200
250
300
0 50 100 150 200 250 300 350 400

剛剛有提到，使用 plt.imshow() 的圖片物件通道資訊排列須為 RGB，但使用 OpenCV 讀取圖片得到的物件通道排列是 BGR，所以影像顯示起來是有問題的

18-7-5 轉換通道 BGR 成 RGB

使用 cv2.cvtColor() 函數來進行色彩空間的轉換，此函數的功能很多，在此我們只用來調整通道資訊的排列順序，使用方式如下

```
img_path = r"F:\book_examples\test\sample_image.jpg"

img_bgr = cv2.imread(img_path)

if img_bgr is None:
    print("Read failed:",img_path)
else:
    #----BGR to RGB
    img_rgb = cv2.cvtColor(img_bgr,cv2.COLOR_BGR2RGB)
    #img_rgb = img_bgr[:,:,::-1]

    print("image shape: ",img_bgr.shape)
    print("image format: ",img_bgr.dtype)

    print("image shape: ",img_rgb.shape)
    print("image format: ",img_rgb.dtype)

    #----display the image
    plt.imshow(img_rgb)
    plt.show()
```

通道資料RGB或BGR的排列不影響shape與dtype的數值

由於BGR → RGB剛好是顛倒排列，也可以使用::-1針對通道資料顛倒排列

將通道資訊BGR轉換成RGB排列

```
image shape:  (343, 429, 3)
image format:  uint8
image shape:  (343, 429, 3)
image format:  uint8
```

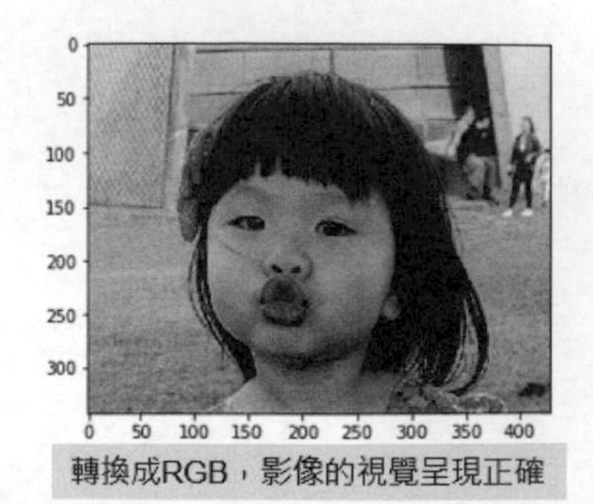

轉換成RGB，影像的視覺呈現正確

18-7-6 轉換成灰階圖像

一樣使用 cv2.cvtColor() 函數來進行彩色圖像轉換成灰階圖像，使用方式如下

使用cvtColor()函數搭配cv2.COLOR_BGR2GRAY屬性轉換成灰階圖像

```
img_bgr = cv2.imread(img_path)

if img_bgr is None:
    print("Read failed:",img_path)
else:
    #----BGR to Gray
    img_gray = cv2.cvtColor(img_bgr,cv2.COLOR_BGR2GRAY)

    print("image shape: ",img_gray.shape)
    print("image format: ",img_gray.dtype)

    #----display the image
    #顯示單色圖像，cmap='gray'
    plt.imshow(img_gray,cmap='gray')
    plt.show()
```

顯示灰階圖像時，cmap='gray'；彩色圖像不需要

- 灰階圖像每個像素只有1個整數數值來描述灰階程度
- shape屬性只會得到H x W，而不會是H x W x 1

```
image shape:  (343, 429)
image format:  uint8
```

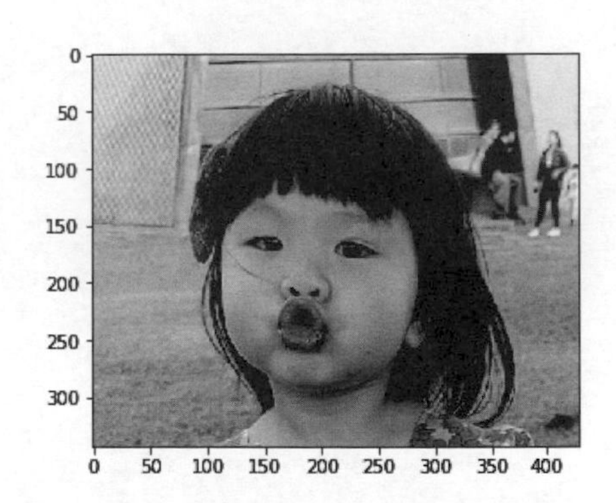

18-7-7 更改圖像的尺寸 (放大或縮小)

使用 cv2.resize() 函數來進行圖像的尺寸放大與縮小，使用方式如下

方法 1：使用設定數值

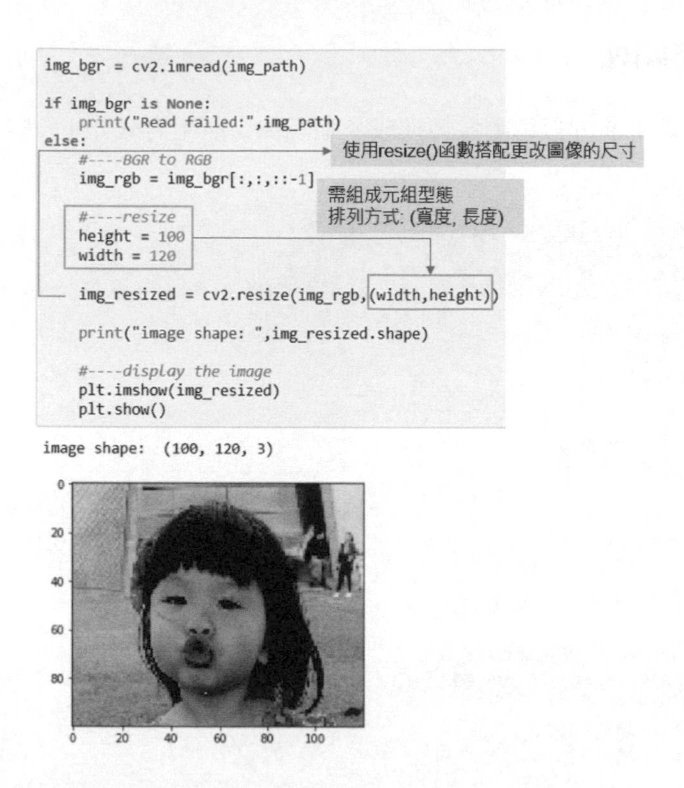

```
img_bgr = cv2.imread(img_path)

if img_bgr is None:
    print("Read failed:",img_path)
else:
    #----BGR to RGB
    img_rgb = img_bgr[:,:,::-1]

    #----resize
    height = 100
    width = 120

    img_resized = cv2.resize(img_rgb,(width,height))

    print("image shape: ",img_resized.shape)

    #----display the image
    plt.imshow(img_resized)
    plt.show()
```

使用resize()函數搭配更改圖像的尺寸
需組成元組型態
排列方式: (寬度, 長度)
image shape: (100, 120, 3)

方法 2：使用設定比例

```
img_bgr = cv2.imread(img_path)

if img_bgr is None:
    print("Read failed:",img_path)
else:
    #----BGR to RGB
    img_rgb = img_bgr[:,:,::-1]

    #----resize
    img_resized = cv2.resize(img_rgb,None,fx=0.8,fy=0.7)

    print("image shape: ",img_resized.shape)

    #----display the image
    plt.imshow(img_resized)
    plt.show()
```

- 使用比例的方式更改圖片尺寸
- 原本放置元組的引數輸入None
- fx是設定寬度的比例
- fy是設定長度的比例

```
image shape:  (240, 343, 3)
```

18-7-8 擷取部分圖像

使用切片的方式進行部分圖像的擷取 (crop)

舉例來說，原始圖片為 343 x 429，高度部分想要擷取 25 ~ 325，寬度部分想要擷取 50~340，通道部分不變動，使用方式如下

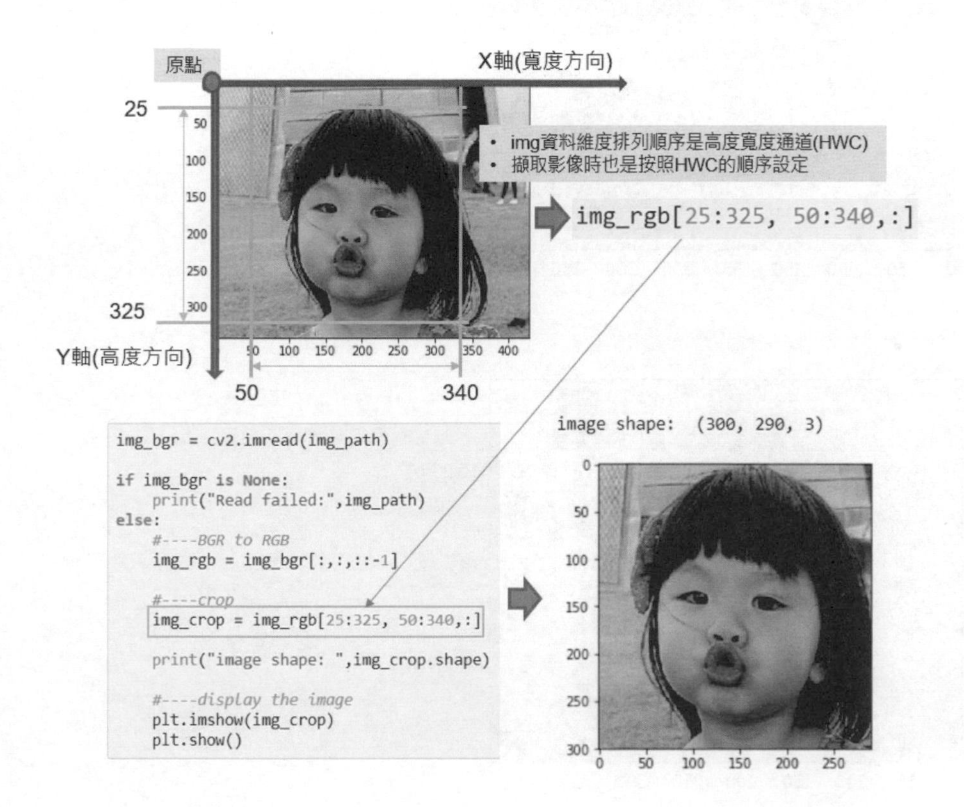

若要得到對稱的擷取，步驟如下：

1. 找出圖像的中心點
2. 向上位移擷取高度的一半，找到高度的開始點
3. 向下位移擷取高度的一半，找到高度的停止點
4. 向左位移擷取寬度的一半，找到寬度的開始點
5. 向右位移擷取寬度的一半，找到寬度的停止點

舉例來說，欲擷取 200 x 200 的圖像，找到起始點方式如下

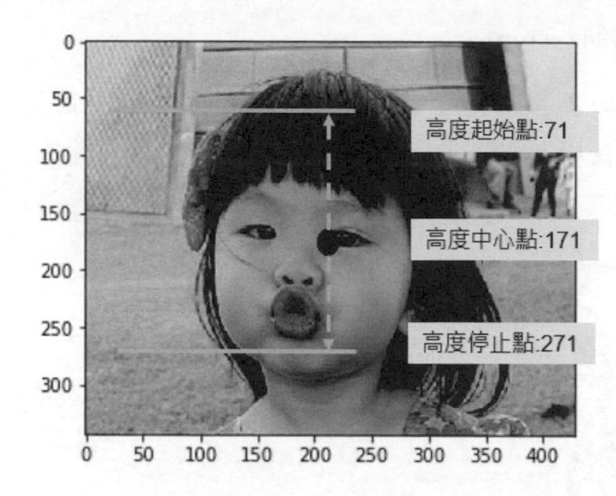

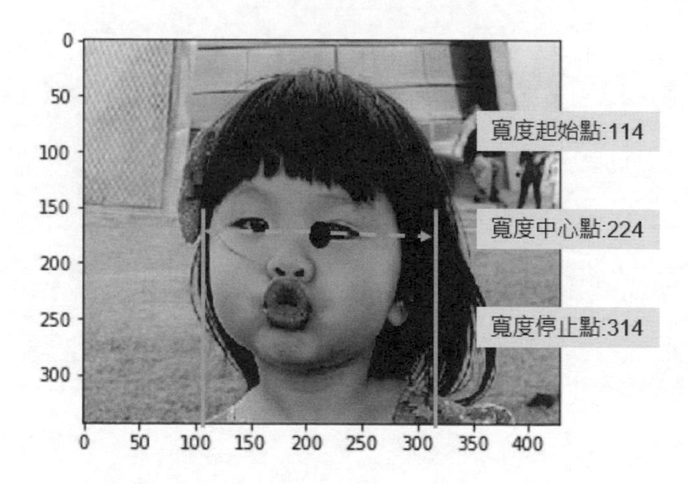

程式碼撰寫如下

```
crop_height = 200
crop_width = 200
img_bgr = cv2.imread(img_path)

if img_bgr is None:
    print("Read failed:",img_path)
else:
    #----BGR to RGB
    img_rgb = img_bgr[:,:,::-1]

    #----crop
    height,width,_ = img_rgb.shape
    center_height = int(height / 2)
    h_start = center_height - int(crop_height / 2)
    h_end = center_height + int(crop_height / 2)
    print("h_start = {}, h_end = {}".format(h_start,h_end))

    center_width = int(width / 2)
    w_start = center_width - int(crop_width / 2)
    w_end = center_width + int(crop_width / 2)
    print("w_start = {}, w_end = {}".format(w_start,w_end))
    img_crop = img_rgb[h_start:h_end, w_start:w_end,:]

    print("image shape: ",img_crop.shape)

    #----display the image
    plt.imshow(img_crop)
    plt.show()
```

1. 取得圖像的尺寸
2. 找到長度的中心點，除以2型態會變成浮點數，要再轉換成整數型態
3. 長度中心點向上位移擷取長度的一半得到長度開始點
4. 長度中心點向下位移擷取長度的一半得到長度停止點

求得寬度開始點與停止點方式與長度相同

```
h_start = 71, h_end = 271
w_start = 114, w_end = 314
image shape:  (200, 200, 3)
```

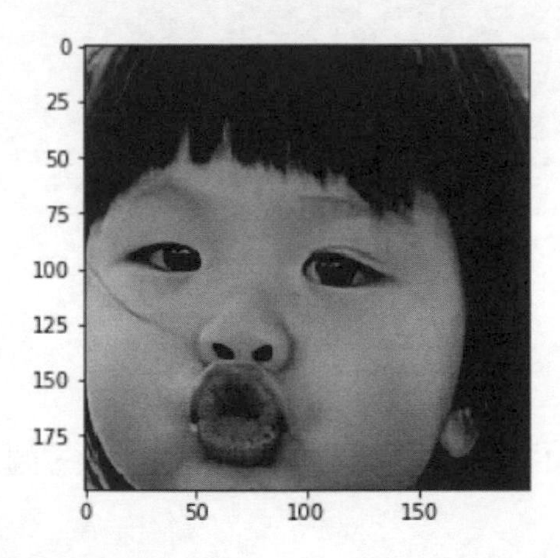

18-7-9 圖像的儲存

使用 imwrite() 函數進行圖像的儲存，使用方式如下

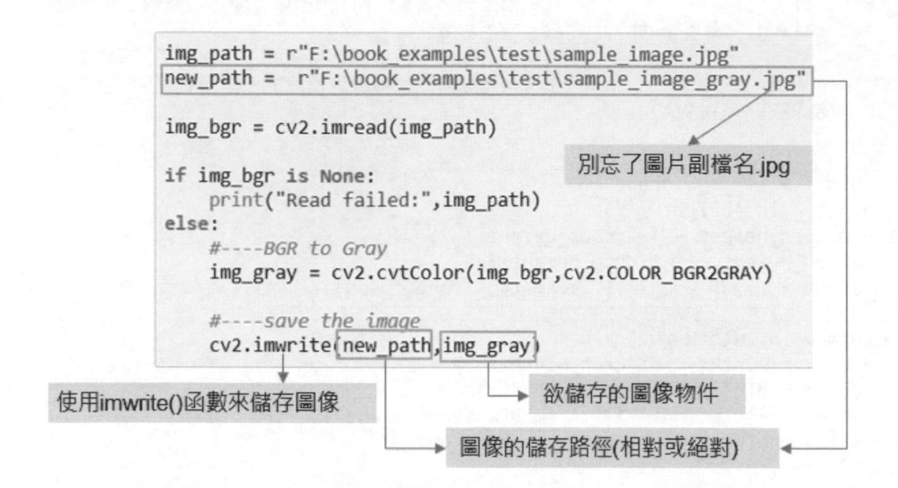

img_path = r"F:\book_examples\test\sample_image.jpg"
new_path = r"F:\book_examples\test\sample_image_gray.jpg"

img_bgr = cv2.imread(img_path)

if img_bgr is None:
    print("Read failed:",img_path)
else:
    #----BGR to Gray
    img_gray = cv2.cvtColor(img_bgr,cv2.COLOR_BGR2GRAY)

    #----save the image
    cv2.imwrite(new_path,img_gray)
別忘了圖片副檔名.jpg
使用imwrite()函數來儲存圖像
欲儲存的圖像物件
圖像的儲存路徑(相對或絕對)

18-7-10 練習

亂數取出 50 張圖片，每張進行對稱擷取成 175 x 175，另存在指定的資料夾，圖片的檔名要有 crop 的文字

以下是程式碼說明

```
dir_path = r"F:\book_examples\lfw"

#----var
path_list = list()
crop_height = 175
crop_width = 175

#----get all paths
for dir_name,sub_dir_list,filename_list in os.walk(dir_path):
    if len(filename_list) > 0:
        for filename in filename_list:
            if filename.split(".")[-1] == 'jpg':
                path = os.path.join(dir_name,filename)
                path_list.append(path)

print("總共有幾張圖片:",len(path_list))

#----random selection
random.shuffle(path_list)

#----create the output dir
save_dir = os.path.join(os.path.dirname(dir_path),'random_selection')
if not os.path.exists(save_dir):
    os.makedirs(save_dir)
```

使用walk()取得所有圖片檔案

- 使用shuffle()後取前50張圖片
- 使用choice()也是可以的

建立儲存的資料夾

```
#----read images
for path in path_list[:50]:
    img = cv2.imread(path)
    if img is None:
        print("Read failed:",path)
    else:
        #----crop
        height,width,_ = img.shape
        center_height = int(height / 2)
        h_start = center_height - int(crop_height / 2)
        h_end = h_start + crop_height
        #print("h_start = {}, h_end = {}".fo

        center_width = int(width / 2)
        w_start = center_width - int(crop_width / 2)
        w_end = w_start + crop_width
        #print("w_start = {}, w_end = {}".format(w_start,w_end))
        img_crop = img[h_start:h_end, w_start:w_end,:]

        #----save images
        splits = path.split("\\")[-1].split(".")
        filename = "{}_crop.{}".format(splits[0],splits[-1])
        new_path = os.path.join(save_dir,filename)

        cv2.imwrite(new_path,img_crop)
        print("{}儲存成功".format(new_path))
```

使用shuffle()後取前50張圖片

停止點也可以使用開始點加上擷取長度

18-7-11 建立四維的圖片資料

我們已知彩色圖片會是三維的資料 (H x W x C)，第四維會是張數。

簡單來說，建立四維的資料目的就是建立多張彩色圖片的資料，這在之後的類神經網路訓練時常常會使用到。

說明如下

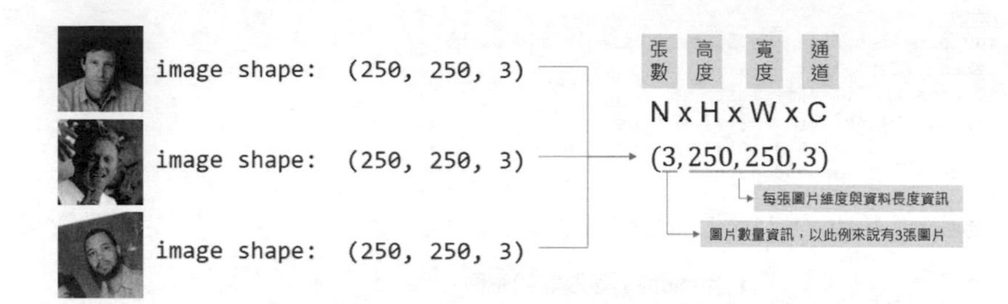

使用程式碼有兩種方法，第一種是先宣告串列容器，使用 append() 方法接收圖片檔案，完成再轉換成 ndarray，如下所示。

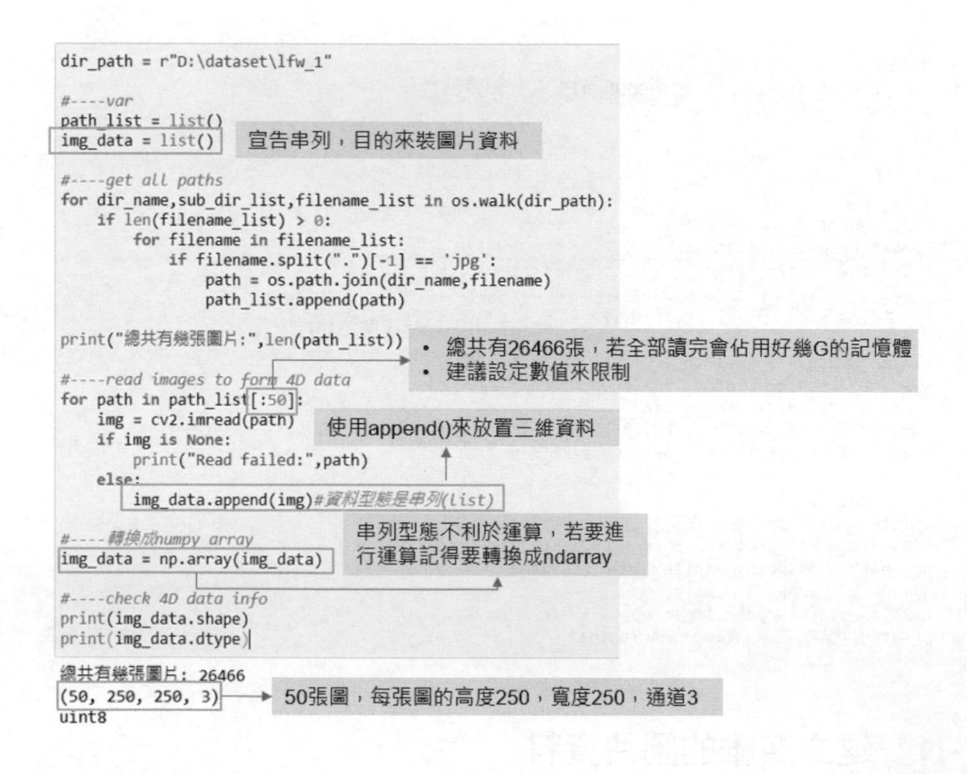

第二種方式是直接先宣告 ndarray，按照位置將圖片資料一份一份放進去

```
dir_path = r"D:\dataset\lfw_1"

#----var
path_list = list()
read_qty = 50

#----宣告numpy array的容器
img_data = np.zeros((read_qty,250,250,3),dtype=np.uint8)

#----get all paths
for dir_name,sub_dir_list,filename_list in os.walk(dir_path):
    if len(filename_list) > 0:
        for filename in filename_list:
            if filename.split(".")[-1] == 'jpg':
                path = os.path.join(dir_name,filename)
                path_list.append(path)

print("總共有幾張圖片:",len(path_list))

#----read images to form 4D data
for i,path in enumerate(path_list[:read_qty]):
    img = cv2.imread(path)
    if img is None:
        print("Read failed:",path)
    else:
        img_data[i] = img

#----check 4D data info
print(img_data.shape)
print(img_data.dtype)
```

- 先建立好numpy array
- 前提是要知道數量與維度資訊才能夠先建立

要使用enumerate來得知索引值

使用索引值放置圖片資料

```
總共有幾張圖片: 26466
(50, 250, 250, 3)
uint8
```

18-7-12 同時顯示多張圖片

在進行比較的時候常常會用到這個功能，以下說明

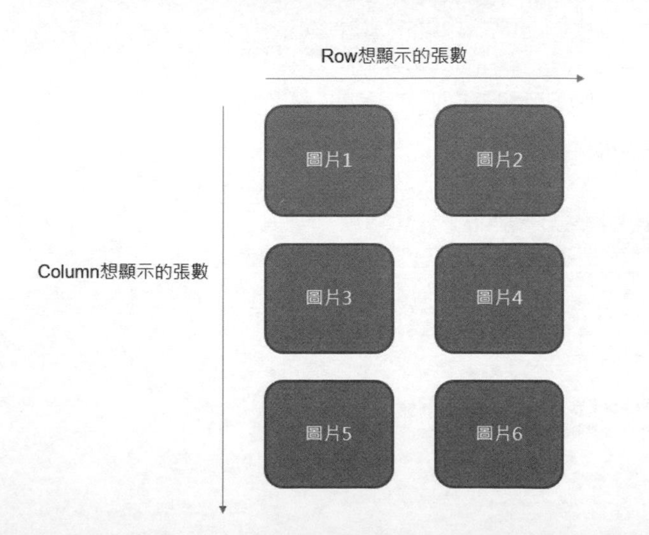

plt.subplot(Column張數,Row張數,目前的張數)

若以上圖來說，Row 顯示張數 2 張，Column 顯示張數 3 張來說，程式的設定會是 plt.subplot(3,2, 目前的張數)

目前的張數的計算是數值 1 開始，從 Row 開始遞增，再往 Colum 方向增加，如下說明

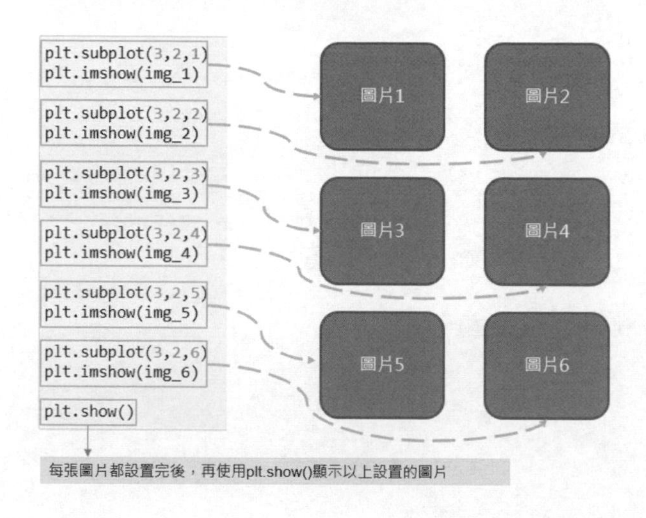

程式碼範例如下

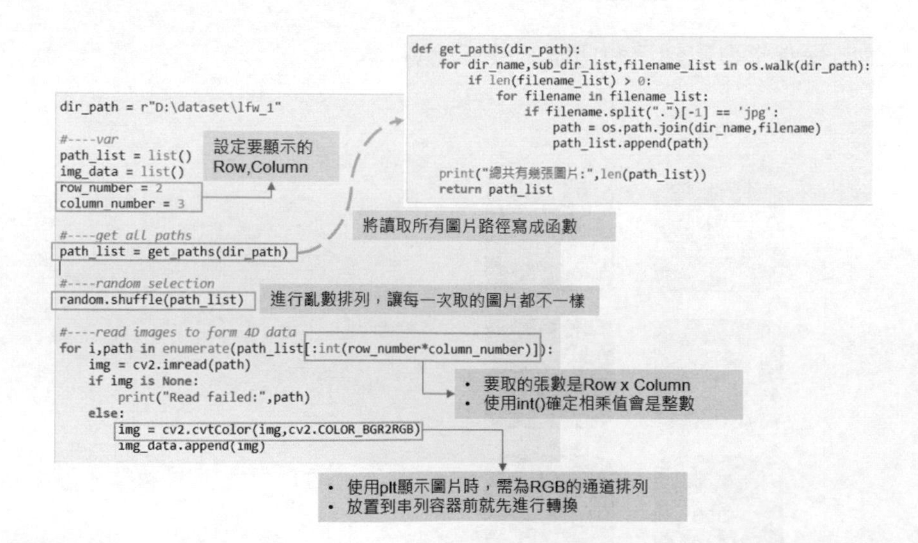

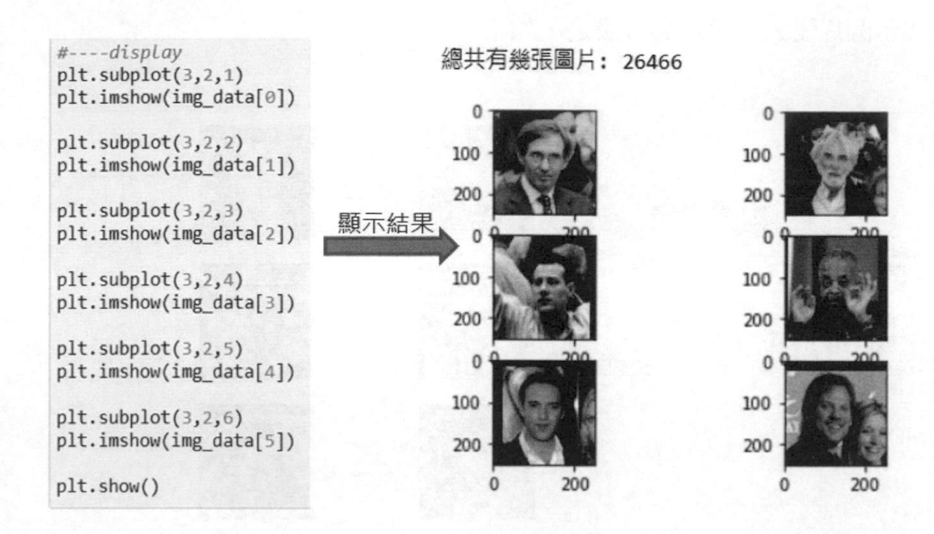
#----display
plt.subplot(3,2,1)
plt.imshow(img_data[0])
plt.subplot(3,2,2)
plt.imshow(img_data[1])
plt.subplot(3,2,3)
plt.imshow(img_data[2])
plt.subplot(3,2,4)
plt.imshow(img_data[3])
plt.subplot(3,2,5)
plt.imshow(img_data[4])
plt.subplot(3,2,6)
plt.imshow(img_data[5])
plt.show()
顯示結果
總共有幾張圖片: 26466

以上的方式可以寫成 for 迴圈，如下

```
#----display
for i, img in enumerate(img_data):
    plt.subplot(3,2,i+1)
    plt.imshow(img)

plt.show()
```

- 使用enumerate()得到的索引值會從0開始
- 使用plt.subplot()的目前張數要從1開始
- 所以目前張數=索引值+1

若顯示圖片時不想出現軸的顯示，可以取消掉，如下

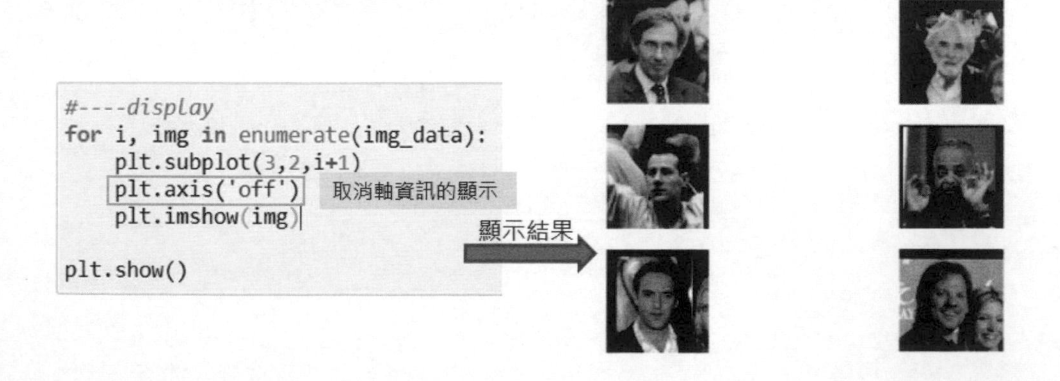
#----display
for i, img in enumerate(img_data):
plt.subplot(3,2,i+1)
plt.axis('off')
plt.imshow(img)
plt.show()
取消軸資訊的顯示
顯示結果

若想要顯示圖片變大，可以另行設定，如下

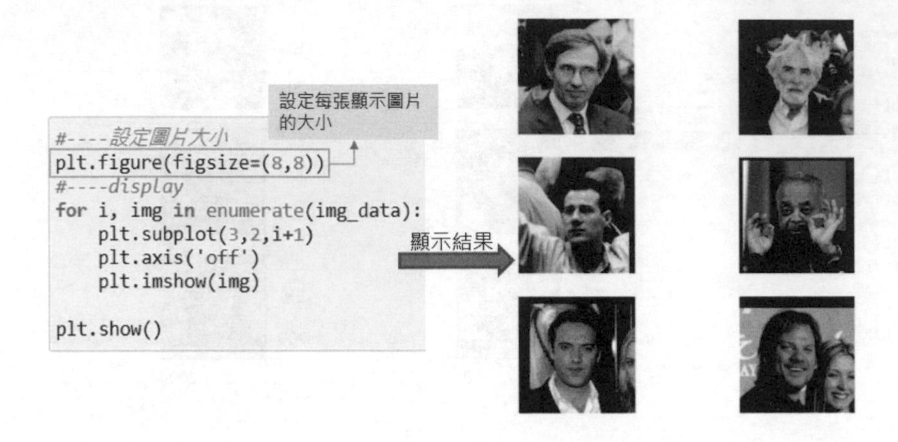
設定每張顯示圖片的大小
#----設定圖片大小
plt.figure(figsize=(8,8))
#----display
for i, img in enumerate(img_data):
    plt.subplot(3,2,i+1)
    plt.axis('off')
    plt.imshow(img)

plt.show()
顯示結果

CH19

類神經網路的介紹

19-1 人工智慧 (Artificial intelligence) 其實只是統稱

很多絢麗、神奇的科技都會先透過電影來描繪這未來科技的景象，早在 2001 年的電影 : 人工智慧 (Artificial intelligence) 已經開始敘述擁有思考能力、精神感受的機器人。

隨著科技發展，人工智慧相關的電影從來沒有缺席過。

綜觀所有人工智慧相關的電影，基本上都會有幾個共通點

- 並非是與人類相同的組成，通常會是機器人、電腦、或是其他系統性型態
- 能夠執行與人類相同的事情，例如聽、說、讀、寫、跑步、搬東西、攻擊，執行能力往往都勝過人類

一般來說，人工智慧是比較廣義的，只要是裝置能夠達到人類使用智慧才能完成的事情都可以稱之。

19-2 機器學習 (machine learning)

人工智慧的重點就在於擁有與人類大腦相同的能力 : 自主思考

自主思考的能力來自於可以藉由自主學習，從資料中分析獲得規律，面對未曾學習過的資料，也能夠進行預測，這樣的過程統稱為機器學習。

機器學習大致上可以分成監督式學習、非監督式學習與強化學習，如下圖所示

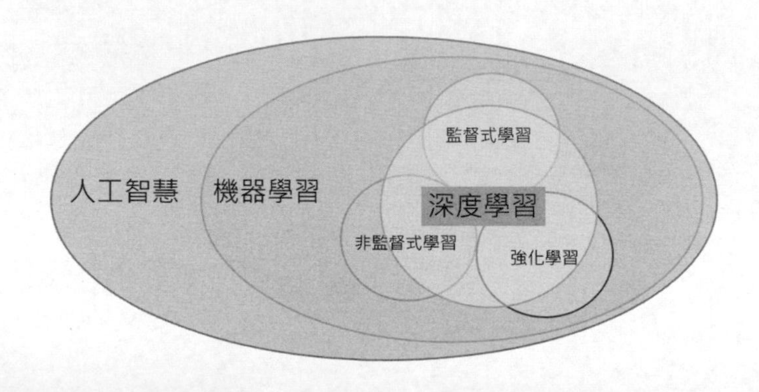

19-2-1 監督式學習 (supervised learning)

監督式學習是針對有答案的資料進行學習，舉例來說，輸入獅子、老虎、花豹等動物的圖片，機器可以回覆正確的答案。

現在進入收費停車場時，原本領取代幣的方式都已經改成車牌辨識，在柵欄附近都會架設照相機，拍攝汽車的車牌並進行數字辨識，這也是屬於監督式學習的一種應用。

19-2-2 非監督式學習 (Unsupervised learning)

相對於監督式學習，這是不需要答案的學習，最常見的技術稱為對抗生成網路 (Generative Adversarial Network，簡稱 GAN)，例如圖片的畫風轉換、創造從沒見過的人臉圖、將影片中的主角換成自己的臉等。

19-2-3 強化學習 (Reinforcement learning，簡稱 RL)

透過獎懲機制來進行訓練，讓電腦能夠減少被懲罰的次數，得到更多的獎勵來完成任務，例如自動停車、AlphaGo 的下棋贏過人類、AlphaStar 在星海爭霸 2 勝過人類頂尖玩家等。

19-2-4 深度學習

近年來，監督式學習、非監督式學習與強化學習的高速發展都歸功於深度學習的強大學習能力。

深度學習是以類神經網路為架構進行的學習方式。

本章節將介紹深度學習的基礎 : 類神經網路

19-3 回憶二元一次方程式

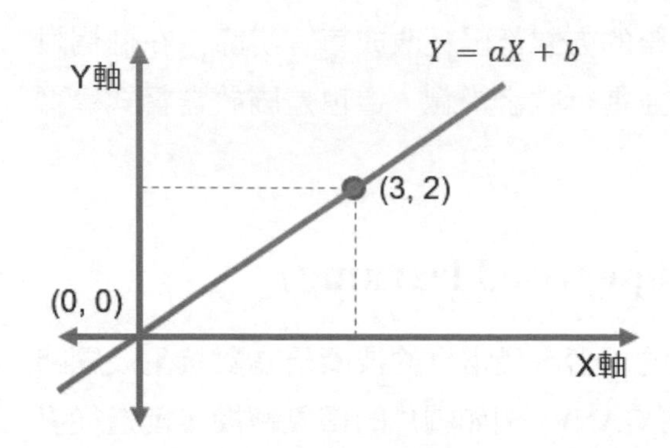

你沒有看錯，在講解神經網路前，我們先從二元一次方程式開始，看似簡單的二元一次方程式其實已經蘊含神經網路的精髓。

從圖上可以看到有一條通過 (0,0) 與 (3,2) 的線，為了找到符合這條直線的方程式，我們會依照以下的流程找到 a 與 b 的值。

先將方程式定義成　$Y = aX + b$

帶入(3,2)　$2 = a \times 3 + b$　式1

帶入(0,0)　$0 = a \times 0 + b \Rightarrow \boldsymbol{b = 0}$

b=0帶入式1　$2 = a \times 3 + 0 \Rightarrow \boldsymbol{a = \frac{2}{3}}$

求得方程式　$Y = \frac{2}{3}X + 0$

將整個解題的過程重新描述，會是以下的流程 :

1. 利用已知的資料來推導出方程式，該範例的已知資料就是通過 (0,0) 與 (3,2) 兩點的直線，使用這資料來求出 a, b。

2. 方程式就像是程式的函數，可以將方程式改寫成 Y = formula(X)。
3. 之後遇到任意的 X 數值，都能夠使用函數來得到 Y。

得到方程式後，往後的任意數，都能夠使用該方程式得到 Y。

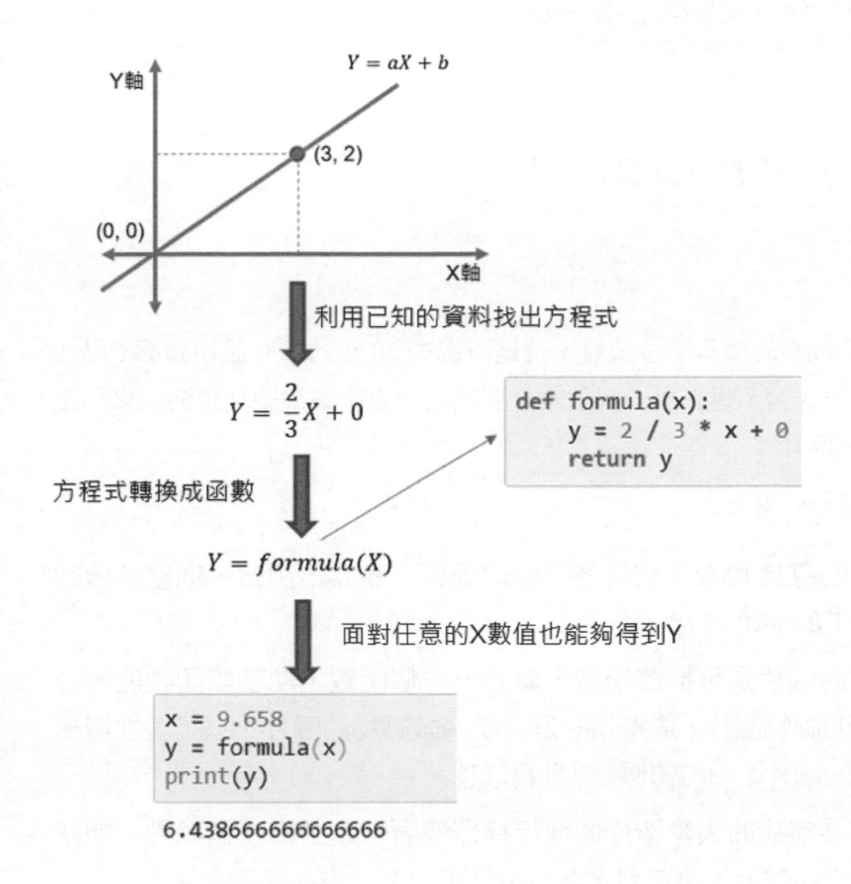

19-4 從二元一次方程式到機器學習

剛剛的範例假設是由正在學二元一次方程式的**人類**設定二元一次方程式，推導出 a 與 b，建立函數，是人類學習的過程；若改成使用電腦，採用某個方法建立函數，就成為機器學習的過程。

機器學習其實就是在**模仿人類**做 Y = formula(X)，將人類提供的資料 (已知資料) 進行分析與歸納，找出一個規律，建立出合適的函數。

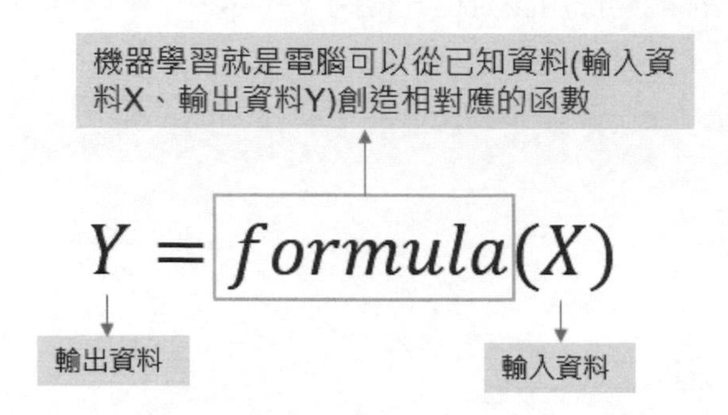

舉個大家都很想做到的機器學習項目，就是將過去 20 年的所有股市資訊 (已知資料)，進行機器學習，建立出一個函數，期望該函數能夠準確地預測未來的股市發展，找到飆股 !!

再舉幾個機器學習的例子 :

1. 將過去 5 年的每日 PM2.5 資料進行機器學習，建立出函數，期望該函數能夠預測明天的 PM2.5 指數。
2. 將不同動物的圖片進行機器學習，建立出一個函數，期望該函數能夠分析從未見過的動物圖片 (這邊指的是有學過該動物的圖片，只是並非與學習資料相同的圖片)，準確地輸出動物名稱。
3. 將臨床上某某疾病的大量切片圖進行機器學習，建立出一個函數，期望該函數能夠協助醫生，快速判定新病患是否有某某疾病的徵兆。

19-5 類神經網路 (Artificial Neural Network)

機器學習有相當多的方法，在本書要介紹的方法是類神經網路，這是模仿人類神經網路來進行學習的方法。

19-5-1 神經元結構 (Neuron)

主要分成四個部分：

接收區：接收訊號，訊號可以是多個來源

觸發區：決定是否產生神經衝動

傳導區：當產生動作電位，遵守全有全無定律來傳導神經衝動

輸出區：讓突觸的神經物質釋出，影響下一個接收的細胞。

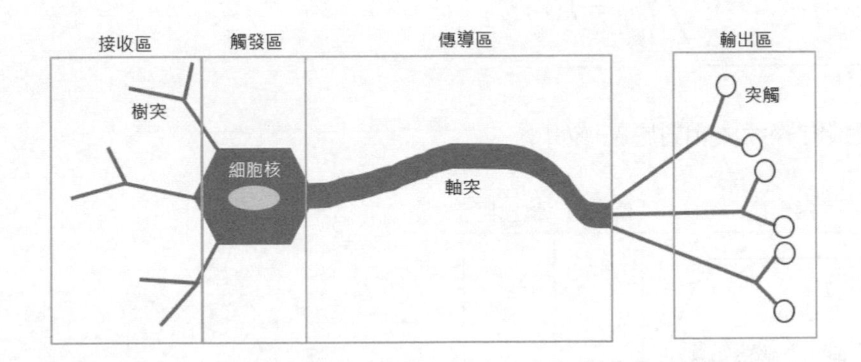

19-5-2 模擬神經元單位

先以單一神經元搭配單一輸入與單一輸出來看，一樣使用 Y=aX+b，X 就是相當於接收區的輸入訊號，原本方程式的 a 改成神經網路常用的 w，意思是輸入訊號的權重 (weight)，b 則是一樣，意思是偏移值 (bias)，Y 就等於 wX+b，如下圖所示。

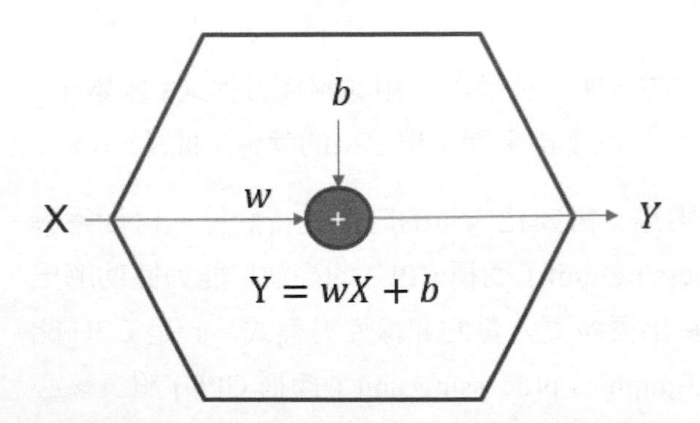

但這個 Y 並不是最後的輸出，神經元裡的觸發區會根據接收到的所有訊號，整合以後決定是否要產生神經衝動，所以 Y 需要再經過一個判斷才會是最後的輸出，而這個判斷就像是一個函數 f，如下圖所示

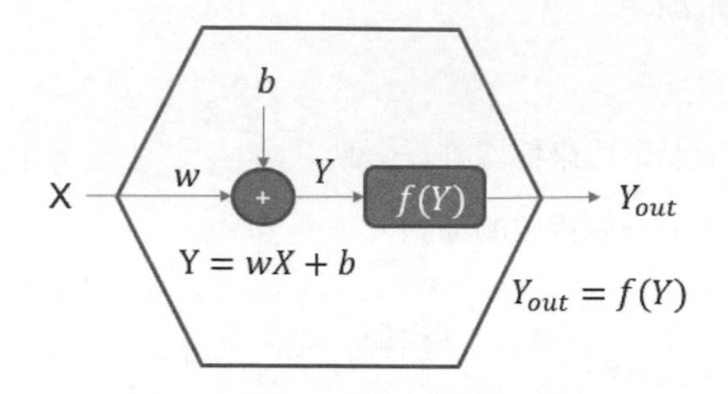

使用數學來模擬神經元與相對應區域如下

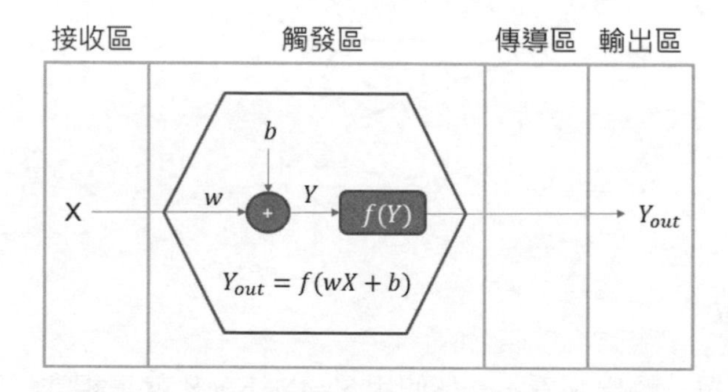

19-5-3 線性與非線性

一開始提到的二元一次方程式在座標平面呈現出來的會是條直線，我們稱此方程式 (或函數) 為線性。

但真實世界遇到的問題都是非線性的，所以會接著使用非線性方程式 (函數)，開始看到 X^2、X^3 或更高次方的組合，在座標平面呈現出來的就會是曲線

人類要解出非線性方程式非常的困難，需要花大量的時間進行計算，自從電腦出現後，中央處理器 (central processing unit，簡稱 CPU) 的高運算能力協助解出非線性方程式，機器學習則是要解出更多更大量的非線性方程式，於是 CPU 能力不夠了，必須借助圖形處理器 (graphics processing unit，簡稱 GPU) 超多核心的優勢來進行超大量計算，解出方程式。

由此可知，模擬神經元也需要符合非線性的原則來處理複雜的問題。

19-5-4 激勵函數 (activation)

剛剛有提到 Y = wX+b，Y 需要再經過一個函數 f 才會是真正的輸出，這個函數 f 是為神經元導入非線性，稱之為激勵函數

有了激勵函數，就可以判斷 Y 的重要性而決定傳遞給下一層神經元的數值大或小，若是重要，輸入相對大的數值；若不重要，輸出相對小的值 (0 或是負值)

若沒有激勵函數

以下來說明若沒有激勵函數會是怎樣的情形

假設建立兩層神經元，x_1 經過第 1 層神經元後，因取消激勵函數的作用，$Y_{out} = x_1 w_1 + b_1$

接著 Y_{out} 是第 2 層神經元的輸入資料，經過第 2 層神經元後，因取消激勵函數的作用，$Y_{out2} = Y_{out} w_2 + b_2$

將 Y_{out} 進行置換後，可以整理成 $Y_{out2} = x_1 W + B$ (如下圖所示)，可以發現依然是線性的關係，也就是不管搭建多少層的神經元，都可以置換成相當於 1 層神經元的作用

這樣的線性系統是無法用來解決複雜的問題。

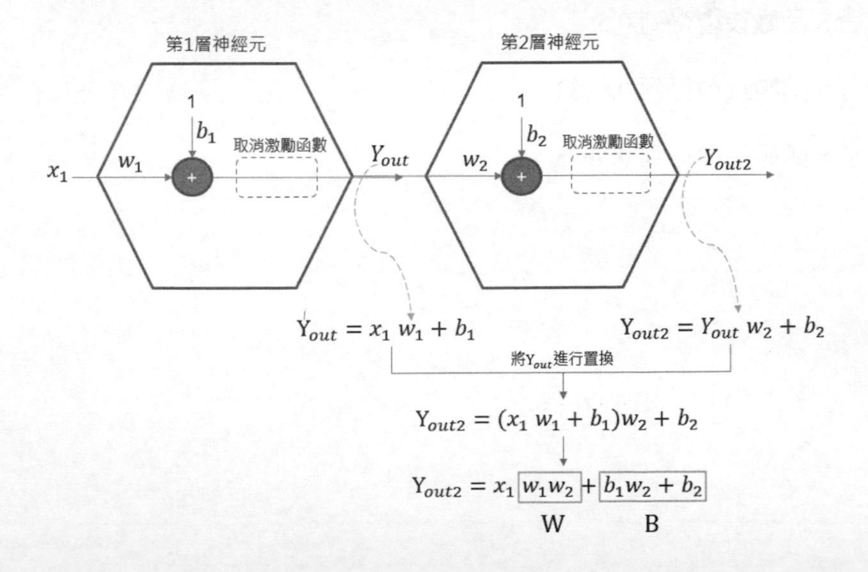

19-5-4-1 Sigmoid 函數

激勵函數有非常多種，在這裡僅提出兩種來說明

Sigmoid 是很常見的激勵函數 (如下圖)，由於形狀長得像 S，又稱為 S 函數。

S 函數寫做 $f(Y)=\frac{1}{1+e^{-Y}}$，由於形狀是像 S 的曲線，是非線性函數。

從圖可以得知經過 S 函數後得到的數值 () 會介於 0 ~ 1 之間

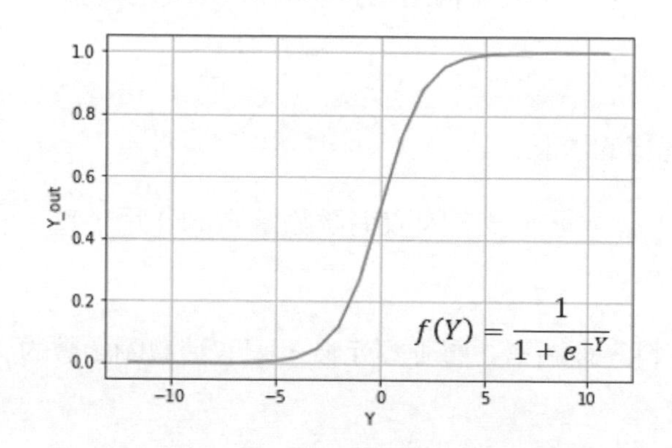

假設今天有不同的 Y，通過激勵函數後的狀況舉例如下：

當 Y = -6，通過 S 函數後會得到 0.0024

當 Y = -4，通過 S 函數後會得到 0.018

當 Y = 0，通過 S 函數後會得到 0.5

當 Y = 4，通過 S 函數後會得到 0.9933

當 Y = 6，通過 S 函數後會得到 0.9975

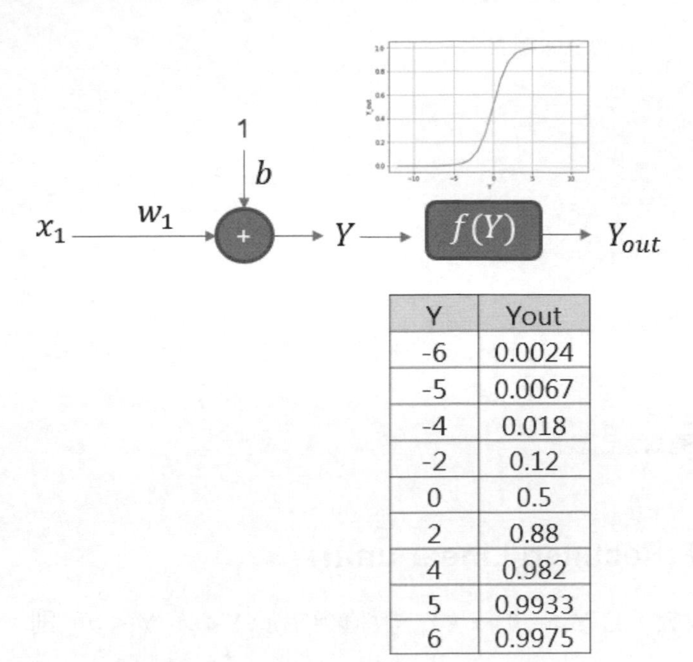

Y	Yout
-6	0.0024
-5	0.0067
-4	0.018
-2	0.12
0	0.5
2	0.88
4	0.982
5	0.9933
6	0.9975

但是 S 函數有個問題，就是當 Y >= 5 之後，Y_{out} 的數值都差不多，或是當 Y <= -5 時，Y_{out} 的數值都差不多，不會有太大的變化

假設這個神經元是要傳遞痛覺，輕輕被碰到時的 Y 是 0，被小狗撞到時的 Y 是 2，被人撞到時的 Y 是 4，被機車撞到時的 Y 是 8，被汽車撞到時的 Y 是 16，但經過 S 函數後，會發現被人撞到與被汽車撞到的數值 (感受) 會是差不多的，但實際上，被汽車撞到的數值 (感受) 應該要大很多。

若 Y 的數值僅落在 -5 ~ 5 之間，使用 S 函數是沒有問題的，但若 Y 的數值範圍很大，S 函數就比較不適合。

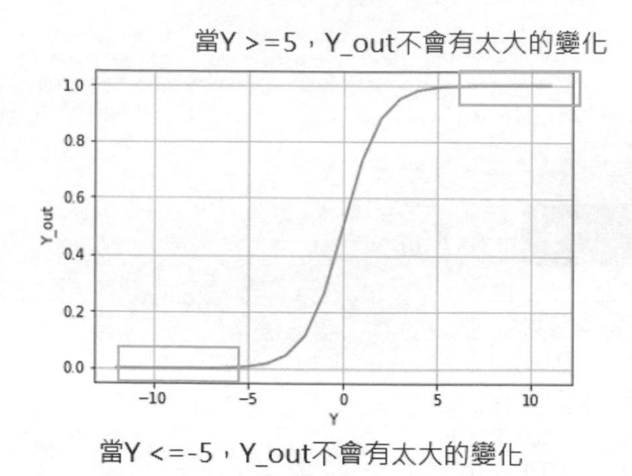

19-5-4-2 Relu 函數 (Rectified Linear unit)

這是另一個常見的激勵函數，當 Y >= 0 時，Y_{out} 數值會等於 Y；若 Y < 0，則 Y_{out} 都會等於 0。

雖然當 Y >= 0 時的 Y_{out} 是線性的，但以整體來看，函數的表現依舊是非線性的。

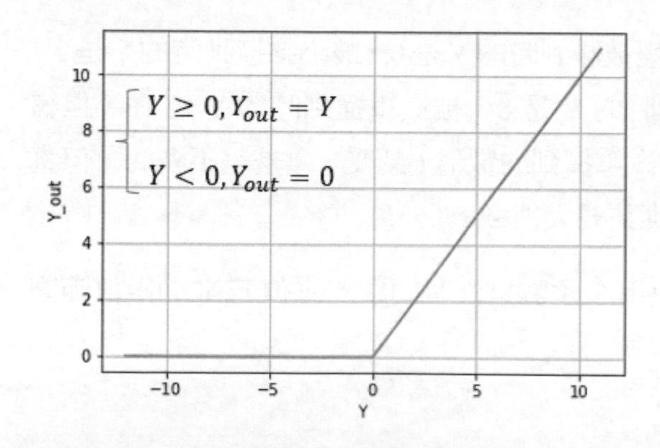

假設今天有不同的 Y，通過激勵函數後的狀況如下

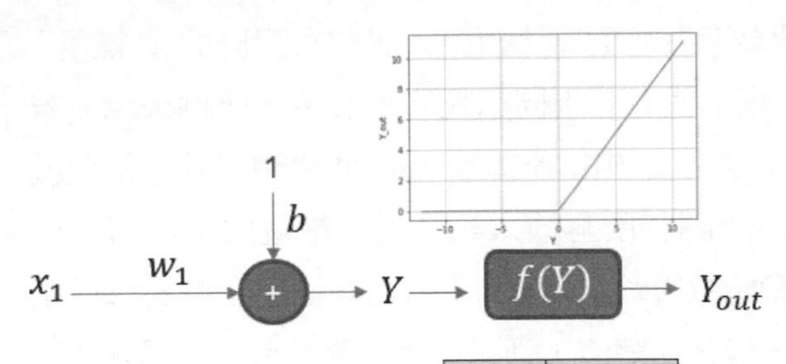

Y	Yout
-6	0
-5	0
-4	0
-2	0
0	0
2	2
4	4
5	5
6	6

當使用 Relu 函數時，Y < 0 時，Y_{out} 數值會等於 0，就好像會把負值的 Y 攔截下來，不讓負值繼續往後面的神經元傳遞

當 Y 值越來越大時，Y_{out} 數值也會越來越大，不會有 S 函數遇到的問題

19-5-5 單一神經元多個輸入

如同神經元的接收區，可以接收多個輸入訊號，以下為模擬多個訊號輸入單一神經元的情況。

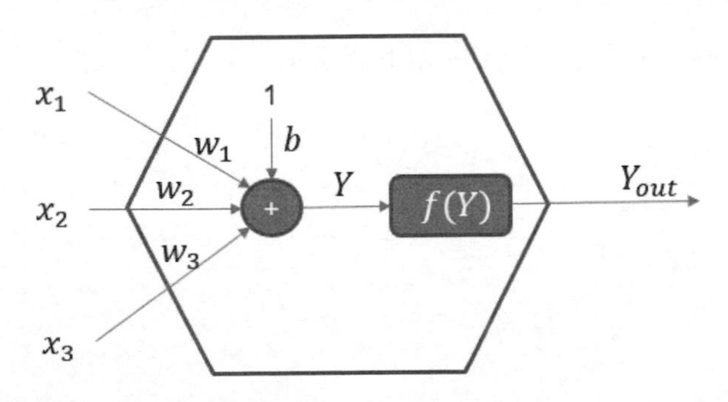

$$Y = x_1\ w_1 + x_2\ w_2 + x_3\ w_3 + 1 \times b$$

$$Y_{out} = f(Y)$$

不同的訊號會有不同的權重，x_1 訊號有對應的 w_1 權重，x_2 訊號有對應的 w_2 權重，x_3 訊號有對應的 w_3 權重，不同的權重代表著不同訊號的重要性，舉例來說，若 x_1 很重要，w_1 就會相對其他權重高；若 x_3 相當不重要，w_3 就會相對其他權重低很多。偏移值 b 可以看做 $1 \times b$，用來調整所有輸入訊號乘上權重的加總值，舉例來說，當加總值太小，通過激勵函數後輸出變成 0，若這個輸出訊號對整個系統是需要的，就可以加大偏移值，提升加總值，通過激勵函數後就不會輸出 0。

為了方便接下來的擴展，不再展示神經元內部的 bias、加法運算與激勵函數部分，改用圓圈來代表神經元，如下所示

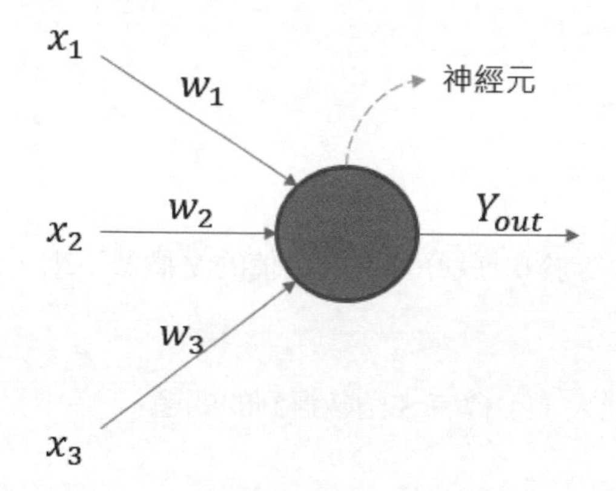

19-5-6 多個神經元與多個輸入

加入第二個神經元，輸入資料除了傳入神經元 1 之外，也要傳入神經元 2。

當資料傳入不同的神經元，會有不同的 w 與 b，如下圖所示

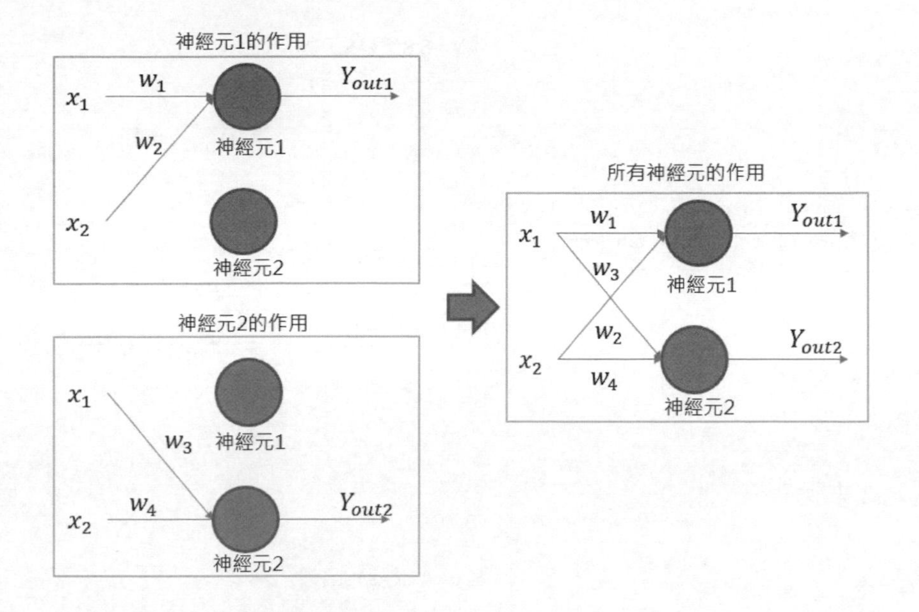

練習 (2 輸入，一層神經元兩個輸出)

來做個實際練習，假設 w、b 都已知，2 筆輸入資料經過 2 個神經元，激勵函數分別使用 S 函數與 Relu 函數後的輸出會是多少？

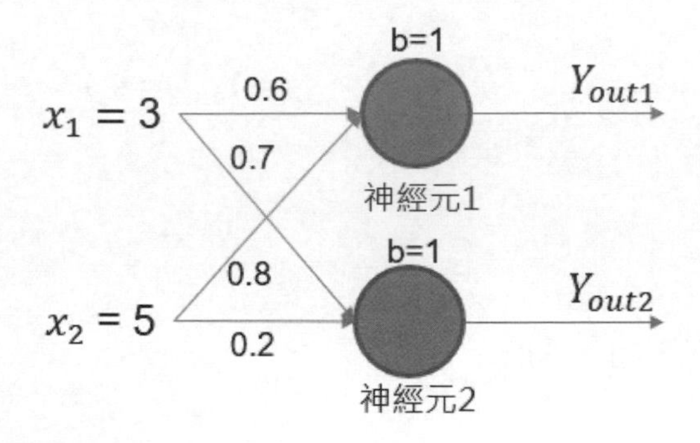

對於神經元 1 來說：

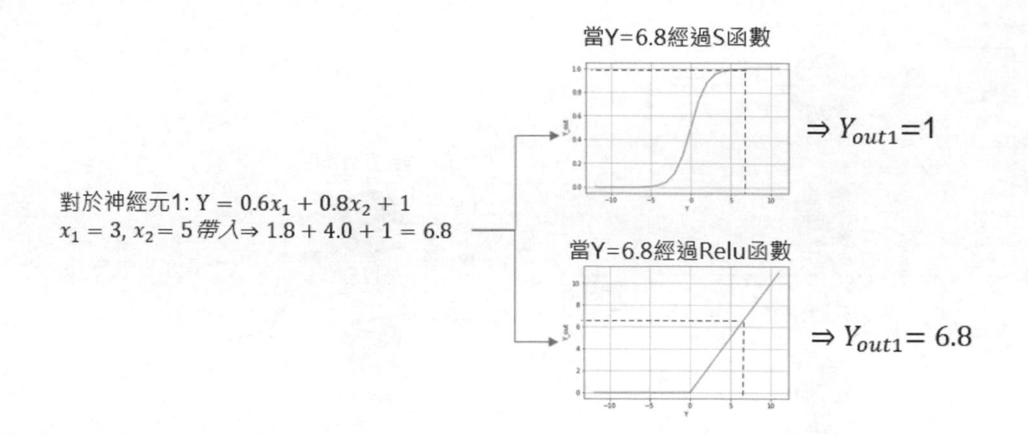

對於神經元 2 來說 :

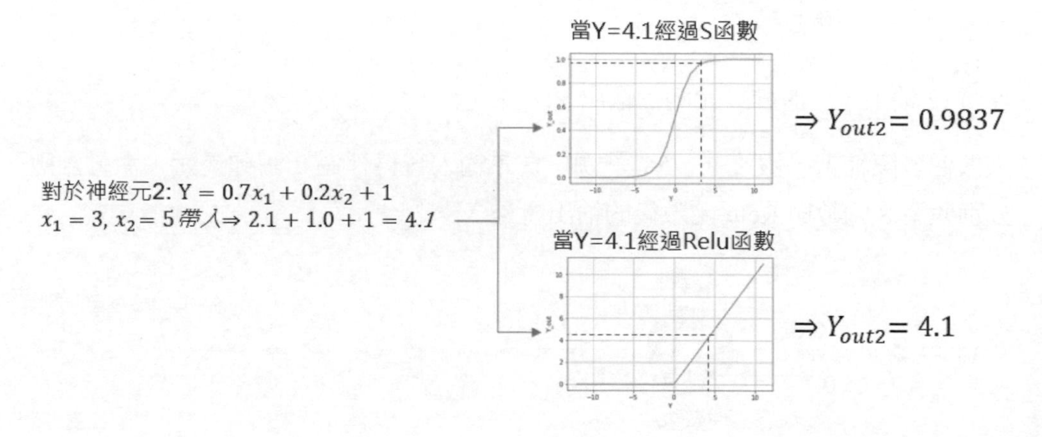

更多輸入資料與神經元的擴展

若擴展到 4 個輸入資料與 4 個神經元，如下圖所示

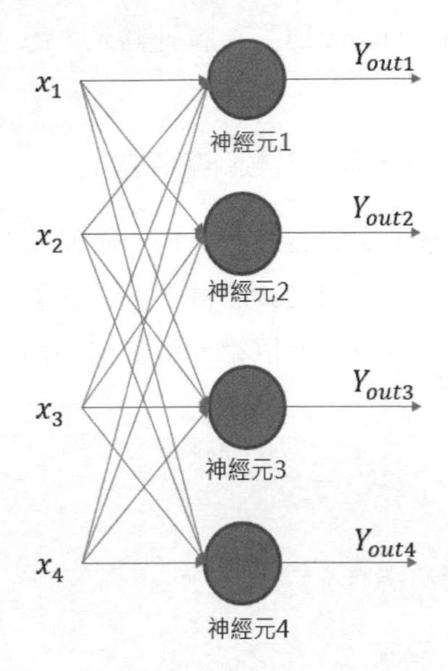

除了輸入資料與神經元可以設定多個外，也可以擴展成多排 (columns) 的神經元，如下圖所示。

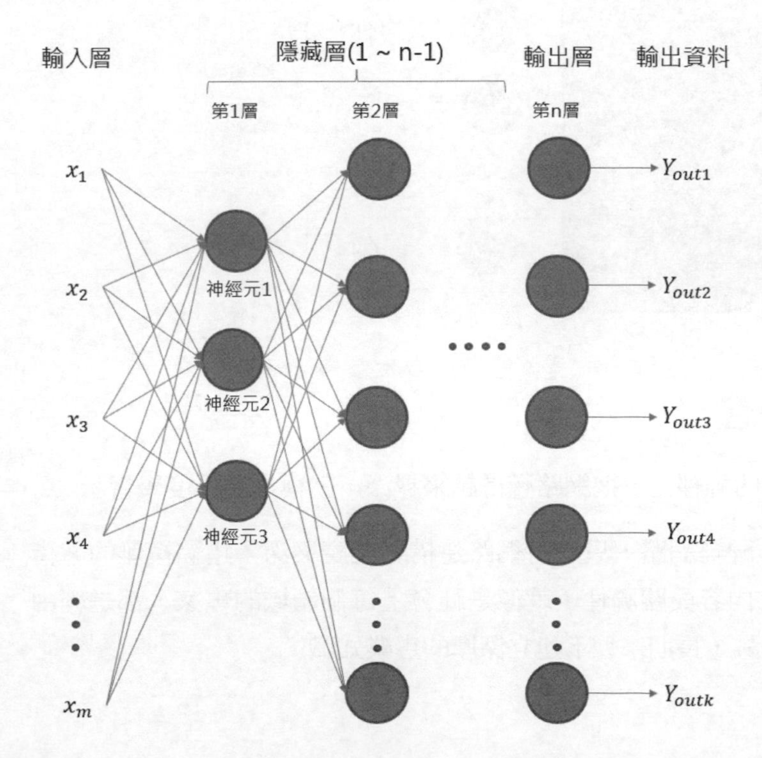

從圖中可以看到有多排 (columns) 的神經元，每個 column 稱為 1 層神經元，每一層可以有不同數量的神經元。

大量神經元與神經元間的連接形成了錯綜複雜的網路，稱之為類神經網路。

從外部來看，只能看到輸入資料與輸出資料的數量，中間有幾層，每一層使用多少個神經元是不曉得的，所以從第 1 層到第 n-1 層會稱之為隱藏層，第 n 層由於輸出資料的數量，就可以得知第 n 層的神經元個數，所以第 n 層會稱為輸出層。

改成以下的簡圖可以看得比較清楚

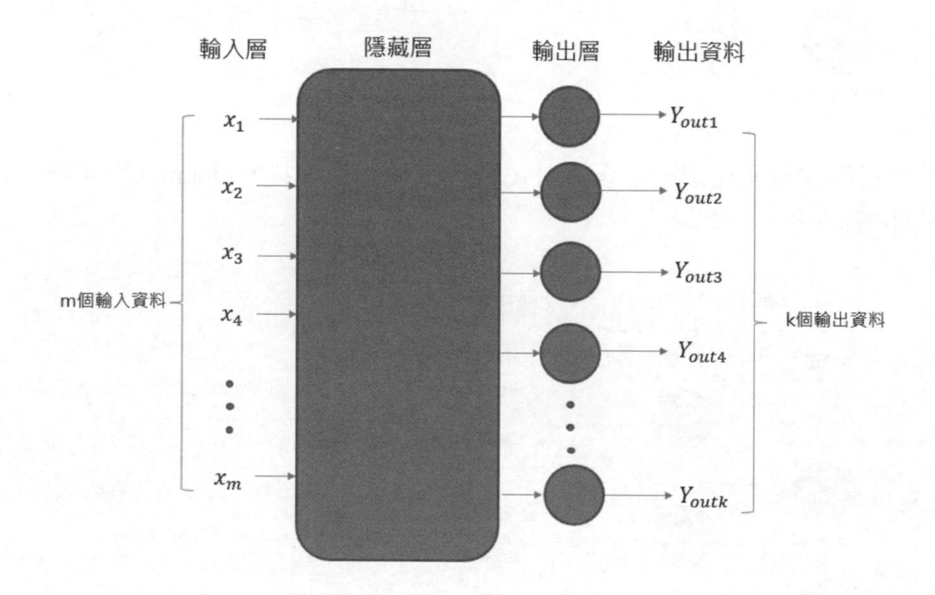

19-5-7 深度學習

當隱藏層裡建立多層的神經元，把網路疊得越來越深，就稱之為深度學習。

深度學習其實就是類神經網路，只是將網路建構的又廣又深，錯綜複雜的架構學習所有輸入資料的內容與關聯性，就像是社會上每個領域的專家，都是經由專注學習該領域的知識，長期學習下建立深厚的專業知識。

19-5-8 類神經網路的目的

再回憶一下，機器學習其實就是在做 Y = formula(X)，formula 的建立是使用類神經網路，類神經網路裡有很多的神經元，這些神經元含有眾多的 w、b。

目的就是求出所有 w、b 的最佳解，如下圖所示。

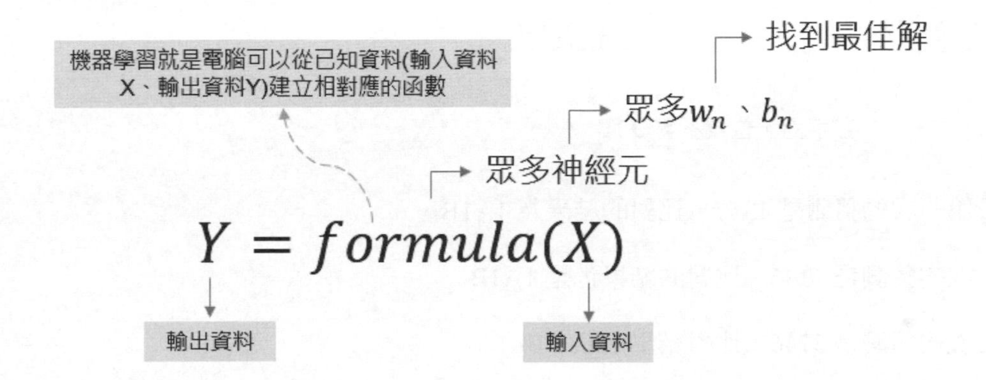

19-5-9 損失值 (Loss) 概念

當有了輸入資料以及方程式 (formula)，就可以得到輸出資料，但不確定輸出資料的正確性如何，要與正確答案進行比對才會知道，而比對後會得到與正確答案的差距，這就稱為損失。

在正式講解損失值之前，使用猜數字遊戲來說明此概念。

有一種猜數字遊戲，藉由數值與位置的比對，一步一步地找到答案，越少次數就猜到答案的人為贏家

遊戲的說明如下：

當預測的其中一位數值與正確答案相同，但位置不同，會給予 1B 的比對結果

當預測的其中一位數值與正確答案相同，位置也相同，會給予 1A 的比對結果

舉例來說，正確答案是 1983 時，若預測數值為 1357，會得到 1A1B 的比對結果；若預測數值為 2457，會得到 0A0B 的比對結果

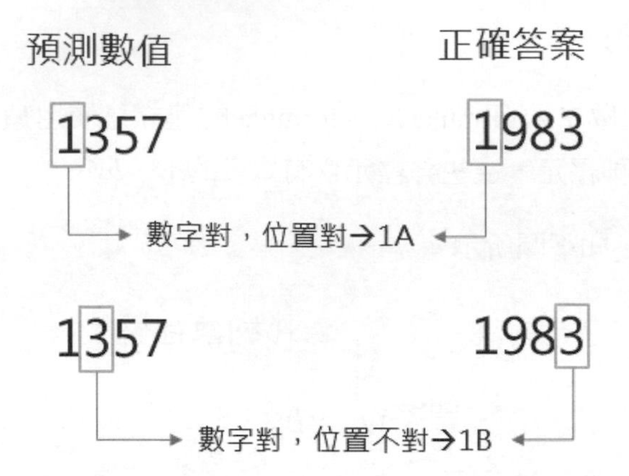

假設第一次的猜測是 1357，比對的結果為 1A1B

第二次的猜測是 1346，比對的結果也是 1A1B

第三次的猜測是 5746，比對結果是 0A0B

根據三次的比對結果，可以排除正確答案裡沒有 4567 四個數字，1 與 3 是一定有的，接著可以猜 0、2、8、9 哪 2 個是剩下的兩位數字，然後再更換位置，最後得到答案

綜觀這個遊戲，是甚麼可以讓猜測者不斷地修正預測數值 ??

就是預測值與正確答案比對後，使用 A 與 B 的描述方式回饋給猜測者。

使用 A 與 B 的方式其實就是一種方法來說明預測值與正確答案間的差距。

在類神經網路裡，最終的輸出資料稱為類神經網路的預測值 (prediction)，與正確答案 (labels) 比對後的誤差就稱為損失 (loss)

描述損失的方法有很多種，不同的方法就是不同的損失函數

- 預測值與正確答案比對的誤差(Error)就是損失(loss)
- 描述損失的函數就稱為損失函數(loss function or cost function)

猜數字遊戲的過程與類神經網路學習的過程類似，如下圖說明

猜測者根據誤差，經過大腦思考，再輸出新的預測值。

預測系統根據損失，經過權重的修正，再輸出新的預測值。

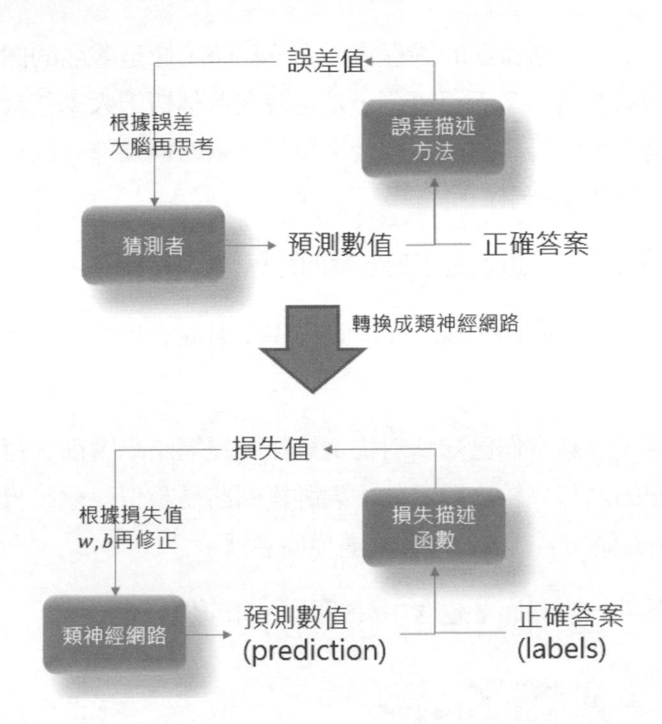

19-5-10 正確答案 (labels)

通常會稱作標籤 (labels)，其實就是正確答案的意思。

使用類神經網路學習圖像分類之前，要準備好已知資料，包含圖片與正確答案，這些正確答案就是人類看過圖片後給予正確的「標籤」，此標記圖片的過程就稱為 labeling，如下圖所示。

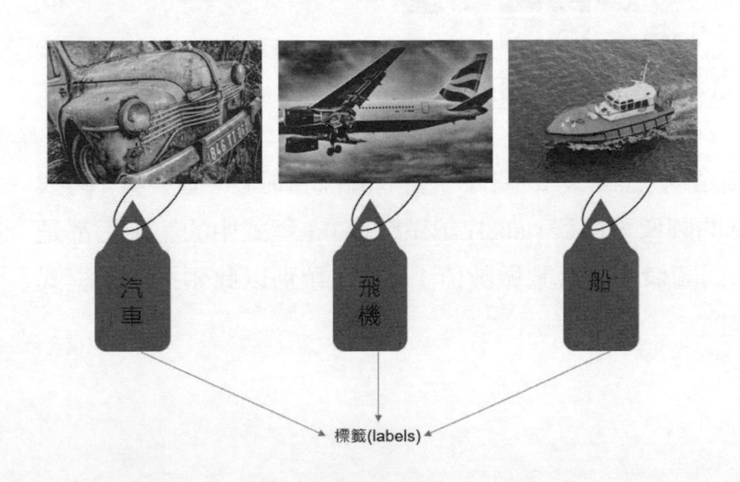

可想而知，當圖片有幾千萬張時，貼標籤的過程肯定十分耗時，像是著名的圖像資料庫 ImageNet，樣本數有將近一千五百萬張，是當時在普林斯頓大學任教的李飛飛教授建立的，她是透過亞馬遜的外包平台，徵召大量的網友進行圖片標記的工作，才完成這個大型圖像資料庫。

另外，也有一種說法是 ground truth，這也是正確答案的意思。

當你聽到 image labeling, ground truth labeling, get labels，其實都是相同的意思，就是為圖片標記正確答案。

當圖片被標記正確的名稱後，要被當作已知資料提供給類神經網路學習前，還要經過一次轉換，因為標記的名稱是給人類看的，類神經網路是數值科學，只看得懂數值，所以要把人類看懂的名稱轉換成機器看懂的名稱。

舉例來說，cifar 10 是著名的圖像資料庫，包含 10 種圖像，如下圖

假設要機器學習這 10 種類別 (classes) 的圖像，要把圖像名稱 (正確答案) 轉換成數值，例如，airplane 的圖像，標籤 (label) 記做數值 0 (程式中的第 1 個都是從 0 開始)，automobile 的圖像，標籤記做數值 1，其他類別以此類推，以程式表示，可以使用字典來建立。

```
classname2label_dict = {
    'airplane':0,
    'automobile':1,
    'bird':2,
    'cat':3,
    'deer':4,
    'dog':5,
    'frog':6,
    'horse':7,
    'ship':8,
    'truck':9
}
```

類別	對於人類來看	對於機器來看
1	airplane	0
2	automobile	1
3	bird	2
4	cat	3
5	deer	4
6	dog	5
7	frog	6
8	horse	7
9	ship	8
10	truck	9

同理，類神經網路的預測值 (prediction) 將會是數值，人類若要看懂，一樣要進行轉換，舉例來說，某張圖片預測值為 6，轉換後 (label to class name) 是名稱 frog，表示機器對於圖片的預測值是青蛙。

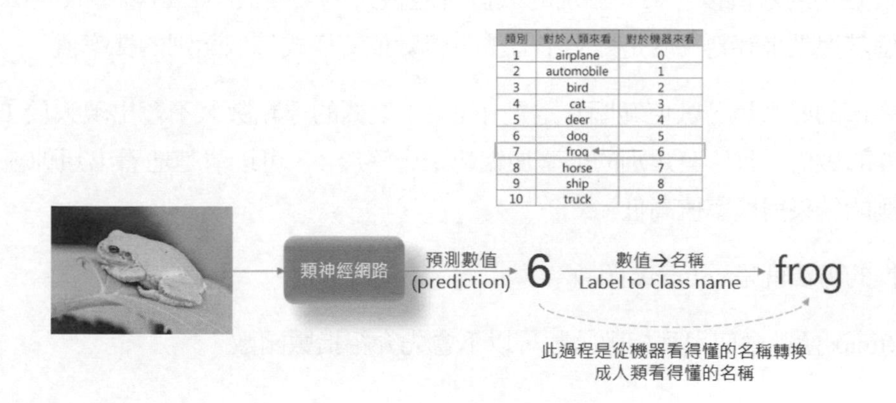

19-5-11　類神經網路的預測值

剛剛有提到類神經網路的預測數值是 6，實際上這是經過處理後得到的數值

類神經網路的原始輸出會是每一個類別的數值，這還不是最終的預測數值，如下圖

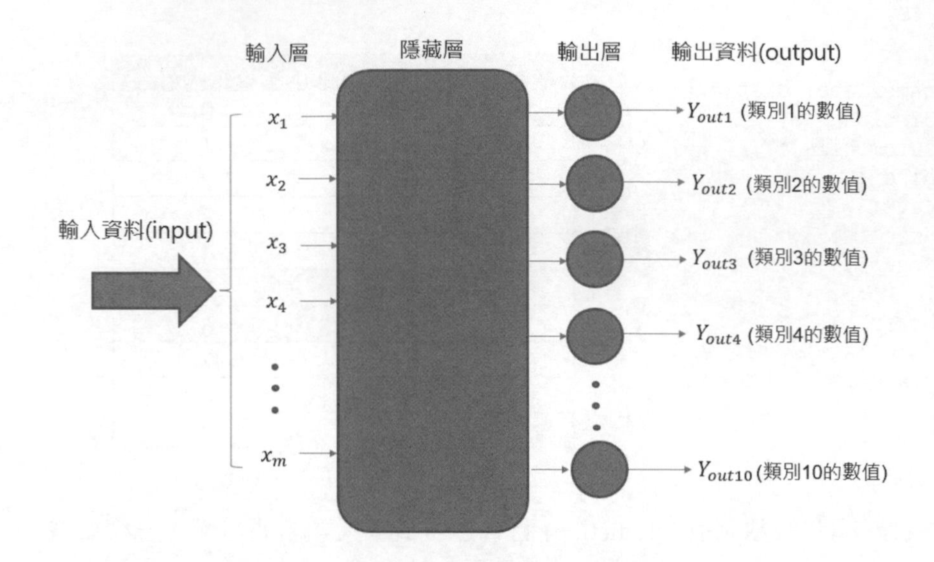

由此可知，輸出層神經元個數會等於類別的個數

得到每個類別的數值後，某些類別的數值可能很大，某些很小，這會導致無法在同一個基準點來評判，於是提出了方法，將數值轉換成每個類別的機率值

使用機率值的好處是，數值範圍一定是在 0 ~ 1 之間的浮點數，不會出現大於 1 或小於 0 的數值，且所有類別的機率加總起來會等於 1，可以清楚地看出類神經網路預測的結果與機率值高低。

這個轉換的方法就是 softmax 函數

由於 softmax 函數會使用到指數函數，以下會先介紹指數函數

19-5-11-1 指數函數 (exponential function)

$$y = e^x$$

指數函數通常特指以 e 為底數的函數，也常寫做 exp(x)，e 是數學常數，近似值約 2.718，也可以簡單地看成 2.718 的 x 次方

來看一下此函數的圖形，先設定 x 值從 -5 ~ 5，求出對應的 y 值後，畫出圖形

以下分別使用 math 套件與 numpy 套件來求出 exp() 的函數值

使用math.exp()，每一次只能帶入1個x值

```
import math
import matplotlib.pyplot as plt
x = [x for x in range(-5,5)]# x = [-5,-4,-3,-2,-1,0,1,2,3,4,5]
y = list()
for i in x:
    y_temp = math.exp(i)
    print("x={},exp(x)={}".format(i,y_temp))
    y.append(y_temp)

plt.plot(x,y)
plt.show()
```

如果數字少可以手動寫

如果數字多，建議使用此方法

使用math套件的exp()函數

使用np.exp()可以直接帶入整個x串列

```
import numpy as np
import matplotlib.pyplot as plt
x = [x for x in range(-5,5)]
y = np.exp(x)

for num,i in enumerate(x):
    print("x={},exp(x)={}".format(i,y[num]))

plt.plot(x,y)
plt.show()
```

輸出如下

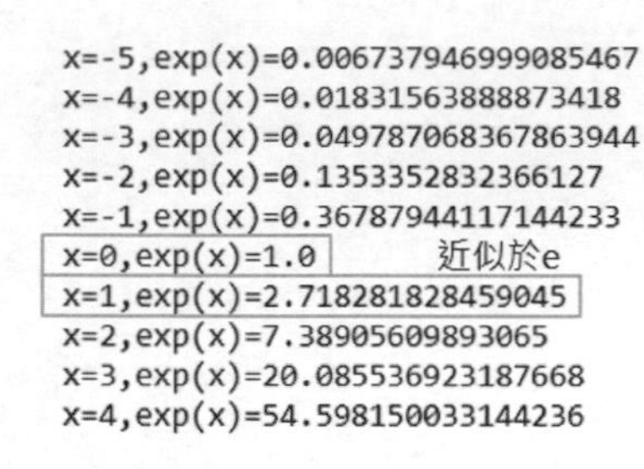
```
x=-5,exp(x)=0.006737946999085467
x=-4,exp(x)=0.01831563888873418
x=-3,exp(x)=0.049787068367863944
x=-2,exp(x)=0.1353352832366127
x=-1,exp(x)=0.36787944117144233
x=0,exp(x)=1.0
x=1,exp(x)=2.718281828459045
x=2,exp(x)=7.38905609893065
x=3,exp(x)=20.085536923187668
x=4,exp(x)=54.598150033144236
```


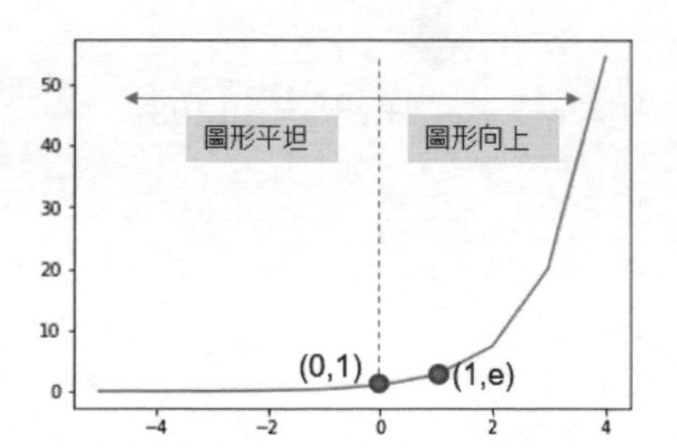

指數函數的特性是：

當 x 小於 0，y 值會趨近於 0，看到的圖會是平坦的

當 x 大於 0，y 值會迅速上升，看到的圖是向上的曲線 (由於我們只使用 11 個點來畫圖，看起來不像曲線，若點數更多，就會是曲線)

19-5-11-2 softmax 函數

$$S(y_j) = \frac{e^{y_j}}{\sum e^{y_j}}$$

S() 是 softmax 函數的縮寫

是指類神經網路的輸出，j 是指輸出資料的索引值，若輸出有 10 個，則 j=0 ~ 9

分子就是輸出資料裡的每個元素再經過指數函數後的數值

分母的意思是將輸出資料裡的每個元素經過指數函數後的加總

舉例來說，當輸出資料有 3 筆，經過 softmax() 函數後的計算如下

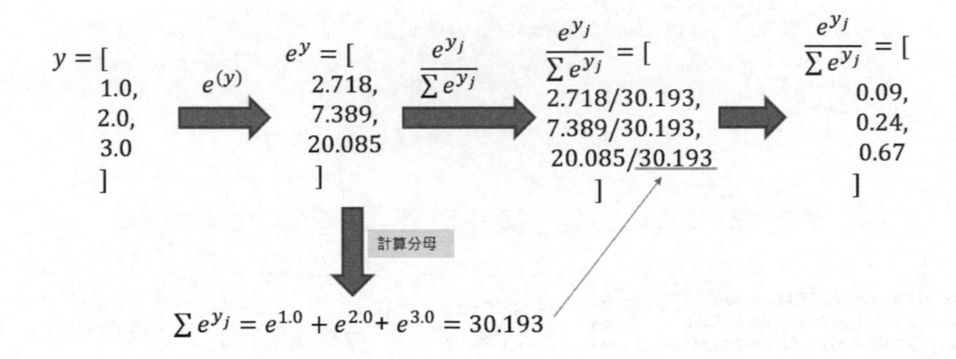

程式碼如下

```
y = [1.0,2.0,3.0]

exp_y = np.exp(y)
sum_exp_y = np.sum(exp_y)
softmax = exp_y / sum_exp_y

print("exp_y:",exp_y)
print("sum_exp_y:",sum_exp_y)
print("softmax:",softmax)
```

```
exp_y: [ 2.71828183  7.3890561  20.08553692]
sum_exp_y: 30.19287485057736
softmax: [0.09003057 0.24472847 0.66524096]
```

將以上的結果整理成流程圖後如下

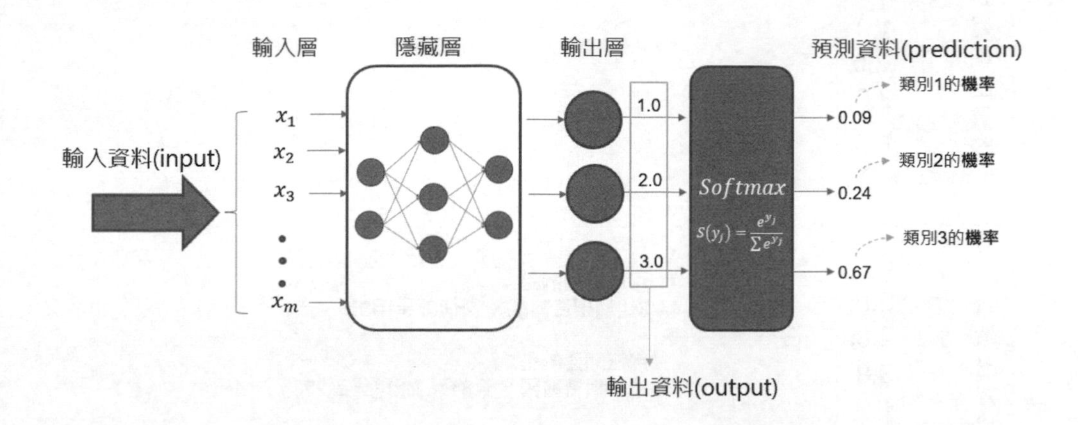

從預測資料可以很清楚地看到每個類別的機率，找到最大機率的對應類別就是類神經網路的預測類別

以此為例，類別 3 的機率值最大，即類神經網路對於此輸入資料的預測類別是第 3 類。

若不使用 softmax() 函數

剛有提到若不使用 softmax 函數會導致無法在同一個基準點來評判，範例如下

假設有 3 組輸出資料，分別是 [1.0,2.0,3.0], [2.0,2.8,3.8], [2.5,3.4,4.4]，可以知道這 3 組的預測值都是第 3 類，但無法去比較哪一組資料預測第 3 類的比重較高？

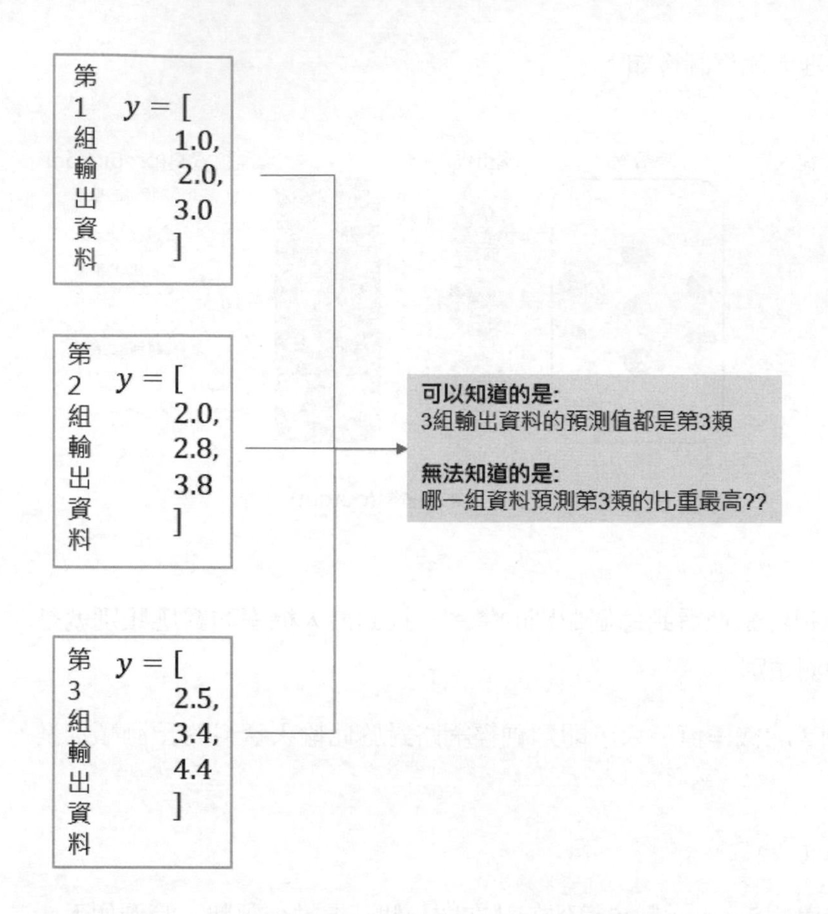

如果經過 softmax 函數後，就可以很清楚地知道第一組輸出資料的預測值比重是最高的。

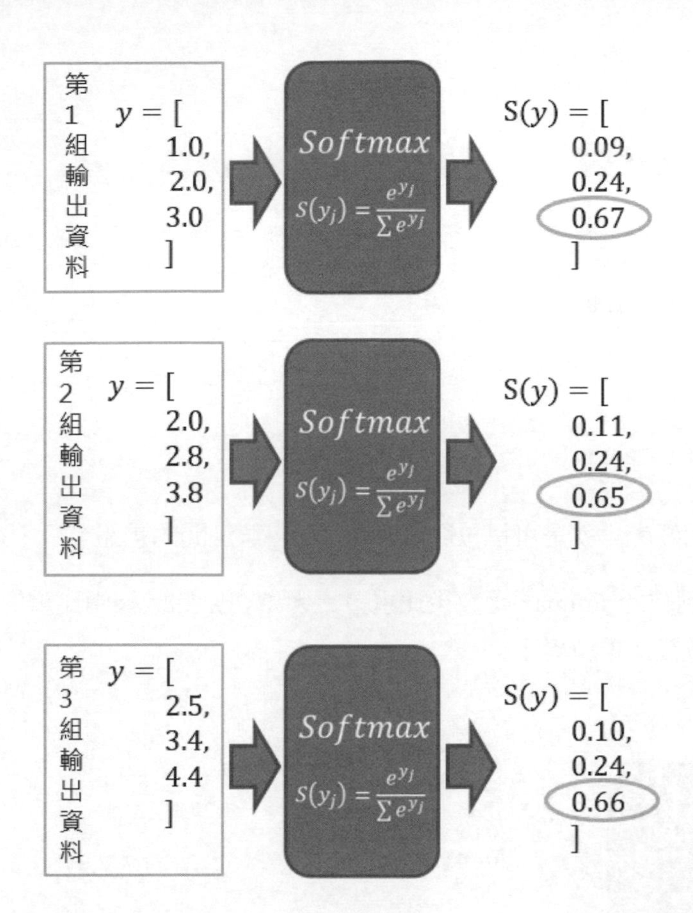

程式碼的撰寫如下

首先，先將 sofmatx 寫成函數

```
def softmax(y):
    exp_y = np.exp(y)
    sum_exp_y = np.sum(exp_y)
    softmax = exp_y / sum_exp_y

    return softmax
```

再輸入每一組輸出資料求得機率值

```
y = [1.0,2.0,3.0]
print(softmax(y))
```

```
[0.09003057 0.24472847 0.66524096]
```

```
y = [2.0,2.8,3.8]
print(softmax(y))
```

```
[0.10781452 0.23994563 0.65223985]
```

```
y = [2.5,3.4,4.4]
print(softmax(y))
```

```
[0.09856589 0.24243297 0.65900114]
```

使用 softmax 函數還有 1 個好處，就是可以拉開 (加大) 每個類別間的差距。

在原始數據中比重大的類別經過 softmax 函數後比重會更大；在原始數據中比重小的類別經過 softmax 函數後比重會更小

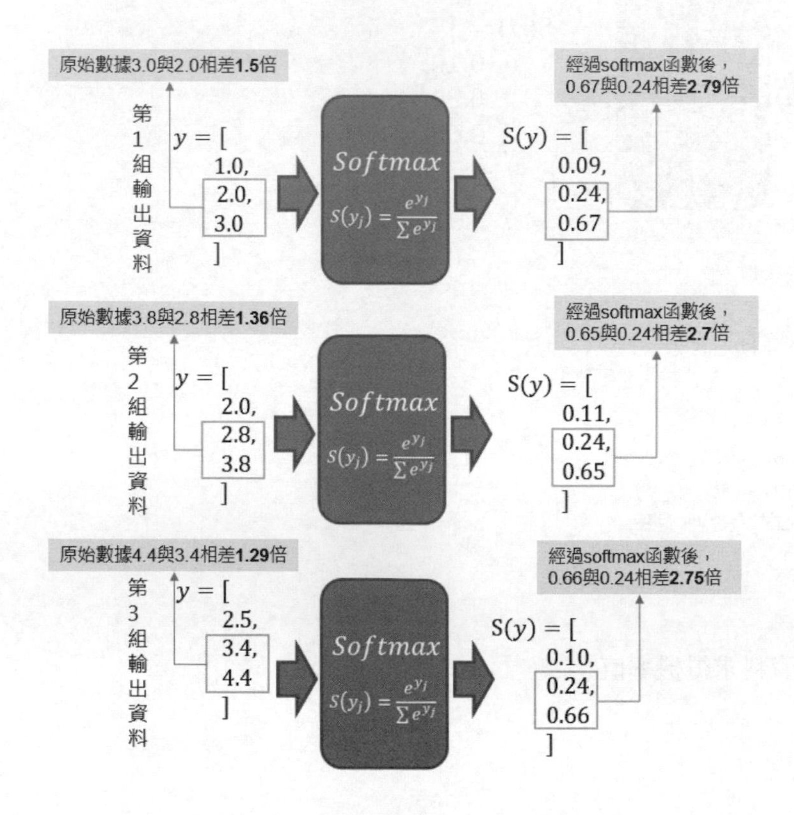

再回到剛剛舉的預測青蛙圖片的範例，把類神經網路置換成剛剛說明的輸出資料與 softmax 函數，就可以比較清楚整個來由。

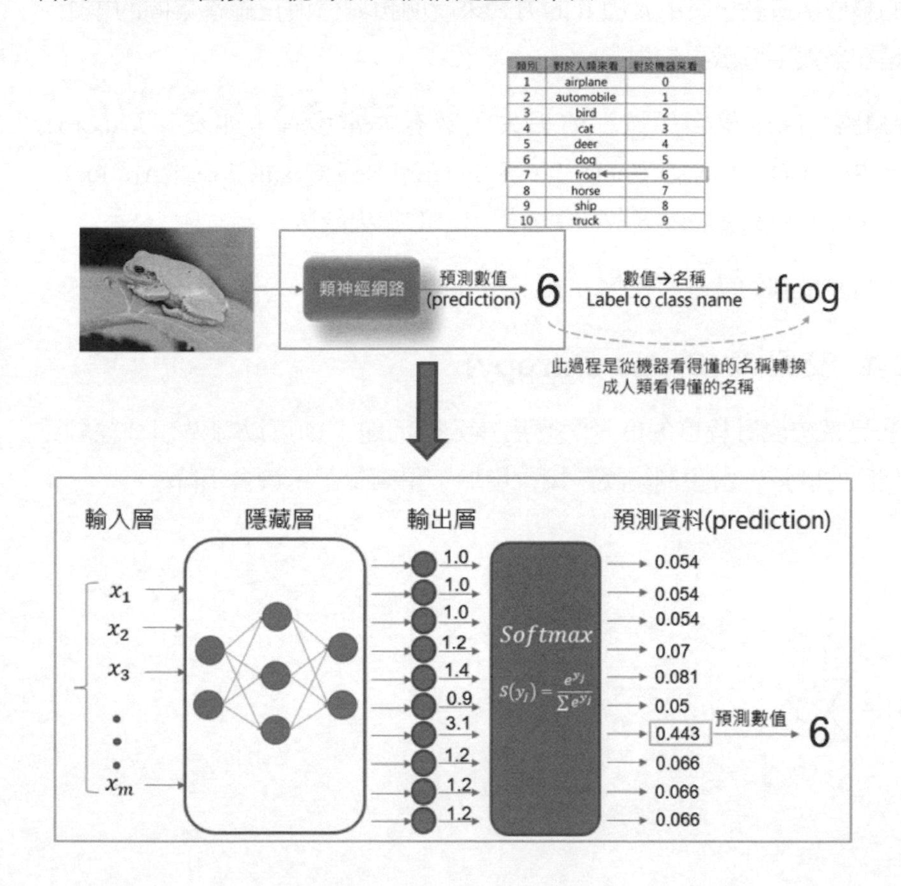

類別	對於人類來看	對於機器來看
1	airplane	0
2	automobile	1
3	bird	2
4	cat	3
5	deer	4
6	dog	5
7	frog	6
8	horse	7
9	ship	8
10	truck	9

19-5-12 損失函數 (loss function)

為了讓類神經網路能夠有正確的預測，我們要根據損失值來調整權重與偏移值

類神經網路的損失值是來自預測資料 (prediction) 與正確答案 (labels) 之間的誤差

損失值來自損失函數的計算

loss = loss function(prediction, label)

常用的損失函數

剛剛提到的猜數字遊戲，使用 A 與 B 的方式來說明預測值與正確答案間的差距，這可以說是在猜數字遊戲界的損失函數。

在類神經網路、深度學習領域裡的損失函數有非常多種，如交叉熵 (Cross entropy)、MSE、COCO loss、Center loss、Sphere loss、Cosine loss、Arc loss、Circle loss、Proxy anchor loss 等各種學者提出來的損失函數。

在分類問題最常用到的就是交叉熵 (Cross entropy)

19-5-12-1 交叉熵 (Cross entropy)

熵有種說法是系統混亂程度的度量，應用在分類問題上則可以想做類神經網路預測錯誤程度的度量，當預測錯誤，熵會增加；預測對了，熵會下降

公式如下

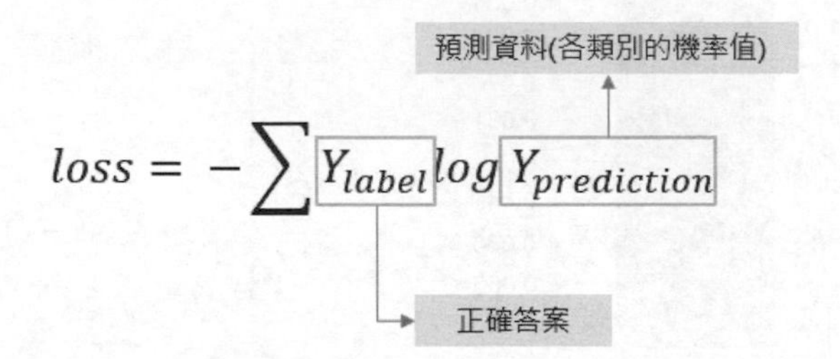

這邊 Log 的底數是使用數學常數 e，近似值約 2.718

公式中的∑符號是加總的意思，說明如下圖

假設 Y_{label} 與 $Y_{prediction}$ 各有3個值

$$Y_{label} = [0 \quad 0 \quad 1]$$

$$Y_{prediction} = [0.6, 0.3, 0.1]$$

$$-\sum Y_{label} log\ Y_{prediction} = -(0 \times log0.6 + 0 \times log0.3 + 1 \times log0.1)$$

加總起來

關於 $\log Y_{prediction}$

如果你對 log 不熟悉，可以轉換成以下的方式思考

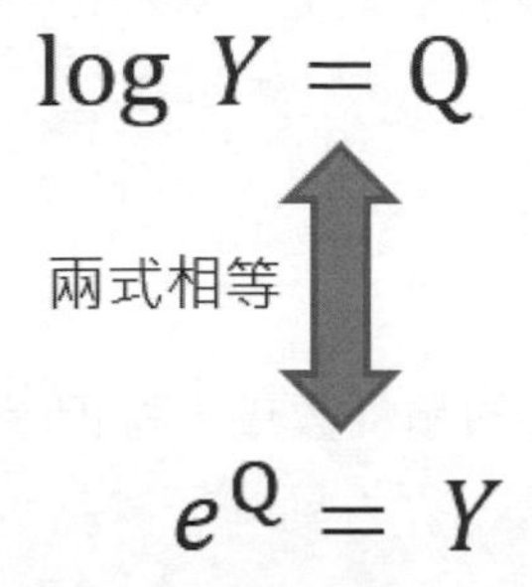

由於系統預測資料是機率值，數值範圍是在 0 ~ 1 之間

由式子可以知道當 Y = 1 時，Q = 0，但 Y 是不會等於 0 的，以浮點數來說，再小的機率值表示 Y 非常小，小到幾乎等於 0 (例如 $Y=1\times10^{-5}$)，而 Q 會往負值的方向迅速增加

以圖形來看，如下

- 建立100個點，數值範圍0 ~ 1
- range數值間隔最小只能設定1
- 將數值範圍設定0 ~ 100，然後再除以100

```
x = [x / 100 for x in range(1,100)]
y = np.log(x)

plt.plot(x,y)
plt.xlabel("Y prediction")
plt.ylabel("Q")
plt.show()
```

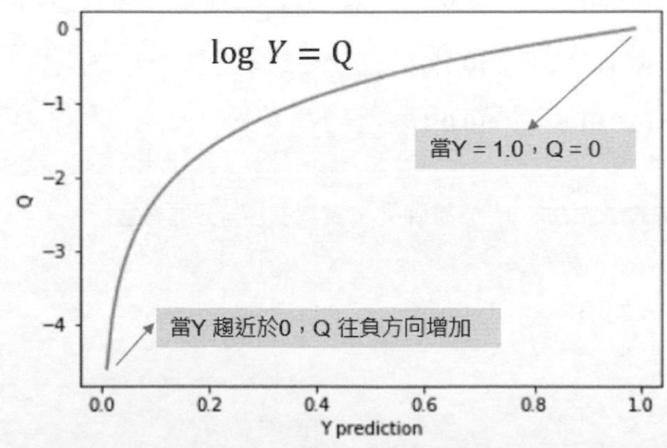

從圖可以知道，當機率值都在 0~1 之間時，Q 值都會是小於等於 0，所以交叉熵的公式會使用負號讓整體數值大於 0

接下來，$\log Y_{prediction}$ 要與 Y_{label} 相乘，但預測資料會有多個數值，正確答案只有一個數值要怎麼進行相乘呢？

19-5-13 One-hot 編碼 (One-hot encoding)

將純量的正確答案拓展成一維的陣列，資料長度等於分類的類別數量，將正確答案位置的數字轉換成 1，其餘為 0 稱之。

目前沒有適切的中文翻譯，習慣直接說 one hot encoding

以下範例是 2 分類的標籤進行 one-hot 編碼

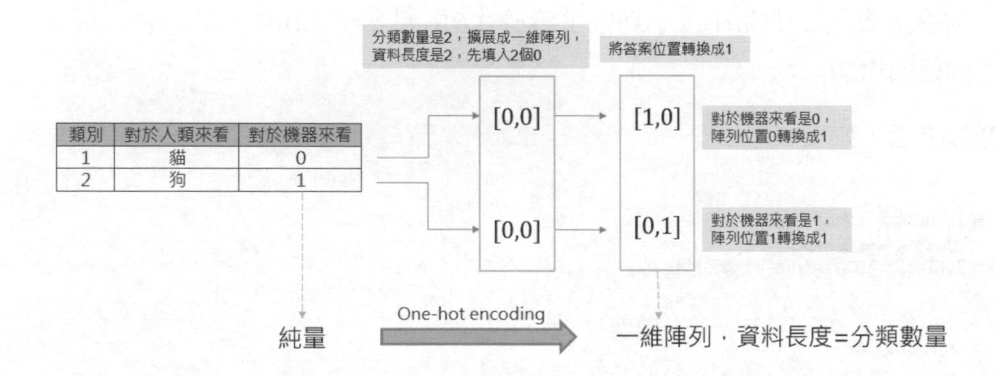

接著，使用 3 分類來說明 one-hot 編碼

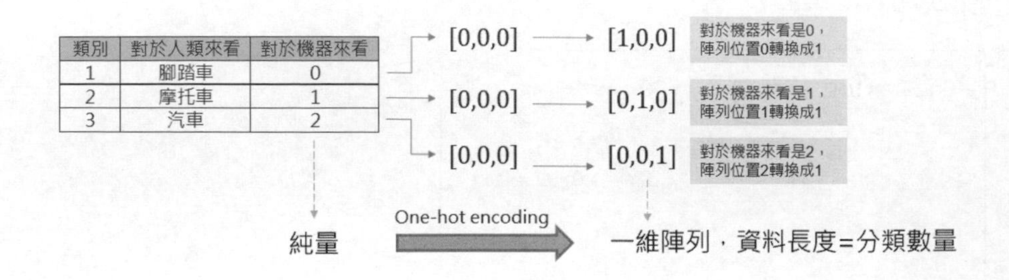

應用到剛剛的青蛙圖片的例子，如下

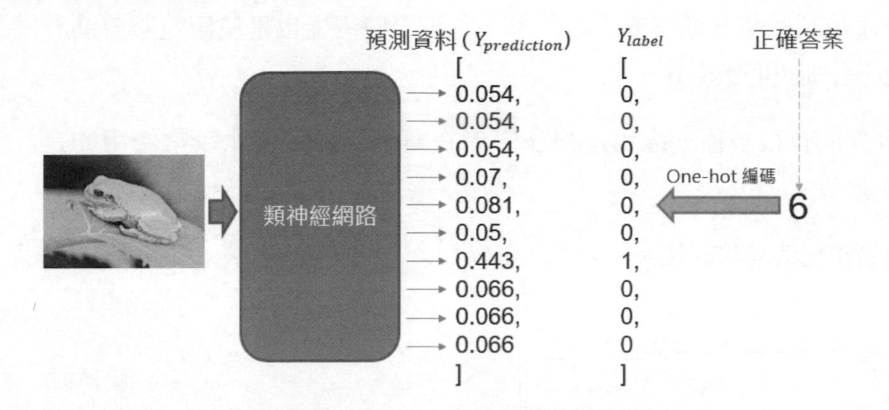

計算損失值如下

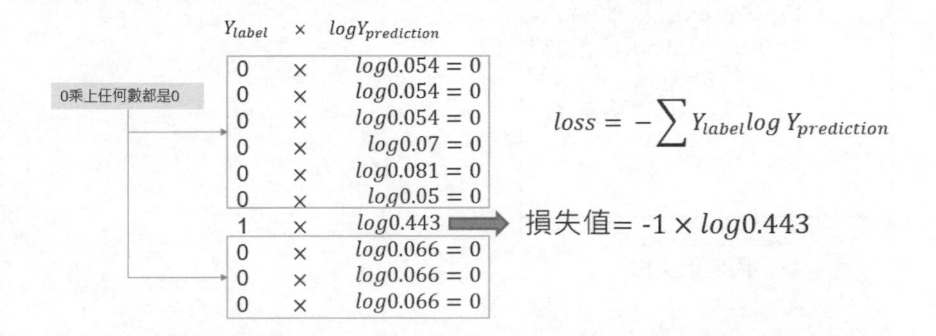

正確答案經過 one-hot 編碼後，只會有 1 個 1 存在，其他都是 0，而 0 乘上任何值都會是 0，所以真正需要計算的只有帶入正確答案對應的預測值。

19-5-14 權重最佳化

為了讓類神經網路的預測結果正確，要讓損失值不斷地降低

為了讓損失值不斷地降低，要持續最佳化所有的 w、b

最佳化的理論主要是反向傳播 (Backpropagation) 結合梯度下降 (Gradient descent)，將神經網路所有 w、b 計算損失函數的梯度，反饋給最佳化方法，更新權重來降低損失值。

由於梯度會牽涉到微積分等較複雜的數學，在實際使用上也是使用電腦協助計算，這邊就不詳細說明數學式。

最佳化的演算法有很多種，這也是很多學者在研究的項目，比較常使用的是 adam 最佳化演算法

下圖是幾種最佳化演算法的比較

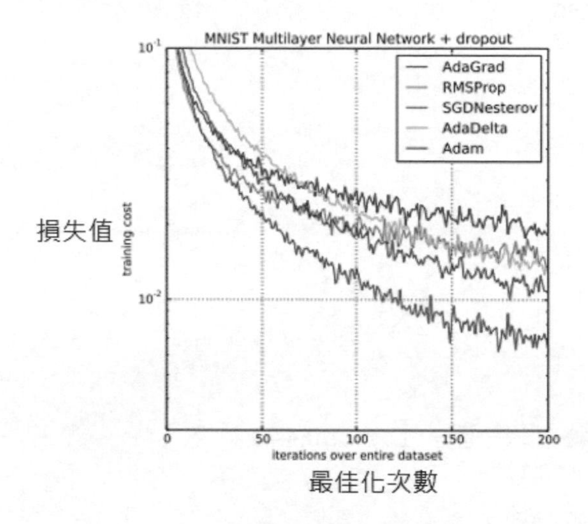

圖片來源：

https://machinelearningmastery.com/adam-optimization-algorithm-for-deep-learning/

19-5-15 學習率 (learning rate)

每一次進行權重最佳化時修改權重內容的**幅度**

當進行猜單一數字的遊戲時，數字範圍是 1~100，假設答案是 50，參加者 A 猜的過程如下圖左，參加者 B 猜的過程如下圖右

參加者 A 每一次修改的幅度較大，參加者 B 屬於步步逼近，每一次修改的幅度較小。

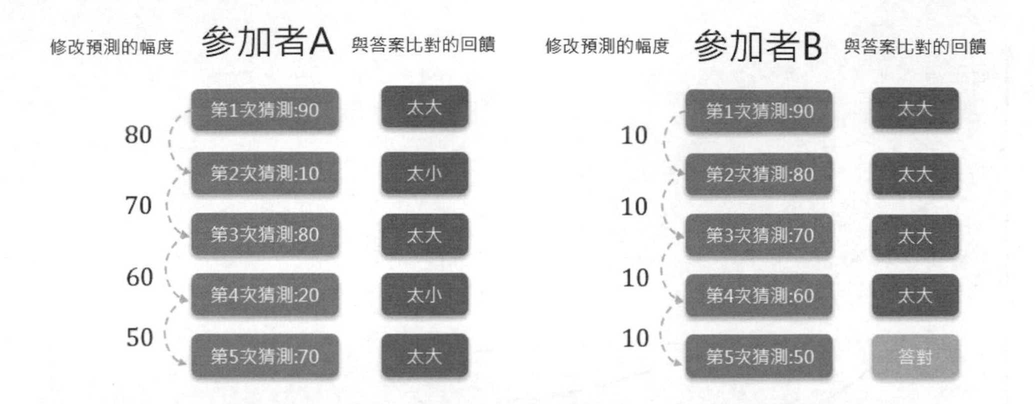

應用到類神經網路，就像是只有 1 個權重需要最佳化，當學習率較大時，每次修改權重的幅度較大；當學習率較小時，每次修改權重的幅度較小

下圖是單一權重值與損失值的關係圖，左方是學習率較大的情況，右方是學習率較小的情況

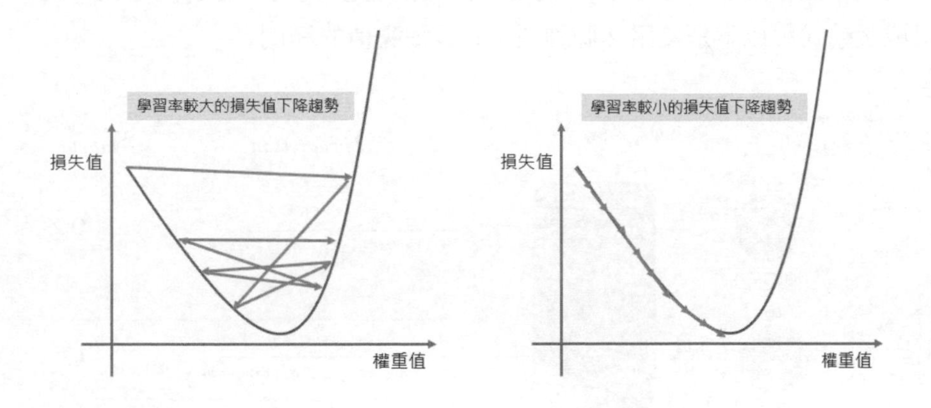

以上是以 1 個權重來說明概念，實際的類神經網路會比較複雜，因為會有幾萬到幾百萬個權重需要進行最佳化。

下圖是不同的學習率下，訓練週期與損失值的關係

一般而言，學習率較小，損失值下降慢，比較容易達到區域最小的損失值。

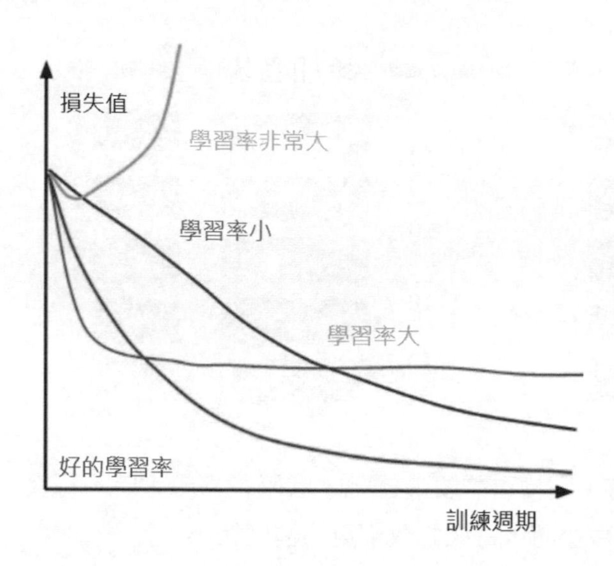

圖片來源：from Stanford's cs231n lecture series (http://cs231n.stanford.edu/)

剛剛提到的青蛙圖片預測的範例主要是解釋如何計算損失值，有了概念後，就可以轉換成數學式，以下是使用 2 個神經元計算損失值的範例

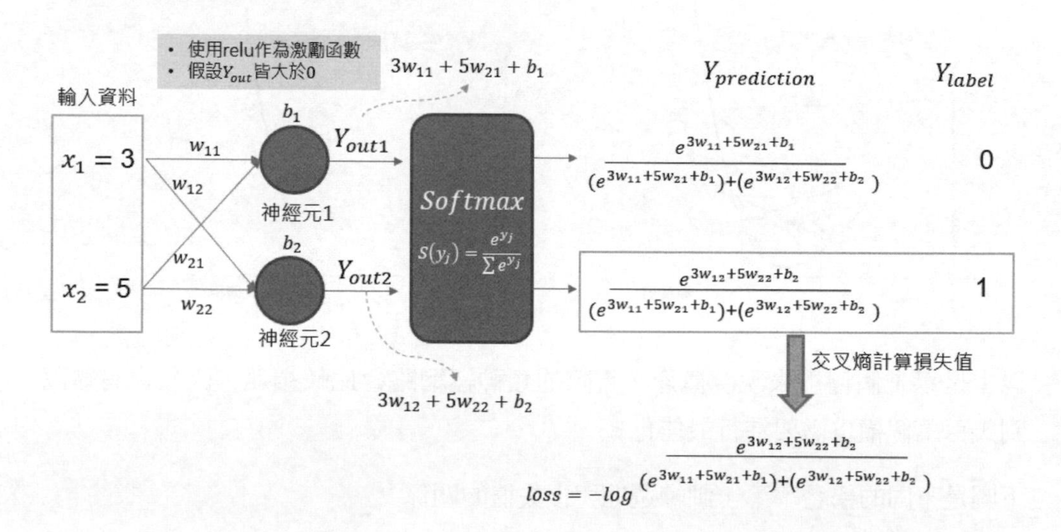

進行最佳化時會先給予所有的 w、b 初始值，使用已知資料與正確答案進行最佳化演算法來更新權重

隨著最佳化的次數，損失值會越來越小，流程說明如下圖。

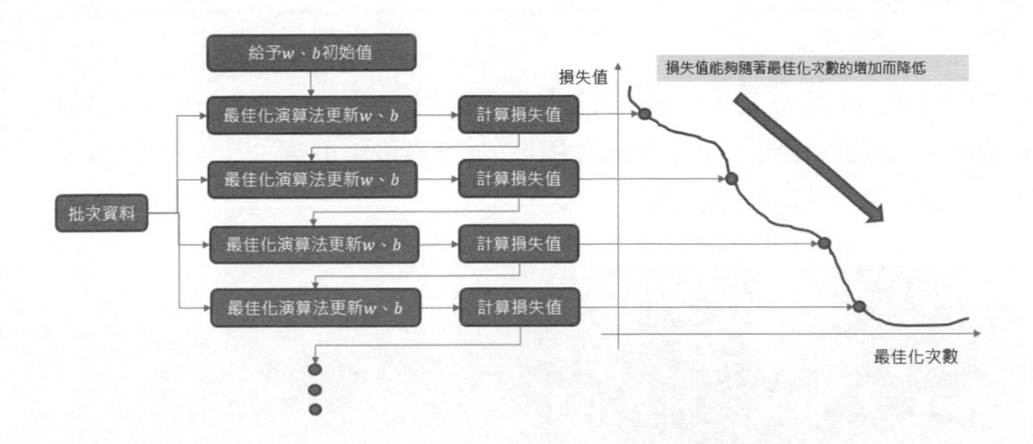

我們常聽到的模型訓練 (model training) 指的就是類神經網路進行最佳化權重的過程

19-5-16 批次數量、迭代次數與訓練週期

批次資料是指將所有的已知資料分成一批一批輸入，設定批次資料的多寡稱為批次數量(batch size)，當設定批次數量小的時候，最佳化的次數多，所需時間長；設定批次數量大的時候，所需時間少，但耗用的電腦資源就相對較多。

使用批次資料進行一次最佳化演算法更新權重稱為迭代 (iteration)

已知資料總數 = 批次數量 x 迭代次數

當類神經網路學過一次已知資料稱為一個訓練週期 (epoch)。

訓練週期的設定不會是固定值，依照資料集、模型大小、分類數量、損失值下降程度等因素而不同。

19-6 有趣的 AI 應用

在 2018 年的 10 月 25 日，一幅名為愛德蒙 貝拉米 (Edmond de Belamy) 的畫作在藝術品拍賣公司佳士得於美國紐約賣出，成交價格為 43 萬 2 千 5 百美元 (以匯率 1:28 計算，約 1200 萬台幣)。

這幅畫的特別之處是使用 AI 的對抗生成網路技術 (Generative Adversarial Network, GAN) 完成的，是佳士得賣出的第一幅使用 AI 製作的畫。

此 AI 模型學習了近 1 萬 5 千幅不同時期的人物像後，創造出獨一無二的人物像，列印在帆布上，尺寸為 70 cm x 70 cm。

另外，很特別的是這幅畫的簽名並不是作者或公司的名稱，而是此模型的損失值函數 !!!

$$\min_{\mathcal{G}} \max_{\mathcal{D}} \mathbb{E}_x\left[\log(\mathcal{D}(x))\right] + \mathbb{E}_z\left[\log(1-\mathcal{D}(\mathcal{G}(z)))\right]$$

來源 : https://is.gd/qzLiW9

CH20

Tensorflow 簡介

20-1 什麼是 Tensorflow

Tensorflow 是由 Google 建立的機器學習套件，常使用 tf 為其簡稱

Tensorflow 有提供原生的函數與簡易使用的 Keras 套件

Tensorflow 有提供 CPU 與 GPU 版本，目前最新版是 2.5 版，如下圖所示

GPU

在此tf版本下可使用的Python版本

NVIDIA顯示卡搭配的cuDNN與CUDA版本

版本	Python 版本	編譯器	建構工具	cuDNN	CUDA
tensorflow_gpu-2.5.0	3.6-3.9	MSVC 2019	Bazel 3.7.2	8.1	11.2
tensorflow_gpu-2.4.0	3.6-3.8	MSVC 2019	Bazel 3.1.0	8.0	11.0
tensorflow_gpu-2.3.0	3.5-3.8	MSVC 2019	Bazel 3.1.0	7.6	10.1
tensorflow_gpu-2.2.0	3.5-3.8	MSVC 2019	Bazel 2.0.0	7.6	10.1
tensorflow_gpu-2.1.0	3.5-3.7	MSVC 2019	Bazel 0.27.1-0.29.1	7.6	10.1
tensorflow_gpu-2.0.0	3.5-3.7	MSVC 2017	Bazel 0.26.1	7.4	10
tensorflow_gpu-1.15.0	3.5-3.7	MSVC 2017	Bazel 0.26.1	7.4	10
tensorflow_gpu-1.14.0	3.5-3.7	MSVC 2017	Bazel 0.24.1-0.25.2	7.4	10
tensorflow_gpu-1.13.0	3.5-3.7	MSVC 2015 update 3	Bazel 0.19.0-0.21.0	7.4	10

在之前的章節有提到張量 (Tensor)，但是在 Tensorflow 裡，張量則是代表著資料型態，就像 ndarray 是 Numpy 套件的資料型態，例如純量就是零維度的張量，向量就是一個維度的張量，矩陣就是兩個維度的張量等。

20-2 顯示卡的多核心優勢

一般顯示卡的功能是做即時的繪圖，在玩大型的電腦遊戲時，畫面非常精緻，連光線的變化也處理得相當好，每一張畫面都要經過大量的計算得來的，單獨使用 CPU 也是做得到，但是遊戲的畫面更新就會非常的慢，這畫面延遲會讓遊戲玩家等待，甚至輸了遊戲，所以會使用顯示卡的多核心優勢，執行大量運算，迅速傳遞下一張畫面，讓遊戲過程順暢。

來看一下 CPU 與 GPU 的核心差異，一般市面上消費等級的中央處理器核心數量大概是 2 ~ 12，如下圖

中央處理器(CPU)的核心數

而一般消費性的顯示卡 (GPU) 的核心數都會超過千個，如下

	RTX 3060 Ti	RTX 3060
NVIDIA CUDA 核心	4864	3584
加速時脈	1.67 GHz	1.78 GHz
記憶體大小	8 GB	12 GB
記憶體類型	GDDR6	GDDR6

Nvidia 顯示卡(GPU)的核心數

這幾年蔚為風潮的虛擬貨幣挖礦，也是利用顯示卡多核心的優勢來進行超大量的運算。

20-3 Tensorflow 做了什麼？

倘若人類要解出非線性方程式非常的困難，需要花大量的時間進行計算。電腦出現後，中央處理器 (CPU) 的高運算能力協助解出非線性方程式，機器學習則是要最佳化超大量的權重，於是中央處理器能力不夠了，必須借助顯示卡 (GPU) 超多核心的優勢來進行超大量計算。

市面上主要有 AMD 與 NVIDIA 兩家顯示卡 (GPU) 廠商，目前常使用的是 NVIDIA 的顯示卡

NVIDIA GPU, Tensorflow 與 Python 的關係如下圖，Python 為最上層的軟體，透過 Tensorflow 套件建立類神經網路，Tensorflow 透過 CUDA(Compute Unified Device Architecture) 來連結 GPU，讓 GPU 的眾多核心能夠接受指令執行大量運算，cuDNN(CUDA Deep Neural Network library) 則是 Nvidia 針對深度神經網路提供的加速套件。

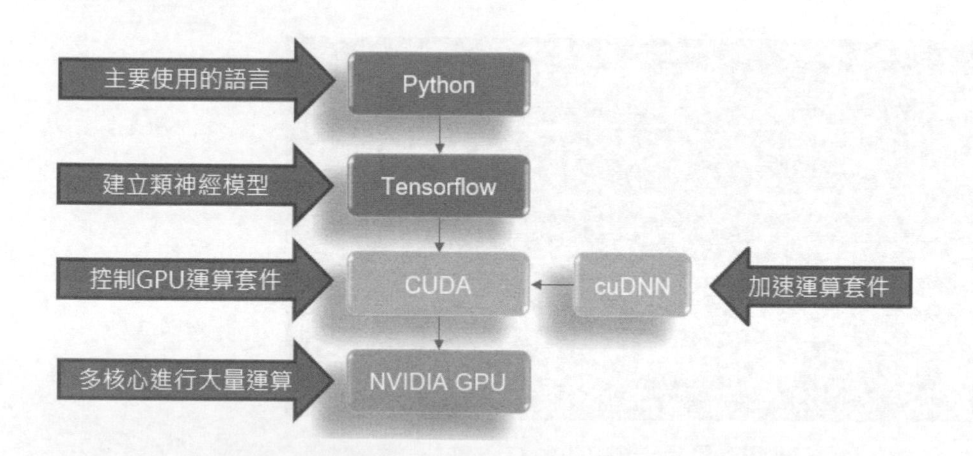

20-4 安裝 Tensorflow

請詳閱安裝套件的步驟說明章節

20-5 匯入 Tensorflow 套件

- Tensorflow 有提供 Keras 套件，是比較簡易上手的套件，但 Keras 隱藏了很多重要的細節，所以作者會使用 Tensorflow 原生的函數來說明
- Tensorflow 原生函數在 2.x 版後都已經移到 tensorflow.compat.v1
- 撰寫此章節時，Tensorflow 已經發行至 2.5 版，以下會使用 2.5 版來進行程式碼說明，為了與 1.x 版的相容，請使用以下程式碼來匯入套件

```
import tensorflow
if tensorflow.__version__.startswith('1.'):
    import tensorflow as tf
    from tensorflow.python.platform import gfile
else:
    import tensorflow as v2
    import tensorflow.compat.v1 as tf
    tf.disable_v2_behavior()
    import tensorflow.compat.v1.gfile as gfile
print("Tensorflow version:{}".format(tf.__version__))
```

```
Tensorflow version:2.5.0
```

20-6 Tensorflow 與其他套件的相異處

以下是使用 tf 執行相加函數

```
num_sum = tf.add(5,6)
print("num_sum:",num_sum)
```

一定直覺地認為 num_sum = 11

但答案卻是

```
num_sum = tf.add(5,6)
print("num_sum:",num_sum)    使用tf.add()無法直接得到答案
```

```
num_sum: Tensor("Add_1:0", shape=(), dtype=int32)
```

```
import numpy as np
num_sum = np.add(5,6)
print("num_sum:",num_sum)
```

使用np.add()可以得到答案11

```
num_sum: 11
```

如果想要得到數值 11，需要撰寫程式碼如下

```
num_sum = tf.add(5,6)
print("num_sum:",num_sum)

with tf.Session() as sess:
    print("num_sum:",sess.run(num_sum))
```

需增加這段程式碼才能得到數值答案

```
num_sum: Tensor("Add_2:0", shape=(), dtype=int32)
num_sum: 11
```

數值答案

20-7 如何看待 Tensorflow

Tensorflow 的概念是計算圖，使用 tf 的函數就像在建立各種的計算流程，構成一張流程圖，如下

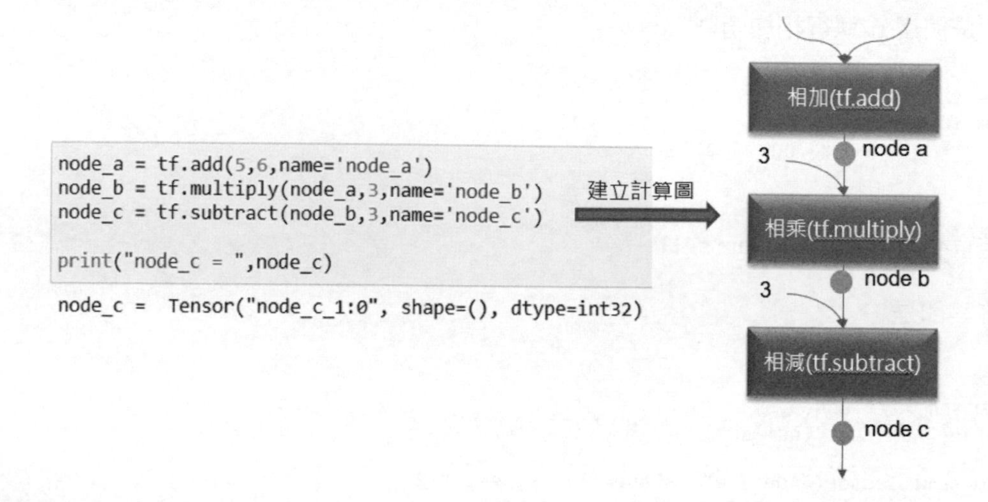
node_a = tf.add(5,6,name='node_a')
node_b = tf.multiply(node_a,3,name='node_b')
node_c = tf.subtract(node_b,3,name='node_c')
print("node_c = ",node_c)
node_c = Tensor("node_c_1:0", shape=(), dtype=int32)
建立計算圖
5
6
相加(tf.add)
3
node a
相乘(tf.multiply)
3
node b
相減(tf.subtract)
node c

以彈珠台作為比喻，使用 tf 函數就像是在建造彈珠台的軌道、機關，建構完後只會看到整個架構，但無法與彈珠台進行互動或得到分數

要投入代幣後，才會有彈珠能夠開始遊戲，進行互動並得到分數。

圖片來源 :https://www.pexels.com/photo/638299/

20-8 如何得到計算結果

甚麼是 Tensorflow 的代幣？

要得到計算的結果需要啟動 tf.Session()，使用 sess.run() 來得到數值結果，如下圖

```
node_a = tf.add(5,6,name='node_a')
node_b = tf.multiply(node_a,3,name='node_b')
node_c = tf.subtract(node_b,3,name='node_c')

print("node_c = ",node_c)
```

顯示節點的型態

```
node_c =  Tensor("node_c_1:0", shape=(), dtype=int32)
```

```
with tf.Session() as sess:
    print("node_c = ",sess.run(node_c))
```

- tf.Session()是啟動遊戲
- sess.run()是得到分數

```
node_c =  30
```

計算的數值結果

另外一種寫法是不使用 with，直接宣告 sess = tf.Session()，但要注意使用完後要記得關閉

```
sess = tf.Session()
print("node_c = ",sess.run(node_c))
sess.close()
```

結束sess

```
node_c =  30
```

簡言之，Tensorflow 的架構就是使用 tf 套件提供的數學函數建構出整個計算的流程，並設計好輸入資料的張量形態，形成計算圖。

接著啟動 Session，執行 sess.run() 就可以得到計算結果

要注意的是，建構函式不能與其他套件如 numpy 混用，因為其他套件的使用概念與 Tensorflow 不相同

為甚麼 Tensorflow 要使用計算圖的設計概念？

Tensorflow 的目的是建構模型，模型裡會有大量的參數，這些參數會不斷地修正 (參數最佳化)，過程中是不能夠再增減參數，否則整個流程就會被破壞掉。

而計算圖的建立就是在確定模型的所有參數

架構整理如下圖

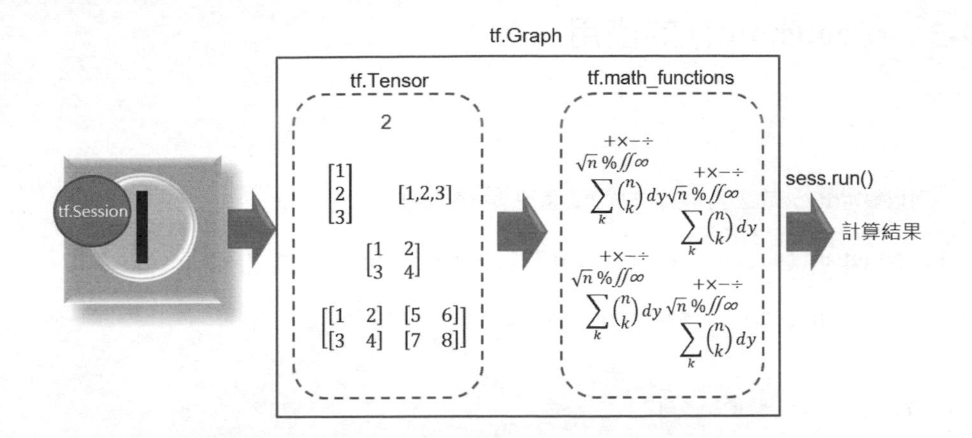

20-9 張量 (Tensor)

20-9-1 張量的類型

- 主要有 3 種，tf.constant()、tf.Variable()、tf.placeholder()
- tf.constant() 與 tf.Variable() 的使用與 Numpy array 類似，而兩個函數差異處在於 tf.constant() 定義後就無法更改數值內容。
- tf.placeholder() 比較特別，是非張量資料形態的輸入容器，剛剛有提到在建構模型 (計算圖) 的時候一定要使用 tf 提供的函數，計算圖中的數值都是以張量 (Tensor) 在傳遞 (flow)，所以要在計算圖的開端，建立此容器來輸入非張量資料，如讀取圖片後的 Numpy array 資料。
- 定義 tf.placeholder() 時要設定維度資訊 (shape)，但不需要設定初始值

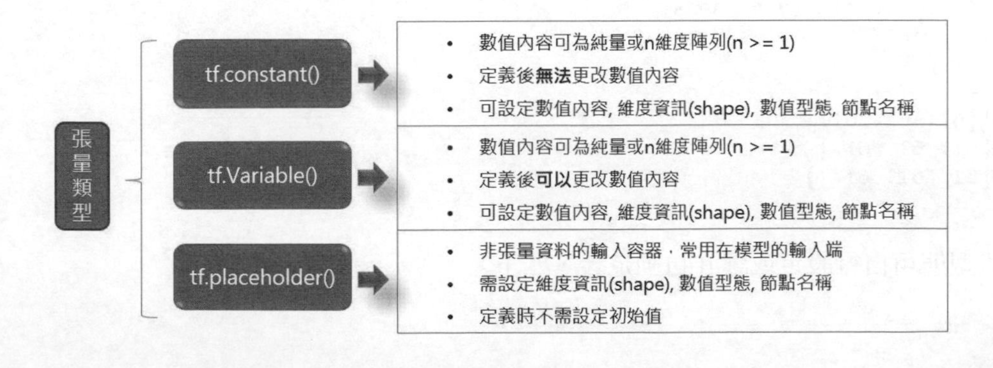

20-9-2 tf.constant() 的使用

純量的設定

可以設定dtype或數字加點的方式讓數值型態為浮點數

```
a = tf.constant(61, dtype=tf.float32, name='constant_a')

b = tf.constant(61., name='constant_b')

print(a)
print(b)
```

節點名稱

```
Tensor("constant_a:0", shape=(), dtype=float32)
Tensor("constant_b:0", shape=(), dtype=float32)
```

```
with tf.Session() as sess:
    print("a = ",sess.run(a))
    print("b = ",sess.run(b))
```

```
a =  61.0
b =  61.0
```

多維陣列的設定

使用shape定義出多維度的陣列

```
c = tf.constant(61, shape=[3,3],dtype=tf.float32, name='constant_c')
print(c)
```

```
Tensor("constant_c:0", shape=(3, 3), dtype=float32)
```

```
with tf.Session() as sess:
    print("c = \n",sess.run(c))
```

```
c =
 [[61. 61. 61.]
 [61. 61. 61.]
 [61. 61. 61.]]
```

數值型態可自行設定或讓 tf 自動定義，如下

如果不設定數值型態(dtype)，tf會自動依照數值內容定義

```
d = tf.constant([[1,2],[3,4]], name='constant_d')
e = tf.constant([[1,2.],[3,4]], name='constant_e')
print(d)
print(e)
```

若數字有點，tf會自動設定成float32

```
Tensor("constant_d:0", shape=(2, 2), dtype=int32)
Tensor("constant_e:0", shape=(2, 2), dtype=float32)
```

```
with tf.Session() as sess:
    print("d = \n",sess.run(d))
    print("e = \n",sess.run(e))
```

```
d =
 [[1 2]
 [3 4]]
e =
 [[1. 2.]
 [3. 4.]]
```

當數值內容的任一數字有點時，但數值型態卻設定整數型態會產生衝突而錯誤

數字有點，tf會認為是浮點數
數值型態設定成整數型態，而導致錯誤

```
d = tf.constant([[1,2.],[3,4]],dtype=tf.int32)
print(d)
```

```
TypeError: Expected int32, got 2.0 of type 'float' instead.
```

函數中的 name 是設定計算圖中的節點名稱，可自行設定或讓 tf 自動定義，如下

```
d = tf.constant([[1,2],[3,4]])
e = tf.constant([[1,2.],[3,4]])
print(d)
print(e)
```

```
Tensor("Const:0", shape=(2, 2), dtype=int32)
Tensor("Const_1:0", shape=(2, 2), dtype=float32)
```

如果不設定節點名稱，tf會自動給予

在使用上，不重要、沒用到的節點名稱可以不設定，而重要的節點建議要自行取名，以免 tf 自動給予的名稱過長，如下圖

tf自動給予的名稱過長!!

Tensor("InceptionResnetV1/Bottleneck/BatchNorm/Reshape_1:0", shape=(?, 128), dtype=float32)

20-9-3 tf.Variable() 的使用

設定的方式與 tf.constant() 相同，以下介紹幾種不同的建立方式

方式 1: 直接設定數值內容

```
#----方式1:直接設定數值內容
a_0D=tf.Variable(1.,name='0D_Tensor')#0維的Tensor
print('a_0D',a_0D)
```

```
a_0D <tf.Variable '0D_Tensor:0' shape=() dtype=float32_ref>
```

```
a_1D=tf.Variable([1,2,3,4],name='1D_Tensor')#1維的Tensor
print('a_1D',a_1D)
```

```
a_1D <tf.Variable '1D_Tensor:0' shape=(4,) dtype=int32_ref>
```

```
a_2D=tf.Variable([[1,2],[3,4]],name='2D_Tensor')#2維的Tensor
print('a_2D',a_2D)
```

```
a_2D <tf.Variable '2D_Tensor:0' shape=(2, 2) dtype=int32_ref>
```

```
a_3D=tf.Variable([[[1,2],[3,4]]],name='3D_Tensor')#3維的Tensor
print('a_3D',a_3D)
```

```
a_3D <tf.Variable '3D_Tensor:0' shape=(1, 2, 2) dtype=int32_ref>
```

```
with tf.Session() as sess:

    sess.run(tf.global_variables_initializer())

    print(sess.run(a_0D))
    print(sess.run(a_1D))
    print(sess.run(a_2D))
    print(sess.run(a_3D))
```

```
1.0
[1 2 3 4]
[[1 2]
 [3 4]]
[[[1 2]
  [3 4]]]
```

因設定了tf.Variable()，要執行初始化的動作，否則會產生錯誤

方式 2: 搭配 tf.constant()、tf.ones(shape=[3,3])、tf.zeros(shape=[3,3]) 來建立 tf.Variable()

```
#----方式2:
#搭配 tf.constant()、tf.ones()、tf.zeros()來建立tf.Variable()

ones = tf.ones(shape=[3,3],name='ones')
print("ones:",ones)#預設數值型態(dtype)float32

zeros = tf.zeros(shape=[3,3],name='zeros')
print("zeros:",zeros)#預設數值型態(dtype)float32

b=tf.Variable(tf.constant([[1,2],[1,2]]),name='b')
print("b: ",b)

c=tf.Variable(ones,name='c')
print("c: ",c)

d=tf.Variable(zeros,name='d')
print("d: ",d)
```

```
ones: Tensor("ones:0", shape=(3, 3), dtype=float32)
zeros: Tensor("zeros:0", shape=(3, 3), dtype=float32)
b:  <tf.Variable 'b:0' shape=(2, 2) dtype=int32_ref>
c:  <tf.Variable 'c:0' shape=(3, 3) dtype=float32_ref>
d:  <tf.Variable 'd:0' shape=(3, 3) dtype=float32_ref>
```

```
with tf.Session() as sess:

    sess.run(tf.global_variables_initializer())
    print("ones: \n",sess.run(ones))
    print("zeros: \n",sess.run(zeros))
    print('b: \n',sess.run(b))
    print('c: \n',sess.run(c))
    print('d: \n',sess.run(d))
```

```
ones:
 [[1. 1. 1.]
 [1. 1. 1.]
 [1. 1. 1.]]
zeros:
 [[0. 0. 0.]
 [0. 0. 0.]
 [0. 0. 0.]]
b:
 [[1 2]
 [1 2]]
c:
 [[1. 1. 1.]
 [1. 1. 1.]
 [1. 1. 1.]]
d:
 [[0. 0. 0.]
 [0. 0. 0.]
 [0. 0. 0.]]
```

方式 3: 搭配 tf.random_normal()、tf. truncated_normal、tf. random_uniform 來建立 tf.Variable()

```
#----方式3:
#搭配 tf.random函數來建立 tf.Variable()

#tf.random_normal(shape, mean=0.0, stddev=1.0, dtype=tf.float32, seed=None, name=None)
e=tf.Variable(tf.random_normal(shape=[3,3],mean=1.0,stddev=0.1),name='e')
print("e: ",e)

#tf.truncated_normal(shape, mean=0.0, stddev=1.0, dtype=tf.float32, seed=None, name=None)
#所有的數值會落在|2*std_dev|區間,在區間外的數值會被去除，所以稱為被截斷的(truncated)
#tf.random_normal()則會包含所有數值
f=tf.Variable(tf.truncated_normal(shape=[3,3],mean=1.0,stddev=0.1),name='f')
print("f: ",f)

#tf.random_uniform(shape, minval=0, maxval=None, dtype=tf.float32, seed=None, name=None)
#所有的數值會平均落在[minval, maxval區間
g=tf.Variable(tf.random_uniform(shape=[3,3],minval=0.8,maxval=1.2),name='g')
print("g: ",g)

with tf.Session() as sess:

    sess.run(tf.global_variables_initializer())

    print('e: \n',sess.run(e))
    print('f: \n',sess.run(f))
    print('g: \n',sess.run(g))
```

```
e:  <tf.Variable 'e:0' shape=(3, 3) dtype=float32_ref>
f:  <tf.Variable 'f:0' shape=(3, 3) dtype=float32_ref>
g:  <tf.Variable 'g:0' shape=(3, 3) dtype=float32_ref>
e:
 [[1.1045821  0.94805825 0.9860385 ]
 [1.218054   0.9824263  0.9630995 ]
 [0.9615374  1.0368766  1.0956142 ]]
f:
 [[1.1231735  0.8872194  1.0199771 ]
 [0.98989344 0.9502838  1.023777  ]
 [0.8918643  1.0912313  1.1853302 ]]
g:
 [[1.1459854  0.82632023 0.8344718 ]
 [0.97687626 1.0963788  0.95564747]
 [1.0859042  0.9190254  0.9732403 ]]
```

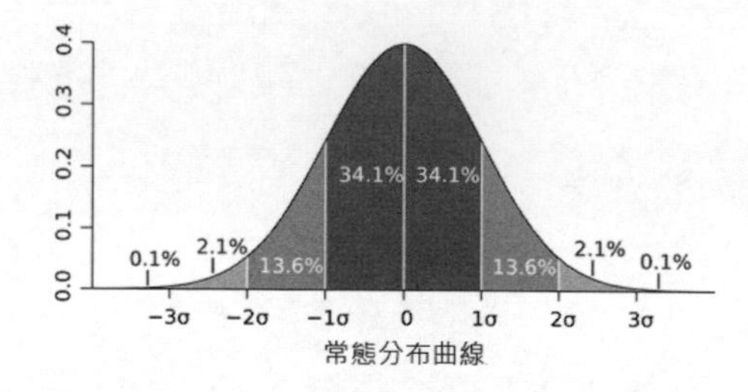

常態分布曲線

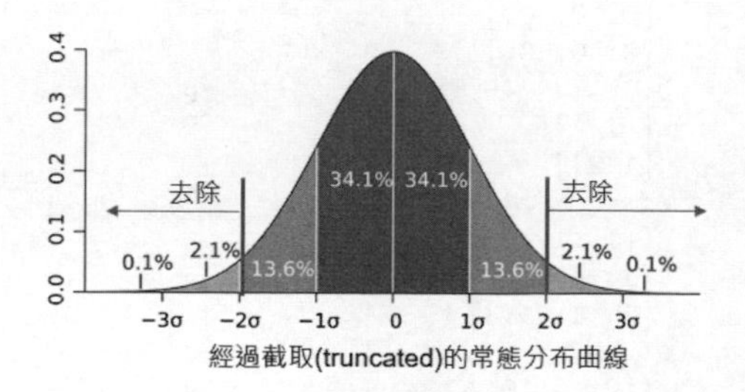

經過截取(truncated)的常態分布曲線

圖片來源：By M. W. Toews - Own work, based (in concept) on figure by Jeremy Kemp, on 2005-02-09, CC BY 2.5, https://commons.wikimedia.org/w/index.php?curid=1903871

20-9-4 tf.placeholder() 的使用

如果要在執行計算圖階段才給予數值進行計算，就要使用 placeholder，就像是個接口 (input) 等待著非張量型態的輸入資料，所以不像是 tf.constant() 或 tf.Variable() 需要給予初始值。

使用範例如下

計算圖內容

```
width = tf.placeholder('int32',name='width')
height = tf.placeholder('int32',name='height')

area = tf.multiply(width,height,name='area')

with tf.Session() as sess:

    sess.run(tf.global_variables_initializer())

    print("area = ",sess.run(area,feed_dict={width:8,height:7}))
area =  56
```

- 執行計算圖，求得area節點的計算結果
- area會使用到width與height，所以要給予數值
- 數值的給予是使用字典的型態輸入

20-10 Tf.Graph() 的使用

由於 Tensorflow 是計算圖的概念，在使用上是需要先定義的，但如果程式中只有一個計算圖的存在，可以不用特地宣告

```
graph = tf.Graph()#宣告計算圖
with graph.as_default():

    width = tf.placeholder('int32',name='width')
    height = tf.placeholder('int32',name='height')

    area = tf.multiply(width,height,name='area')

    with tf.Session() as sess:

        sess.run(tf.global_variables_initializer())

        print("area = ",sess.run(area,feed_dict={width:8,height:7}))

area =  56
```

在宣告的計算圖graph下建立計算流程

20-10-1 關於節點

在計算圖上的節點名稱都是獨一無二的，若有重複，tf 會自動增加數值

```
width = tf.placeholder('int32',name='width')
width_2 = tf.placeholder('int32',name='width')
print(width)
print(width_2)
```

```
Tensor("width:0", dtype=int32)
Tensor("width_1:0", dtype=int32)
```

雖然設定了相同的節點名稱，但在計算圖是無法重複的，所以會自動加上數值

20-10-2 使用多個計算圖

當要建立兩個以上的計算圖就要個別宣告，啟動 tf.Session() 時要輸入指定的計算圖，使用範例如下

```
Graph_1=tf.Graph()
with Graph_1.as_default():

    c1=tf.constant(1,name='c1')

    print("c1:",c1)
Graph_2=tf.Graph()
with Graph_2.as_default():

    c2=tf.constant(2,name='c1')

    print("c2:",c2)

with tf.Session(graph=Graph_1) as sess:

    sess.run(tf.global_variables_initializer())

    print('c1=',sess.run(c1))

with tf.Session(graph=Graph_2) as sess:

    sess.run(tf.global_variables_initializer())

    print('c2=',sess.run(c2))
```

宣告計算圖Graph_1

宣告計算圖Graph_2

當有多個計算圖存在時，啟動 tf.Session時要指定計算圖

```
c1: Tensor("c1:0", shape=(), dtype=int32)
c2: Tensor("c1:0", shape=(), dtype=int32)
c1= 1
c2= 2
```

c1, c2的節點名稱相同

可以看到變數 c1 與變數 c2 擁有相同的節點名稱，這是因為在不同計算圖上，所以不會衝突。

說明如下圖

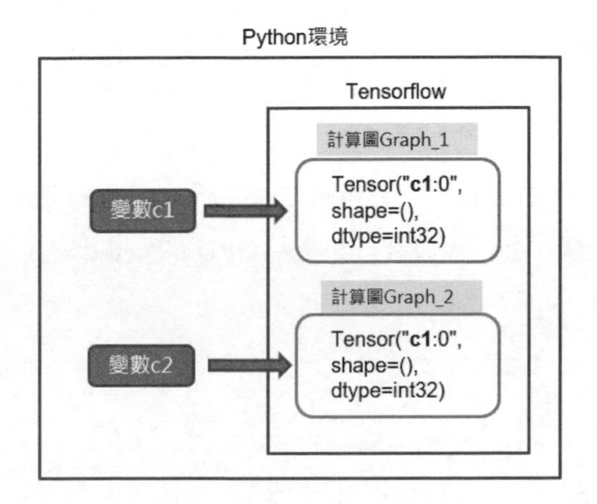

當宣告多個計算圖時，每個計算圖都需要使用到 tf.placeholder 時的範例如下

宣告計算圖Graph_1

```
Graph_1 = tf.Graph()
with Graph_1.as_default():
    height_1 = tf.placeholder(dtype=tf.float32,name='height')
    width_1 = tf.placeholder(dtype=tf.float32,name='width')
    area_1 = tf.multiply(height_1,width_1,name='area')

    print("area_1:",area_1)

    sess_1 = tf.Session(graph=Graph_1)
    sess_1.run(tf.global_variables_initializer())

Graph_2 = tf.Graph()
with Graph_2.as_default():
    height_2 = tf.placeholder(dtype=tf.float32,name='height')
    width_2 = tf.placeholder(dtype=tf.float32,name='width')
    area_2 = tf.multiply(height_2,width_2)
    area_2 = tf.divide(area_2,1000.,name='area')

    print("area_2:",area_2)

    sess_2 = tf.Session()
    sess_2.run(tf.global_variables_initializer())

print("area_1:",sess_1.run(area_1,feed_dict={height_1:100.,width_1:100.}))
print("area_2:",sess_2.run(area_2,feed_dict={height_2:100.,width_2:100.}))

sess_1.close()
sess_2.close()
```

Graph_1會用到的tf.placeholder()要宣告在計算圖裡

sess的宣告與tf變數的初始化要在宣告的計算圖裡

area_2多除1000

sess可以在計算圖外使用

使用完記得關閉

```
area_1: Tensor("area:0", dtype=float32)
area_2: Tensor("area:0", dtype=float32)
area_1: 10000.0
area_2: 10.0
```

20-11 GPU 資源的設定

當你進行練習 Tensorflow 時，會發現一旦執行程式，GPU 的記憶體 (GDDR) 都全部用上，即使是很簡單的程式也是一樣，這是因為沒有設定 GPU 的資源使用量

GPU 資源使用量的觀看方式如下圖

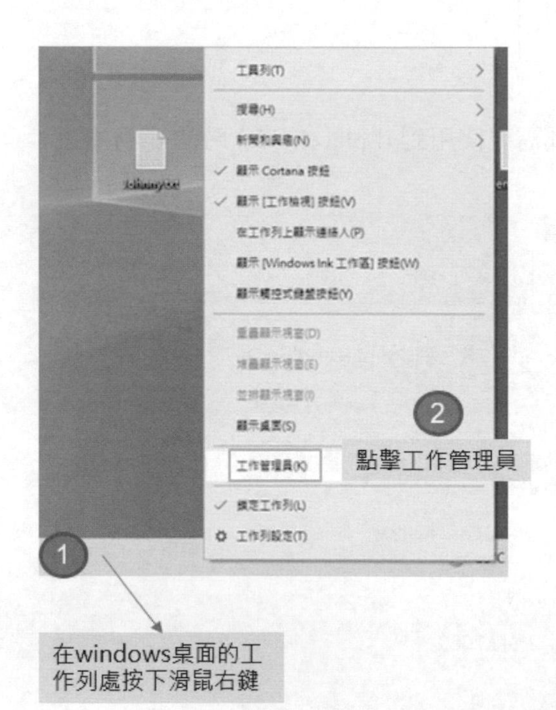

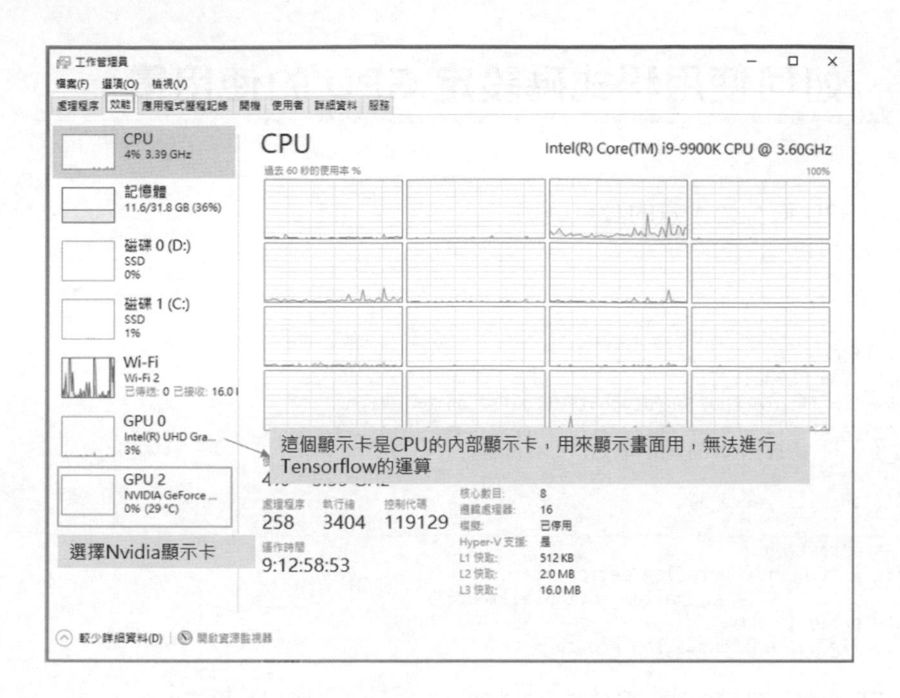
工作管理員
檔案(F) 選項(O) 檢視(V)
處理程序 效能 應用程式歷程記錄 開機 使用者 詳細資料 服務
CPU
4% 3.39 GHz
記憶體
11.6/31.8 GB (36%)
磁碟 0 (D:)
SSD
0%
磁碟 1 (C:)
SSD
1%
Wi-Fi
Wi-Fi 2
GPU 0
Intel(R) UHD Gra...
3%
GPU 2
NVIDIA GeForce ...
0% (29 °C)
選擇Nvidia顯示卡
CPU
Intel(R) Core(TM) i9-9900K CPU @ 3.60GHz
100%
這個顯示卡是CPU的內部顯示卡，用來顯示畫面用，無法進行Tensorflow的運算
處理程序
258
執行緒
3404
控制代碼
119129
運作時間
9:12:58:53
核心數目: 8
邏輯處理器: 16
模擬: 已停用
Hyper-V 支援: 是
L1 快取: 512 KB
L2 快取: 2.0 MB
L3 快取: 16.0 MB
較少詳細資料(D)
開啟資源監視器

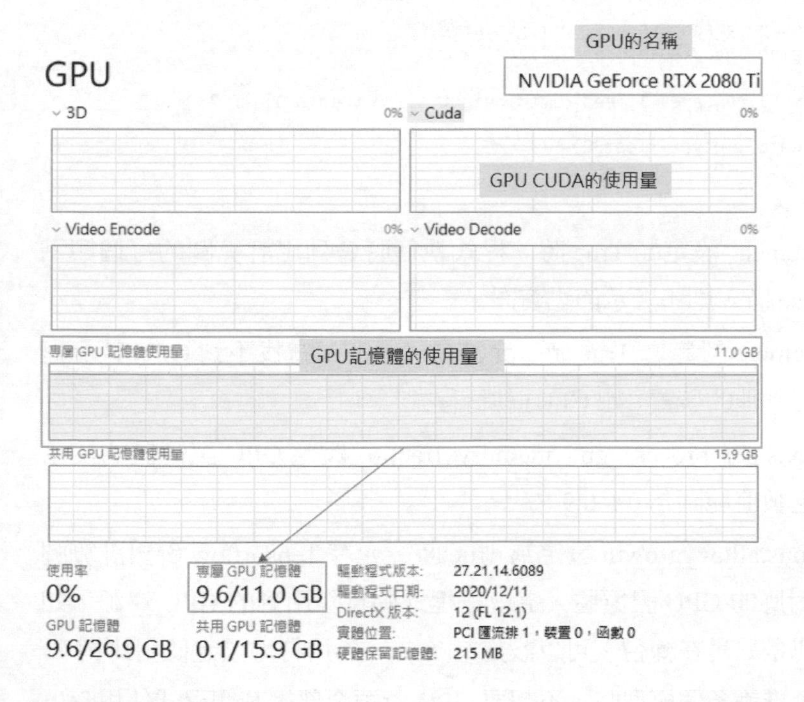
GPU的名稱
GPU
NVIDIA GeForce RTX 2080 Ti
3D
0%
Cuda
0%
GPU CUDA的使用量
Video Encode
0%
Video Decode
0%
專屬 GPU 記憶體使用量
GPU記憶體的使用量
11.0 GB
共用 GPU 記憶體使用量
15.9 GB
使用率
0%
專屬 GPU 記憶體
9.6/11.0 GB
GPU 記憶體
9.6/26.9 GB
共用 GPU 記憶體
0.1/15.9 GB
驅動程式版本: 27.21.14.6089
驅動程式日期: 2020/12/11
DirectX 版本: 12 (FL 12.1)
實體位置: PCI 匯流排 1，裝置 0，函數 0
硬體保留記憶體: 215 MB

20-12 如何使用程式碼設定 GPU 的使用量

以下是加入 GPU 資源使用量的設定範例

```
GPU_ratio = 0.1

Graph_1 = tf.Graph()
with Graph_1.as_default():
    height_1 = tf.placeholder(dtype=tf.float32,name='height')
    width_1 = tf.placeholder(dtype=tf.float32,name='width')
    area_1 = tf.multiply(height_1,width_1,name='area')

    print("area_1:",area_1)

    #----GPU setting
    config = tf.ConfigProto(log_device_placement=True,
                            allow_soft_placement=True)
    if GPU_ratio is None:
        config.gpu_options.allow_growth = True
    else:
        config.gpu_options.per_process_gpu_memory_fraction = GPU_ratio

    sess_1 = tf.Session(graph=Graph_1,config=config)
    sess_1.run(tf.global_variables_initializer())

print("area_1:",sess_1.run(area_1,feed_dict={height_1:100.,width_1:100.}))
```

```
area_1: Tensor("area:0", dtype=float32)
area_1: 10000.0
```

- log_device_placemen: 設定為 True 時，程式執行時會列出計算圖的每個節點資訊；設定 False 時，則不顯示節點資訊。
- allow_soft_placemen: 設定為 True 時，允許 Tensorflow 在找不到 GPU 執行程式時，可以使用其他的裝置 (如 CPU) 執行程式
- config.gpu_options.per_process_gpu_memory_fractio: 設定 GPU 記憶體的使用量，建議的設定數值範圍為 0 ~ 0.9
- config.gpu_options.allow_growth 設定為 True 時，允許 Tensorflow 針對計算圖的計算量使用對應的 GPU 記憶體，這會是程式碼實際用到的 GPU 資源，如果程式碼不大或是只是在練習，可以設定為 True，不用特地設定使用比例
- 想要同時訓練、推論多個模型時，不想要 GPU 資源全部被某個程式佔用時，就可以設定 GPU 資源的比例。

以下為範例程式不同 GPU 資源設定的差異

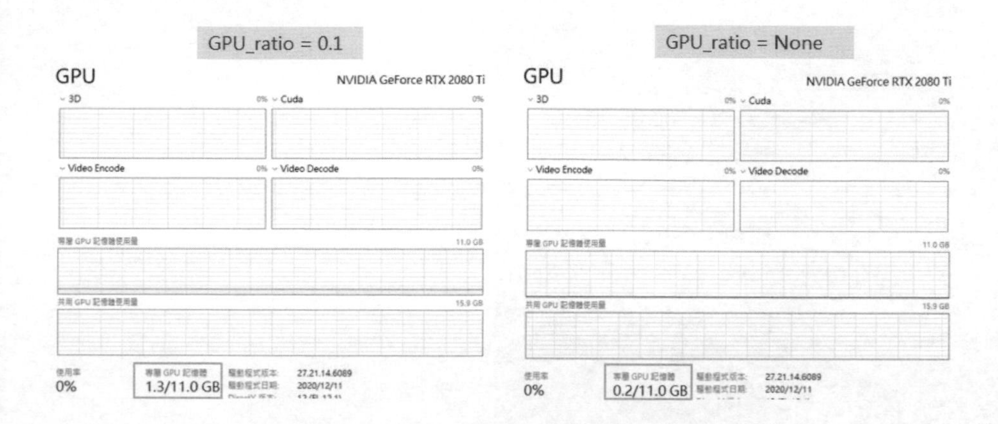

20-13 AI 的實際應用：自動駕駛

美國公司 Waymo 是一間開發自動駕駛技術的公司，從 2017 年開始就開始測試自動駕駛，在車子裡是沒有安全駕駛員的，於 2018 年 12 月首先在亞利桑那州推出自動駕駛服務。

Waymo 使用 " 只有乘客 " 的字眼降低一般民眾對無人駕駛的恐懼，在疫情期間也避免了司機與乘客的感染風險。

從影片截圖來看，車子以 25 英哩的速度行駛，方向盤自己轉動，煞車踏板與油門踏板自動踩放，這情景真的很讓人震撼 !!

如果是你，會想要嘗試看看無人駕駛的計程車服務嗎？

來源：https://www.youtube.com/watch?v=z-FDr2Czer4

CH21

資料集介紹 (Introduction of datasets)

21-1 前言

一般來說，公開開放下載的資料集都是不同的機構建立，要去網路上找到對應網站進行下載。

對於初學者來說，下載資料、整理資料、分割資料與資料前處理會比較複雜，暫行先略過這一段，先使用已經整理好的資料。

以下將介紹 Tensorflow 整理好的資料集

Tensorflow 將比較小、提供測試的資料集放置在 tf.keras.datasets

以下將介紹幾種常見的資料集

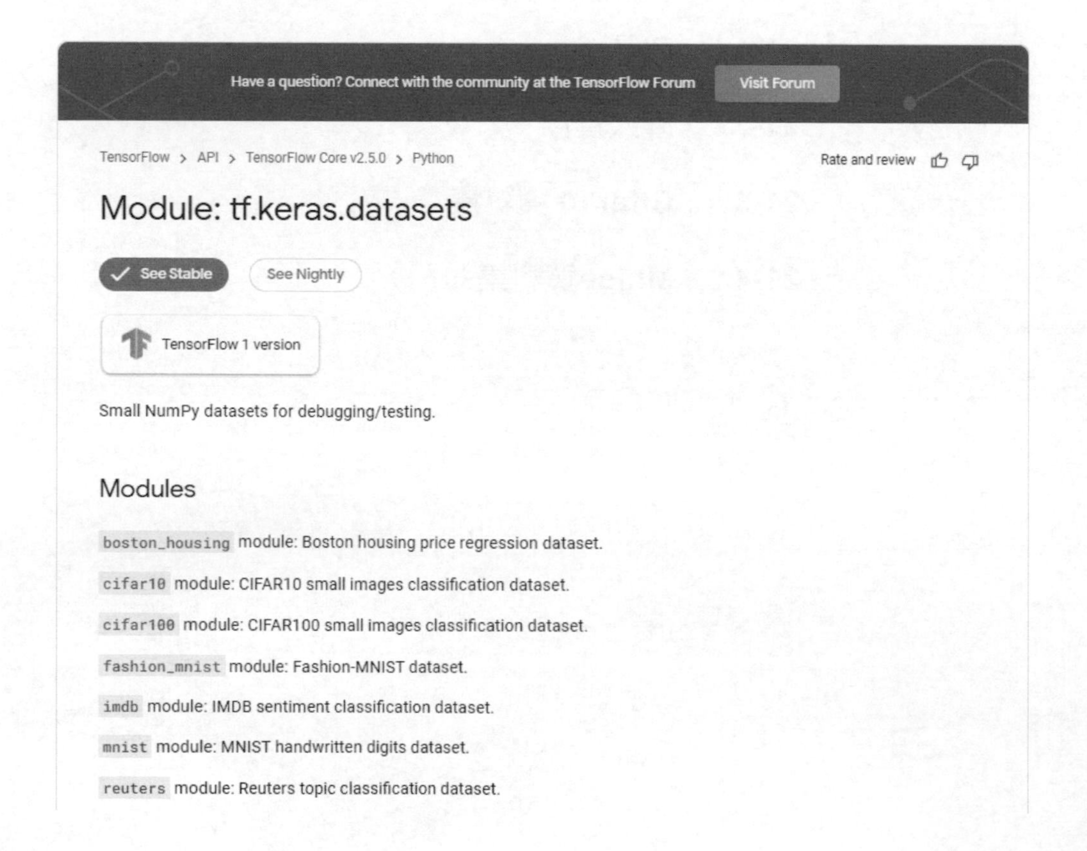

21-2 匯入套件

- 撰寫此章節時，Tensorflow 已經發行至 2.5 版，以下會使用 2.5 版來進行程式碼說明，為了與 1.x 版的相容，請使用以下程式碼來匯入套件

```
import tensorflow
if tensorflow.__version__.startswith('1.'):
    import tensorflow as tf
    from tensorflow.python.platform import gfile
else:
    import tensorflow as v2
    import tensorflow.compat.v1 as tf
    tf.disable_v2_behavior()
    import tensorflow.compat.v1.gfile as gfile
print("Tensorflow version:{}".format(tf.__version__))
```

```
Tensorflow version:2.5.0
```

匯入其他套件

```
import matplotlib.pyplot as plt
import numpy as np
```

21-3 Cifar10 資料集

21-3-1 資料集的說明

Cifar10 資料集有 10 個類別，總共有 6 萬張圖片，每張彩色圖片的尺寸是 32x32。

每個類別有 6 千張圖片，5 千張作為訓練集，1 千張作為驗證集。

說明圖如下

21-3-2 下載資料集

使用 Tensorflow 下載 cifar10 的圖片與正確答案 (label) 的程式碼如下

```
(img_train, label_train), (img_test, label_test) = v2.keras.datasets.cifar10.load_data()
```

- 若要下載其他的套件更改名稱即可
- 舉例來說，要下載mnist資料集就改成v2.keras.datasets.**mnist**.load_data()

21-3-3 訓練集 (train data) 與驗證集 (test data)

- 一個資料集通常會分割成訓練集與驗證集
- 訓練集是當作已知資料，輸入給類神經網路進行權重最佳化
- 當權重最佳化至訓練集都能夠正確判斷後，就代表此模型的預測能力很好嗎？
- 這邊舉個例子，學生平常在學校上課的時候，老師上課的內容可以理解，買了參考書練習許多題目，也都可以順利答對 (可以想成對於訓練集的預測損失都已經為 0)，這樣就代表該學生的能力嗎？肯定沒有，學校會舉辦大型的考試來驗證學生的能力，考試的結果才會是比較正式的能力驗證

- 驗證集的存在就像是考試來考考訓練後的類神經網路，所以驗證集裡的圖片不會跟訓練集的圖片相同，都是模型從未看過的圖片，這邊可以想做是學校舉辦的考試，其考卷題目都是老師重新設計過的，是學生平常沒有看過的。
- 簡言之，驗證集是當作未知資料，輸入給訓練後的類神經進行能力驗證，又稱為泛化能力 (Generalization ability)。
- 訓練集與驗證集的比例通常是 7:3 或是 8:2
- 訓練集與驗證集的說明簡圖如下

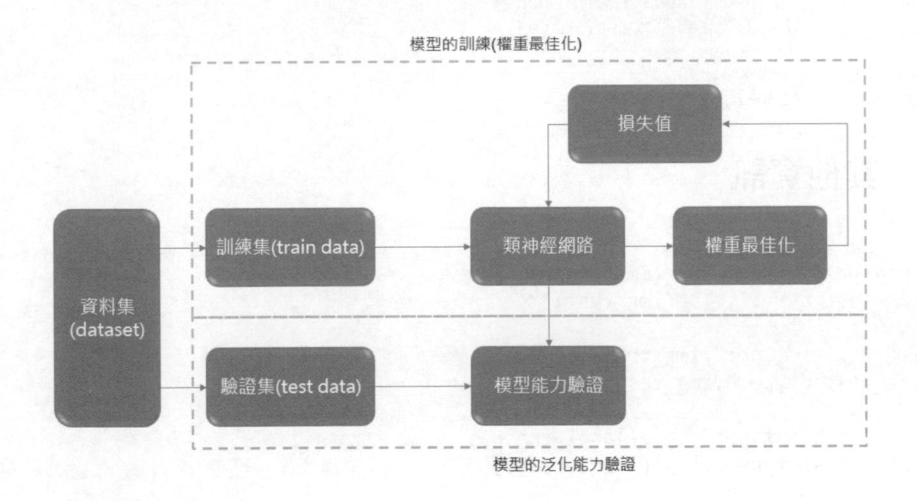

下載完後，img_train 就是訓練集的資料，img_test 就是驗證集的資料，這些資料是經過 cv2.imread() 的多維度資料

使用 shape 來查看資料維度與資料長度的資訊，如下圖

訓練集裡有 5 萬張圖片，每張圖片的高度是 32，寬度是 32，通道資訊是 3，由通道資訊可以知道是彩色圖片。

驗證集裡有 1 萬張圖片，每張圖片的高度是 32，寬度是 32，通道資訊是 3。

```
print("img_train shape:",img_train.shape)
print("img_test shape:",img_test.shape)
```

```
img_train shape: (50000, 32, 32, 3)
img_test shape: (10000, 32, 32, 3)
```

21-3-4 關於正確答案 (標籤資料)

label_train 就是訓練集的答案，label_test 就是驗證集的答案。

label_train 有 5 萬筆，每一筆是一維、資料長度也是 1 的資料。

label_test 有 1 萬筆，每一筆是一維、資料長度也是 1 的資料。

正確答案的比數要與圖片的比數相同

```
print("label_train shape:",label_train.shape)
print("label_test shape:",label_test.shape)
```

```
label_train shape: (50000, 1)
label_test shape: (10000, 1)
```

21-3-5 其他資訊

```
print("img_train type:",type(img_train))
print("img_test type:",type(img_test))

print("img_train dtype:",img_train.dtype)
print("img_test dtype:",img_test.dtype)

print("label_train type:",type(label_train))
print("label_test type:",type(label_test))

print("label_train dtype:",label_train.dtype)
print("label_test dtype:",label_test.dtype)
```

```
img_train type: <class 'numpy.ndarray'>
img_test type: <class 'numpy.ndarray'>
img_train dtype: uint8
img_test dtype: uint8
label_train type: <class 'numpy.ndarray'>
label_test type: <class 'numpy.ndarray'>
label_train dtype: uint8
label_test dtype: uint8
```

由於圖片像素定義是0~255的整數，所以使用uint8為數值型態

答案的數值範圍是0~9
使用uint8就已經夠用

```
label2classname_dict = {0:'airplane',
                        1:"automobile",
                        2:"bird",
                        3:"cat",
                        4:"deer",
                        5:"dog",
                        6:"frog",
                        7:"horse",
                        8:'ship',
                        9:"truck"}
```

21-3-6 圖片的顯示

由於是圖片資料集，隨機挑選一些圖片來觀看

先設定想要觀看圖片的 Row 方向數量與 Column 方向數量，由 Row x Column 可以得知總共的圖片數量，舉例來說， Row = Column = 3，欲觀看圖片的數量就是 3 x 3 = 9

訓練資料集有 5 萬張，要從 0 ~ 50000 亂數取出 Row x Column 個值，這些值就是等等要從 img_train 抽出來看的圖，程式碼如下

設定顯示圖片的Row數量與Column數量

在圖片訓練集資料範圍內(0~50000)亂數找出Row x Column個數值

```
row_number = 3
column_number = 3
random_list = np.random.randint(0,img_train.shape[0],
                                int(row_number * column_number))
print("random_list:",random_list)
```

```
random_list: [42439 12490 42707   948 11090 37297  9179 20381 41976]
```

接著，使用之前章節教到的同時顯示多張圖片來進行圖片顯示

```
#----設定圖片大小
plt.figure(figsize=(6,6))
#----display
for i, rdm_number in enumerate(random_list):
    label = label_train[rdm_number]

    plt.subplot(column_number,row_number,i+1)
    plt.axis('off')
    plt.title("{}".format(label))

    plt.imshow(img_train[rdm_number])

plt.show()
```

圖片只有32x32，不建議設定太大的數值

圖片對應的正確答案

圖片的標題顯示正確答案

帶入剛剛取出的亂數值

得到的結果如下

圖片的顯示看起來顏色沒問題，表示圖片的通道排列已經是 RGB

正確答案的部分只有數值，無法得知答案與圖片是否能夠匹配

在之前的章節有提到正確答案有分成給人類看的或是給機器看的，若目前是數值，表示是機器看的，要再進行一次轉換，說明如下。

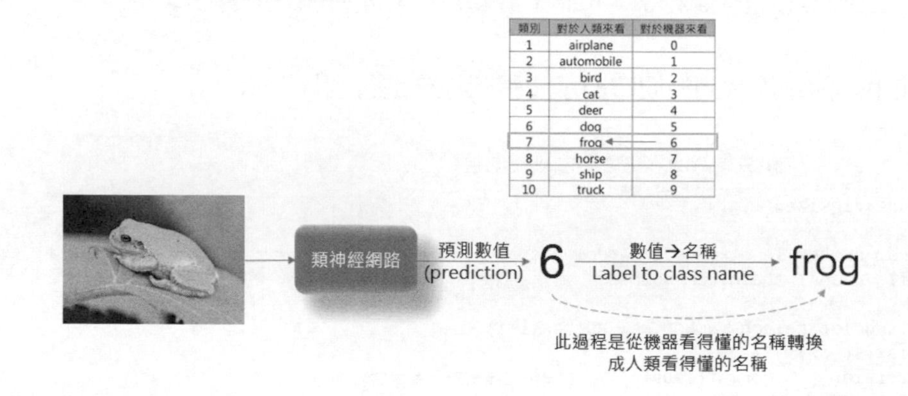

類別	對於人類來看	對於機器來看
1	airplane	0
2	automobile	1
3	bird	2
4	cat	3
5	deer	4
6	dog	5
7	frog	6
8	horse	7
9	ship	8
10	truck	9

建立一個字典集，如下

建立的時候要注意 plt 套件無法顯示中文，所以字典的內容請使用英文名稱

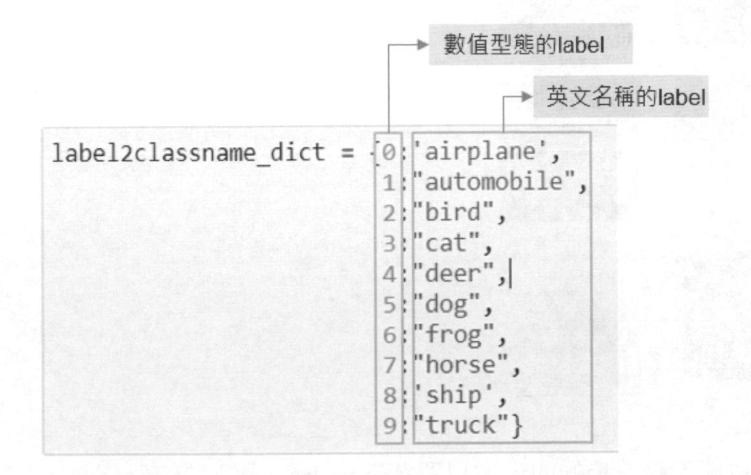

程式改寫如下

```
#----設定圖片大小
plt.figure(figsize=(6,6))
#----display
for i, rdm_number in enumerate(random_list):
    label = label_train[rdm_number]
    label = label[0]
    classname = label2classname_dict[label]

    plt.subplot(column_number,row_number,i+1)
    plt.axis('off')
    plt.title("{}".format(classname))

    plt.imshow(img_train[rdm_number])

plt.show()
```

Label是一維陣列型態，要取出數值，舉例來說，要從[2] → 2

進行數值轉成英文名稱

看完訓練集後，也可以觀看驗證集的內容，只要將 img_train 更改成 img_test。

比較好的方式是將亂數顯示圖片的程式碼寫成函數，如下

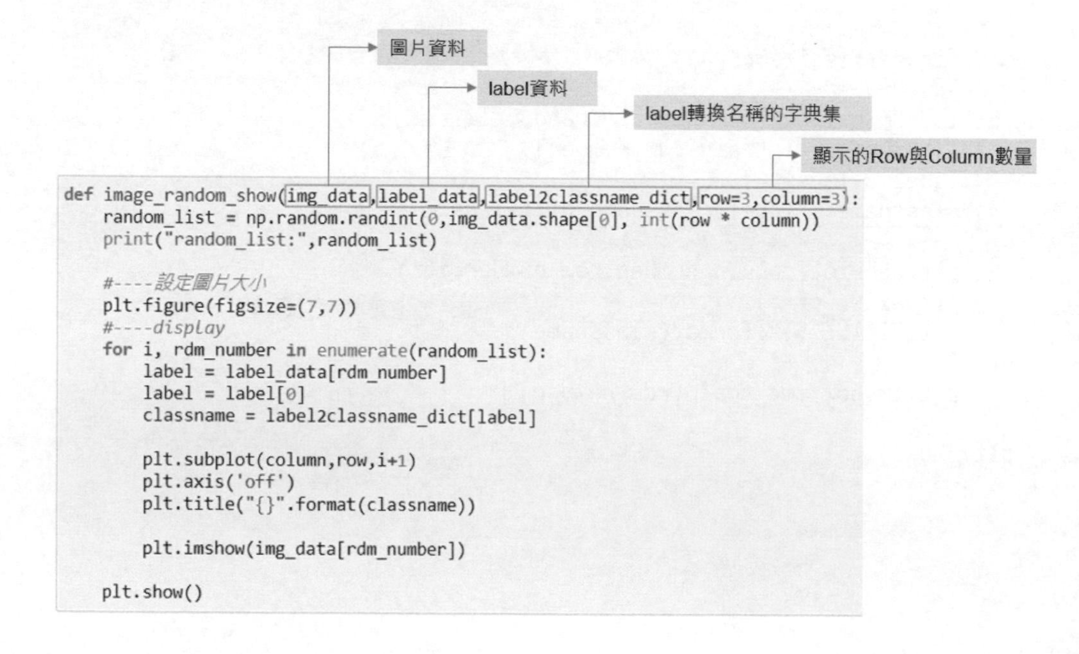


```
def image_random_show(img_data,label_data,label2classname_dict,row=3,column=3):
    random_list = np.random.randint(0,img_data.shape[0], int(row * column))
    print("random_list:",random_list)

    #----設定圖片大小
    plt.figure(figsize=(7,7))
    #----display
    for i, rdm_number in enumerate(random_list):
        label = label_data[rdm_number]
        label = label[0]
        classname = label2classname_dict[label]

        plt.subplot(column,row,i+1)
        plt.axis('off')
        plt.title("{}".format(classname))

        plt.imshow(img_data[rdm_number])

    plt.show()
```

觀看驗證集的程式碼如下

```
image_random_show(img_test,label_test,label2classname_dict=label2classname_dict,row=5,column=5)
```

```
random_list: [1772  995 2862 6765 6763 2086 6548 6039 7912 9768 6242 4321 7543 5156
 8464 9538 2721 9026 5545 5329 3745 3068 3375 4312 8732]
```

21-4 Mnist 資料集

Mnist 是手寫辨識圖片資料集，資料集有 10 個類別，總共有 7 萬張圖片，每張單色圖片的尺寸是 28x28。

每個類別有 7 千張圖片，6 千張作為訓練集，1 千張作為驗證集。

圖片來源：By Josef Steppan - 自己作品, CC BY-SA 4.0, https://commons.wikimedia.org/w/index.php?curid=64810040

剛剛已經有下載 cifar10 的練習，重複的部分不再闡述

這邊要注意 2 點：

1. mnist 的資料集是單色圖片
2. label 資料是純量，與剛剛 cifar10 不同

```
(img_train, label_train), (img_test, label_test) = v2.keras.datasets.mnist.load_data()
```

```
print("img_train shape:",img_train.shape)
print("img_test shape:",img_test.shape)
```

```
img_train shape: (60000, 28, 28)
img_test shape: (10000, 28, 28)
```

每張圖片是28x28的單色圖片

```
print("label_train shape:",label_train.shape)
print("label_test shape:",label_test.shape)
```

```
label_train shape: (60000,)
label_test shape: (10000,)
```

```
print("img_train type:",type(img_train))
print("img_test type:",type(img_test))

print("img_train dtype:",img_train.dtype)
print("img_test dtype:",img_test.dtype)

print("label_train type:",type(label_train))
print("label_test type:",type(label_test))

print("label_train dtype:",label_train.dtype)
print("label_test dtype:",label_test.dtype)
```

```
img_train type: <class 'numpy.ndarray'>
img_test type: <class 'numpy.ndarray'>
img_train dtype: uint8
img_test dtype: uint8
label_train type: <class 'numpy.ndarray'>
label_test type: <class 'numpy.ndarray'>
label_train dtype: uint8
label_test dtype: uint8
```

關於 label 轉換成英文名稱的字典集

這個資料集比較特別，數值 label 剛好等於數值意義，為了要區別開來，字典集的 value 使用英文名稱，如下

```
label2classname_dict = {0:'zero',
                        1:"one",
                        2:"two",
                        3:"three",
                        4:"four",
                        5:"five",
                        6:"six",
                        7:"seven",
                        8:'eight',
                        9:"nine"}
```

接著來觀看訓練集的圖，執行剛剛寫好的函數，如下

```
image_random_show(img_train,label_train,label2classname_dict=label2classname_dict,row=3,column=3)

random_list: [15467 45557  6989 51003 52218 15617 24772 59988 53007]
---------------------------------------------------------------------------
IndexError                                Traceback (most recent call last)
<ipython-input-84-e60dd9571eab> in <module>
----> 1 image_random_show(img_train,label_train,label2classname_dict=label2classname_dict,row=3,c

<ipython-input-83-cad5240e82d4> in image_random_show(img_data, label_data, label2classname_dict, 
      8     for i, rdm_number in enumerate(random_list):
      9         label = label_data[rdm_number]
---> 10         label = label[0]
     11         classname = label2classname_dict[label]
     12 

IndexError: invalid index to scalar variable.   錯誤訊息:純量沒有索引值

<Figure size 504x504 with 0 Axes>
```

程式碼產生了錯誤，從錯誤訊息來看，指出 label 資料是純量，無法再使用索引值取值。

這是因為 mnist label 資料與 cifar10 label 資料維度不一樣，如下比較

```
print("label_train shape:",label_train.shape)
print("label_test shape:",label_test.shape)
```

```
label_train shape: (50000, 1)
label_test shape: (10000, 1)
```

- Cifar10 label的維度資訊
- 每一筆是一維、資料長度也是1的資料

```
print("label_train shape:",label_train.shape)
print("label_test shape:",label_test.shape)
```

```
label_train shape: (60000,)
label_test shape: (10000,)
```

- Mnist label的維度資訊
- 每一筆是純量的資料

所以要進行修改圖片顯示的函數

宣告任意的ndarray，要用來做type()比較的

```
def image_random_show(img_data,label_data,label2classname_dict,row=3,column=3):
    a = np.array([1])
    random_list = np.random.randint(0,img_data.shape[0], int(row * column))
    print("random_list:",random_list)

    #----設定圖片大小
    plt.figure(figsize=(7,7))
    #----display
    for i, rdm_number in enumerate(random_list):
        label = label_data[rdm_number]
        if type(label) == type(a):
            label = label[0]
        classname = label2classname_dict[label]

        plt.subplot(column,row,i+1)
        plt.axis('off')
        plt.title("{}".format(classname))

        plt.imshow(img_data[rdm_number])

    plt.show()
```

檢查label資料的type是否為ndarray

進行顯示訓練集的圖片

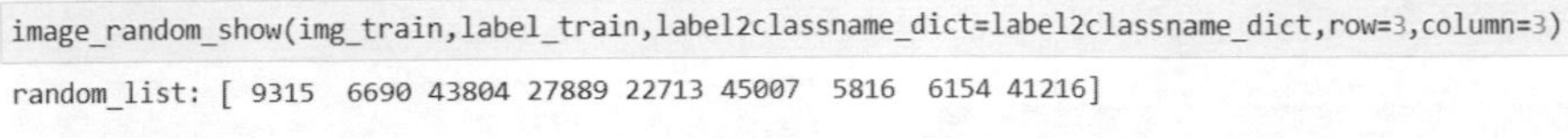

```
image_random_show(img_train,label_train,label2classname_dict=label2classname_dict,row=3,column=3)
random_list: [ 9315  6690 43804 27889 22713 45007  5816  6154 41216]
```

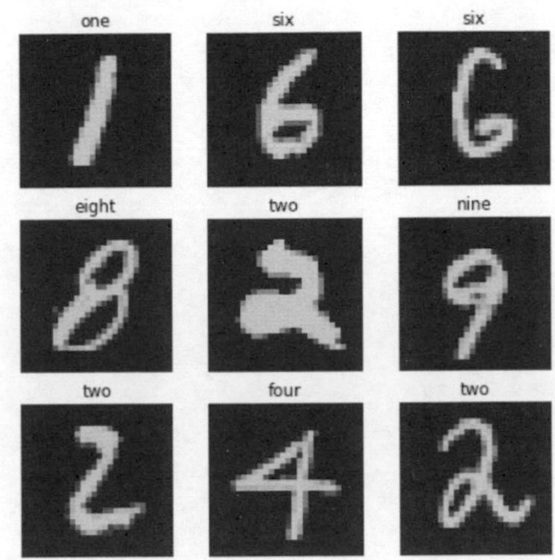

圖片的顏色有點奇怪，原因是這是單色灰階圖片，需要在 plt 進行顯示單色的圖片設定

從圖片資料的維度來看，cifar10 的維度是 4，mnist 的維度是 3，所以可以使用 ndim 的屬性來判斷是否為單色圖片，程式碼修改如下

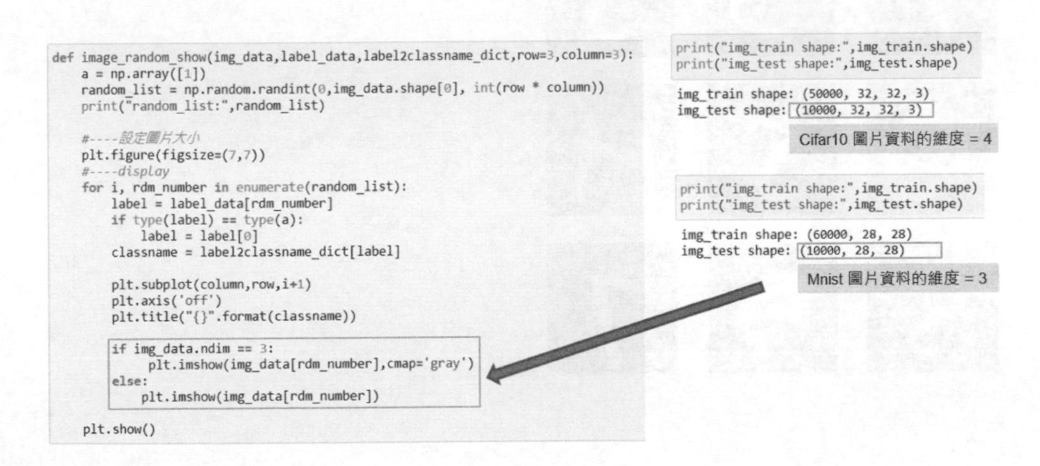

```
def image_random_show(img_data,label_data,label2classname_dict,row=3,column=3):
    a = np.array([1])
    random_list = np.random.randint(0,img_data.shape[0], int(row * column))
    print("random_list:",random_list)

    #----設定圖片大小
    plt.figure(figsize=(7,7))
    #----display
    for i, rdm_number in enumerate(random_list):
        label = label_data[rdm_number]
        if type(label) == type(a):
            label = label[0]
        classname = label2classname_dict[label]

        plt.subplot(column,row,i+1)
        plt.axis('off')
        plt.title("{}".format(classname))

        if img_data.ndim == 3:
            plt.imshow(img_data[rdm_number],cmap='gray')
        else:
            plt.imshow(img_data[rdm_number])

    plt.show()
```

```
print("img_train shape:",img_train.shape)
print("img_test shape:",img_test.shape)

img_train shape: (50000, 32, 32, 3)
img_test shape: (10000, 32, 32, 3)
```



```
print("img_train shape:",img_train.shape)
print("img_test shape:",img_test.shape)

img_train shape: (60000, 28, 28)
img_test shape: (10000, 28, 28)
```


修改後的結果如下

圖片的顯示已經恢復正常

```
random_list: [51441 22129 44399  1161 37991 17933 48191 36159 34931]
```

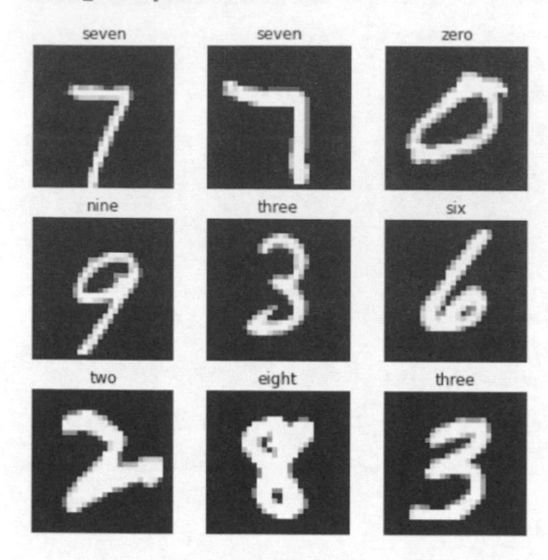

最後來看一下驗證集的圖片

```
image_random_show(img_test,label_test,label2classname_dict=label2classname_dict,row=3,column=3)
random_list: [8159 1926 5185 1610 2103 4012 2776 4505  263]
```

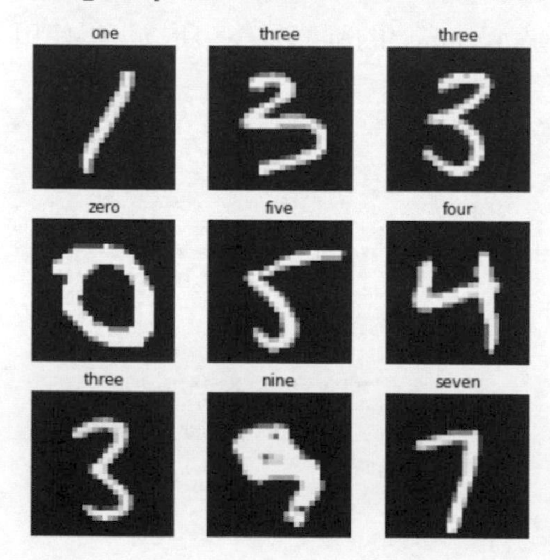

練習：

嘗試下載 fashion_mnist 資料集，觀看相關特性。

CH22

建立類神經網路

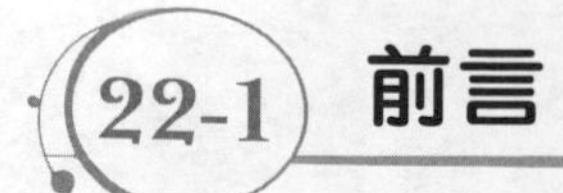

22-1 前言

這一章節會逐步教導建立類神經網路並進行訓練

22-2 匯入套件

匯入Tensorflow套件

```
import tensorflow
if tensorflow.__version__.startswith('1.'):
    import tensorflow as tf
    from tensorflow.python.platform import gfile
else:
    import tensorflow as v2
    import tensorflow.compat.v1 as tf
    tf.disable_v2_behavior()
    import tensorflow.compat.v1.gfile as gfile
print("Tensorflow version:{}".format(tf.__version__))
```

```
Tensorflow version:2.5.0
```

匯入其他套件

```
import matplotlib.pyplot as plt
import math
import numpy as np
```

22-3 匯入資料集 Mnist

匯入資料集mnist

```
(img_train, label_train), (img_test, label_test) = tf.keras.datasets.mnist.load_data()
```

查看資料集的type, shape, dtype訊息

```
print("img_train type:",type(img_train))
print("img_train shape:",img_train.shape)
print("img_train dtype:",img_train.dtype)
print("label_train type:",type(label_train))
print("label_train shape:",label_train.shape)
print("label_train dtype:",label_train.dtype)
```

```
img_train type: <class 'numpy.ndarray'>
img_train shape: (60000, 28, 28)
img_train dtype: uint8
label_train type: <class 'numpy.ndarray'>
label_train shape: (60000,)
label_train dtype: uint8
```

22-3-1 建立可以亂數查看圖片的函數

該函數於資料集介紹章節有詳細說明，若還不熟悉，可以先至該章節複習喔

圖片顯示函數 ¶

```
def image_random_show(img_data,label_data,label2classname_dict,row=3,column=3):
    a = np.array([1])
    random_list = np.random.randint(0,img_data.shape[0], int(row * column))
    print("random_list:",random_list)

    #----設定圖片大小
    plt.figure(figsize=(7,7))
    #----display
    for i, rdm_number in enumerate(random_list):
        label = label_data[rdm_number]
        if type(label) == type(a):
            label = label[0]
        classname = label2classname_dict[label]

        plt.subplot(column,row,i+1)
        plt.axis('off')
        plt.title("{}".format(classname))

        if img_data.ndim == 3:
             plt.imshow(img_data[rdm_number],cmap='gray')
        else:
            plt.imshow(img_data[rdm_number])

    plt.show()
```

22-3-2 建立 label 轉換成類別名稱的字典集

此字典集主要是為了將數值資料轉換成英文名稱

建立label轉換成類別名稱的字典集

```
label2classname_dict = {0:'zero',
                        1:"one",
                        2:"two",
                        3:"three",
                        4:"four",
                        5:"five",
                        6:"six",
                        7:"seven",
                        8:'eight',
                        9:"nine"}
```

22-3-3 亂數查看訓練集 (train data) 資料

```
image_random_show(img_train,label_train,label2classname_dict=label2classname_dict,row=3,column=3)
random_list: [55545 37158 25981 48027 47393 15568  6046 50164 52224]
```

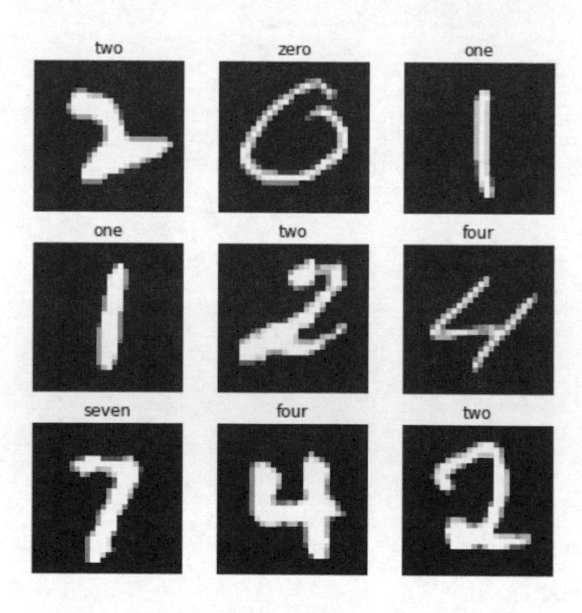

22-3-4 亂數查看驗證集 (test data) 資料

```
image_random_show(img_test,label_test,label2classname_dict=label2classname_dict,row=3,column=3)
```

```
random_list: [5521 6694 7751 2192 3382 8645  540 7511  536]
```

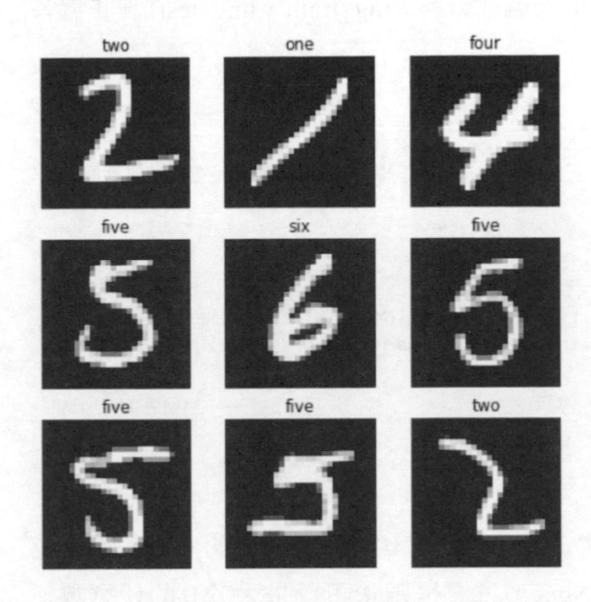

類神經網路

22-4-1 類神經網路概略圖

要建立的類神經網路如下圖所示

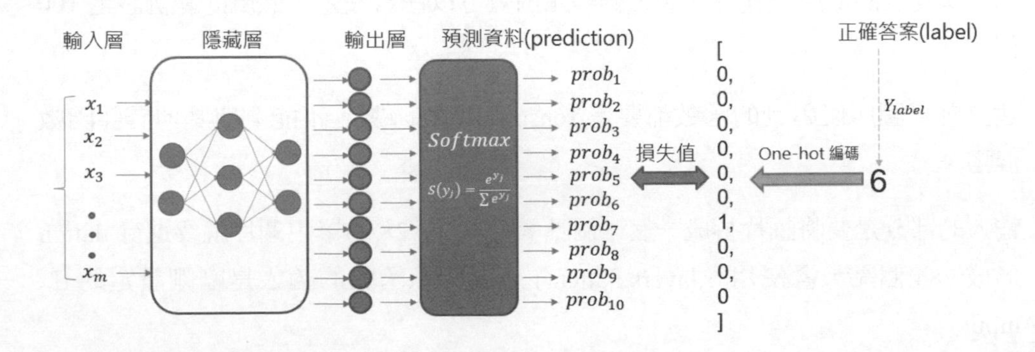

22-4-2 建立 tf.placeholder()

先找出需要輸入非張量的資料有哪些

從圖來看，會需要輸入非張量資料的有圖片資料 (img_train、img_test) 與正確答案資料 (label_train、label_test)

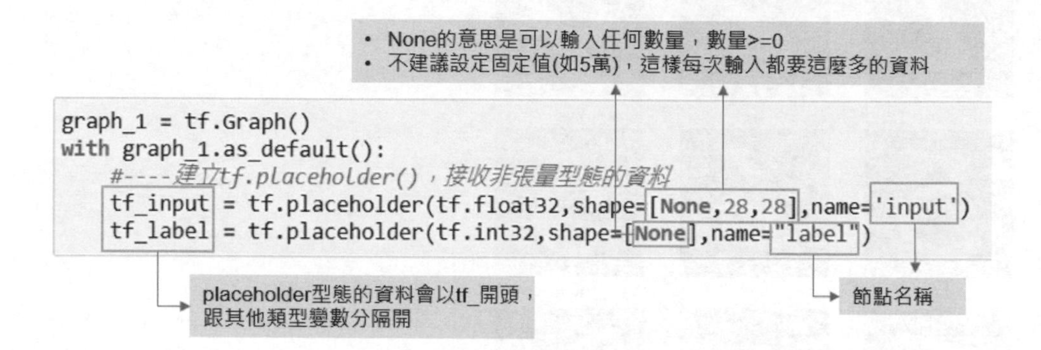

由 img_train 可以得知圖片的尺寸是 28x28，在 tf.placeholder 的 shape 設定成 [None,28,28]，數量維度會設定為 None，意思是數量可以是大於 0 的任意數，不管是輸入 1 張圖片或是 5 萬張圖片都可以，使用上會比較有彈性。

舉例來說，若 shape=[15,28,28]，意味著每一次都要輸入 15 張 28x28 的圖片，單獨投入 1 張 28x28 的圖片是不行的

22-4-3 建立類神經網路 (隱藏層)

第一次建立隱藏層先建立一層，神經元個數可以任意設定，此處的範例設定 100 個

建立計算圖所使用到的函數都要是 Tensorflow 的函數，不能夠與其他套件函數混搭。

輸入的部分是要將圖片拆成一個一個點，原本 28x28 的單色圖片就要進行 flatten 形成 784 個點，會使用 tf.layers.flatten() 來進行，函數的輸入是剛剛設定的 tf_input

隱藏層部分使用 tf.layers.dense() 進行神經元的設定，參數中的 units 輸入神經元個數，activation 輸入激勵函數，這邊使用 relu 函數 (tf.nn.relu)

輸出層一樣使用 tf.layers.dense() 進行神經元的設定，由於此資料集的類別數量是 10，輸出層的數量就會設定 10。

通常神經元會需要激勵函數來決定是否將訊號傳遞給下一個神經元，而輸出層已經沒有再與下一層神經元連結，不需要經過激勵函數，函數中的 activation 設定 None 即可。

程式碼與圖示如下

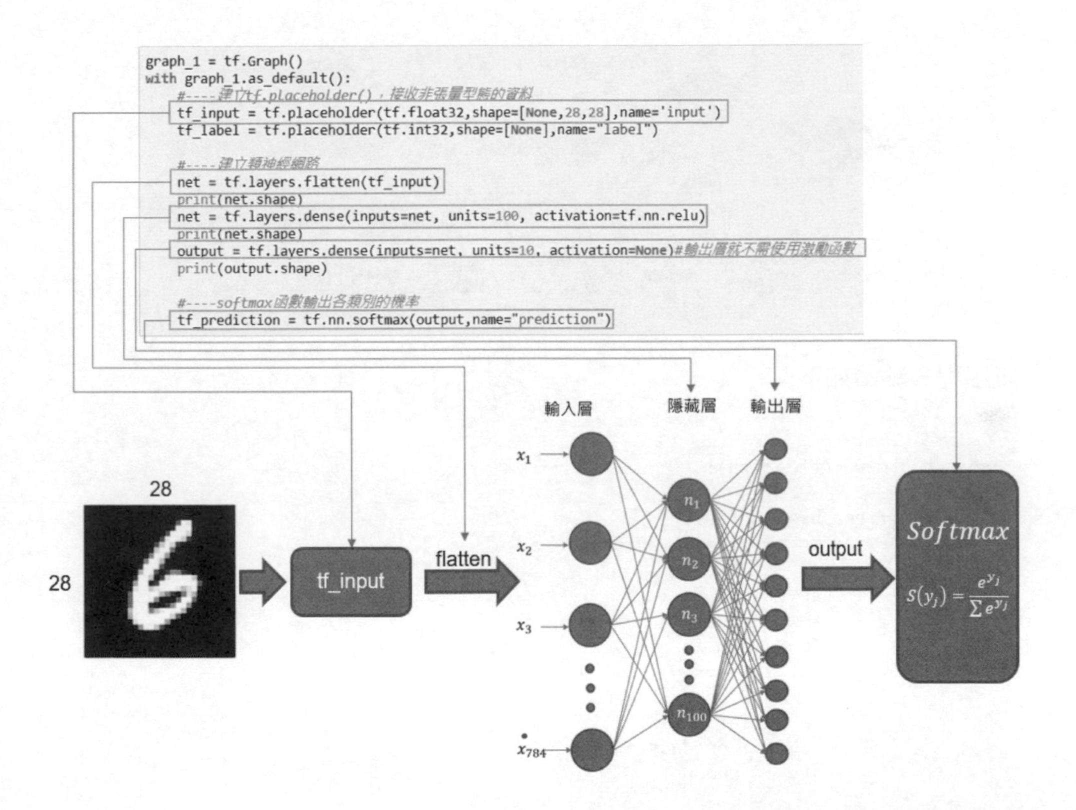

22-4-4 訓練的參數數量

要進行訓練的參數就是我們建立神經元裡的權重，就是眾多的 w、b

計算的說明如下

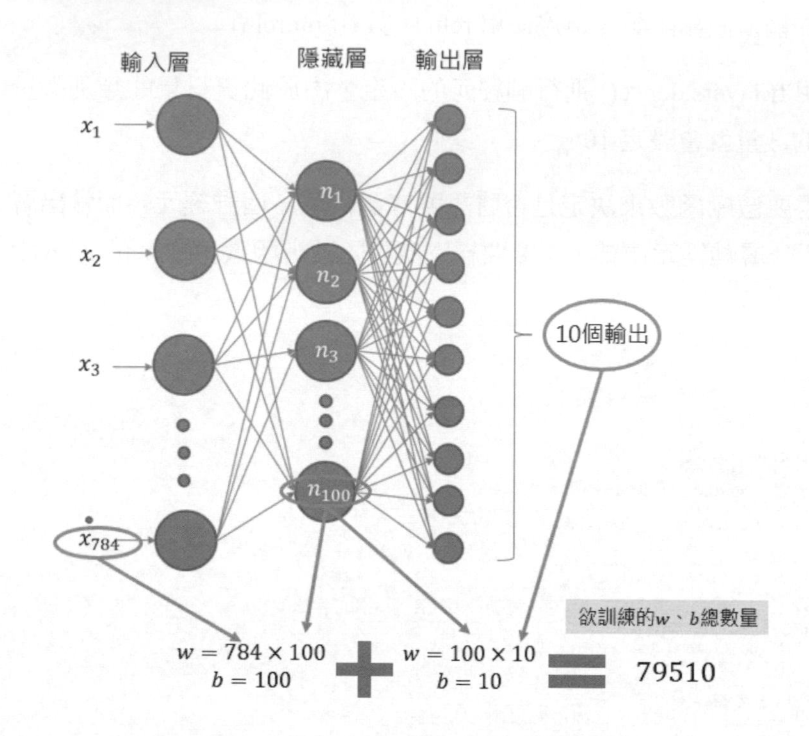

使用程式驗證如下

```
def get_qty_var(tf_graph):
    qty = 0
    with tf_graph.as_default():
        for var in tf.global_variables():

            if var.trainable:
                shape = var.shape
                for i,num in enumerate(shape):
                    if i == 0:
                        product = num
                    else:
                        product *= num
                qty += product

        print("參數數量 = ",qty)
```

```
get_qty_var(graph_1)
```

```
參數數量 =  79510
```

22-4-5 設定損失函數

損失函數會使用 tf.nn.sparse_softmax_cross_entropy_with_logits()，此函數會將輸出層的資料經過 softmax 函數後與正確答案進行交叉熵的計算，函數名稱中的 sparse 意思是會將正確答案的純量進行 one-hot 的轉換，我們不需要自行轉換，函數中參數 logits 輸入計算圖中的 output，labels 輸入 tf_label。

函數的回傳值是每一張圖片的損失值，會再使用 tf.reduce_mean 函數來算出平均的損失值。

tf.reduce_mean 函數與 np.mean 函數類似，都是用來計算指定軸下的平均資料，只是在建立計算圖時都要使用 tf 提供的函數

```
#----設定損失函數
tf_loss = tf.reduce_mean(tf.nn.sparse_softmax_cross_entropy_with_logits(labels=tf_label,logits=output),
                        name="loss")
```

22-4-6 設定最佳化演算法

比較常用的是 adam 最佳化演算法，在程式裡會宣告 tf_optimizer

學習率會設定比較小的數值，如下

```
#----設定最佳化函數
learning_rate = 1e-4
tf_optimizer = tf.train.AdamOptimizer(learning_rate=learning_rate).minimize(tf_loss)
```

22-4-7 設定 GPU 資源使用量與建立 Session

GPU 的設定就讓程式自行取用，設定 config.gpu_options.allow_growth = True

建立 Session 的部分在之前章節已經說明過，這邊就不闡述，Session 宣告完後就可以在其他 cell 使用

以下是程式的整合

```
graph_1 = tf.Graph()
with graph_1.as_default():
    #----建立tf.placeholder(),接收非張量型態的資料
    tf_input = tf.placeholder(tf.float32,shape=[None,28,28],name='input')
    tf_label = tf.placeholder(tf.int32,shape=[None],name="label")

    #----建立類神經網路
    net = tf.layers.flatten(tf_input)
    print(net.shape)
    net = tf.layers.dense(inputs=net, units=100, activation=tf.nn.relu)
    print(net.shape)
    output = tf.layers.dense(inputs=net, units=10, activation=None)#輸出層就不需使用激勵函數
    print(output.shape)

    #----softmax函數輸出各類別的機率
    tf_prediction = tf.nn.softmax(output,name="prediction")

     #----設定損失函數
    tf_loss = tf.reduce_mean(tf.nn.sparse_softmax_cross_entropy_with_logits(labels=tf_label,logits=output),
                        name="loss")

    #----設定最佳化函數
    learning_rate = 1e-4
    tf_optimizer = tf.train.AdamOptimizer(learning_rate=learning_rate).minimize(tf_loss)

    #----GPU 資源設定
    config = tf.ConfigProto(log_device_placement=True,
                            allow_soft_placement=True)
    config.gpu_options.allow_growth = True

    sess = tf.Session(graph=graph_1,config=config)
    sess.run(tf.global_variables_initializer())
```

```
(?, 784)
(?, 100)
(?, 10)
```

22-4-8 設定批次數量 (batch size)

由於電腦的記憶體 (RAM) 與 GPU 記憶體有限，當訓練集資料量龐大時，無法輸入所有資料至網路進行訓練，改由批次輸入，批次數量的設定通常是 1 ~ 256，若 GPU 記憶體多，可以設定較大的數值。

此範例先設定 128

```
batch_size = 128
```

22-4-9 設定訓練週期 (epoch)

將所有訓練集資料輸入至網路一次稱為一次訓練週期，訓練週期越多次，進行權重最佳化越多次，此數值會依照訓練集與驗證集的損失值、準確率來決定是否要持續訓練或是停止訓練。

此範例先設定 10

```
epochs = 10
```

22-4-10 超參數 (Hyperparameter)

需要人類手動給予數值的參數稱為超參數，如剛剛提到的批次數量、訓練週期，另外像是神經元的個數、隱藏層的層數、學習率也都是超參數。

至於類神經網路裡的權重，則會透過最佳化的方式進行修改，並非人類手動決定的，就不是超參數。

22-4-11 計算迭代次數 (iterations)

迭代次數是指在 1 個訓練週期內需要進行幾次批次數量的訓練，計算方式為訓練集資料的長度除以批次數量。

當無法整除的時候，迭代次數要加 1，可使用 math.ceil 函數得到

```
#----計算迭代次數
iterations =math.ceil(img_train.shape[0] / batch_size)
```

22-4-12 建立反覆訓練的架構

訓練的架構是進行 n 次的訓練週期，每個訓練週期進行 m 次的迭代數量，使用 for 迴圈進行建立，如下

```
for epoch in range(epochs):
    ...
    for iteration in range(iterations):
        ...
```

選取每次迭代的圖片

以下使用訓練集數量 =8，批次數量 =3 的迭代圖片選取的說明

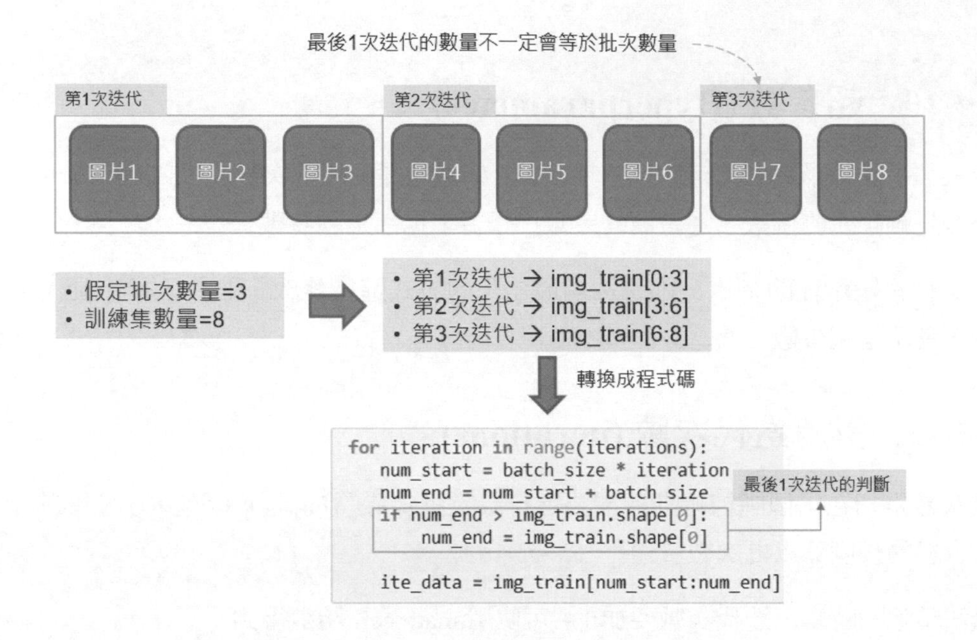

22-4-13 權重最佳化

使用 sess.run 執行剛剛設定的最佳化函數 tf_optimizer，輸入迭代選取圖片，以及圖片的正確答案 (label)，程式碼如下

執行此行程式碼後，Tensorflow 就會呼叫 GPU 進行大量的數學運算來更新權重

```
ite_data = img_train[num_start:num_end]
ite_label = label_train[num_start:num_end]

sess.run(tf_optimizer,feed_dict={tf_input:ite_data,tf_label:ite_label})
```

22-4-14 Colab 調用 GPU 資源

若使用 Colab，如何調用 GPU 資源

工具列上的執行階段 → 變更執行階段類型 → 硬體加速器選擇 GPU→ 儲存

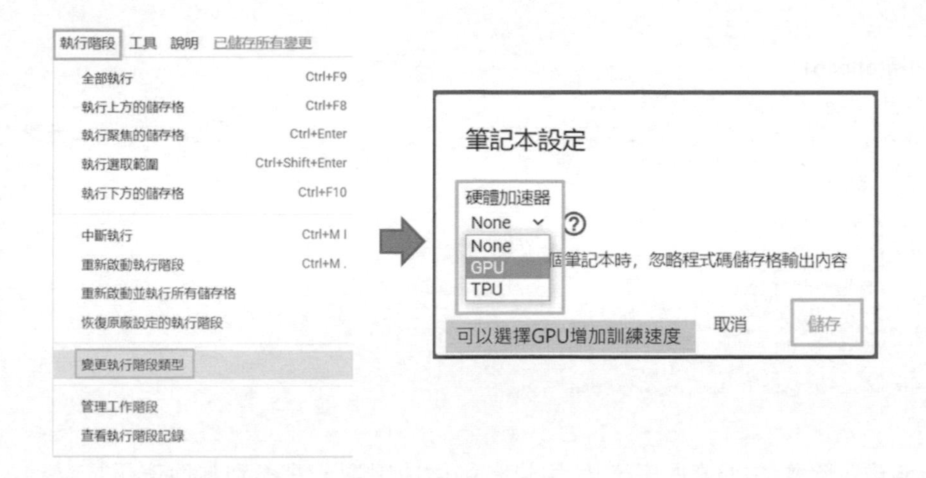

因為 COLAB 的 GPU 資源只有免費提供 12 小時，使用完後記得再將硬體加速器回復至 None

開始訓練

22-5-1 執行第一次的權重最佳化

以上的程式整理後並執行

執行時要注意程式是否仍在執行中，如下圖

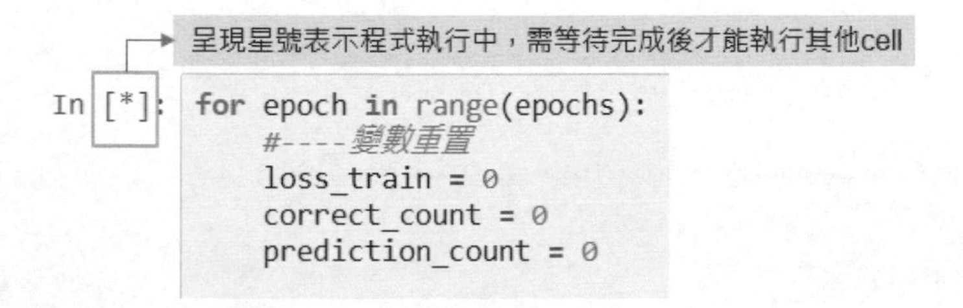

執行情況如下

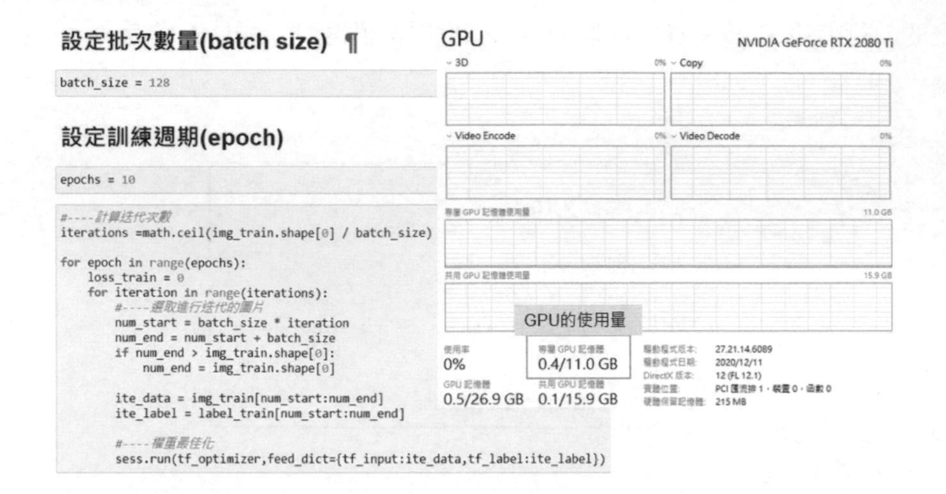

執行後會發現，除了 GPU 的記憶體使用量有稍微使用到，看不到其他資訊

在之前章節有提到，損失值要隨著最佳化次數而降低，在實際使用上會將每次權重更新完後的損失值進行相加，每完成一次訓練周期，計算出該週期的平均損失值並列印出來，就可以看出損失值隨著訓練周期的變化

程式碼如下

```
#----計算迭代次數
iterations =math.ceil(img_train.shape[0] / batch_size)

for epoch in range(epochs):
    loss_train = 0
    for iteration in range(iterations):
        #----選取進行迭代的圖片
        num_start = batch_size * iteration
        num_end = num_start + batch_size
        if num_end > img_train.shape[0]:
            num_end = img_train.shape[0]

        ite_data = img_train[num_start:num_end]
        ite_label = label_train[num_start:num_end]

        #----權重最佳化
        sess.run(tf_optimizer,feed_dict={tf_input:ite_data,tf_label:ite_label})

        #----累加損失值
        loss_train += sess.run(tf_loss,feed_dict={tf_input:ite_data,tf_label:ite_label})

    #----計算平均損失值
    loss_train /= iterations
    print("loss_train = ",loss_train)
```

這邊要注意，在計算圖建立時，tf_loss 的定義是使用 tf.reduce_mean() 函數，得到的會是批次數量的**平均**損失值，所以在計算訓練集的平均損失值時，是將所

有的批次數量的平均損失值相加，除以迭代次數 (iterations)，而不是訓練集的數量。

雖然最後一個迭代數量不一定會等於設定的批次數量，計算出來的損失值會有些許落差，不過，數值不會落差很大，而且損失值主要是觀察下降的趨勢，數值的精準並不是最重要的考量。

反觀即將提到的準確率就必須是精準的計算。

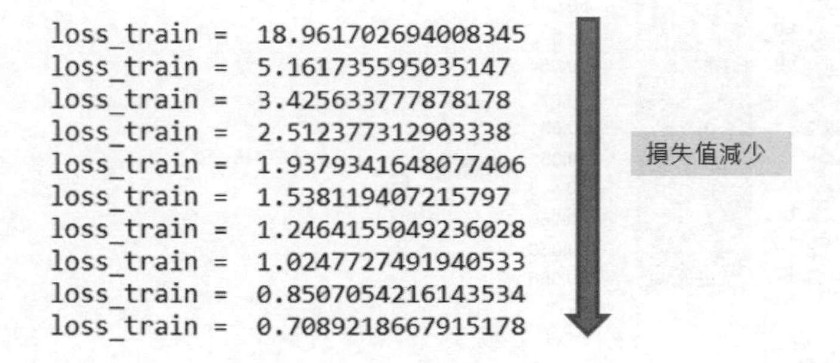

在執行的途中如果遇到錯誤或是想重新執行計算圖等需求，可以至工具列執行 restart，看到 Kernel ready 字眼後成功重置。

重置後所有的數值都會被清空，需要再重新執行每一個 cell 的程式喔。

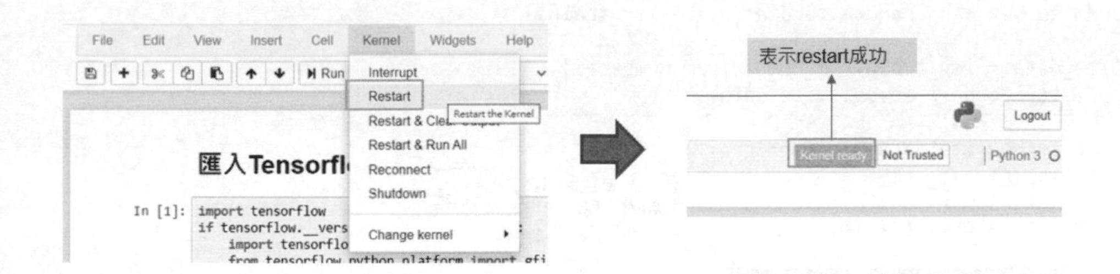

22-5-2 訓練集的準確率

$$準確率(Accuracy) = \frac{正確預測次數}{預測次數}$$

步驟如下

1. 使用 sess.run(tf_prediction) 得到每個類別的機率值
2. 最大機率的類別就是預測結果
3. 預測結果與正確答案比對，若相同則正確預測次數數量加 1

如下圖所示

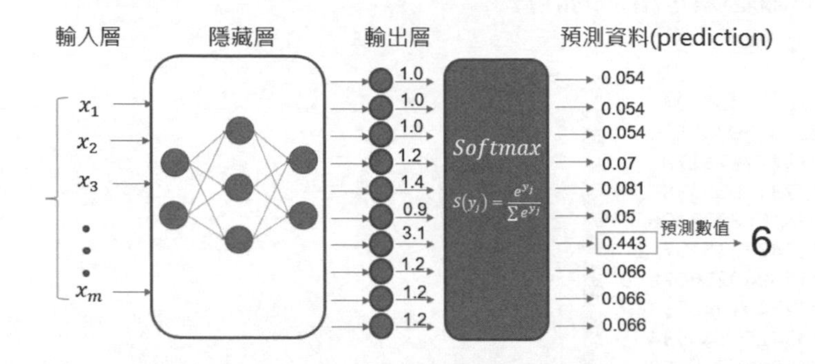

先以一張圖的預測過程來說明

- 從訓練集中亂數取一張圖
- 由於tf_input是三維的資料，要輸入的圖片資料一定也要是三維資料，所以使用img_train[rdm_number:rdm_number+1]來得到三維資料

```
rdm_number = np.random.randint(0,len(img_train))

ite_data = img_train[rdm_number:rdm_number+1]
print("ite_data shape:",ite_data.shape)

plt.imshow(ite_data[0],cmap='gray')
plt.show()

ite_data shape: (1, 28, 28)
```

要顯示單色圖片的時候，就要輸入(28,28)的資料型態
→資料輸入ite_data[0]

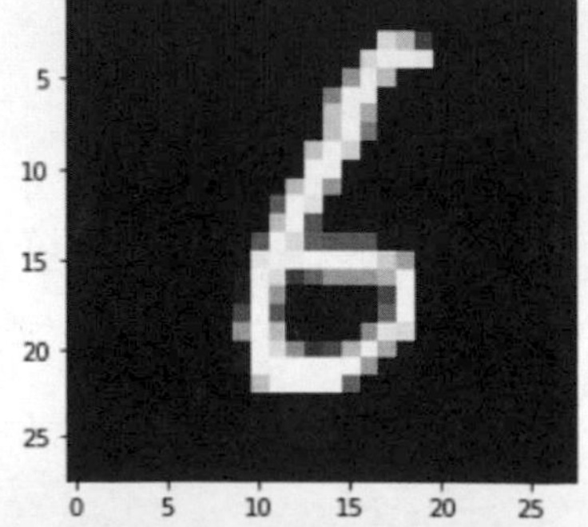

使用sess.run(tf_prediction)得到每個類別的機率值

```
prediction = sess.run(tf_prediction,feed_dict={tf_input:ite_data})
print("prediction shape:",prediction.shape)
print(prediction)
```

```
prediction shape: (1, 10)
[[3.6913826e-35 0.0000000e+00 4.9647961e-28 0.0000000e+00 0.0000000e+00
  1.4112593e-30 1.0000000e+00 0.0000000e+00 0.0000000e+00 0.0000000e+00]]
```

意思是有1筆資料，每筆資料有10個機率值

每個類別的機率值

```
arg_prediction = np.argmax(prediction,axis=1)
print("預測類別:",arg_prediction)
```

找到最大機率的類別

```
ite_label = label_train[rdm_number:rdm_number+1]
print("正確答案:",ite_label)
```

正確答案

```
預測類別: [6]
正確答案: [6]
```

當預測結果 = 正確答案，正確預測次數加1

接著，將計算準確率的程式加到訓練的架構裡

```
#----計算迭代次數
iterations =math.ceil(img_train.shape[0] / batch_size)
for epoch in range(epochs):
    #----變數重置
    loss_train = 0
    correct_count = 0
    prediction_count = 0

    for iteration in range(iterations):
        num_start = batch_size * iteration
        num_end = num_start + batch_size
        if num_end >= img_train.shape[0]:
            num_end = img_train.shape[0]

        ite_data = img_train[num_start:num_end]
        ite_label = label_train[num_start:num_end]

        sess.run(tf_optimizer,feed_dict={tf_input:ite_data,tf_label:ite_label})

        loss_train += sess.run(tf_loss,feed_dict={tf_input:ite_data,tf_label:ite_label})
        prediction = sess.run(tf_prediction,feed_dict={tf_input:ite_data})
        arg_predictions = np.argmax(prediction,axis=1)
        for arg_prediction, label in zip(arg_predictions,ite_label):
            prediction_count += 1
            if arg_prediction == label:
                correct_count += 1

    loss_train /= iterations
    print("訓練集 損失值 = ",loss_train)
    print("訓練集 準確率 = ",correct_count/prediction_count)
```

correct_count：正確預測次數

prediction_count：預測次數

執行結果如下

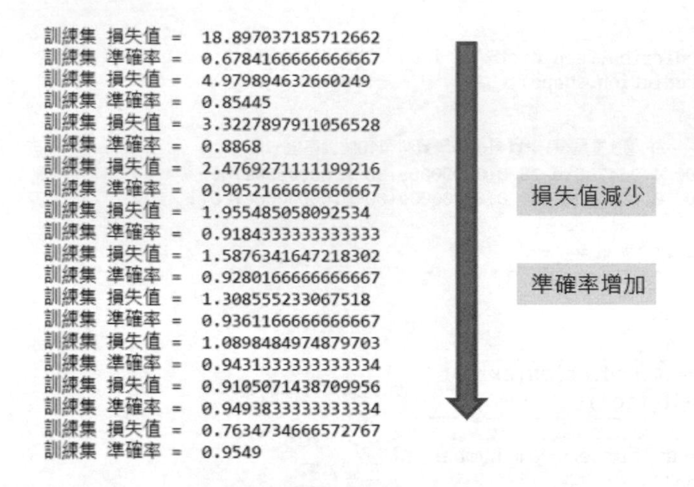

訓練集 損失值 = 18.897037185712662
訓練集 準確率 = 0.6784166666666667
訓練集 損失值 = 4.979894632660249
訓練集 準確率 = 0.85445
訓練集 損失值 = 3.3227897911056528
訓練集 準確率 = 0.8868
訓練集 損失值 = 2.4769271111199216
訓練集 準確率 = 0.9052166666666667
訓練集 損失值 = 1.955485058092534
訓練集 準確率 = 0.9184333333333333
訓練集 損失值 = 1.5876341647218302
訓練集 準確率 = 0.9280166666666667
訓練集 損失值 = 1.308555233067518
訓練集 準確率 = 0.9361166666666667
訓練集 損失值 = 1.0898484974879703
訓練集 準確率 = 0.9431333333333334
訓練集 損失值 = 0.9105071438709956
訓練集 準確率 = 0.9493833333333334
訓練集 損失值 = 0.7634734666572767
訓練集 準確率 = 0.9549
損失值減少
準確率增加

22-5-3 訓練結果圖形化 (visualization)

從以上的數值可以看到隨著最佳化次數的增加，損失值減少，而準確率增加。

但以文字呈現的方式無法直覺地看出趨勢，每一筆數值還要跟上一筆數值比較才知道上升或下降，如果今天有幾百幾千筆，就會看到眼花撩亂，所以要將損失值與準確率進行圖形化

做法是將每一個訓練週期的損失值與準確率放置在串列裡，使用這些數值就可以來畫圖

宣告的串列會與反覆訓練的架構分開，獨立在一個 cell，因為訓練可能會一直進行，如果將宣告串列的程式碼與反覆訓練的程式碼放在一起，每執行一次，串列就會重新初始化，之前訓練的資料就會消失了。

另外，僅執行一次的程式碼，如計算迭代次數等，也可以放在同一個 cell 裡

程式碼如下

```
#----計算迭代次數
iterations =math.ceil(img_train.shape[0] / batch_size)
iterations_test = math.ceil(img_test.shape[0] / batch_size )

#----宣告收集損失值與準確率的串列
loss_train_list = list()
acc_train_list = list()
```

架構更改如下

Cell 1:執行一次即可

```
#----計算迭代次數
iterations =math.ceil(img_train.shape[0] / batch_size)
iterations_test = math.ceil(img_test.shape[0] / batch_size )

#----宣告收集損失值與準確率的串列
loss_train_list = list()
acc_train_list = list()
```

Cell 2:可執行多次

```
for epoch in range(epochs):
    ...
    for iteration in range(iterations):
        ...
```

訓練程式碼加入收集每個訓練週期得到的損失值與準確率，如下

```
for epoch in range(epochs):
    #----變數重置
    loss_train = 0
    correct_count = 0
    prediction_count = 0

    for iteration in range(iterations):
        num_start = batch_size * iteration
        num_end = num_start + batch_size
        if num_end > img_train.shape[0]:
            num_end = img_train.shape[0]

        ite_data = img_train[num_start:num_end]
        ite_label = label_train[num_start:num_end]

        sess.run(tf_optimizer,feed_dict={tf_input:ite_data,tf_label:ite_label})

        loss_train += sess.run(tf_loss,feed_dict={tf_input:ite_data,tf_label:ite_label})
        prediction = sess.run(tf_prediction,feed_dict={tf_input:ite_data})
        arg_predictions = np.argmax(prediction,axis=1)
        for arg_prediction, label in zip(arg_predictions,ite_label):
            prediction_count += 1
            if arg_prediction == label:
                correct_count += 1

    loss_train /= iterations
    acc_train = correct_count/prediction_count
    print("訓練集 損失值 = ",loss_train)
    print("訓練集 準確率 = ",acc_train)

    #----收集損失值與準確率數值至串列
    loss_train_list.append(loss_train)
    acc_train_list.append(acc_train)
```

每個訓練週期(epoch)得到的損失值與準確率放置到剛剛宣告的串列裡

圖形的呈現會有兩張圖，左邊是損失值的趨勢圖，右邊是準確率的趨勢圖，會使用 plt.subplot() 來呈現。

以下是執行 10 次的訓練週期的圖形化呈現

```
x_num = [i for i in range(0,len(loss_train_list))]

plt.figure(figsize=(12,4))#圖形的大小可以自行設定

plt.subplot(1,2,1)#設定第1張圖
plt.plot(x_num,loss_train_list)
plt.xlabel("epoch")
plt.ylabel("loss ")

plt.subplot(1,2,2)#設定第2張圖
plt.plot(x_num,acc_train_list)
plt.xlabel("epoch")
plt.ylabel("accuracy")

plt.show()#所有圖都設定完再執行show()
```

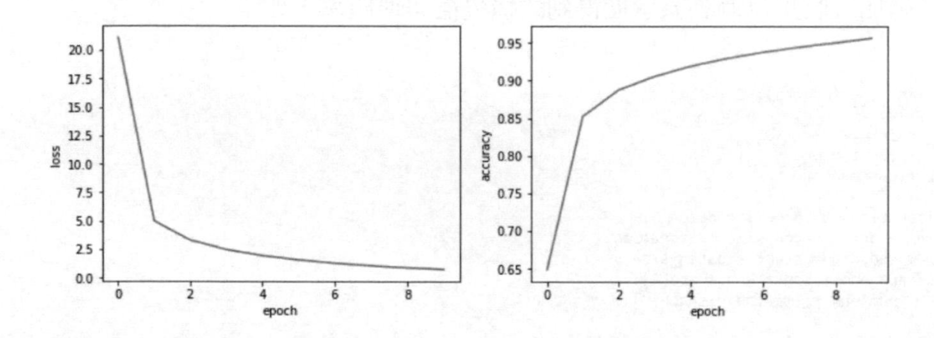

圖形化用來解讀損失值與準確率的趨勢相對容易多了。

這時候可以持續執行訓練週期，以下是執行 30 次訓練週期後的圖形化，準確率已經高達 99.5%

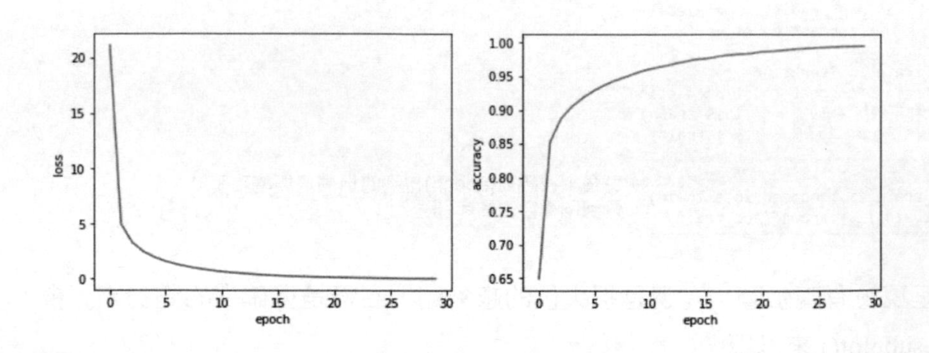

22-5-4 驗證集的準確率

之前有提到訓練集主要是用來進行模型的訓練，要知道模型的泛化能力是要使用驗證集來進行評估。

驗證集損失值與準確率的程式碼與訓練集相同，將 img_train 更換成 img_test，label_train 更換成 label_test

以下程式碼的方框就是需更換的地方

```
iterations_test = math.ceil(img_test.shape[0] / batch_size )
loss_test = 0
correct_count = 0
prediction_count = 0
for iteration in range(iterations_test):
    num_start = batch_size * iteration
    num_end = num_start + batch_size
    if num_end > img_test.shape[0]:
        num_end = img_test.shape[0]

    ite_data = img_test[num_start:num_end]
    ite_label = label_test[num_start:num_end]

    loss_test += sess.run(tf_loss,feed_dict={tf_input:ite_data,tf_label:ite_label})
    prediction = sess.run(tf_prediction,feed_dict={tf_input:ite_data})
    arg_predictions = np.argmax(prediction,axis=1)
    for arg_prediction, label in zip(arg_predictions,ite_label):
        prediction_count += 1
        if arg_prediction == label:
            correct_count += 1
loss_test /= iterations_test
print("驗證集 損失值 = ",loss_test)
print("驗證集 準確率 = ",correct_count/prediction_count)
```

```
驗證集 損失值 =  0.9987329354332325
驗證集 準確率 =  0.9483
```

模型的實際預測能力

接著，要把驗證集的程式碼也加到訓練的架構裡，這樣就可以看出訓練集與驗證集在損失值與準確率上的趨勢

超參數與一次性變數的宣告如下

```
#----設定超參數
batch_size = 128
epochs = 10

#----計算迭代次數
iterations_train =math.ceil(img_train.shape[0] / batch_size)
iterations_test = math.ceil(img_test.shape[0] / batch_size )

#----宣告收集損失值與準確率的串列
loss_train_list = list()
acc_train_list = list()
loss_test_list = list()
acc_test_list = list()
```

變數加上train與test來分別訓練集與驗證集

加入驗證集的串列宣告

將驗證集的損失值與準確率計算的程式加到訓練架構裡，加入的地方是在「收集訓練集損失值與準確率數值至串列」之後。

因為程式過長，以下只有貼上增加的部分，我列出程式碼的行數，方便讀者進行對照

開啟程式碼行數的設定如下

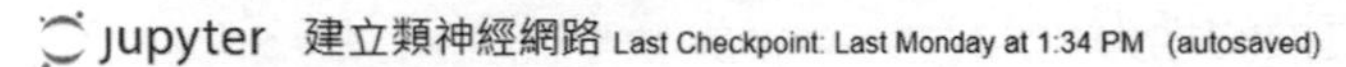

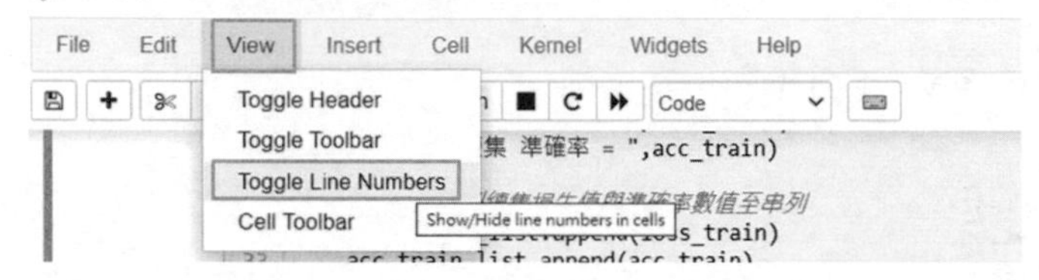

加入的程式碼部分如下

驗證集損失值與準確率的計算

```
31     #----收集訓練集損失值與準確率數值至串列
32     loss_train_list.append(loss_train)
33     acc_train_list.append(acc_train)
34
35     #----計算驗證集的損失值與準確率
36     loss_test = 0
37     correct_count = 0
38     prediction_count = 0
39     for iteration in range(iterations_test):
40         num_start = batch_size * iteration
41         num_end = num_start + batch_size
42         if num_end > img_test.shape[0]:
43             num_end = img_test.shape[0]
44
45         ite_data = img_test[num_start:num_end]
46         ite_label = label_test[num_start:num_end]
47
48         loss_test += sess.run(tf_loss,feed_dict={tf_input:ite_data,tf_label:ite_label})
49         prediction = sess.run(tf_prediction,feed_dict={tf_input:ite_data})
50         arg_predictions = np.argmax(prediction,axis=1)
51         for arg_prediction, label in zip(arg_predictions,ite_label):
52             prediction_count += 1
53             if arg_prediction == label:
54                 correct_count += 1
55     loss_test /= iterations_test
56     acc_test = correct_count / prediction_count
57     print("驗證集 損失值 = ",loss_test)
58     print("驗證集 準確率 = ",acc_test)
59
60     #----收集驗證集損失值與準確率數值至串列
61     loss_test_list.append(loss_test)
62     acc_test_list.append(acc_test)
```

重置 (restart) 所有程式，重新執行訓練 10 次

數據如下

```
訓練集 損失值 =  20.095953516487373
訓練集 準確率 =  0.6780833333333334
驗證集 損失值 =  6.079080213474322
驗證集 準確率 =  0.8412
訓練集 損失值 =  5.023907703822101
訓練集 準確率 =  0.8572
驗證集 損失值 =  3.869984118432938
驗證集 準確率 =  0.8792
訓練集 損失值 =  3.3403228206325695
訓練集 準確率 =  0.8889166666666667
驗證集 損失值 =  3.0003126308003654
驗證集 準確率 =  0.8943
```

➡

```
訓練集 損失值 =  2.483811500150639
訓練集 準確率 =  0.90645
驗證集 損失值 =  2.487674259629301
驗證集 準確率 =  0.9068
訓練集 損失值 =  1.9515794164368085
訓練集 準確率 =  0.9195166666666666
驗證集 損失值 =  2.155727023176278
驗證集 準確率 =  0.9148
訓練集 損失值 =  1.5746065003237426
訓練集 準確率 =  0.9296333333333333
驗證集 損失值 =  1.9221308307981566
驗證集 準確率 =  0.9214
訓練集 損失值 =  1.2918936498850377
訓練集 準確率 =  0.9384833333333333
驗證集 損失值 =  1.755219595766143
驗證集 準確率 =  0.927
```

➡

```
訓練集 損失值 =  1.0743297687582751
訓練集 準確率 =  0.9459833333333333
驗證集 損失值 =  1.6379167058422595
驗證集 準確率 =  0.9309
訓練集 損失值 =  0.8955867527944368
訓練集 準確率 =  0.95125
驗證集 損失值 =  1.5690559300629399
驗證集 準確率 =  0.933
訓練集 損失值 =  0.7526054271766897
訓練集 準確率 =  0.9565
驗證集 損失值 =  1.495754207508002
驗證集 準確率 =  0.9352
```

加入驗證集的數據後，即使只有 10 個訓練週期，也是會讓人眼花撩亂。

22-5-5 修改圖形化程式

在損失值的趨勢圖原本只有訓練集，現在要加入驗證集；準確率的趨勢圖也是一樣。

程式碼修改如下

```
1  x_num = [i for i in range(0,len(loss_train_list))]
2
3  plt.figure(figsize=(12,4))#圖形的大小可以自行設定
4
5  plt.subplot(1,2,1)#設定第1張圖
6  plt.plot(x_num,loss_train_list,label='train data')
7  plt.plot(x_num,loss_test_list,label='test data')
8  plt.xlabel("epoch")
9  plt.ylabel("loss ")
10 plt.legend()
11
12 plt.subplot(1,2,2)#設定第2張圖
13 plt.plot(x_num,acc_train_list,label='train data')
14 plt.plot(x_num,acc_test_list,label='test data')
15 plt.xlabel("epoch")
16 plt.ylabel("accuracy")
17 plt.legend()
18
19 plt.show()#所有圖都設定完再執行show()
```

訓練集加入label名稱（第 6 行）

在同一張圖加上驗證集的損失值數據（第 7 行）

顯示數據label名稱（第 10 行）

訓練集加入label名稱（第 13 行）

在同一張圖加上驗證集的準確率數據（第 14 行）

顯示數據label名稱（第 17 行）

經過 10 次訓練週期後的圖形化結果如下

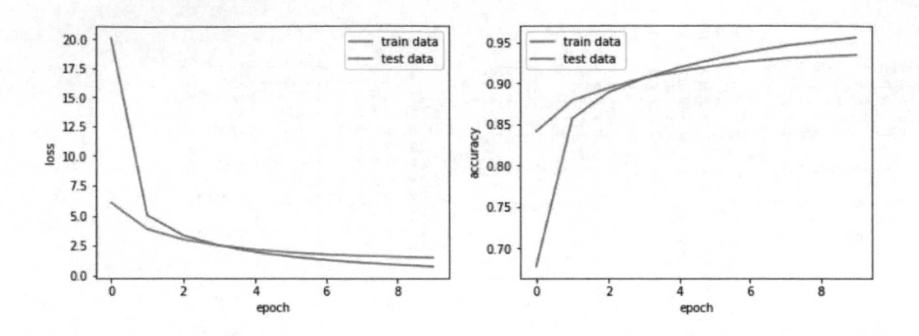

這時候可以持續執行訓練週期，以下是執行 30 次訓練週期後的圖形化結果

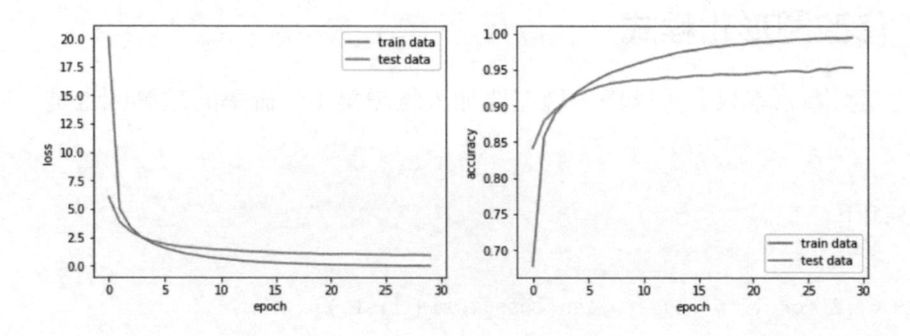

查看訓練集與驗證集最高的準確率

```
arg_train = np.argmax(acc_train_list)
best_acc_train = acc_train_list[arg_train]
print("訓練集最高的準確率為{}，出現在epoch {}".format(best_acc_train,arg_train))

arg_test = np.argmax(acc_test_list)
best_acc_test = acc_test_list[arg_test]
print("驗證集最高的準確率為{}，出現在epoch {}".format(best_acc_test,arg_test))
```

```
訓練集最高的準確率為0.9943333333333333，出現在epoch 29
驗證集最高的準確率為0.9532，出現在epoch 28
```

22-5-6 函數化

接著要把訓練程式裡重複的部分撰寫成函數，如下

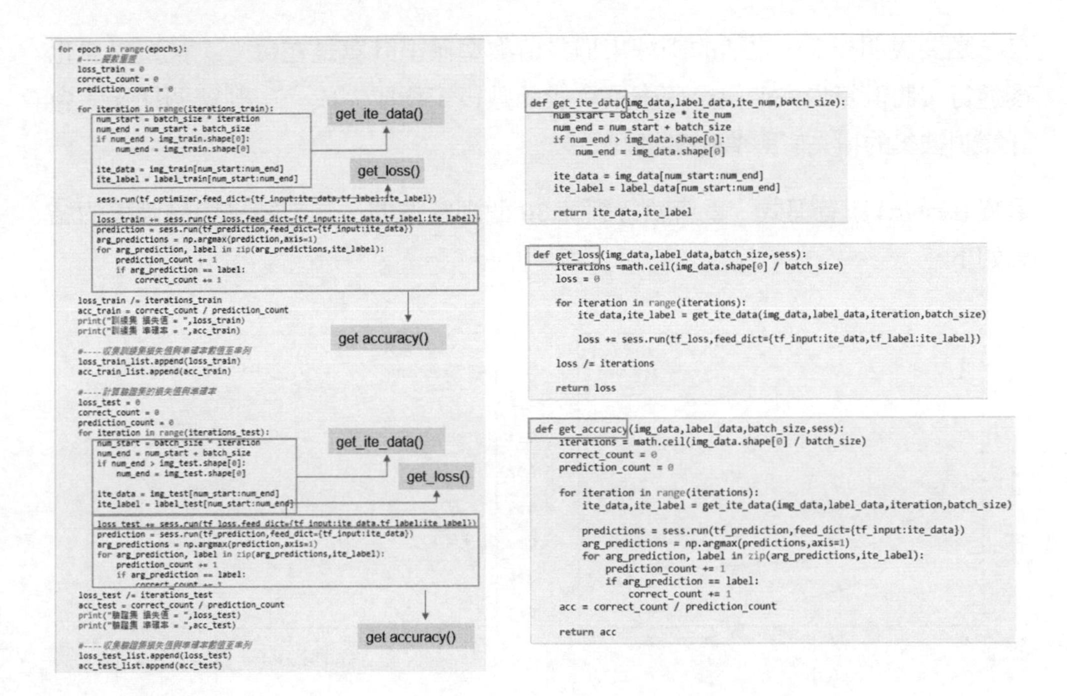

置換後如下

```
for epoch in range(epochs):

    for iteration in range(iterations_train):              置換成函數

        ite_data,ite_label = get_ite_data(img_train,label_train,iteration,batch_size)

        sess.run(tf_optimizer,feed_dict={tf_input:ite_data,tf_label:ite_label})

    #----計算訓練集的損失值與準確率
    loss_train = get_loss(img_train,label_train,batch_size,sess)
    acc_train = get_accuracy(img_train,label_train,batch_size,sess)     置換成函數
    print("訓練集 損失值 = ",loss_train)
    print("訓練集 準確率 = ",acc_train)

    #----收集訓練集損失值與準確率數值至串列
    loss_train_list.append(loss_train)
    acc_train_list.append(acc_train)

    #----計算驗證集的損失值與準確率
    loss_test = get_loss(img_test,label_test,batch_size,sess)
    acc_test = get_accuracy(img_test,label_test,batch_size,sess)     置換成函數
    print("驗證集 損失值 = ",loss_test)
    print("驗證集 準確率 = ",acc_test)

    #----收集驗證集損失值與準確率數值至串列
    loss_test_list.append(loss_test)
    acc_test_list.append(acc_test)
```

有一點要說明一下，之前的訓練集損失值與準確率計算是在每一次權重最佳化後進行，將計算損失值與準確率撰寫成函數後，變成完成一次訓練週期後才會計算訓練集的損失值與準確率。

重置 (restart) 所有程式，重新執行訓練 30 個訓練週期，其訓練集與驗證集的結果如下

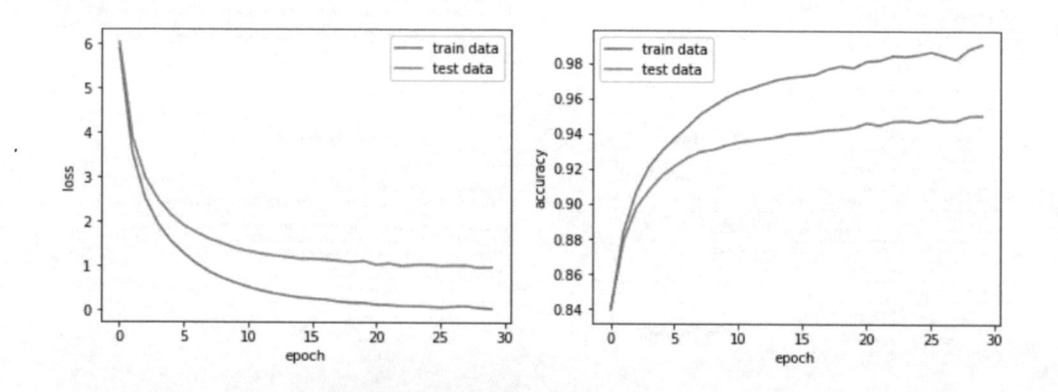

查看訓練集與驗證集最高的準確率，如下

```
訓練集最高的準確率為0.99135，出現在epoch 29
驗證集最高的準確率為0.9507，出現在epoch 29
```

22-5-7　建立 2 層的神經元網路

多加一層，數量 200 個神經元，計算圖建立如下

```
graph_2 = tf.Graph()
with graph_2.as_default():
    #----建立tf.placeholder()，接收非張量型態的資料
    tf_input = tf.placeholder(tf.float32,shape=[None,28,28],name='input')
    tf_label = tf.placeholder(tf.int32,shape=[None],name="label")

    #----建立類神經網路
    net = tf.layers.flatten(tf_input)
    print(net.shape)
    net = tf.layers.dense(inputs=net, units=100, activation=tf.nn.relu)
    print(net.shape)
    net = tf.layers.dense(inputs=net, units=200, activation=tf.nn.relu)
    print(net.shape)
    output = tf.layers.dense(inputs=net, units=10, activation=None)#輸出層就不需使用激勵函數
    print(output.shape)

    #----softmax函數輸出各類別的機率
    tf_prediction = tf.nn.softmax(output,name="prediction")

    #----設定損失函數
    tf_loss = tf.reduce_mean(tf.nn.sparse_softmax_cross_entropy_with_logits(labels=tf_label,logits=output),
                             name="loss")

    #----設定最佳化函數
    learning_rate = 1e-4
    tf_optimizer = tf.train.AdamOptimizer(learning_rate=learning_rate).minimize(tf_loss)

    #----GPU 資源設定
    config = tf.ConfigProto(log_device_placement=True,
                            allow_soft_placement=True)
    config.gpu_options.allow_growth = True

    sess = tf.Session(graph=graph_2,config=config)
    sess.run(tf.global_variables_initializer())
```

宣告graph_2，可以與graph_1比較參數數量

多建立一層隱藏層，數量是200個神經元

22-5-8 計算訓練的參數

因為多增加 1 層，神經元總數增加，需要最佳化的參數就會增加

```
get_qty_var(graph_1)
```

```
參數數量 =  79510
```

```
get_qty_var(graph_2)
```

```
參數數量 =  100710
```

22-5-9 訓練結果

訓練 30 個週期的結果如下

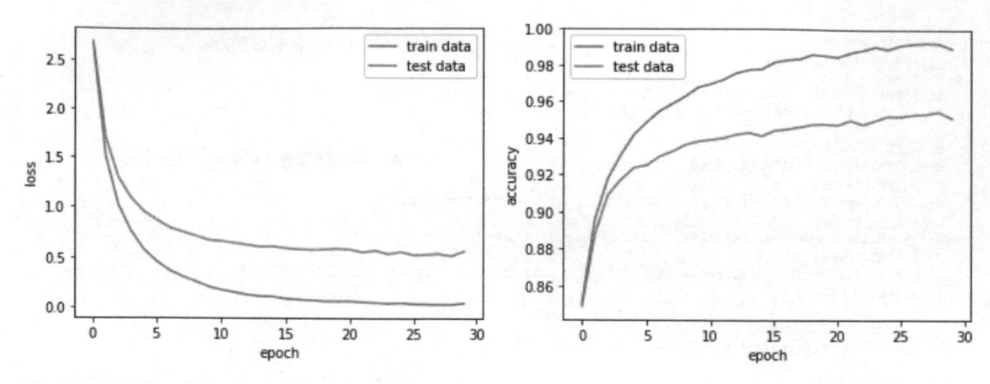


```
訓練集最高的準確率為0.99275，出現在epoch 27
驗證集最高的準確率為0.9549，出現在epoch 28
```

作者刻意讓訓練出來的結果不是最好的，讀者們可以增加更多層數或嘗試不同數量的神經元來得到更高的準確率喔。

要注意當訓練 graph_2 的時候，會把 graph_1 的參數清除掉，若要再訓練 graph_1，要再執行一次 graph_1 的計算圖，目前的訓練都很快速，沒有儲存權重檔，在之後的章節會說明如何儲存訓練後的權重。

22-5-10　過擬合 (overfitting)

當訓練集與驗證集的資料皆正確的情形下，訓練集與驗證集的損失值會隨著最佳化的次數增加而下降，當驗證集的損失值下降幅度跟不上訓練集的時候，就會開始產生過擬合的現象，造成訓練集的準確率很高，但驗證集的準確率 (泛化能力) 卻沒那麼高。

舉個例子來比喻，作者以前念書的時候，有些科目不大行，只好買了很多參考書練習，即使每次小考都可以拿高分，正式考試成績卻令人搖頭，有可能是我死背、方法錯誤，即使做了很多參考書 (訓練集)，遇到正式考試的靈活出題或是之前沒看過的 (驗證集)，表現就會失常。

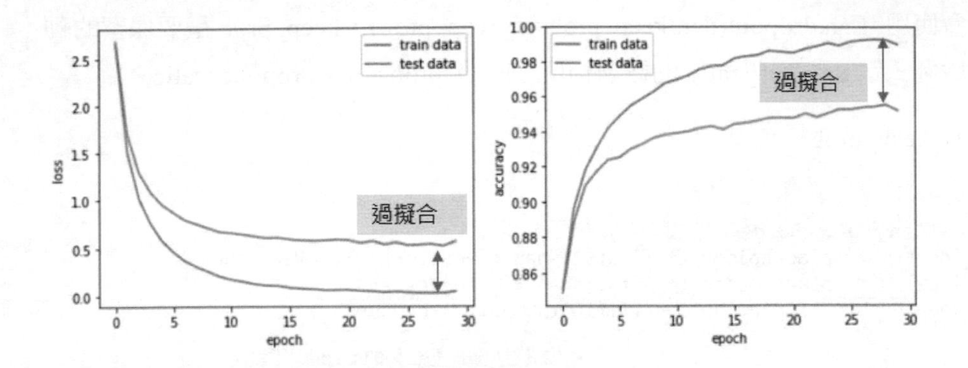

22-5-11 Dropout

為了降低過擬合的程度，dropout 是一種常用的防止過擬合技巧，做法是亂數地關閉一些神經元

下圖左是正常的神經元網路，下圖右是關閉一些神經元

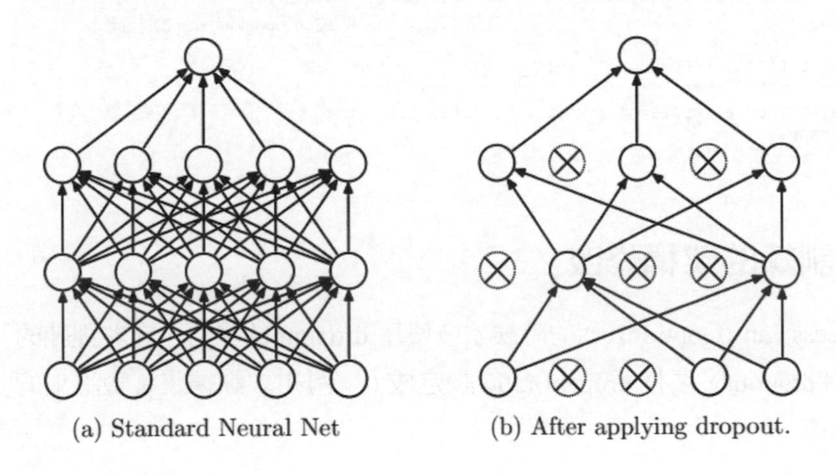

圖片來源 : https://jmlr.org/papers/v15/srivastava14a.html

計算圖加入 dropout 程式碼

關閉神經元是使用比例來描述，例如要關閉 20% 的神經元，dropout_ratio=0.2。

dropout_ratio 也是超參數的一種

程式會使用 tf.nn.dropout(net, keep_prob=tf_keep_prob)，keep_prob 是要保留的神經元比例，跟 dropout_ ratio 的概念相反，keep_prob = 1 – dropout_ ratio

宣告 tf_keep_prob

```
#----建立tf.placeholder()，接收非張量型態的資料
tf_input = tf.placeholder(tf.float32,shape=[None,28,28],name='input')
tf_label = tf.placeholder(tf.int32,shape=[None],name="label")
tf_keep_prob = tf.placeholder(tf.float32,name='keep_prob')
```

由於是純量，宣告時的shape不用設定

神經元網路加入 dropout 程式碼

```
#----建立類神經網路
net = tf.layers.flatten(tf_input)
print(net.shape)
net = tf.layers.dense(inputs=net, units=100, activation=tf.nn.relu)
print(net.shape)
net = tf.layers.dense(inputs=net, units=200, activation=tf.nn.relu)
print(net.shape)

net = tf.nn.dropout(net, keep_prob=tf_keep_prob)#加入dropout

output = tf.layers.dense(inputs=net, units=10, activation=None)#輸出層就不需使用激勵函數
print(output.shape)
```

會依照設定比例，關閉200 x dropout_ratio的神經元

22-5-12 訓練的架構修改

只有在訓練 (sess run tf_optimizer) 的時候才會使用 dropout 的技巧，在非訓練的階段就不使用 dropout，要把 dropout ratio 設定成 0，例如求訓練集、驗證集的損失值與準確率。

訓練程式碼部分也寫成了函數，如下

```
1  def run_training(*args,**kwargs):
2      #----參數擷取
3      img_train = args[0]
4      label_train = args[1]
5      img_test = args[2]
6      label_test = args[3]
7      sess = args[4]
8      batch_size = kwargs['batch_size']
9      epochs = kwargs['epochs']
10     dropout_ratio = kwargs.get('dropout_ratio')
11
12     #----計算迭代次數
13     iterations_train =math.ceil(img_train.shape[0] / batch_size)
14     iterations_test = math.ceil(img_test.shape[0] / batch_size )
15
16     #----宣告收集損失值與準確率的串列
17     loss_train_list = list()
18     acc_train_list = list()
19     loss_test_list = list()
20     acc_test_list = list()
```

使用get方法好處是若字典內沒有，會得到None，以下程式碼可以判別是否使用dropout

```
22     for epoch in range(epochs):
23         for iteration in range(iterations_train):
24             ite_data,ite_label = get_ite_data(img_train,label_train,iteration,batch_size)
25             if dropout_ratio is None:
26                 sess.run(tf_optimizer,feed_dict={tf_input:ite_data,tf_label:ite_label})
27             else:
28                 sess.run(tf_optimizer,feed_dict={tf_input:ite_data,
29                                                  tf_label:ite_label,
30                                                  tf_keep_prob:1-dropout_ratio})
31
32         #----計算訓練集的損失值與準確率
33         if dropout_ratio is None:
34             loss_train = get_loss(img_train,label_train,batch_size,sess)
35             acc_train = get_accuracy(img_train,label_train,batch_size,sess)
36         else:
37             loss_train = get_loss(img_train,
38                                   label_train,
39                                   batch_size,sess,
40                                   use_dropout=True)
41             acc_train = get_accuracy(img_train,
42                                      label_train,
43                                      batch_size,sess,
44                                      use_dropout=True)
45         print("訓練集 損失值 = ",loss_train)
46         print("訓練集 準確率 = ",acc_train)
47
48         #----收集訓練集損失值與準確率數值至串列
49         loss_train_list.append(loss_train)
50         acc_train_list.append(acc_train)
```

是否使用dropout的判別

相關函數也要加入dropout的判別

```
52          #----計算驗證集的損失值與準確率
53          if dropout_ratio is None:
54              loss_test = get_loss(img_test,label_test,batch_size,sess)
55              acc_test = get_accuracy(img_test,label_test,batch_size,sess)
56          else:
57              loss_test = get_loss(img_test,
58                                   label_test,
59                                   batch_size,sess,
60                                   use_dropout=True)
61              acc_test = get_accuracy(img_test,
62                                      label_test,
63                                      batch_size,sess,
64                                      use_dropout=True)
65
66          print("驗證集 損失值 = ",loss_test)
67          print("驗證集 準確率 = ",acc_test)
68
69          #----收集驗證集損失值與準確率數值至串列
70          loss_test_list.append(loss_test)
71          acc_test_list.append(acc_test)
72
73      return loss_train_list,acc_train_list,loss_test_list,acc_test_list
```

相關函數也要加入dropout的判別

相關函數 get_loss() 的修改

```
def get_loss(img_data,label_data,batch_size,sess,use_dropout=False):
    iterations =math.ceil(img_data.shape[0] / batch_size)
    loss = 0

    for iteration in range(iterations):
        ite_data,ite_label = get_ite_data(img_data,label_data,iteration,batch_size)

        if use_dropout is False:
            loss += sess.run(tf_loss,feed_dict={tf_input:ite_data,tf_label:ite_label})
        else:
            loss += sess.run(tf_loss,feed_dict={tf_input:ite_data,
                                                tf_label:ite_label,
                                                tf_keep_prob:1})

    loss /= iterations

    return loss
```

預設值不使用dropout

若use_dropout is True，表示tf_keep_prob有宣告，在導出預測結果的計算圖有使用到的情況下，一定要給值，否則會出現錯誤

相關函數 get_accuracy() 的修改

```python
def get_accuracy(img_data,label_data,batch_size,sess,use_dropout=False):
    iterations = math.ceil(img_data.shape[0] / batch_size)
    correct_count = 0
    prediction_count = 0

    for iteration in range(iterations):
        ite_data,ite_label = get_ite_data(img_data,label_data,iteration,batch_size)
        if use_dropout is False:
            predictions = sess.run(tf_prediction,feed_dict={tf_input:ite_data})
        else:
            predictions = sess.run(tf_prediction,feed_dict={tf_input:ite_data,
                                                   tf_label:ite_label,
                                                   tf_keep_prob:1})
        arg_predictions = np.argmax(predictions,axis=1)
        for arg_prediction, label in zip(arg_predictions,ite_label):
            prediction_count += 1
            if arg_prediction == label:
                correct_count += 1
    acc = correct_count / prediction_count

    return acc
```

預設值不使用dropout

要計算損失值與準確率時，不使用dropout，dropout_ratio=0，tf_keep_prob=1

重置 (restart) 所有程式，重新執行 30 個訓練週期後的結果如下

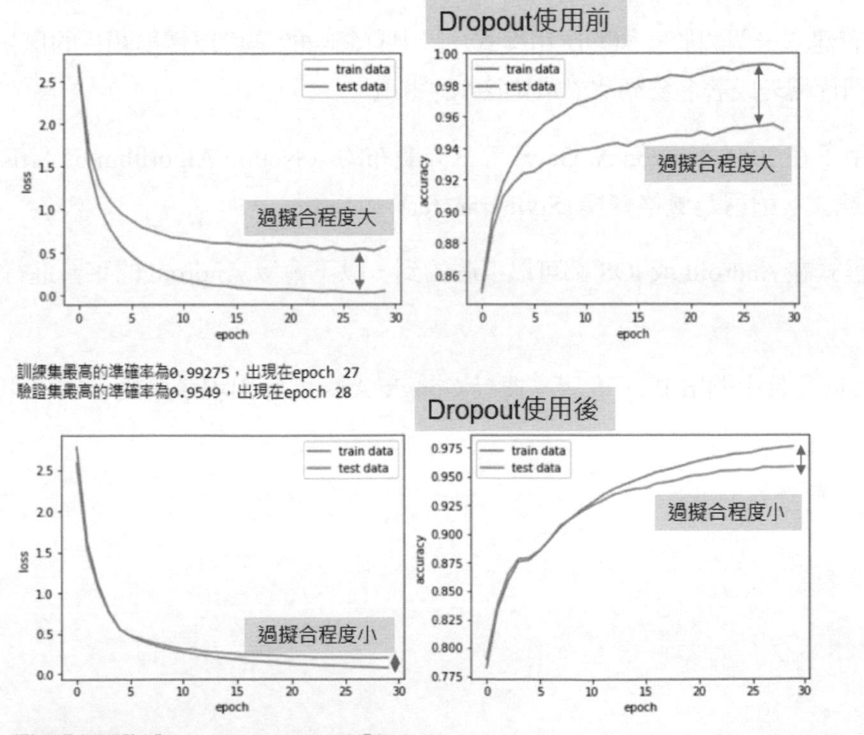

本章節架構了類神經網路，辨識 Mnist 手寫數字，嘗試單層、兩層的隱藏層，並且加入 dropout 層，降低過擬合的程度，不過效果有限，若要更進一步，就必須使用卷積神經網路。

後記 :

1. 在之前的章節有介紹其他的資料集，可以嘗試其他資料集進行訓練。
2. 本章節的程式比較多，若不熟悉，可以參照**建立類神經網路 (教學版). ipynb**；若已經熟悉訓練的架構，可以參照**建立類神經網路 (簡潔版).ipynb**，並嘗試更改內容 (如建立 graph_3)，進行多一點練習，才能加快上手速度喔。

22-6 有趣的 AI 應用

Google 有建立一個關於藝術的應用程式，其中有個功能是可以轉換圖片的風格，讓你的圖片轉變成著名藝術家 (如梵谷) 的畫風。

這是應用了在 2015 年 Leon A. Gatys 等三人發布的 A Neural Algorithm of Artistic Style 的論文，通稱為風格轉換 (Style transfer)

此應用程式在 Android 或 iOS 都可以下載的到，以下會以 Android 的平台進行展示

在 Android 手機上開啟 Play 商店，搜尋 Google Arts 就會出現該應用程式，如下所示

開啟應用程式，點擊介面上的照相鈕，接著選擇 Art Transfer

立即拍照或是選擇上傳圖片來進行轉換

選擇你想要套用的風格，或是查看更多的風格，如下所示

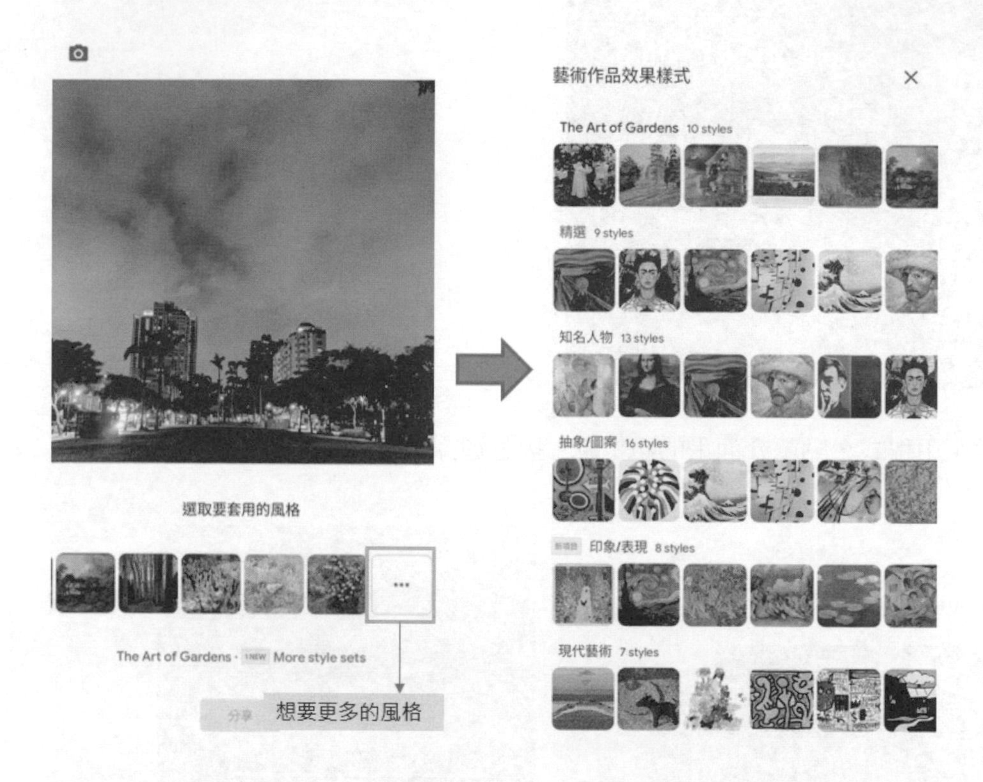

選擇風格後，稍微等一下處理的時間，就可以得到風格轉換後的圖片了

有一些很有名的畫風，如梵谷的星月之夜 (The starry night)，也可以拿來套用喔

原始圖檔

風格轉換

靈感來源：The Starry Night
Vincent van Gogh
MoMA The Museum of Modern Art | Google Arts & Culture

CH23

卷積神經網路的介紹

23-1 全連接層 (fully connected layer)

在之前章節提到的類神經網路，第一層的神經元會與第二層的神經元全部連結 (如下圖所示)，這樣的連結稱為全連接 (fully connection)，使用多層全連接方式的網路架構又稱為全連接層 (fully connected layer，FC layer)

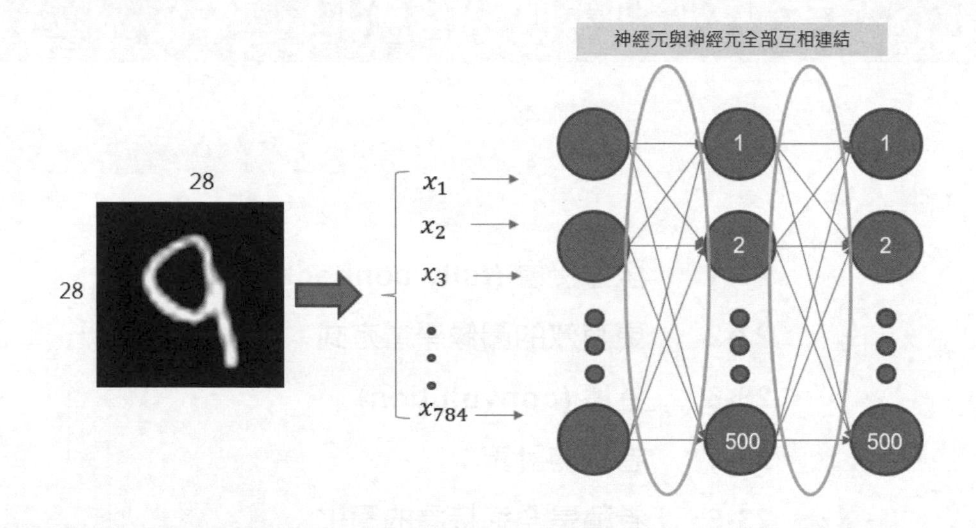

23-2 更有效的圖像學習方式

當圖片輸入至全連接層時，要將陣列先進行 flatten 的處理 (如下圖)，但圖片的每個像素都是有用的嗎？

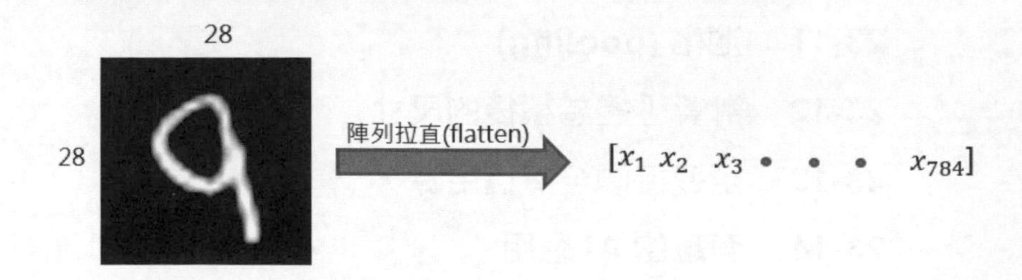

以下這張手寫辨識圖為例，邊緣的資訊輸入至全連接層對於學習數字的形狀是沒有幫助的

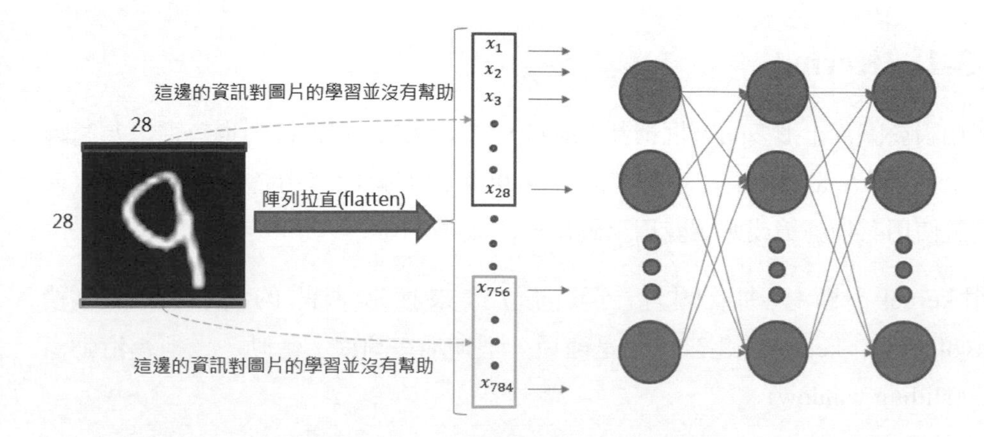

為了更有效地學習圖片的形狀，改使用小方框的方式來學習圖片的形狀

小方框會從圖片的左上方開始，往右邊逐步移動，接著往下逐步移動，最後小方框會移動至圖片的右下角。

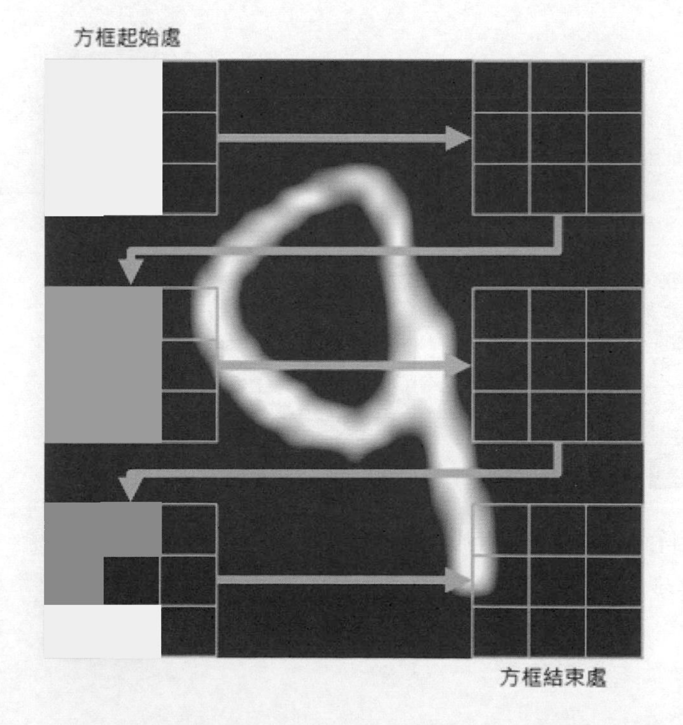

卷積 (convolution)

23-3-1 Kernel

這個相對於圖片小很多的方框稱為 kernel，中文翻譯成卷積核，也有稱之為濾鏡 (filter)、遮罩 (mask)，現在手機有許多 APP 可以讓圖片套用各種濾鏡，其實就是在說使用某種濾鏡或遮罩套用至圖片後的效果。

使用 kernel 不斷移動至圖片上不同位置來獲取資訊的方法稱為卷積 (convolution)，kernel 看起來就像是窗戶，不斷地在圖片上滑動，也稱為滑動窗戶法 (sliding window)

如上圖範例的是 3 x 3 的卷積核，尺寸稱為 kernel size，尺寸的設定是超參數，可以設定大一點 (如 11 x 11)、設定非常小 (如 1 x 1)、長寬不一致 (如 5 x 3)、偶數 (如 4 x 4) 都可以。

一般常用的 kernel size 是 3 x 3

23-3-2 Stride

Kernel 每一次移動的格數稱為 stride，中文翻譯成步幅或步長，下圖是 stride=1 的移動範例。

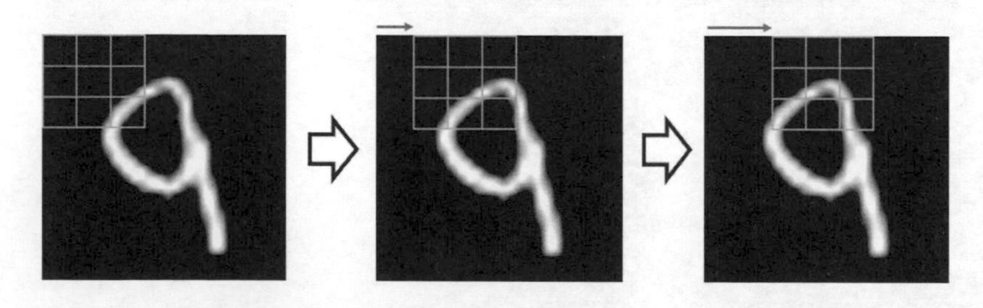

步幅的設定是超參數，可自行設定水平方向與垂直方向的大小，若沒有特別說明，垂直步幅會使用與水平步幅相同的設定。

一般常用的 stride 是 1

23-3-3 Padding

承上，當 stride=2 的時候，水平方向或垂直方向無法被 stride 整除的時候，通常是移動到邊緣的時候，會進行 padding，讓卷積可以經過所有的像素。

中文翻譯為填值或補值，數值一般會補上 0，因為 0 代表全黑，不會影響圖片的表現。

補值示意圖如下圖

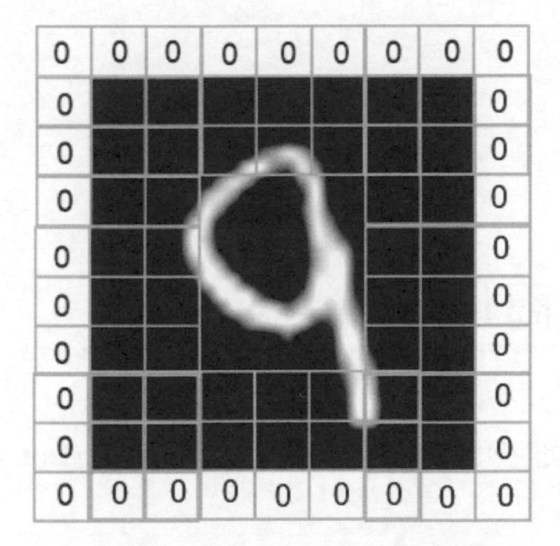

23-4 卷積的計算

進行卷積時，在不同時間下，kernel 會移動至圖片上的不同位置，kernel 的權重與對應的圖片像素相乘加總得到結果。

下圖是在 t=0 時， kernel 與對應的圖片像素相乘的範例 (假設 kernel 的權重已知)

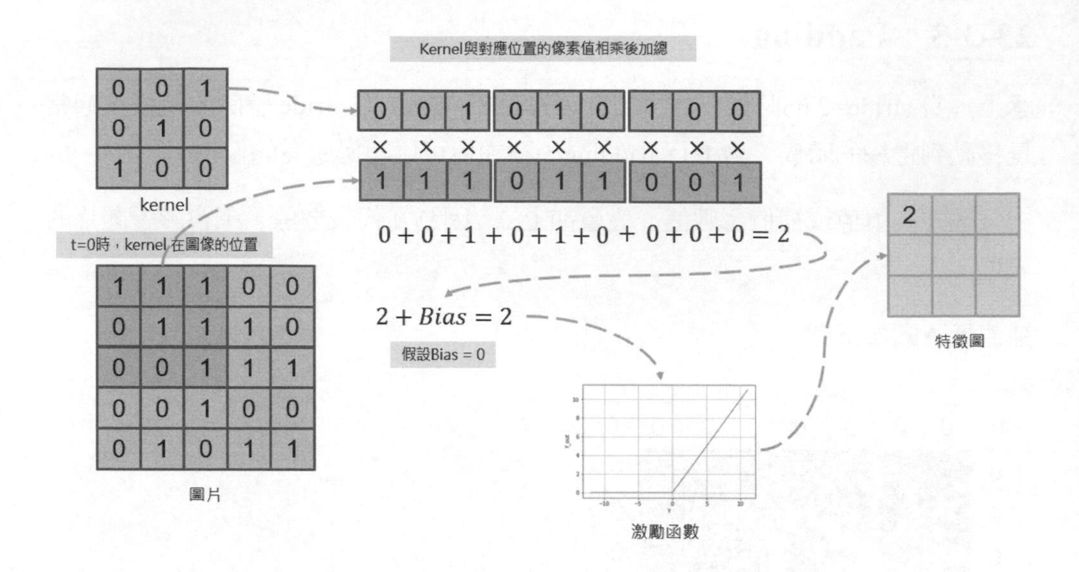

23-5 卷積是全連接層的簡化

Kernel 與對應像素拉直進行相乘是為了方便說明，實際上是進行內積的運算 (Dot Product)

可以理解成像素乘上對應權重，加總後是該圖像位置的特徵總分，將此分數填寫至特徵圖上 (feature map)。

其實卷積是全連接層的簡化，卷積裡的每個權重就是 w，簡化的部分就是只剩下 9 個輸入，如下圖

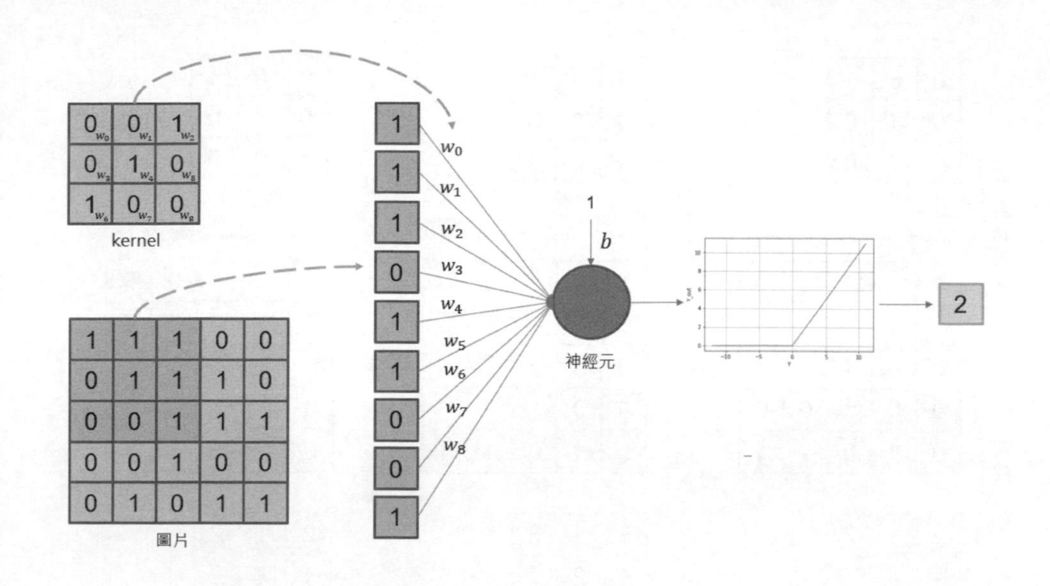

23-6 卷積的完整範例

以下是 kernel 進行卷積的完整過程

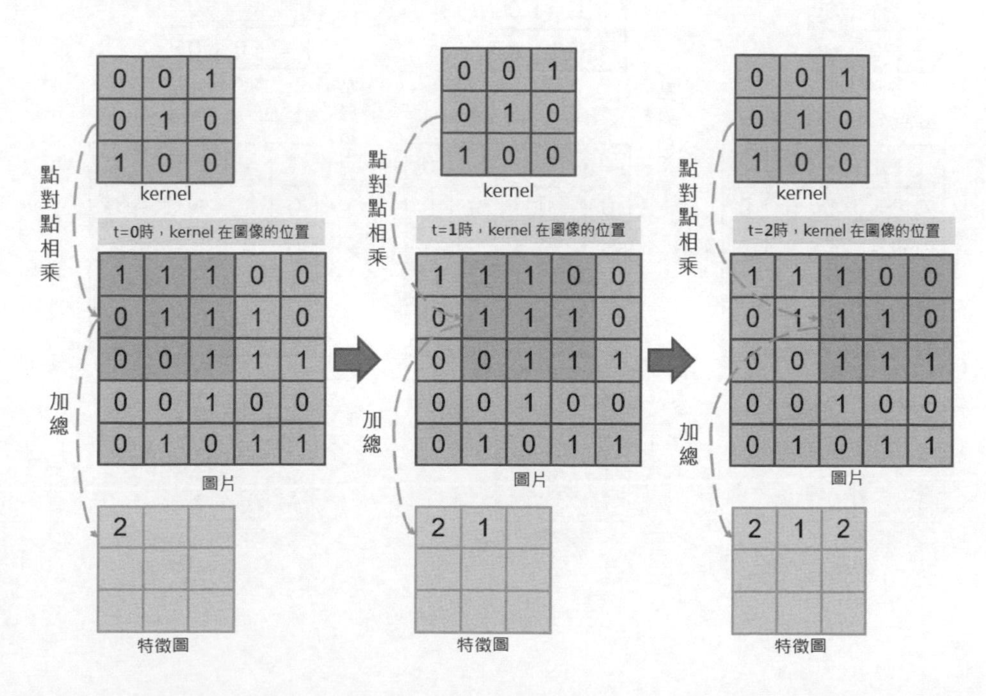

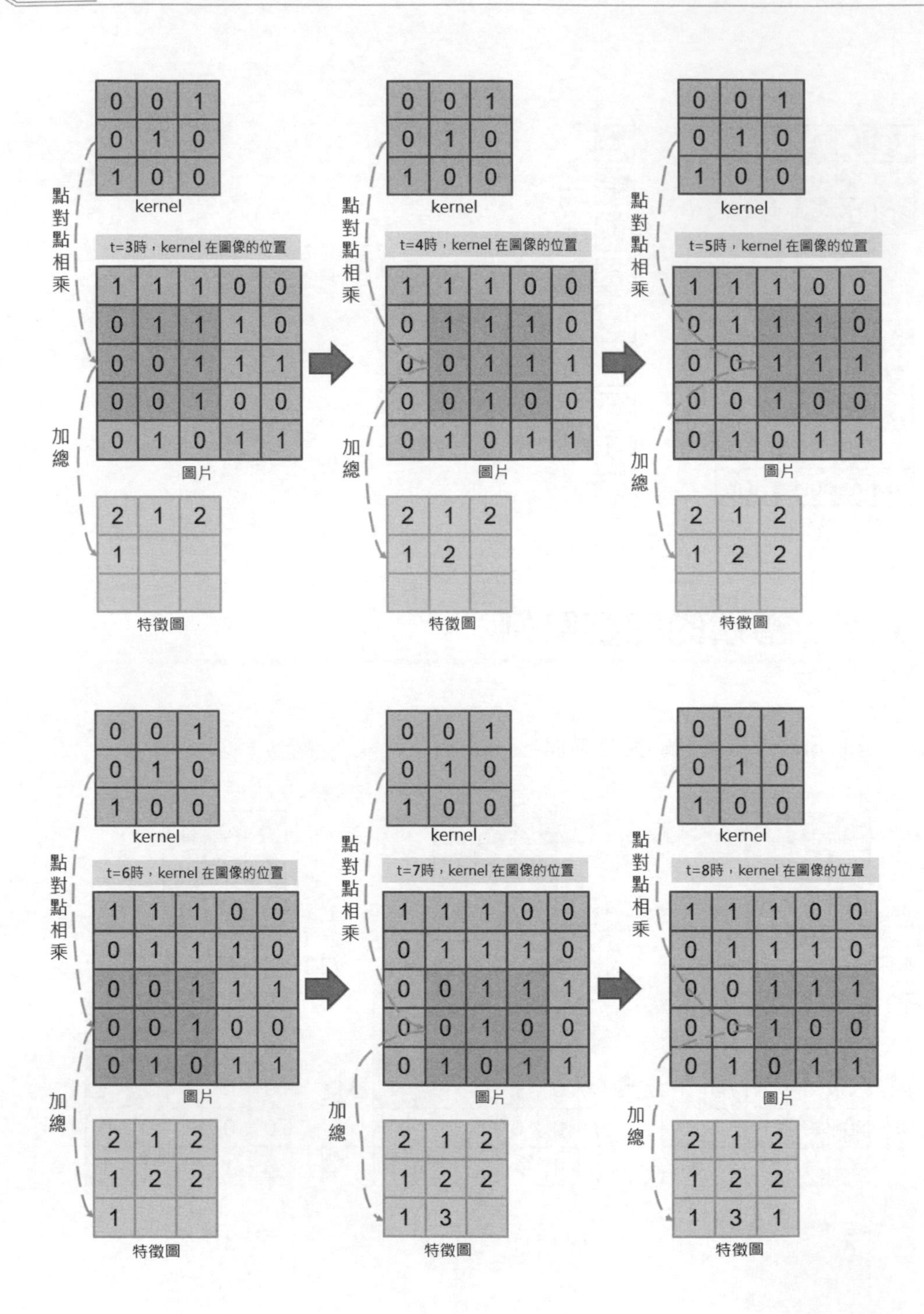

0 0 1
0 1 0
1 0 0
kernel
點對點相乘
t=3時，kernel 在圖像的位置
1 1 1 0 0
0 1 1 1 0
0 0 1 1 1
0 0 1 0 0
0 1 0 1 1
加總
圖片
2 1 2
1
特徵圖
t=4時，kernel 在圖像的位置
2 1 2
1 2
t=5時，kernel 在圖像的位置
2 1 2
1 2 2
t=6時，kernel 在圖像的位置
2 1 2
1 2 2
1
t=7時，kernel 在圖像的位置
2 1 2
1 2 2
1 3
t=8時，kernel 在圖像的位置
2 1 2
1 2 2
1 3 1

23-7 Kernel 學到了什麼

以範例中的 kernel 來說，對角線的權重是 1，其餘都是 0，當 kernel 與圖片對應的位置進行相乘加總後，只有對角線的數值會被保留下來，其他位置的像素值乘上權重 0 都等於 0。

以意義上來解說，kernel 的對角線權重都是 1，其他都是 0，表示想找出圖片是否有對角線的特徵值，其他地方的特徵是不重要的，就設定權重為 0。

要注意的是，這邊舉的 kernel 權重值是比較極端的，目的只是讓讀者們容易理解使用卷積找特徵的概念，實際上的權重值是不會如此極端的。

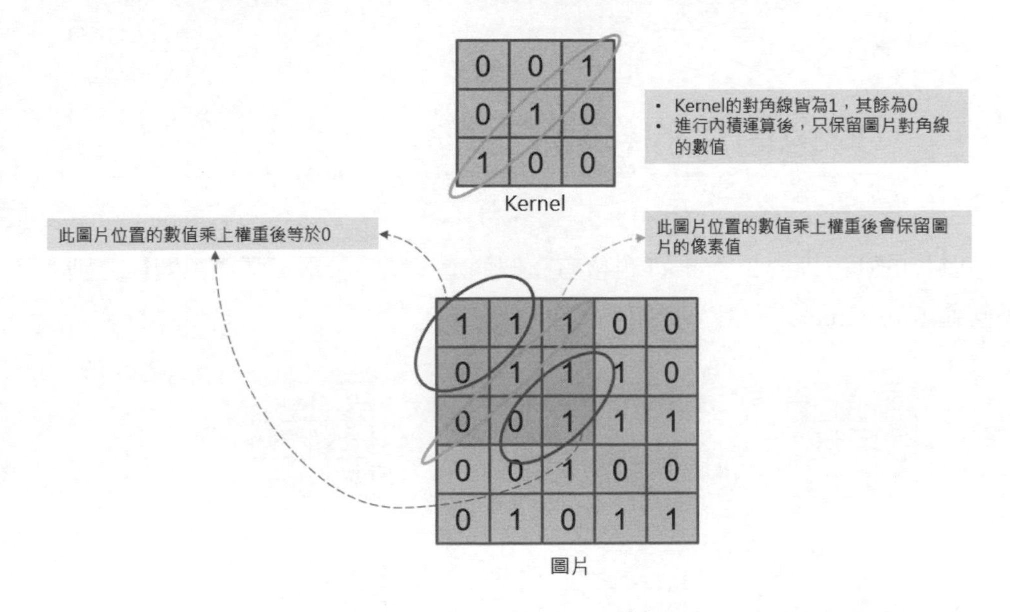

卷積進行完後，會得到不同時間點下，kernel 與圖片對應位置像素值相乘加總後形成特徵圖 (feature map)。

當特徵圖的數值越大，表示圖片中該位置有越明顯的特徵。

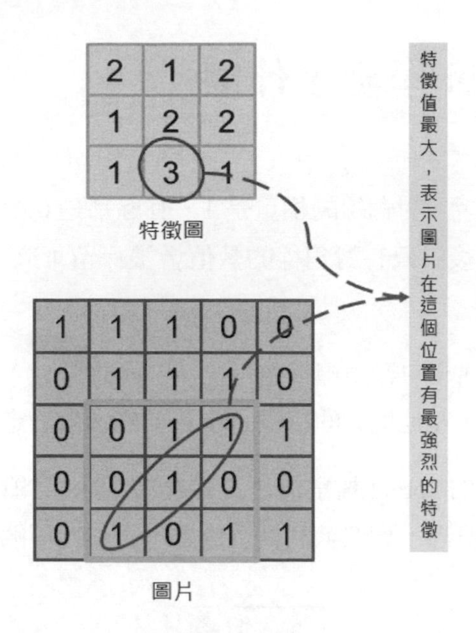

23-8 彩色圖片的卷積方式

彩色圖片的通道等於 3，kernel 也會有 3 個通道，就等於是三張單色圖片分別與不同通道的 kernel 進行計算，如下圖

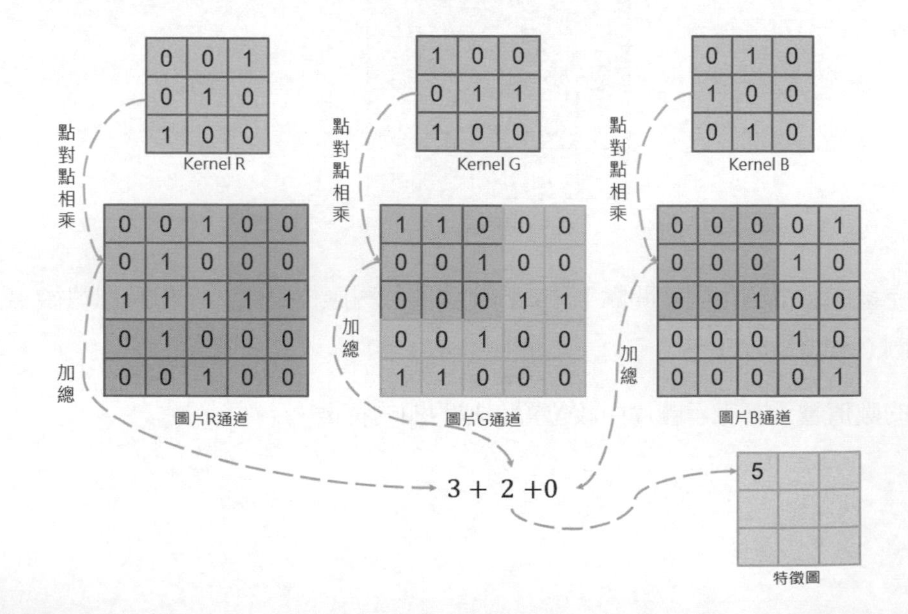

23-9 計算權重數量

使用 1 個 3x3 的 kernel 對單色圖片進行卷積的權重數量計算如下

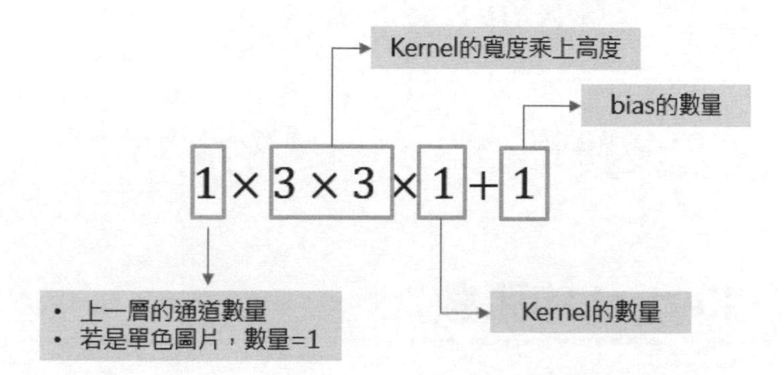

使用 N 個 m x k 的 kernel 對單色圖片進行卷積的權重數量計算如下

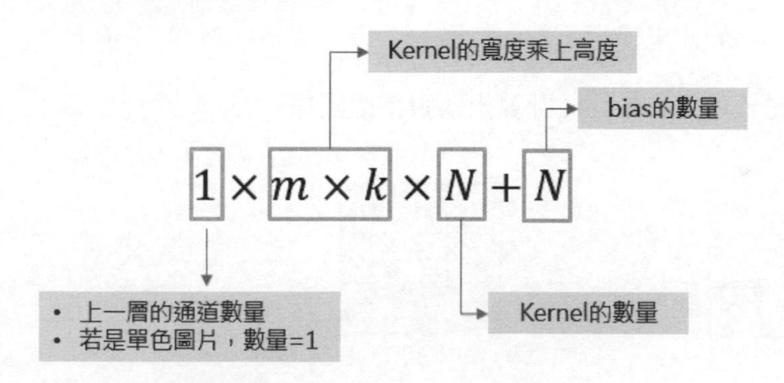

使用 1 個 3x3 的 kernel 對彩色圖片進行卷積的權重數量計算如下

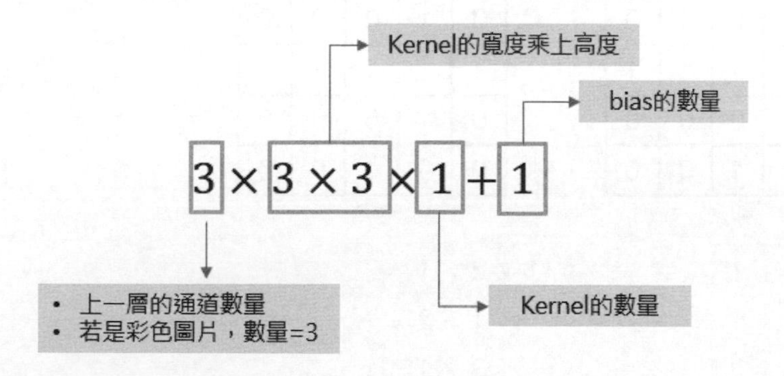

使用 N 個 m x k 的 kernel 對彩色圖片進行卷積的權重數量計算如下

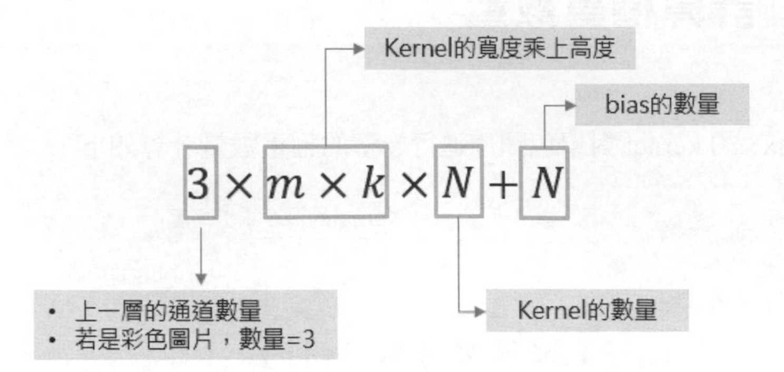

23-10 Kernel 的張數

以使用 3x3 的 kernel 來說，只使用 1 個 kernel 是無法學習到所有的特徵，通常會使用多個 kernel 來學習不同的特徵。

以下範例是使用 4 個 kernel 計算出 4 張特徵圖

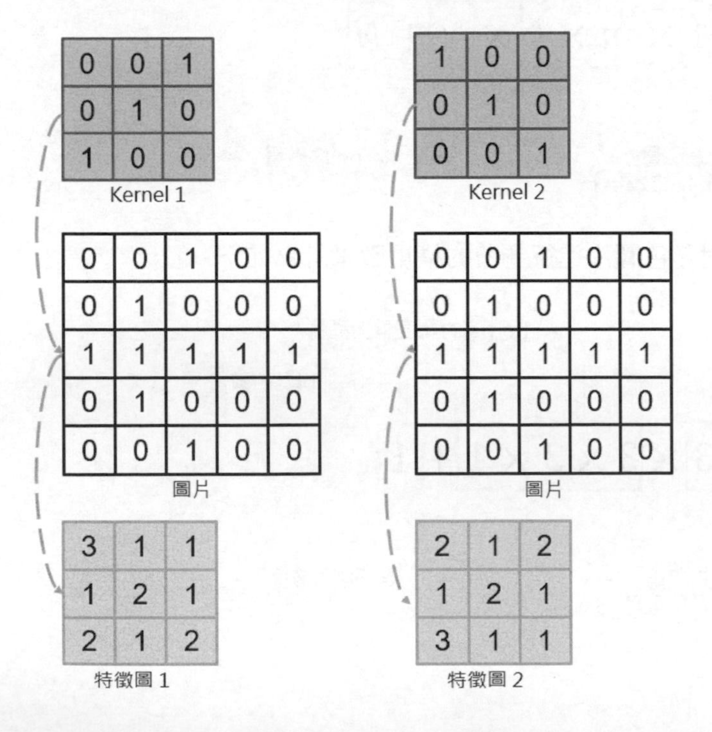

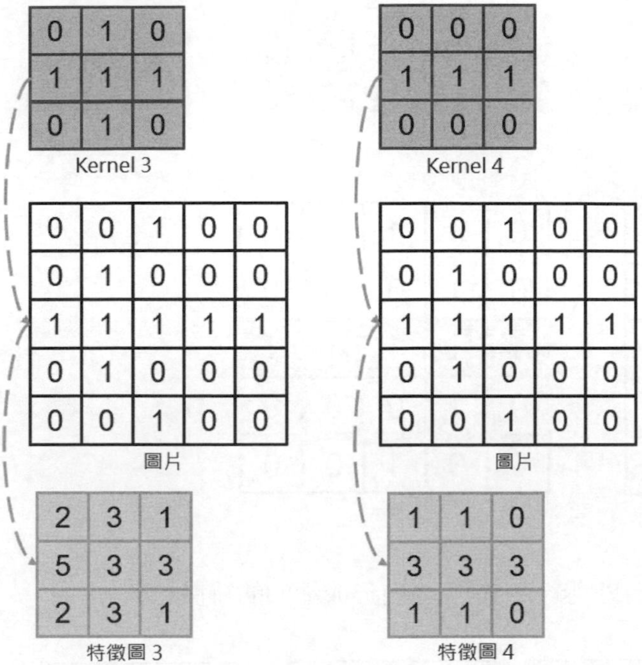

0	1	0
1	1	1
0	1	0

Kernel 3

0	0	0
1	1	1
0	0	0

Kernel 4

0	0	1	0	0
0	1	0	0	0
1	1	1	1	1
0	1	0	0	0
0	0	1	0	0

圖片

0	0	1	0	0
0	1	0	0	0
1	1	1	1	1
0	1	0	0	0
0	0	1	0	0

圖片

2	3	1
5	3	3
2	3	1

特徵圖 3

1	1	0
3	3	3
1	1	0

特徵圖 4

接著，我們從特徵圖中最大的數值就可以知道，圖片的對應位置擁有最明顯的特徵。

以下是從不同的特徵圖標出圖片最強烈的特徵位置

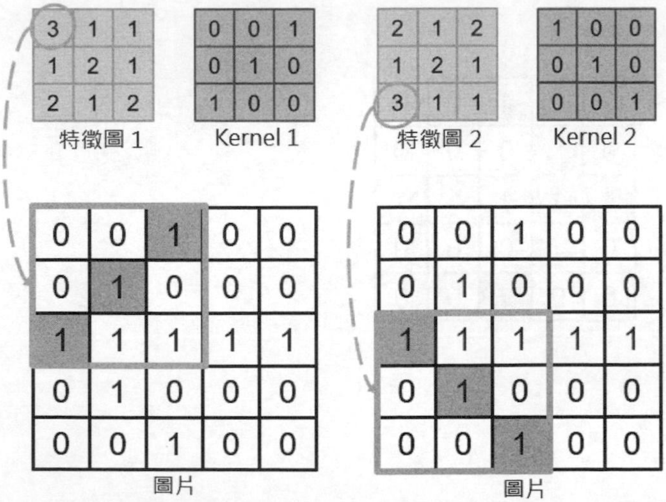

3	1	1
1	2	1
2	1	2

特徵圖 1

0	0	1
0	1	0
1	0	0

Kernel 1

2	1	2
1	2	1
3	1	1

特徵圖 2

1	0	0
0	1	0
0	0	1

Kernel 2

0	0	1	0	0
0	1	0	0	0
1	1	1	1	1
0	1	0	0	0
0	0	1	0	0

圖片

0	0	1	0	0
0	1	0	0	0
1	1	1	1	1
0	1	0	0	0
0	0	1	0	0

圖片

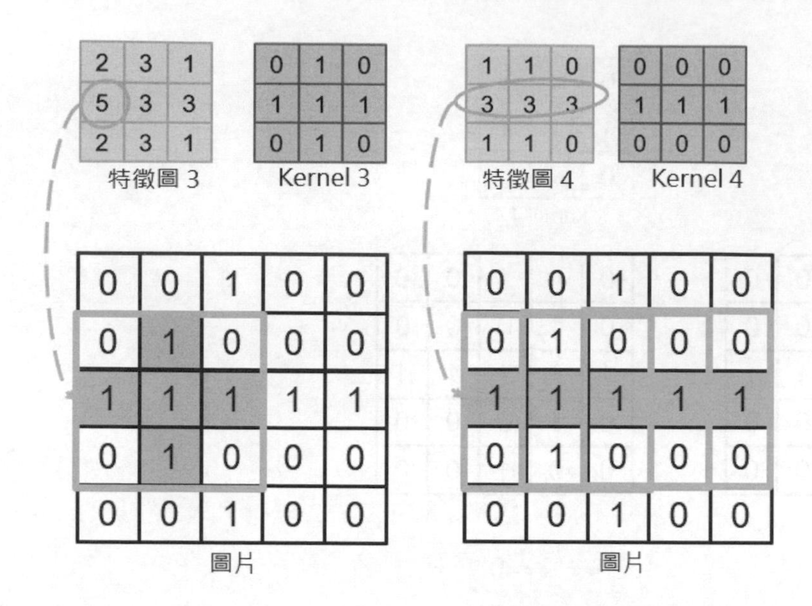

使用這 4 個的 kernel 就可以找到圖片中是否含有形成箭頭的特徵

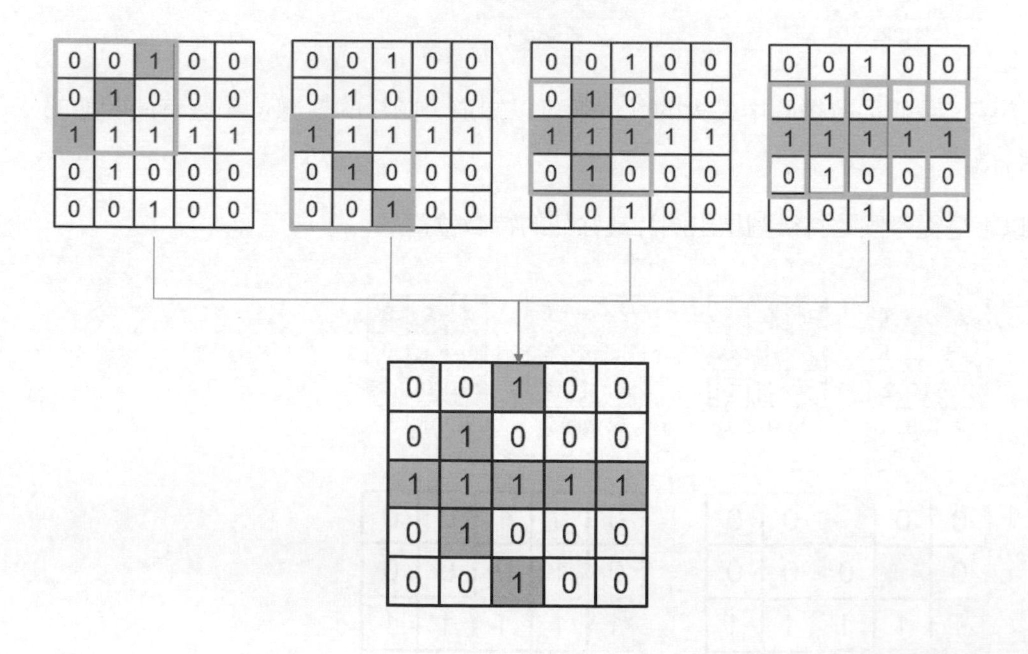

23-11 池化 (pooling)

池化的概念是，當一張圖片的高度與寬度都縮減一半時，並不會影響圖片的辨識結果 (如下圖)。

使用此概念應用至特徵圖，可以縮減一半的高度與寬度，但仍保有特徵。

池化的目的是特徵圖的尺寸很大時，計算量會非常大，會耗用很多電腦資源，若高度與寬度都縮減一半後，縮減後的圖片大小只剩下原本圖片的 1/4，計算量可以節省 50% 以上。

進行縮減的時候，高度與寬度會同時縮減，不會只有高度或寬度，為的是要保持形狀的比例，例如一張有圓形物體的圖片，若只進行高度的縮減，就不再是圓形，而是橢圓形了。

池化是圖片次取樣 (subsampling) 的方法之一，若不使用池化，也可以在進行卷積時，步長設定成 2，一樣可以達到次取樣的目的。

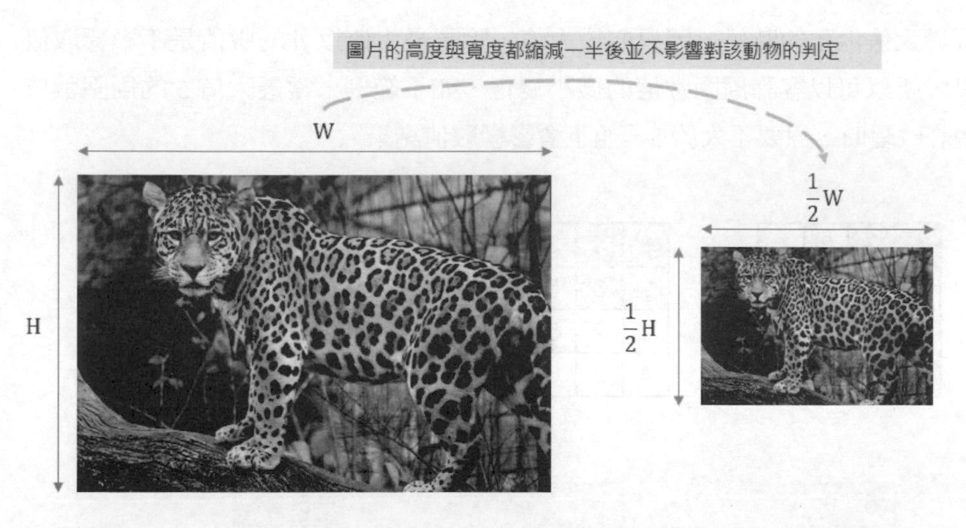

圖片來源 : https://pixabay.com/photos/animal-world-mammal-nature-animal-3193850/

池化的做法是使用 kernel 進行卷積，stride 會大於等於 2，找出特徵圖每個區域的最大值 (maximum pooling) 或平均值 (average pooling)，縮減特徵圖的寬度與高度，來減少計算量。

池化可以直接計算，不需要有任何神經元進行任何的學習。

大部分的情況都會使用最大值池化 (maximum pooling)，stride 設定為 2，意思是保有原本特徵圖裡最強烈的特徵，如下範例。

原本 4x4 的特徵圖，經過最大值池化後會形成 2x2 的特徵圖

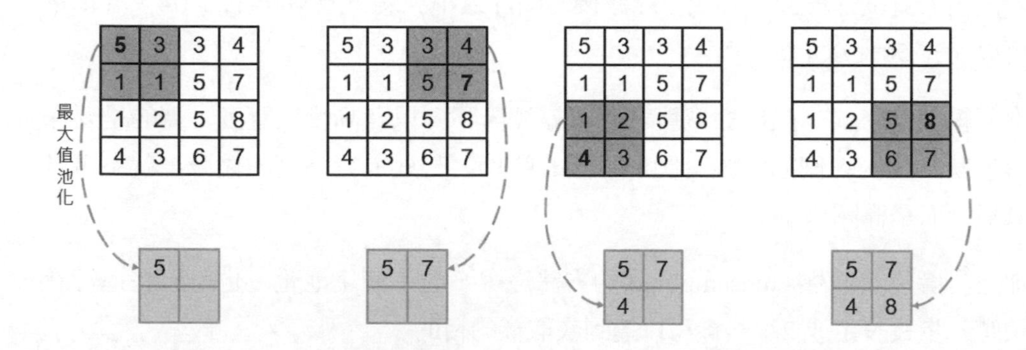

進行最大值池化的時候，因只取最大值，除了最大值以外的數值是不影響取值結果，所以可以容許周圍數值的微小變化，如下範例，當最大值 5 的周圍數值有些許改變時，只要不大於 5，並不會影響取值結果。

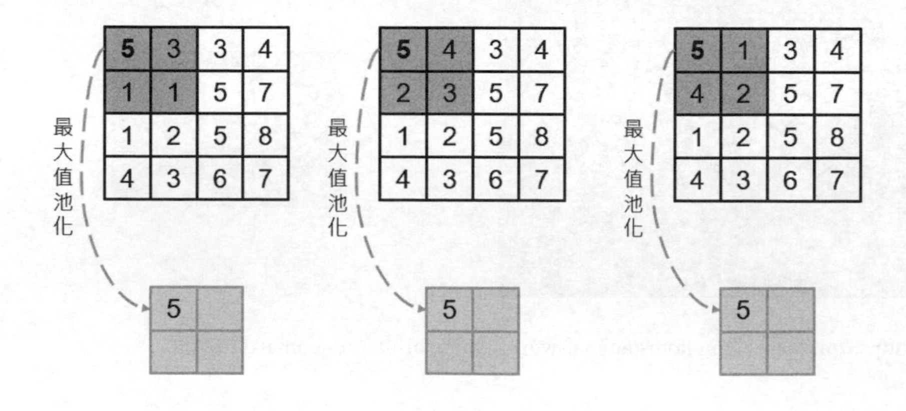

23-12 計算經過卷積後的尺寸

圖片經過卷積後的特徵圖寬度計算說明如下

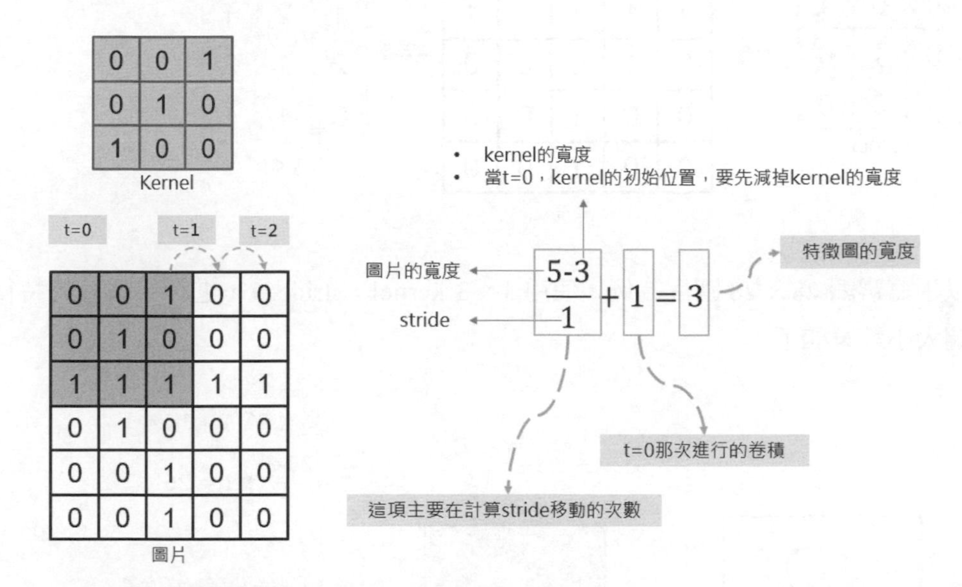

圖片經過卷積後的特徵圖高度計算說明如下

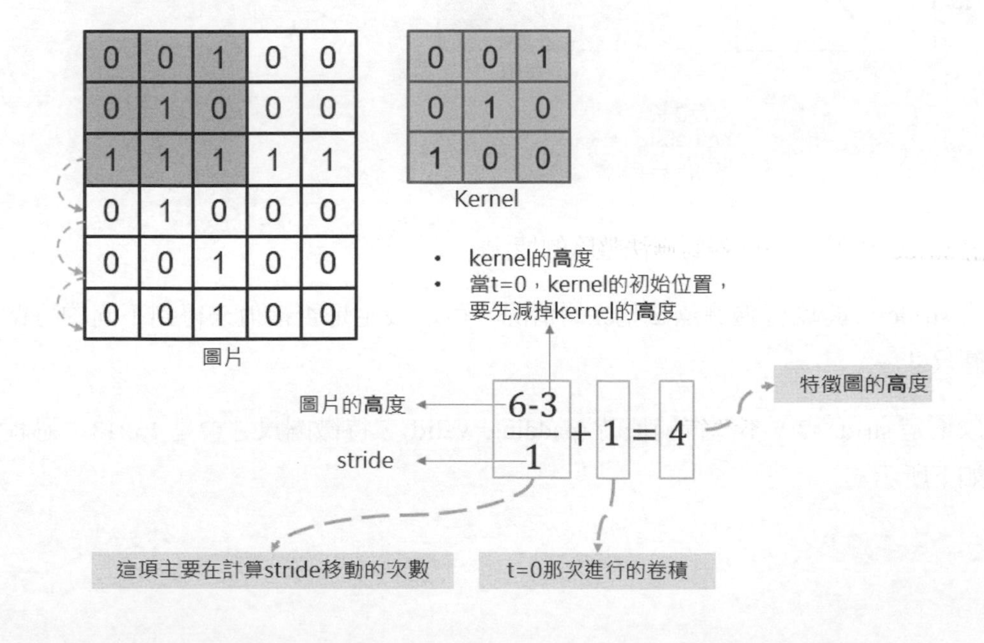

整理如下

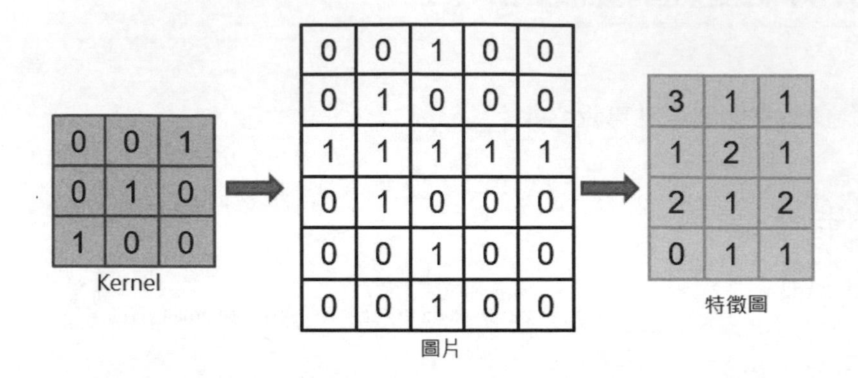

以手寫辨識 28 x 28 圖片為例，使用 3 x 3 kernel，stride=1，進行卷積後的特徵圖大小計算如下。

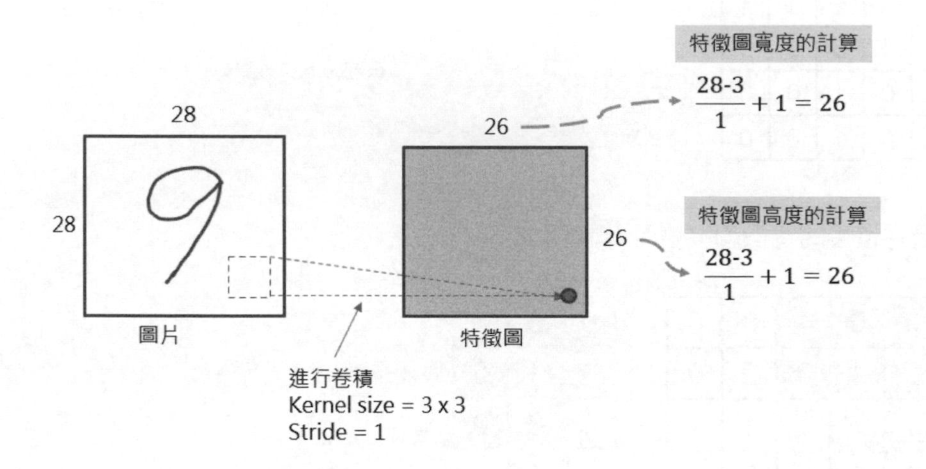

當 stride=1 時，不會遇到無法整除的情況

當 stride=2 時就會遇到無法整除的情況，可以設定是否補值來得到不同的特徵圖尺寸。

以下是 stride=2，不進行補值時 (padding=valid)，特徵圖尺寸會是 13x13，過程如下所示。

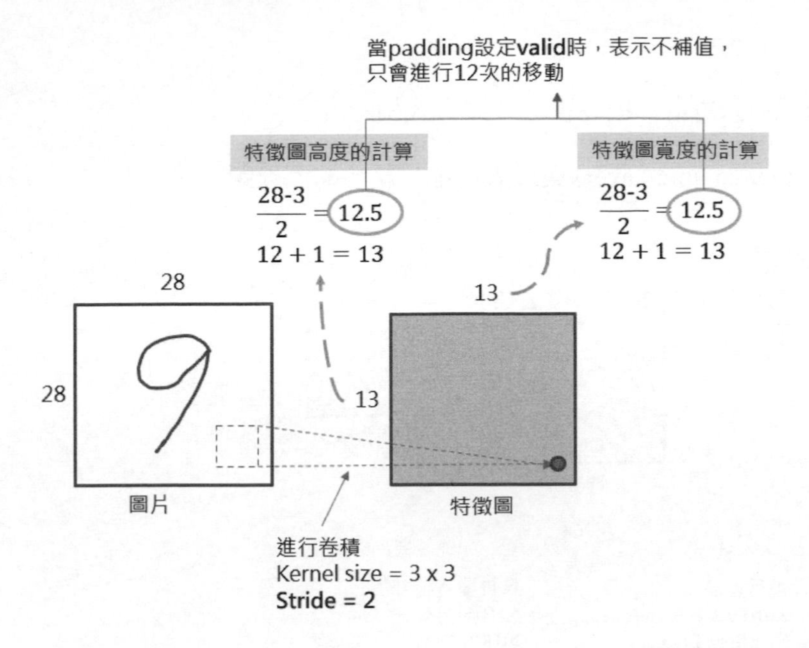

以下是 stride=2，進行補值時 (padding=same) ，特徵圖尺寸會是 14x14，過程如下所示。

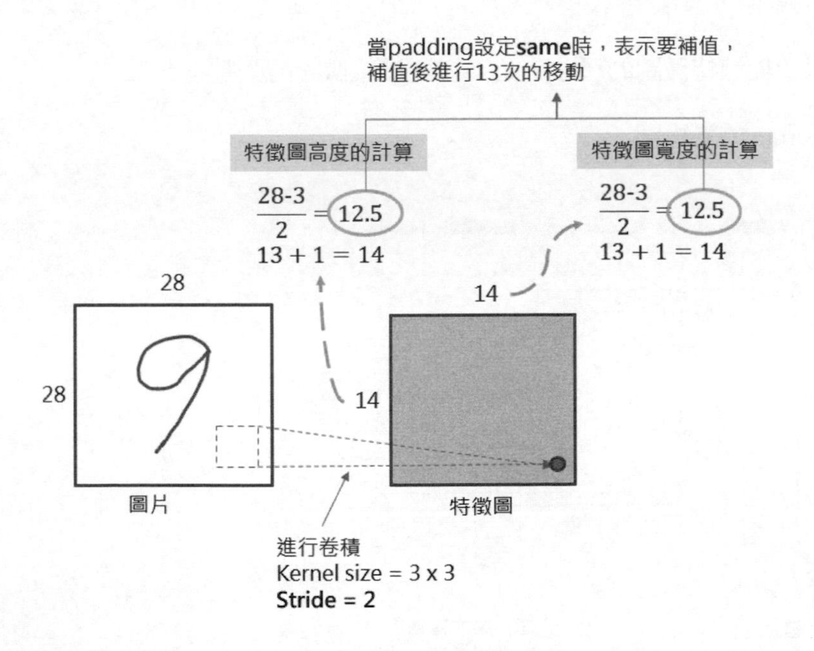

卷積與最大值池化的結合

最大值池化後的特徵圖尺寸計算與卷積的計算方式相同。

以下是一個卷積層 (convolution layer) 與最大值池化結合的流程圖

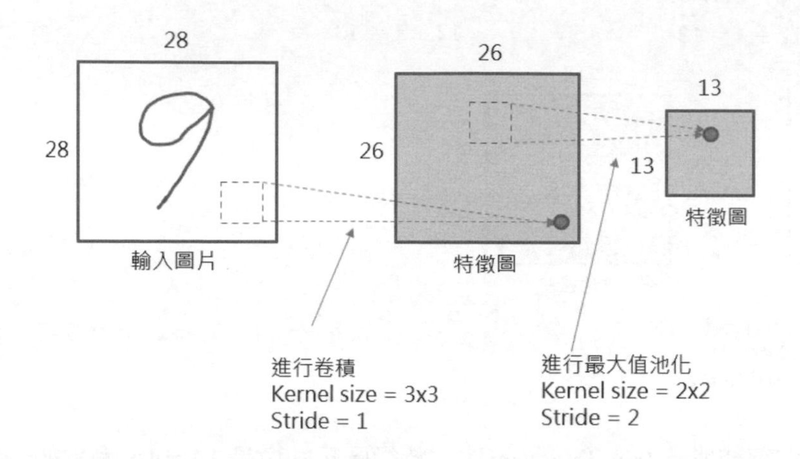

剛剛有提到會使用多個 kernel 來學習不同的特徵，舉例來說，若使用 3 個 kernel 就會產生 3 張特徵圖。

進行最大值池化只會縮減特徵圖的尺寸，並不會增減特徵圖的張數

下圖為使用 3 個 kernel 的過程圖

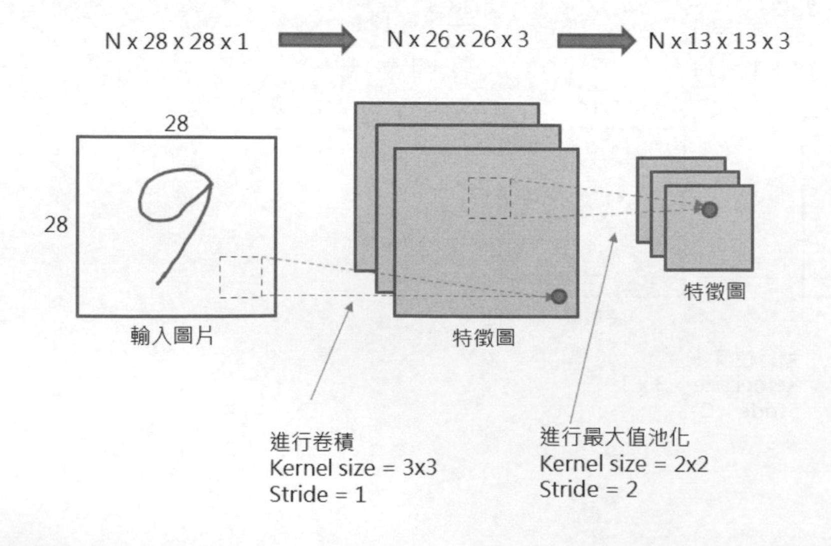

由一個或多個卷積層建立而成的類神經網路就稱為卷積神經網路 (Convolutional Neural Network, CNN)，如下圖所示。

經過越來越多的卷積層，特徵圖的尺寸會越來越小，而通道數量會越來越多。

當特徵圖的尺寸隨著多次的卷積層縮減至設定的尺寸，如 7 x 7、5 x 5、3 x 3，就可以停止。

輸入卷積神經網路的圖片尺寸、要建立幾層卷積層、要讓特徵圖縮減至多小的尺寸也都是超參數。

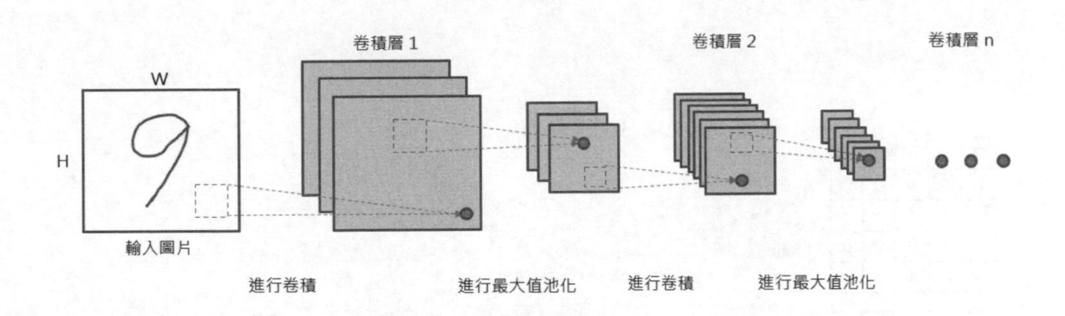

23-13 全連接層全然無用嗎？

不使用圖片的所有資料進入全連接層主要是因為圖片中有許多不重要、不需要的資料造成大量而無謂的計算。

倘若輸入的資料已經是重要的數值，就可以使用全連接層來給予每個重要資訊不同的權重。

使用卷積得到的特徵圖就是扮演著收集重要資訊的角色。

之前提到的箭頭圖案，經過卷積後的特徵圖拉直後與全連接層相連的情況，如下圖所示。

圖中的全連接層僅使用 2 個神經元來說明，實際使用上可以使用多層多個神經元。

經過學習後，那些代表著重要特徵的數值會得到比較大的權重。

當輸入擁有該類別特徵的圖片，經過卷積層後，符合特徵的區域會轉換成較大數值，乘上較大的權重等過程後，輸出該類別的機率值會是較高的。

當輸入沒有該類別特徵的圖片，經過卷積層後，因沒有符合特徵，特徵圖上的數值都是相對很小，乘上權重等過程後，輸出該類別的機率值會是較低的。

用來降低全連接層過擬合 (overfitting) 的 dropout 也會一併使用。

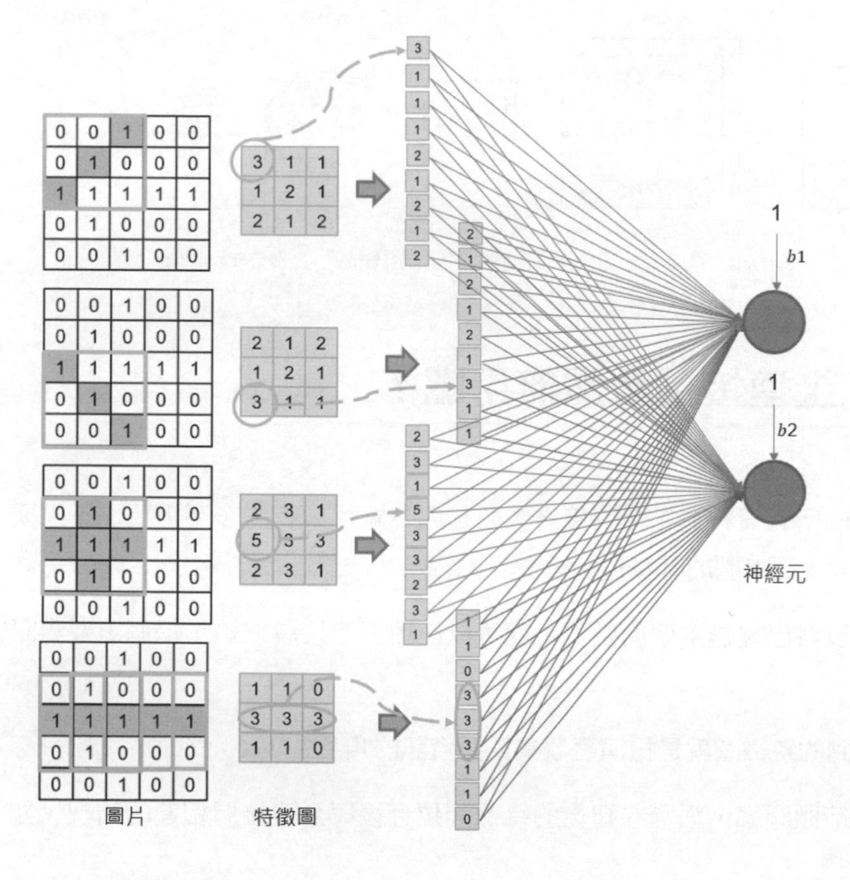

經過全連接層後的 softmax 函數、損失函數、權重最佳化等過程都是與類神經網路的模式相同。

最後整理一下完整的卷積神經網路，如下圖

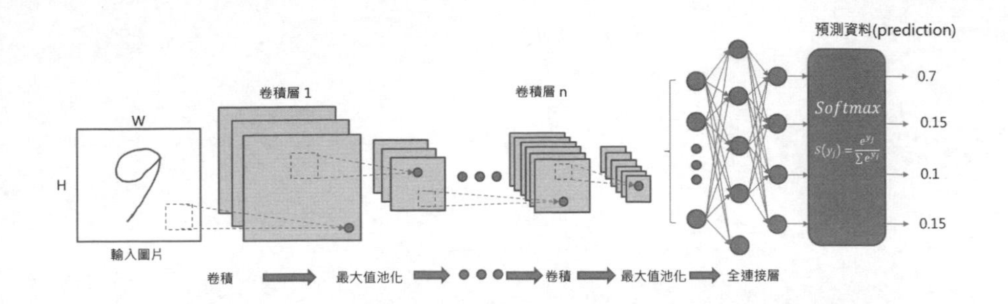

23-14 有趣的 AI 應用

還記得哈利波特裡圖像都是會說話的嗎 ?AI 的技術真的可以讓一張照片活了過來。

這是基因公司 MyHeritage 提供的服務，只要上傳一張人臉圖片，AI 技術就會生成一小段影片，讓照片裡的人像眨眼、微笑與轉頭喔。

對於那些非常思念逝去親人來說，可以使用該網站來一解思念之情喔。

由於是影片，無法展現給讀者們觀看，煩請直接至網站上傳圖片測試看看。

來源 :https://www.myheritage.tw/deep-nostalgia

CH24

建立卷積神經網路

24-1 前言

這一章節會逐步教導建立卷積神經網路 (CNN) 並進行訓練

有些函數在建立類神經網路的章節說明過，在本章節會直接拿來用，所以要先熟悉建立類神經網路的章節喔。

24-2 匯入套件

24-2-1 匯入 Tensorflow 套件

```
import tensorflow
if tensorflow.__version__.startswith('1.'):
    import tensorflow as tf
    from tensorflow.python.platform import gfile
else:
    import tensorflow as v2
    import tensorflow.compat.v1 as tf
    tf.disable_v2_behavior()
    import tensorflow.compat.v1.gfile as gfile
print("Tensorflow version:{}".format(tf.__version__))
```

```
Tensorflow version:2.5.0
```

24-2-2 匯入其他套件

```
import matplotlib.pyplot as plt
import os
import math
import numpy as np
```

這次會教大家如何儲存訓練後的權重檔，會使用到 os 套件進行資料夾的處理

24-3 匯入資料集

一樣使用手寫辨識資料集 Mnist，這部分的程式碼與建立神經網路章節提到的相同。

```
(img_train, label_train), (img_test, label_test) = tf.keras.datasets.mnist.load_data()
```

```
print("img_train type:",type(img_train))
print("img_train shape:",img_train.shape)
print("img_train dtype:",img_train.dtype)
print("label_train type:",type(label_train))
print("label_train shape:",label_train.shape)
print("label_train dtype:",label_train.dtype)
```

```
img_train type: <class 'numpy.ndarray'>
img_train shape: (60000, 28, 28)
img_train dtype: uint8
label_train type: <class 'numpy.ndarray'>
label_train shape: (60000,)
label_train dtype: uint8
```

24-4 資料集前處理

24-4-1 資料維度的處理

使用卷積層與全連接層其中不同的一點是輸入資料不用先進行 flatten 的處理。

使用卷積層的輸入資料維度必須要四維，通常單色圖片沒有通道 (Channel) 的維度，必須使用 np.expand_dims() 進行擴展。

訓練集與驗證集都要進行擴展

np.expand_dims() 函數裡的 axis 會輸入 -1，因為通道維度通常是所有維度的最後一維，程式碼如下

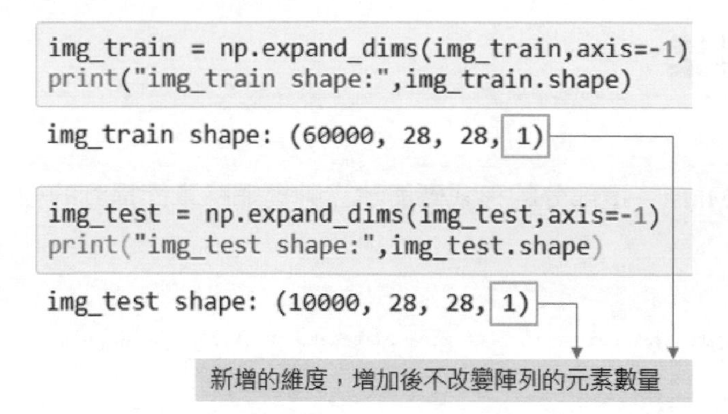

img_train = np.expand_dims(img_train,axis=-1)
print("img_train shape:",img_train.shape)
img_train shape: (60000, 28, 28, 1)
img_test = np.expand_dims(img_test,axis=-1)
print("img_test shape:",img_test.shape)
img_test shape: (10000, 28, 28, 1)
新增的維度，增加後不改變陣列的元素數量

24-4-2 資料標準化 (Normalization)

資料的標準化或正規化意義是將資料的數值範圍縮放至設定的區間

所謂的標準化並不是意味著國際標準或是什麼機構定出來的標準，而是以自行定義的數值區間去進行資料的標準化，讓所有資料的數值範圍都可以落在自定義的區間裡，成為標準化的資料。

最常見的標準化範例就是貨幣的轉換，舉例來說，在台灣看到的物品價格都是以新台幣 (NTD) 進行標價，即使不寫新台幣，內心也知道是新台幣的價格。當出國去美國玩的時候，看到物品的價格時，心中就會自動地將數值乘上 30，換算成新台幣；去到韓國，心中就會自動地將價格除以 40。

對台灣人來說，貨幣的標準就是新台幣，其他國家的價格就是非標準化的數值，要經過標準化的換算 (匯率的計算) 才有辦法去衡量價格是否高或低。

而對不同國家的人來說，貨幣的標準就會是不一樣的。

圖片的數值範圍是 0 ~ 255(uint8)，不會有負數，所以最簡單的方式就是將所有的數值除以 255，讓所有數值落在 0 ~ 1 之間，這就好像去某個國家旅行，換算匯率是除以 255。

在進行模型訓練時，資料的標準化有助於權重最佳化的效果。

訓練集與驗證集都要進行標準化

資料標準化的程式碼如下

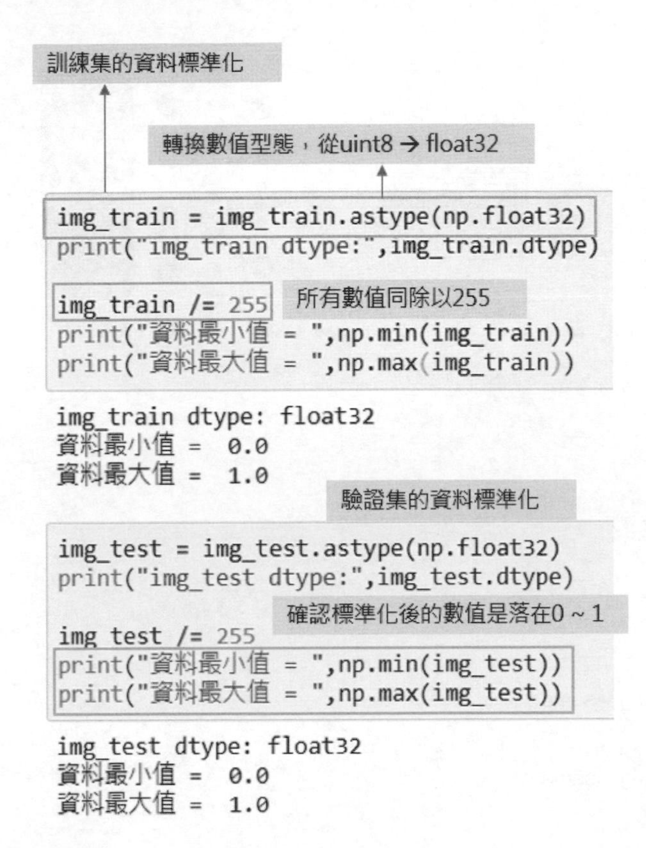

訓練集的資料標準化
轉換數值型態，從uint8 → float32
img_train = img_train.astype(np.float32)
print("img_train dtype:",img_train.dtype)
img_train /= 255
所有數值同除以255
print("資料最小值 = ",np.min(img_train))
print("資料最大值 = ",np.max(img_train))
img_train dtype: float32
資料最小值 = 0.0
資料最大值 = 1.0
驗證集的資料標準化
img_test = img_test.astype(np.float32)
print("img_test dtype:",img_test.dtype)
確認標準化後的數值是落在0 ~ 1
img_test /= 255
print("資料最小值 = ",np.min(img_test))
print("資料最大值 = ",np.max(img_test))
img_test dtype: float32
資料最小值 = 0.0
資料最大值 = 1.0

注意：在執行資料標準化程式碼時只能夠執行一次，如果不小心又執行一次，所有的數值就會再除以 255

24-5 建立計算圖

欲建立的卷積神經網路 (CNN) 如下圖，會有 2 個卷積層，2 個池化層，接著全連接層，最後經過 softmax 函數，得到各類別的機率

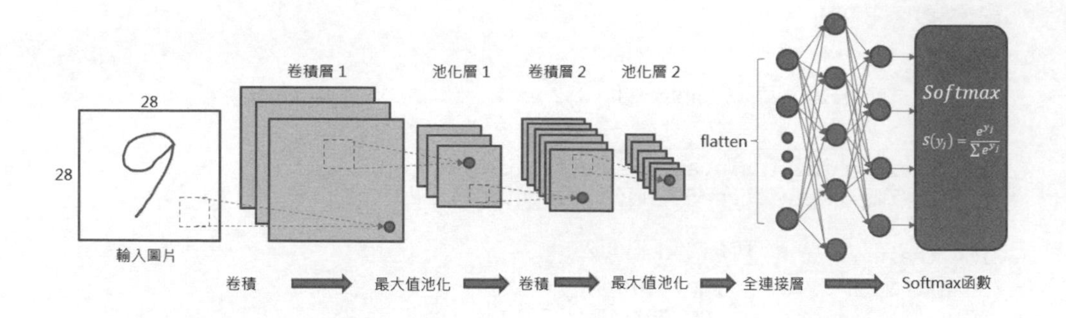

詳細的設定屬性如下

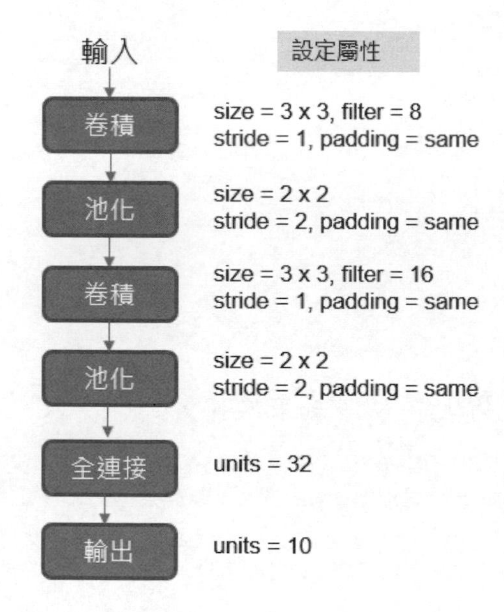

24-6 宣告 tf.placeholder

tf_input 的 shape 要設定成四維的 [None,28,28,1]

tf_label 與 tf_keep_prob 都與建立神經網路時相同

因程式碼較長，僅貼上說明的部分，可使用程式碼行數進行對照。

```
1  with graph_1.as_default():
2      #----建立tf.placeholder()，接收非張量型態的資料
3      tf_input = tf.placeholder(tf.float32,shape=[None,28,28,1],name='input')
4      tf_label = tf.placeholder(tf.int32,shape=[None],name="label")
5      tf_keep_prob = tf.placeholder(tf.float32,name='keep_prob')
6
```

進行卷積的函數會使用 tf.layers.conv2d()，這是比較高階的函數，使用上比較方便。

進行最大值池化的函數會使用 tf.layers.max_pooling2d()

使用方式如下說明

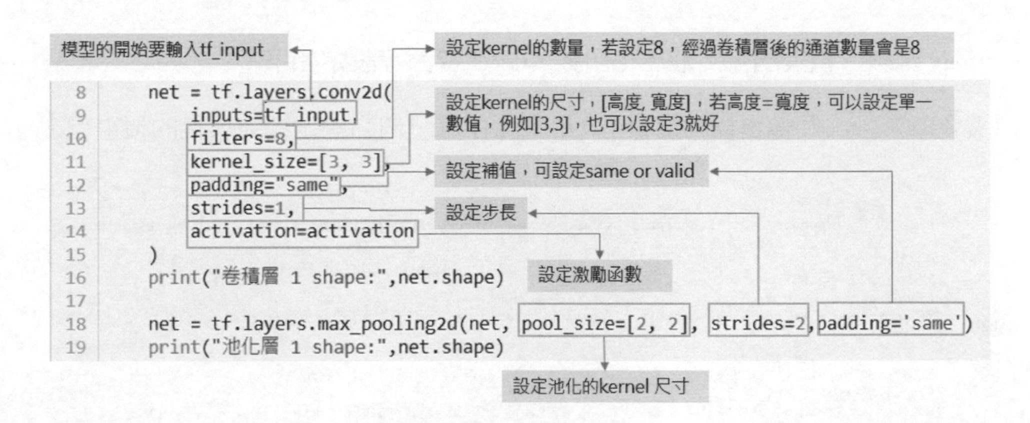

當步長設定為 1 時，補值 (padding) 設定為 same 或 valid 都一樣，因為 kernel 一步一步進行移動是不會有圖片格數不夠的問題，都不需要補值。

倘若步長 =2，補值設定 valid 表示不會補值，當圖片格數不夠時就會停止；補值設定 same 時，當圖片格數不夠會進行補值。

第二個卷積層、第二個池化層、陣列、陣列拉直 (flatten)、全連接層 (FC)、dropout、輸出層設定如下

```
21    net = tf.layers.conv2d(
22        inputs=net,
23        filters=16,
24        kernel_size=[3, 3],
25        padding="same",
26        strides=1,
27        activation=activation
28    )
29    print("卷積層 2 shape:",net.shape)
30
31    net = tf.layers.max_pooling2d(net, pool_size=[2, 2], strides=2,padding='same')
32    print("池化層 2 shape:",net.shape)
33
34    net = tf.layers.flatten(net)
35    print("陣列拉直後 shape:",net.shape)
36
37    net = tf.layers.dense(inputs=net, units=32, activation=activation)
38    print("全連接層 shape:",net.shape)
39
40    net = tf.nn.dropout(net, keep_prob=tf_keep_prob)#加入dropout
41
42    output = tf.layers.dense(inputs=net, units=10, activation=None)#輸出層就不需使用激勵函數
43    print("輸出層 shape:",output.shape)
```

softmax 函數、損失函數、最佳化函數、GPU 資源等設定如下

這邊會多宣告一個權重檔的儲存器，用來儲存每一個訓練週期完成後的權重檔。

```
48     #----設定損失函數
49    tf_loss = tf.reduce_mean(tf.nn.sparse_softmax_cross_entropy_with_logits(labels=tf_label,logits=output),
50                   name="loss")
51
52    #----設定最佳化函數
53    learning_rate = 1e-4
54    tf_optimizer = tf.train.AdamOptimizer(learning_rate=learning_rate).minimize(tf_loss)
55
56    #----設定儲存權重的資料夾
57    if not os.path.exists(save_dir):
58        os.makedirs(save_dir)
59    saver = tf.train.Saver(max_to_keep=5)
60
61    #----GPU 資源設定
62    config = tf.ConfigProto(log_device_placement=True,
63                            allow_soft_placement=True)
64    config.gpu_options.allow_growth = True
65
66    sess = tf.Session(graph=graph_1,config=config)
67    sess.run(tf.global_variables_initializer())
```

檢查儲存資料夾是否存在，若不在，建立此資料夾

- 宣告儲存器，用來儲存訓練的權重檔
- max_to_keep是設定資料夾內最多可以有幾個權重檔，若超過會自動刪除

計算圖中的 graph_1、激勵函數、儲存權重檔的資料夾設定會寫在計算圖前的 cell。

如果使用 COLAB，屆時權重會儲存在雲端硬碟，所以要先掛載雲端硬碟，指定儲存權重的資料夾，若還不熟悉，請至**資料夾與檔案的處理**章節觀看

```
1  graph_1 = tf.Graph()
2  activation = tf.nn.relu
3  save_dir = r"F:\model_saver\mnist_CNN"
```

計算圖執行後的結果與說明如下

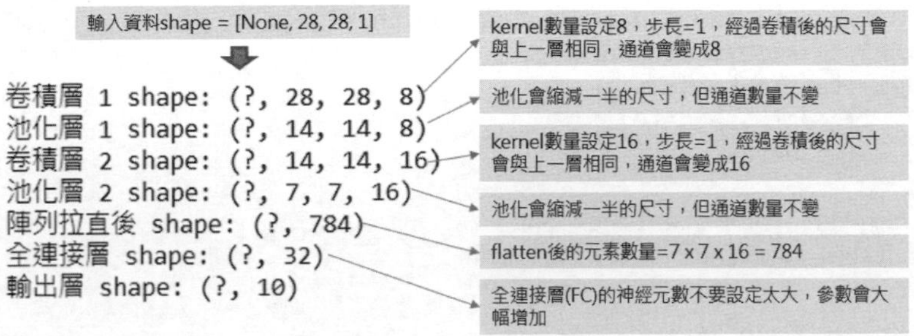

```
卷積層 1 shape: (?, 28, 28, 8)
池化層 1 shape: (?, 14, 14, 8)
卷積層 2 shape: (?, 14, 14, 16)
池化層 2 shape: (?, 7, 7, 16)
陣列拉直後 shape: (?, 784)
全連接層 shape: (?, 32)
輸出層 shape: (?, 10)
```

輸入資料shape = [None, 28, 28, 1]
kernel數量設定8，步長=1，經過卷積後的尺寸會與上一層相同，通道會變成8
池化會縮減一半的尺寸，但通道數量不變
kernel數量設定16，步長=1，經過卷積後的尺寸會與上一層相同，通道會變成16
池化會縮減一半的尺寸，但通道數量不變
flatten後的元素數量=7 x 7 x 16 = 784
全連接層(FC)的神經元數不要設定太大，參數會大幅增加

24-7 計算訓練的參數量

```python
def get_qty_var(tf_graph):
    qty = 0
    with tf_graph.as_default():
        for var in tf.global_variables():

            if var.trainable:
                shape = var.shape
                for i,num in enumerate(shape):
                    if i == 0:
                        product = num
                    else:
                        product *= num
                qty += product

        print("參數數量 = ",qty)
```

```python
get_qty_var(graph_1)
```

```
參數數量 =  26698
```

24-8 建立選取迭代資料的函數

此函數與在建立神經網路的章節相同，直接拿過來用即可。

```
def get_ite_data(img_data,label_data,ite_num,batch_size):
    num_start = batch_size * ite_num
    num_end = num_start + batch_size
    if num_end > img_data.shape[0]:
        num_end = img_data.shape[0]

    ite_data = img_data[num_start:num_end]
    ite_label = label_data[num_start:num_end]

    return ite_data,ite_label
```

24-9 計算損失值函數

此函數與在建立神經網路的章節相同，直接拿過來用即可。

```
def get_loss(img_data,label_data,batch_size,sess,use_dropout=False):
    iterations =math.ceil(img_data.shape[0] / batch_size)
    loss = 0

    for iteration in range(iterations):
        ite_data,ite_label = get_ite_data(img_data,label_data,iteration,batch_size)

        if use_dropout is False:
            loss += sess.run(tf_loss,feed_dict={tf_input:ite_data,tf_label:ite_label})
        else:
            loss += sess.run(tf_loss,feed_dict={tf_input:ite_data,
                                                tf_label:ite_label,
                                                tf_keep_prob:1})

    loss /= iterations

    return loss
```

24-10 計算準確率函數

此函數與在建立神經網路的章節相同，直接拿過來用即可。

```
def get_accuracy(img_data,label_data,batch_size,sess,use_dropout=False):
    iterations = math.ceil(img_data.shape[0] / batch_size)
    correct_count = 0
    prediction_count = 0

    for iteration in range(iterations):
        ite_data,ite_label = get_ite_data(img_data,label_data,iteration,batch_size)

        if use_dropout is False:
            predictions = sess.run(tf_prediction,feed_dict={tf_input:ite_data})
        else:
            predictions = sess.run(tf_prediction,feed_dict={tf_input:ite_data,
                                                            tf_label:ite_label,
                                                            tf_keep_prob:1})
        arg_predictions = np.argmax(predictions,axis=1)
        for arg_prediction, label in zip(arg_predictions,ite_label):
            prediction_count += 1
            if arg_prediction == label:
                correct_count += 1
    acc = correct_count / prediction_count

    return acc
```

24-11 關於 Tensorflow 的權重檔

每一次訓練週期完成後會進行權重檔的儲存。

Tensorflow 的權重檔格式有兩種，CKPT 與 PB 檔案，說明如下。

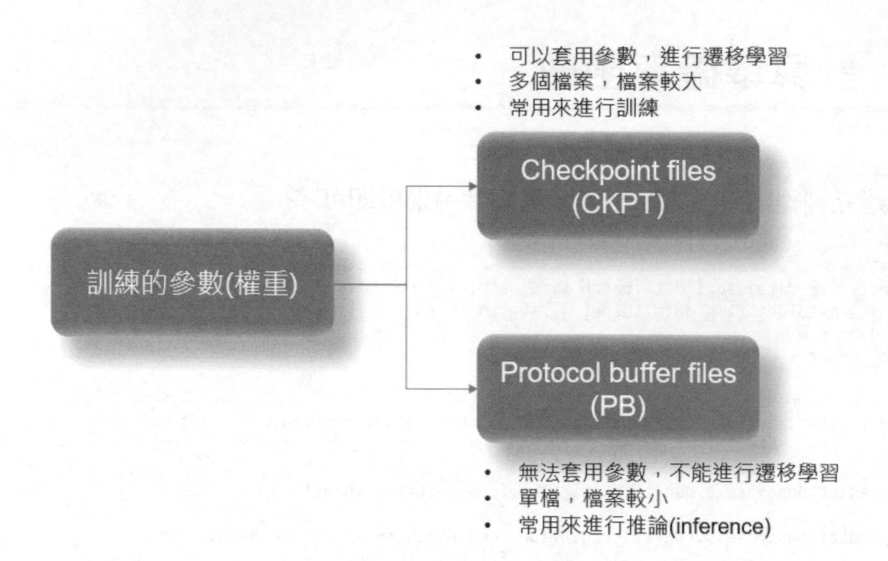

可以套用參數，進行遷移學習
多個檔案，檔案較大
常用來進行訓練
Checkpoint files (CKPT)
訓練的參數(權重)
Protocol buffer files (PB)
無法套用參數，不能進行遷移學習
單檔，檔案較小
常用來進行推論(inference)

一般來說，CKPT 檔案是用來恢復模型，套用上一次的參數再進行訓練，不用從頭開始訓練，又稱為遷移訓練 (transfer learning)

CKPT 通常會有多個檔案，如下圖所示

這是PB檔案，其他都是CKPT相關檔案

checkpoint	2021/7/17 下午 05:51	檔案	1 KB
inference.pb	2021/7/17 下午 05:51	PB 檔案	108 KB
model-17.data-00000-of-00001	2021/7/17 下午 05:51	DATA-00000-OF...	313 KB
model-17.index	2021/7/17 下午 05:51	INDEX 檔案	1 KB
model-17.meta	2021/7/17 下午 05:51	META 檔案	67 KB

PB 檔案相對於 CKPT 檔案較小，又只有單一檔案，常常用來執行推論 (inference)

儲存 CKPT 檔案的程式碼

會使用宣告的儲存器 saver 進行 CKPT 檔案的儲存，如下

```
#----儲存權重檔案
save_filename = os.path.join(save_dir,'model')
model_save_path = saver.save(sess, save_filename, global_step=epoch)
```

可以設定儲存檔案時檔案名稱的前綴，例如使用 model

參數中的 global_step 設定 epoch，用來區別不同訓練週期的權重檔。

儲存檔案的情況如下

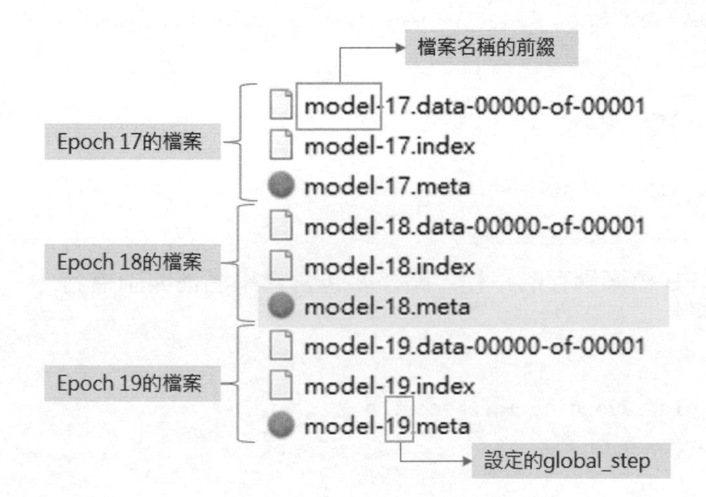

24-12 儲存 PB 檔案的函數

函數的建立如下圖，這是 Tensorflow 儲存 PB 檔案的固定方式

計算圖　宣告的tf.Session()　要儲存的節點名稱　• 要儲存的檔案路徑 • 要包含副檔名

```
def save_pb_file(graph,sess,tf_node_list,pb_save_path):
    graph = graph.as_graph_def()
    output_graph_def = tf.graph_util.convert_variables_to_constants(sess, graph, tf_node_list)
    with gfile.GFile(pb_save_path, 'wb')as f:
        f.write(output_graph_def.SerializeToString())
    msg = "儲存pb檔至 {}".format(pb_save_path)
    print(msg)
```

參數中的 tf_node_list 是填入想要儲存的節點名稱，節點名稱必須存在於計算圖中，如下範例

計算圖

```
#----softmax函數輸出各類別的機率
tf_prediction = tf.nn.softmax(output,name="prediction")

 #----設定損失函數
tf_loss = tf.reduce_mean(tf.nn.sparse_softmax_cross_entropy_with_logits(labels=tf_label,logits=output),
                    name="loss")
```

假如只要儲存prediction節點 ➡

```
tf_node_list = ['prediction']
```

假如要儲存prediction、loss節點 ➡

```
tf_node_list = ['prediction','loss']
```

參數中的 pb_save_path 是 PB 檔案儲存的路徑，路徑要包含檔案名稱與副檔名，如下範例

```
pb_save_path = os.path.join(save_dir,'inference.pb')
```

24-13 設定超參數

基本上設定會與在建立類神經網路時相同

```
batch_size=128
epochs=30
dropout_ratio=0.5
```

24-14 建立訓練架構

程式碼會與建立類神經網路時相同，以下僅針對差異處說明。

24-15 訓練集的亂數排列 (shuffle)

在每一次的訓練週期將訓練集重新亂數排列，讓每一次輸入模型的圖片順序都不同，可以讓模型的學習更強健。

僅對訓練集執行亂數排列，驗證集不會輸入至模型學習，所以不需要亂數排列。

要注意的是圖片資料 (img_train) 與正確答案資料 (label_train) 要有相同的亂數排列順序，不能夠只針對圖片資料做亂數排列，這樣就無法與答案匹配。

使用的函數就不能是 np.random.shuffle()，而是要使用 np.random.permutation()

程式碼如下所示

```
11 for epoch in range(epochs):
12     #----shuffle就像撲克牌洗牌，將圖案的順序打亂
13     indice = np.random.permutation(len(img_train))
14     img_train = img_train[indice]
15     label_train = label_train[indice]
16 
17     for iteration in range(iterations_train):
18         ite_data,ite_label = get_ite_data(img_train,label_train,iteration,batch_size)
19         if dropout_ratio is None:
20             sess.run(tf_optimizer,feed_dict={tf_input:ite_data,tf_label:ite_label})
21         else:
22             sess.run(tf_optimizer,feed_dict={tf_input:ite_data,
23                                              tf_label:ite_label,
24                                              tf_keep_prob:1-dropout_ratio})
25
```

將訓練集數量的順序重新亂數排列
圖片集的順序依照新順序排列
label的順序依照相同順序排列

加入儲存權重檔案的程式至反覆訓練架構裡

程式碼會加在計算完驗證集的損失值與準確率之後，如下圖

```
47      #----計算驗證集的損失值與準確率
48      if dropout_ratio is None:
49          loss_test = get_loss(img_test,label_test,batch_size,sess)
50          acc_test = get_accuracy(img_test,label_test,batch_size,sess)
51      else:
52          loss_test = get_loss(img_test,
53                               label_test,
54                               batch_size,sess,
55                               use_dropout=True)
56          acc_test = get_accuracy(img_test,
57                                  label_test,
58                                  batch_size,sess,
59                                  use_dropout=True)
60
61      print("驗證集 損失值 = ",loss_test)
62      print("驗證集 準確率 = ",acc_test)
63
64      #----收集驗證集損失值與準確率數值至串列
65      loss_test_list.append(loss_test)
66      acc_test_list.append(acc_test)
67
68      #----儲存權重檔案
69      save_filename = os.path.join(save_dir,'model')
70      model_save_path = saver.save(sess, save_filename, global_step=epoch)
71      print("儲存權重檔至 {}".format(model_save_path))
72
73      pb_save_path = os.path.join(save_dir,'inference.pb')
74      save_pb_file(graph_1,sess,['prediction'],pb_save_path)
```

24-16 開始訓練與訓練結果

一切就緒後，開始 30 個訓練週期的訓練，每完成一個訓練週期的成果列印如下所示。

```
Epoch  0
訓練集 損失值 =  0.8472938887091842
訓練集 準確率 =  0.8245333333333333
驗證集 損失值 =  0.8296840470048445
驗證集 準確率 =  0.8343
儲存權重檔至 F:\model_saver\mnist_CNN\model-0
儲存pb檔至 F:\model_saver\mnist_CNN\inference.pb
Epoch  1
訓練集 損失值 =  0.4179453550498369
訓練集 準確率 =  0.9035666666666666
驗證集 損失值 =  0.40296031959071943
驗證集 準確率 =  0.9119
儲存權重檔至 F:\model_saver\mnist_CNN\model-1
儲存pb檔至 F:\model_saver\mnist_CNN\inference.pb
Epoch  2
訓練集 損失值 =  0.29786588080020854
訓練集 準確率 =  0.92425
驗證集 損失值 =  0.2856228048382681
驗證集 準確率 =  0.9274
```

完成 30 個訓練週期後的結果如下

在損失值方面，訓練集與驗證集下降趨勢幾乎一致

在準確率方面，訓練集與驗證集上升趨勢也幾乎一致，沒有過擬合的情況發生。

這邊不打算與全連接層的訓練結果做比較，原因在於使用全連接層進行訓練時並沒有使用資料標準化與亂數排列的技巧，加上訓練的參數也不一樣，無法在同樣條件下進行比較。

雖然現在已經知道在圖像的學習上，CNN 的效果好於 FC，但我依然希望讀者們能夠嘗試著將資料標準化與亂數排列的技巧加到全連接層的程式碼裡，並調整兩個網路的訓練參數數量至差不多，設定相同的訓練週期，比較兩者訓練的結果。

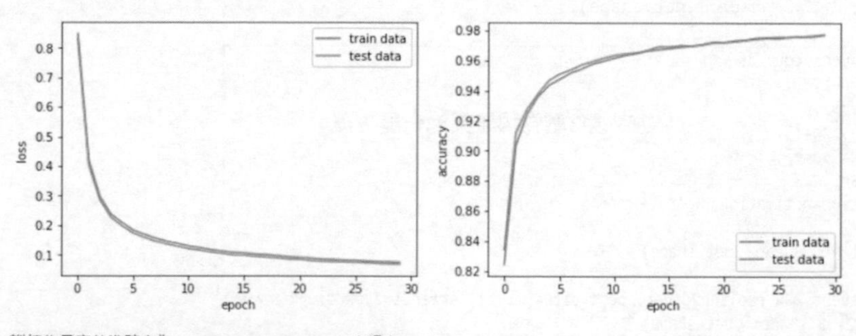


```
訓練集最高的準確率為0.9770166666666666，出現在epoch 29
驗證集最高的準確率為0.9773，出現在epoch 29
```

加深模型

加入第 3 個卷積層與池化層，如下

```
7      #----建立類神經網路
8      net = tf.layers.conv2d(
9          inputs=tf_input,
10         filters=8,
11         kernel_size=[3, 3],
12         padding="same",
13         strides=1,
14         activation=activation
15     )
16     print("卷積層 1 shape:",net.shape)
17
18     net = tf.layers.max_pooling2d(net, pool_size=[2, 2], strides=2,padding='same')
19     print("池化層 1 shape:",net.shape)
20
21     net = tf.layers.conv2d(
22         inputs=net,
23         filters=16,
24         kernel_size=[3, 3],
25         padding="same",
26         strides=1,
27         activation=activation
28     )
29     print("卷積層 2 shape:",net.shape)
30
31     net = tf.layers.max_pooling2d(net, pool_size=[2, 2], strides=2,padding='same')
32     print("池化層 2 shape:",net.shape)
```

```
34     net = tf.layers.conv2d(
35         inputs=net,
36         filters=32,
37         kernel_size=[3, 3],
38         padding="same",
39         strides=1,
40         activation=activation
41     )
42     print("卷積層 3 shape:",net.shape)
43
44     net = tf.layers.max_pooling2d(net, pool_size=[2, 2], strides=2,padding='same')
45     print("池化層 3 shape:",net.shape)
46
47     net = tf.layers.flatten(net)
48     print("陣列拉直後 shape:",net.shape)
49
50     net = tf.layers.dense(inputs=net, units=32, activation=activation)
51     print("全連接層 shape:",net.shape)
52
53     net = tf.nn.dropout(net, keep_prob=tf_keep_prob)#加入dropout
54
55     output = tf.layers.dense(inputs=net, units=10, activation=None)#輸出層就不需使用激勵函數
56     print("輸出層 shape:",output.shape)
```

加入第3個卷積層與池化層

```
卷積層 1 shape: (?, 28, 28, 8)
池化層 1 shape: (?, 14, 14, 8)
卷積層 2 shape: (?, 14, 14, 16)
池化層 2 shape: (?, 7, 7, 16)
卷積層 3 shape: (?, 7, 7, 32)
池化層 3 shape: (?, 4, 4, 32)
陣列拉直後 shape: (?, 512)
全連接層 shape: (?, 32)
輸出層 shape: (?, 10)
```

訓練參數從 26698 增加至 87432

24-18 加深模型的訓練結果

訓練 30 個訓練週期後的結果如下

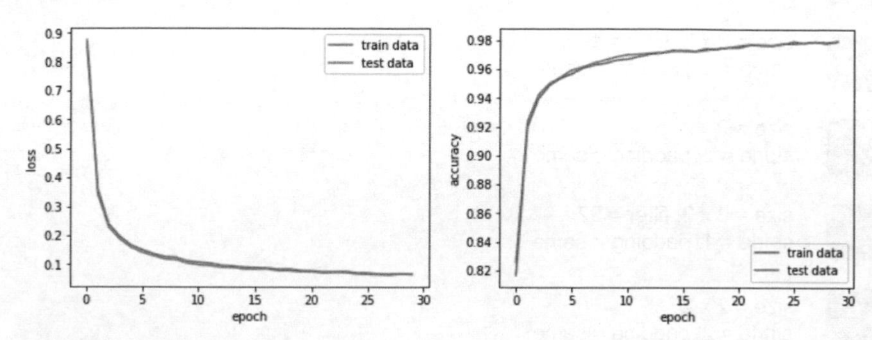


```
訓練集最高的準確率為0.97955，出現在epoch 29
驗證集最高的準確率為0.9797，出現在epoch 29
```

準確率有比較高一點點，但還不是最好的，讀者們可以嘗試著調整模型與參數，方向如下

1. 加更多的卷積層
2. 增加卷積層的 filter 數量
3. 資料標準化同除以更大的值
4. 只使用卷積層，步長設定為 2，不使用池化層
5. 不使用全連接層，直接接上輸出層
6. 設定更多的訓練週期 (epochs)
7. 調整較高的學習率

以下分享作者的模型設定

超參數設定如下

```
activation = tf.nn.relu
learning_rate = 3e-4
batch_size=128
epochs=200
dropout_ratio=0.5
```

經過 200 次的訓練週期後，有存下來的驗證集準確率最高可至 0.9927(99.27%)

24-19 儲存準確率最高的 PB 檔案

如下圖，驗證集最高的準確率出現在 epoch 65，但我們儲存 PB 檔案的方式會一直覆蓋上一次的檔案，無法留下效果最好的 PB 檔案。

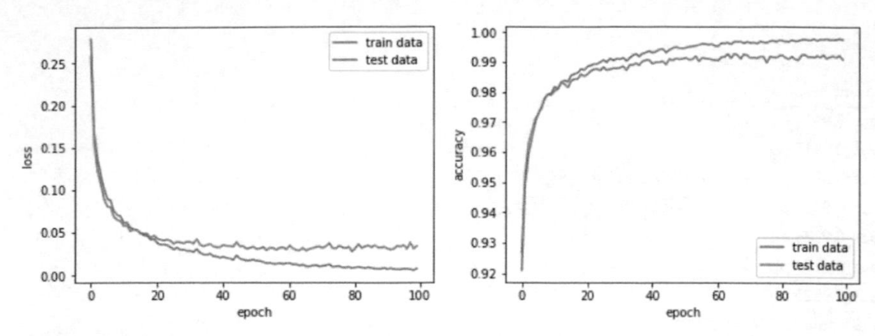


```
訓練集最高的準確率為0.9981，出現在epoch 98
驗證集最高的準確率為0.9929，出現在epoch 65
```

改寫的方式是先宣告 acc_record，預設值設定 0.95(95%)，當驗證集的準確率大於 0.95 時，就儲存 PB 檔案，並將準確率寫在檔案名稱上，更新 acc_record，將驗證集準確率給值至 acc_record，待下次驗證集準確率大於此次準確率才會再儲存 PB 檔案。

如果在之前的訓練已經有 0.99(99%) 的 PB 檔案，此次訓練前可以先修改 acc_record = 0.99，訓練開始後，就只會儲存準確率大於 0.99 的 PB 檔案

修改原本儲存 PB 檔案的程式碼，說明如下

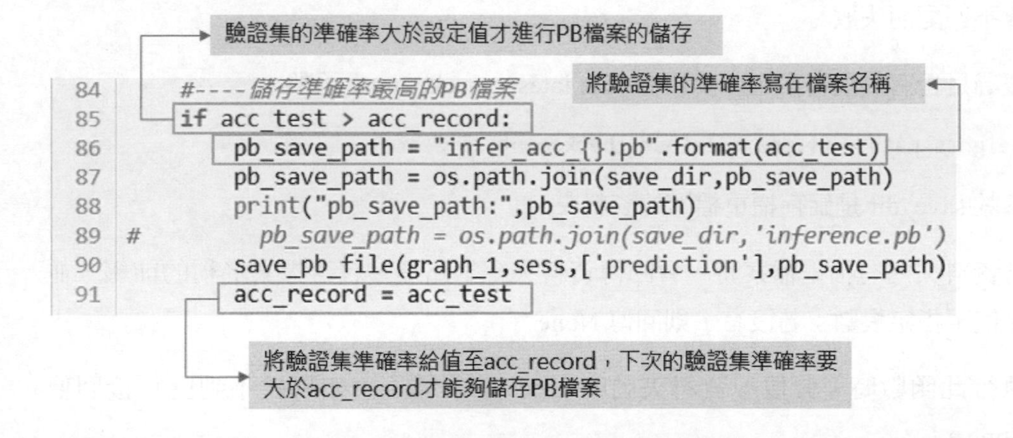

好處是選用 PB 檔案時就可以知道那個 PB 檔案的推論準確率最高，訓練時也不怕沒有儲存到準確率最高的權重資料了。

訓練後的儲存資料夾情況如下

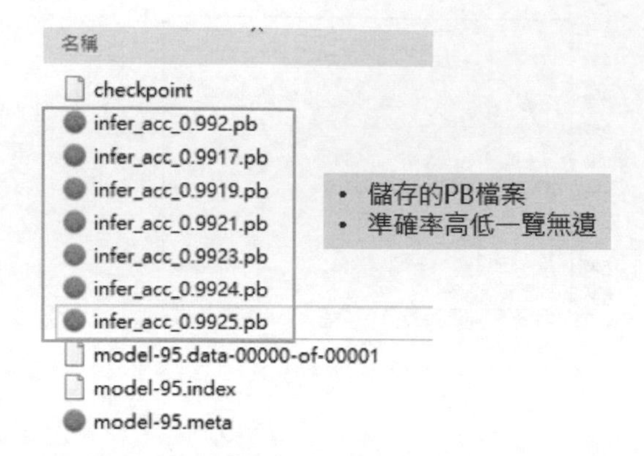

24-20 遷移學習 (transfer learning)

當要進行某個龐大資料集的訓練時，從頭開始會花相當多的時間，為了節省時間，套用上一次的權重資料，或是套用其他類似資料集訓練過的權重資料，稱為遷移學習

進行遷移學習時，模型計算圖 (訓練的參數數量) 要相同，否則載入的權重資料會不匹配而失敗

搜尋是否有權重檔案可以使用 tf.train.latest_checkpoint() 函數

```
weights_path = tf.train.latest_checkpoint(save_dir)
```

參數 save_dir 是儲存權重檔案的資料夾

當資料夾內有權重檔案時，會回傳資料夾絕對路徑，包含檔案名稱的前綴，並給值至指定變數；若沒有，則回傳 None

執行此函數時，會搜尋資料夾內的 checkpoint 檔案，如果找不到就直接回傳 None。

checkpoint 檔案紀錄著上一次訓練的 CKPT 檔案情況，使用記事本工具開啟後如下所示

```
checkpoint - 記事本
檔案(F) 編輯(E) 格式(O) 檢視(V) 說明
model_checkpoint_path: "F:\\model_saver\\mnist_CNN\\model-99"
all_model_checkpoint_paths: "F:\\model_saver\\mnist_CNN\\model-95"
all_model_checkpoint_paths: "F:\\model_saver\\mnist_CNN\\model-96"
all_model_checkpoint_paths: "F:\\model_saver\\mnist_CNN\\model-97"
all_model_checkpoint_paths: "F:\\model_saver\\mnist_CNN\\model-98"
all_model_checkpoint_paths: "F:\\model_saver\\mnist_CNN\\model-99"
```

最新的檔案

所有的CKPT檔案路徑

以此為例，函數會回傳最新的 CKPT 檔案路徑與檔案名稱前綴，如下

```
weights_path: F:\model_saver\mnist_CNN\model-99
```

套用權重檔的函數使用 saver.restore(sess, weights_path)

套用權重資料的程式碼會寫在 epoch 訓練之前，撰寫說明如下

```
 6  #----宣告收集損失值與準確率的串列
 7  loss_train_list = list()
 8  acc_train_list = list()
 9  loss_test_list = list()
10  acc_test_list = list()
11
12  #----載入上次的訓練權重檔案
13  weights_path = tf.train.latest_checkpoint(save_dir)
14  if weights_path is not None:
15      print("weights_path:",weights_path)
16      try:
17          saver.restore(sess, weights_path)
18          print("使用之前的權重檔:{}".format(weights_path))
19      except:
20          print("套用權重檔產生錯誤，重新訓練")
21
22  for epoch in range(epochs):
23      #----shuffle就像撲克牌洗牌，將圖案的順序打亂
24      indice = np.random.permutation(len(img_train))
25      img_train = img_train[indice]
26      label_train = label_train[indice]
```

要檢查是否為None

恢復上一次訓練的情況，套用權重資料

使用try...except是避免套用權重資料出了差錯(如權重檔不存在等)影響程式的進行

程式碼執行如下

```
weights_path: F:\model_saver\mnist_CNN\model-99
INFO:tensorflow:Restoring parameters from F:\model_saver\mnist_CNN\model-99
使用之前的權重檔:F:\model_saver\mnist_CNN\model-99
Epoch  0
訓練集 損失值 =  0.002641730995380869
訓練集 準確率 =  0.9992
驗證集 損失值 =  0.04710837239097683
驗證集 準確率 =  0.9919
```

成功載入權重資料

不用從頭開始，承續昨天的訓練

24-21 儲存訓練的結果

當關閉程式碼後，訓練集與驗證集的損失值與準確率數值也會跟著消失，為了保存這些數值，我們可以將資料儲存成 JSON 檔案，即使程式碼關閉，依然可以使用資料來還原當時的訓練結果。

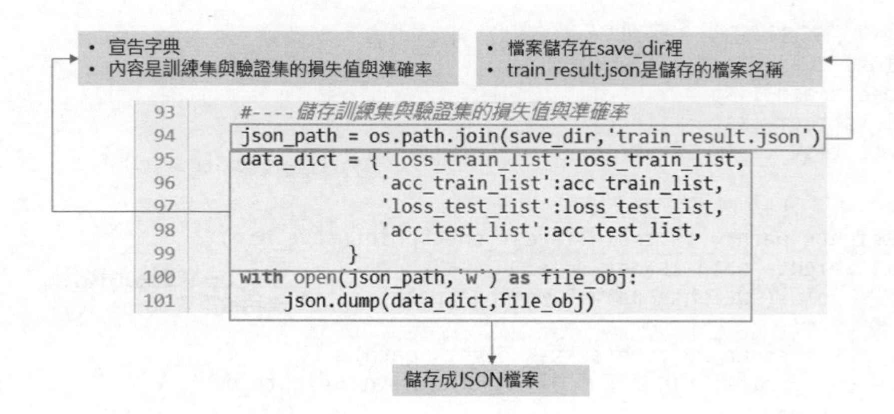
• 宣告字典
• 內容是訓練集與驗證集的損失值與準確率
• 檔案儲存在save_dir裡
• train_result.json是儲存的檔案名稱
儲存成JSON檔案

```
93      #----儲存訓練集與驗證集的損失值與準確率
94      json_path = os.path.join(save_dir,'train_result.json')
95      data_dict = {'loss_train_list':loss_train_list,
96                   'acc_train_list':acc_train_list,
97                   'loss_test_list':loss_test_list,
98                   'acc_test_list':acc_test_list,
99                  }
100     with open(json_path,'w') as file_obj:
101         json.dump(data_dict,file_obj)
```

執行訓練後，每完成一次訓練週期就會儲存一次 JSON 檔案，在儲存資料夾就可以看到增加一個名為 train_result.json 的檔案。

儲存資料夾

- model-68.meta
- model-69.data-00000-of-00001
- model-69.index
- model-69.meta
- train_result.json

使用 train_result 資料進行圖形化

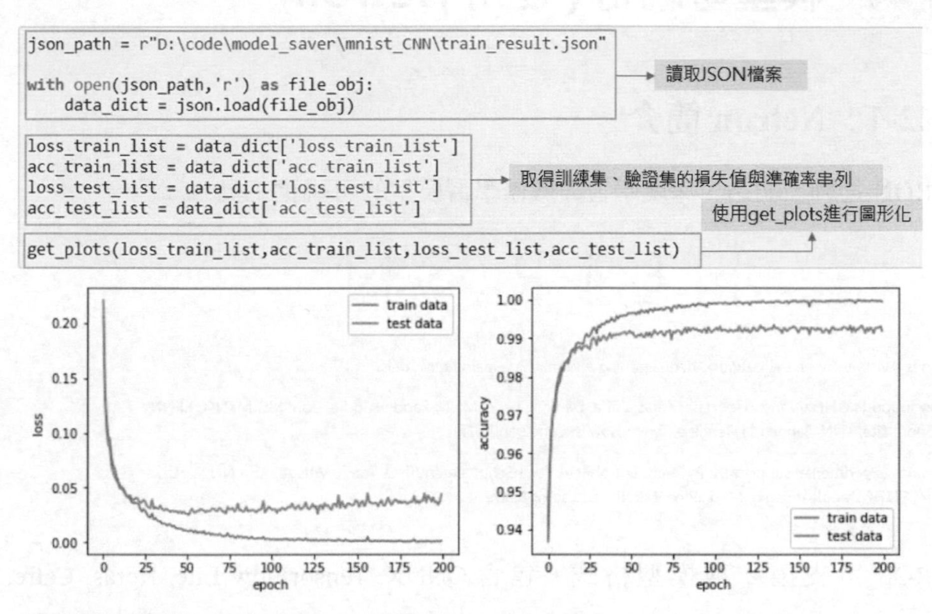

json_path = r"D:\code\model_saver\mnist_CNN\train_result.json"
with open(json_path,'r') as file_obj:
data_dict = json.load(file_obj)
讀取JSON檔案
loss_train_list = data_dict['loss_train_list']
acc_train_list = data_dict['acc_train_list']
loss_test_list = data_dict['loss_test_list']
acc_test_list = data_dict['acc_test_list']
取得訓練集、驗證集的損失值與準確率串列
使用get_plots進行圖形化
get_plots(loss_train_list,acc_train_list,loss_test_list,acc_test_list)
train data
test data
loss
epoch
accuracy
epoch
train data
test data


```
訓練集最高的準確率為0.9999166666666667，出現在epoch 185
驗證集最高的準確率為0.9935，出現在epoch 134
```

注意：要將數值資料儲存在 JSON 檔案時，資料型態不可為 Numpy array，要是串列型態，且浮點數數值形態要是 float64，否則會出現錯誤。

若不確定數值型態，比較安全的作法是在每一次進行 append 數值時，都使用 float()，如下

使用float()確保數值型態為float64

```
54    #----收集訓練集損失值與準確率數值至串列
55    loss_train_list.append(float(loss_train))
56    acc_train_list.append(float(acc_train))
```

```
75    #----收集驗證集損失值與準確率數值至串列
76    loss_test_list.append(float(loss_test))
77    acc_test_list.append(float(acc_test))
```

24-22 模型可視化 (使用 Netron)

24-22-1 Netron 簡介

NETRON 是神經網路、深度學習與機器學習模型的可視化工具

NETRON

Netron is a viewer for neural network, deep learning and machine learning models.

Netron supports ONNX, TensorFlow Lite, Keras, Caffe, Darknet, ncnn, MNN, PaddlePaddle, Core ML, MXNet, RKNN, MindSpore Lite, TNN, Barracuda, Tengine, TensorFlow.js, Caffe2 and UFF.

Netron has experimental support for PyTorch, TensorFlow, TorchScript, OpenVINO, Torch, Vitis AI, Arm NN, BigDL, Chainer, CNTK, Deeplearning4j, MediaPipe, ML.NET and scikit-learn.

NETRON 可支援多種模型格式，包含 ONNX, TensorFlow Lite, Keras, Caffe, Darknet, ncnn, MNN, PaddlePaddle, Core ML, MXNet, RKNN, MindSpore Lite, TNN, Barracuda, Tengine, TensorFlow.js, Caffe2 and UFF, PyTorch, TensorFlow, TorchScript, OpenVINO, Torch, Vitis AI, Arm NN, BigDL, Chainer, CNTK, Deeplearning4j, MediaPipe, ML.NET and scikit-learn.

24-22-2 Netron 的使用方式

上網輸入關鍵字 NETRON，或是直接輸入網址 : https://github.com/lutzroeder/netron

如果你想要安裝至本機電腦，可以根據作業系統進行選擇

Install

macOS: Download the `.dmg` file or run `brew install netron`

Linux: Download the `.AppImage` file or run `snap install netron`

Windows: Download the `.exe` installer or run `winget install netron`

Browser: Start the browser version.

Python Server: Run `pip install netron` and `netron [FILE]` or `netron.start('[FILE]')`.

如果不想安裝，也可以直接使用網路版

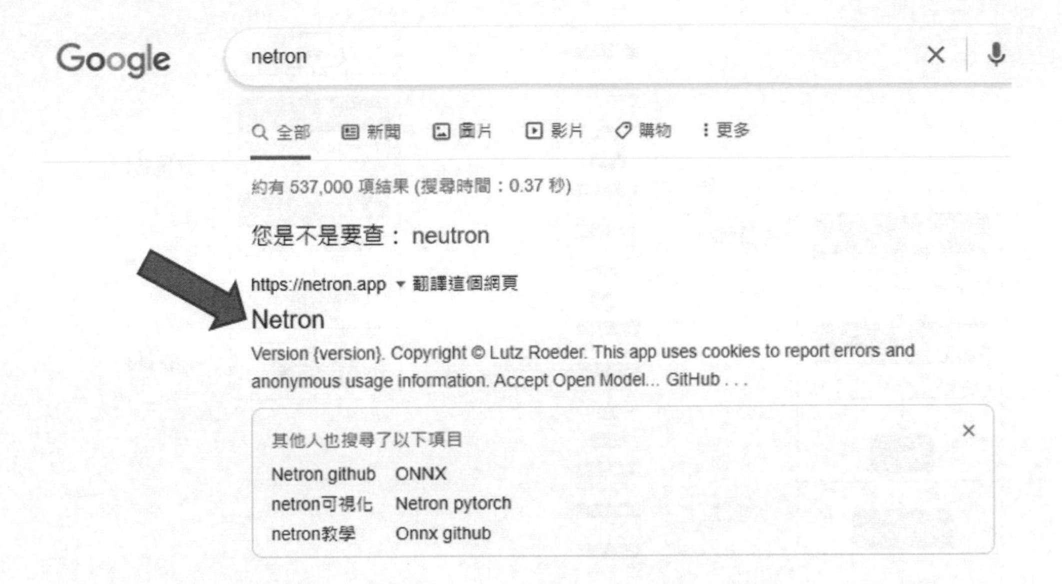

點擊選擇模型

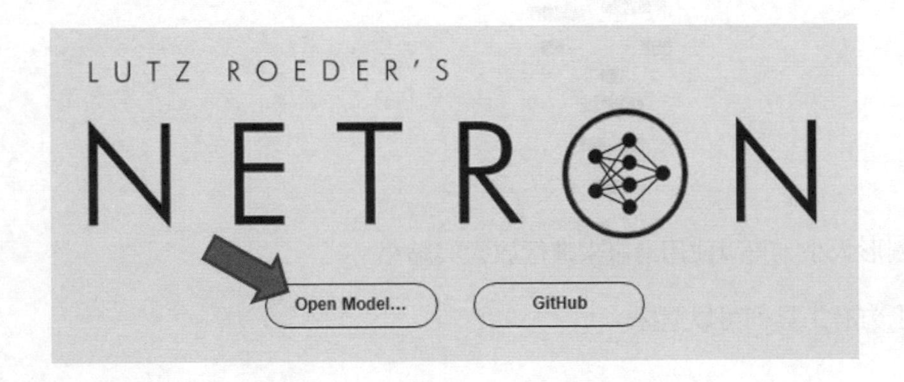

選擇剛剛訓練的 PB 檔

若要選擇 CKPT 也是可以，我個人是覺得 PB 檔的圖形化顯示是比較簡潔的

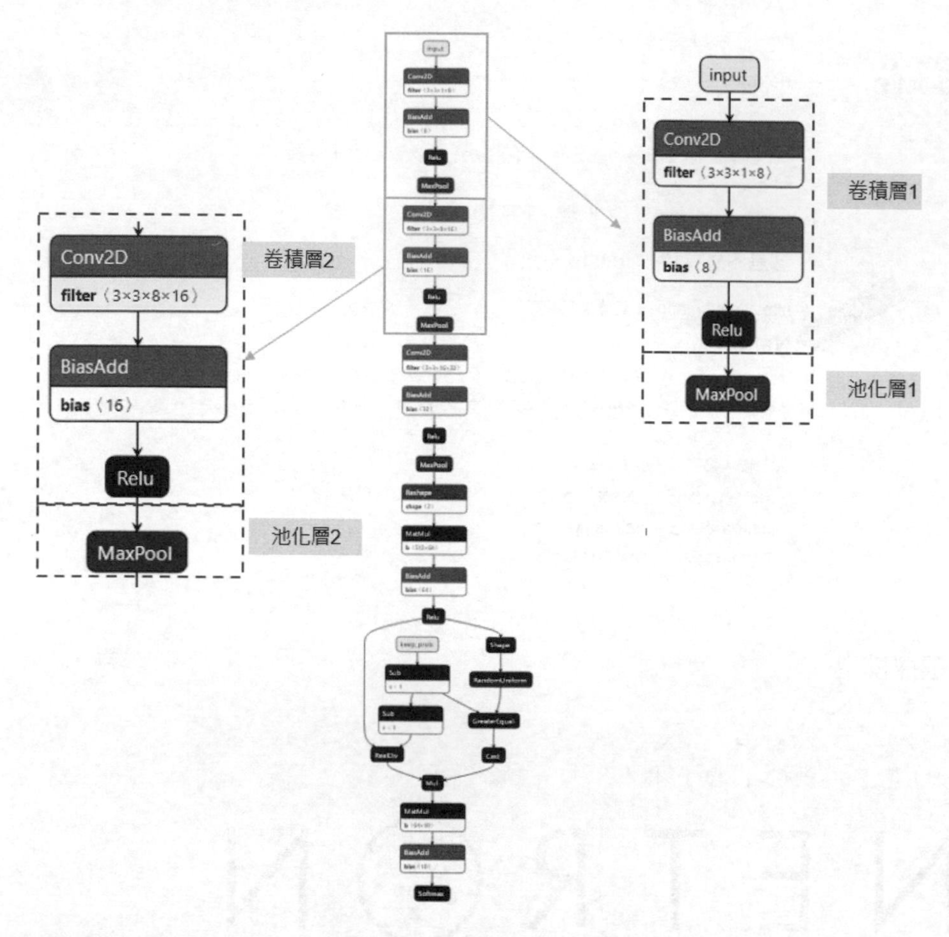

若要調整圖形大小，可以使用滑鼠來進行放大與縮小

在畫面左上方有工具列可以選擇

選單	快捷鍵	說明
Properties...	Ctrl+Enter	查看模型性質
Find...	Ctrl+F	
Show Attributes	Ctrl+D	顯示模型屬性
Hide Initializers	Ctrl+I	
Show Names	Ctrl+U	顯示節點名稱
Show Horizontal	Ctrl+K	
Zoom In	Shift+Up	圖形放大縮小
Zoom Out	Shift+Down	
Actual Size	Shift+Backspace	
Export as PNG	Ctrl+Shift+E	另存圖形檔案
Export as SVG	Ctrl+Alt+E	
About Netron		

選擇模型的性質 (Properties) 時，會顯示模型的格式，輸入資料的數值型態

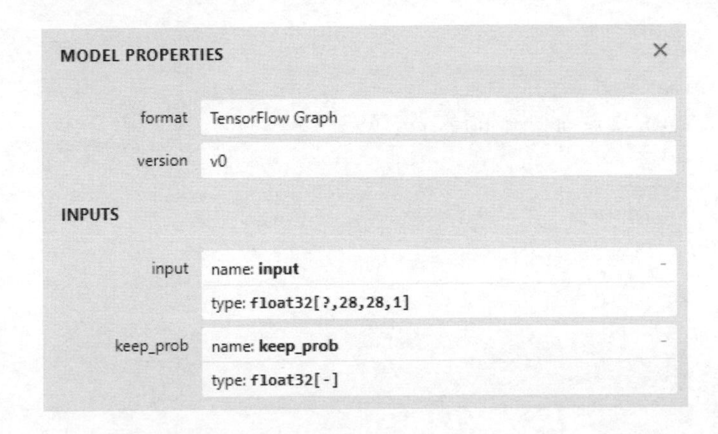

工具列選擇顯示屬性 (Show Attributes) 時，會顯示卷積層、池化層等的屬性

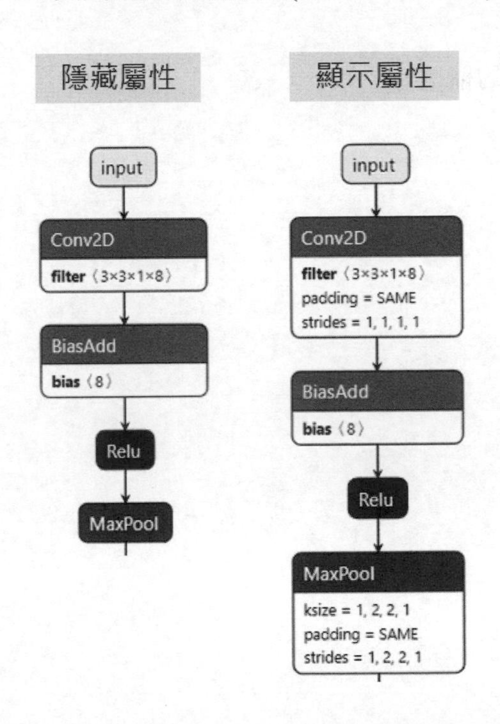

滑鼠左鍵點擊 2 次可以查看各種性質，如下圖

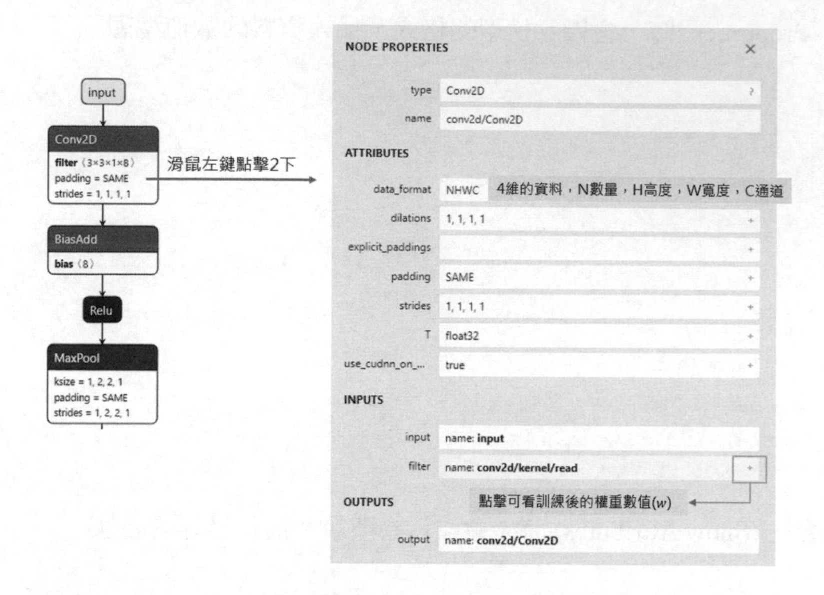

點擊 INPUTS→filter 的加號可查看訓練後的權重值，如下

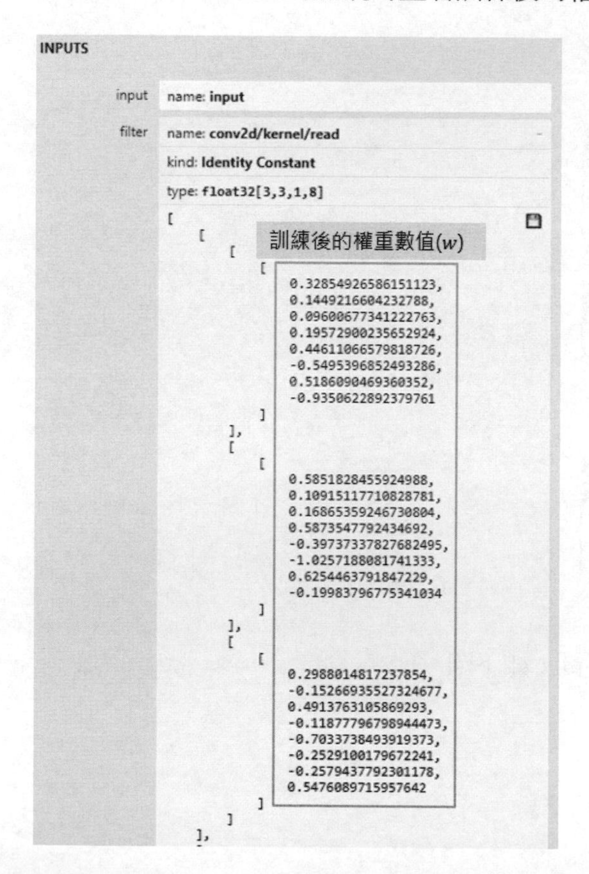

同理，可以點擊 bias 來查看 bias 的權重值

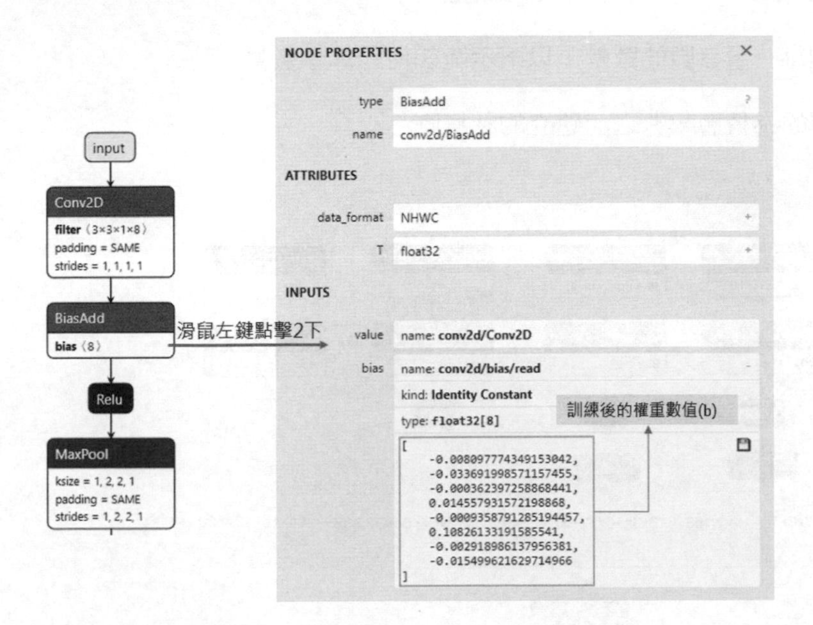

工具列選擇顯示節點名稱 (Show Names) 時，會顯示每一層的節點名稱

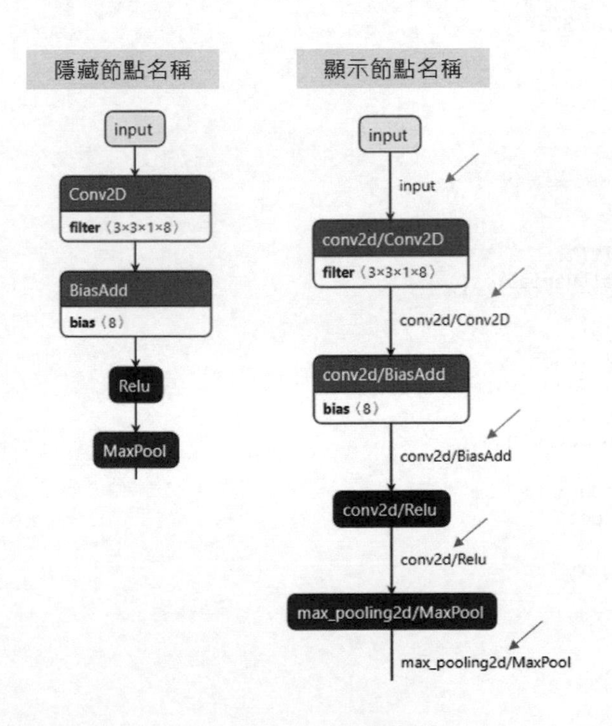

24-22-3 使用 Netron 計算參數量

從圖也可以看到每一層參數的數量，以下示範如何計算參數量

以下範例是 3 層的卷積層，非之前建立的計算圖。

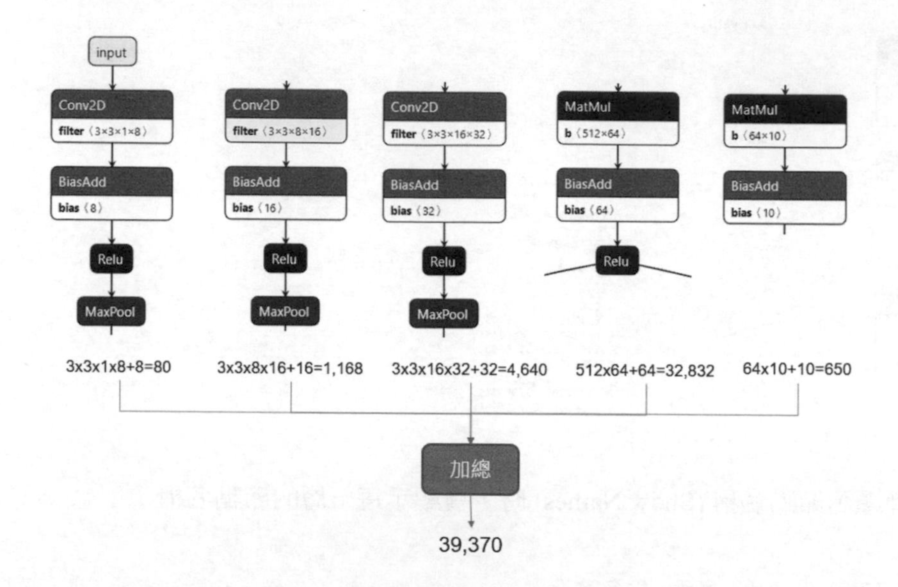

使用程式碼驗證

```
def get_qty_var(tf_graph):
    qty = 0
    with tf_graph.as_default():
        for var in tf.global_variables():

            if var.trainable:
                shape = var.shape
                for i,num in enumerate(shape):
                    if i == 0:
                        product = num
                    else:
                        product *= num
                qty += product

        print("參數數量 = ",qty)
```

```
get_qty_var(graph_1)
```

```
參數數量 =  39370
```

24-23 使用 PB 檔進行推論

使用 PB 檔來恢復模型是固定的做法，函數說明如下

PB檔案路徑

要從PB檔案取出的節點

```
def model_restore_from_pb(pb_path,node_dict,GPU_ratio=None):
    tf_node_dict = dict()
    with tf.Graph().as_default():
        config = tf.ConfigProto(log_device_placement=True,
                                allow_soft_placement=True,
                                )
        if GPU_ratio is None:
            config.gpu_options.allow_growth = True
        else:
            config.gpu_options.per_process_gpu_memory_fraction = GPU_ratio

        sess_pb = tf.Session(config=config)
        with gfile.FastGFile(pb_path, 'rb') as f:
            content = f.read()
            graph_def = tf.GraphDef()
            graph_def.ParseFromString(content)
            sess_pb.graph.as_default()

            tf.import_graph_def(graph_def, name='')  # 匯入計算圖

        sess_pb.run(tf.global_variables_initializer())
        for key,value in node_dict.items():
            try:
                node = sess_pb.graph.get_tensor_by_name(value)
                tf_node_dict[key] = node
            except:
                print("節點名稱:{}不存在".format(key))
        return sess_pb,tf_node_dict
```

讀取PB檔案，恢復模型

取出節點

會建立儲存節點的字典，key 值是普通的字串，方便寫程式的人提取，value 是 PB 檔案裡的節點名稱，後綴都要加上 :0

```
nodename_dict = {
                 'input': 'input:0',
                 'keep_prob': 'keep_prob:0',
                 'prediction': 'prediction:0'
                 }
```

輸入節點的部分是進行推論的節點所需的輸入資料，以 prediction 來說，會需要 input 與 keep_prob，不需要 label；倘若要推論得到 loss，就會需要 label。

要注意的是 prediction 節點有指定儲存，所以可以從 PB 檔案中得到，但 loss 節點並沒有儲存，是無法從 PB 檔案中得到的。

使用函數的方式如下

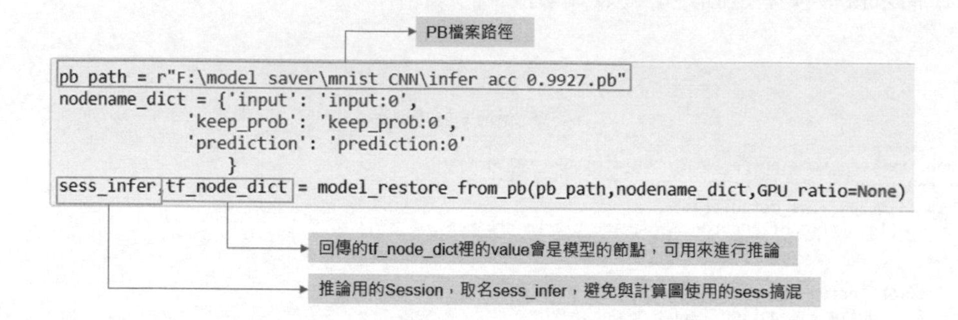

回傳值 tf_node_dict 也是字典的型態，key 值與 nodename_dict 的 key 值相同，value 會是計算圖上的實際節點，如下圖說明

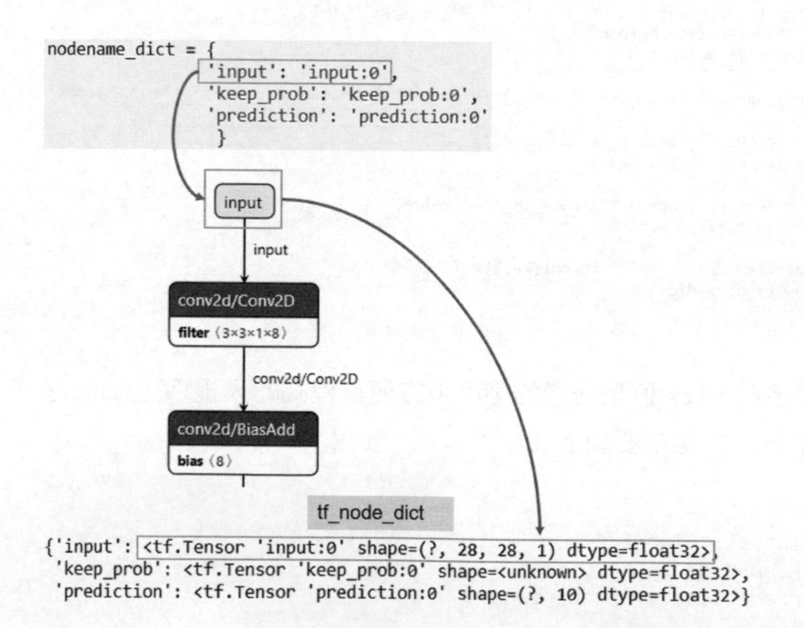

進行推論

推論的程式碼與 get_accuracy() 類似，不同之處在於要先從 tf_node_dict 字典中取出 value 值，並使用 sess_infer 進行推論，如下所示

```
iterations = math.ceil(img_test.shape[0] / batch_size)
correct_count = 0
prediction_count = 0

#----取出推論的節點
pb_prediction = tf_node_dict['prediction']
pb_input = tf_node_dict['input']
pb_keep_prob = tf_node_dict['keep_prob']

for iteration in range(iterations):
    ite_data,ite_label = get_ite_data(img_test,label_test,iteration,batch_size)

    predictions = sess_infer.run(pb_prediction,
                                 feed_dict={pb_input:ite_data, pb_keep_prob:1})

    arg_predictions = np.argmax(predictions,axis=1)

    for arg_prediction, label in zip(arg_predictions,ite_label):
        prediction_count += 1
        if arg_prediction == label:
            correct_count += 1

acc = correct_count / prediction_count
print(acc)
```

使用pb開頭，如pb_input，避免與訓練計算圖的tf_input搞混

恢復PB檔案回傳的sess_infer

```
0.9927
```

24-24 找出驗證集分類錯誤的圖片

將預測錯誤的索引值、預測內容儲存下來，程式碼改寫如下

```
iterations = math.ceil(img_test.shape[0] / batch_size)
correct_count = 0
prediction_count = 0
wrong_idx_list = list()
pred_list = list()
ans_list = list()
#----取出推論的節點
pb_prediction = tf_node_dict['prediction']
pb_input = tf_node_dict['input']
pb_keep_prob = tf_node_dict['keep_prob']

for iteration in range(iterations):

    ite_data,ite_label = get_ite_data(img_test,label_test,iteration,batch_size)

    predictions = sess_infer.run(pb_prediction,
                                 feed_dict={pb_input:ite_data, pb_keep_prob:1})

    arg_predictions = np.argmax(predictions,axis=1)

    for arg_prediction, label in zip(arg_predictions,ite_label):
        idx = prediction_count
        prediction_count += 1
        if arg_prediction == label:
            correct_count += 1
        else:
            wrong_idx_list.append(idx)
            pred_list.append(arg_prediction)
            ans_list.append(label)

acc = correct_count / prediction_count
print(acc)
```

要儲存預測錯誤的圖片索引值

要儲存錯誤的預測內容

要儲存正確的答案

進行的次數就是圖片的索引值

預測錯誤時，儲存索引值、預測內容與正確答案

恢復成圖片格式的轉換過程如下

挑出指定索引值的圖片

```
img_test_selected = img_test[wrong_idx_list]
print("驗證集錯誤的圖片shape:",img_test_selected.shape)
```

```
img_test_selected = np.reshape(img_test_selected,[-1,28,28])
print("reshape後:",img_test_selected.shape)

img_test_selected *= 255
img_test_selected = img_test_selected.astype(np.uint8)
```

```
驗證集錯誤的圖片shape: (73, 28, 28, 1)
reshape後: (73, 28, 28)
```

預測錯誤的圖片有73張

- 單色圖片在進行訓練前有經過維度擴展與資料標準化
- 恢復成圖片就要進行維度縮減→乘上255→轉換數值型態從float32至uint8

使用圖片顯示函數來看預測錯誤的圖片

方法 1

使用 image_random_show() 函數來觀看預測錯誤的圖片

```
image_random_show(img_test_selected,pred_list,label2classname_dict=label2classname_dict,row=5,column=5)
```

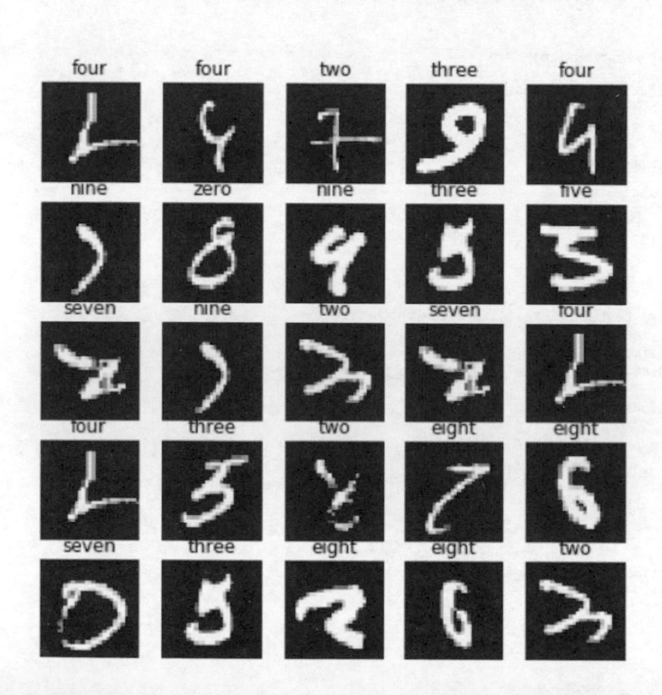

方法 2

使用方法 1 是亂數顯示，無法全部顯示，而且無法對照預測值與正確答案。

另外撰寫程式碼，功能可以能夠顯示所有的圖片，並對照預測值與正確答案

圖片想要以n x n顯示，所以plt_num=張數開根號，若有餘數再加1

```
plt_num = math.ceil(np.sqrt(len(img_test_selected)))
#----設定圖片大小
plt.figure(figsize=(15,15))
for idx,img_wrong in enumerate(img_test_selected):
    plt.subplot(plt_num,plt_num,idx+1)
    plt.imshow(img_wrong,cmap='gray')
    plt.axis('off')
    title = "{}_{}".format(label2classname_dict[pred_list[idx]],label2classname_dict[ans_list[idx]])
    plt.title(title)
plt.show()
```

- 因為要有idx，所以使用enumerate函數
- 有idx才能取出該圖片的預測值與正確答案

- pred_list[idx]是該圖的預測值
- 再轉換成人類看得懂的名稱

- ans_list[idx]是該圖的答案
- 再轉換成人類看得懂的名稱

將預測名稱_正確答案顯示在圖片的標題

執行結果如下

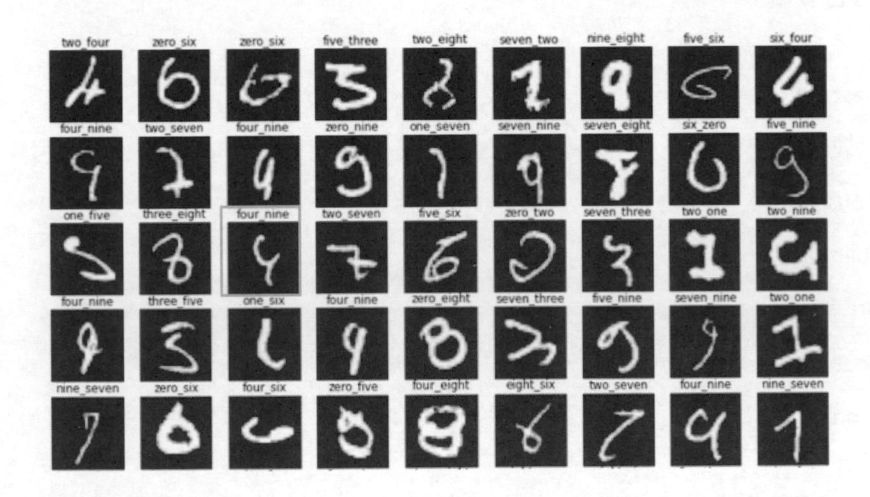

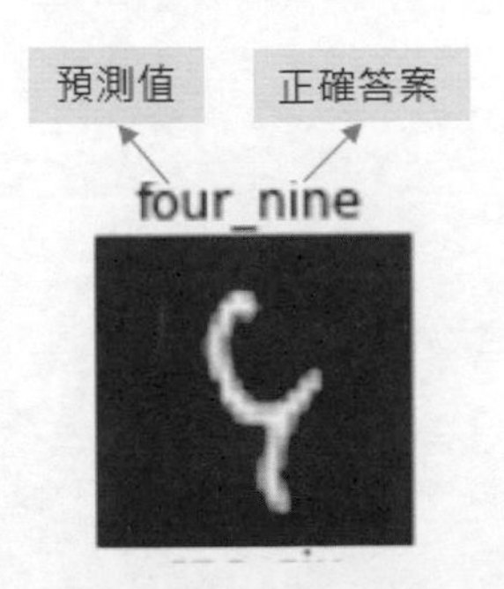

從結果看來，有些圖看起來的確是比較潦草，或是非正式的寫法而導致預測錯誤 !!!

24-25 練習：使用 Fashion_mnist 資料集

Fashion_mnist 也是單色圖片的資料集，類別也是 10 種，圖片內容是衣著，難度較高，可以嘗試看看。

資料集的下載只要修改資料集名稱即可，如下

```
(img_train, label_train), (img_test, label_test) = tf.keras.datasets.fashion_mnist.load_data()
```

Label 與類別名稱如下

Label	Description
0	T-shirt/top
1	Trouser
2	Pullover
3	Dress
4	Coat
5	Sandal
6	Shirt
7	Sneaker
8	Bag
9	Ankle boot

使用圖片顯示函數亂數取 5x5 的結果如下

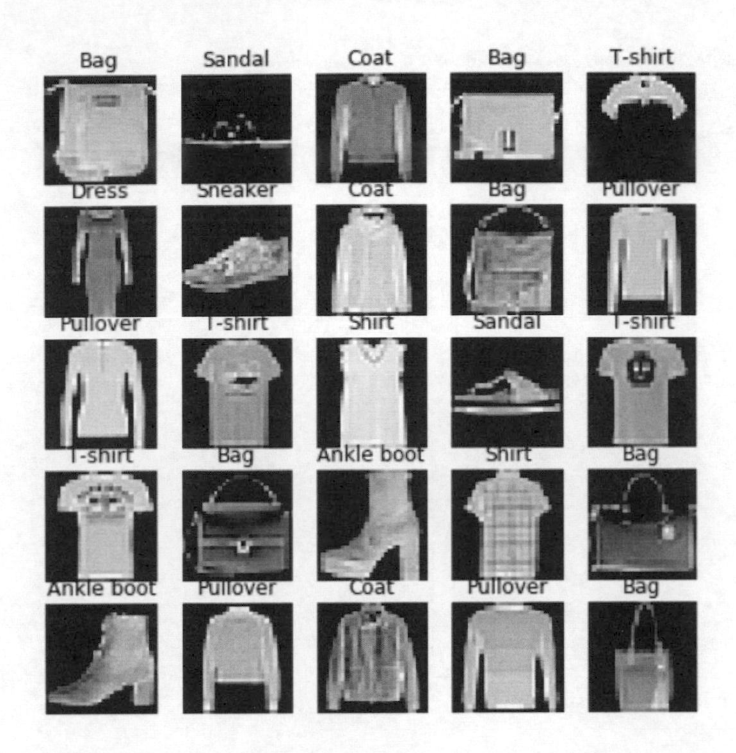

除了計算圖的程式碼要重新執行一次外，記得要指定與 mnist 不同的資料夾，以免兩個資料集的權重混在一起

```
graph_1 = tf.Graph()
activation = tf.nn.relu
save_dir = r"F:\model_saver\fashion_mnist_CNN"
```

指定另一個儲存資料夾，要與mnist的區隔開

其他設定基本上都一樣，接著，就可以開始訓練了 !!

以下是不同的模型內容可以達到的準確率。

趕快動手訓練看看吧

Fashion mnist驗證集的準確率

Classifier 分類器(模型內容)	Preprocessing 資料的前處理	Fashion test accuracy	MNIST test accuracy
2 Conv+pooling	None	0.876	-
2 Conv+pooling	None	0.916	-
2 Conv+pooling+ELU activation (PyTorch)	None	0.903	-
2 Conv	Normalization, random horizontal flip, random vertical flip, random translation, random rotation.	0.919	0.971
2 Conv <100K parameters	None	0.925	0.992
2 Conv ~113K parameters	Normalization	0.922	0.993
2 Conv+3 FC ~1.8M parameters	Normalization	0.932	0.994
2 Conv+3 FC ~500K parameters	Augmentation, batch normalization	0.934	0.994

來源：https://github.com/zalandoresearch/fashion-mnist

24-26 練習：使用 Cifar10 資料集

Cifar10 是彩色圖片的資料集，有 10 種類別，類別如下所示。

來源：https://www.cs.toronto.edu/~kriz/cifar.html

資料集的下載只要修改資料集名稱即可，如下

```
(img_train, label_train), (img_test, label_test) = tf.keras.datasets.cifar10.load_data()
```

使用圖片顯示函數亂數取 5x5 的結果如下

來看一下資料集的 shape 資訊

```
print("img_train type:",type(img_train))
print("img_train shape:",img_train.shape)
print("img_train dtype:",img_train.dtype)
print("label_train type:",type(label_train))
print("label_train shape:",label_train.shape)
print("label_train dtype:",label_train.dtype)
```

```
img_train type: <class 'numpy.ndarray'>
img_train shape: (50000, 32, 32, 3)
img_train dtype: uint8
label_train type: <class 'numpy.ndarray'>
label_train shape: (50000, 1)
label_train dtype: uint8
```

高度32，寬度32，通道3

這個要注意，label是二維度，
所以直接使用進行訓練會出現錯誤

針對 label 縮減維度的方式如下

```
print("縮減維度之前:",label_train.shape)
label_train = np.squeeze(label_train)
label_test = np.squeeze(label_test)

print("縮減維度之後:",label_train.shape)
```

```
縮減維度之前: (50000, 1)
縮減維度之後: (50000,)
```

在設定 tf_input 的時候也要修改一下，如下

```
with graph_1.as_default():
    #----建立tf.placeholder()，接收非張量型態的資料
    tf_input = tf.placeholder(tf.float32,shape=[None,32,32,3],name='input')
    tf_label = tf.placeholder(tf.int32,shape=[None],name="label")
    tf_keep_prob = tf.placeholder(tf.float32,name='keep_prob')
```

其他設定基本上都一樣，接著，就可以開始訓練了 !!

此資料集相對困難，使用一般的 CNN 也是無法達到較高的準確率，不過讀者們依然可以嘗試看看喔！

CH25

口罩判斷模型之資料集的準備

25-1 前言

這幾年疫情的關係，出門都要戴著口罩，保護自己也保護他人

這一章節要來教大家使用分類的模型來判斷是否有戴口罩

25-2 決定分類模型的類別數量

模型要分類的數量只有 2 類，有戴口罩與沒戴口罩，如下所示

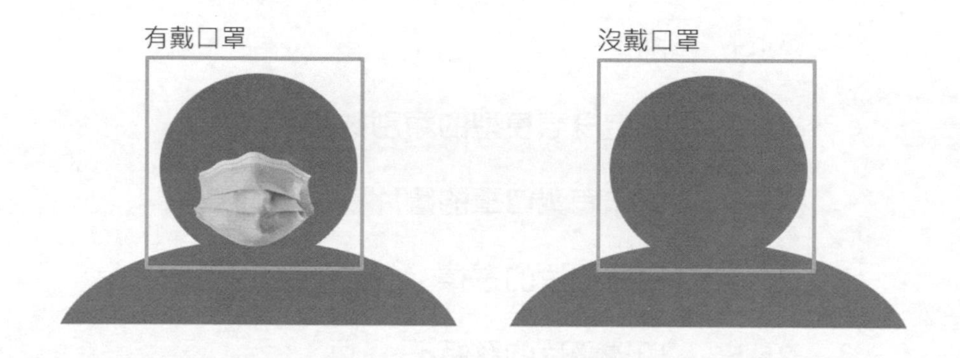

25-3 製作有戴口罩的圖片

可以自行搜集戴口罩的圖片，這邊要教的是使用程式為沒有戴口罩的人像圖片戴上口罩，步驟如下圖

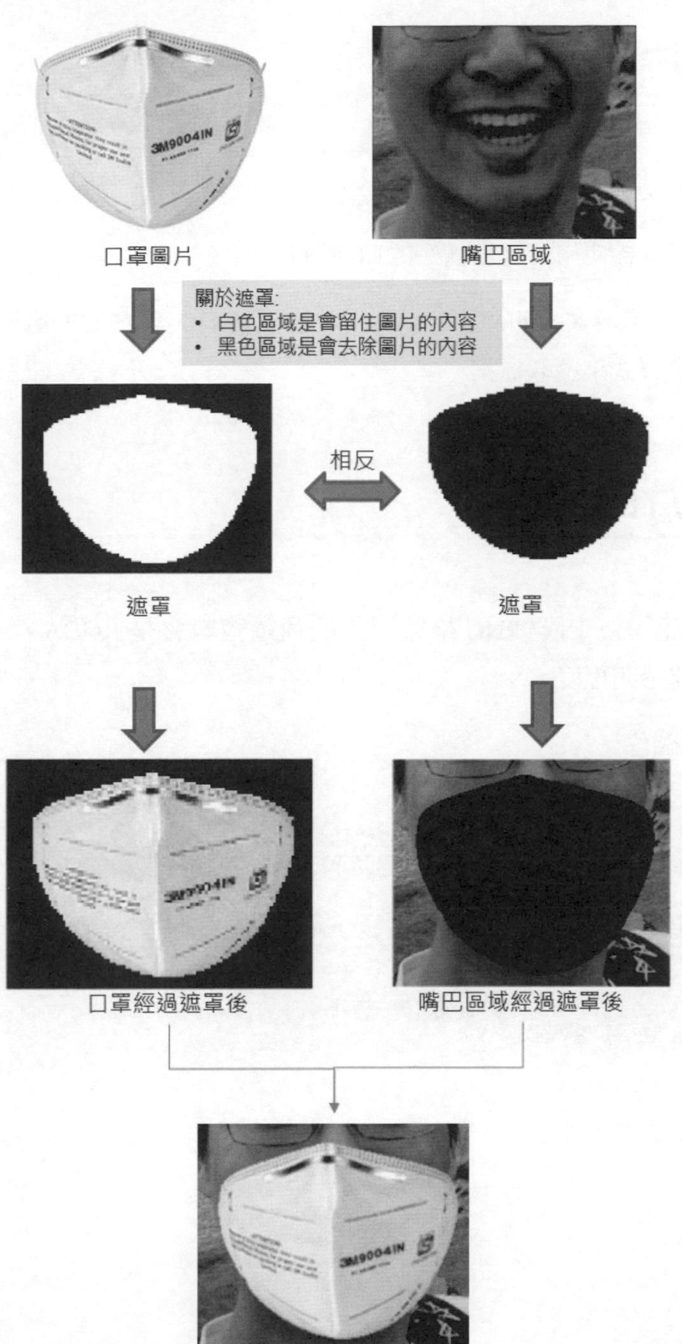
口罩圖片
嘴巴區域
關於遮罩:
• 白色區域是會留住圖片的內容
• 黑色區域是會去除圖片的內容
相反
遮罩
遮罩
口罩經過遮罩後
嘴巴區域經過遮罩後
嘴巴區域與口罩結合圖

口罩圖片的選擇

口罩圖片的選用要找背景是透明的 PNG 格式

若不想自行製作，也可以直接使用筆者準備好的口罩圖片

若使用 Colab，請將檔案上傳至 Google 雲端硬碟，並依照**資料夾與檔案的處理**章節介紹的掛載雲端硬碟方式來讀取檔案。

口罩圖片的解析

一般圖片的通道資料是 RGB，口罩 PNG 格式圖片的通道資料會是 RGBA，A 是 Alpha 資料，用來描述透明程度。

以下說明如何讀取 PNG 圖片

讀背景透明的PNG圖片時，要加上 cv2.IMREAD_UNCHANGED

```
#----randum mask png
mask_num = np.random.randint(qty_mask_img)
img_mask_ori = cv2.imread(mask_paths[mask_num],cv2.IMREAD_UNCHANGED)
print(img_mask_ori.shape)
```

```
(374, 484, 4)
```

- 通道的資料長度是4，比一般的RGB格式多一個Alpha
- Alpha資料是在設定透明程度

將 Alpha 資料製作成遮罩資料，如下

```
img_mask_bgr = img_mask_ori[:, :, :3]       取出BGR資料
img_alpha_ch = img_mask_ori[:, :, 3]        取出Alpha資料
_, item_mask = cv2.threshold(img_alpha_ch, 220, 255, cv2.THRESH_BINARY)
plt.figure(figsize=(10,10))                 讓Alpha資料只有0或255
plt.subplot(1,3,1)
plt.imshow(img_mask_ori)                    顯示包含透明程度的BGRA原圖
plt.axis('off')
plt.title('RGBA img')
plt.subplot(1,3,2)
plt.imshow(img_mask_bgr[:,:,::-1])          顯示不包含透明程度的RGB圖
plt.axis('off')                             [:, :, ::-1]是將BGR顛倒成RGB
plt.title('RGB img')

plt.subplot(1,3,3)
plt.imshow(item_mask,cmap='gray')
plt.axis('off')                             顯示Alpha遮罩圖
plt.title('Alpha channel')
```

顯示結果

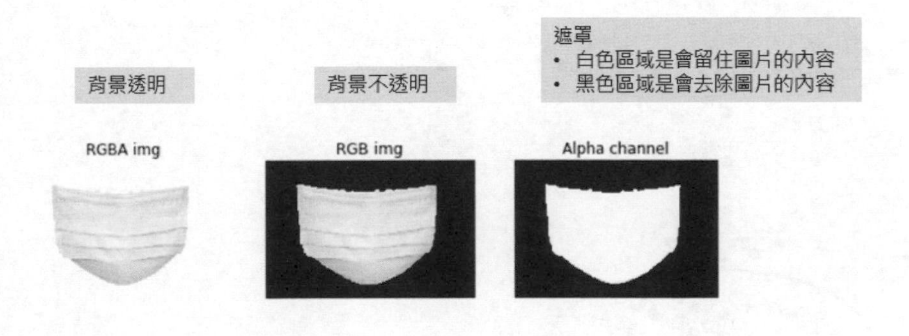

25-6 偵測圖片的嘴巴區域 (使用 Dlib)

使用 Dlib 套件可以找出圖片中人臉的區域，會有 68 個標註點

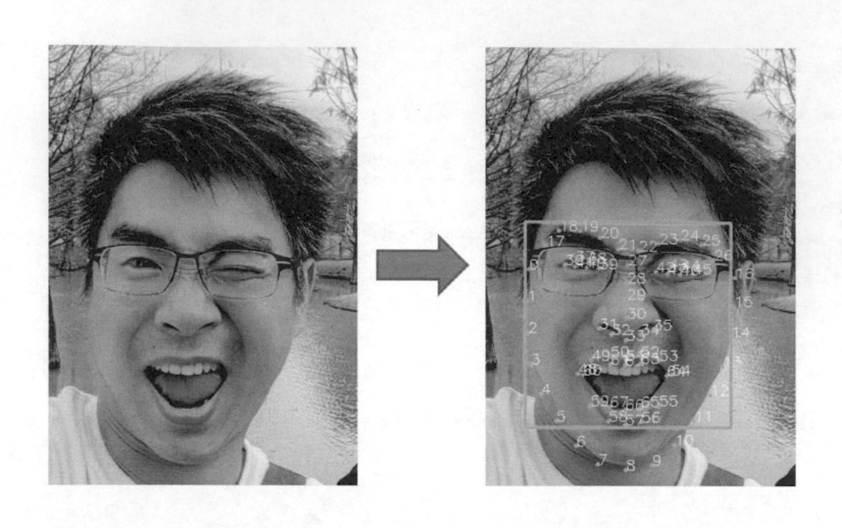

從臉部的 68 個標註點裡找出嘴巴的區域，如下圖

從圖可以知道，嘴巴的區域會是 48 ~ 67

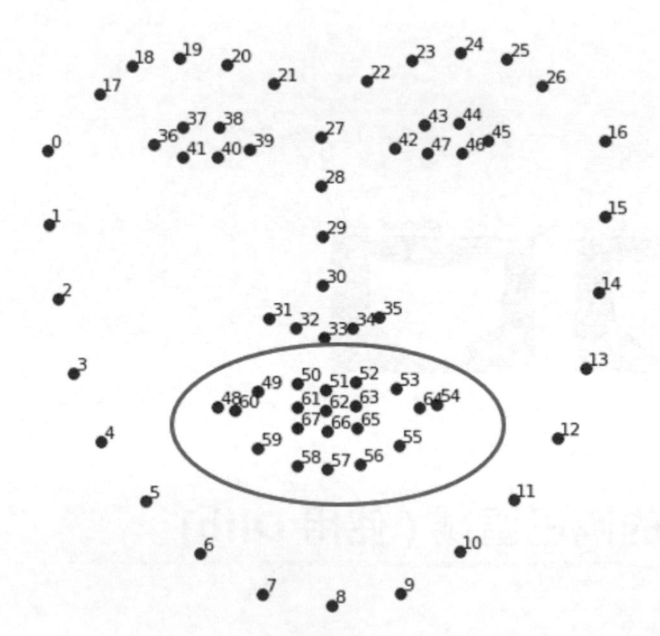

25-7 安裝 Dlib

開啟瀏覽器，搜尋 pip install dlib，搜尋結果不會在第一個，要找一下，如下圖步驟

開啟命令提示字元，貼上安裝指令

```
C:\Users\User>pip install dlib
```

接著會開始組建 Dlib 的檔案

```
Collecting dlib
  Downloading dlib-19.22.1.tar.gz (7.4 MB)
     |████████████████████████████████| 7.4 MB 3.3 MB/s
Building wheels for collected packages: dlib
  Building wheel for dlib (setup.py) ... -
```

這時候，你會感覺到電腦變得有點慢，主要是因為組建 Dlib 檔案時會耗費 CPU 的資源，如下

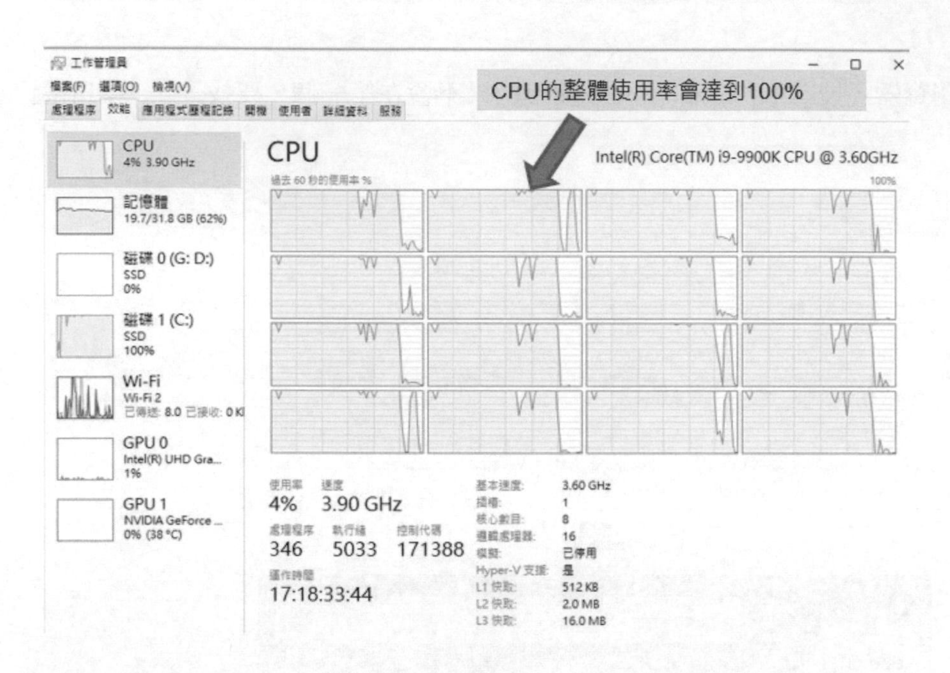

安裝成功的畫面如下

```
  Stored in directory: c:\users\user\appdata\local\
pip\cache\wheels\10\6f\db\ef0380a66d955f9caa81cff60
27fb77c0b556568e0daace292
Successfully built dlib
Installing collected packages: dlib
Successfully installed dlib-19.22.1
```

註：如果使用 COLAB，不用再額外安裝，可以直接匯入

25-8 使用 Dlib 找到人臉

25-8-1 Dlib 初始化

```
import dlib
# ----Dlib init
detector = dlib.get_frontal_face_detector()
predictor = dlib.shape_predictor('shape_predictor_68_face_landmarks.dat')
```

此檔案請先下載，與程式檔案放在同資料夾

- detector:人臉偵測器
- predictor:臉部68個特徵點預測器

25-8-2 人臉偵測器的使用方法

圖片路徑可使用自己的圖片或是 LFW 資料集來練習皆可

```
path = r"C:\Users\User\Desktop\img_test\face_sample_3.png"

img = cv2.imread(path)
if img is None:
    print("Read failed:{}".format(path))
else:
    faces, scores, idx = detector.run(img, 1)

    print("faces:",faces)#人臉區域的座標
    print("scores:",scores)
    print("idx:",idx)

    plt.imshow(img[:,:,::-1])
```

- 呼叫人臉偵測方法
- 若將引數0改成1，會將圖片放大兩倍進行人臉的偵測
- 會回傳臉部的座標串列、人臉分數的串列、臉部型態串列

```
faces: rectangles[[(35, 118) (221, 304)]]
scores: [1.9666593708528395]
idx: [0]
```

當idx=0，正臉型態
當idx=1或2，側臉型態

使用臉部的座標就可以將人臉部分框起來，說明如下

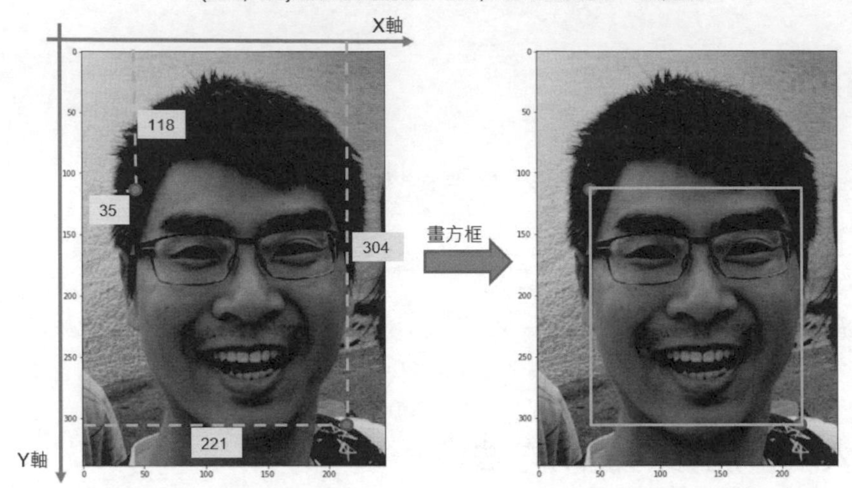
faces: rectangles[[(35, 118) (221, 304)]]
(35, 118)是左上角的點，35, 118分別是X、Y軸座標
(221,304)是右下角的點，221, 304分別是X、Y軸座標
X軸
Y軸
118
35
304
221
畫方框

一張圖片中可能會有多個人臉，所以要使用 for 迴圈處理每一個人臉座標，程式碼說明如下

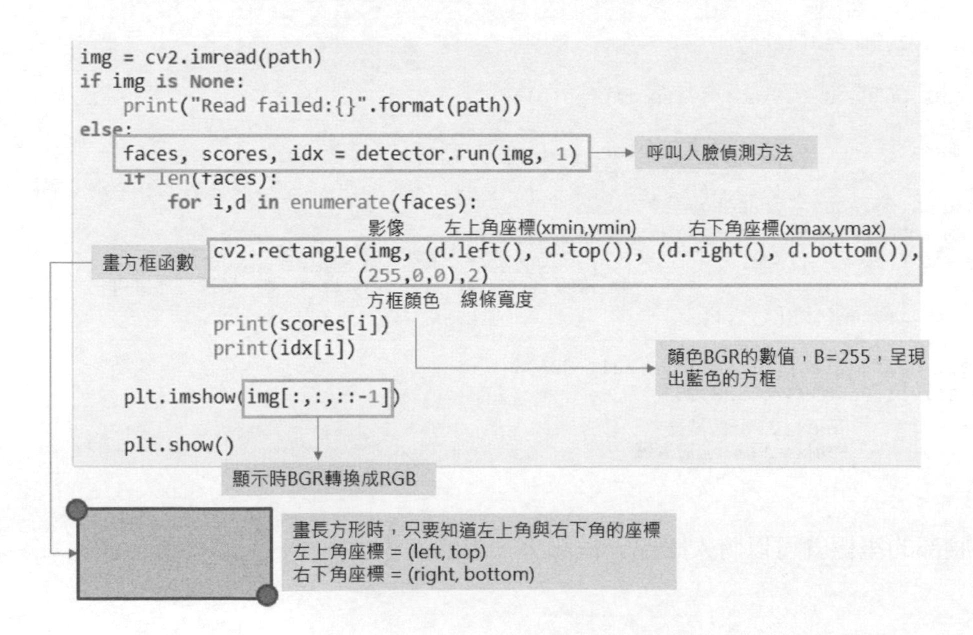
img = cv2.imread(path)
if img is None:
print("Read failed:{}".format(path))
else:
faces, scores, idx = detector.run(img, 1)
呼叫人臉偵測方法
if len(faces):
for i,d in enumerate(faces):
影像
左上角座標(xmin,ymin)
右下角座標(xmax,ymax)
畫方框函數
cv2.rectangle(img, (d.left(), d.top()), (d.right(), d.bottom()), (255,0,0),2)
方框顏色
線條寬度
print(scores[i])
print(idx[i])
顏色BGR的數值，B=255，呈現出藍色的方框
plt.imshow(img[:,:,::-1])
plt.show()
顯示時BGR轉換成RGB
畫長方形時，只要知道左上角與右下角的座標
左上角座標 = (left, top)
右下角座標 = (right, bottom)

顯示結果如下

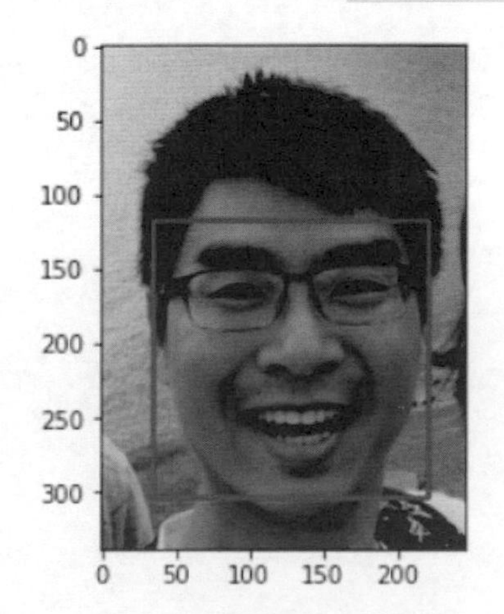

25-8-3 加入 margin

如果人臉部分的方框要大一點，可以加入 margin，如下圖所示

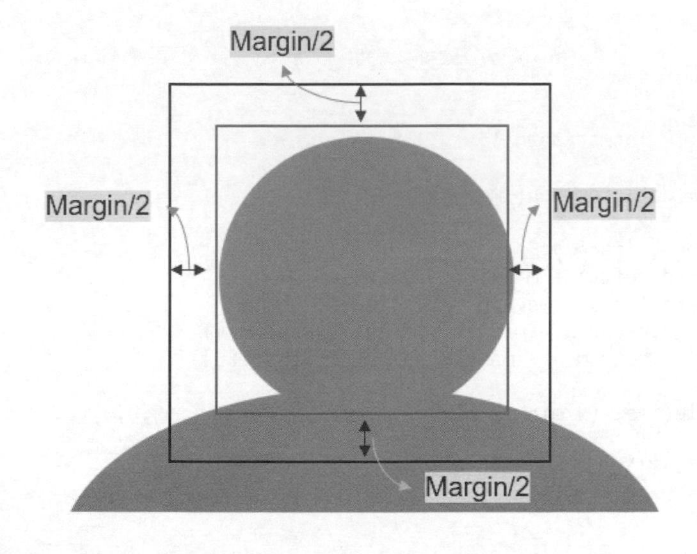

由上圖可知，若要應用 margin 至原本的方框裡，左上角與右下角的座標要經過計算，如下說明

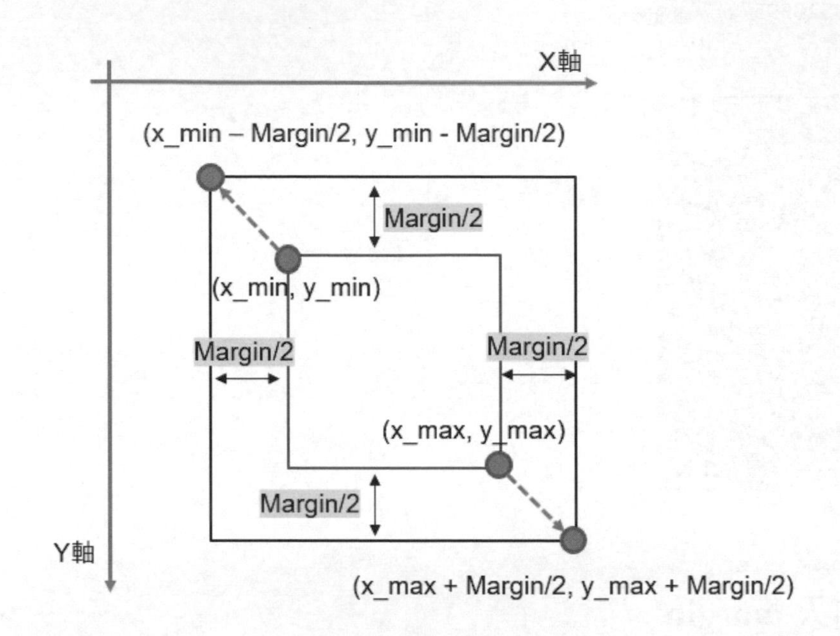

程式碼說明如下

```
margin = 40

img = cv2.imread(path)
if img is None:
    print("Read failed:{}".format(path))
else:
    faces, scores, idx = detector.run(img, 1)
    if len(faces):
        for i,d in enumerate(faces):
            x_min = max((d.left() - margin // 2),0)
            y_min = max((d.top() - margin // 2),0)
            x_max = min((d.right() + margin // 2),img.shape[1])
            y_max = min((d.bottom() + margin // 2),img.shape[0])

            cv2.rectangle(img, (x_min, y_min), (x_max, y_max), (255,0,0),2)

    plt.imshow(img[:,:,::-1])

    plt.show()
```

margin // 2就可以得到整數值，計算後不用再轉成int

座標的詳細解說如下

x_min座標不能小於0，
用max()來比較x_min與0，
當x_min < 0, x_min = 0

```
x_min = max((d.left() - margin // 2),0)
y_min = max((d.top() - margin // 2),0)
x_max = min((d.right() + margin // 2),img.shape[1])
y_max = min((d.bottom() + margin // 2),img.shape[0])
```

y_max座標不能超過圖片的高度，
用min()來比較y_max與圖片高度，
當y_max > 圖片高度, y_max = 圖片高度

執行結果如下

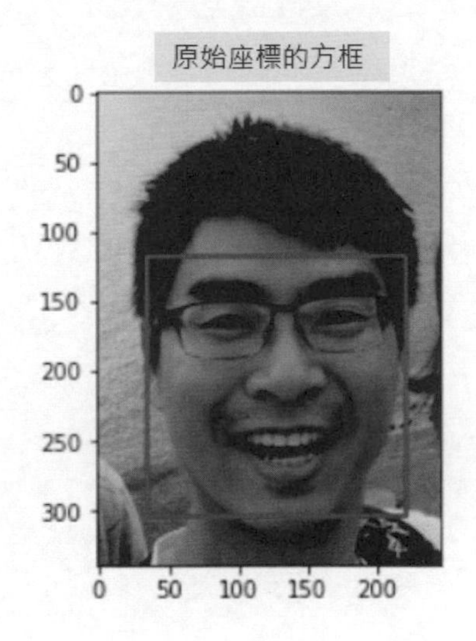

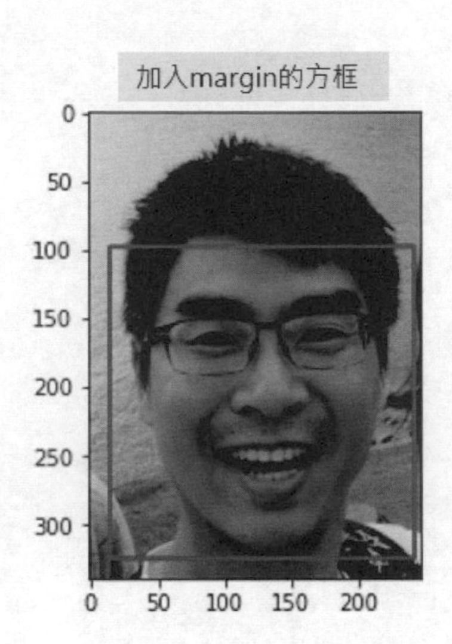

25-8-4 標註 68 個特徵點

若要在圖片上標註 68 個特徵點，可以在找到人臉後進行特徵點的找尋，因程式碼較多，僅貼上部分程式碼，可以依照行數進行對照

```
 7     faces, scores, idx = detector.run(img, 0)
 8     if len(faces):
 9         for i,d in enumerate(faces):
10 
11             #cv2.rectangle(影像, 左上點座標,右下點座標, 顏色, 線條寬度)
12             cv2.rectangle(img, (d.left(), d.top()), (d.right(), d.bottom()), (255,0,0),2)
13 
14             print(scores[i])
15             print(idx[i])
16 
17             #----畫上68個標註點
18             shape = predictor(img, d)  ──► 在臉部座標(d)範圍裡找到68個標註點
19             for i in range(68):
20                 #cv2.circle(影像, 圓心座標, 半徑, 顏色, 線條寬度)        在每個標註點畫圓
21                 cv2.circle(img, (shape.part(i).x, shape.part(i).y), 2, (0, 255, 0), -1, 8)
22                 #cv2.putText(影像, 文字, 座標, 字型, 大小, 顏色, 線條寬度, 線條種類)
23                 cv2.putText(img, str(i), (shape.part(i).x, shape.part(i).y), cv2.FONT_HERSHEY_SIMPLEX, 0.5,
24         在每個標註點寫上數字  (255, 2555, 255))
```

執行結果如下

若圖片尺寸比較小，數字會擠在一起

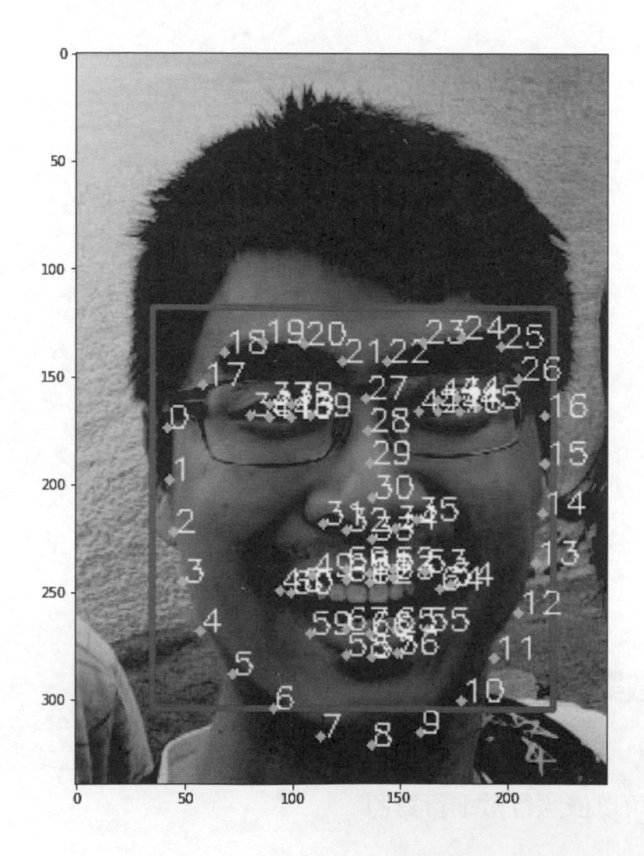

LFW 資料集裡有很多圖片，讀者可以使用其他圖片進行練習。

25-8-5 找出嘴部區域

撰寫偵測臉部區域的函數，使用方式如下

```
path = r"D:\dataset\lfw_1\Aaron_Eckhart\Aaron_Eckhart_0001.jpg"

img = cv2.imread(path)
if img is None:
    print("Read failed:{}".format(path))
else:
    faces, scores, idx = detector.run(img, 0)

    if len(faces):
        for i,d in enumerate(faces):
            #----找到嘴巴部分
            (x_min,y_min), (x_max,y_max) = mouth_detection(img,predictor,d)

            cv2.rectangle(img, (x_min,y_min), (x_max, y_max), (255,0,0),2)

        plt.imshow(img[:,:,::-1])

        plt.show()
```

偵測嘴部區域的函數，回傳座標

使用偵測，框出嘴部區域

偵測嘴部區域的函數說明如下

```
def mouth_detection(img,predictor,d):
    #----算出臉部區域的高度與寬度
    face_height = d.bottom() - d.top()
    face_width = d.right() - d.left()

    #----得到68個標註點
    shape = predictor(img, d)

    #----get the mouth part
    x = list()#用來蒐集所有的X座標
    y = list()#用來蒐集所有的Y座標

    for i in range(48, 68):#48~68是嘴部區域的標註點
        x.append(shape.part(i).x)#蒐集所有的X座標
        y.append(shape.part(i).y)#蒐集所有的Y座標

    #----增加嘴部區域
    height_margin = face_height // 3
    width_margin = face_width // 3

    y_max = min((max(y) + height_margin),img.shape[0])
    y_min = max((min(y) - height_margin),0)
    x_max = min((max(x) + width_margin),img.shape[1])
    x_min = max((min(x) - width_margin),0)

    return (x_min,y_min), (x_max,y_max)
```

單獨嘴部區域太小，要多加一點區域

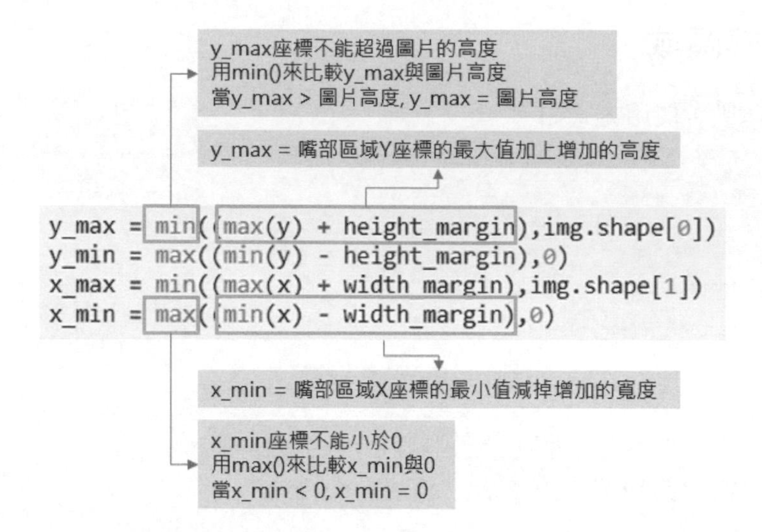
y_max座標不能超過圖片的高度
用min()來比較y_max與圖片高度
當y_max > 圖片高度, y_max = 圖片高度
y_max = 嘴部區域Y座標的最大值加上增加的高度
y_max = min((max(y) + height_margin),img.shape[0])
y_min = max((min(y) - height_margin),0)
x_max = min((max(x) + width_margin),img.shape[1])
x_min = max((min(x) - width_margin),0)
x_min = 嘴部區域X座標的最小值減掉增加的寬度
x_min座標不能小於0
用max()來比較x_min與0
當x_min < 0, x_min = 0

執行結果如下

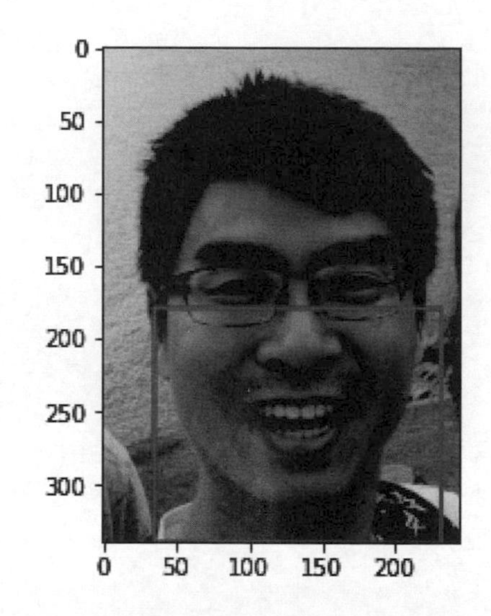
0
50
100
150
200
250
300
0
50
100
150
200

25-9 嘴部區域與口罩的結合

接著要將嘴部區域與口罩進行結合，因程式碼較多，僅貼上部分程式碼，可以依照行數進行對照，如下

```
 9      if len(faces):
10          for i,d in enumerate(faces):
11              #----找到嘴巴部分
12              (x_min,y_min), (x_max,y_max) = mouth_detection(img,predictor,d)
13
14              #----亂數取一張口罩圖片
15              mask_path = np.random.choice(mask_paths)
16              img_mask_ori = cv2.imread(mask_path,cv2.IMREAD_UNCHANGED)
17
18              #----口罩PNG圖片的處理
19              size = ((x_max-x_min),(y_max-y_min))#嘴部區域的高度與寬度
20              img_mask = cv2.resize(img_mask_ori, size)#口罩大小調整與嘴部區域相同
21              img_mask_bgr = img_mask[:, :, :3]#取出口罩BGR資料
22              img_alpha_ch = img_mask[:, :, 3]#取出口罩Alpha資料
23
24              #----口罩圖片的遮罩(讓口罩部分數值皆為255，其餘為0)
25              _, item_mask = cv2.threshold(img_alpha_ch, 220, 255, cv2.THRESH_BINARY)
26
27              #----嘴部圖片的遮罩(讓嘴部數值皆為0，其餘為255)
28              human_mask = cv2.bitwise_not(item_mask)#與口罩遮罩內容相反
29
30              img_with_mask = img.copy()#不能只有 =img，否則img也會一起戴上口罩
31              mouth_part = img_with_mask[y_min:y_max, x_min:x_max]#取出嘴部區域
32
33              #----進行遮罩比對
34              img_item_part = cv2.bitwise_and(img_mask_bgr, img_mask_bgr, mask=item_mask)
35              img_human_part = cv2.bitwise_and(mouth_part, mouth_part, mask=human_mask)
36
37              #----嘴部與口罩相加
38              dst = cv2.add(img_human_part, img_item_part)
39              img_with_mask[y_min: y_min + size[1], x_min:x_min + size[0]] = dst
```

遮罩比對說明如下

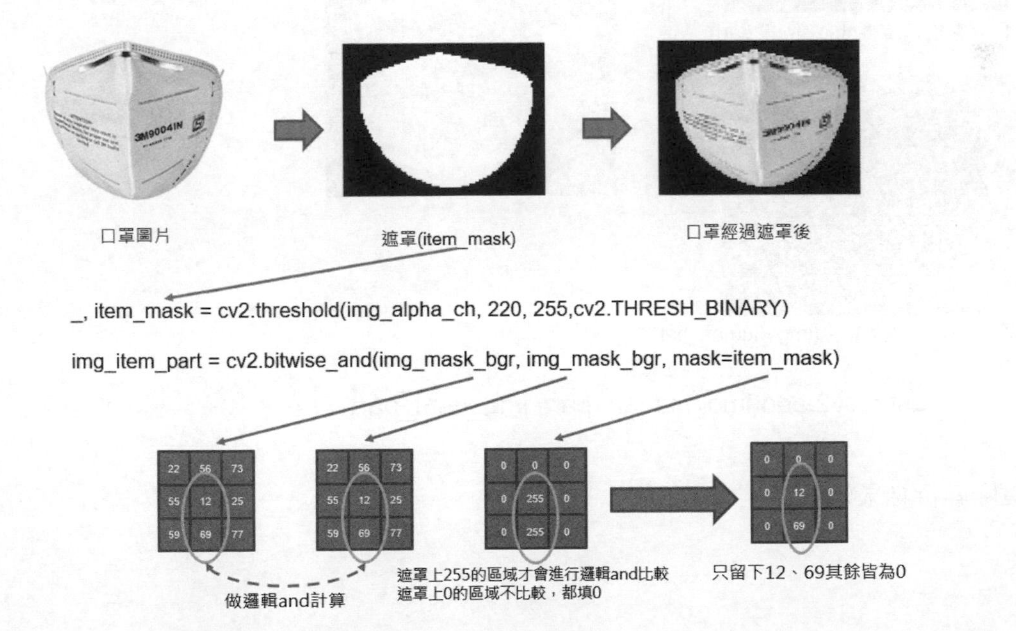

嘴部區域的遮罩說明如下

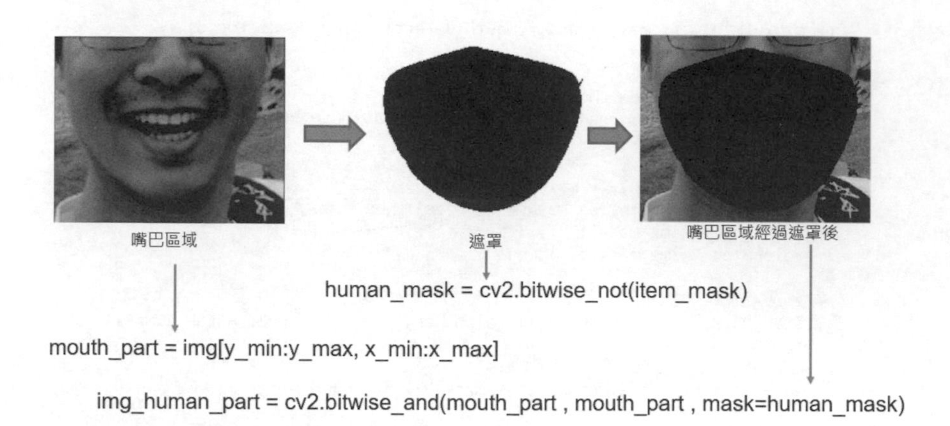

嘴部與口罩相加說明如下

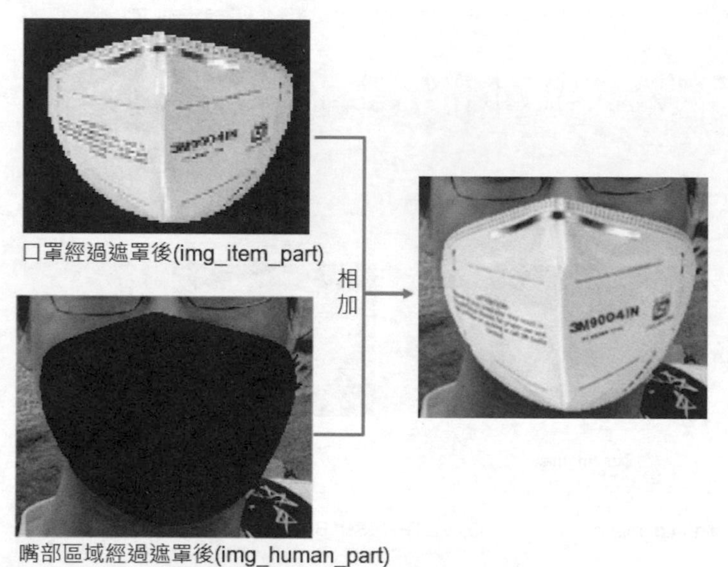

dst = cv2.add(img_human_part, img_item_part)

實際執行結果如下

```
plt.subplot(1,2,1)
plt.imshow(img[:,:,::-1])

plt.subplot(1,2,2)
plt.imshow(img_with_mask[:,:,::-1])

plt.show()
```

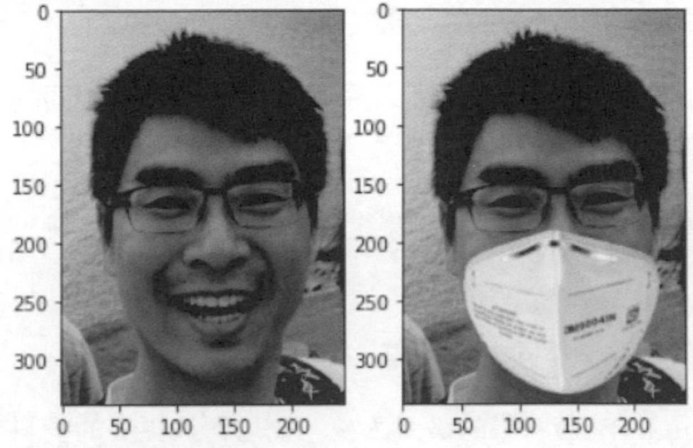

要注意的是，如果是側臉照，使用程式碼戴上口罩就無法符合臉型，不過這沒關係，目的只是要在嘴部區域有口罩即可。

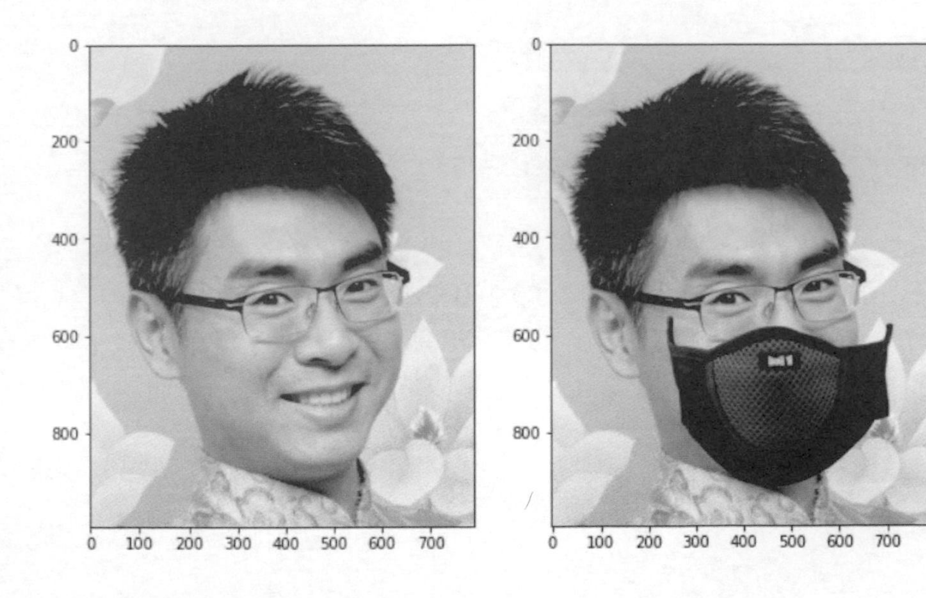

25-10 製作訓練集與驗證集

在建立類神經網路與建立卷積網路的章節，訓練集與驗證集直接使用 Tensorflow 已經整理過的資料，著重在模型的建立與訓練流程，降低學習上的難度，而在此章節則是會在模型不改變的情形下，著重在訓練集與驗證集的準備流程。

採用訓練集與驗證集的重點是兩者都有相同類別的圖片，且兩者沒有相同的圖片。

一種方式是之前的章節提到的，使用同一個資料集，依照 7:3 或 8:2 的比例，分成訓練集與驗證集。

另一種方式就是像這次，會使用兩個不同的資料集，但都是人臉的資料集。

會使用兩個資料集是因為單獨 LFW 資料集的數量太少，需要再找更多的資料來進行訓練。

訓練集與驗證集的安排如下，

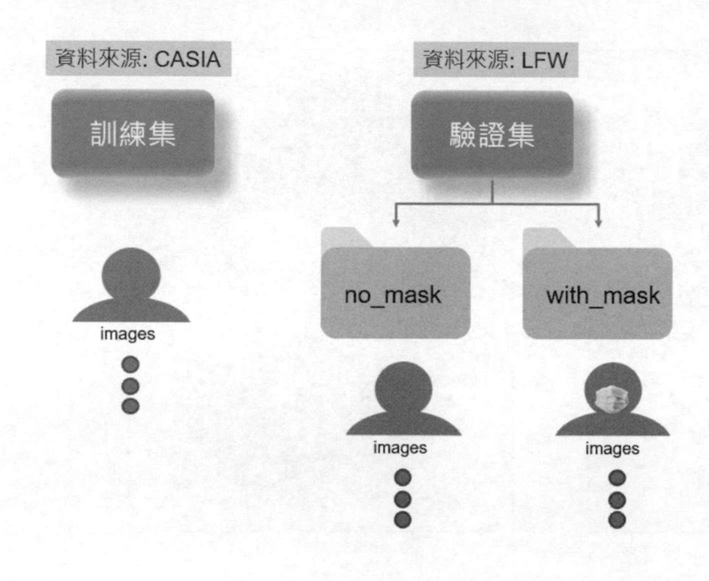

25-10-1 製作訓練集

訓練集的資料只需要沒戴口罩的臉部圖像集，在訓練的時候才會為臉部戴上口罩，每一次戴上口罩的樣式都是亂數選擇的，這樣做的目的是增加訓練集的變化，讓模型能夠學到更多樣化的圖像。

25-10-2 關於 CASIA 資料集

擁有 10575 個不同人的人臉訓練集，圖像總數為 494,414

25-10-3 下載 CASIA 資料集

打開瀏覽器，搜尋 casia-webface dataset download，點擊網址，如下所示

因為 CASIA 資料集的原始下載連結已經失效，所以要找其他下載的連結

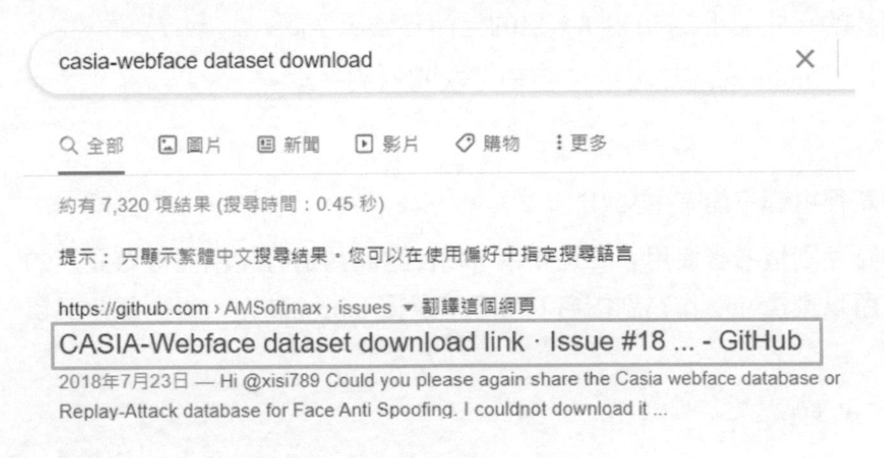

在網頁中找到 Google drive 下載的連結，點擊下載

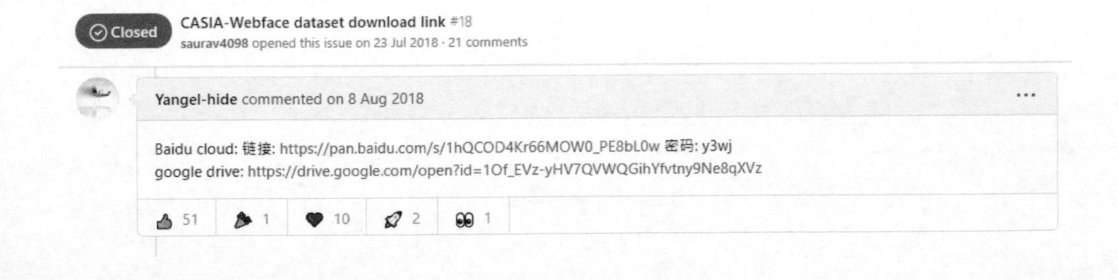

如果使用 COLAB，要把 CASIA 資料集上傳至雲端硬碟，CASIA 原始檔案為 4.1G，還要儲存製作的資料集 (約 500MB)，要確定雲端硬碟容量是否足夠；若不夠，可以直接下載已經製作好的資料集

25-10-4 資料前處理

前處理的意思是會將原始的圖像資料，經過影像處理後再輸入至模型進行訓練。

一般來說，經過前處理的圖像會另存至其他資料夾，盡量不更動原始資料。

訓練集前處理的步驟如下

1. 原始資料是有 10575 個次資料夾，要蒐集所有次資料夾裡的圖片
2. 數亂數選取 1 萬張 (數量可自行改變)
3. 每張圖片使用 Dlib 擷取臉部區域，設定 margin = 30
4. 每張圖片的尺寸縮小為 80 x 80，目的是節省硬碟空間
5. 另存圖片至 train_set 資料夾，不用再分次資料夾

注意：

1. **圖片的路徑中都不能有中文 !!!**
2. **另存的圖片副檔名會使用 png 是因為 jpg 會對圖片進行壓縮而破壞圖片的品質，所以選擇 png 作為副檔名 (也可以選擇 bmp 格式)，減少圖片品質的破壞。**

前處理的程式碼如下

```
img_dir = r"D:\dataset\CASIA\CASIA-WebFace"
save_dir = r"D:\dataset\face_mask\train_set"
select_num = 10000 ──→ 亂數選取的張數
margin = 30
size = (80,80) ──→ Resize的尺寸
paths = list()
                                  資料夾下有大量次資料夾，使用os.walk()
#----蒐集所有的圖片路徑
for dir_name,sub_dir_list,filename_list in os.walk(img_dir):
    if len(filename_list) > 0:
        for filename in filename_list:
            path = os.path.join(dir_name,filename)
            paths.append(path)

#----shuffle
np.random.shuffle(paths) ──→ 打亂原本的順序
```

```
for idx_path in range(select_num):
    path = paths[idx_path] ──→ 使用idx_path來選取圖片
                               Idx_path也會用來當作檔名
    img = cv2.imread(path)
    if img is None:
        print("Read failed:{}".format(path))
    else:
        faces, scores, idx = detector.run(img, 0)
        if len(faces):                       找到人臉後，加入margin
            for i,d in enumerate(faces):
                x_min = max((d.left() - margin // 2),0)
                y_min = max((d.top() - margin // 2),0)
                x_max = min((d.right() + margin // 2),img.shape[1])
                y_max = min((d.bottom() + margin // 2),img.shape[0])

                #----人臉的尺寸都要在80以上
                if y_max - y_min >= 80 and x_max - x_min >= 80:
                    #----取出臉部區域
                    face_part = img[y_min:y_max,x_min:x_max,:]
                    #----resize圖片大小
                    face_part = cv2.resize(face_part,size)
                    #----使用idx_path, i來當作檔名
                    #----使用png是因為不會壓縮圖片，破壞品質
                    filename = "{}_{}.png".format(str(idx_path),str(i))
   重點:            new_path = os.path.join(save_dir,filename)
   儲存路徑不能有中文!!! cv2.imwrite(new_path,face_part)
        else:
            print("No mouth detected")
```

因為處理的圖片數量眾多，執行的時候會需要一些時間。

執行完程式後，數量不會剛好等於 1 萬張，因為有些圖片找不到人臉就不會儲存至此資料夾。

25-10-5 製作驗證集

驗證集的圖片來源使用 LFW 資料集

驗證集與訓練集不同，需先做好有無戴口罩的資料集，將原圖進行前處理後，另存至 no_mask 資料夾，將有戴上口罩的圖放在 with_mask 資料夾。

驗證集前處理的步驟如下

1. 蒐集 LFW 資料集所有次資料夾裡的圖片
2. 每張圖片使用 Dlib 擷取臉部區域，設定 margin = 30
3. 每張圖片的尺寸縮小為 80 x 80
4. 另存圖片至 test_set\no_mask 資料夾
5. 讀取所有 no_mask 資料夾下的圖像資料
6. 為每張圖片都戴上口罩
7. 另存圖片至 test_set\with_mask 資料夾

注意 : 圖片的路徑不能有中文 !!!

前處理步驟 1 ~ 4 的程式碼如下

這部分與訓練集的前處理相同，程式碼就不再重複解釋

```
img_dir = r"D:\dataset\lfw_2\ori"
output_dir = r"D:\dataset\face_mask\test_set\no_mask"
size = (80,80)
margin = 30
paths = list()

#----蒐集所有的圖片路徑
for dir_name,sub_dir_list,filename_list in os.walk(img_dir):
    if len(filename_list) > 0:
        for filename in filename_list:
            path = os.path.join(dir_name,filename)
            paths.append(path)
qty = len(paths)
print(qty)

for idx_path in range(qty):
    path = paths[idx_path]
    img = cv2.imread(path)
    if img is None:
        print("Read failed:{}".format(path))
    else:
        faces, scores, idx = detector.run(img, 0)
        if len(faces):
            for i,d in enumerate(faces):
                x_min = max((d.left() - margin // 2),0)
                y_min = max((d.top() - margin // 2),0)
                x_max = min((d.right() + margin // 2),img.shape[1])
                y_max = min((d.bottom() + margin // 2),img.shape[0])

                #----save images without masks
                face_part = img.copy()
                face_part = face_part[y_min:y_max,x_min:x_max,:]
                face_part = cv2.resize(face_part,size)
                filename = "{}_{}.png".format(str(idx_path),str(i))
                new_path = os.path.join(output_dir,filename)
                cv2.imwrite(new_path,face_part)
```

前處理步驟 5 ~ 7 的程式碼如下

```
img_dir = r"D:\dataset\face_mask\test_set\no_mask"
output_dir = r"D:\dataset\face_mask\test_set\with_mask"
paths = [file.path for file in os.scandir(img_dir) if file.name.split(".")[-1] == 'png']

qty = len(paths)
print(qty)

for idx_path,path in enumerate(paths):
    img = cv2.imread(path)
    if img is None:
        print("Read failed:{}".format(path))
    else:
        faces, scores, idx = detector.run(img, 0)

        if len(faces):
            for i,d in enumerate(faces):
                #----找到嘴巴部分
                (x_min,y_min), (x_max,y_max) = mouth_detection(img,predictor,d)

                #----亂數取一張口罩圖片
                mask_path = np.random.choice(mask_paths)
                img_mask_ori = cv2.imread(mask_path,cv2.IMREAD_UNCHANGED)

                #----口罩PNG圖片的處理
                size = ((x_max-x_min),(y_max-y_min))#嘴部區域的高度與寬度
                img_mask = cv2.resize(img_mask_ori, size)#口罩大小調整與嘴部區域相同
                img_mask_bgr = img_mask[:, :, :3]#取出口罩BGR資料
                img_alpha_ch = img_mask[:, :, 3]#取出口罩Alpha資料
```

```
#----口罩圖片的遮罩(讓口罩部分數值皆為255，其餘為0)
_, item_mask = cv2.threshold(img_alpha_ch, 220, 255, cv2.THRESH_BINARY)

#----嘴部圖片的遮罩(讓嘴部數值皆為0，其餘為255)
human_mask = cv2.bitwise_not(item_mask)#與口罩遮罩內容相反

img_with_mask = img.copy()#不能只有 =img，否則img也會一起戴上口罩
mouth_part = img_with_mask[y_min:y_max, x_min:x_max]#取出嘴部區域

#----進行遮罩比對
img_item_part = cv2.bitwise_and(img_mask_bgr, img_mask_bgr, mask=item_mask)
img_human_part = cv2.bitwise_and(mouth_part, mouth_part, mask=human_mask)

#----嘴部與口罩相加
dst = cv2.add(img_human_part, img_item_part)
img_with_mask[y_min: y_min + size[1], x_min:x_min + size[0]] = dst

#----save images
filename = "{}_{}.png".format(str(idx_path),str(i))
new_path = os.path.join(output_dir,filename)
cv2.imwrite(new_path,img_with_mask)
```

資料集準備完成後，下一章就要帶大家進行模型的訓練！

25-11 有趣的 AI 應用

若要去除圖像的背景通常需要專業的軟體，AI 出現後，自動去除背景的能力令人驚豔。

Removal.ai 是線上去除背景的網站，可以去除或更換人像、物品、汽車、動物的背景。

輸入網址 https://removal.ai/，上傳欲去除背景的圖片，如下

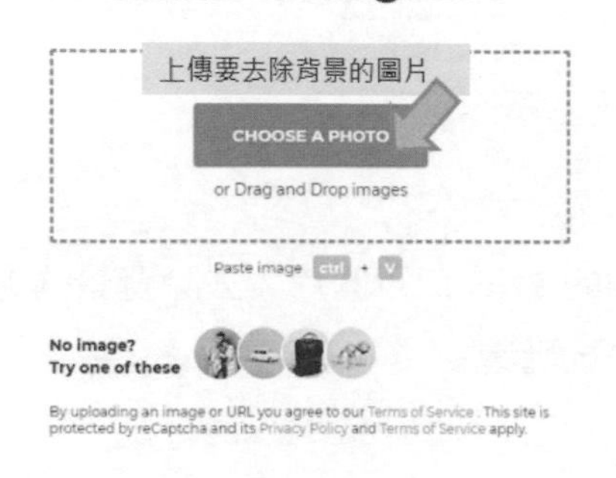

執行後與原圖比較如下

右圖是 AI 去除背景的結果，可以觀察邊緣的部分，細節都處理得非常好，如果還想要更好，可選擇編輯工具 (Editor tool) 進行更多細部的處理

處理完的圖片也可以下載，網站提供一般畫質與高畫質的下載，一般畫質的下載是免費的，高畫質會需要付費。

本章節提到的 PNG 口罩圖片，去除背景的方式也是使用此網站製作的喔，有興趣的趕快去玩玩看 ~

CH26

口罩判斷模型之訓練

26-1 匯入套件

要匯入 Tensorflow、Dlib 以及一般套件，如下，

```
import tensorflow
if tensorflow.__version__.startswith('1.'):
    import tensorflow as tf
    from tensorflow.python.platform import gfile
else:
    import tensorflow as v2
    import tensorflow.compat.v1 as tf
    tf.disable_v2_behavior()
    import tensorflow.compat.v1.gfile as gfile
print("Tensorflow version:{}".format(tf.__version__))
```

```
Tensorflow version:2.5.0
```

```
import matplotlib.pyplot as plt
import os,cv2,shutil
import math,time
import numpy as np
import json
```

```
import dlib
# ----Dlib init
detector = dlib.get_frontal_face_detector()
predictor = dlib.shape_predictor('shape_predictor_68_face_landmarks.dat')
```

通常寫程式的時候，無法立即寫出所有會用到的套件，而是寫程式碼時用到某套件時就會回來以下的 Cell 裡再匯入套件

在訓練的時候會亂數地選擇口罩圖片與人臉結合，所以也要匯入 Dlib 套件

26-2 訓練集與驗證集的資料安排

這是上一章我們對訓練集與驗證集的安排，如下

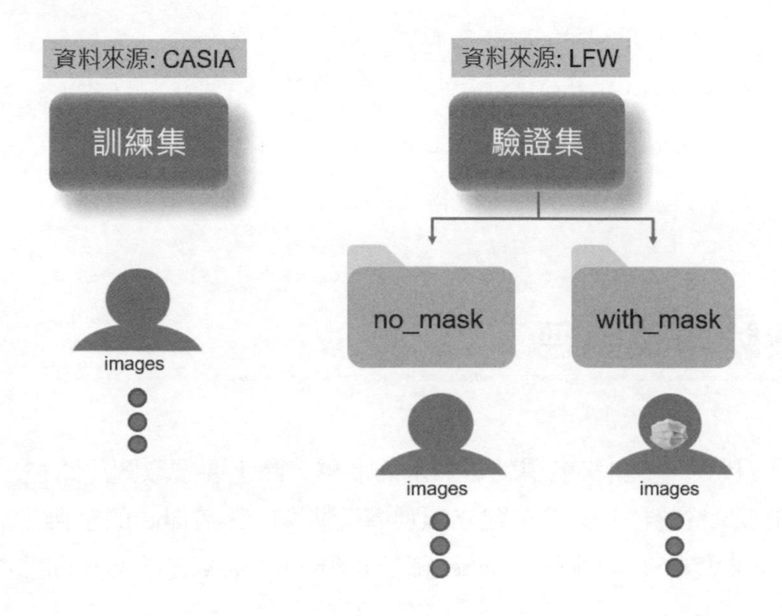

26-3 讀取訓練集路徑

此次訓練所用的圖片尺寸為 80 x 80，比之前的 mnist 資料集 (28x28) 大很多，如果讀取所有圖片成為四維的資料，會占用超過 2GB 的電腦記憶體 (RAM)，所以只要先讀取圖片路徑，在選擇批次資料時再進行圖片的讀取，避免不必要的記憶體浪費。

要得到的圖片附檔名是 png

得到所有的圖片路徑後，統一轉換成 ndarray 格式

程式碼如下

```
train_img_dir = r'F:\dataset\face_mask\train_set'

train_paths = [file.path for file in os.scandir(train_img_dir)
               if file.name.split(".")[-1] == 'png']

qty_train_path = len(train_paths)

train_paths = np.array(train_paths)

print("訓練集張數:",qty_train_path)
```

```
訓練集張數: 8867
```

26-4 讀取驗證集路徑

驗證集會有兩個次資料夾，資料夾名稱就是類別的名稱，除了要讀取圖片路徑外，還要建立對應的label資料，所以要先建立類別名稱轉換成數字label的字典，也就是說，在 no_mask 資料夾下的圖片，label 都是 0，with_mask 資料夾下的圖片，label 都是 1。

建立類別名稱轉換成數字 label 的字典如下，

```
classname2label_dict = {'no_mask':0,
                        "with_mask":1,
                        }
```

驗證集裡有次資料夾，會建議使用 os.walk() 來處理不同資料夾的路徑

程式碼如下

```
test_img_dir = r"F:\dataset\face_mask\test_set"

test_paths = list()
label_test = list()

for dir_name,sub_dir_list,filename_list in os.walk(test_img_dir):
    if len(filename_list) > 0:
        classname = dir_name.split("\\")[-1]
        label = classname2label_dict[classname]      建立label資料

        for filename in filename_list:
            path = os.path.join(dir_name,filename)

            test_paths.append(path)
            label_test.append(label)

qty_test_path = len(test_paths)
#----串列轉換成 ndarray
test_paths = np.array(test_paths)
label_test = np.array(label_test)

print("test_paths shape:",test_paths.shape)
print("label_test shape:",label_test.shape)

print("驗證集張數:",qty_test_path)
```

```
test_paths shape: (25923,)
label_test shape: (25923,)
驗證集張數: 25923
```

上述程式裡，取得圖片的 label 資料步驟說明如下：

1. 得到圖片的資料夾名稱 (no_mask 或者 with_mask)
2. 使用 classname2label_dict 將類別名稱轉換成 label

建立 label 資料的說明如下

```
classname = dir_name.split("\\")[-1]
```

⬇

dir_name = F:\dataset\face_mask\test_set**no_mask**

⬇

dir_name.split("\\") = ['F:', 'dataset', 'face_mask', 'test_set', **'no_mask'**]

⬇

dir_name.split("\\")[-1] = 'no_mask' →這個就是classname

```
classname2label_dict = {'no_mask':0,
                        "with_mask":1,
                        }
```

classname2label_dict['no_mask'] = 0→得到label資料

26-5 讀取口罩集路徑

```
mask_img_dir = r"C:\Users\User\Desktop\RGBA_PNG_img"

mask_paths = [file.path for file in os.scandir(mask_img_dir)
              if file.name.split(".")[-1] == 'png']
qty_mask_img = len(mask_paths)
print("口罩圖片張數:",qty_mask_img)
```

```
口罩圖片張數: 34
```

26-6 建立偵測嘴部區域的函數

沿用上一章的函數

```
def mouth_detection(img,predictor,d):
    #----算出臉部區域的高度與寬度
    face_height = d.bottom() - d.top()
    face_width = d.right() - d.left()

    #----得到68個標註點
    shape = predictor(img, d)

    #----get the mouth part
    x = list()#用來蒐集所有的X座標
    y = list()#用來蒐集所有的Y座標

    for i in range(48, 68):#48~68是嘴部區域的標註點
        x.append(shape.part(i).x)#蒐集所有的X座標
        y.append(shape.part(i).y)#蒐集所有的Y座標

    #----增加嘴部區域
    height_margin = face_height // 3
    width_margin = face_width // 3

    y_max = min((max(y) + height_margin),img.shape[0])
    y_min = max((min(y) - height_margin),0)
    x_max = min((max(x) + width_margin),img.shape[1])
    x_min = max((min(x) - width_margin),0)

    return (x_min,y_min), (x_max,y_max)
```

單獨嘴部區域太小，要多加一點區域

y_max座標不能超過圖片的高度
用min()來比較y_max與圖片高度
當y_max > 圖片高度, y_max = 圖片高度

y_max = 嘴部區域Y座標的最大值加上增加的高度

```
y_max = min((max(y) + height_margin),img.shape[0])
y_min = max((min(y) - height_margin),0)
x_max = min((max(x) + width_margin),img.shape[1])
x_min = max((min(x) - width_margin),0)
```

x_min = 嘴部區域X座標的最小值減掉增加的寬度

x_min座標不能小於0
用max()來比較x_min與0
當x_min < 0, x_min = 0

26-7 建立嘴部區域與口罩結合的函數

將上一章節教過的程式碼轉換成函數，目的是用來為訓練集裡的圖片戴上口罩

函數的參數設定與回傳值說明如下

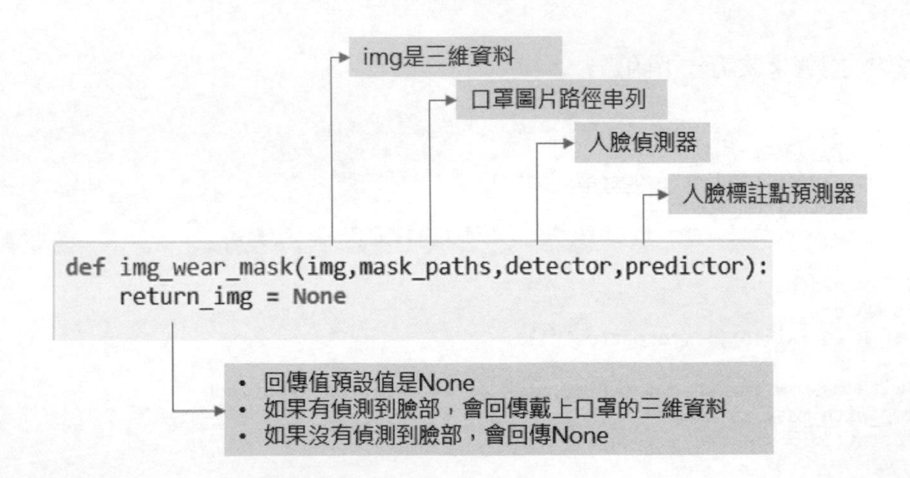
img是三維資料
口罩圖片路徑串列
人臉偵測器
人臉標註點預測器
def img_wear_mask(img,mask_paths,detector,predictor):
return_img = None
• 回傳值預設值是None
• 如果有偵測到臉部，會回傳戴上口罩的三維資料
• 如果沒有偵測到臉部，會回傳None

整個函數內容如下

```
def img_wear_mask(img,mask_paths,detector,predictor):
    return_img = None

    faces, scores, idx = detector.run(img, 0)

    if len(faces):#如果沒有找到臉部區域，直接回傳None
        for i,d in enumerate(faces):
            #----找到嘴巴部分
            (x_min,y_min), (x_max,y_max) = mouth_detection(img,predictor,d)

            #----亂數取一張口罩圖片
            mask_path = np.random.choice(mask_paths)
            img_mask_ori = cv2.imread(mask_path,cv2.IMREAD_UNCHANGED)

            #----口罩PNG圖片的處理
            size = ((x_max-x_min),(y_max-y_min))#嘴部區域的高度與寬度
            img_mask = cv2.resize(img_mask_ori, size)#口罩大小調整與嘴部區域相同
            img_mask_bgr = img_mask[:, :, :3]#取出口罩BGR資料
            img_alpha_ch = img_mask[:, :, 3]#取出口罩Alpha資料

            #----口罩圖片的遮罩(讓口罩部分數值皆為255，其餘為0)
            _, item_mask = cv2.threshold(img_alpha_ch, 220, 255, cv2.THRESH_BINARY)

            #----嘴部圖片的遮罩(讓嘴部數值皆為0，其餘為255)
            human_mask = cv2.bitwise_not(item_mask)#與口罩遮罩內容相反

            img_with_mask = img.copy()#不能只有 =img，否則img也會一起戴上口罩
            mouth_part = img_with_mask[y_min:y_max, x_min:x_max]#取出嘴部區域

            #----進行遮罩比對
            img_item_part = cv2.bitwise_and(img_mask_bgr, img_mask_bgr, mask=item_mask)
            img_human_part = cv2.bitwise_and(mouth_part, mouth_part, mask=human_mask)

            #----嘴部與口罩相加
            dst = cv2.add(img_human_part, img_item_part)
            img_with_mask[y_min: y_max, x_min:x_max] = dst
            return_img = img_with_mask#回傳戴上口罩的三維資料

    return return_img
```

寫完函數後，接著來驗證一下函數

```
#----亂數取一張訓練集圖片
rdm_num = np.random.randint(qty_train_path)
path = train_paths[rdm_num]
# path = np.random.choice(train_paths)  → 也可以這樣亂數取一張圖片路徑

img = cv2.imread(path)
if img is None:
    print("Read failed:{}".format(path))
else:
    img_with_mask = img_wear_mask(img,mask_paths,detector,predictor)
    if img_with_mask is None:
        print("沒有找到人臉")
```

執行完後，使用 plt.subplot() 來顯示結果

左圖是訓練集的原圖，類別名稱是 no_mask，label = 0

右圖是訓練集原圖戴上口罩，類別名稱是 with_mask，label = 1

訓練的時候就會使用這樣的方式讓模型學習圖片是否有戴口罩。

```
plt.subplot(1,2,1)

plt.imshow(img[:,:,::-1])
plt.title("no_mask, label 0")

if img_with_mask is not None:
    plt.subplot(1,2,2)
    plt.imshow(img_with_mask[:,:,::-1])
    plt.title("with_mask, label 1")
plt.show()
```

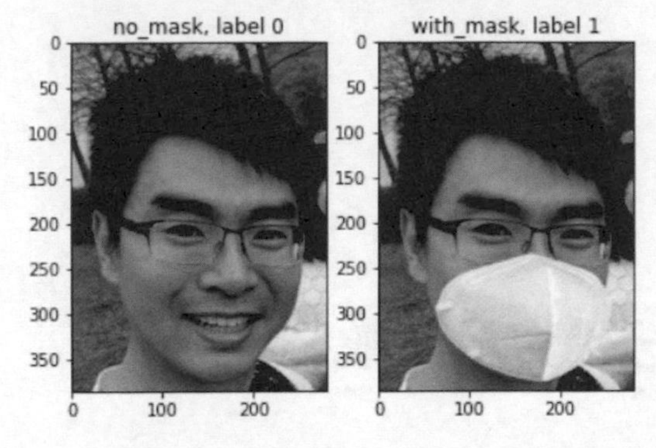

26-8 建立訓練集的迭代資料函數

使用 img_wear_mask() 函數來建立每一次 batch size 的圖片四維資料與 label 資料

```
def get_ite_mask_data(paths,ite_num,batch_size):
    #----變數宣告
    ite_data = list()
    ite_label = list()
    qty = len(paths)

    num_start = batch_size * ite_num
    num_end = num_start + batch_size
    if num_end > qty:
        num_end = qty

    ite_paths = paths[num_start:num_end]

    for path in ite_paths:
        img = cv2.imread(path)
        if img is None:
            print("Read failed:{}".format(path))
        else:
            ite_data.append(img)
            ite_label.append(0)#沒戴口罩的label = 0

            img_with_mask = img_wear_mask(img,mask_paths,detector,predictor)
            if img_with_mask is not None:
                ite_data.append(img_with_mask)
                ite_label.append(1)#有戴口罩的label = 1
    #----串列轉換成ndarray
    ite_data = np.array(ite_data)
    ite_label = np.array(ite_label)

    #----資料標準化 normalization
    ite_data = ite_data.astype(np.float32)
    ite_data /= 255

    return ite_data,ite_label
```

- 當圖片讀取成功，原始圖的label = 0
- Img_with_mask若不是None，append圖片資料，給予label = 1；反之，不append任何資料

26-9 建立驗證集的迭代資料函數

驗證集與訓練集不同，不需要再為圖片戴上口罩，程式碼如下

```
def get_ite_data(paths,ite_num,batch_size):
    #----變數宣告
    ite_data = list()
    ite_label = list()
    qty = len(paths)

    num_start = batch_size * ite_num
    num_end = num_start + batch_size
    if num_end > qty:
        num_end = qty
    ite_paths = paths[num_start:num_end]

    for path in ite_paths:
        img = cv2.imread(path)
        if img is None:
            print("Read failed:{}".format(path))
```

```
        else:
            ite_data.append(img)
            #----從資料夾名稱取得label
            classname = path.split("\\")[-2]
            label = classname2label_dict[classname]
            ite_label.append(label)
    #----串列轉換成ndarray
    ite_data = np.array(ite_data)
    ite_label = np.array(ite_label)

    #----資料標準化 normalization
    ite_data = ite_data.astype(np.float32)
    ite_data /= 255

    return ite_data,ite_label
```

26-10 建立計算圖

計算圖架構大致上與建立卷積網路章節相同

設定儲存權重的資料夾

```
graph_1 = tf.Graph()
activation = tf.nn.relu
save_dir = r"D:\code\model_saver\mask_classification"
```

計算圖部分僅列出需修改的地方

- 圖片尺寸是80x80
- 通道資料長度是3

```
1  with graph_1.as_default():
2      #----建立tf.placeholder()，接收非張量型態的資料
3      tf_input = tf.placeholder(tf.float32,shape=[None,80,80,3],name='input')
4      tf_label = tf.placeholder(tf.int32,shape=[None],name="label")
5      tf_keep_prob = tf.placeholder(tf.float32,name='keep_prob')
```

類別只有兩類，輸出層數量要修改成 2

輸出層的數量修改成2

```
55      output = tf.layers.dense(inputs=net, units=2, activation=None)
56      print("輸出層 shape:",output.shape)
```

執行計算圖後的每一層 shape 資訊如下

```
卷積層 1 shape: (?, 80, 80, 8)
池化層 1 shape: (?, 40, 40, 8)
卷積層 2 shape: (?, 40, 40, 16)
池化層 2 shape: (?, 20, 20, 16)
卷積層 3 shape: (?, 20, 20, 32)
池化層 3 shape: (?, 10, 10, 32)
陣列拉直後 shape: (?, 3200)
全連接層 shape: (?, 64)
輸出層 shape: (?, 2)
```

26-11 模型架構的差異說明

26-11-1 簡化部分說明

這次訓練有幾個簡化的地方，如下

1. 不計算訓練集的損失值與準確率，因為訓練集會自動戴上不同的口罩，屬於動態的改變
2. 僅計算驗證集的損失值與準確率

26-11-2 建立計算損失值的函數

```
def get_loss(paths,label_data,batch_size,sess):
    iterations =math.ceil(len(paths) / batch_size)
    loss = 0

    for iteration in range(iterations):
        ite_data,ite_label = get_ite_data(paths,iteration,batch_size)

        loss += sess.run(tf_loss,feed_dict={tf_input:ite_data,
                                            tf_label:ite_label,
                                            tf_keep_prob:1})

    loss /= iterations

    return loss
```

26-11-3　建立計算準確率的函數

```
def get_accuracy(paths,batch_size,sess,use_dropout=False):
    iterations = math.ceil(len(paths)/ batch_size)
    correct_count = 0
    prediction_count = 0

    for iteration in range(iterations):
        ite_data,ite_label = get_ite_data(paths,iteration,batch_size)

        predictions = sess.run(tf_prediction,feed_dict={tf_input:ite_data,
                                                         tf_keep_prob:1})

        arg_predictions = np.argmax(predictions,axis=1)
        for arg_prediction, label in zip(arg_predictions,ite_label):
            prediction_count += 1
            if arg_prediction == label:
                correct_count += 1
    acc = correct_count / prediction_count

    return acc
```

26-11-4　超參數設定

```
batch_size=128
epochs=10
dropout_ratio=0.5
```

26-11-5　其他程式碼的差異

```
1   acc_record = 0.97
2
3   #----計算迭代次數
4   iterations_train =math.ceil(qty_train_path / batch_size)
5   iterations_test = math.ceil(qty_test_path / batch_size)
6
7   #----宣告收集驗證集準確率的串列
8   loss_test_list = list()   ──► 只需要宣告驗證集損失值與準確率的串列
9   acc_test_list = list()
10
11  #----載入上次的訓練權重檔案
12  weights_path = tf.train.latest_checkpoint(save_dir)
13  if weights_path is None:
14      print("沒有之前的權重檔，重新訓練")
15  else:
16      print("weights_path:",weights_path)
17      try:
18          saver.restore(sess, weights_path)
19          print("使用之前的權重檔:{}".format(weights_path))
20      except:
21          print("套用權重檔產生錯誤，重新訓練")
```

```
23  for epoch in range(epochs):
24      #----record the time
25      d_t = time.time()
26
27      #----shuffle 只需將訓練集的順序打亂
28      indice = np.random.permutation(qty_train_path)
29      train_paths = train_paths[indice]
30                                                          權重最佳化
31      for iteration in range(iterations_train):
32          ite_data,ite_label = get_ite_mask_data(train_paths,iteration,batch_size)
33          sess.run(tf_optimizer,feed_dict={tf_input:ite_data,
34                                           tf_label:ite_label,
35                                           tf_keep_prob:1-dropout_ratio})
36
37                                                 計算驗證集的損失值與準確率
38      #----計算驗證集的準確率
39      acc_test = get_accuracy(test_paths,batch_size,sess,use_dropout=True)
40      loss_test = get_loss(test_paths, label_test,batch_size,sess)
41
42      #----record the time
43      d_t = time.time() - d_t     計算一次訓練週期所需的時間
44
45      #----顯示驗證集準確率
46      print("Epoch ",epoch)
47      print("驗證集 損失值 = ",loss_test)
48      print("驗證集 準確率 = ",acc_test)
49      print("訓練週期使用時間:",d_t)
```

```
51        #----收集驗證集數值至串列
52        loss_test_list.append(float(loss_test))
53        acc_test_list.append(float(acc_test))
54
55        #----儲存權重檔案
56        save_filename = os.path.join(save_dir,'model')
57        model_save_path = saver.save(sess, save_filename, global_step=epoch)
58        print("儲存權重檔至 {}".format(model_save_path))
59
60        #----儲存準確率最高的PB檔案
61        if acc_test > acc_record:
62            pb_save_path = "infer_acc_{}.pb".format(acc_test)
63            pb_save_path = os.path.join(save_dir,pb_save_path)
64            save_pb_file(graph_1,sess,['prediction'],pb_save_path)
65            acc_record = acc_test
66
67        #----儲存訓練集與驗證集的損失值與準確率
68        json_path = os.path.join(save_dir,'train_result.json')
69        data_dict = {'acc_test_list':acc_test_list}
70        with open(json_path,'w') as file_obj:
71            json.dump(data_dict,file_obj)
```

26-12 訓練結果

一次的訓練週期 (epoch) 需要 65 ~ 70 秒，這是使用顯示卡型號 Nvidia GTX 1080Ti 的結果，若使用不同計算能力的 GPU，其耗費時間會不同。

```
沒有之前的權重檔，重新訓練
Epoch  0
驗證集 損失值 =  0.07555286356894841
驗證集 準確率 =  0.9787447440496856
訓練週期使用時間: 68.13137555122375
儲存權重檔至 D:\code\model_saver\mask_classification_2\model-0
```

26-13 結果圖形化

```
plt.figure(figsize=(12,4))#圖形的大小可以自行設定
x_num = [i for i in range(0,len(acc_test_list))]

plt.subplot(1,2,1)#設定第1張圖
# plt.plot(x_num,loss_train_list,label='train data')
plt.plot(x_num,loss_test_list,label='test data')
plt.xlabel("epoch")
plt.ylabel("loss ")
plt.legend()

plt.subplot(1,2,2)#設定第2張圖
# plt.plot(x_num,acc_train_list,label='train data')
plt.plot(x_num,acc_test_list,label='test data')
plt.xlabel("epoch")
plt.ylabel("accuracy")
plt.legend()

plt.show()#所有圖都設定完再執行show()
```

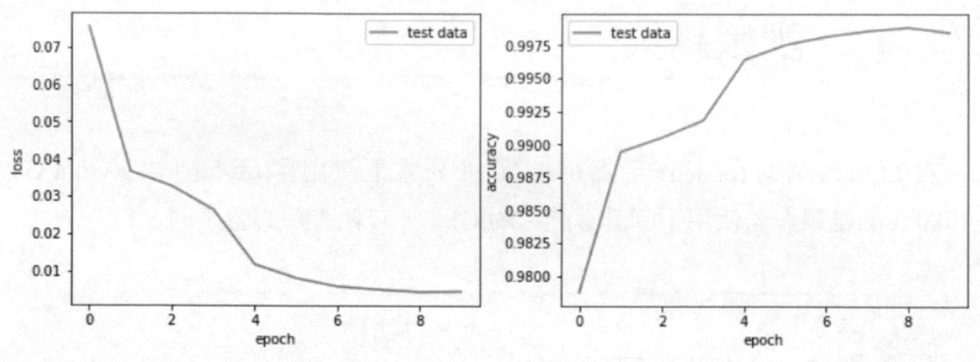

從結果來看，10 次的訓練週期已經讓模型的判別能力近乎 100%，無需再繼續訓練。

CH27

影像串流與口罩判斷

27-1 前言

本章節有兩部分

1. 使用 USB camera 進行影像串流
2. 結合訓練好的口罩判別 PB 檔案、人臉偵測器與影像串流來進行口罩判斷

27-2 影像串流

27-2-1 USB camera

- 使用 USB camera 與電腦連接，進行影像串流，示意圖如下
- USB camera 是標準規格的消費型電子產品，讀者們可以上網搜尋，依照喜好與價格選購。
- 有些筆電有內建的 camera，也是可以使用

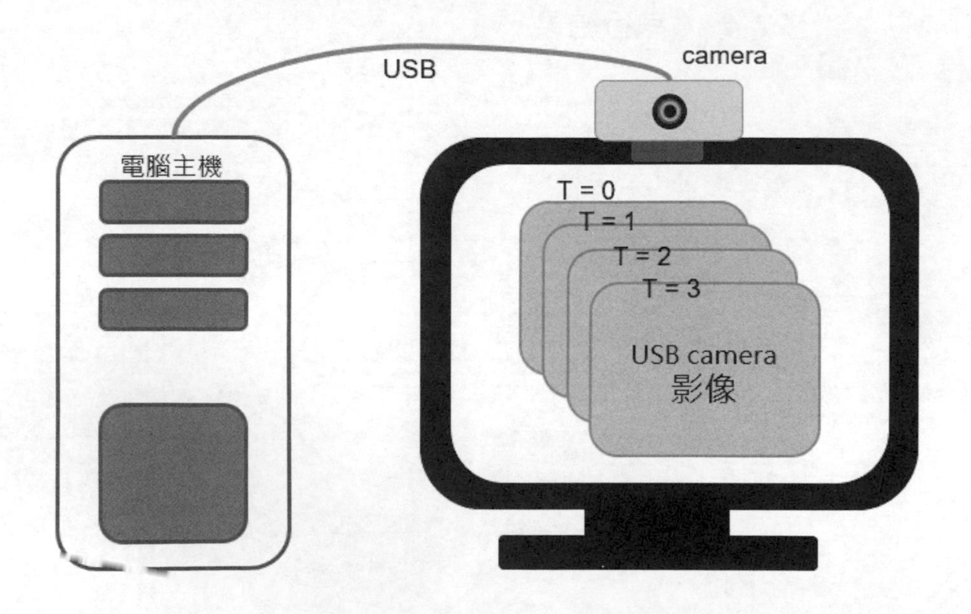

27-2-2 流程圖

進行影像串流的流程圖如下

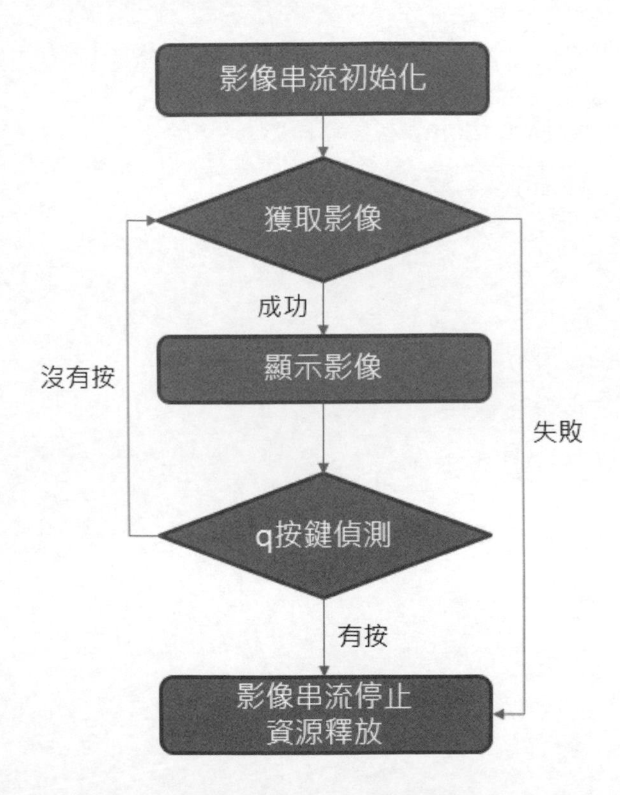

27-2-3 串流影像初始化

使用 OpenCV 來連結 USB camera

使用 cv2.VideoCapture() 與 USB camera 建立連結。

建立成功後，就可以輕鬆地從 USB camera 獲取影像

27-2-4 初始化

初始化的函數如下

cap 就是用來連結影像來源的物件，等等就可以使用 cap 來獲取影像。

```
def video_init(source=0):
    '''
    source:影像的來源，
        1.若是USB camera或筆電內建camera，填數字0
        2.若是影片(.mp4 or .avi)，填影片的路徑
    '''
    cap = cv2.VideoCapture(source)
    #----獲取影像的高度與寬度
    height = cap.get(cv2.CAP_PROP_FRAME_HEIGHT)#預設值 480
    width = cap.get(cv2.CAP_PROP_FRAME_WIDTH)#預設值 640

    return cap,int(height),int(width)
```

27-2-5 宣告方式說明

使用 USB camera 的宣告方式如下

```
video_source = 0
#----影像串流初始化
cap, height, width = video_init(video_source)
print("影像高度:",height)
print("影像寬度:",width)
```

```
影像高度: 480
影像寬度: 640
```

27-2-6 建立獲取影像的迴圈

程式碼說明如下

```
 8  #----建立不斷獲取影像的while迴圈
 9  while (cap.isOpened()):#每一次都要確認cap是否為開啟狀態
10
11      #----向cap獲取影像
12      status, img = cap.read()
13      if status is True:
14          #----顯示影像
15          #使用cv2.imshow()而不使用plt.imshow()
16          cv2.imshow("demo by JohnnyAI", img)
17
18          #----按鍵偵測
19          key = cv2.waitKey(1) & 0xFF
20          if key == ord('q'):
21              break
22      else:
23          print("取圖失敗")
24          break
25  #----影像串流停止，釋放資源
26  cap.release()
27  cv2.destroyAllWindows()
```

使用cv2.imshow會創建新的視窗，新的圖會一直疊加上去，形成連續的影像(video)

此行程式碼一定要有

- 偵測q鍵是否被按
- 若按了，停止迴圈，關閉影像視窗，結束串流，釋放資源

27-2-7 執行結果

cv2.imshow 函數輸入的字串名稱，會出現在串流視窗的左上方

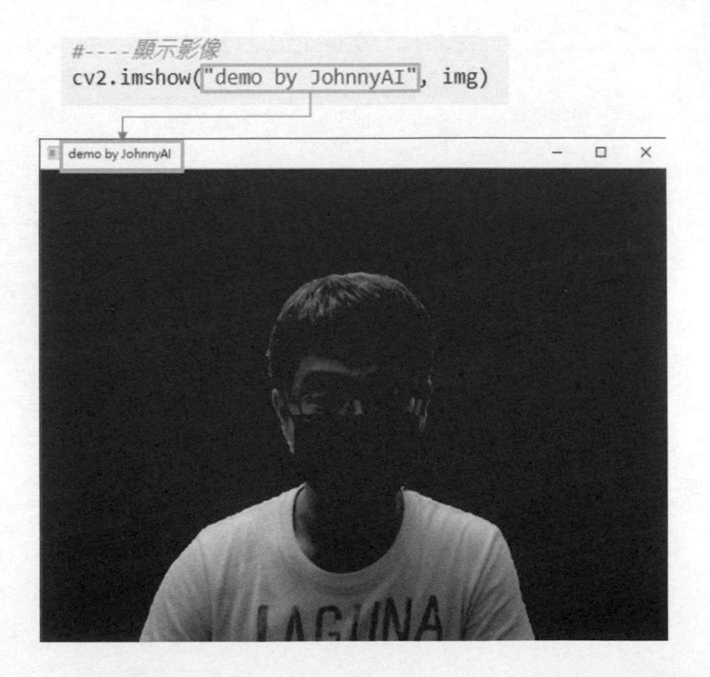

27-2-8 FPS 的計算

加入計算每秒幾張影像的計算 (Frames per second，簡稱 FPS)

為了不讓顯示的數字跳動太頻繁而看不清楚，選擇每取 20 張影像計算一次 FPS

當 FPS 越高，表示影像更新的速度越快，不會感到有延遲；反之，當 FPS 越低，會感覺影像有延遲，例如說，鏡頭前的你舉了手，但是影像卻是 3 秒後才舉了手。

基本上 FPS 大於 30，就不會有延遲感

FPS 的計算要在顯示影像之前

程式碼如下

```
13        #----向cap獲取影像
14        status, img = cap.read()
15        if status is True:
16
17            #----FPS的計算
18            if frame_count == 0:
19                t_start = time.time()
20            frame_count += 1
21            if frame_count >= 20:
22                t_stop = time.time()
23                FPS = "FPS={}".format(round(20 / (t_stop - t_start)))
24                frame_count = 0
25
26            # cv2.putText(影像, 文字, 座標, 字型, 大小, 顏色, 線條寬度, 線條種類)
27            cv2.putText(img, FPS, (10, 50), cv2.FONT_HERSHEY_SIMPLEX, 1, (0, 255, 0), 3)
28
29            #----顯示影像
30            #使用cv2.imshow()而不使用plt.imshow()
31            cv2.imshow("demo by JohnnyAI", img)
```

- 當count數到20，紀錄t_stop時間
- 20除以(t_stop – t_start)求出每秒的影像數(Frame per second, FPS)

當count = 0，開始計時

每取一次圖，count +1

四捨五入

將FPS文字寫在img上

顯示結果如下

27-2-9　COLAB 與 USB camera 的連接方式

如果使用 COLAB，是無法直接與 USB camera 相連接，需要使用特殊的方式來連接，如下所示

插入程式之後，執行所有的程式碼就可以得到影像串流

這個程式是 COLAB 提供的，相當輕鬆就可以連接 USB camera，不過無法貼上 FPS 的資訊。

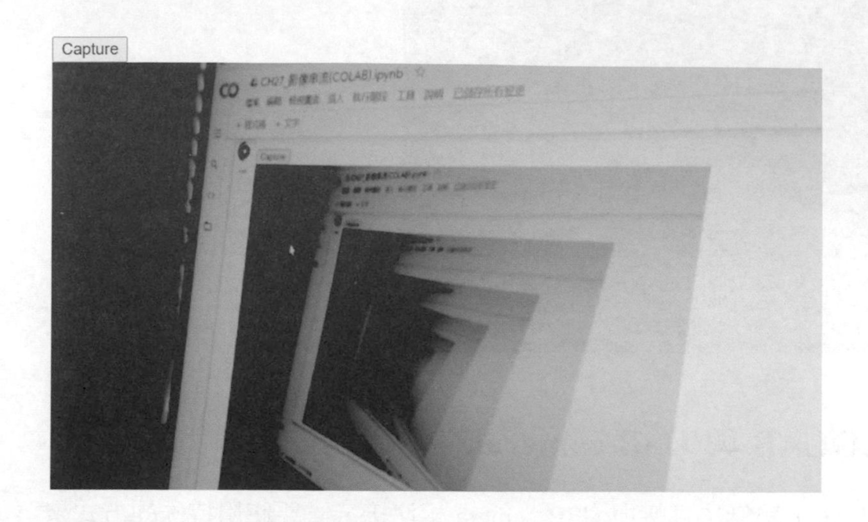

27-3 影像串流結合口罩判斷

接著我們要把人臉偵測與口罩判斷加到影像串流的流程圖裡

除了影像串流初始化，人臉偵測與口罩判斷也需要初始化

27-3-1 流程圖

撰寫函數的名稱為 mask_or_not()，流程圖如下

流程圖裡的方框為要加入的程式碼區塊

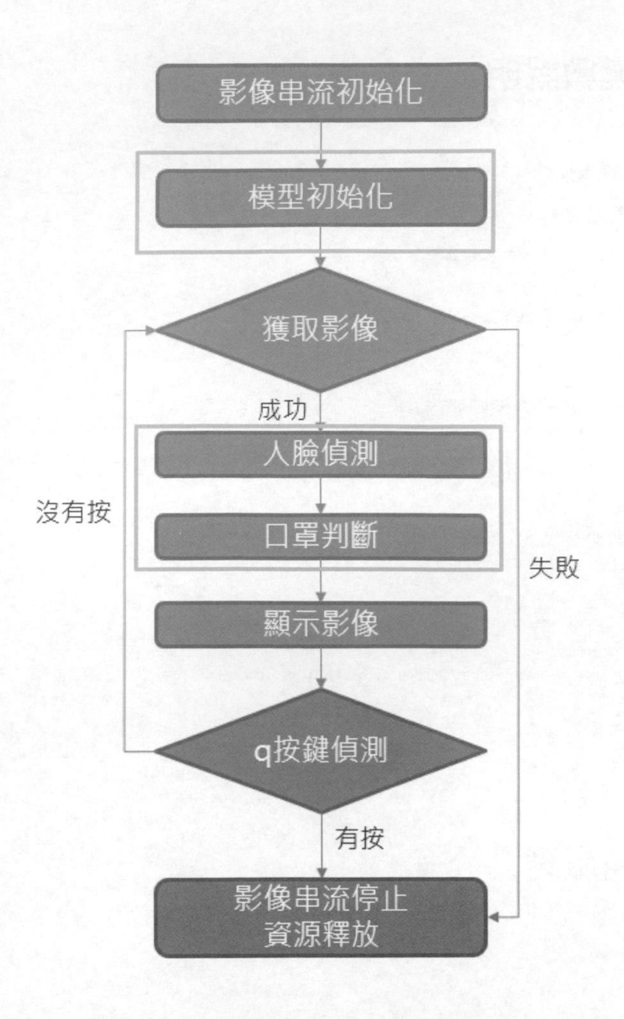

27-3-2　人臉偵測器的選用

人臉偵測器無法使用 Dlib，因為戴上口罩後的人臉就無法被偵測到，這邊會使用另一個人臉偵測器，請先下載名為 face_detection 的 PB 檔案並放置在與程式碼文件相同的資料夾下

27-3-3 函數的參數與變數說明

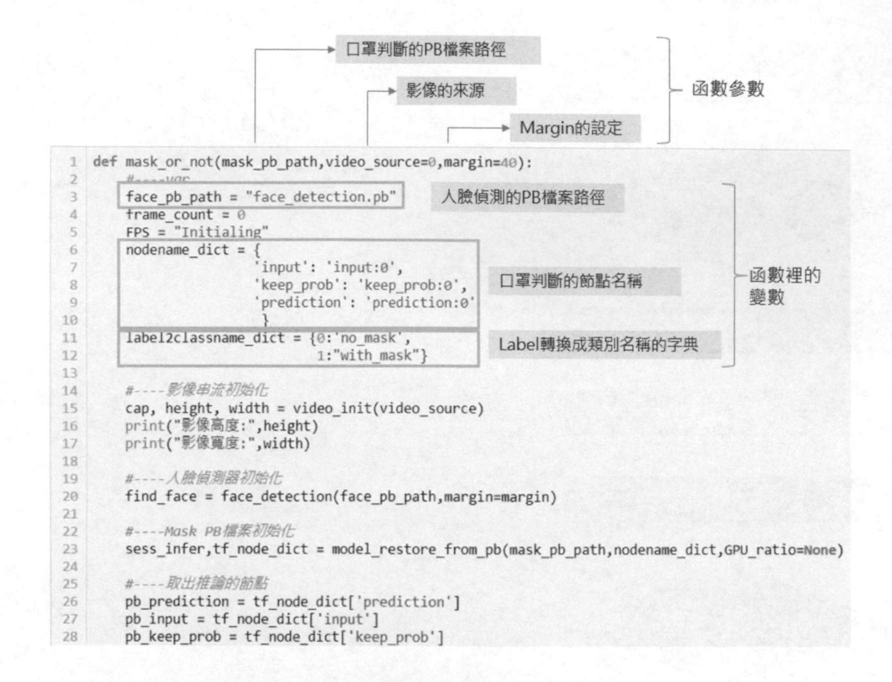


```
1  def mask_or_not(mask_pb_path,video_source=0,margin=40):
2      #----var
3      face_pb_path = "face_detection.pb"
4      frame_count = 0
5      FPS = "Initialing"
6      nodename_dict = {
7                      'input': 'input:0',
8                      'keep_prob': 'keep_prob:0',
9                      'prediction': 'prediction:0'
10                     }
11     label2classname_dict = {0:'no_mask',
12                             1:"with_mask"}
13
14     #----影像串流初始化
15     cap, height, width = video_init(video_source)
16     print("影像高度:",height)
17     print("影像寬度:",width)
18
19     #----人臉偵測器初始化
20     find_face = face_detection(face_pb_path,margin=margin)
21
22     #----Mask PB檔案初始化
23     sess_infer,tf_node_dict = model_restore_from_pb(mask_pb_path,nodename_dict,GPU_ratio=None)
24
25     #----取出推論的節點
26     pb_prediction = tf_node_dict['prediction']
27     pb_input = tf_node_dict['input']
28     pb_keep_prob = tf_node_dict['keep_prob']
```

27-3-4 人臉擷取與資料處理

```
30     #----建立不斷獲取影像的while迴圈
31     while (cap.isOpened()):
32
33         #----向cap獲取影像
34         ret, img = cap.read()
35         if ret is True:
36             #----人臉偵測
37             coors = find_face.infer(img)
38
39             if len(coors):
40                 for coor in coors:
41                     xmin,ymin,xmax,ymax = coor#臉部區域座標
42
                       #----擷取臉部區域
                       img_face = img[ymin:ymax,xmin:xmax,:].copy()
45                     #----調整大小至80 x 80
46                     img_face = cv2.resize(img_face,(80,80))
47                     #----將三維資料轉換成四維資料
48                     img_face = np.expand_dims(img_face,axis=0)
49                     #----將數值型態從uint8轉換成float32
50                     img_face = img_face.astype(np.float32)
51                     #----資料標準化(Normalization)
52                     img_face /= 255
```

執行人臉偵測，回傳人臉的座標串列

當初訓練的模型輸入尺寸是80x80

27-3-5 口罩判斷程式碼說明

```
54          #----口罩偵測
55          predictions = sess_infer.run(pb_prediction,
56                      feed_dict={pb_input:img_face, pb_keep_prob:1})
57
58          #----根據label轉換成類別名稱
59          arg_predictions = np.argmax(predictions,axis=1)
60          classname = label2classname_dict[arg_predictions[0]]
61          #----根據類別名稱決定方框的顏色
62          if classname == 'with_mask':#有戴口罩，方框為綠色
63              color = (0, 255, 0)  # (B,G,R)
64          else:#沒戴口罩，方框為紅色
65              color = (0, 0, 255)  # (B,G,R)
66          #----畫上方框
67          cv2.rectangle(img, (xmin, ymin), (xmax, ymax), color, 2)
68          #----標註上類別名稱
69          # cv2.putText(影像, 文字, 座標, 字型, 大小, 顏色, 線條寬度, 線條種類)
70          cv2.putText(img, classname, (xmin + 2, ymin - 2),
71                      cv2.FONT_HERSHEY_SIMPLEX, 0.8, color)
```

剛剛處理的人臉區域圖，輸入至模型，進行推論

畫上人臉的方框

在人臉方框顯示是否有戴口罩

其他部分與串流的程式碼沒有差異，就不再貼出來

27-4 執行結果

27-4-1 函數的使用

mask_pb_path 貼上訓練後得到的 PB 檔案路徑

```
video_source = 0 #也可以貼上影片路徑(.mp4 或.avi)
mask_pb_path = r"infer_acc_0.9988427265362805.pb"
margin = 40
mask_or_not(mask_pb_path,video_source=video_source,margin=margin)
```

執行結果如下

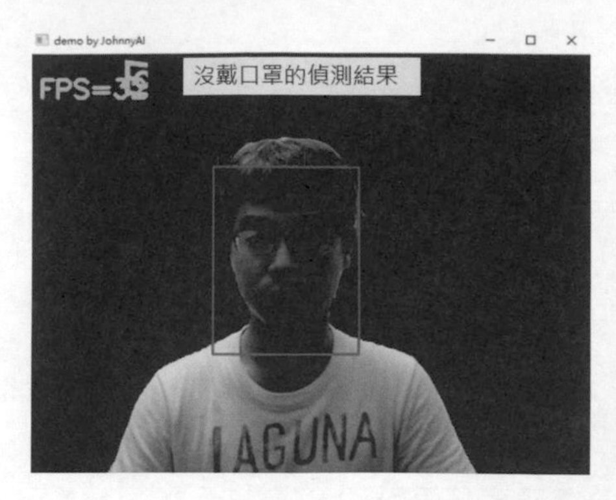

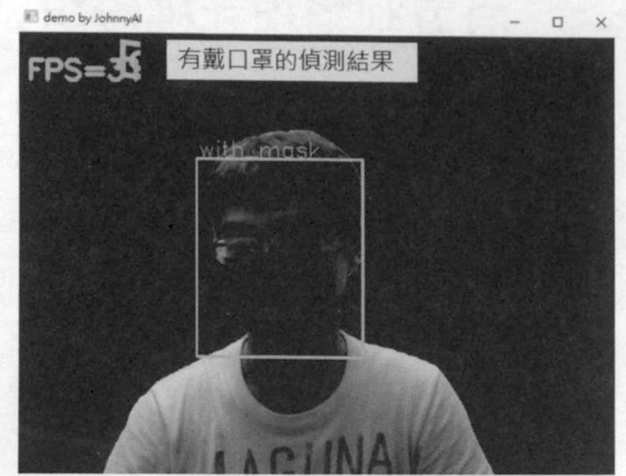

27-4-2 GPU 資源的設定

若不限定 GPU 的使用資源，使用率是 3.3GB，如下，

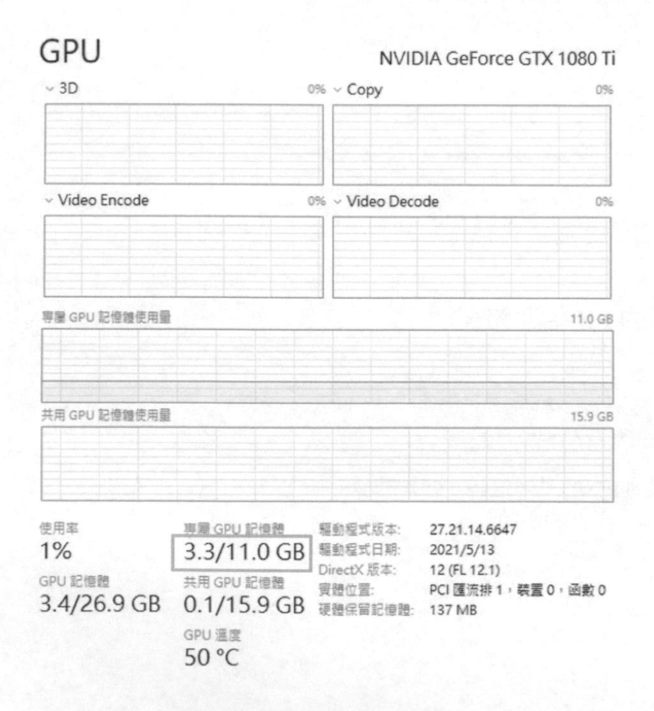

若設定 GPU 的資源，可以僅使用 1.4GB 的情況下執行此程式碼，設定如下

```
def mask_or_not(mask_pb_path,video_source=0,margin=40):
    #----var
    GPU_ratio = 0.06
    nodename_dict = {
                    'input': 'input:0',
                    'keep_prob': 'keep_prob:0',
                    'prediction': 'prediction:0'
                    }
    label2classname_dict = {0:'no_mask',
                            1:"with_mask"}

    #----影像串流初始化
    cap, height, width = video_init(video_source)
    print("影像高度:",height)
    print("影像寬度:",width)

    #----人臉偵測器初始化
    find_face = face_detection(face_pb_path,margin=margin,
                               GPU_ratio=GPU_ratio)

    #----Mask PB檔案初始化
    sess_infer,tf_node_dict = model_restore_from_pb(mask_pb_path,
                              nodename_dict,GPU_ratio=GPU_ratio)
```

- 設定0.06的比例，作者的顯示卡是11GB，表示設定11GB x 0.06=0.66GB
- 提供0.66GB的計算資源給人臉偵測
- 提供0.66GB的計算資源給口罩判斷

更改設定後，執行程式碼的 GPU 資源如下

如果你的 GPU 記憶體只有 2G 也是可以執行此程式碼的

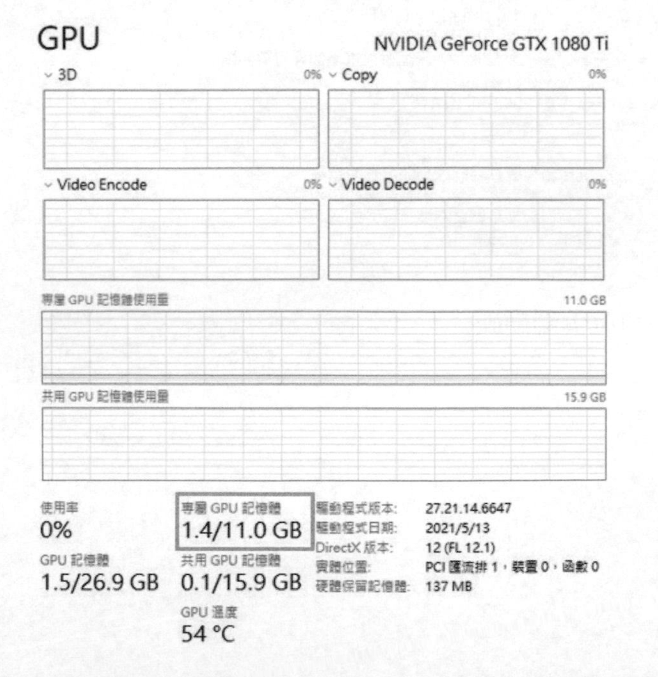

27-4-3　使用 COLAB 的說明

若讀者使用 COLAB，主要的差異會有

1. 獲取影像的方式 : 因 COLAB 無法直接與 USB camera 相連接，需要使用特殊的方式來得到影像
2. PB 檔案的路徑 : 需要先掛載雲端硬碟，將人臉偵測與口罩判斷的 PB 檔案路徑重新指向，讓程式碼能夠讀到這兩個檔案。
3. 取消按鍵功能 : 無法使用 q 鍵停止影像串流
4. 程式碼部分會分成使用本機電腦與使用 COLAB，讀者們可以依照使用的方式參考程式碼

獲取影像的差異說明如下

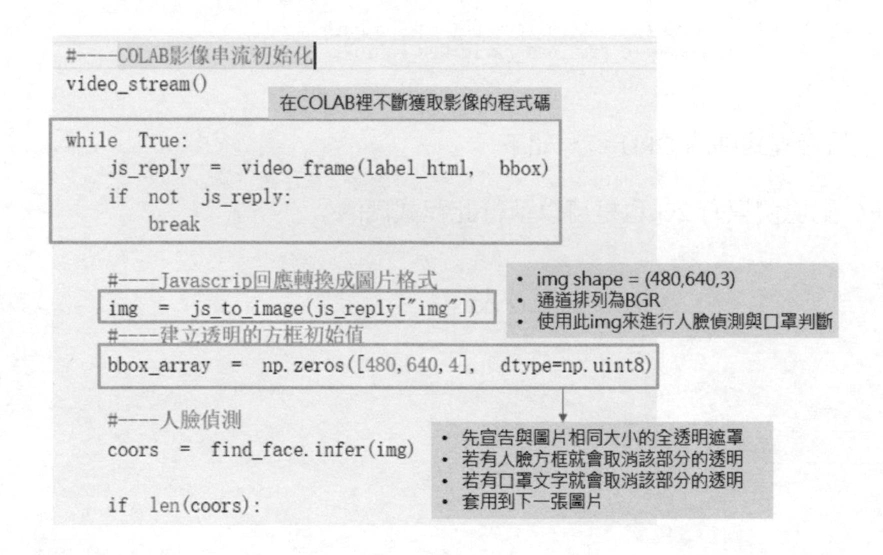

```
#----COLAB影像串流初始化
video_stream()

while True:
    js_reply = video_frame(label_html, bbox)
    if not js_reply:
        break

    #----Javascrip回應轉換成圖片格式
    img = js_to_image(js_reply["img"])
    #----建立透明的方框初始值
    bbox_array = np.zeros([480,640,4], dtype=np.uint8)

    #----人臉偵測
    coors = find_face.infer(img)

    if len(coors):
```


將相關檔案上傳至雲端硬碟並掛載雲端硬碟

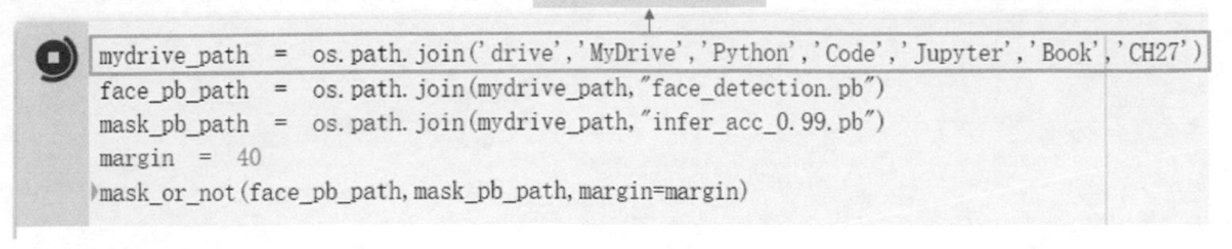

[10] from google.colab import drive
drive.mount('/content/drive')
掛載雲端硬碟
Mounted at /content/drive
設定資料夾位置
mydrive_path = os.path.join('drive','MyDrive','Python','Code','Jupyter','Book','CH27')
face_pb_path = os.path.join(mydrive_path,"face_detection.pb")
mask_pb_path = os.path.join(mydrive_path,"infer_acc_0.99.pb")
margin = 40
mask_or_not(face_pb_path,mask_pb_path,margin=margin)

執行結果如下

使用 COLAB 連結 USB camera 的 FPS 只有 1~2，所以整個影像串流的順暢度會比較差，戴上口罩後的偵測速度也會相對緩慢。

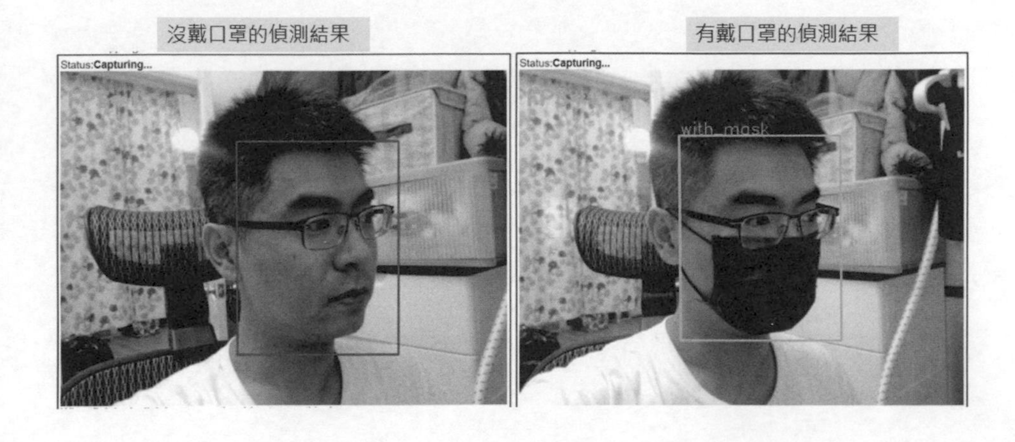

CH28

安裝套件的步驟說明

使用 Colab

28-1-1 匯入套件

基本上 Colab 已經都安裝好套件了，只要 import 匯入套件即可，如下圖

+ Code + Text

```
[3] import numpy as np
    import cv2
    import matplotlib.pyplot as plt
    import tensorflow as tf
```

```
[5] print('Numpy version:',np.__version__)
    print('opencv version:',cv2.__version__)
    print('tensorflow version:',tf.__version__)

    Numpy version: 1.19.5
    opencv version: 4.1.2
    tensorflow version: 2.5.0
```

28-1-2 使用 Tensorflow 訓練的測試

開啟 Colab，將測試程式 Tensorflow 測試 .ipynb 放在 Google document 的 Colab 資料夾裡，開啟該程式碼

使用 GPU 的設定

工具列上的執行階段 → 變更執行階段類型 → 硬體加速器選擇 GPU→ 儲存

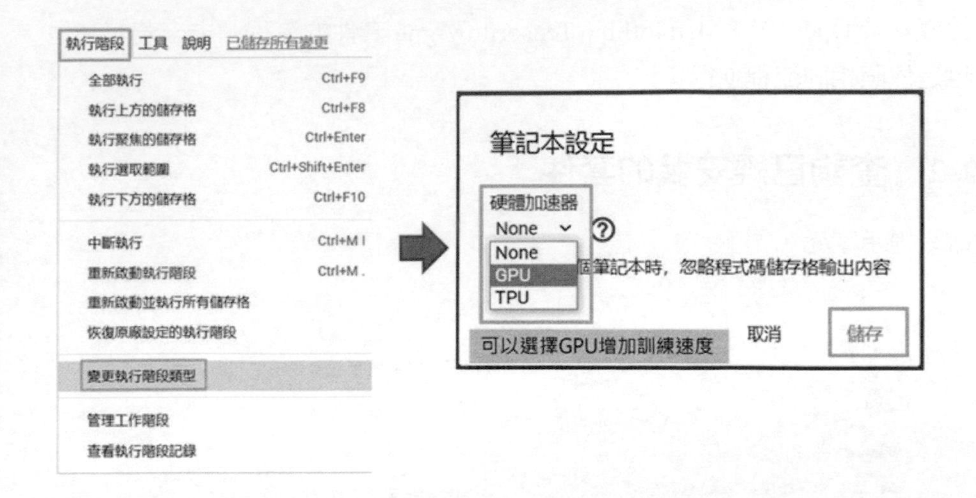

執行程式碼，會看到如下的訊息顯示

```
Tensorflow版本: 2.5.0
Epoch 1/10
1875/1875 [==============================] - 3s 2ms/step - loss: 0.4972 - accuracy: 0.8252
Epoch 2/10
1875/1875 [==============================] - 3s 2ms/step - loss: 0.3731 - accuracy: 0.8666
Epoch 3/10
1875/1875 [==============================] - 3s 2ms/step - loss: 0.3360 - accuracy: 0.8784
Epoch 4/10
1875/1875 [==============================] - 3s 2ms/step - loss: 0.3118 - accuracy: 0.8854
Epoch 5/10
1875/1875 [==============================] - 3s 2ms/step - loss: 0.2947 - accuracy: 0.8906
```

因為 COLAB 的 GPU 資源只有免費提供 12 小時，使用完後記得再將硬體加速器回復至 None

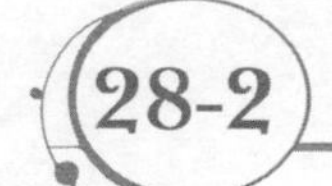

28-2 使用 Jupyter

28-2-1 前言

使用 Jupyter 進行學習時，Numpy 套件已經在安裝 Anaconda 時一起安裝了，其他如 OpenCV、Matplotlib、Tensorflow-gpu 則需要自行安裝。

以下教導安裝 OpenCV、Matplotlib、Tensorflow-gpu 套件的流程，未來若有其他套件也是依照相同流程進行

28-2-2 查詢已經安裝的套件

開啟命令提示字元，如下

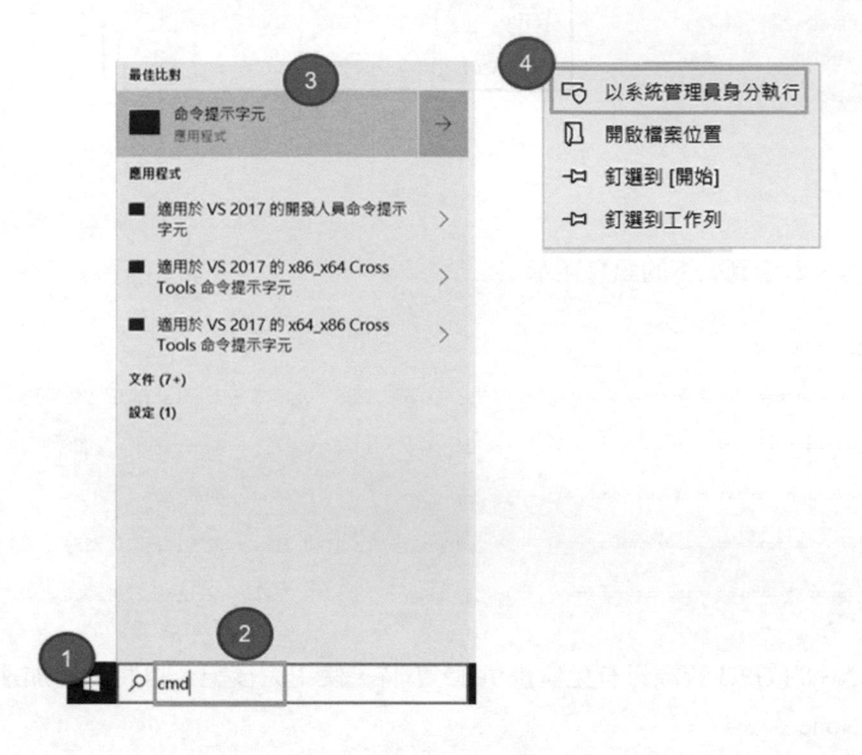

輸入 conda list

conda 是安裝 Anaconda 後才可以使用的關鍵字

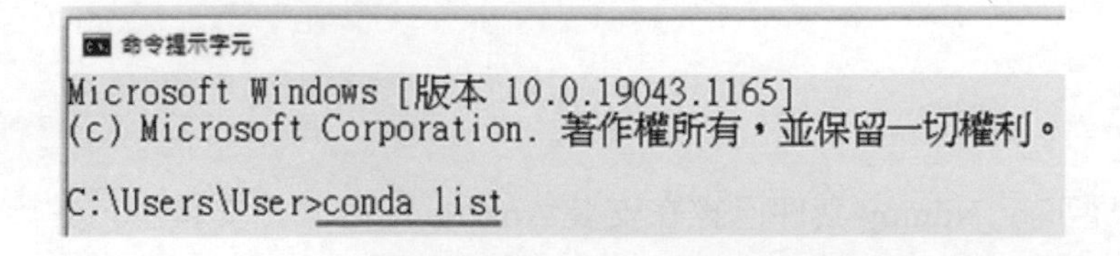

可以看到已經安裝的套件列表

套件名稱	套件版本	
notebook	6.4.0	py38haa95532_0
numpy	1.19.5	pypi_0
oauthlib	3.1.1	pypi_0
opencv-python	4.5.2.52	pypi_0
openssl	1.1.1k	h2bbff1b_0
opt-einsum	3.3.0	pypi_0
packaging	20.9	pyhd3eb1b0_0
pandocfilters	1.4.3	py38haa95532_1
parso	0.8.2	pyhd3eb1b0_0
pefile	2021.5.24	pypi_0
pickleshare	0.7.5	pyhd3eb1b0_1003
pillow	8.3.0	pypi_0
pip	21.1.3	py38haa95532_0
prometheus_client	0.11.0	pyhd3eb1b0_0
prompt-toolkit	3.0.17	pyh06a4308_0
prompt_toolkit	3.0.17	hd3eb1b0_0
protobuf	3.17.3	pypi_0
psutil	5.8.0	pypi_0
pyasn1	0.4.8	pypi_0
pyasn1-modules	0.2.8	pypi_0
pycparser	2.20	py_2
pygments	2.9.0	pyhd3eb1b0_0
pyinstaller	4.3	pypi_0
pyinstaller-hooks-contrib	2021.2	pypi_0
pyparsing	2.4.7	pyhd3eb1b0_0
pyqt	5.9.2	py38ha925a31_4
pyqt5	5.15.4	pypi_0
pyqt5-qt5	5.15.2	pypi_0
pyqt5-sip	12.9.0	pypi_0
pyrsistent	0.17.3	py38he774522_0

其中 Numpy 與 Python 的版本如下

因 Anaconda 會一直更新，讀者安裝的時候，版本可能有所差異。

```
命令提示字元
notebook        6.4.0
numpy           1.19.5
```

```
命令提示字元
pyqt5-qt5       5.15.2
pyqt5-sip       12.9.0
pyrsistent      0.17.3
python          3.8.10
```

28-2-3 安裝 OpenCV 套件

先搜尋目前的 Anaconda 有提供什麼版本

輸入 conda search opencv

可以看到 Anaconda 目前提供的版本

```
命令提示字元 - deactivate

C:\Users\User>conda search opencv
Loading channels: done
# Name                       Version
opencv                         3.4.1
opencv                         3.4.1
opencv                         3.4.2
opencv                         3.4.2
opencv                         3.4.2
opencv                         3.4.2
opencv                         3.4.2
opencv                         3.4.2
opencv                         3.4.2
opencv                         3.4.2
opencv                         3.4.2
opencv                         3.4.2
opencv                         4.0.1
opencv                         4.0.1
```

輸入 conda install opencv，若沒有指定版本，會安裝 Anaconda 裡最新的版本

Anaconda 裡提供的版本不一定會是最新的，因為 Anaconda 會針對目前環境的套件與即將安裝的套件版本相容性或缺少什麼套件的檢查，所以版本上的更新較慢。

```
命令提示字元
Microsoft Windows [版本 10.0.19043.1165]
(c) Microsoft Corporation. 著作權所有，並保留一切權利。

C:\Users\User>conda install opencv
```

安裝前的訊息，若沒有問題，輸入 y，按下 Enter，開始安裝

```
## Package Plan ##

  environment location: C:\Users\User\Anaconda3\envs\py3.8

  added / updated specs:
    - opencv


The following packages will be downloaded:    顯示將下載的套件

    package                    |            build
    ---------------------------|-----------------
    intel-openmp-2021.3.0      |     haa95532_3372         2.0 MB
    libopencv-4.0.1            |       hbb9e17c_0         28.6 MB
    lz4-c-1.9.3                |       h2bbff1b_1          132 KB
    mkl-2021.3.0               |      haa95532_524       113.7 MB
    mkl-service-2.4.0          |   py38h2bbff1b_0           51 KB
    mkl_random-1.2.2           |   py38hf11a4ad_0          225 KB
    numpy-1.20.3               |   py38ha4e8547_0           23 KB
    numpy-base-1.20.3          |   py38hc2deb75_0          4.2 MB
    opencv-4.0.1               |   py38h2a7c758_0           22 KB
    py-opencv-4.0.1            |   py38he44ac1e_0          1.5 MB
    ------------------------------------------------------------
                                           Total:        150.5 MB
```

```
The following NEW packages will be INSTALLED:

  blas               anaconda/pkgs/main/win-64::b
  hdf5               anaconda/pkgs/main/win-64::h
  icc_rt             anaconda/pkgs/main/win-64::i
  intel-openmp       anaconda/pkgs/main/win-64::i
  libopencv          anaconda/pkgs/main/win-64::l
  libtiff            anaconda/pkgs/main/win-64::l
  lz4-c              anaconda/pkgs/main/win-64::l
  mkl                anaconda/pkgs/main/win-64::m
  mkl-service        anaconda/pkgs/main/win-64::m
  mkl_fft            anaconda/pkgs/main/win-64::m
  mkl_random         anaconda/pkgs/main/win-64::m
  numpy              anaconda/pkgs/main/win-64::n
  numpy-base         anaconda/pkgs/main/win-64::n
  opencv             anaconda/pkgs/main/win-64::o
  py-opencv          anaconda/pkgs/main/win-64::p
  xz                 anaconda/pkgs/main/win-64::x
  zstd               anaconda/pkgs/main/win-64::z

The following packages will be UPDATED:

  ca-certificates                      2021.1.19-
  certifi                            2020.12.5-py38
  openssl                                  1.1.1i-

Proceed ([y]/n)?
```

是否繼續

安裝時的狀況如下

```
Proceed ([y]/n)? y

Downloading and Extracting Packages
libopencv-4.0.1      | 28.6 MB   | ###################
lz4-c-1.9.3          | 132 KB    | ###################
mkl-2021.3.0         | 113.7 MB  | #####9
```

顯示目前下載的進度

完成前，會再做確認

```
Preparing transaction: done
Verifying transaction: done
Executing transaction: done
```

看到 done 表示安裝完成，再輸入 conda list 查看套件清單

就會看到 opencv 已經在套件清單裡了

```
numpy                1.20.3
numpy-base           1.20.3
opencv               4.0.1
```

28-2-4 安裝 matplotlib

查詢能夠安裝的版本，輸入 conda search matplotlib

```
C:\Users\User>conda search matplotlib
```

可以看到 Anaconda 目前提供的版本

```
matplotlib                     3.3.1
matplotlib                     3.3.2
matplotlib                     3.3.2
matplotlib                     3.3.2
matplotlib                     3.3.2
matplotlib                     3.3.4
matplotlib                     3.3.4
matplotlib                     3.3.4
matplotlib                     3.3.4
matplotlib                     3.3.4
matplotlib                     3.3.4
matplotlib                     3.3.4
matplotlib                     3.3.4
matplotlib                     3.4.2
matplotlib                     3.4.2
matplotlib                     3.4.2
matplotlib                     3.4.2
matplotlib                     3.4.2
matplotlib                     3.4.2
```

輸入 conda install matplotlib，這次示範如何指定版本，後面加上 =3.3.2

```
命令提示字元

C:\Users\User>conda install matplotlib=3.3.2
```

安裝完成後，輸入 conda list 查詢套件清單

就會看到 matplotlib 已經在套件清單裡了

```
m2w64-libwinpthread-git    5.0.0.4634
markupsafe                 1.1.1
matplotlib                 3.3.2
matplotlib-base            3.3.2
mistune                    0.8.4
mkl                        2021.3.0
```

28-2-5 安裝 Tensorflow

28-2-5-1 顯示卡的說明

我們常常聽到打遊戲的時候要搭配顯示卡，全名是圖形處理單元 (graphical processing units，GPU)，與中央處理單元(CPU)不同的是，顯示卡擁有很多核心，可以處理大量且要求即時的圖形資料。

市面上主要有 AMD 與 NVIDIA 兩家顯示卡廠商，目前常使用的是 NVIDIA 的顯示卡，此教學僅針對 NVIDIA 顯示卡進行安裝 Tensorflow。

28-2-5-2 彼此的關係

NVIDIA GPU, Tensorflow 與 Python 的關係如下圖，Python 為最上層的軟體，透過 Tensorflow 套件建立類神經網路，

CUDA(Compute Unified Device Architecture) 是由 NVIDIA 發展的統一計算架構，用來控制 GPU 的平行運算。

Tensorflow 透過 CUDA 來連結 GPU，讓 GPU 的眾多核心能夠接受指令執行大量運算，cuDNN 則是 Nvidia 針對深度神經網路提供的加速套件。

安裝順序會是 GPU 驅動程式→ CUDA → cuDNN → Tensorflow

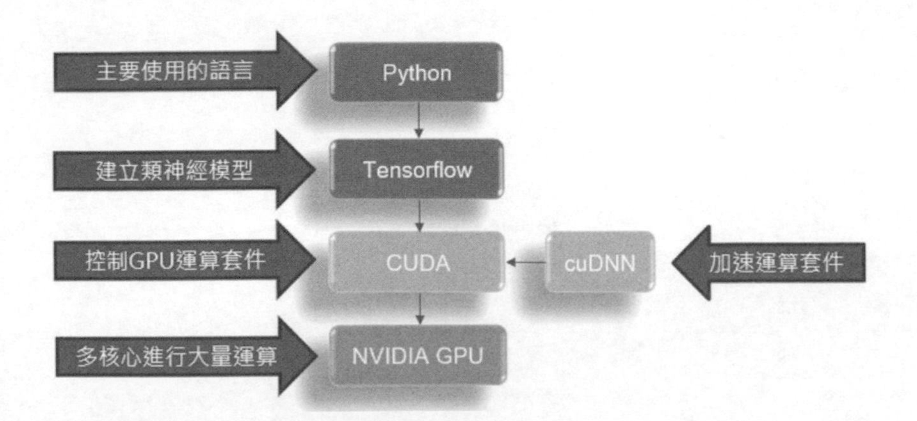

28-2-5-3 GPU 的計算能力 (Compute Capability) 要求

不同的 Tensorflow 版本要求的計算能力不同

- Tensorflow-gpu < 2.0, 計算能力至少要 3.0
- Tensorflow-gpu >=2.0, 計算能力至少要 3.5

28-2-5-4 查看 GPU 的計算能力

以下列出市面上常見的 GPU 計算能力

也可以至 NVIDA 網站查詢 (https://developer.nvidia.com/cuda-gpus)

GPU	Compute Capability
Geforce RTX 3060 Ti	8.6
Geforce RTX 3060	8.6
GeForce RTX 3090	8.6
GeForce RTX 3080	8.6
GeForce RTX 3070	8.6
GeForce GTX 1650 Ti	7.5
NVIDIA TITAN RTX	7.5
Geforce RTX 2080 Ti	7.5
Geforce RTX 2080	7.5
Geforce RTX 2070	7.5
Geforce RTX 2060	7.5

GPU	Compute Capability
GeForce GTX 1080 Ti	6.1
GeForce GTX 1080	6.1
GeForce GTX 1070 Ti	6.1
GeForce GTX 1070	6.1
GeForce GTX 1060	6.1
GeForce GTX 1050	6.1
GeForce GTX TITAN X	5.2
GeForce GTX TITAN Z	3.5
GeForce GTX TITAN Black	3.5
GeForce GTX TITAN	3.5
GeForce GTX 980 Ti	5.2
GeForce GTX 980	5.2
GeForce GTX 970	5.2
GeForce GTX 960	5.2
GeForce GTX 950	5.2
GeForce GTX 780 Ti	3.5

若你是使用筆電，GPU 是 MX 系列的，在 NVIDIA 網站是找不到的，可以在 wikipedia(https://en.wikipedia.org/wiki/CUDA) 找的到！

Compute capability (version)	Micro-architecture	GPUs	GeForce
計算能力 6.1	Pascal	GP102, GP104, GP106, GP107, GP108	Nvidia TITAN Xp, Titan X, GeForce GTX 1080 Ti, GTX 1080, GTX 1070 Ti, GTX 1070, GTX 1060, GTX 1050 Ti, GTX 1050, GT 1030, GT 1010, MX350, MX330, MX250, MX230, MX150, MX130, MX110

28-2-5-5 安裝 GPU 的相關程式

不同的 Tensorflow 版本會有搭配的 CUDA 版本，不同的 CUDA 會有不同的 GPU 驅動程式的版本要求。

這些資訊可以從 Tensorflow 官方網站獲得

開啟瀏覽器，搜尋 Tensorflow

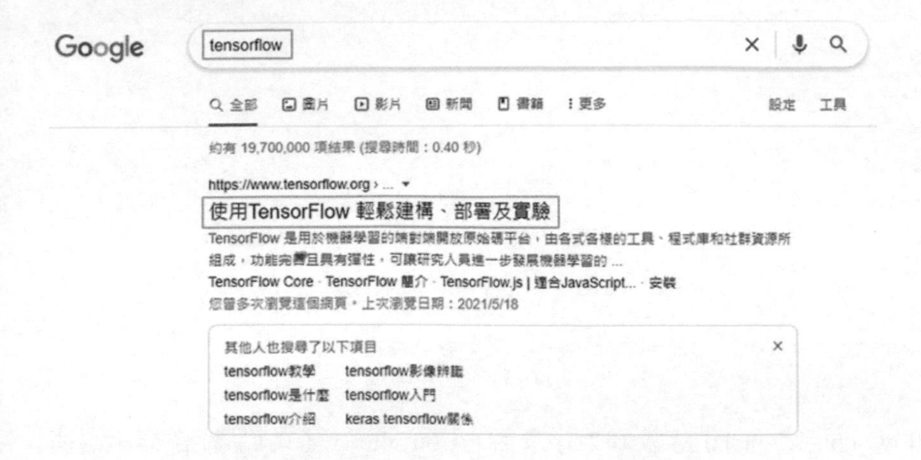

點擊安裝，點擊 Windows

使用滑鼠將網頁拉至最下方，可以看到兩個表格，一個是 CPU 版本，另一個是 GPU 版本，我們要看的是 GPU 版本，如下

GPU

Version	Python version	Compiler	Build tools	cuDNN	CUDA
tensorflow_gpu-2.5.0	3.6-3.9	MSVC 2019	Bazel 3.7.2	8.1	11.2
tensorflow_gpu-2.4.0	3.6-3.8	MSVC 2019	Bazel 3.1.0	8.0	11.0
tensorflow_gpu-2.3.0	3.5-3.8	MSVC 2019	Bazel 3.1.0	7.6	10.1
tensorflow_gpu-2.2.0	3.5-3.8	MSVC 2019	Bazel 2.0.0	7.6	10.1
tensorflow_gpu-2.1.0	3.5-3.7	MSVC 2019	Bazel 0.27.1-0.29.1	7.6	10.1
tensorflow_gpu-2.0.0	3.5-3.7	MSVC 2017	Bazel 0.26.1	7.4	10
tensorflow_gpu-1.15.0	3.5-3.7	MSVC 2017	Bazel 0.26.1	7.4	10
tensorflow_gpu-1.14.0	3.5-3.7	MSVC 2017	Bazel 0.24.1-0.25.2	7.4	10
tensorflow_gpu-1.13.0	3.5-3.7	MSVC 2015 update 3	Bazel 0.19.0-0.21.0	7.4	10

以 tensorflow_gpu-2.5.0(簡寫成 tf 2.5) 來說，Compiler(程式碼編譯器) 是使用 MSVC 2019，Build tools 是使用 Bazel 3.7.2，底層 GPU 的相關驅動是使用 cuDNN 8.1 版、CUDA 11.2 版組建起來的，適用的 Python 版本是 3.6 ~ 3.9

表格中主要有 3 個重點，以安裝 tf2.5 來說，

1. 適用的 Python 版本是 3.6 ~ 3.9，
2. CUDA 一定要安裝版本 11.2
3. cuDNN 一定要安裝版本 8.1

版本的匹配一定要按照官方的表格，以免無法使用 tensorflow 喔！

接著，查詢 CUDA 11.2 需要搭配的驅動程式版本

搜尋 cuda toolkit and compatible driver versions

點擊網址，找到 Table 3，就可以看到驅動程式至少要 460.82 版本以上，更保險的是 461.33 版以上。

Table 3. CUDA Toolkit and Corresponding Driver Versions

CUDA Toolkit	Toolkit Driver Version	
	Linux x86_64 Driver Version	Windows x86_64 Driver Version
CUDA 11.4.0 GA	>=470.42.01	>=471.11
CUDA 11.3.1 Update 1	>=465.19.01	>=465.89
CUDA 11.3.0 GA	>=465.19.01	>=465.89
CUDA 11.2.2 Update 2	>=460.32.03	>=461.33
CUDA 11.2.1 Update 1	>=460.32.03	>=461.09
CUDA 11.2.0 GA	>=460.27.03	>=460.82
CUDA 11.1.1 Update 1	>=455.32	>=456.81
CUDA 11.1 GA	>=455.23	>=456.38
CUDA 11.0.3 Update 1	>= 450.51.06	>= 451.82
CUDA 11.0.2 GA	>= 450.51.05	>= 451.48
CUDA 11.0.1 RC	>= 450.36.06	>= 451.22
CUDA 10.2.89	>= 440.33	>= 441.22
CUDA 10.1 (10.1.105 general release, and updates)	>= 418.39	>= 418.96
CUDA 10.0.130	>= 410.48	>= 411.31
CUDA 9.2 (9.2.148 Update 1)	>= 396.37	>= 398.26

28-2-5-6 查詢目前的驅動程式版本

方法 1:

在桌面點擊滑鼠右鍵，選擇 NVIDIA 控制面板

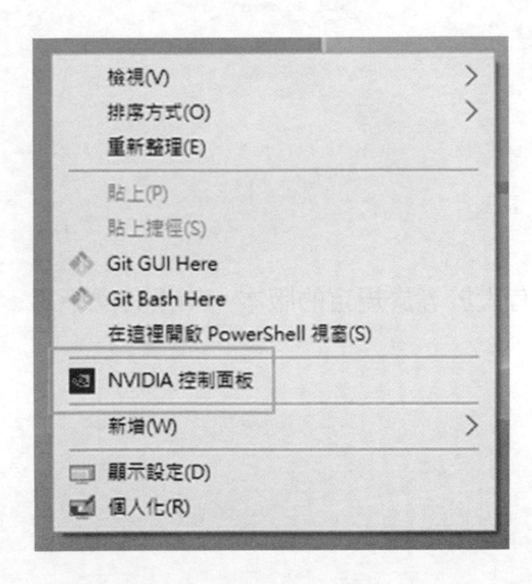

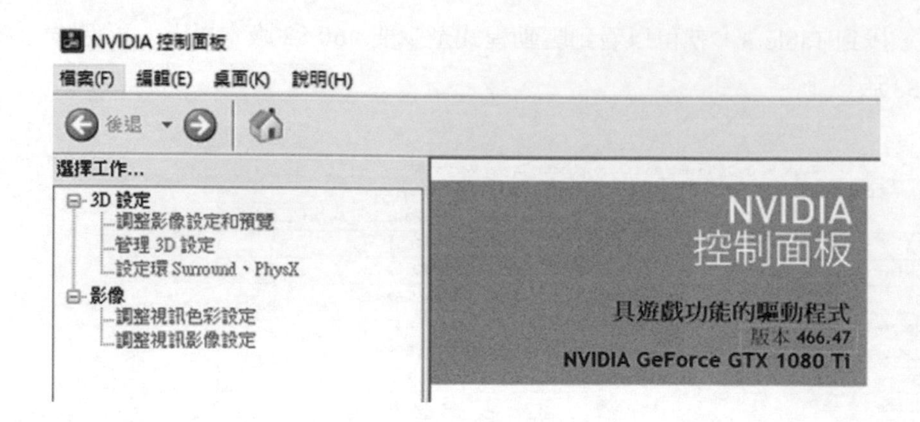

方法 2:

至控制台

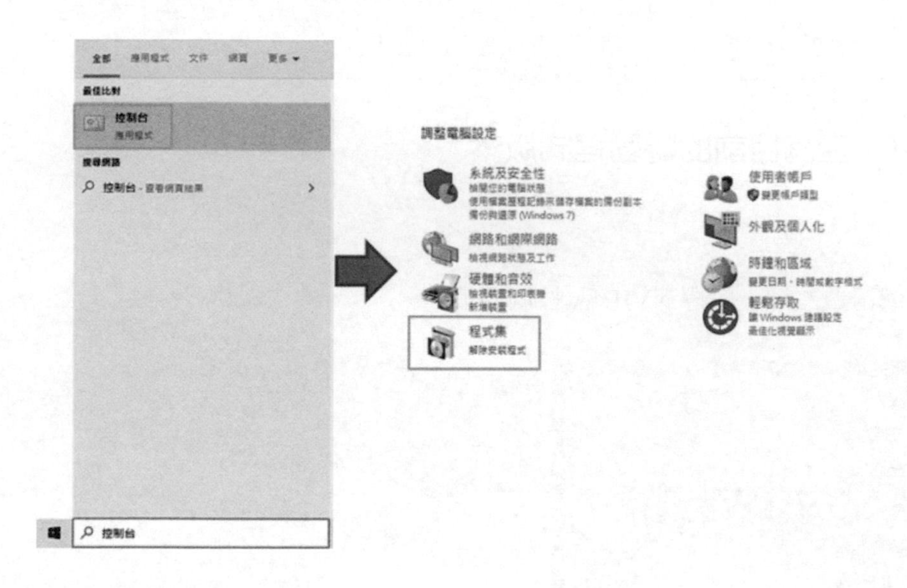

找到 NVIDIA 圖形驅動程式，檢查是否有大於等於規定的版本，如果有就不用更新

組合管理 ▼

名稱

NVIDIA CUDA Visual Studio Integration 11.2

NVIDIA FrameView SDK 1.1.4923.29214634

NVIDIA GeForce Experience 3.20.5.70

NVIDIA HD 音訊驅動程式 1.3.38.60

NVIDIA Nsight Compute 2020.3.0

NVIDIA Nsight Systems 2020.4.3

NVIDIA Nsight Visual Studio Edition 2020.3.0.20315

NVIDIA PhysX 系統軟體 9.19.0218

NVIDIA Tools Extension SDK (NVTX) - 64 bit

NVIDIA 圖形驅動程式 466.47

28-2-5-7 安裝 / 更新驅動程式

搜尋 NVIDIA 驅動，點擊網頁

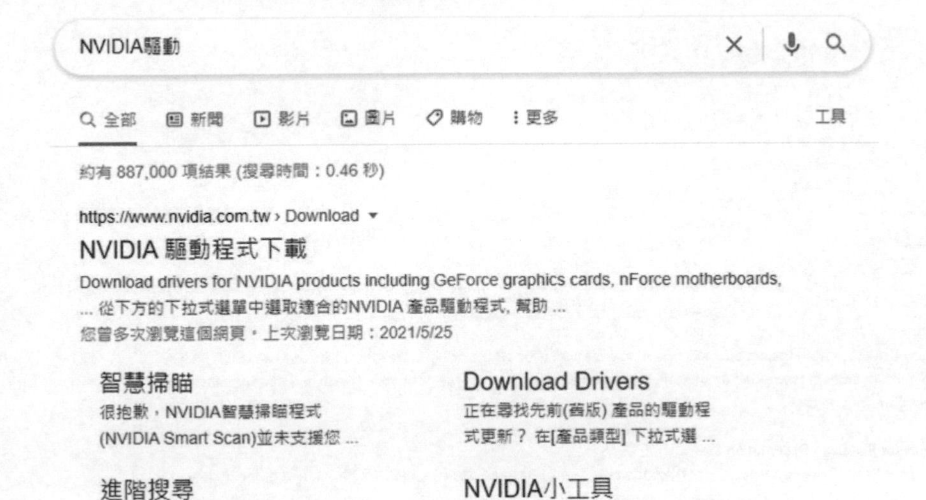

填入顯示卡型號、作業系統，點擊搜尋

NVIDIA 驅動程式下載

從下方的下拉式選單中選取適合的 NVIDIA 產品驅動程式

產品類型: GeForce

產品系列: GeForce 10 Series

產品家族: GeForce GTX 1080 Ti

作業系統: Windows 10 64-bit

下載方式 : Game Ready 驅動程式 (GRD) ?

語言: Chinese (Traditional)

出現了 471.41 版本，有大於等於規定的版本，點擊下載並安裝即可。

GEFORCE GAME READY 驅動程式

版本: 471.41 WHQL

發佈日期: 2021.7.19

作業系統: Windows 10 64-bit

語言: Chinese (Traditional)

檔案大小: 718.77 MB

下載

發行重點 | 產品支援清單 | 附加訊息

Game Ready Drivers provide the best possible gaming experience for all major new releases. Prior to a new title launching, our driver team is working up until the last minute to ensure every performance tweak and bug fix is included for the best gameplay on day-1.

Game Ready for Red Dead Redemption 2

This new Game Ready Driver provides support for the latest new titles and updates, including the latest game updates for Red Dead Redemption 2 and Chernobylite which introduce NVIDIA DLSS technology.

Learn more in our Game Ready Driver article here.

28-2-5-8 安裝 CUDAtoolkit

搜尋 cudatoolkit，點擊該網址

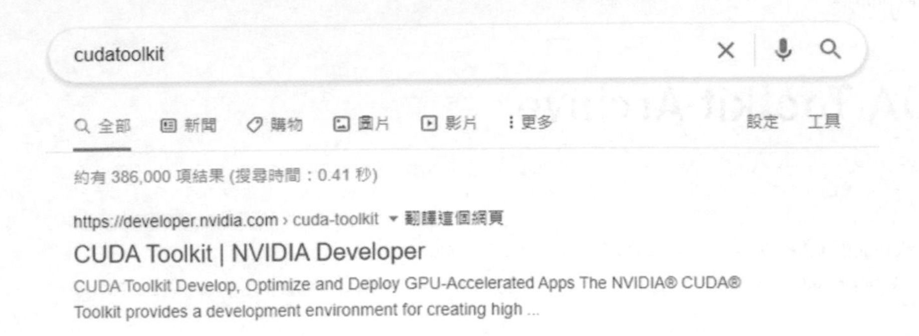

點擊 Download now

CUDA Toolkit

Develop, Optimize and Deploy GPU-Accelerated Apps

The NVIDIA® CUDA® Toolkit provides a development environment for creating high performance GPU-accelerated applications. With the CUDA Toolkit, you can develop, optimize, and deploy your applications on GPU-accelerated embedded systems, desktop workstations, enterprise data centers, cloud-based platforms and HPC supercomputers. The toolkit includes GPU-accelerated libraries, debugging and optimization tools, a C/C++ compiler, and a runtime library to build and deploy your application on major architectures including x86, Arm and POWER.

Using built-in capabilities for distributing computations across multi-GPU configurations, scientists and researchers can develop applications that scale from single GPU workstations to cloud installations with thousands of GPUs.

網頁會提供最新的版本，如果不是我們要的版本 (tf2.5 要使用 11.2 版)，就到下方點擊 Archive of Previous CUDA Releases(以前的版本)

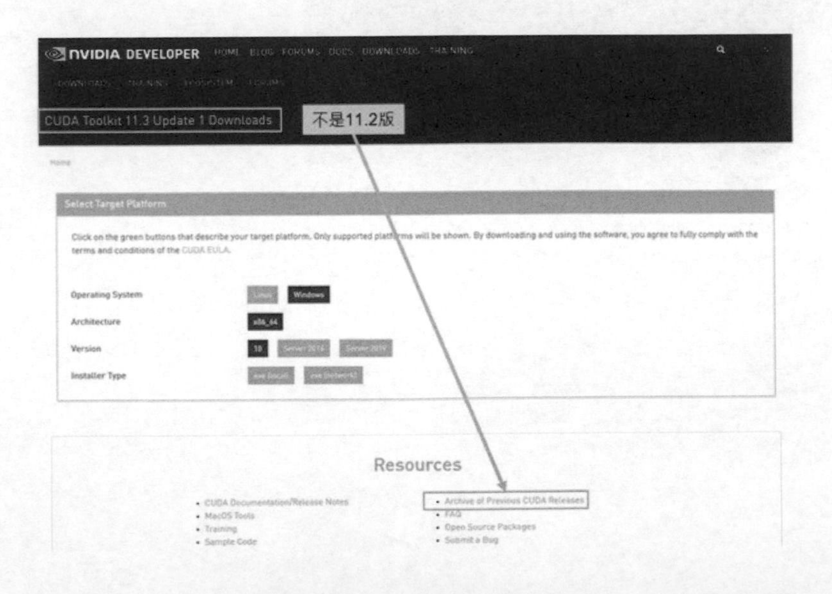

選擇符合的版本

CUDA Toolkit Archive

Previous releases of the CUDA Toolkit, GPU Computing SDK, documentat
below, and be sure to check www.nvidia.com/drivers for more recent pro

Download Latest CUDA Toolkit

Latest Release

CUDA Toolkit 11.3.1 (May 2021), Versioned Online Documentation

Archived Releases

CUDA Toolkit 11.3.0 (April 2021), Versioned Online Documentation
CUDA Toolkit 11.2.2 (March 2021), Versioned Online Documentation
CUDA Toolkit 11.2.1 (Feb 2021), Versioned Online Documentation
CUDA Toolkit 11.2.0 (Dec 2020), Versioned Online Documentation
CUDA Toolkit 11.1.1 (Oct 2020), Versioned Online Documentation
CUDA Toolkit 11.1.0 (Sept 2020), Versioned Online Documentation
CUDA Toolkit 11.0 Update1 (Aug 2020), Versioned Online Documentation
CUDA Toolkit 11.0 (May 2020), Versioned Online Documentation
CUDA Toolkit 10.2 (Nov 2019), Versioned Online Documentation

選擇作業系統

CUDA Toolkit 11.2 Downloads

Home > High Performance Computing > CUDA Toolkit > CUDA Toolkit 11.2 Downloads

Select Target Platform

Click on the green buttons that describe your target platform. Only supporte
the software, you agree to fully comply with the terms and conditions of the

Operating System

Windows

填入作業系統的細節，點擊 Download，下載安裝檔

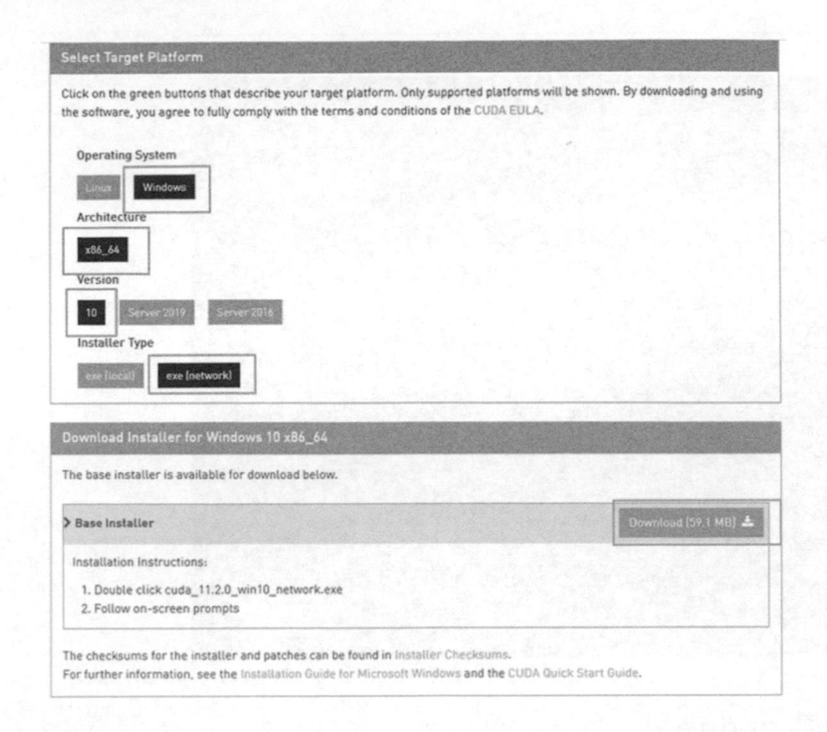

安裝過程如下

安裝完成

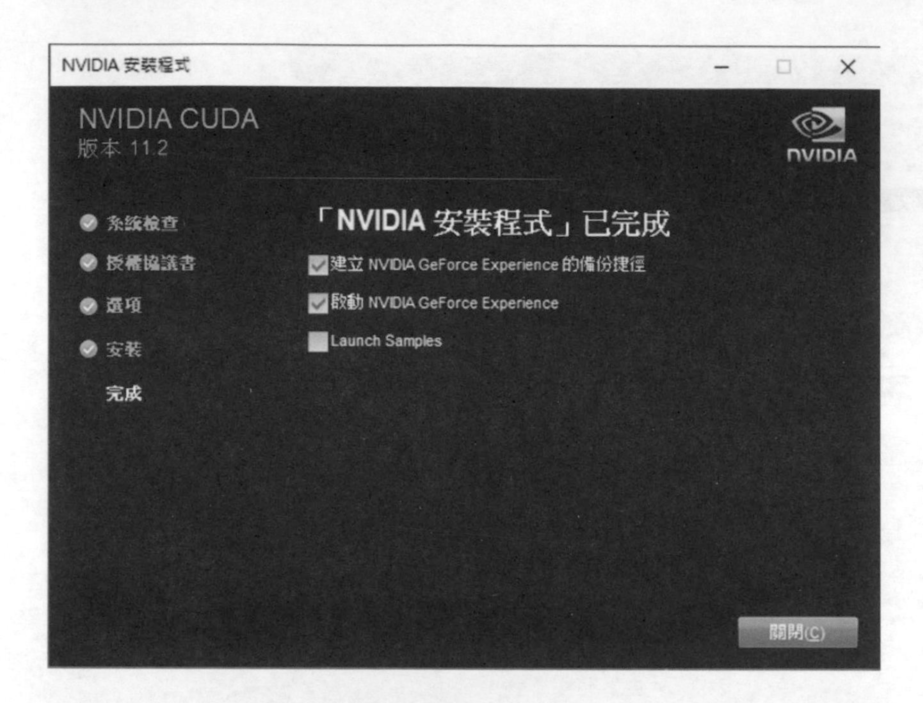

28-2-5-9 安裝 cudnn

搜尋 cudnn download，點擊該網址

點擊 Download cuDNN

NVIDIA cuDNN

The NVIDIA CUDA® Deep Neural Network library (cuDNN) is a GPU-accelerated library of primitives for deep neural networ
routines such as forward and backward convolution, pooling, normalization, and activation layers.

Deep learning researchers and framework developers worldwide rely on cuDNN for high-performance GPU acceleration. It a
developing software applications rather than spending time on low-level GPU performance tuning. cuDNN accelerates widel
Keras, MATLAB, MxNet, PaddlePaddle, PyTorch, and TensorFlow. For access to NVIDIA optimized deep learning framework c
NVIDIA GPU CLOUD to learn more and get started.

要使用帳號 / 密碼登入，如果沒有，請先申請

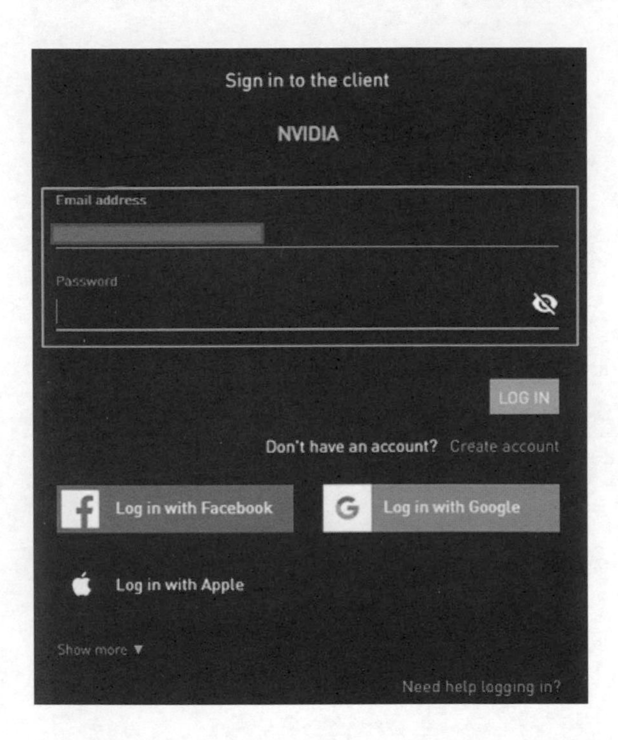

如果沒有符合的版本，點擊 Archived cuDNN Releases

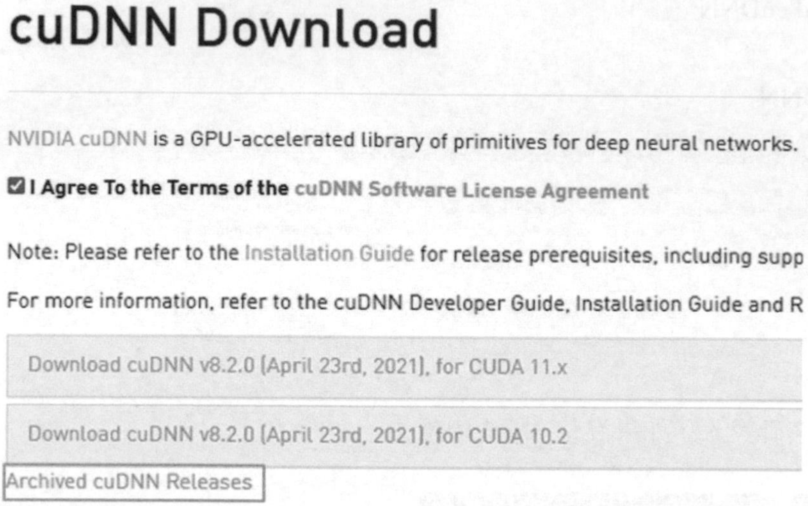

cuDNN Download

NVIDIA cuDNN is a GPU-accelerated library of primitives for deep neural networks.

☑ **I Agree To the Terms of the cuDNN Software License Agreement**

Note: Please refer to the Installation Guide for release prerequisites, including supp

For more information, refer to the cuDNN Developer Guide, Installation Guide and R

Download cuDNN v8.2.0 (April 23rd, 2021), for CUDA 11.x

Download cuDNN v8.2.0 (April 23rd, 2021), for CUDA 10.2

Archived cuDNN Releases

選擇 8.1.1 版本

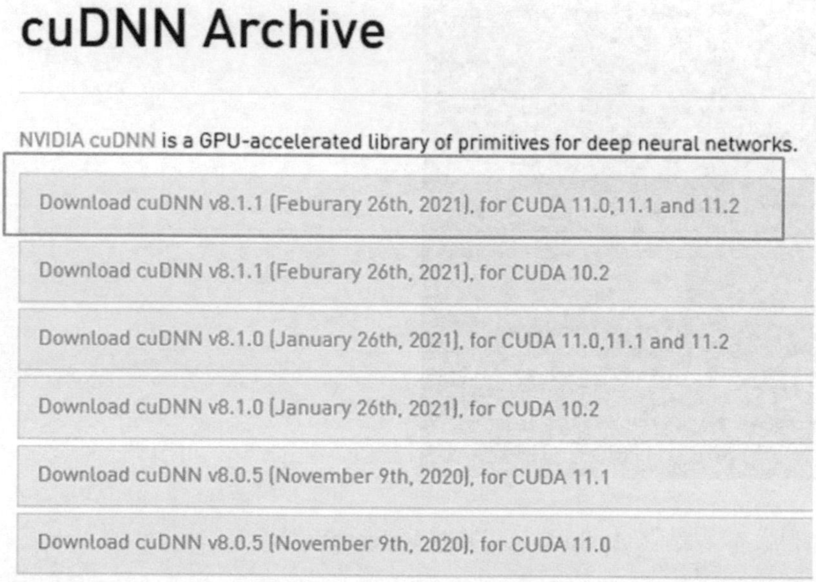

cuDNN Archive

NVIDIA cuDNN is a GPU-accelerated library of primitives for deep neural networks.

Download cuDNN v8.1.1 (Feburary 26th, 2021), for CUDA 11.0,11.1 and 11.2

Download cuDNN v8.1.1 (Feburary 26th, 2021), for CUDA 10.2

Download cuDNN v8.1.0 (January 26th, 2021), for CUDA 11.0,11.1 and 11.2

Download cuDNN v8.1.0 (January 26th, 2021), for CUDA 10.2

Download cuDNN v8.0.5 (November 9th, 2020), for CUDA 11.1

Download cuDNN v8.0.5 (November 9th, 2020), for CUDA 11.0

選擇 Windows 的版本

Download cuDNN v8.1.1 (Feburary 26th, 2021), for CUDA 11.0,11.1 and 11.2

Library for Windows and Linux, Ubuntu(x86_64,

cuDNN Library for Linux (aarch64sbsa)

cuDNN Library for Linux (x86_64)

cuDNN Library for Linux (PPC)

cuDNN Library for Windows (x86)

cuDNN Runtime Library for Ubuntu20.04 x86_64 (Deb)

cuDNN Developer Library for Ubuntu20.04 x86_64 (Deb)

cuDNN Code Samples and User Guide for Ubuntu20.04 x86_64 (Deb)

cuDNN Runtime Library for Ubuntu20.04 aarch64sbsa (Deb)

下載後，將壓縮檔放置到適當的資料夾，例如在 F 槽，建立了 cudnn/v8.1.1 的資料夾，壓縮檔放置其中，並解壓縮

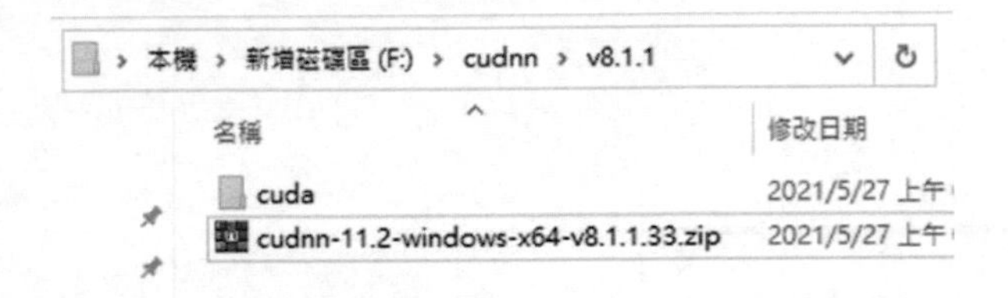

複製 bin 資料夾的路徑

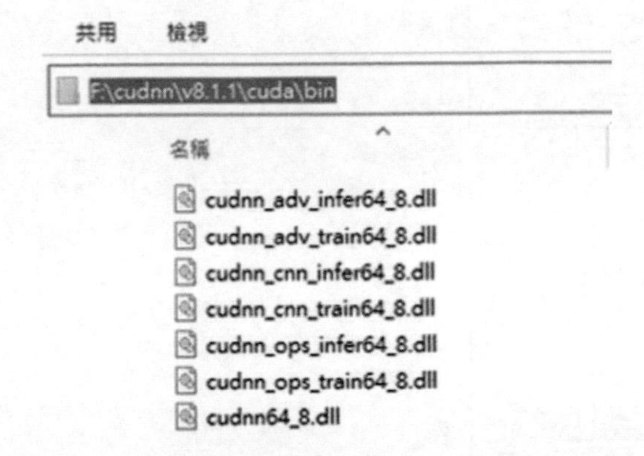

我們要把路徑加到系統變數裡，這樣 CUDA 在啟動的時候就可以經由系統變數找到 cuDNN 的檔案

進入系統變數的步驟如下圖

在**進階**裡點擊**環境變數**

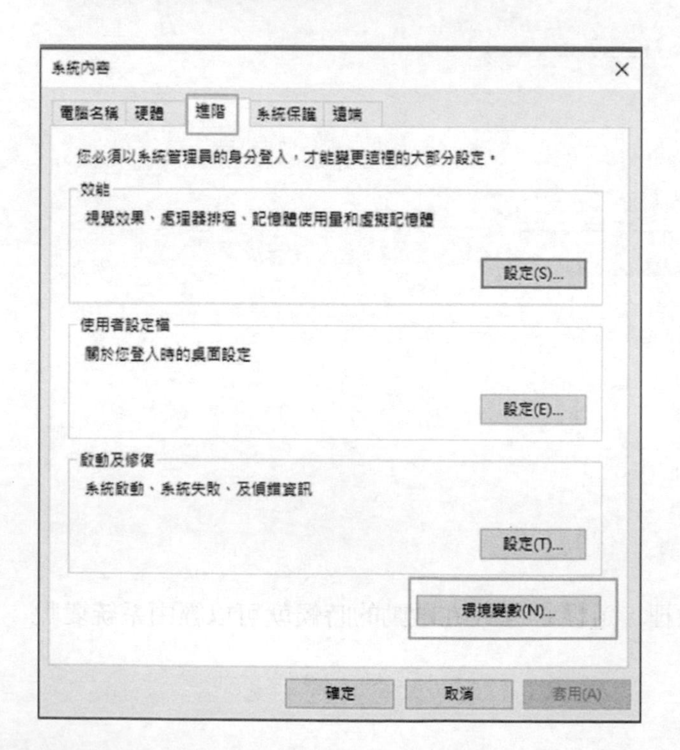

在 Path 點擊兩下

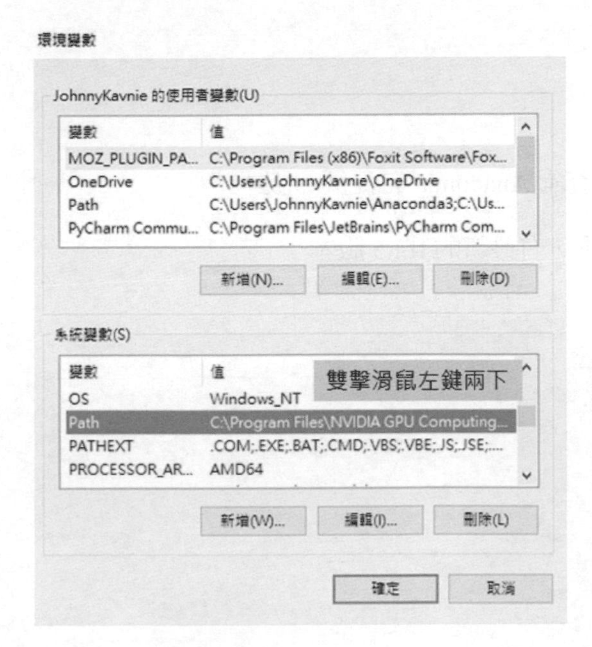

點擊**新增**，貼上剛剛複製的路徑，點擊確定後完成

28-2-5-10 安裝 Tensorflow-gpu 套件

提供有兩種方法

方法 1

輸入 conda search tensorflow-gpu，查詢 Anaconda 有提供的版本

可以看到 Anaconda 目前提供的版本，有最新的 tf2.5 版本

```
命令提示字元
C:\Users\User>conda search tensorflow-gpu
Loading channels: done
# Name                        Version
tensorflow-gpu                  1.1.0
tensorflow-gpu                  1.1.0
tensorflow-gpu                  1.8.0
tensorflow-gpu                  1.8.0
tensorflow-gpu                  1.9.0
tensorflow-gpu                  1.9.0
tensorflow-gpu                 1.10.0
tensorflow-gpu                 1.10.0
tensorflow-gpu                 1.11.0
tensorflow-gpu                 1.11.0
tensorflow-gpu                 1.12.0
tensorflow-gpu                 1.12.0
tensorflow-gpu                 1.13.1
tensorflow-gpu                 1.13.1
tensorflow-gpu                 1.14.0
tensorflow-gpu                 1.14.0
tensorflow-gpu                 1.15.0
tensorflow-gpu                 1.15.0
tensorflow-gpu                  2.0.0
tensorflow-gpu                  2.0.0
tensorflow-gpu                  2.1.0
tensorflow-gpu                  2.1.0
tensorflow-gpu                  2.3.0
tensorflow-gpu                  2.3.0
tensorflow-gpu                  2.5.0
tensorflow-gpu                  2.5.0
```

輸入 conda install tensorflow-gpu，進行安裝

若不指定版本，會安裝最新的 tf2.5 版本

```
C:\Users\User>conda install tensorflow-gpu
```

若想指定版本，以 tf1.13 為例，可以輸入 conda install tensorflow-gpu=1.13

```
C:\Users\User>conda install tensorflow-gpu=1.13
```

方法 2

使用 pip 來進行安裝

搜尋 pip install tensorflow-gpu，點擊該網址

複製指令

貼上指令，進行安裝

```
C:\Users\User>pip install tensorflow-gpu
```

安裝完成後，一樣使用 conda list 來確認是否已經在套件清單裡

全部安裝完成，重新開機

測試安裝是否成功

進入命令提示字元

輸入 python，進入程式碼編輯模式

```
命令提示字元 - python
(tf_2.5) C:\Users\User>python
Python 3.8.10 (default, May 19 2021, 13:12:57) [MSC v.1916 64 bit (AMD64)] ::
 Anaconda, Inc. on win32
Type "help", "copyright", "credits" or "license" for more information.
```

輸入 from tensorflow.python.client import device_lib

指令比較長，建立先寫在記事本裡，使用複製貼上的方式

```
>>> from tensorflow.python.client import device_lib
2021-09-02 14:52:21.171065: I tensorflow/stream_executor/platform/default/dso
_loader.cc:53] Successfully opened dynamic library cudart64_110.dll
```

系統成功抓到cuDNN的檔案

輸入 print(device_lib.list_local_devices())

```
>>> print(device_lib.list_local_devices())
```

如果有列出 GPU 的裝置資訊，表示安裝成功

```
[name: "/device:CPU:0"
device_type: "CPU"
memory_limit: 268435456
locality {
}
incarnation: 888493495130944239
, name: "/device:GPU:0"
device_type: "GPU"
memory_limit: 9393471488
locality {
  bus_id: 1
  links {
  }
}
incarnation: 17591709416581484470
physical_device_desc: "device: 0, name: GeForce RTX 2080 Ti, pci bus id: 0000:01:00.0, compute capability: 7.5"
```

如果只有出現 CPU 的資訊，表示安裝失敗

若失敗可以，

1. 查看 cuDNN 的檔案是否成功讓系統抓到
2. Tensorflow 是否安裝到 CPU 版本
3. CUDA、cuDNN 與 Tensorflow 版本是否匹配
4. cuDNN 的路徑是否有加到系統變數

測試完後，按 Ctrl + z 離開程式碼編輯模式 (有時會忘了，然後就打甚麼指令都是錯誤的 !!

28-2-5-11 使用 Tensorflow 訓練測試

開啟 jupyter，使用程式 Tensorflow 測試 .ipynb，執行程式碼

程式碼成功執行後，會看到如下的訊息顯示

```
Tensorflow版本: 2.5.0
Epoch 1/10
1875/1875 [==============================] - 3s 2ms/step - loss: 0.4990 - accuracy: 0.8242
Epoch 2/10
1875/1875 [==============================] - 3s 2ms/step - loss: 0.3766 - accuracy: 0.8634
Epoch 3/10
1875/1875 [==============================] - 3s 2ms/step - loss: 0.3348 - accuracy: 0.8778
Epoch 4/10
1875/1875 [==============================] - 3s 2ms/step - loss: 0.3136 - accuracy: 0.8849
Epoch 5/10
1875/1875 [==============================] - 3s 2ms/step - loss: 0.2938 - accuracy: 0.8922
Epoch 6/10
 870/1875 [============>.................] - ETA: 1s - loss: 0.2792 - accuracy: 0.8976 ETA: 2s
```

此時打開工作管理員，開啟步驟如下

滑鼠指標移至工具列空白處，如下圖
30°C 小雨

選擇工作管理員

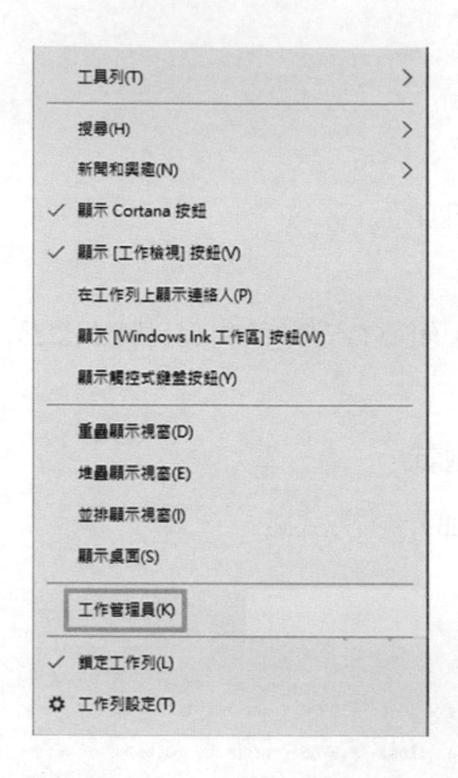

選擇效能 GPU，有時候會出現 2 個 GPU，要選擇 NVIDIA GPU，觀察 GPU 的記憶體是否有大增，如下圖，如果有，表示成功使用 GPU 進行訓練。

如果開啟工作管理員後，程式已經執行完，請再執行一次 !!

如果 GPU 記憶體沒有大增，但是 CPU 的使用率高達 100%，就表示沒有使用 GPU 進行訓練，需要回頭去看安裝 Tensorflow 的哪個步驟出了問題。

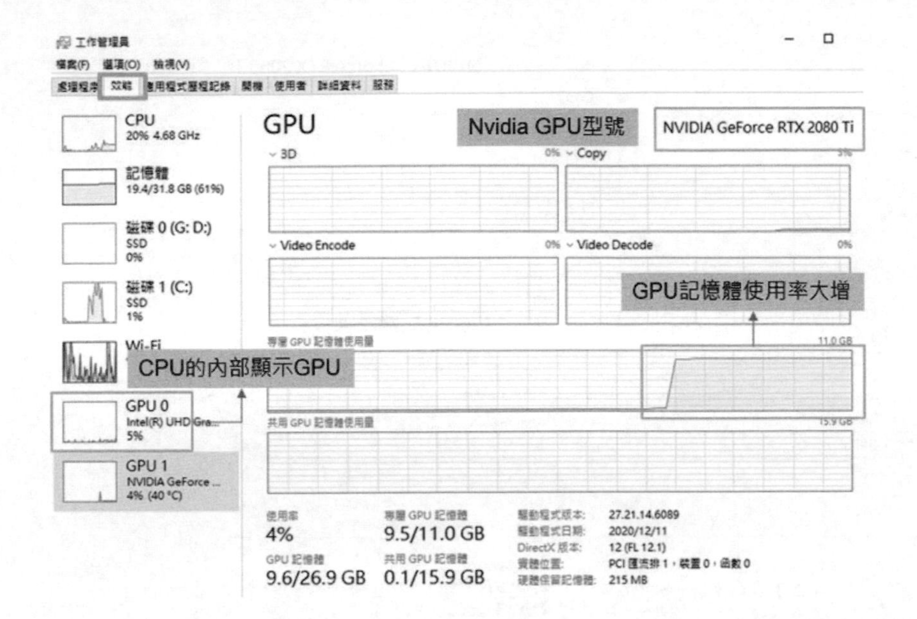

測試完後記得點擊工具列上的 kernel→Shutdown，來釋放 GPU 的資源

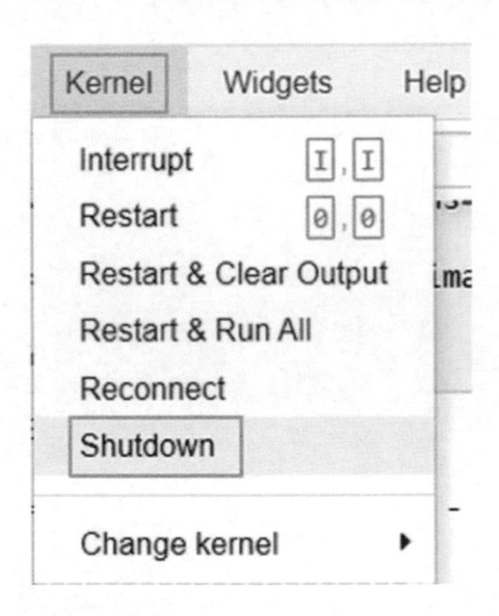

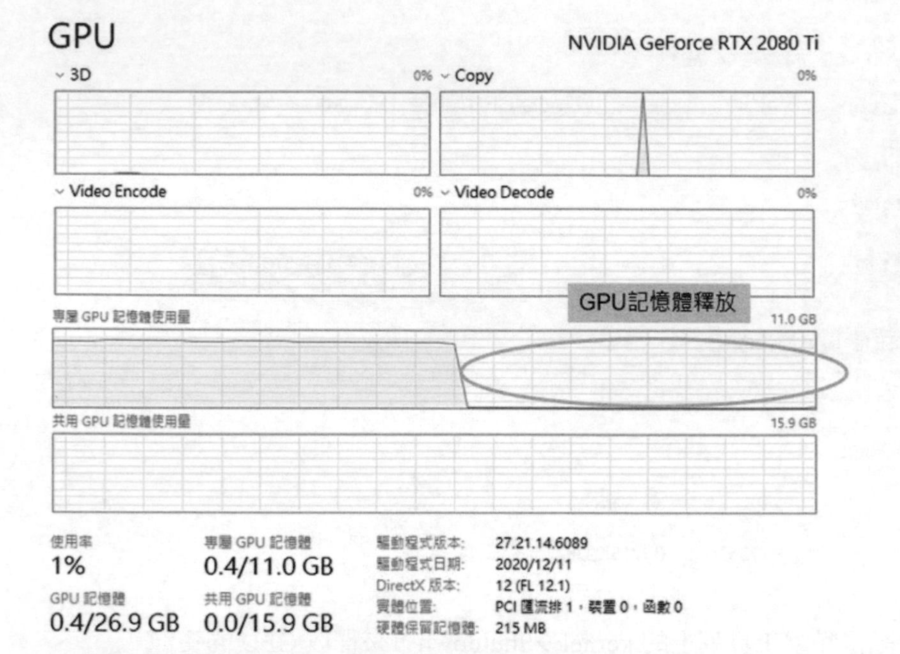
GPU
NVIDIA GeForce RTX 2080 Ti
3D
0%
Copy
0%
Video Encode
0%
Video Decode
0%
GPU記憶體釋放
專屬 GPU 記憶體使用量
11.0 GB
共用 GPU 記憶體使用量
15.9 GB
使用率
1%
專屬 GPU 記憶體
0.4/11.0 GB
GPU 記憶體
0.4/26.9 GB
共用 GPU 記憶體
0.0/15.9 GB
驅動程式版本: 27.21.14.6089
驅動程式日期: 2020/12/11
DirectX 版本: 12 (FL 12.1)
實體位置: PCI 匯流排 1，裝置 0，函數 0
硬體保留記憶體: 215 MB

M E M O

M E M O